21世纪高等学校规划教材 | 计算机科学与技术

Oracle数据库基础及应用

李 妍 李占波 主编

王军委 赵 伟 张淑艳 薛均晓 副主编

清华大学出版社

北京

内 容 简 介

Oracle 作为目前全球应用最为广泛、功能最为强大的数据库系统之一，它在国内数据库市场的占有率远远超过其他对手，始终处于数据库领域的先进地位。

本书结合 Oracle 11g，运用大量实例和浅显易懂的语言，深入浅出地对 Oracle 数据库各方面的知识进行了详细地介绍。主要包括：关系数据库、Oracle 数据库的基本体系结构、Oracle 安装配置、Oracle 常用开发工具、管理数据文件、控制文件和重做日志文件、SQL 语言基础、使用 SQL * Plus、PL/SQL 程序设计、表、模式对象的管理、存储过程和触发器、视图和索引、权限管理、备份和恢复以及使用 Oracle 的应用实例。为了便于读者学习和掌握，每一章都设置了习题和参考答案以及课件。

本书适合大专及本科在校学生、开发设计人员以及编程爱好者学习和参考。

图书在版编目(CIP)数据

Oracle 数据库基础及应用/李妍，李占波主编. —北京：清华大学出版社，2013(2017.7 重印)
21 世纪高等学校规划教材・计算机科学与技术
ISBN 978-7-302-32738-7

Ⅰ. ①O…　Ⅱ. ①李…　②李…　Ⅲ. ①关系数据库系统－高等学校－教材　Ⅳ. ①TP311.138

中国版本图书馆 CIP 数据核字(2013)第 130832 号

责任编辑：魏江江　薛　阳
封面设计：傅瑞学
责任校对：白　蕾
责任印制：李红英

出版发行：清华大学出版社
网　　址：http://www.tup.com.cn，http://www.wqbook.com
地　　址：北京清华大学学研大厦 A 座　　邮　　编：100084
社 总 机：010-62770175　　邮　　购：010-62786544
投稿与读者服务：010-62776969，c-service@tup.tsinghua.edu.cn
质 量 反 馈：010-62772015，zhiliang@tup.tsinghua.edu.cn
课 件 下 载：http://www.tup.com.cn，010-62795954

印 刷 者：清华大学印刷厂
装 订 者：三河市溧源装订厂
经　　销：全国新华书店
开　　本：185mm×260mm　　**印　　张**：30.75　　**字　　数**：746 千字
版　　次：2013 年 9 月第 1 版　　**印　　次**：2017 年 7 月第 4 次印刷
印　　数：4001～4800
定　　价：49.00 元

产品编号：052483-01

出版说明

随着我国改革开放的进一步深化，高等教育也得到了快速发展，各地高校紧密结合地方经济建设发展需要，科学运用市场调节机制，加大了使用信息科学等现代科学技术提升、改造传统学科专业的投入力度，通过教育改革合理调整和配置了教育资源，优化了传统学科专业，积极为地方经济建设输送人才，为我国经济社会的快速、健康和可持续发展以及高等教育自身的改革发展做出了巨大贡献。但是，高等教育质量还需要进一步提高以适应经济社会发展的需要，不少高校的专业设置和结构不尽合理，教师队伍整体素质亟待提高，人才培养模式、教学内容和方法需要进一步转变，学生的实践能力和创新精神亟待加强。

教育部一直十分重视高等教育质量工作。2007 年 1 月，教育部下发了《关于实施高等学校本科教学质量与教学改革工程的意见》，计划实施"高等学校本科教学质量与教学改革工程"（简称"质量工程"），通过专业结构调整、课程教材建设、实践教学改革、教学团队建设等多项内容，进一步深化高等学校教学改革，提高人才培养的能力和水平，更好地满足经济社会发展对高素质人才的需要。在贯彻和落实教育部"质量工程"的过程中，各地高校发挥师资力量强、办学经验丰富、教学资源充裕等优势，对其特色专业及特色课程（群）加以规划、整理和总结，更新教学内容、改革课程体系，建设了一大批内容新、体系新、方法新、手段新的特色课程。在此基础上，经教育部相关教学指导委员会专家的指导和建议，清华大学出版社在多个领域精选各高校的特色课程，分别规划出版系列教材，以配合"质量工程"的实施，满足各高校教学质量和教学改革的需要。

为了深入贯彻落实教育部《关于加强高等学校本科教学工作，提高教学质量的若干意见》精神，紧密配合教育部已经启动的"高等学校教学质量与教学改革工程精品课程建设工作"，在有关专家、教授的倡议和有关部门的大力支持下，我们组织并成立了"清华大学出版社教材编审委员会"（以下简称"编委会"），旨在配合教育部制定精品课程教材的出版规划，讨论并实施精品课程教材的编写与出版工作。"编委会"成员皆来自全国各类高等学校教学与科研第一线的骨干教师，其中许多教师为各校相关院、系主管教学的院长或系主任。

按照教育部的要求，"编委会"一致认为，精品课程的建设工作从开始就要坚持高标准、严要求，处于一个比较高的起点上。精品课程教材应该能够反映各高校教学改革与课程建设的需要，要有特色风格、有创新性（新体系、新内容、新手段、新思路，教材的内容体系有较高的科学创新、技术创新和理念创新的含量）、先进性（对原有的学科体系有实质性的改革和发展，顺应并符合 21 世纪教学发展的规律，代表并引领课程发展的趋势和方向）、示范性（教材所体现的课程体系具有较广泛的辐射性和示范性）和一定的前瞻性。教材由个人申报或各校推荐（通过所在高校的"编委会"成员推荐），经"编委会"认真评审，最后由清华大学出版社审定出版。

目前，针对计算机类和电子信息类相关专业成立了两个"编委会"，即"清华大学出版社计算机教材编审委员会”和“清华大学出版社电子信息教材编审委员会”。推出的特色精品教材包括：

(1) 21 世纪高等学校规划教材·计算机应用——高等学校各类专业，特别是非计算机专业的计算机应用类教材。

(2) 21 世纪高等学校规划教材·计算机科学与技术——高等学校计算机相关专业的教材。

(3) 21 世纪高等学校规划教材·电子信息——高等学校电子信息相关专业的教材。

(4) 21 世纪高等学校规划教材·软件工程——高等学校软件工程相关专业的教材。

(5) 21 世纪高等学校规划教材·信息管理与信息系统。

(6) 21 世纪高等学校规划教材·财经管理与应用。

(7) 21 世纪高等学校规划教材·电子商务。

(8) 21 世纪高等学校规划教材·物联网。

清华大学出版社经过三十多年的努力，在教材尤其是计算机和电子信息类专业教材出版方面树立了权威品牌，为我国的高等教育事业做出了重要贡献。清华版教材形成了技术准确、内容严谨的独特风格，这种风格将延续并反映在特色精品教材的建设中。

清华大学出版社教材编审委员会

联系人：魏江江

E-mail:weijj@tup.tsinghua.edu.cn

前言

Oracle 是当今世界上最优秀、使用最广泛的关系数据库管理系统之一。它以能够提供分布式信息安全性、完整性、一致性，强大的并发控制和恢复能力以及管理超大规模数据库的能力而著称于世。Oracle 受到广大客户的青睐，现在许多院校都开设了与 Oracle 相关的课程。

《Oracle 数据库基础及应用》这本书在内容选择和内容编排上力图精益求精，在示例选择上力图涉及知识点广泛，强调具有代表性，以使它能适合于大专、本科生以及 Oracle 数据库开发人员，更多不同层次、不同特色学校的教学需要。

本书的作者们把自己多年的教学经验、管理和开发 Oracle 数据库的成果与知识编写到本书中，详细地阐述了 Oracle 数据库开发及应用的相关技术。

本书用了 16 章来介绍 Oracle 11g。第 1～4 章介绍 Oracle 11g 数据库的基础理论，包括数据库基本原理知识、Oracle 11g 体系结构、安装和卸载 Oracle 11g、Oracle 数据库管理工具；第 5～9 章介绍 Oracle 11g 数据库的管理及操作，包括数据库管理、配置与维护、SQL * PLUS 命令、SQL 查询语句、常用的 SQL 函数、Oracle 事务和 PL/SQL 编程语句。第 10～12 章介绍 Oracle 数据库的模式对象与文件的管理，包括数据库的基本表、视图、索引、存储过程、控制文件和表空间管理等；第 14 和第 15 章介绍 Oracle 数据库的安全，包括数据库备份与恢复、用户权限与管理角色等内容。第 16 章用以上所学的 Oracle 数据库知识，通过具体的系统应用实例来展现该实例实现的全过程，使读者在理论学习的同时增加实战经验。

本书中还大量运用小而实用的例子，介绍 Oracle 数据库的开发技术，使读者能从实例中体会并掌握抽象而复杂的知识点。本书每章还配有课件及习题，帮助授课教师备课，帮助读者练习及加深对知识点的应用及掌握。本书的宗旨是培养学生从实践中发现问题、提出问题、分析问题和解决问题的能力，提高学生的综合素质和创新能力，培养团队协作精神。

本书由李妍、李占波主编。第 1～8 章由李妍、王军委和曹锦涛编写，第 9 章和第 11 章由张淑艳编写，第 10 章部分内容、第 14 章部分内容由曹锦涛和张淑艳编写，第 12 章和第 13 章由赵伟编写，第 10 章部分内容、第 14 章部分内容、第 15 章和第 16 章由薛均晓编写。写作期间王海玲、韩颖、陈永霞、仝宝琛、黄萌萌和杜晓华等做了大量工作，在此一并致以衷心的感谢。

由于作者水平所限，加之编写时间仓促，书中错误和疏漏之处在所难免，衷心希望得到读者特别是讲授此课程教师的批评指正。

作　者

2013 年 6 月

目 录

第1章 数据库基础概念

随着计算机技术、通信技术和网络技术的发展，人类社会已经步入信息化时代。信息资源已成为人们最重要和最宝贵的资源之一，确保信息资源的存储及其有效性就变得格外的关键。保护数据的存储及其有效性就是合理利用数据库技术。

1.1 数据库技术概述

数据库技术产生于20世纪六七十年代，伴随着计算机技术的产生和发展而发展，是计算机技术在各行各业数据管理技术的延伸、渗透、发展的产物。从广义上来讲，计算机的应用领域可以分为数据计算、数据管理。由此可知，数据库技术是计算机科学的重要分支，现在已经成为相当规模的理论体系和实用技术。即使在计算机技术应用领域，数据库技术也是一门专业性很强的学科，它涉及操作系统、数据结构、程序设计等多领域的知识。

1.1.1 基本概念

本节介绍数据、信息、数据库、数据库管理等关于数据库的名词术语和基本概念。

1. 数据

数据(Data)是描述事物的符号，其类型是多种多样的，如数字、文字、图形、声音等。在日常生活中，人们用自然语言(如汉语)来描述事物，对于记录数据的方式也是以传统的数据记录方式记录在纸上，如最常见的书本、笔记本等；对于计算机，在描述对象上就只能抽象地选出有关这些事物的、感兴趣的或独特的特征，将它们排列组织在一起，成为一条条记录来描述这些相关的事务。在记录方式上，运用先进的科技手段将数据经过数字化之后存储到计算机中，以便计算机处理。例如，在学生档案中的学生记录，学生姓名、性别、出生年月、籍贯、所在系别、入学时间，按这个次序排列组合成如下所示的一条记录：

(王萱,女,1995,郑州,计算机系,2012)

数据很重要，它与日常生活密切相关，例如，产品的数量、品质、工作时间等。数据的类型对应于程序语言中变量的数据类型。所以程序语言中的数据类型是为了反映现实世界的。

数据是有语义的。数据(包括数据记录)与其语义是密不可分的。相同的数据可能有不同的语义。了解语义的人可以得到正确的含义，否则无法理解其含义。因此，数据的形式本身并不能完全表达其内容，而是需要经过语义解释的。例如，上面那条数据记录中的“2012年”指出的是“入学时间”，而不是“工作时间”。

2. 信息

信息(Information)的英文原意为“通知或消息”。信息是客观存在的事物,是通过物质载体所产生的消息、情报等。可以从以下几个方面来理解信息。

- 信息是客观事物固有的特性

如一个人,他有姓名、民族、年龄、身高和文化程度等许多信息,这些信息可分为自然的信息(如身高、年龄等)和社会的信息(如姓名、民族、文化程度等)。信息不会因为我们不知道而不存在。对于大自然中的信息,人们能感觉得到的只是很少的一部分,还有一些信息人们可以通过手段或先进的仪器设备测量得到,但肯定还有人们难以知道的,所有对大自然的探索应是永无止境的。

- 信息是一种资源

在现代社会中,信息同物质和能量一起成为社会的三大资源。物质提供的资源是各种各样有用的材料,能源提供的资源是各种形式的动力,而信息向人类提供的资源则是无穷无尽的知识和智慧。虽然信息不能直接提供人们吃、穿,但通过对各种信息的处理和利用,能更好地发挥能源和材料的作用,提高能源和材料的利用率,使人们吃得更好、穿得更好。

- 信息是有价值的消息

信息无处不在,我们没必要去了解世界上所有的信息;同一信息对于不同的时代和不同的人,其价值是不同的,通常我们所关心的是对自身有价值的信息。

- 信息的表现形式

信息存在于我们的身边,无处不在。信息的表现形式主要有数字、符号、文字、图形、图像和声音等。

在古代,人们为了记录牛羊的头数,利用绳子打结记数或用利器在石壁上画线记数;后来发明了数字、文字等符号,把这些符号写在竹片、龟壳、纸上以用来记录信息。现在可以通过广播、电视、手机等利用声音和图像来传递信息。

计算机作为信息处理的一种工具,早期的计算机只能处理数字、字符文本等简单的信息,而现在的多媒体计算机完全能够处理图像、声音等更加复杂的信息。

那“数据”与“信息”在概念上到底有什么样的区别呢?

信息是包含在数据(或图形)中的有价值的东西,是对简单的数据进行加工处理之后,从中提炼出的或经过加工后的新的东西,如图 1-1 所示。例如,在计算机中可能存储了一个班级中所有学生的年龄数据,但查询出一个班级中年龄最大的学生是谁、年龄最小的学生是谁、他们之间相差几岁等有价值的东西就成为了一种信息。使用数据库的目的之一就是要从数据中找出信息。

图 1-1　数据、信息的关系

信息常常是针对特定数据的,例如从考试分数中得到的信息是关于智力的;信息也常常是针对特定使用者的,例如教师关心智力信息。

在当今的信息社会中,信息对决策或行动是有价值的。例如,人们可以根据气象预报安排生产或活动,避免自然灾害。当前,信息已经成为各行各业的重要财富和资源,信息系统也越来越重要。

数据和信息的关系可以理解为“数据是原料，而信息是将原料加工后的产品”。即数据是信息的符号表示，而信息通过数据描述，又是数据语义的解释。信息是有一定含义的、经过加工处理的、对决策有价值的数据。尽管两者在概念上不尽相同，但通常使用时并不严格地区分它们。

3. 数据库

在信息技术高速发展的今天，人们的视野越宽广，收集到的数据急剧增加，就遇到一个如何保存、分类、使用的问题。过去人们把数据保存在文件柜中，现在人们借助计算机技术和数据库技术而将数据保存在数据库(DataBase，DB)中，以便有效地、充分地利用这些宝贵的信息资源。

什么是数据库呢？举个例子来说，每个工厂都有很多职工、原材料、设备、产品等。为了管理这些数据，就需要将职工的编号、姓名、性别、出生年月，原材料的编号、名称、价格等信息记录下来，以便查询、交流相关的信息。这就是一个最简单的“数据库”。根据编号、姓名、性别、出生年月这些存储的一条条记录，就是这个数据库中的“数据”。可以通过技术在这个数据库中增加、删除、修改、查询数据。在现实数据中这样的数据库随处可见。

数据库是按一定的数据模型组织、描述和存储在计算机内的、有组织的、可共享的数据集合。

数据库是用来存储数据所用的空间，可以将数据库看成是一个存储数据的容器，但实际上数据库是由许多个文件组成的。它也是表(Table)的集合体，一个数据库可以有一个或多个表。表中的数据是由许多格式相同的、横向的记录(Record)组成的。每个记录又是由许多保存不同类型数据的、纵向的字段(Field)组成的。另外，还有索引(Index)、触发器(Trigger)、存储过程(Procedure)等对象。

4. 数据管理

数据管理是指对数据的收集、整理、组织、存储、维护、计算、检索、传送、加密等操作。

数据管理技术的优劣将直接影响数据处理的效率，例如，将数据排列整理之后，就会很容易、很快地找到最大或最小的数据。

5. 数据库用户

数据库的设计、维护、使用必然会涉及很多人员。可以按这些人员使用数据库的角度，将他们分成几类，每一类都可以由一个或几个人组成，统称为数据库的用户。

- 数据库管理员(Database Administrator，DBA)：数据库管理员是指负责数据库的建立、使用和维护等工作的专门人员。

数据库管理员具体的职责如下：

(1) 决定数据库中的信息内容和结构。数据库中要存放哪些信息，DBA要参与决策。因此DBA必须参加数据库设计的全过程，并与用户、应用程序员、系统分析员密切合作共同协商，搞好数据库设计。

(2) 决定数据库的存储结构和存取策略。DBA要综合各用户的应用要求，与数据库设计人员共同决定数据的存储结构和存取策略，以求获得较高的存取效率和存储空间利用率。

(3) 定义数据的安全性要求和完整性约束条件。DBA的重要职责是保证数据库的安全性和完整性。因此DBA负责确定各个用户对数据库的存取权限，数据的保密级别和完整性约束条件。

(4) 监控数据库的使用和运行。监视数据库系统的运行情况，及时处理运行过程中出现的问题。比如系统发生各种故障时，数据库会因此遭到不同程度的破坏，DBA 必须在最短时间内将数据库恢复到正确状态，并尽可能不影响或少影响计算机系统其他部分的正常运行。为此，DBA 要定义和实施适当的数据库的备份和恢复策略，如周期性地转储数据，维护日志文件，等等。

(5) 数据库的性能改进。在系统运行期间监视系统的空间利用率、处理效率等性能指标，对运行情况进行记录、统计分析、依靠工作实践并根据实际应用环境，不断调整和改进数据库参数的设置。不少数据库产品都提供了对数据库运行情况进行监视和分析的实用程序，DBA 可以使用这些实用程序完成这项工作。

(6) 定期对数据库进行重组和重构，以提高系统的性能。因为在数据库系统运行过程中，大量数据不断插入、删除、修改，时间长会影响系统的性能。当用户的需求增加和改变时，DBA 还要对数据库进行较大的改造，包括修改部分设计，即数据库的重组或重构。

- 系统分析员和数据库设计人员：系统分析员负责应用系统的需求分析和规范说明，他们要和用户及 DBA 相结合，确定系统的硬软件配置并参与数据库系统的概要设计。

数据库设计人员负责数据库中数据的确定、数据库各级模式的设计。数据库设计人员必须参加用户需求调查和系统分析，然后进行数据库设计。在很多情况下，数据库设计人员就由数据库管理员担任。

- 应用程序员：应用程序员主要按照 DBA、系统分析员撰写的用户需求分析，负责设计应用程序的结构，并利用程序设计语言、开发工具来编写、调试、维护嵌入了 SQL 语言的数据库应用程序。
- 用户：这里的用户是指最终用户(End User)，使用数据库应用程序的人员。他们一般是非计算机人员，如银行出纳员、火车售票员等。他们要使用终端进行记账、售票等工作。他们一般都不直接使用 DBMS，而是通过运行由应用程序员精心设计并具有友好界面的应用程序(一般是用菜单选择业务功能，用按钮选择操作命令，用图形、表格显示数据)来查询、更新数据库中的数据。

对于某些具有数据库技术能力的用户来讲，他们也可以通过 DBMS 提供的工具(如 Oracle 数据库提供的工具和服务机制)来直接查询、更新数据库中的数据。

6. 数据库管理系统

数据库也是以文件方式存储数据的，但它是数据的一种高级组织形式。其数据是如何被科学地组织、高效地处理(增加、删除、更改、查询)而又安全不出错呢？这必定是复杂的、精确的而又是机械性的。当数据量比较小时，还可以通过手工来管理，但如果数据量特别庞大，手工管理就会产生困难，甚至无法完成。因此，就需要由一个软件系统来帮助人完成这项任务，这个软件的名称就是数据库管理系统(DataBase Management System，DBMS)。

DBMS 是位于操作系统与用户(应用软件)之间的一组数据管理软件，它提供了对数据库中的数据进行统一管理和控制的功能，包括存储管理、安全性管理、完整性管理、数据备份和恢复功能等，它使用户可以方便、快速地建立、维护、检索、存取和处理数据库中的数据，它是数据库系统的核心。用户对数据库提出的访问请求都是由 DBMS 来处理的。在 DBMS 中还提供了许多对数据库进行操作的实用程序。

DBMS、数据库以及与用户之间的关系如图 1-2 所示。

常见的 DBMS 有 Oracle、SQL Server、Informix、DB2、Access、Sybase、FoxPro 等。

数据定义：提供数据定义语言(Data Definition Language，DDL)用于描述数据库的结构

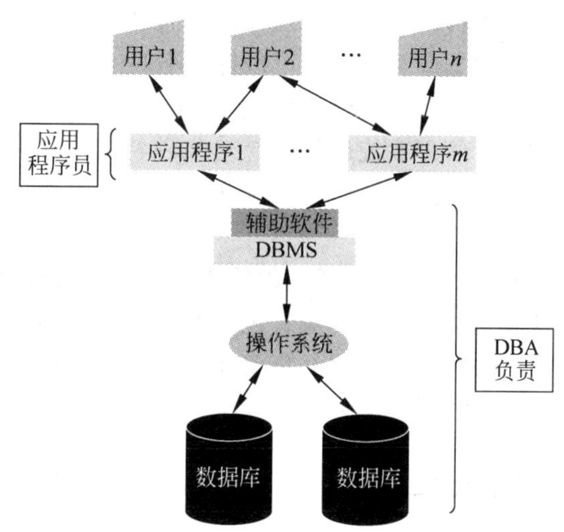

图 1-2　DBMS、数据库以及与用户之间的关系

(如表、索引、约束等),以便存储数据,并在一定程度上保证数据的完整性(如表中的每条记录都是唯一的、不能在定义为数字的字段中存储字母)。

数据操作:提供数据操作语言(Data Manipulation Language,DML)用于对数据库中的数据进行操作(如查询、添加、删除、更新等)。通常,DBMS 提供的该功能虽然完善,但都是针对有数据库技术基础的用户的,并不好用,所以往往需要编写较为方便、直观、易用的应用程序来供一般用户使用 DBMS 及其所管理的数据库。

数据安全性的控制和管理:提供数据控制语言(Data Control Language,DCL)用于规定用户对数据库的操作权限(如第一角色、授权或回收操作权限),监控用户的操作、防范任何破坏或不轨的意图,提供事务处理功能保证数据库中数据的一致性,处理多用户同时访问数据库时的并发控制问题,执行数据库的备份、恢复、转储、加密的功能。

性能和效率低监控与优化:通过提供一些工具软件,对数据库的性能和效率进行监控,给出进行优化的方案以供参考。

具有上述基本功能的 DBMS 才称得上是一个比较完整的 DBMS。在使用 Oracle 时,应该对应地留意它在这几个方面的功能。

7. 数据库系统

数据库系统是应用数据库技术进行数据管理的计算机系统,它由计算机硬件系统、软件系统、数据和用户组成,其中软件系统包括操作系统、数据库管理系统和应用程序系统,属于应用平台。

用于数据管理的计算机硬件系统,同样包括中央处理器(CPU)、存储器、输入设备、输出设备,与常用的计算机没什么区别,但根据处理数据的类型与数量,对各部件的要求有所不同。如进行大量数值运算的计算机要求 CPU 具有强大的浮点运算能力;如处理大量图片、电影、声音的计算机,要求 CPU 具有优化的多媒体处理指令、较大的硬盘存储空间和内存空间;如用于超市商品销售的计算机,则要求使用特殊的条码打印机和扫描仪。

软件系统中的操作系统是安装和运行其他软件的基础平台。现在绝大多数计算机系统采用微软公司的 Windows 系列,也有采用 DOS、UNIX、Linux 等操作系统的,如银行的计算机系统为了安全起见,常采用 UNIX 操作系统。

数据管理系统是对数据库进行管理的专用软件，能对数据库进行各种操作，同时也是开发数据库应用程序的支撑软件。数据库管理系统可以针对不同的应用建立数据库。目前较为流行的关系型数据库系统有 Oracle、SQL Server、FoxPro 和 Access 等。

应用程序系统是使用数据库管理系统研发的针对某种特定应用的软件系统，如进行财务管理的财务软件，用于超市的物流管理软件，用于火车站的售票系统，用于图书管理的图书管理软件。

应用程序系统是用来处理数据的，所以还必须输入有关的原始数据，并且很多数据根据时间的变化要不断充实或更改。例如超市的物流管理软件，必须录入物品的名称、型号、单价、数量等原始数据，并且这些数据随着货物的上柜、售出而不断变化。原始数据通过应用程序系统的处理，最后得到用户需要的结果。

1.1.2 数据管理的发展阶段

数据管理的发展是和计算机技术及其应用的发展联系在一起的，数据管理的发展取决于以下因素：

- 数据管理数量大小的变化提供了强大的推动力。
- 硬件产品的发展奠定了物质基础。
- 操作系统、高级语言等系统软件的成熟和发展，为它提供了技术保障。
- 关系数据库理论的完善提供了理论保证。

早期的计算机主要用于科学计算，它面对的是数量惊人的各种数据。为了有效地管理和利用这些数据，就产生了计算机的数据处理技术，其经历了三个阶段：人工管理阶段、文件系统阶段、数据库系统阶段。这三个阶段的比较如表 1-1 所示。

表 1-1 数据管理发展的三个阶段的比较

比较项目 \ 阶段		人工管理阶段	文件系统阶段	数据库系统阶段
背景	应用背景	科学计算	科学计算、管理	大规模管理
	硬件背景	无直接存取设备	磁盘、磁鼓	大容量磁盘
	软件背景	没有操作系统	有文件系统	有数据库管理系统
	处理方式	批处理	联机实时处理、批处理	联机实时处理、分布处理、批处理
特点	数据的管理者	用户(程序员)	文件系统	数据库管理系统
	数据面向的对象	某一应用程序	某一应用	现实世界中的一定范围
	数据的共享程度	无共享、冗余度极大	共享性差、冗余度大	共享性高、冗余度小
	数据的独立性	不独立，完全依赖于程序	独立性差	具有高度的物理独立性和一定的逻辑独立性
	数据的结构化	无结构	记录内有结构、整体无结构	整体结构化，用数据模型描述
	数据控制能力	应用程序自己控制	应用程序自己控制	由数据库系统提供数据安全性、完整性、并发控制和恢复能力

1. 人工管理阶段

20 世纪 50 年代中期以前，计算机的数据处理技术采用的是人工处理技术。当时的硬件状况是：只有纸带、卡片、磁带等外部存储设备，还没有磁盘等直接存取的存储设备。软件的状况是：还没有操作系统，没有管理数据的软件。数据以符号打孔的形式存放在外部存储设备中，以批处理方式顺序读入计算机进行处理。这个阶段具有如下特点。

(1) 数据不保存：当时计算机主要用于科学计算，一般不需要长期保存数据，只是在计算时才将数据输入。

(2) 应用程序管理数据：数据由应用程序自己管理，没有其他软件来负责管理数据。应用程序不仅要规定数据的逻辑结构，而且还要设计物理结构(包括存储结构、存取方式、输入方式等)，程序员的负担很重。

(3) 数据不具有共享性：数据是面向应用程序的，一组数据对应一个应用程序。当多个应用程序涉及某些相同的数据时，由于必须各自定义，所以无法互相利用，造成大量的冗余数据。

(4) 数据不具有独立性：当数据的逻辑结构或物理结构发生变化后，就必须对应用程序作相应的修改。

在人工管理阶段，应用程序与数据之间的关系如图 1-3 所示。

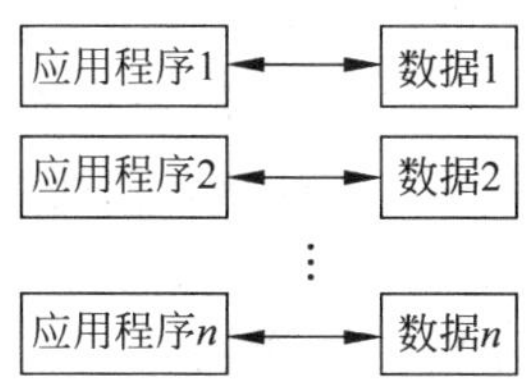

图 1-3　人工管理阶段应用程序与数据之间的关系

2. 文件系统处理阶段

从 20 世纪 50 年代中期到 60 年代后期，计算机不再只用于科学计算了，可以做一些非数值的处理了。这时，硬件方面已经有了磁盘、磁鼓等直接存取的存储设备；软件方面已经有了“操作系统”，并且在“操作系统”中还具有专门管理数据的软件，即文件系统。这个阶段具有如下特点。

(1) 数据可以长期保存：数据可以长期保存在磁盘、磁鼓等直接存取的存储设备中，可以反复进行查询、修改、插入和删除等操作。

(2) 有文件系统管理数据：文件系统按一定的规则将数据组织成一个个相互独立的数据文件，利用“按文件名访问，按记录进行存取”的技术，对文件进行修改、插入和删除操作。文件系统实现了记录内的结构性，但整体无结构。文件系统对数据的管理实际上是通过应用程序和数据之间的一种接口关系实现的，使得应用程序采用统一的存取方式来操作数据。同时，应用程序和数据之间不再是直接的对应关系了。

(3) 数据共享性差：文件系统只是简单地存放数据，各个文件之间并没有有机的联系。数据的存放依赖于应用程序对其的使用方法，即文件仍然是面向应用程序的，不同的应用程序仍然很难共享同一个数据文件。一个应用程序可以使用几个文件来存放数据，这几个文件中的数据可能互相独立，也可能互相关联，而关联关系完全要由应用程序自己来处理。同时，由于相同数据的重复存储、各自管理，容易造成数据的不一致性，给数据的修改和维护带来困难。

(4) 数据独立性：文件系统中的某个文件的逻辑结构对某个应用程序来说是最优的，但如果增加一些新的应用功能时，往往就要修改文件的逻辑结构，但这是很难做的事情，这使应用程序很难扩充。如果采用不同的语言来开发应用程序，也可能需要修改文件的逻辑结构。因此，数据和应用程序之间仍然缺乏独立性。

在文件系统处理阶段，应用程序与数据之间的关系如图 1-4 所示。

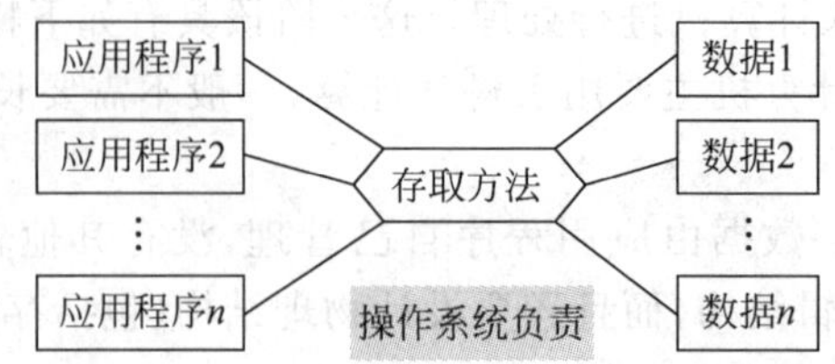

图 1-4 文件系统阶段应用程序与数据之间的关系

3. 数据库管理阶段

20 世纪 60 年代后期以后，硬件技术的发展已经使得存储空间不再是约束数据存储的障碍，计算机用于数据管理的规模越来越大，数据量的急剧增加要求计算机能够联机实时处理各种数据，解决多用户、多应用共享数据的需求。

为了克服文件系统的缺点，人们对文件系统进行了扩充，研制了一种结构化的数据组织和处理方式，即数据库系统。数据库系统建立了数据和数据之间的有机联系，能对数据进行统一、集中、独立的管理，使得数据的存取独立于使用数据的应用程序，实现了数据的共享。

数据库也是以文件方式存储数据的，但它是数据的一种高级组织形式。在应用程序和数据库之间，有一个新的数据管理软件，即数据库管理系统。数据库管理系统对数据的处理方式与文件系统不同，它把所有应用程序中所使用的数据汇集在一起，应以记录为单位存储，以便应用程序查询和使用。数据库管理系统提供对数据库中的数据进行统一管理和控制的功能，保证数据的安全性和完整性，完善的数据备份和恢复功能是数据库系统的核心。

小型的桌面数据库系统如 Access 2010 等，其数据库管理系统和数据库本身是集成在一起、不可分割的。而大型的网络数据库系统如 Oracle 11g、SQL Server 2008，数据库管理系统和数据库本身可以分布在不同的计算机上。

在数据库系统管理阶段，应用程序和数据之间的关系如图 1-5 所示。

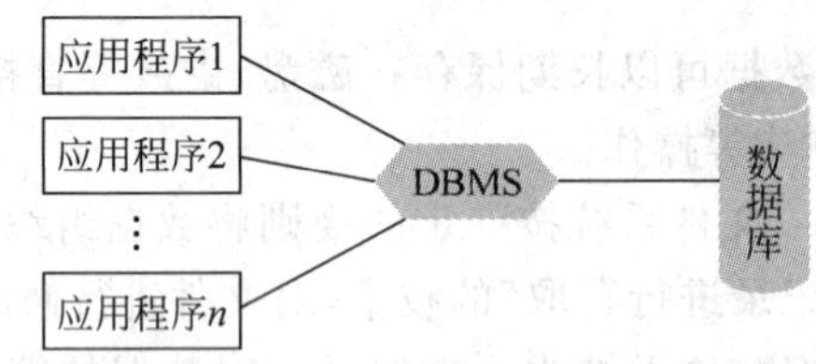

图 1-5 数据库系统管理阶段应用程序和数据的关系

1.1.3 数据库系统的特点

数据库从产生到发展，从简单到复杂，从单机版到网络版，与网络通信技术、面向对象技术、并行计算技术等互相渗透和融合，逐渐发展成为完整的体系，即数据库系统。平常所说的数据库，其实就是数据库系统的简称。数据库系统是一个完整的体系，存储数据的数据库仅仅是其中的一个组成部分。数据库存储数据，应用程序使用数据，数据库管理系统管理系统，三者相辅相成。

数据库系统有以下特点。

1. 数据结构化

数据库中的数据不再像文件系统中的数据那样从属于特定的应用程序，而是面向所有应用程序。按照某种数据模型组成一个结构化的数据整体。不仅描述了数据本身的特性，而且描述了数据与数据之间的各种关系，使数据库具备了完备的内部组织结构。

2. 数据存取灵活

可以存取数据库中某一个数据项、一个记录或一组记录。可以存取整体数据的各个子集来满足不同的应用需求。当应用需求改变时，只要重新选取不同的子集或加上一部分数据，就可以满足新的需求。

而文件系统中，存取的粒度是记录，粒度不能细到数据项。

3. 数据共享性高、冗余度低

这是数据库技术先进性的重要体现或主要用途。由于数据库中的数据是按某种数据模型组织成的结构化的数据，存取的粒度能细到数据项，所以多个应用程序都能够共享同一个数据库中的数据，因而大大提高了数据的利用率。

如果同一数据存在不同副本，不同应用程序使用、修改不同的副本，就很容易造成数据的不一致性。数据的共享，避免了同一数据存在不同副本，因而，减少了数据冗余、数据不一致的现象。

4. 数据安全可靠

数据库中加入了安全保密机制，如需要进行用户验证，并提供了角色和权限控制，所以可以防止对数据的非法使用。由于具有完整性约束和并发控制，所以能保证数据的一致性。另外，还可以对数据库进行备份恢复，防止数据丢失或被破坏。

5. 数据独立性高

数据独立性是数据库领域的一个常用术语，包括数据的物理独立性和数据的逻辑独立性。

物理独立性是指应用程序与存储在磁盘上的数据库中的数据是相互独立的，即数据在磁盘上的数据库中是如何存储的，完全是由 DBMS 来管理的，应用程序不需要了解，应用程序只需了解数据的逻辑结构就可以了。这样，当数据的存储格式和组织方式改变时，应用软件也不需要改变。

逻辑独立性是指应用程序与数据的逻辑结构也可以是相互独立的，即数据的逻辑结构的改变，如数据定义的修改，数据之间关系的变更时，应用程序也不需要改变。

数据独立性使数据与应用程序之间相互独立，互不依赖，不因一方的改变而需要另一方也改变。这大大减少了应用程序设计与维护的工作量，同时，数据不会因为应用程序的结束而消失，从而可以长期保留在计算机中。

1.1.4　数据库系统的三级模式结构及二级映像

从数据库管理系统的角度看，数据库通常采用模式、外模式、内模式三级结构。

模式(Schema)：又称逻辑模式。DB的全局逻辑结构。它是对数据库中全部数据的整体逻辑结构的描述,它由若干个概念记录类型组成。即DB中全体数据的逻辑结构和特征的描述。需要说明的是,模式只涉及型的描述,不涉及具体的值(实例),反映的是数据的结构及其联系；模式不涉及物理存储细节和硬件环境,也与应用程序无关；模式承上启下,是DB设计的关键；DBS提供模式DDL(Data Definition Language)来定义模式(描述DB结构)；一个数据库只有一个模式。

外模式：又称子模式或用户模式。DB的局部逻辑结构。它是用户与数据库的接口,是用户用到的那部分数据的描述,它由若干个外部记录类型组成。即与某一应用有关的数据的一个逻辑表示。需要说明的是,外模式是某个用户的数据视图；模式是所有用户的公共数据视图；一个DB只能有一个模式,但可以有多个外模式；外模式通常是模式的子集,但可以在结构、类型、长度等方面有差异；DBS提供外模式DDL。

内模式：又称存储模式。数据的物理结构和存储方式的描述。它是数据库在物理存储方面的描述,定义所有的内部记录类型、索引和文件的组织方式,以及数据控制方面的细节。即DB中数据的内部表示方式。需要说明的是,一个数据库只有一个内模式；DBS提供内模式DDL；内模式定义的任务有三个。

为了能够在内部实现数据库三级模式之间的联系和转换,数据库管理系统在这三级模式之间提供了两层映像：外模式/模式映像和模式/内模式映像。两级映像及其作用如下。

外模式/模式映像：模式描述的是数据库数据的全局逻辑结构,外模式描述的是数据的局部逻辑结构。对应于同一个模式可以有任意多个外模式。对于每一个外模式,数据库系统都有一个外模式/模式映像,它定义该外模式与模式之间的对应关系。这些映像定义通常包含在各自外模式的描述中。

作用：模式变,可修改映像使外模式保持不变,从而使应用程序不必修改,保证了程序和数据的逻辑独立性。

模式/内模式映像：定义DB全局逻辑结构和存储结构间的对应关系。一个数据库只有一个模式,也只有一个内模式,因此模式/内模式的映像也是唯一的。

作用：存储结构变,可修改映像使逻辑结构(模式)保持不变,从而使应用程序不必修改,保证了数据与程序的物理独立性。

数据库的三级体系结构如图1-6所示。

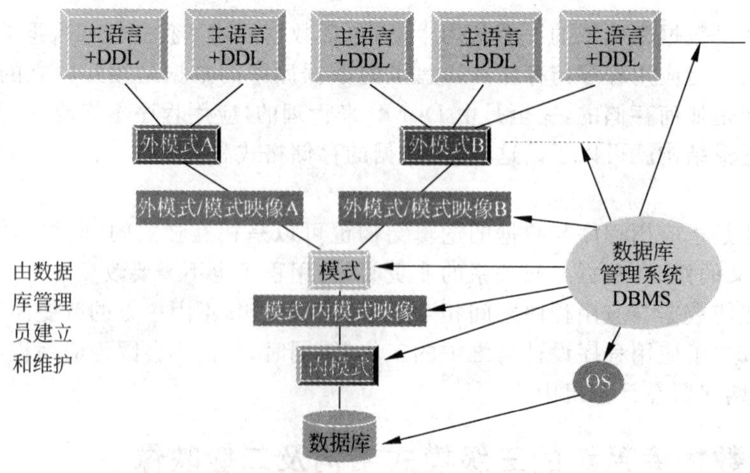

图1-6 数据库的三级体系结构

1.2 关系数据库

关系是数学上集合论中的一个重要概念。1970 年，E. F. Codd 在美国计算机学会会刊 *Communication of the ACM* 上发表了题为 *A Relational Model of Date for Shared Date Banks* 的论文，开创了数据库技术研究的新纪元，奠定了关系数据库(Relation Database)的理论基础。从此人们开始了关系数据库的研究。

关系模型的数学理论基础是建立在集合代数上的，与层次模型、网状模型相比较，是目前广为应用的一种重要的数据模型。关系型数据库在 PC、局域网和广域网上使用更为普遍。关系型数据库的数据组织、管理与检索等，都是基于数学理论的方法来处理数据库中的数据本身和数据之间的联系。20 世纪 80 年代以来，计算机软件厂商新推出的各种数据库产品几乎都是关系数据库。Oracle 10g 就是关系数据库。

关系数据库是建立在关系模型基础上的数据库，它由一些相关的表和其他数据库对象组成。这个定义包含以下几层含义：

- 建立在关系模型基础上。
- 信息被存放在表(二维表)中。
- 表之间是相互关联的。
- 除了表之外，还有其他数据库对象，如索引、视图、存储过程等。

使用数据库技术的目的就是把现实世界中存在的事物、事物之间的联系在数据库中用数据加以描述、记录并对其进行各种处理，以便为人们提供能够完成现实活动的有用信息。

在现实世界中，常常用模型来对某个对象进行抽象或描述，如飞机模型，它反映了该飞机的大小、外貌特征及其型号等；并可用文字语言来对该对象进行抽象或描述。

为了用计算机来处理现实世界的事物，首先需要将它们反映到人的大脑中来，即首先需要把这些事务抽象为一种既不依赖于某一具体的计算机，又不受某一具体 DBMS 所左右的信息世界的概念模型，然后再把该概念模型转换为某一具体 DBMS 所支持的计算机世界的数据模型。

信息的三个世界及其关系如图 1-7 所示。

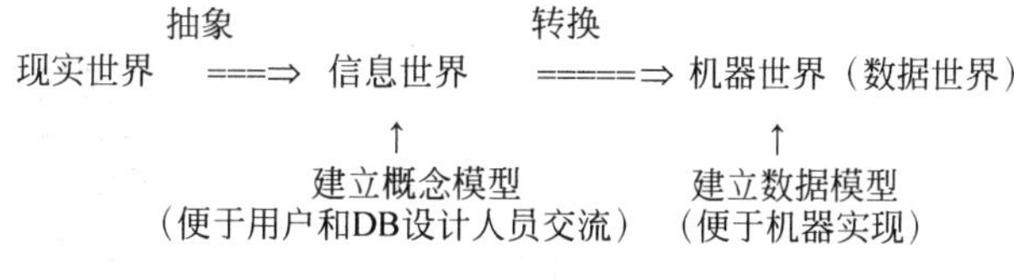

图 1-7 信息的三个世界及其关系

这个过程是通过研究"过程和对象"，然后建立相应的关系模型来实现的。在这两个转换过程中，需要建立两个模型，一个是概念模型，另一个是数据模型。

关系数据模型是关系数据库的基础。它由数据库结构、数据操作(关系运算)、完整性约束条件三部分组成。创建和使用关系数据库的主要工具是 SQL 语言(Structured Query Language，结构化查询语言)。

1.2.1 概念模型

概念模型是在信息世界中为研究"过程和关系"所建立的较为抽象的模型，它是一种不依赖于计算机软件、硬件的具体实现的一种模型。概念模型是从客户的想法和观点出发，结合商业规则和设计人员经验，将现实世界的需求用更直观的方法表达出来。

在信息世界中，常使用实体-联系方法（Entity-Relationship Approach，E-R 方法）来研究和描述逻辑模型。

E-R 方法包含如下三个要素。

- 实体(Entity)：客观存在并且可以相互区别的"事物"称为实体。实体可以是具体的，如一个学生、一本书、一名教师，也可以是抽象的，如一堂课、一次足球比赛。
- 属性(Attribute)：描述实体的"特征"称为该实体的属性。如学生有学号、姓名、性别、出生年月、入校总分等方面的属性。属性有"型"和"值"之分，型即为属性名，值即为属性的具体内容。如：(2012001、王梅、女、05/12/1995、625)。
- 联系(Relationship)：实体之间的联系。用菱形表示，菱形框内写明联系名，并用无向边分别与有关实体连接起来，同时在无向边旁标上联系的类型或需要注意的事，如果一个联系具有属性，则这些属性也要用无向边与该联系连接起来。

联系有以下三种类型。

- 一对一(1∶1)类型。实体集 A 中的一个实体至多与实体集 B 中的一个实体相对应；反之，实体集 B 中的一个实体至多对应于实体集 A 中的一个实体，则称实体集 A 与实体集 B 为一对一联系。如电影院中观众与座位之间、乘车旅客与车票之间、病人与病床之间等。如图 1-8(a)所示。
- 一对多(1∶m)类型。实体集 A 中的一个实体与实体集 B 中的 $N(N\geqslant 0)$个实体相对应；反之，实体集 B 中的一个实体至多与实体集 A 中的一个实体相对应。如学校与系、班级与学生、省与市等。如图 1-8(b)所示。
- 多对多(m∶n)类型。实体集 A 中的一个实体与实体集 B 中的 $N(N\geqslant 0)$个实体相对应；反之，实体集 B 中的一个实体与实体集 A 中的 $M(M\geqslant 0)$个实体相对应。如教师与学生、学生与课程、工厂与产品、商店与顾客等。如图 1-8(c)所示。

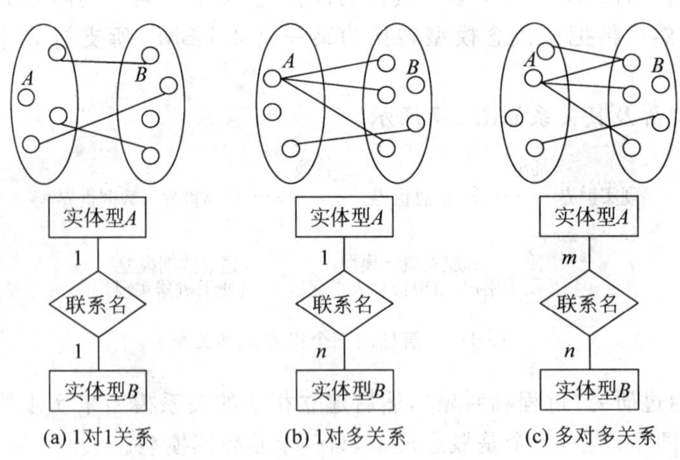

图 1-8 联系的三种类型

对于一个具体的应用问题，要根据实际情况和数据处理的需要进行正确的分析，才能找出实体之间的关系，这往往是一个比较困难的问题。

E-R 图接近于人的思维，易于理解，是用户和数据库设计人员之间进行交流的工具。E-R 图方法是抽象和描述现实世界的有力工具。用 E-R 图表示的逻辑设计独立于计算机、独立于具体的 DBMS 所支持的数据模型，是各种数据模型的共同基础，比数据模型更一般、更抽象、更接近现实世界。

1.2.2 关系模型

数据库系统是按数据结构的类型来组织数据的，因此数据库系统通常按照数据结构的类型来命名数据模型。如层次结构、网状结构和关系结构的模型分别命名为层次模型、网状模型和关系模型。由于采用的数据结构类型不同，通常把数据库分为层次数据库、网状数据库、关系数据库和面向对象数据库等。

关系模型是在概念模型的基础上所建立的适用于具体数据库实现的一种数据模型。

关系模型是目前最重要的一种数据模型。它是实体、属性、关系在数据库中的具体体现。为了将概念模型转换为关系模型，需要将实体映射为数据库表，将属性映射为数据序列，将关系映射为表的主键或外键。

关系模型包含以下特点和术语。

1. 数据结构

数据结构是研究存储在数据库中的对象类型的集合，这些对象类型是数据库的组成部分。例如某一所大学需要管理学生的基本情况(学号、姓名、出生年月、院系、班级、选课情况等)，这些基本情况说明了每一个学生的特性，构成在数据库中存储的框架，即对象类型。学生在选课时，一个学生可以选多门课程，一门课程也可以被多名学生选，这类对象之间存在着数据关联，这种数据关联也要存储在数据库中。

在用户观点下，关系数据库以二维表的形式存储各种类型的数据，它是二维表的集合。二维表由行和列组成，一行表示该实体的一个实例，一列表示该实体的一个属性。在关系模型中无论是实体还是关系都是由二维表表示的。如图 1-9 所示是一个学生实体的二维表表示。

学号	姓名	年龄	性别	系名	年级
2012001	王梅	17	女	计算机	12 级
2012008	伍员	18	男	化学	12 级
2012120	上官海	18	男	法律	12 级
⋮	⋮	⋮	⋮	⋮	⋮

图 1-9 关系表

2. 数据操作

数据操作是指对数据库中各种对象的实例允许执行的操作的集合，包括操作和有关的操作的规则。例如插入、删除、修改、检索、更新等操作，数据模型要定义这些操作的确切含义、操作符号、操作规则以及实现操作的语言等。数据操作是对系统动态特性的描述。

关系模型以关系代数和关系演算为数学基础。

关系代数包括：选择(select)、投影(projection)、连接(join)、除(division)、并(union)、交(intersection)、差(difference)、笛卡儿积(production)。

关系演算包括：元组关系演算和域关系演算。

关系模型的数据操作的特点是集合操作，即操作结果和操作对象都是集合，而不像非关系模型中的记录操作方式。另外，关系模型把存取路径隐蔽起来，用户只需通过 SQL 语言指出"干什么"或"找什么"，不必详细说明"怎么干"或"怎么找"。

关系模型中的数据操作主要是查询、插入、修改和删除数据。这些操作必须满足关系的完整性约束条件(即实体完整性、参照完整性、用户自定义完整性)。

3. 关系完整性约束

数据的约束条件是完整性规则的集合,用以限定符合数据模型的数据库状态以及状态的变化,以保证数据的正确、有效和相容。数据模型中的数据及其联系都要遵循完整性规则的制约。例如数据库的主键不能允许空值;每一个月的天数最多不能超过31天等。

另外,数据模型应该提供定义完整性约束条件的机制以反映某一应用所涉及的数据必须遵守的特定的语义约束条件。例如在学生成绩管理中,本科生的累计成绩不得有三门以上不及格等。

为了避免在表中出现完全重复的行,必须定义主键。主键由一个或多个属性组成,用于唯一地标识一行记录。主键的值不能重复,也不能为空(NULL)(即实体完整性)。外键用于定义表之间的联系,外键由一个或多个属性组成,外键的值必须在对应表中的主键值中存在(参照完整性)或者为空(NULL)。

4. 关系应满足的条件

在关系模型中,任何一个关系都应该满足如下条件:

- 二维表中每一列都是类型相同的数据。
- 列不可重名。
- 列的顺序可以任意安排。
- 行的顺序可以任意安排。
- 表中任意两行不能完全相同,即没有重复行。
- 表中的列不包含其他数据项,即不允许表中有表。

1.2.3 数据库功能

关系数据库主要包括如下功能。

1. 数据定义

数据定义构成数据库的三级模式(外模式、模式、内模式)、两级映像(外模式/模式映像、模式/内模式映像);定义数据的完整性、安全性等约束规则;定义为了保证数据库的操作权限的用户口令和存取权限等。

2. 数据操纵

数据操纵实现对数据库中数据的操纵。基本操作是:检索(查询)、更新(插入、删除、修改)。

3. 数据库的运行管理

数据库的运行管理是运行的核心部分,访问数据库的所有操作都要受到运行管理的控制。以便保证数据的安全性、完整性、多用户对于数据库的并发使用。

- 安全性控制:防止未经授权的用户蓄意、无意地存取数据库中的数据,以免数据的泄露、更改、破坏。
- 完整性约束:保证数据库中的数据及语义的正确性、有效性。以免数据库中的数据之间的关系被破坏。

- 并发控制：数据库的一个优点是数据共享，但当多个用户同时对同一个数据进行操作时，可能会互相破坏对方在数据库中的数据。或者读取到不正确的数据。并发控制系统能够防止这种错误的发生，正确处理多用户、多任务环境下的操作。
- 数据库的恢复：当数据库被破坏或数据不正确时，系统有能力把数据库恢复到正确的状态。

4. 数据库的存储管理

数据库中需要存放两大类数据：一类数据是应用数据，称为物理数据，通常所说的数据就是物理数据，它是数据库的主体；另一类数据是描述数据，它是各种定义，各种模式的定义。数据库应该分门别类地组织、存储、管理这些数据，确定以何种文件结构、存取方式来物理地组织这些数据，以便提高存储空间的利用率、操作的时间效率等。

现在，数据库中的数据量都很大，数据会频繁地在内存和硬盘(磁盘和磁带)之间传送。数据库应该简化和促进对数据的访问。

5. 数据库接口

数据库需要提供与其他软件系统进行交互、通信、操作的接口，以便提供其开放性，否则ODBC(OpenDataBase Connection，开放数据库连接)就无法实现。

1.3 关系数据库的范式理论

在关系数据库中，为了保证构造的表(关系)既能准确地反映现实世界，又有利于应用和具体操作，还需要对构造的表进行规范化，常用的规范化方法就是对关系应用不同的设计范式。在关系数据库中构造数据库时必须遵循一定的规则，这种规则就是范式。

关系数据库中的关系表必须满足一定的要求，即满足不同的范式。目前关系数据库有6种范式：第一范式(1NF)、第二范式(2NF)、第三范式(3NF)、第四范式(4NF)、BCNF和第五范式(5NF)。满足最低要求的范式是第一范式(1NF)。在第一范式的基础上进一步满足更多要求的称为第二范式(2NF)，其余范式以此类推。一般说来，数据库只需满足第三范式(3NF)就足够了。

1.3.1 第一范式(1NF)

在任何一个关系数据库中，第一范式(1NF)是对关系模式的基本要求，不满足第一范式(1NF)的数据库就不是关系数据库。

所谓第一范式(1NF)是指数据库表中的每一列都是不可分割的基本数据项，同一列中不能有多个值；即实体的某个属性不能具有多个值或者不能有重复的属性。如果出现重复的属性，就可能需要定义一个新的实体，新的实体由重复的属性构成，新实体与原实体之间为一对多的关系。

在第一范式(1NF)中，表的每一行只包含一个实例的信息。例如，对于学生信息表，不能将学生信息都放在一列中显示，也不能将其中的两列或多列存入一行中显示；学生信息表中每一行只表示一个学生的信息，一个学生的信息在表中只出现一次。

经过第一范式(1NF)后，数据库表中的字段都是单一的、不可再分的。这个单一属性由基本数据类型构成，包括整型、实型、字符型、逻辑型、日期型等。例如，表 1-2 所示的学生信息表是符合第一范式的。

表 1-2 学生信息表(SDC 表)

学号	姓名	系名	主任	课程号	课程名称	成绩
2012006	黎明	计算机系	童威	1	数据库	81

而表 1-3 所示的学生信息表是不符合第一范式的。

表 1-3 学生信息表

学号	姓名	年龄	性别	系名	爱好	联系方式
2012006	黎明	17	男	计算机	篮球，唱歌	18659661234，ora12@163.com

很显然，第一范式中关系中的每一个分量必须是不可分割的数据项，满足这个条件的关系模式就属于第一范式(1NF)。

1.3.2 第二范式(2NF)

第二范式(2NF)是在第一范式(1NF)的基础上建立起来的，即满足第二范式(2NF)必须先满足第一范式(1NF)。第二范式(2NF)要求数据库表中的每个实体或者各个行必须可以被唯一地区分。为实现区分各行通常需要为表加上一个列，以存储各个实体的唯一标识。在学生信息表中加上“学号”一列，每个学生的学号就是唯一的，因此每个学生可以被唯一区分。这个唯一属性列被称为主关键字或主键、主码。

第二范式(2NF)要求实体的属性完全依赖于主关键字。所谓完全依赖是指不能存在仅依赖主关键字一部分的属性。如果存在，那么这个属性和主关键字的这一部分应该分离出来形成一个新的实体，新实体和原实体之间是一对多的关系。为实现区分通常需要为表加上一个列，以存储各个实体的唯一标识。简言之，第二范式就是每一个非主属性完全依赖于码，消除非主属性对码的部分函数依赖。

假定上述学生信息表 1-2 中，为表示学生选课信息，以(学号，课号)为组合关键字，因为存在如下决定关系。学号函数决定非主属性姓名、系名。课程号函数决定非主属性课程名称。因此，码(学号，课程号)部分函数决定这些属性。即存在组合关键字中的部分字段决定非关键字的情况。由于不符合 2NF，这个学生选课关系表会存在如下问题。

- 数据冗余。每个学生、每门课程、每个系的基本信息分别随着学生选修课程数、课程选修人数、系的学生数大量重复出现，浪费存储空间。
- 更新异常。如果某系更换系主任后，就必须修改该系每个学生的记录，修改量大，且一旦漏掉某个学生记录的修改或改错，还会造成一个系有多个系主任。
- 插入异常。如果系没有学生、课程没人选修、学生没选修课程，则该系、课程、学生的信息就无法存入数据库。
- 删除异常。删除一个系的全部学生、一门课或一个学生的全部选课记录，则该系、课程、学生的信息一并删除。

为克服上述问题，可以把上述关系表改为如下 3 个表。

SD(学号，姓名，系名，主任)

Course(课程号，课程名称)

SC(学号,课程号,成绩)

进行上述分解后,关系表就符合了第二范式,消除了数据冗余、更新异常、插入异常和删除异常。另外,所有单关键字的关系表都符合第二范式,因为不可能存在组合关键字。

1.3.3 第三范式(3NF)

满足第三范式(3NF)必须先满足第二范式(2NF),第三范式要求关系表不存在非关键字列对任一候选关键字列的传递函数依赖。简言之,第三范式要求一个关系表中不包含已在其他表中已包含的非主关键字信息。

所谓传递函数依赖,就是指如果存在关键字段 x 决定非关键字段 y,而非关键字段 y 决定非关键字段 z,则称非关键字段 z 传递函数依赖于关键字段 x。

例如,假定学生关系表 STUDENT(学号,姓名,年龄,系,系地点,系主任),该关系表的关键字为单一关键字“学号”,因此存在如下决定关系:

(学号) →(姓名,年龄,系,系地点,系主任)

这个关系表是符合 2NF 的,但是它不符合 3NF,因为存在如下决定关系:

(学号) →(系)→(系地点,系主任)

即存在非关键字列“系地点”、“系主任”对关键字段“学号”的传递函数依赖。该关系表也会存在数据冗余、更新异常、插入异常和删除异常的情况。因此,可以把学生关系表分解为如下两个表。

学生: STUDENT(学号,姓名,年龄,系)
学院: DEPARTMENT(系,系地点,系主任)

这样关系表就符合了第三范式,消除了数据冗余、更新异常、插入异常和删除异常。

1.4 常见的关系数据库

20 世纪 70 年代是关系数据库理论研究和原型开发的时代,关系模型提出后,由于其突出的优点,迅速被商用数据库系统所采用。据统计,20 世纪 70 年代末以来新发展的 DBMS 产品中,近百分之九十是采用关系数据模型,其中涌现出了许多性能良好的商品化关系数据库管理系统(Relational DataBase Management System,RDBMS),例如,小型数据库系统 FoxPro、Access、PARADOX 等,大型数据库系统 DB2、Ingres、Oracle、Informix、Sybase、SQL Server 等。因此可以说 20 世纪 80 年代和 90 年代是 RDBMS 产品发展和竞争的时代。RDBMS 产品经历了从集中到分布,从单机环境到网络,从支持信息管理到联机事务处理(On-Line Transaction Processing,OLTP),再到联机分析处理(On-Line Analytical Processing,OLAP)的发展过程;对关系模型的支持也逐步完善,并增加了对象技术,系统的功能不断增强。

目前商用数据库产品很多,本节我们简单介绍具有代表性的 Oracle 、SQL Server 等。

1. Oracle 数据库

Oracle 是世界上最早的、技术最先进的、具有面向对象功能的对象关系型数据库管理系统,该产品的应用非常广泛。据统计,Oracle 在全球数据库市场的占有率达到 33.3%,在关系型数据库市场上拥有 42.1%的市场份额,在关系型数据库 UNIX 市场上占据 66.2%的市场。

在应用领域，包括惠普、波音和通用电气等众多大型跨国企业利用 Oracle 电子商务套件运行业务。在我国 Oracle 公司的业务也取得了迅猛发展，赢得了国内行业主管部门、应用单位和合作伙伴的广泛信任及支持，确立了在中国数据库和电子商务应用市场的领先优势。目前，Oracle 的应用已经深入到了银行、邮电、电力、铁路、气象、民航、情报、公安、军事、航天、财税、制造和教育等许多行业。

Oracle 公司成立于 1977 年，是一家著名的专门从事研究、生产关系数据库管理系统的专业厂家。1979 年推出的 Oracle 第一版是世界上首批商用的关系数据库管理系统之一。Oracle 当时就采用 SQL 语言作为数据库语言。自创建以来的 20 年中，不断推出新的版本。1986 年推出的 Oracle RDBMS 5.1 版是一个具有分布处理功能的关系数据库系统。1988 年推出的 Oracle 第 6 版加强了事务处理功能。对多用户配置的多个联机事务的处理应用，吞吐量大大提高，并对 Oracle 的内核做了修改。1992 年推出的 Oracle 第 7 版对体系结构做了较大调整，并对核心做了进一步修改。1997 年推出的 Oracle 第 8 版则主要增强了对象技术，成为对象-关系数据库系统。

1999 年，针对 Internet 技术的发展，Oracle 公司推出了第一个 Internet 数据库 Oracle 8i，该产品把数据库产品、应用服务器和工具产品全部转向了支持 Internet 环境，形成了一套以 Oracle 8i 为核心的完整的 Internet 计算平台。企业可以利用 Oracle 产品构建各种业务应用，把数据库和各种业务应用都运行在后端的服务器上、进行统一的管理和维护，前端的客户只需要通过 Web 浏览器就可以根据访问权限访问应用和数据。

2001 年，Oracle 公司又推出了新一代 Internet 电子商务基础架构 Oracle 9i。这个由 Oracle 9i 数据库、Oracle 9i 应用服务器和 Oracle 9i 开发工具包组成的新一代电子商务基础架构，具有完整性、集成性和简单性等显著特点，为了使用户能够以最经济有效的方式开发和部署 Internet 电子商务应用，提供了包括数据库、应用服务器、开发工具、内容工具和管理工具等最完整的功能支持。

2003 年 9 月 Oracle 公司发布一个新版本 Oracle 10g，Oracle 10g 根据网格计算的需要增加了实现网格计算所需的重要的新功能，Oracle 将它新的技术产品命名为 Oracle 10g，这是自 Oracle 在 Oracle8i 中增加互联网功能以来第一次重大的更名。

2007 年 Oracle 11g 正式发布。它与 Oracle 10g 版本相比，新增了 400 多个功能，大幅度提升了系统性能的安全性。在其新增的功能中，最为突出的是实时应用测试、自动 SQL 调整和分区建议。Oracle 11g 提供了高性能、伸展性、安全性和可用性，并能方便地在低成本的服务器和存储设备组成的网格上运行。

2008 年，Oracle 公司收购了 bea，将著名的服务器 WebLogic 纳入囊中。

2010 年，Oracle 公司收购了 Sun Microsystems，将著名的 Java 语言收归旗下。

作为一个广泛使用的数据库系统，Oracle 11g 具有完整的数据管理功能，这些功能包括存储大量数据、定义和操纵数据、并发控制、安全性控制、完整性控制、故障恢复、与高级语言接口等。Oracle 11g 还是一个分布式数据库系统，支持各种分布式功能，特别是支持各种 Internet 处理。作为一个应用开发环境，Oracle 11g 提供了一套界面友好、功能齐全的开发工具，使用户拥有一个良好的应用开发环境。Oracle 11g 使用 PL/SQL 语言执行各种操作，具有开放性、可移植性、灵活性等特点，支持面向对象的功能，支持类、方法和属性等概念。

企业 IT 不断承受着用更少的资源做更多的事情的压力。变化是持续的，公司需要快速地适应以保持竞争力。同时，对于可用性和性能的需求在不断增长，而预算在紧缩。为了应付计算需求的不可预测性和即时性，公司一般扩大服务器规模来适应高峰负载，并为 IT 组织配备人员来处理即席请求。为了解决这些问题，在 Oracle 10g 的网格计算模型的基础上进行进一步的优化。整个业界都看好网格计算模型，虽然业内的一些领导者都曾为它创造了一些新的名词，例如：按需计算(Computing on Demand)、自适应计算(Adaptive Computing)、效用计算(Utility Computing)、托管计算(Hosted Computing)、有机计算(Organic Computing)和泛在计算(Ubiquitous Computing)等。Oracle 11g 新的技术满足了网格计算对于存储器、数据库、应用服务器和应用程序等方面的新需求。Oracle Database 11g、Oracle Application Server 11g 和 Oracle Enterprise Manager 11g 一起提供了一个更加完善的网格基础架构软件。

目前 Oracle 产品覆盖了大、中、小型机几十种机型，支持 UNIX、Windows 等多种操作系统平台，成为世界上使用非常广泛的、著名的商用数据库管理系统。

2. Microsoft SQL Server

SQL Server 是由 Sybase、Microsoft 和 Ashton-Tate 联合开发的 OS/2 系统上的数据库系统，1988 年正式投入使用。1990 年，Ashton-Tate 公司退出了 SQL Server 的开发，1994 年，Sybase 公司也将重点投入到 UNIX 版本的 SQL Server 开发上，而 Microsoft 公司则致力于将 SQL Server 移植到 Windows NT 平台上。1996 年，Microsoft 公司独立推出了 MS SQL Server 6.5；1998 年，升级到 7.0 版本；到了现在，SQL Server 2008 面世了。

目前运用比较广泛的是 Microsoft SQL Server 2005 这个版本。它是一个全面的数据库平台，使用集成的商业智能（Business Intelligence，BI）工具提供了企业级的数据管理。Microsoft SQL Server 2005 数据库引擎为关系型数据和结构化数据提供了更安全可靠的存储功能，使用户可以构建和管理用于业务的高可用和高性能的数据应用程序。

Microsoft SQL Server 2005 数据引擎是本企业数据管理解决方案的核心。此外 Microsoft SQL Server 2005 结合了分析、报表、集成和通知功能。这使用户的企业可以构建和部署经济有效的 BI 解决方案，帮助用户的团队通过记分卡、Dashboard、Web Services 和移动设备将数据应用推向业务的各个领域。

与 Microsoft Visual Studio、Microsoft Office System 以及新的开发工具包(包括 Business Intelligence Development Studio)的紧密集成使 Microsoft SQL Server 2005 与众不同。无论是开发人员、数据库管理员、信息工作者还是决策者，Microsoft SQL Server 2005 都可以为其提供创新的解决方案，帮助其从数据中更多地获益。

Microsoft SQL Server 2008 是一个重大的产品版本，它推出了许多新的特性和关键的改进，使得它成为迄今为止的最强大和最全面的 Microsoft SQL Server 版本。

Microsoft SQL Server 数据平台愿景提供了一个解决方案来满足这些需求，这个解决方案就是公司可以使用存储和管理许多数据类型，包括 XML、E-mail、时间/日历、文件、文档、地理等，同时提供一个丰富的服务集合来与数据交互作用：搜索、查询、数据分析、报表、数据整合和强大的同步功能。用户可以访问从创建到存档于任何设备的信息，从桌面到移动设备的信息。

3. Sybase

Sybase 是 Sybase 公司的数据库产品。Sybase 公司是较早采用客户/服务器工作模式技术的数据库厂商。

Sybase 可以运行于 UNIX、VXM、Windows NT/2000、OS/2、Netware 等操作系统平台上，支持标准的 SQL 语言，使用客户/服务器工作模式，采用开放的体系结构，能够实现网络环境下各节点上的数据库互访操作。

Sybase 数据库主要有三大部分：Sybase SQL Server 服务器软件、Sybase SQL Toolset 客

户软件、Sybase Client/Server Interface 接口软件。其中 Sybase SQL Server 服务器软件中的 Sybase SQL Anywhere 是 Sybase 的单机版本，是一个完备、小型的关系数据库管理系统，支持完全的事务处理和 SQL 功能，可以胜任小型数据库应用系统的开发。

Sybase 还拥有十分著名的数据库应用开发工具吧 PowerBuilder，使用它能够快速开发出基于客户/服务器工作模式、Web 工作模式的图形化数据库应用程序。Sybase 于 1991 年进入中国市场，其产品在许多行业和部门得到很好的应用。

4. DB2

DB2 是 IBM 公司的一款基于 SQL 的数据库产品，它起源于早期的实验系统 System R。20 世纪 80 年代初，DB2 主要用在大型机上。20 世纪 90 年代初，DB2 已经发展到中小型机，以及微机上了。现在 DB2 已经能够适用于各种硬件、软件平台了。DB2 在金融系统中应用较多。

习题

一、选择题

1. 数据库设计中概念结构的主要工具是(　　)。
   A. 数据模型　　B. E-R 图　　C. 概念模型　　D. 范式分析法
2. 数据库(DB)、数据库系统(DBS)和数据库管理系统(DBMS)三者之间的关系是(　　)。
   A. DBS 包括 DB 和 DBMS　　B. DDMS 包括 DB 和 DBS
   C. DB 包括 DBS 和 DBMS　　D. DBS 就是 DB，也就是 DBMS
3. 数据库管理系统(DBMS)是(　　)。
   A. 数学软件　　B. 应用软件　　C. 计算机辅助设计　　D. 系统软件
4. (　　)是存储在计算机内有结构的数据的集合。
   A. 数据库系统　　B. 数据库　　C. 数据库管理系统　　D. 数据结构
5. 数据库中，数据的物理独立性是指(　　)。
   A. 数据库与数据库管理系统的相互独立
   B. 用户程序与 DBMS 的相互独立
   C. 用户的应用程序与存储在磁盘上数据库中的数据是相互独立的
   D. 应用程序与数据库中数据的逻辑结构相互独立

二、填空题

1. 数据管理技术经历了________、________和________三个阶段。
2. 数据库是长期存储在________、有________的、可________的数据集合。
3. 数据库管理系统的主要功能有________、________、数据库的运行管理和数据库的建立以及维护 4 个方面。
4. 数据模型是由________、________和________三部分组成的。
5. 实体之间的联系可抽象为三类，它们是________、________和________。
6. ________是对数据系统的静态特性的描述，________是对数据库系统的动态特性的描述。

三、简答题

1. 试述数据库系统的特点。
2. 简述数据库系统的三级模式结构及其二级映像。

第2章 Oracle 11g 简介

Oracle 是目前最流行的关系型数据库管理系统，被越来越多的用户在信息系统管理、企业数据处理、Internet、电子商务网站等领域作为应用数据的后台处理系统。此前流行的版本为 Oracle 10g。Oracle 公司在 Oracle 10g 基础上推出了代表数据库最新技术的数据库系统 Oracle 11g。它支持包括 32 位 Windows、64 位 Windows、OS、HP-UX、AIX5L、Solaris 和 Linux 等多种操作系统，拥有广泛的用户和大量的应用案例。本章介绍 Oracle 11g 数据库的产品版本信息、特性以及体系结构等，为管理 Oracle 11g 奠定一定的基础。

2.1 Oracle 11g 产品版本概述

Oracle 系统主要由 Oracle DataBase 和 Oracle Application Server 两大拳头产品以及 Oracle 管理程序包等其他产品组成。

2.1.1 Oracle 11g 版本简介

针对不同的组织和个人对数据库性能、价格的不同需求，Oracle 数据库 11g 提供了 4 个版本，即标准版 1、标准版、企业版与个人版。

1. Oracle 数据库 11g 标准版 1(Oracle Database 11g Standard Edition One)

该版本是最基础的商业版本，包括基本的数据库功能。它为工作组、部门级和互联网/内联网应用程序提供了前所未有的易用性和很高的性价比。从针对小型商务的单服务器环境到大型的分布式部门环境，此版本包含了构建关键商务的应用程序所必需的全部工具。与标准版一样，标准版 1 可向上兼容其他数据库版本，并随企业的发展而扩展。Standard Edition One 仅许可在最高容量为两个处理器的服务器上使用。

2. Oracle 数据库 11g 标准版(Oracle Database 11g Standard Edition)

该版本除了包括标准版 1 的易用性、能力和性能外，还利用了 RAC(Real Application Clusters，真正应用集群)提供了对更大型的计算机和服务集群的支持。它是 Oracle 数据库支持网格计算环境的核心技术。标准版可适用于在最高容量为 4 个处理器的单台服务器上使用，也可以在一个支持最多 4 个处理器的服务器的集群上使用。它可向上兼容企业版，随着企业的发展而进行扩展。

3. Oracle 数据库 11g 企业版(Oracle Database 11g Enterprise Edition)

该版本为关键任务的应用程序(如大业务量的在线事务处理即 OLTP 环境、查询密集的数据仓库和要求苛刻的互联网应用程序)提供了高效、可靠、安全的数据管理。Oracle 数据库企业版可以运行在 Windows、Linux 和 UNIX 的集群服务器或单一服务器上,并为企业提供了满足当今关键任务应用程序的可用性和可伸缩性需求的工具和功能。它包含了 Oracle 数据库的所有组件,并且能够通过购买选项和程序包得到进一步增强。

4. Oracle 数据库 11g 个人版(Oracle Database 11g Personal Edition)

该版本除了不支持 RAC 外,支持需要与 Oracle 数据库 11g 标准版 1、Oracle 数据库标准版和 Oracle 数据库企业版完全兼容的单用户开发和部署。Oracle 提供了结合世界上最流行的数据库功能的数据库,并且数据库具有桌面产品通常具有的易用性和简单性。个人版数据库只提供 Oracle 作为 DBMS 的基本数据库管理服务,适用于单用户开发环境,对系统配置要求也较低,主要面向开发技术人员使用。值得注意的是,只有在 Windows 平台上才提供个人版。

2.1.2 Oracle 11g 可选产品概述

Oracle 数据库 11g 的 4 个版本都具有相应的特性和功能,以满足应用程序不断变化的需求。此外,Oracle 还提供了具有先进技术的可选产品,这些技术能够满足关键任务的 OLTP、数据仓库和互联网应用程序环境最苛刻的开发和部署需求。

Oracle 数据库 11g 企业版所支持的 API 通常在个人版和标准版中也支持,涉及与可选的附加产品相关的功能时例外,这些附加特性仅随 Oracle 数据库 11g 个人版和 Oracle 数据库 11g 企业版一起提供(如 Oracle OLAP 或 Oracle 数据挖掘)。

1. Oracle 真正应用集群

它是通过集群技术来利用多个互连的计算机处理能力的计算环境。Oracle RAC 通过利用集群化的硬件配置为任意打包或定制的应用程序提供了无限的可伸缩性和高可用性,并且它还具有单个系统的简单性和易用性。Oracle RAC 允许从集群化的系统配置的多个节点访问单个数据库,使应用程序和数据库用户不受硬件和软件故障的影响,同时提供了随硬件环境而扩展的性能。

2. Oracle 分区

它为大型的底层数据库表和索引增加了重要的可管理性、可用性和性能,从而为 OLTP、数据中心和数据仓库应用程序增强了数据管理环境。Oracle 分区允许将大表分解为单独管理的更小的部分,同时保留应用程序级的单个数据视图。支持 range、hash、list 和组合(range 和 hash 组合,以及 range 和 list 组合)分区方法。

3. Oracle 高级安全性(ASO)

它为 Oracle 数据库提供了网络加密的一整套功能强大的验证服务。网络加密是利用行业标准的数据加密和数据集成算法来实施的。这为部署提供了一个编码和密码增强的选择。强大的验证服务支持一套全面的符合行业标准的第三方验证选项。验证选项包括 Oracle 数据库的单点登录服务,这是通过与现有的验证框架和双方验证选择(如智能卡和令牌卡)进行互操作而实现的。

4. Oracle OLAP

它是一个可伸缩、高性能的计算引擎，它为开发分析应用程序提供了完全集成的管理。Oracle OLAP 完全集成在数据库中，并提供了一整套分析功能。例如，预测分析可以用来预测市场趋势、预测产品生产需求以及生成企业预算和财务分析系统。利用复杂、多维的查询和计算，可以获得诸如市场份额和净现值等信息。Java OLAP API 提供了高效的面向对象的方法，以构建需要复杂的分析查询功能的应用程序。

5. Oracle 数据挖掘

它允许公司构建高级商务智能应用程序，这些应用程序能够挖掘企业数据库，洞察新的问题，并将这些信息集成到商务应用程序中。Oracle 数据挖掘嵌入了数据挖掘功能，以进行分类、预测和关联。所有的建模和评分功能都可以通过基于 Java 的 API 来访问。

6. Oracle 空间数据库(Oracle Spatial)

它允许用户和应用程序开发人员将他们的空间数据紧密集成到企业应用程序中。Oracle Spatial 根据相关数据的空间关系(例如，在给定的距离之内，存储位置到用户的接近程度，以及每个区域的销售收入)来分析。Oracle Spatial 在行业标准的数据库中管理空间数据，从而导致了在数据服务器上进行的应用程序集成。这使得供应商工具和应用程序能够直接从 Oracle 数据库访问空间数据，从而提供互操作性并使成本最低。

7. OracleProgrammer

它是一个单独的 Oracle 产品，它为构建访问和操作 Oracle DataBase 11g 的企业应用程序的开发人员提供了一组丰富的接口。OracleProgrammer 包括以下产品系列：

- 三个嵌入式 SQL 风格的接口：预编译器、SQL * Module 和 SQLJ。
- 四个调用级接口：Oracle 调用接口(CI)、Oracle C++调用接口(OCCI)、ODBC 和 JDBC。
- 两个 COM 数据访问接口：Oracleobects for OLE(OO4O)和 Oracle Provider for OLE DB。
- Microsoft .NET 支持：Oracle Data Provider for .NET(ODP.NET)、OLE DB .NET 和 ODBC .NET。

2.2 Oracle 11g 特性

对 Oracle 数据库来讲，10g 虽然在技术上进行了革命性的改革，但 11g 才是改革中的突破口。Oracle 11g 通过新的特性和数据库优化保持了它的数据库性能领先的纪录。本节着重介绍 Oracle 11g 的新性能，包括网格计算数据库、可管理性、高可用性的加强、商务智能和优化 PL/SQL。

2.2.1 网格计算数据库

Oracle 11g 在网格计算设计的关系数据库的基础上进行创新，它尽可能以最低成本和最高的服务质量来提供信息，只有 Oracle 11g 提供了更好的企业网格计算所需的集群、工作负载管理和数据中心自动化,以及易用性能。

网格计算是指将大量服务器和存储设备作为一台计算机进行协调使用。也就是用户不需考虑数据的位置,不需要考虑哪台计算机处理他的要求。只要是通过这样的任何一台计算机都可以提供无限的计算能力,可以接入浩如烟海的信息。这种环境将能够使各企业比以前更快地解决难以处理的问题,最有效地使用他们的系统,满足客户要求并降低他们计算机资源的拥有和管理总成本。与其他计算模型相比,以网格形式设计和实现的系统可以提供更高质量的服务、更低的成本和更大的灵活性。

网格计算的思想与 Oracle 的功能和技术相结合,而且它还具有发布未来网格计算的体系结构。如图 2-1 所示。

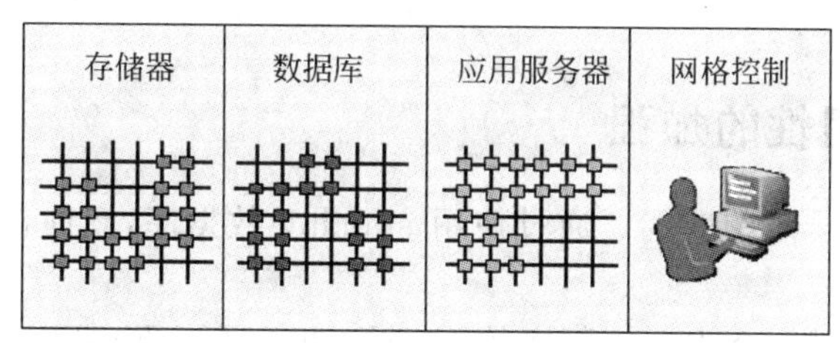

图 2-1 Oracle 11g 网格计算图

2.2.2 可管理性

Oracle 11g 在管理上极大地精简化。大量复杂的配置和部署设置被取消或者简化。常见的操作过程被自动化。对不同区域的大多数调整和管理操作做到简化。

1. 自动诊断知识库

Oracle 11g 增加此项服务 ADR(Automatic Diagnostic Repository)。当 Oracle 探测到系统发生错误时,会自动创建一个事件,并且捕捉到和这个事件相关的信息,同时进行自动化数据库检查并通知 DBA。用户还可以将信息发送至 Oracle 服务团队,以获取更多的技术支持。

2. 事件打包服务

当用户需要进行进一步测试或保留信息时,用此服务与某一个事件的信息打包,并且还可以将打包的信息发给 Oracle 团队,得到相关的技术支持服务。

3. 自动地基于磁盘备份与恢复

它也简化了备份与恢复操作。备份调度成自动化操作,自动化优化调整。备份失败的时候,可以自动重启,以确保 Oracle 能够有一个一致的环境使用。DBA 可以更轻松地达到用户的可用性预期。

4. 应用优化

在 Oracle 9i 中,数据库管理员更多时候要手工对 SQL 语句进行优化调整。Oracle 10g 引入了一些新的工具——自动优化建议器,它可以将优化建议写在 SQL Profile 中,从此数据库管理员无须手工做这些烦琐的事情。在 Oracle 11g 中,用户可让 Oracle 自动将 3 倍于原有性能的 Profile 应用到 SQL 语句上。

5. 计划管理

允许用户将某一特定语句的查询计划固定下来，不管统计的数据变化或是数据库版本变化都不会影响、改变查询计划。

6. 自动化内存调整

Oracle 9i 能够对 PGA 进行自动化优化；Oracle 10g 能够对 SGA 相关的参数进行调整；Oracle 11g 数据库管理员只需要对内存参数进行配置就可实现全表的自动优化，用户只需要知道可用的总的内存数量和共享区的大小，就可以自动完成对 PGA、SGA 和操作系统等进程的内存的分配。

2.2.3 高可用性的加强

缩短应用和数据库升级的时间。通过使用 standby 数据库，允许在不同版本的 standby 和产品数据库间切换。

闪回（FlashBack）错误能力。该版本的 Oracle 也扩展了 FlashBack 的能力。扩展了原先版本中的新类型的 Log 文件，该文件记录了数据库块的变化。这个 Log 文件也被自动磁盘备份和恢复功能所管理。如果有错误发生，例如，针对不成功的批处理操作，数据库管理员可以运行 FlashBack。用这些 before Images 快速恢复整个数据库到先前的时间点——无须进行恢复操作，这个功能也可以用到 Standby 数据库中。FlashBack 是数据库级别的操作，也能闪回整个表。另外 FlashBack 查询的能力也已经加强。

2.2.4 优化 PL/SQL

Oracle 11g 在 PL/SQL 编程语言方面也增加了一些新特性和功能，主要体现在以下几个方面。

1. SQL 新语法

在调用某一函数时，可以通过“＝＞”符号来为特定的函数参数指定数据。

2. 新的 PL/SQL 数据类型

Oracle 11g 引入了一个新的数据类型 simple_integer，它比 pls_integer 整数数据类型效率更高。

3. continue 关键字

Oracle 11g 在 PL/SQL 的循环语句中允许使用 continue 关键字，该关键字能够结束当前的循环过程，使程序跳到循环体的开始语句进行下一轮的循环。

2.3 Oracle 11g 网格计算数据库

Oracle11g 数据库是按照规定的单位进行管理的数据集合，用于存储并获取相关信息。数据库服务器是信息管理的关键。

通常一个服务器可以实现以下功能：在多用户网络环境中管理大量的数据，从而保证许多用户同时访问相同的数据；防止没有授权的访问；提供有效的故障恢复解决方案。

Oracle 数据库是第一个为企业网格计算(Grid Computing)而设计的数据库系统，Oracle 10g 与 Oracle 11g 的 g 就代表 Grid Computing。网格计算是一种非常灵活和高效的管理信息与应用的方法，它建立了大量的由工业标准、模块化存储和服务器构成的池(Pool)。在这个结构下，每个新的系统都可以快速地得到池中提供的相应组件。

网格计算是伴随着互联网而迅速发展起来的，它这种 IT 结构可以开发高效低耗的企业信息系统。通过使用网格计算，许多独立的、模块化的硬件和软件组件可以连接在一起，并根据商业需求的变化而进行重组。

1. 网格计算目的

网格计算的主要目的是设计一种能够提供以下功能的系统：提高或拓展企业内所有计算资源的效率和利用率，满足最终用户的需求，同时能够解决以前由于计算、数据或存储资源的短缺而无法解决的问题；建立虚拟组织，通过让他们共享应用和数据来对公共问题进行合作；整合计算能力、存储和其他资源，使得需要大量计算资源的巨大问题求解成为可能；通过对这些资源进行共享、有效优化和整体管理，能够降低计算的总成本。

对于网格计算的优越性，可以通过以下两个关键点来区分网格计算和其他计算方式(例如主机或客户机/服务器模式)。

虚拟(Virtualization)：相互独立的资源(例如计算机、磁盘、应用程序组件和信息资源等)按照类型组织在一个池中，供用户使用。这种方式打破了资源提供者和用户之间的硬编码联系，系统可以根据特定的需要自动准备资源，而用户不需要了解整个过程。

提供(Provisioning)：用户通过虚拟层申请资源，由系统来决定如何满足用户的特定需求，从而对系统进行整体的优化。

网格计算模型将 IT 资源集合看作一个独立的池，为了同时定位大型系统和各类分散资源中存在的问题，网格计算会在集中资源管理和灵活独立的资源控制之间实现最佳的平衡。

2. 网格计算资源管理

Oracle 11g 的网格计算资源管理包括：基础资源、应用程序和信息。

基础资源：构成数据存储和程序执行环境的软件和硬件。硬件资源包括磁盘、处理器、内存和网络等，软件则包括数据库、存储管理、系统管理、应用服务器和操作系统等。通过扩展多个计算机的计算能力以及多个磁盘或磁盘组的存储能力，可以排除单个资源故障所造成的影响，保障系统安全有效地运行。

应用程序：业务逻辑和处理流程的编码。

信息：用户需要的数据。信息可能保存在数据库或文件系统中，也可能以邮件格式或应用程序自定义格式保存。

3. 网格计算能力

Oracle 11g 的网格计算能力包括以下几点。

服务器虚拟(Server Virtualization)：Oracle 实时应用集群(RAC)可以使一个数据库运行在网格的多个节点上，将多个普通计算机的处理资源集中使用。Oracle 在跨计算机分配工作负载的能力方面具有独特的灵活性，因为它是唯一不需要随工作进程一起对数据进行分区和分配的数据库技术。

存储虚拟(Storage Virtualization)：Oracle 11g 的自动存储管理(ASM)特性提供了数据库和存储之间的一个虚拟层，这样多个磁盘可以被看作是一个单独的磁盘组，在保证数据库在线的情况下，磁盘可以动态地加载或移除。

网格管理：网格计算将多服务器和多磁盘集成在一起，并且对它们实现动态分配，因此独立的资源可以实现自我管理和集中管理就变得非常重要。Oracle 11g 的网格控制特性提供了将多系统集成管理为一个逻辑组的控制台，可以管理网格中独立的节点，集中维护各组系统的配置和安全设置。

网格计算不会从根本上改变企业数据中心，并且也不需要丢弃现有的投资和最佳的应用。当然，网格计算也不是一时的风潮。基于 Oracle 11g 的网格计算已成为未来信息的基础，并将为运行更快捷的数据驱动的商务带来更高效、更经济的计算。

2.4 Oracle 11g 体系结构

从可观察的体系结构上讲，完整的 Oracle 数据库包括数据库(DB)及其专门用来管理它的数据库管理系统(DBMS)两大部分。分别与其对应的是存储结构和软件结构。

2.4.1 Oracle 11g 体系结构概述

数据库的体系结构可以从大体上划分为存储结构和软件结构。其中存储结构分为逻辑存储结构和物理存储结构。这两种存储结构既相互独立又相互联系。软件结构则由内存结构和进程结构组成。

数据库的主要功能是保存数据，换言之，数据库可以看作是保存数据的容器。数据库的存储结构就是数据库存储数据的方式。Oracle 数据库的存储结构如图 2-2 所示。

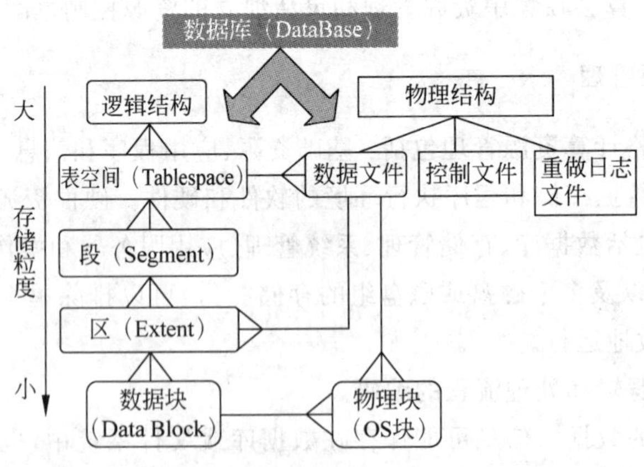

图 2-2 Oracle 11g 存储结构

从图 2-2 中可以看出，Oracle 数据库把数据存储在文件中，这些保存数据库不同信息的文件组成了 Oracle 的物理结构。

为了便于用户对数据库进行访问，Oracle 将数据库按照规定的结构划分为不同级别的逻辑单元。这里指的逻辑单元包括表、视图等常见的数据库组件。

逻辑存储结构和物理存储结构是分离的，对物理存储结构的管理可以不影响对逻辑存储结构的访问。因此，Oracle 数据库的逻辑存储结构能够适用于不同的操作系统平台和硬件平台，而不需要考虑物理实现方式。

2.4.2 数据库逻辑存储结构

Oracle 数据库的逻辑存储结构主要用于描述 Oracle 内部组织和管理数据的方式。它是 Oracle 数据库存储结构的核心内容，对 Oracle 数据库的所有操作都会涉及其逻辑存储结构。数据库的逻辑结构是从逻辑的角度分析数据库的组成的。它包括方案(Schema)、数据块(Data Block)、区间(Extent)、段(Segment)、表(Table)和表空间(Tablespace)等。数据库由若干个表空间组成，表空间又由多个段组成，段由区间组成，区间则由数据块组成。

表空间和表、段、区间、数据块的关系如图 2-3 所示。下面将分别对以上提到的这些概念进行相应的介绍。

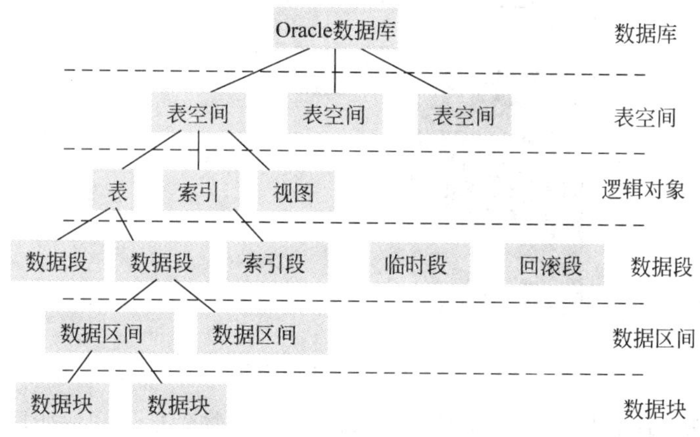

图 2-3 逻辑结构关系图

1. 方案

方案是用户使用的一系列数据库对象的集合。而用户是用来连接数据库并能够存取数据库对象的。一个用户一般对应一个方案，该用户的方案名等于用户名，并作为该用户的默认方案。这也就是在企业管理器的方案下看到方案名都为数据库用户名的原因。方案对象直接处理数据库数据的逻辑结构，如表(Table)、视图(View)、索引(Index)和聚簇(Clusters)等。

表：数据库中最常用的数据存储单元，是包含数据库中所有数据的数据库对象。在使用数据库中，接触最多的就是数据库中的表，是数据库中最重要的部分。作为关系型数据库，Oracle 表由行和列两部分组成，表通过行和列来组织数据。

视图：虚拟的表，它在物理上并不存在。视图可以把表或其他视图的数据按照一定的条件组合起来，所以也可以把它看成是一个存储的查询。视图并不包含数据，它只是从基表中读取数据。

索引：索引是一种可选的数据结构，在一个表上是否建立索引，不会对表的使用方式产生任何影响。但是如果在表中的某些字段上建立了索引，能够显著地提高对该表的查询速度，提高读取数据的效率，并且可以在很大程度上减少查询时的硬盘 I/O 操作。索引的功能类似于书的目录，读者可以通过目录很快地在书中找到需要的内容，Oracle 索引提供对表数据的访问路径，从而使用户能够快速定位指定的信息。

聚簇：又称为簇。有些表共享公共的列，并经常被同时访问，为了提高数据存取的效率，把这些表在物理上存储在一起,得到的表的组合就是簇。与索引相似,簇并不影响应用程序的设计。用户和应用程序并不关心表是否是簇的一部分,因为无论表在不在簇中,访问表的SQL语句都是一样的。

2. 数据块

数据块是Oracle管理数据库存储空间的最小数据存储单位,又称逻辑块或Oracle块。一个数据块对应磁盘上一定数量的数据库空间,标准的数据块大小由初始参数DB_BLOCK_SIZE指定。因此,数据块既是逻辑单位,也是物理单位。

数据块的格式如图2-4所示。

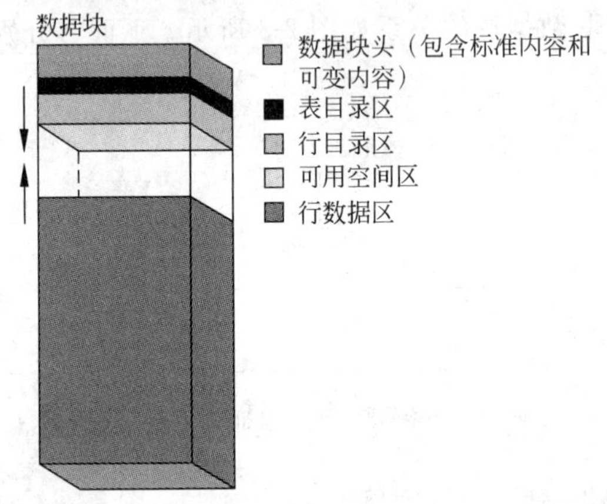

图2-4 数据块的格式

公共的变长头:存放数据块的基本信息,如地址块的物理地址和块所属的段类型等。

表目录:存放在此块中有行数据的表的信息。如果有些数据被存放在此块当中,这些表的相关信息将被存储在表目录中。

行目录:包含此块中实际行数据的信息(包括在行数据区中每个行数据片的地址)。这部分空间是已被数据行占用的空间。

空闲空间:它是一个块中未使用的区域。插入新行时需要存储空间,更新行数据时也可能造成存储空间的增加,这些存储空间都需要从空闲空间中分配。

行数据:包含表或索引数据。行数据的存储可以跨越数据块,也就是说,一行数据可以分别存储在不同的数据块中。

3. 区间

区间是数据库存储空间中分配的一个逻辑单元,由一组相邻的数据块组成,它是Oracle分配磁盘空间的最小单位。它也可以翻译为盘区或是扩展,通常我们称为区间。

区间是为数据一次性预留的一个较大的存储空间,直到那个区间被用满,数据库会继续申请一个新的预留存储空间,即新区间,一直到段的最大区间数或者是没有可用的磁盘空间可以申请。值得注意的是,MINEXTENTS定义了段所能包含的最小区间数量,在创建段时,它所包含的区间数量只能为MINEXTENTS。随着段中数据的增加,区间数量也可以不断增加,但不能超过MAXEXTENTS中定义的数量,否则会出现错误。

4. 段

段是由许多个区间组成的,它是一个独立的逻辑存储结构。如果段中的区间用完了,

Oracle可以自动为它分配新的区间。段中的区间可以是连续的,也可以是不连续的。一个段只能属于一个表空间,而一个表空间可以有多个段。

Oracle 11g数据库有4种类型的段,分别为数据段、索引段、临时段和回滚段。

数据段(Data Segment):存储表中所有的数据。用户创建表的同时Oracle将为表创建数据段。Oracle中所有未分区的表都使用一个段来保存数据。在表空间中创建多少个表,该表空间就有相同数量的数据段,并且数据段的名称与它对应的表名相同。

索引段(Index Segment):存储表中最佳查询的所有索引数据。在使用Create Index语句创建索引时或者是在定义约束时自动创建索引,Oracle都将会为该索引创建它的索引段。

临时段(Temporary Segment):存储表查询排序操作期间建立的临时表中的数据。用户在执行查询数据等操作时,Oracle会根据需要使用一些临时存储空间,用于保存临时解析过的查询语句中产生的临时数据。Oracle会在专门用于存放临时数据的表空间中为其分配临时段。

回滚段(Rollback Segment):存储修改之前的位置和值。利用这些信息,可以撤销未提交的操作。Oracle利用回滚段来维护数据库的读写一致性。对于回滚段的管理是由Oracle自动完成的,是一种自动撤销管理。

5. 表空间

数据库可以划分为若干个逻辑存储单元,这些存储单元被称为表空间。每个数据库都至少有一个系统表空间(称为SYSTEM表空间)。在创建表时,需要定义保存表的表空间。表空间是最大的逻辑单位,对应一个或多个数据文件,表空间的大小是它所对应的数据文件大小的总和。

表空间和数据文件是物理存储上的一对多的关系;表空间和段是逻辑存储上的一对多的关系,段与数据文件没有直接的关系。一个段可以属于多个数据文件,段可以指定扩展到某一个数据文件上面。

Oracle 11g包含以下几种表空间。下面分别对这些表空间进行介绍。

1) 大文件表空间

大文件表空间是Oracle 11g中的一种表空间类型,在Oracle前一个版本中已经存在。它只能放置一个数据文件但其数据文件可以包括4G个数据块,如果每个数据块的大小是8KB,那么大文件表空间可以达到32TB。大文件表空间中可以包含一个单独的大文件,而不是若干个小文件。这使得Oracle数据库可以应用于64位操作系统,创建和管理大型文件。大文件表空间中可以使数据文件完全透明,即可以直接对表空间进行操作而不考虑底层的数据文件。

使用大文件表空间可以使表空间成为磁盘空间管理、备份和恢复等操作的主要单元,同时简化了对数据文件的管理。因为大文件表空间中只能包含一个大文件,所以不需要考虑增加数据文件和处理多个文件的开销。

在创建表空间时,系统默认创建小文件表空间(Smallfile Tablespace),这是传统的Oracle表空间类型。SYSTEM和SYSAUX表空间只能使用小文件表空间创建。一个Oracle数据库中可能同时包含大文件和小文件表空间。

2) SYSTEM表空间

系统表空间,又称为字典表空间,不能被破坏。任意一个Oracle数据库都包含一个SYSTEM表空间,当数据库创建时,SYSTEM表空间会自动创建。当数据库打开时,SYSTEM表空间始终存在。

SYSTEM表空间中包含整个数据库的数据字典表,存放关于表空间的名称、控制文件、数据文件等管理信息。它属于 Sys、System 两个方案，仅被这两个或拥有相应权限的用户来使用。另外 PL/SQL 中的一些程序单元（例如存储过程、函数、包和触发器等）也保存在 SYSTEM 表空间中。PL/SQL 是 Oracle 提供的数据访问语言。注意，绝不可删除或是重命名 System 表空间。

3）SYSAUX 表空间

辅助系统表空间。数据库组件将 SYSAUX 表空间作为存储数据的默认位置，因此当数据库创建或升级时，它会自动创建。使用 SYSAUX 表空间可以减少默认创建表空间的数量，在进行普通的数据库操作时，Oracle 数据库服务器不允许删除 SYSAUX 表空间，也不能对其进行改名操作。在系统繁忙时，可将工具存放此中，减轻系统压力，SYSAUX 表空间也不会影响系统的性能。

4）Undo 表空间

每个数据库中都可以包含多个 Undo 表空间，在自动撤销管理模式中，每个 Oracle 实例都指定了唯一的 undo 表空间。撤销的数据在 Undo 表空间中使用 Undo 区间来管理，Undo 区间由 Oracle 自动创建并维护。

在 Oracle 中，可以将对数据库的添加、修改和删除等操作定义在事务（Transaction）中。事务中的数据库操作是可以撤销的，当事务中的数据库操作运行时，此事务将绑定在当前 Undo 表空间的一个 Undo 区间上。事务中对数据库的改变被保存在 Undo 表空间中，当执行回滚操作时，可以根据此内容恢复数据。

5）Temporary 临时表空间

在实例运行过程中，Oracle 需使用一些临时空间来保存 SQL 语句在执行过程中产生的临时数据。如果系统表空间是本地的，则在创建数据库时至少要创建一个默认的临时表空间。如果删除所有的临时表空间，则 SYSTEM 表空间被用作临时表空间。

6）表空间和方案

表空间和方案的关系是：同一方案中的对象可以存储在不同的表空间中，表空间可以存储不同方案中的对象。

数据库、表空间、数据文件、方案对象之间的关系如图 2-5 所示。

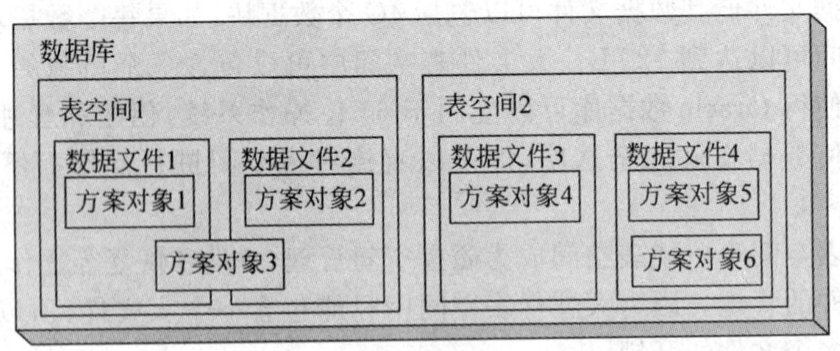

图 2-5　数据库、表空间、数据文件、方案对象之间的关系

从图 2-5 中可以看出，每个表空间由一个或多个数据文件组成。数据文件用于在物理上存储表空间中所有逻辑结构的数据；表空间中数据文件的大小之和就是表空间的存储容量；数据库中表空间的存储容量之和就是数据库的存储容量。

2.4.3 数据库物理存储结构

物理存储结构相对于逻辑存储结构来讲，简单而且更容易理解。物理存储结构并不是独立存在的，与逻辑存储结构之间有着不可分割的联系。Oracle 的数据在逻辑上存储在表空间中，而在物理上存储在表空间所对应的数据文件当中。

物理存储结构由构成数据库的操作系统文件所决定。每个 Oracle 数据库都由 3 种类型的文件组成：数据文件、日志文件和控制文件。其中，数据文件的扩展名为.DBF，日志文件的扩展名为.LOG，控制文件的扩展名为.CTL。这些数据库文件为数据库信息提供真正的物理存储，如图 2-6 所示。

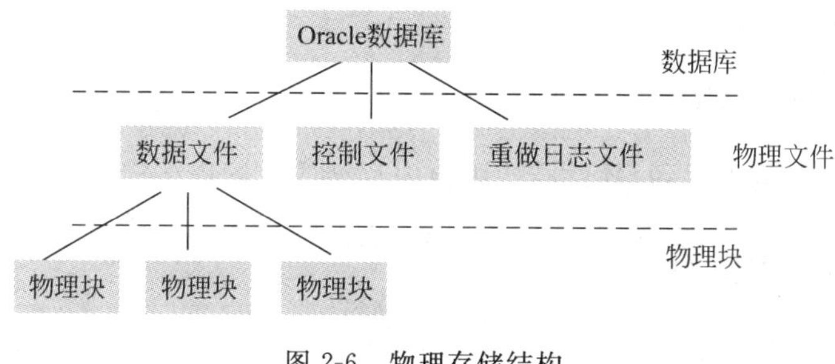

图 2-6 物理存储结构

1. 数据文件

Oracle 数据库有一个或多个物理的数据文件。数据库的数据文件包含全部数据库数据。逻辑数据库结构的数据也物理地存储在数据文件中。数据文件的特点是：每一个数据文件只与一个数据库相联系；一个表空间可包含一个或多个数据文件；一个数据文件只能属于一个表空间。

进行数据库操作时，系统将从数据文件中读取数据，并存储在 Oracle 的内存缓冲区中。新建或更新的数据不必立即写入数据文件中，而是把数据临时存放在内存中，由数据库写入进程决定在适当的时间一次性写入数据文件中。这样可以大大降低访问磁盘 I/O 的次数，从而提高系统的性能。

2. 日志文件

日志文件也称为重做日志文件。记录了所有对数据库数据的修改信息，修改信息包括用户对数据的修改以及管理员对数据结构的修改，记录的这些信息以备在数据库遇到故障时，恢复数据时使用。

每个数据库有两个或多个日志文件组，日志文件组用于收集数据库日志。日志的主要功能是记录对数据所作的修改，所以对数据库作的全部修改记录在日志当中。在出现故障时，如果不能将修改数据永久地写入数据文件，则可利用日志得到修改记录，从而保证已经发生的操作成果不会丢失。

日志文件主要是保护数据库以防止故障。为了防止日志文件本身的故障，Oracle 允许镜像日志，在不同磁盘上维护两个或多个日志副本。

3. 控制文件

数据库 Control File 是一个较小的二进制文件，用于描述数据库结构，用以支持数据库成功地启动和运行。每个 Oracle 数据库有一个控制文件，记录数据库的物理结构。但是一个控制文件只能属于一个数据库。控制文件包含数据库名称、数据库数据文件和日志文件的名字、位置和数据库建立日期、表空间信息、检查点信息、当前日志序列数等信息。

数据库的控制文件用于标识数据库和日志文件，当开始数据库操作时它们必须处于可写状态。若由于某些原因控制文件不能被访问，则数据库就不能正常工作。当数据库的物理组成更改时，Oracle会自动更改该数据库的控制文件，任何数据库管理员都不能直接编辑控制文件。数据恢复时，也要使用控制文件。

除了上述3种文件以外，Oracle还提供了一些其他类型的文件，如参数文件、跟踪和密码文件等。它们构成了Oracle数据库的物理存储结构，对应于操作系统的具体文件，是Oracle数据库的物理载体。

2.4.4 内存结构

在Oracle体系结构中提到，软件结构则由内存结构和进程结构共同组成，如图2-7所示。

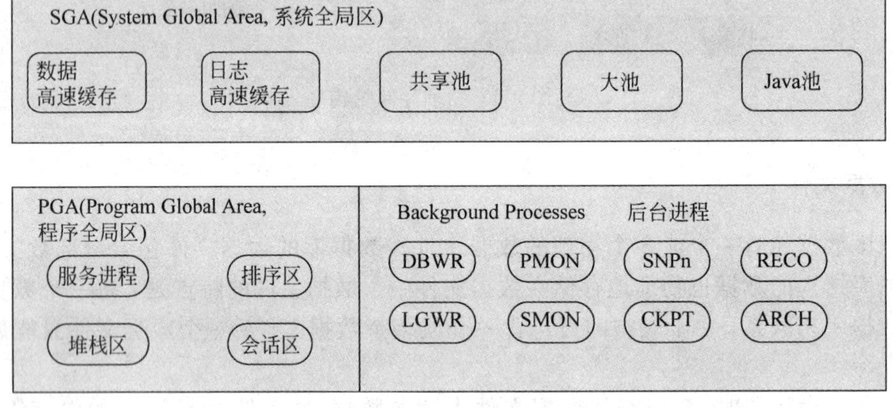

图2-7 软件结构

内存结构是Oracle数据库体系中最为重要的一部分，内存也是影响数据库性能的第一因素。按照内存的使用方法的不同，Oracle数据库的内存又可以分为系统全局区(System Global Area，SGA)和程序共享区(Program Global Area，PGA)两种内存结构。

1. 系统全局区(SGA)

SGA是一组共享内存结构，其中包含一个Oracle数据库例程数据及控制信息。如果有多个用户同时连接到同一个例程，则此例程的SGA数据由这些用户共享。因此，SGA也称为共享全局区(System Global Area)。如图2-8所示。

SGA包含以下数据结构。

1) 数据缓冲区

数据缓冲区(Database Buffer Cache)：用来保存从数据文件中读取最近的数据块信息，其中的数据被所有用户共享。当用户第一次执行查询或修改数据信息时，后台进程将所需的数据从数据文件读取出来，装入数据缓冲区中。当再有用户访问同样的数据时，Oracle就可直接从缓冲区把数据返回给用户。访问内存比访问磁盘的速度快很多，可以极大地提高数据库对用户请求的响应速度。

数据缓冲区由许多大小相同的缓存块组成，它们的大小与数据块的大小相同。根据缓存块是否被使用，可以将数据缓存区的缓存块分为以下3种。

脏缓存块：脏缓存块中保存的数据为已经被修改过的数据，这些数据需要重新被写入数据文件中。

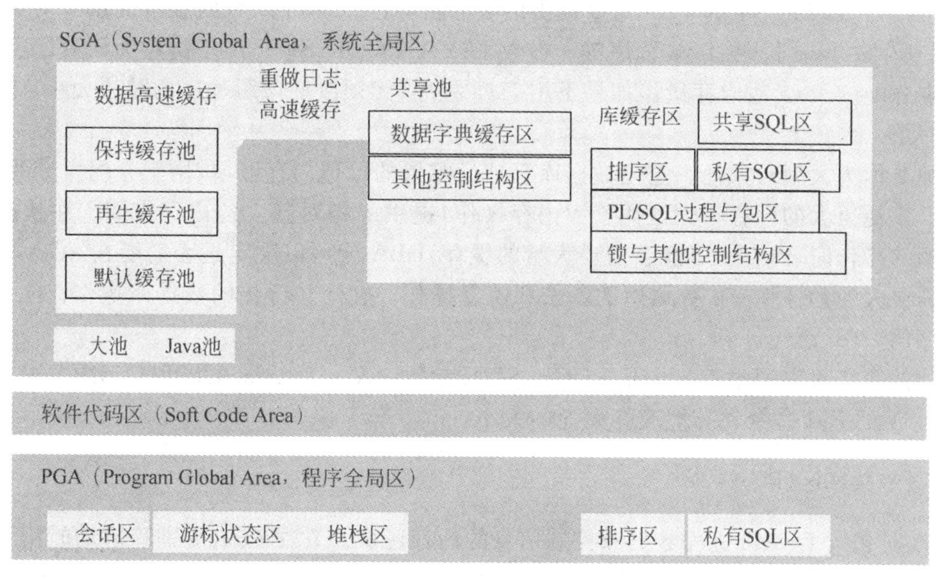

图 2-8 内存结构

空闲缓存块：空闲缓存块中不包含任何数据，它们在等待后台进程或服务器进程向其中写入数据。

命中缓存块：命中缓存块是那些正在被用户访问的缓存块，这些缓存块将被保留在数据缓冲区中，不会被换出内存。

Oracle 通过两个列表来管理数据缓冲区的缓存块。这两个列表分别是最近最少使用列表(LRU)和写入列表(DIRTY)。

最近最少使用列表(LRU)：该列表中包含所有的空闲缓存块、命中缓存块以及脏缓存块。LRU 列表使用 LRU 算法，将数据缓冲区那些最近一段时间内访问次数最少的缓存块移出缓冲区，这样可以保证最频繁使用的块被保留在内存中，而将不必要的数据移出缓冲区。

写入列表(DIRTY)：脏缓存块列表包含那些已经被修改并且需要重新写入数据文件的缓存块。

由于操作系统寻址能力的限制，不通过特殊设置，在 32 位系统上，块缓冲区高速缓存最大可达到 1.7GB，在 64 位系统上，块缓冲区高速缓存最大可达到 10GB。

2) 重做日志缓冲区

重做日志缓冲区：SGA 中的循环缓冲区，用于记录数据库发生改变的信息。这些修改的信息可能是 DML 语句，如 INSERT、UPDATE、DELETE；或是 DDL 语句，如 CREATE、ALTER、DROP 等。

3) 共享池

共享池：用于缓存与 SQL 或 PL/SQL 语句、数据字典、资源锁以及其他控制结构相关的数据。共享池主要包括：库缓存、数据字典缓存，以及用于存储并行操作信息和控制结构的缓存。

库缓存：解析用户进程提交的 SQL 语句或 PL/SQL 程序和保存最近解析过的 SQL 语句或 PL/SQL 程序。

数据字典缓冲区：保存数据库对象的信息，包括用户账号信息、数据文件名、段名、表说明和权限等。

4) Java 池

Java 池(Java Pool)：为 Java 命令提供语法分析。Oracle 8i 以后的版本提供了对 Java 的支持，用来存放 Java 代码、Java 程序等。参数 JAVA_POOL_SIZE 用于指定为所有的 Java 代码和数据分配的 Java 池内存量。如果不用 Java 程序，无须改变该缓冲区的默认大小。

5）大池

大池又称为大型对象池。它是数据库管理员配置的可选内存区域，用于分配大量的内存，处理比共享池更大的内存。大池用于大内存操作，提供了相对独立的内存空间。在执行某种特定类型的操作时，内存中可能会需要大量的缓存，DBA 就可以决定是否需要在 SGA 中创建大池。需要大池的操作有：数据库的备份和恢复操作；执行并行化的数据库操作；执行具有大量排序的 SQL 语句。

大池的大小可以通过 LARGE_POOL_SIZE 参数定义。从 Oracle 9i 以后，DBA 可以使用 ALTER SYSTEM 命令动态地改变大池的大小。

2. 程序共享区(PGA)

PGA 是包含 Oracle 进程数据和控制信息的内存区域。它在 Oracle 进程启动时由 Oracle 创建，是 Oracle 进程的私有内存区域，不能共享，只有 Oracle 进程才能对其进行访问。PGA 可以分为堆栈区和数据区两部分。

Oracle 使用内存存储以下信息：程序代码；连接会话的信息，包括当前并未激活的会话；程序运行过程中的信息(例如当前查询的状态等)；Oracle 进程共享和通信的信息；缓冲区中的数据，这些数据同时保存在外存储器中。

2.4.5 进程结构

进程是操作系统中的一种机制，它可执行一系列的操作步骤；是一个可以独立调用的活动，用于完成指定的任务。在有些操作系统中称为作业或任务。进程通常有自己的专用存储区。

所有连接到 Oracle 的用户都必须运行以下两个模块的代码来访问 Oracle 数据库例程。

- 应用程序或 Oracle 工具：例如预编译程序或 SQL * Plus 等，对 SQL 语句进行处理。
- Oracle 服务器代码：用于解释和处理应用程序的 SQL 语句。

这些模块都是通过进程运行的。可见进程在 Oracle 数据库中起着很重要的作用。

Oracle 是一个多进程的系统。Oracle 例程中的每个进程都执行特定的任务。通过把 Oracle 和数据库应用程序的工作分解成不同的进程，多个用户和应用程序就可以同时连接到一个数据库例程，而且使系统保持出色的性能。

Oracle 进程分为服务器进程和用户进程。

用户进程：是在服务器内存上运行的程序，如 SQL Plus Worksheet、企业管理器等，用户进程向服务器进程请求信息。与用户进程相关的两个概念是连接和会话。

连接：用户与 Oracle 服务器进行交互，首先需要建立连接。即启动如 SQL * Plus 的应用程序，产生一个用户进程，然后输入用户名、口令、主机字符串(连接标识符、网络服务名)，登录到服务器，接着 Oracle 产生一个服务器进程。这就建立了用户进程与服务器进程间的通信通道。对于网络环境通过硬件网络、网络协议建立该通道。

会话：用户与数据库之间的特定路径或连接。当用户启动一个基于 Oracle 的应用程序，输入正确的用户名、口令，登录到数据库后，Oracle 就为该用户建立一个会话。该会话在该用户使用数据库期间一直存在，直到该用户退出该应用程序或出现了非正常的中断为止。

服务器进程：接收用户进程发出的请求，根据请求与数据库通信，完成与数据库的连接操作和 I/O 访问。

有一些特别重要的服务器进程负责完成数据库的后台管理工作，称为数据库后台进程。它在实例启动时自动建立。只要数据库还在运行，后台进程就一直存在。每个后台进程在数据库运行中执行不同的任务，起到任务分解的作用。

重要的后台进程及其作用介绍如下。

系统监控进程(SMON)：在数据库系统启动时执行恢复性工作的强制性进程，对有故障的 CPU 或实例进行恢复。

进程监控进程(PMON)：用于恢复失败的数据库用户的强制性进程，获取失败用户的标识，释放该用户占用的所有数据库资源，然后回滚中止的事务。

数据库写入进程(DBWR)：主要管理数据缓冲区和字典缓冲区的内容，分批将修改后的数据块写回数据库文件，系统可以拥有多个该进程。

日志写入进程(LGWR)：用于将内存中的日志内容写入日志文件中，是唯一能够读写日志文件的进程。

归档进程(ARCH)：当数据库服务器以归档方式运行时调用该进程完成日志归档备份，必须选定数据库运行在归档模式下才能使用。

检查点进程(CKPT)：可选进程，对全部数据文件和控制文件的标题进行修改，标识该检查点，用于减少实例恢复所需要的时间。

恢复进程(RECO)：用于分布式数据库的失败处理，只有在数据库上运行分布式选项时才能使用该进程。当分布在多个地点的数据没有保持同步时，便调用该进程解决。

锁进程(LCKn)：可选进程，当用户在并行服务器模式下将出现多个锁进程以确保数据的一致性。

调度进程(Dnnn)：多线程服务器的可选进程，每个调度进程负责从所连接的用户进程到可用服务器进程的路由请求，并把响应返回到合适的用户进程。数据库服务器支持的每个协议至少要建立一个调度进程。多进程 Oracle 例程的后台进程示意图如图 2-9 所示。

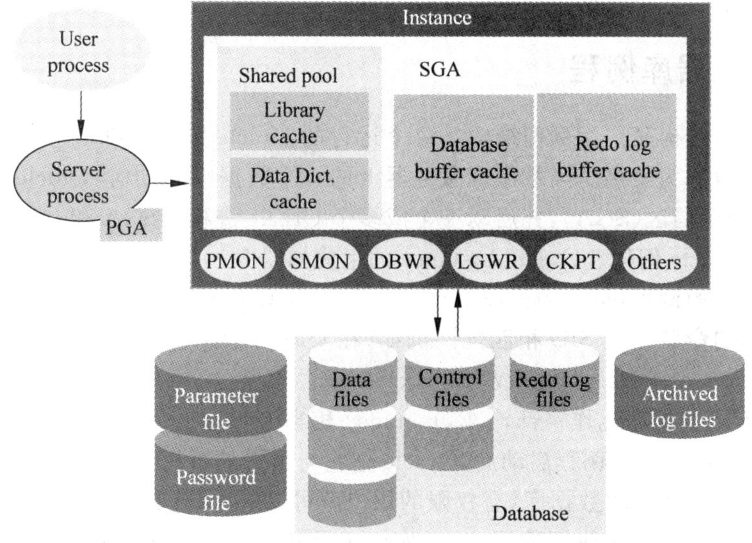

图 2-9 多进程 Oracle 例程的后台进程示意

2.4.6 数据字典

数据字典是 Oracle 数据库的核心组件，它由一系列对于用户而言是只读的基础表和视图组成，它保存了关于数据库本身以及其中存储的所有对象的基本信息。可以认为数据字典记录了数据库实例自身的重要信息。

Oracle 中的数据字典有静态和动态之分。静态数据字典主要是在用户访问数据字典时不会发生改变的，但动态数据字典是依赖数据库运行的性能的，反映数据库运行的一些内在信息，所以在访问这些数据字典时往往不是一成不变的。数据字典主要有 3 个用处：

(1) Oracle 访问数据字典来查找关于用户、模式对象和存储结构的信息。

(2) Oracle 每次执行一个数据定义语句(DDL)时都会修改数据字典。

(3) 任何 Oracle 用户都可以将数据字典作为数据库的只读参考信息。

数据字典由一系列拥有数据库元数据信息的数据字典表和用户可以读取的数据字典视图组成；数据字典表：大部分数据字典表的名称中都包含 $ 这样的特殊符号，数据字典表属于 SYS 用户；数据字典视图：数据字典表中的信息经过解密和一些加工处理后，以视图的方式呈现给用户。大多数用户都可以通过数据字典视图查询所需要的与数据库相关的系统信息。它们存放在 SYSTEM 表空间中。在数据库系统中，数据字典不仅是每个数据库的核心，而且对每个用户也是非常重要的信息。用户可以用 SELECT 语句访问数据库数据字典。

数据字典的主要内容有：数据库中所有模式对象的信息，如表、视图、同义词及索引等；系统的空间信息，即分配了多少空间、当前使用了多少空间等；例程运行的性能和统计信息；用户访问或使用的审计信息；用户及角色被授予的权限信息；Oracle 用户名字；列的约束信息的完整性和默认值。

通过数据字典可实现的功能是：用户可以通过数据字典视图获得各种方案对象和对象的相关信息；Oracle 通过查询数据字典表或数据字典视图来获取有关用户、方案、对象的定义信息以及其他存储结构的信息；数据库管理员(DBA)可以通过在数据字典的动态性能视图中监视例程的状态，将其作为性能调整的依据；当执行 DDL 语句修改方案和对象后，Oracle 都会将本次修改的信息记录在数据字典中。

2.4.7 数据库例程

Oracle 数据库结构又称为例程结构。每个运行的 Oracle 数据库都对应一个 Oracle 例程(Instance)，也可以称为实例。当数据库服务器上的一个数据库启动时，Oracle 将分配一块内存区间，叫作系统全局区(SGA)，并启动一个或多个 Oracle 进程。SGA 和 Oracle 进程结合在一起，就是一个 Oracle 例程。Oracle Instance 的组成如图 2-10 所示。

为了区分不同的例程，每个例程都要有一个系统标识符 SID，通常 SID 与数据库名相同。每个服务器进程的命名也与 SID 相匹配。例如，在 ORCL 数据库中，进程可以命名为以下形式：ora_orcl_pmon、ora_orcl_smon 或 ora_orcl_lgwr。

如果把 Oracle 数据库比作一部汽车，Instance 相当于汽车的发动机一样，启动 Oracle 数据库前应先启动 Instance。例程启动后，Oracle 把它与指定的数据库联系在一起，这个过程叫作装载数据库。对于此时的数据库，有权限的用户就可以进行访问。

当用户连接到数据库并使用数据库时，实际上是连接到该数据库的例程，通过例程来连接、使用数据库。在这个时期是由这个例程来访问和控制数据库的各种物理结构的。例程就是用户和数据库之间的中间层。例程与数据库的区别：数据库指的是存储数据的物理结构，

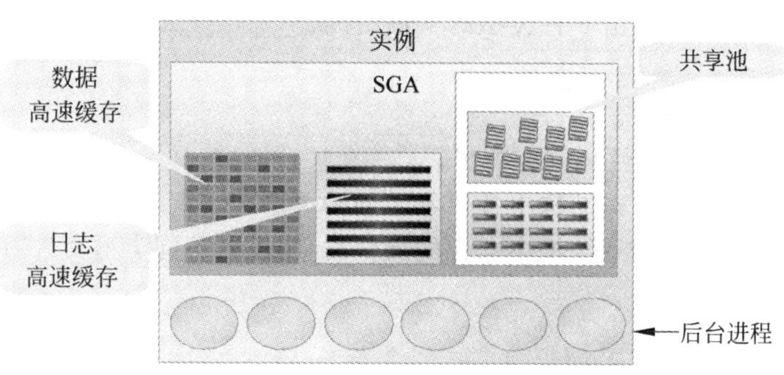

图 2-10 Oracle Instance 组成

总是实际存在的；例程则是由内存结构和一系列进程组成，可以启动和关闭。

只有数据库管理员才能启动例程，并打开数据库。数据库被打开后，数据库管理员可以将数据库关闭。用户无法访问关闭数据库中的数据。

习题

一、选择题

1. 下面不属于 Oracle 11g 产品系列的是(　　)。

   A. Oracle 数据库 11g 标准版 1　　B. Oracle 数据库 11g 企业版

   C. Oracle 数据库 11g 标准版　　D. Oracle 数据库 11g 网络版

2. Oracle 11g 中的 g 表示(　　)。

   A. 版本　　B. 网络　　C. 数据库　　D. 网格计算

3. 下面关于 Oracle 11g 数据库逻辑结构的描述错误的是(　　)。

   A. 数据库由若干个表空间组成　　B. 表空间由表组成

   C. 表由数据块组成　　D. 段由区间组成

4. 当数据库服务器上的一个数据库启动时，Oracle 将分配一块内存区间，叫作系统全局区，英文缩写为(　　)。

   A. VGA　　B. SGA　　C. PGA　　D. GLOBAL

5. Oracle 管理数据库存储空间的最小数据存储单位是(　　)。

   A. 数据块　　B. 表空间　　C. 表　　D. 区间

6. Oracle 提供的(　　)，能够在不同硬件平台上的 Oracle 数据库之间传递数据。

   A. 归档日志运行模式　　B. RECOVER 命令

   C. 恢复管理器(RMAN)　　D. Export 和 Import 工具

二、填空题

1. ________是虚拟的表，它在物理上并不存在。可以把它看成是一个存储的查询。

2. 每个数据库都至少有一个表空间，被称为________表空间。

3. Oracle 有两种内存结构，即________和________。

4. 一个数据块对应磁盘上一定数量的数据库空间，标准的数据块大小由初始参数________指定。

5. 在数据库中，________的功能类似于书的目录，创建它可以提高读取数据的效率。

6. 每个 Oracle 数据库都由 3 种类型的文件组成：________、________和________。

三、简答题

1. 简述 Oracle 11g 新特性体现在哪里。
2. 简述 Oracle 数据库逻辑结构中各要素之间的关系。
3. 简述 Oracle 数据库物理结构中包含的文件类型，以及不同类型文件所能起的作用。

第3章 Oracle 11g 的安装和卸载

Oracle 11g 支持包括 32 位 Windows、64 位 Windows、OS、HP-UX、AIX5L、Solaris 和 Linux 等多种操作系统平台。在使用 Oracle 11g 数据库之前必须先安装 Oracle 11g 数据库软件(即数据库管理系统。在不被混淆的情况下,也被简称为数据库,尤其是因为安装该软件时往往会创建一个数据库)。通过安装就可以提供学习、验证、管理 Oracle 11g 数据库的环境平台。

3.1 Oracle 11g 数据库的安装需求

在安装 Oracle 11g 之前先要明白安装目的、软硬件环境条件是否满足安装版本的最低需求,以便进行安装。不同版本的 Oracle 数据库软件(如 Oracle 9i、Oracle 10g、Oracle 11g)的安装界面和过程是有些区别的,同一版本的 Oracle 数据库软件的不同安装类型(如企业版、标准版 1)也会略有不同。

弄清安装界面中的信息、认真填写相关的信息并记录下安装过程中的界面信息、仔细检查安装结果、试运行安装后的软件,这几项工作都必须按部就班地严格进行,以便确保安装过程万无一失,并为今后的使用、恢复、安全、性能等打下良好的坚实基础。

3.1.1 安装 Oracle 11g 数据库的目的

安装 Oracle 数据库的目的是为了开发 Oracle 数据库应用软件和部署使用 Oracle 数据库的应用软件。如果是开发数据库软件,最稳妥和最实用的办法就是把开发系统和实际系统分别安装在两套互不相干的计算机系统上。在开发系统上进行软件产品的开发调试、试用和测试性能,进行质量保证。在实际系统上运行实际的数据库软件产品。

目前,大多数用户或企业安装 Oracle 数据库都是为了方便本企业或个人的数据管理及其运用。因为现今社会,信息化的高速发展,大量的数据涌入,人们不可能像以前一样靠记忆或徒手记录大量的数据,这就要建立便于管理的数据库来存储数据,如何调用这些相关数据库中的数据就要靠像 Oracle 11g 这样的 DBMS 来检索和更新,我们及时通过数据库获得更多有用的、有价值的信息。

3.1.2 安装 Oracle 11g 数据库的注意事项

数据库管理员或用户在安装软件的时候,有时可能因工作需要或不熟练而造成安装次数比较多,很容易丢失和损坏安装盘或数据,所以拿到 Oracle 11g 的安装软件后,应该对该安装软件做备份。

在安装 Oracle 11g 数据库时，还需要注意以下几个方面：

(1) 检查服务器系统是否满足软硬件要求。若要为系统添加一个 CPU，则必须在安装数据库服务器之前进行，否则数据库服务器无法识别新的 CPU。

(2) 启动 Windows 操作系统，并以 Administrator 身份登录，以便具有读写文件夹的各种权限。

(3) 在安装前，记录下物理数据库服务器的计算机名称、IP 地址，以便在安装客户机定义网络服务时使用。要注意的是，如果安装完成数据库后，再修改计算机名称，会造成服务无法启动，也不能在浏览器中使用 OEM。

(4) 备份服务器上运行的以前版本的 Oracle 数据库。

(5) 提高安装速度，可以预先将 Oracle 11g 的安装盘复制到硬盘上，利用硬盘进行安装。

(6) 若是有任何其他 Oracle 服务，就应该先将其停止。特别是要将监听器服务停止。

(7) 如果存在 ORACLE_HOME 环境变量，可以将其删除，以便由 OUI 来选择或指定默认的主目录路径。

(8) 在安装过程中，认真记录下每个步骤、每个提问、每个输入数据，尤其是(创建的、默认的)用户、密码。

(9) 安装完成后，检查、校验安装结果；在不知道有什么样的结果产生之前，不能删除安装后的任何文件、表格。

3.1.3 安装 Oracle 11g 数据库的硬件及其软件需求

安装 Oracle 11g 对系统的软件和硬件环境有一定的要求，只有满足了下述需求，才能顺利地安装 Oracle 11g 数据库系统。

安装 Oracle Database 11g 的硬件、软件需求如下。

CPU：最小为 1GB。

内存(RAM)：最低为 1GB(推荐 2GB)。

硬盘空间(NTFS 格式)：典型安装至少为 5.35 GB，高级安装至少为 6.85 GB。

虚拟内存：最小为 RAM 的 2 倍。

监视器：至少为 256 色。

操作系统：Windows 2000 SP4 或更高版本，支持所有的版本；Windows Server 2003 的所有版本；Windows XP Professional SP3 以上版本。注意，Oracle 11g 不支持 Windows NT。

浏览器：Internet Explorer 6/7。

网络协议：TCP/IP、支持 SSL 的 TCP/IP、Named Pipes。

3.2 Oracle 11g 数据库的安装

Oracle 11g 数据库是面向对象的 RDBMS，由 Oracle 数据库和 Oracle 例程组成。本节将介绍 Oracle 11g 数据库的安装过程。

3.2.1 获取 Oracle 数据库

首先，将从 Oracle 官方网站上下载得到的软件包展开，安装程序保存在 database 目录下。网址是，http://www. oracle. com/technetwork/database/enterprise-edition/downloads/index. html，如图 3-1 所示。

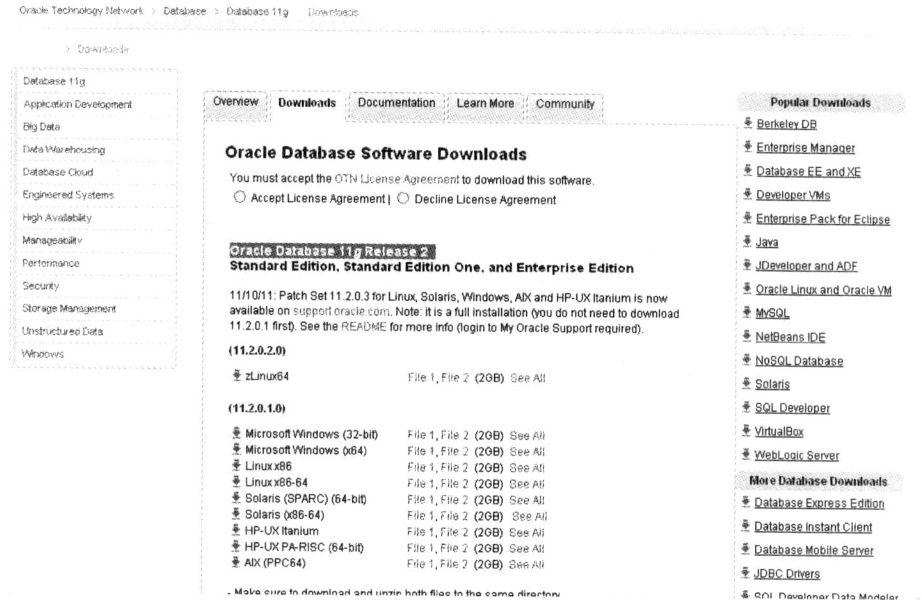

图 3-1　Oracle 数据库的下载页面

可以直接单击图 3-1 中的链接进行下载。本书使用的是用于 32 位 Windows 操作系统的 Oracle Database 11g Release2，共有两个文件 win32_11gR2_database_1of2. zip 和 win32_11gR2_database_2of2. zip，要将它们全部下载下来进行运用。

另外，还可以单击 See All 链接，进入 Oracle Database 11g Release2 for Windows(32bit) 下载页面，如图 3-2 所示。

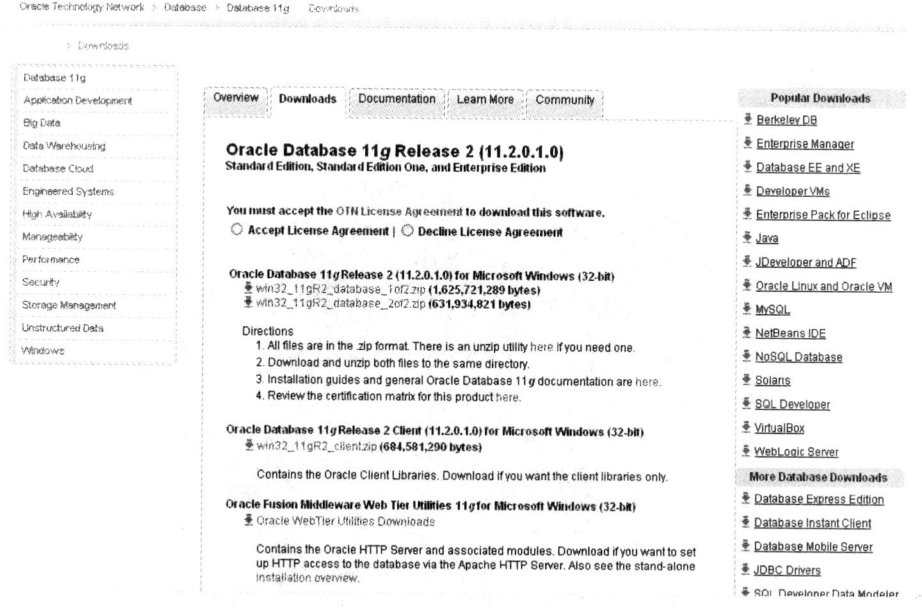

图 3-2　Oracle Database 11g Release2 for Windows(32bit)下载页面

在图 3-2 所示的界面中，还可以下载 Oracle 数据库的其他相关产品，如 Oracle 客户端、示例等。

3.2.2 Oracle 安装过程

安装数据库服务器就是将管理工具、网络服务、实用工具、基本的客户机软件或文件从安装盘复制到计算机硬盘的文件夹结构中，并创建数据库、配置网络、启动服务等。

(1) 首先应确定自己的计算机在软硬件方面符合安装 Oracle 11g 的条件，找到 database 目录下的 setup. exe，如图 3-3 所示。

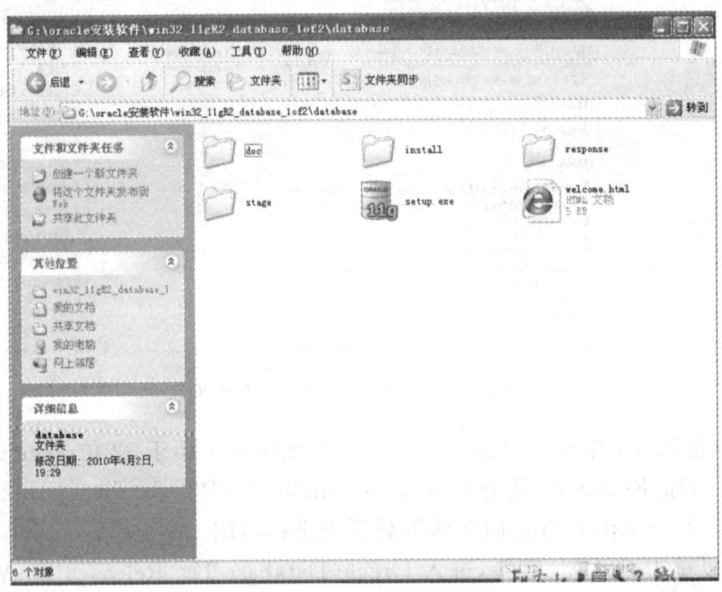

图 3-3 “安装软件”窗口

(2) 单击运行 setup. exe，将启动 Universal Installer，出现 Oracle Universal Installer 自动运行窗口，即快速检查计算机的软件、硬件安装环境。如果不满足最小安装需求，则会返回一个错误并异常终止，如图 3-4 所示。

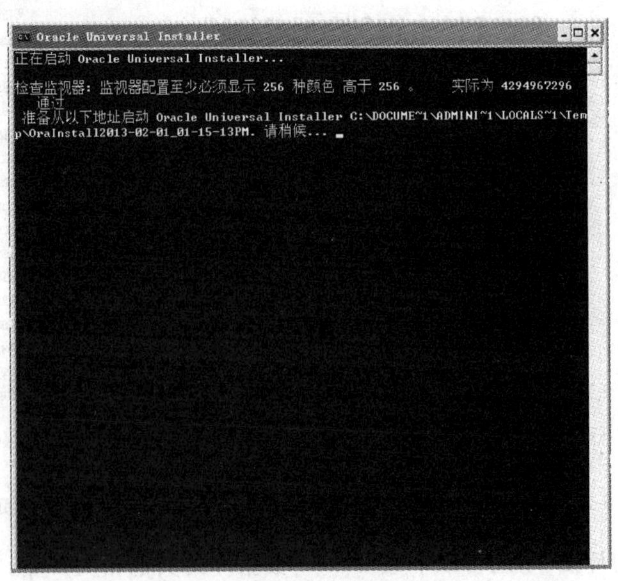

图 3-4 Oracle Universal Installer 自动运行窗口

(3) 接着进入图 3-5 所示的“配置安全更新”窗口。这一步主要是确定是否希望通过 My Oracle Support 接收安全更新,可以根据自己的情况进行选择,然后进入下一步。

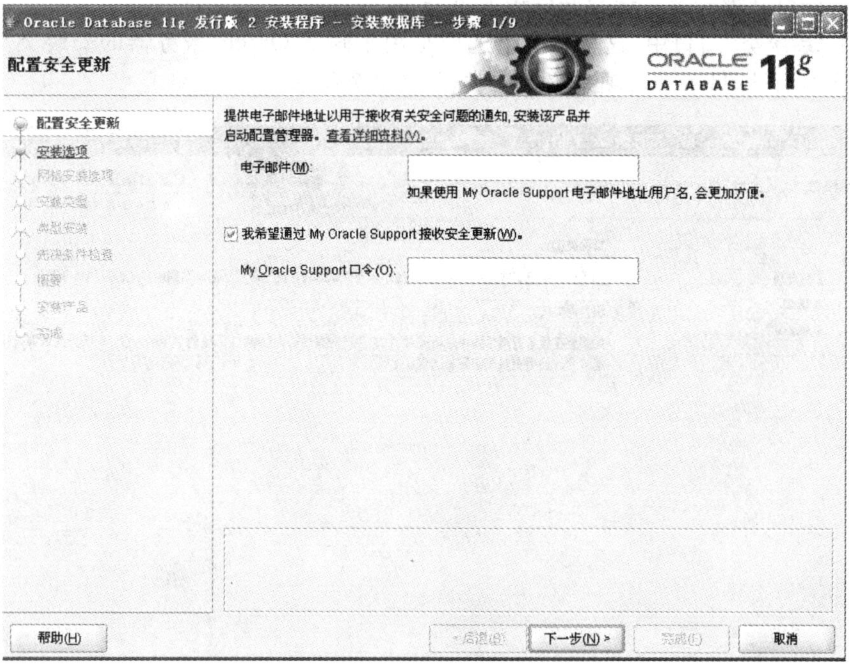

图 3-5 “配置安全更新”窗口

(4) 在“选择安装选项”窗口,直接选择默认选项“创建和配置数据库”。注意,安装完 Oracle 数据库管理软件后,系统会自动创建一个数据库实例,如图 3-6 所示。

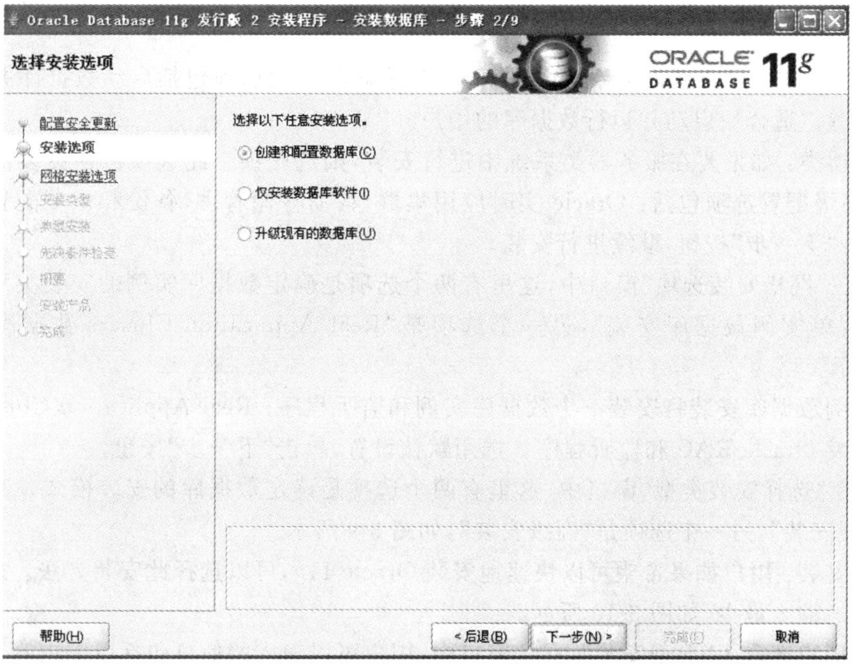

图 3-6 “选择安装选项”窗口

对于初学者来讲，建议选取默认选项，这样可以简化数据库的创建操作；“仅安装数据库软件”这个选项是只安装数据库软件，不安装数据库；“升级现有的数据库”选项是对早期的Oracle版本进行升级安装。选择好后进入下一步。

(5) 在“系统类”窗口中，这里有两个选项是用来确认Oracle服务器的安装类型的。其中一个选项是桌面类，另一个选项是服务器类，如图3-7所示。

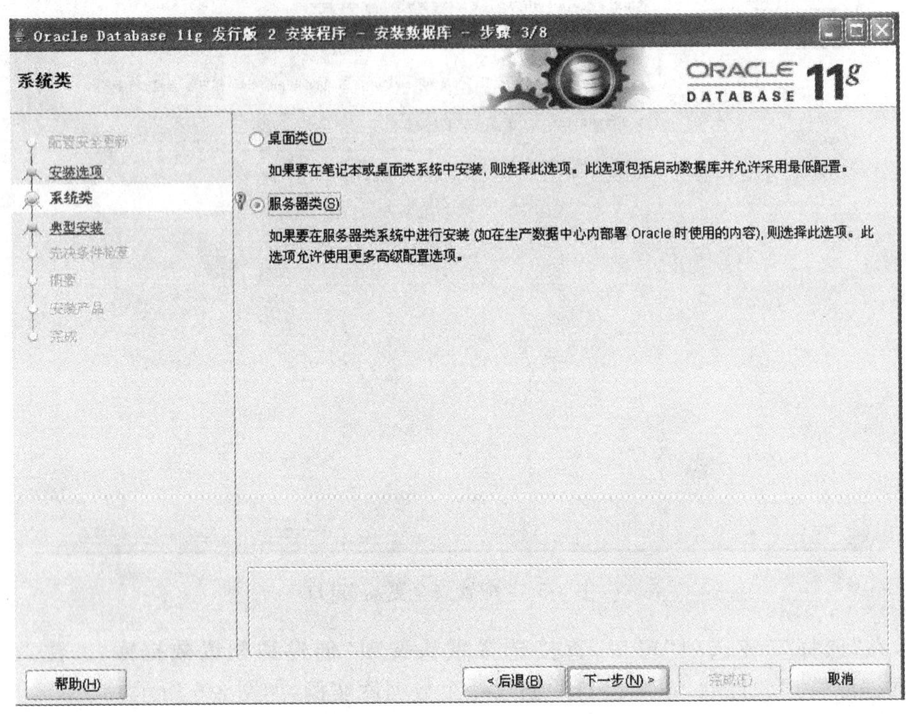

图3-7 “系统类”窗口

桌面类：如果要在桌面类系统中进行安装，选此项。此选项包括启动数据库并且允许使用最低配置。适合快启动并运行数据库的用户。

服务器类：如果要在服务器类系统中进行安装，则选此项。此选项包括更多高级配置选项，这些高级配置选项包括：Oracle实时应用集群、自动存储管理、备份和恢复配置等。选取此项，单击“下一步”按钮，继续进行安装。

(6) 在“网格安装选项”窗口中，这里有两个选项是确定数据库实例的安装类型。其中一个选项是“单实例数据库安装”，另一个选项是“Real Application Clusers数据库安装”，如图3-8所示。

单实例数据库安装将安装一个数据库实例和监听程序；Real Application Clusers数据库安装是安装Oracle RAC和监听程序。选用默认设置，单击“下一步”按钮。

(7) 在“选择安装类型”窗口中，这里有两个选项是确定数据库的安装模式。其中一个选项是“典型安装”，另一个选项是“高级安装”，如图3-9所示。

典型安装：用户如果希望可以快速地安装Oracle 11g，可以选择此安装方法。此安装方法需要的用户输入最少，如图3-10所示。

如果用户选取了“典型安装”，在此窗口中，用户可以输入的信息包括以下内容。

① 安装Oracle数据库的基目录。目录为D:\app\Administrator(可以根据自己的需要更换基目录)。

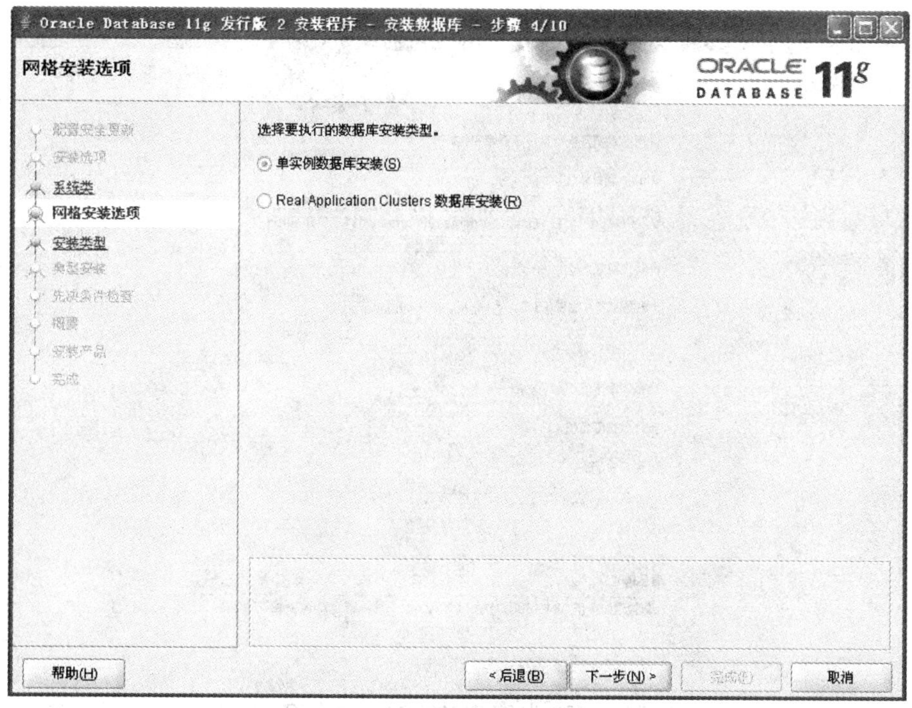

图 3-8 “网格安装选项”窗口

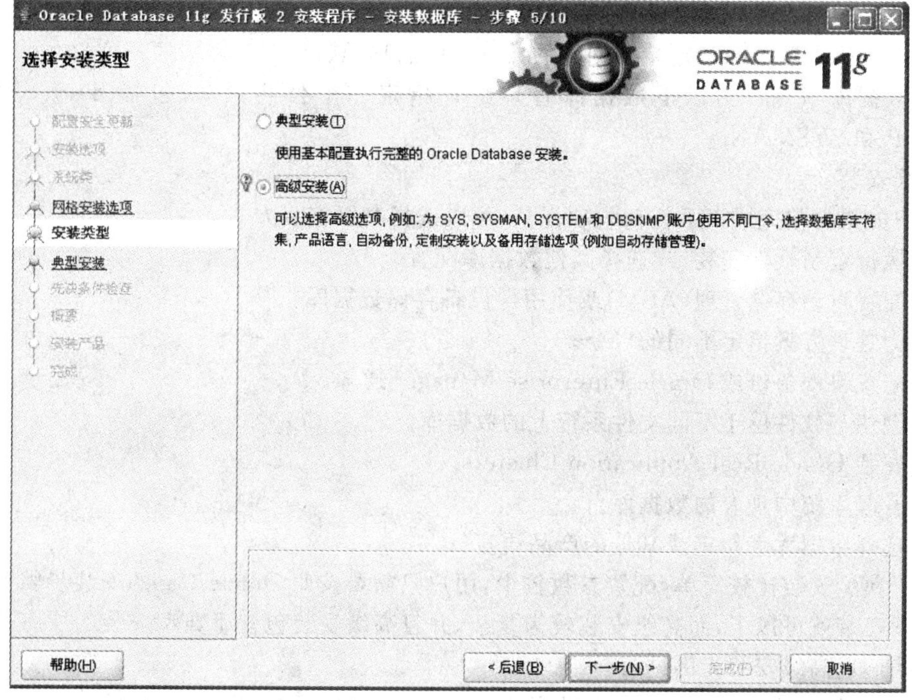

图 3-9 “选择安装类型”窗口

② 软件位置。这里的软件位置指的就是 Oracle 数据库的主目录。

③ 存储类型和数据库文件位置。选定文件系统存储类型，Oracle 会把文件放在文件系统的特定目录中(可以根据自己的需要更换数据库文件的位置)。

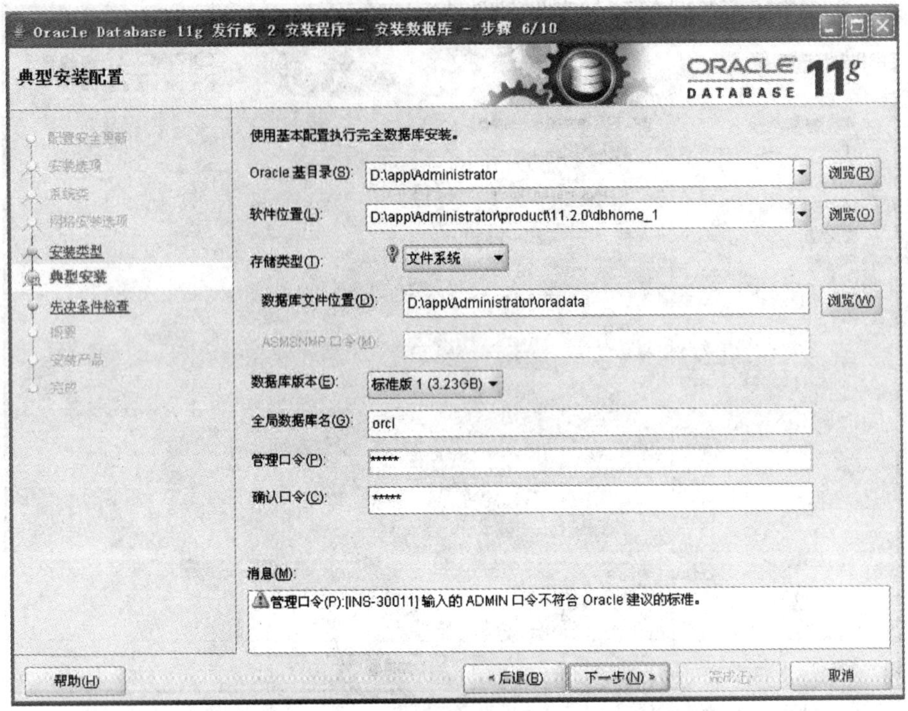

图 3-10 “典型安装”选项

④ 数据库版本。包括企业版、标准版和个人版等。

⑤ 全局数据库名。指定希望创建的数据库的名称，默认为 orcl。

⑥ 数据库口令。为以下数据库管理账户指定一个公共口令，包括 SYS、SYSTEM、DBSNMP 和 SYSMAN。

高级安装：

用户如果希望完成以下任何一项任务，可以选择高级安装方式。

- 执行定制软件安装，或选择其他数据库配置。
- 配置自动存储管理(ASM)或使用裸设备存储数据库。
- 为管理方案指定不同的口令。
- 配置自动备份或 Oracle Enterprise Manager 通知。
- 创建与软件位于不同文件系统上的数据库。
- 安装 Oracle Real Application Clusters。
- 升级系统中现有的数据库。
- 选择数据库字符集或其他的产品语言。

由于典型安装比较简单，配置参数较少，用户只需要按照 Oracle 11g 的安装步骤要求一步一步往下安装就可以了，而高级安装较为复杂，并且高级安装包含了典型安装的所有过程。所以在此我们以高级安装为例进行介绍。

(8) 在图 3-8 所示的“选择安装类型”窗口中，选择“高级安装”选项，然后单击“下一步”按钮。打开“选择产品语言”窗口。可以根据需求进行选择，对于中文系统来说，一般选择“简体中文”和，英语”，如图 3-11 所示。

(9) 单击“下一步”按钮，打开“选择数据库版本”窗口。可以选择企业版、标准版、个人版和标准版 1，如图 3-12 所示。

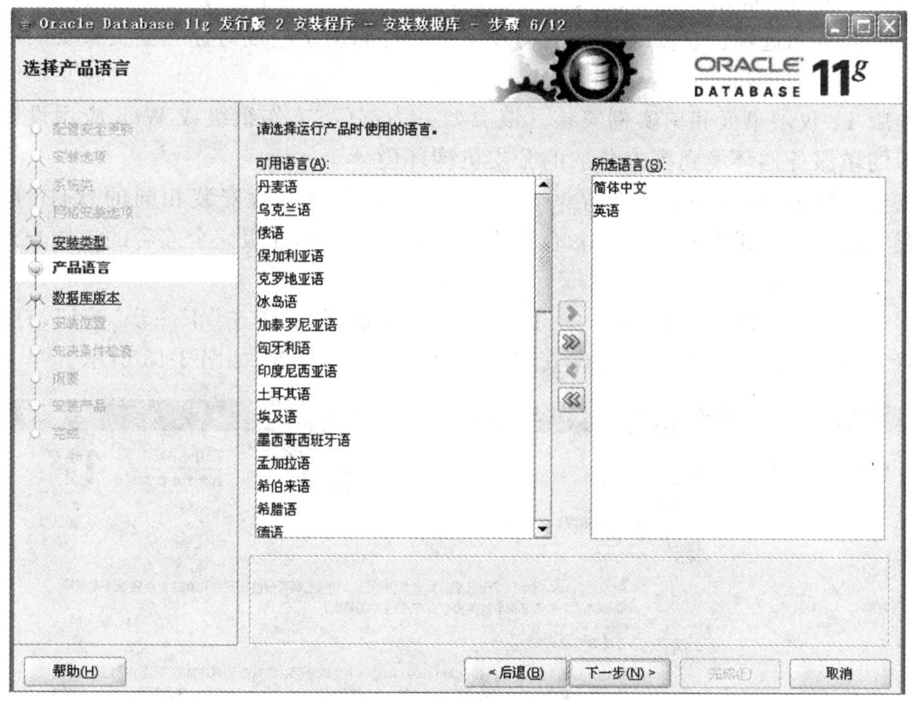

图 3-11 “选择产品语言”窗口

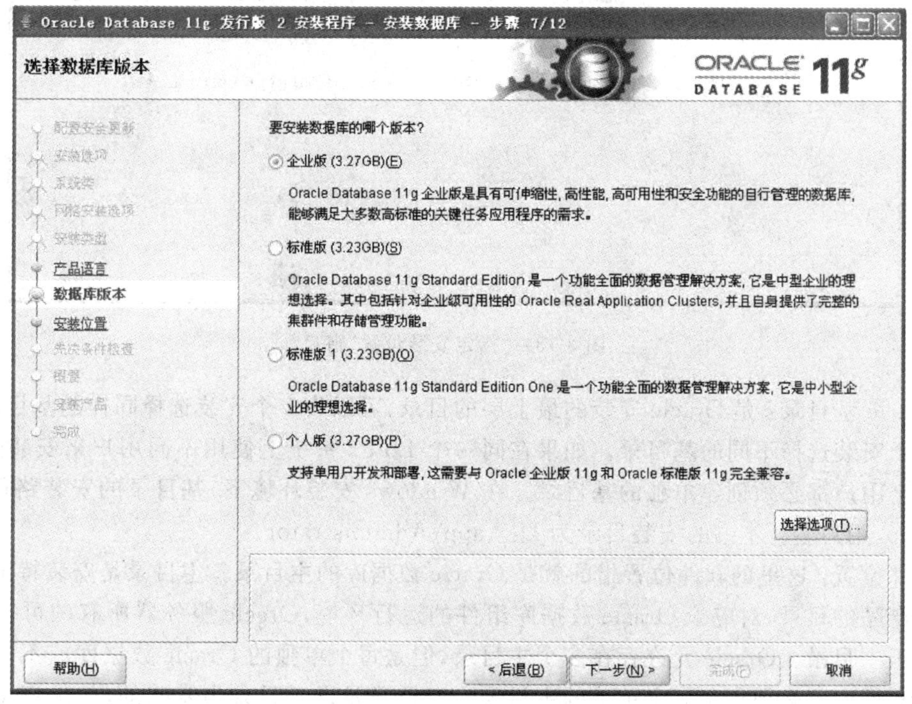

图 3-12 “选择数据库版本”窗口

企业版：该类型面向企业级应用。用于对安全性要求较高的联机事务处理(OLTP)和数据仓库环境。若是选择此安装类型，则会安装所有可单独许可的企业级选项。

标准版：该类型适用于工作组或部门级别的应用，也适用于中小企业。提供核心的关系数据库管理服务和选项。它安装集成的管理工具套件和用于生成对业务至关重要的应用程序的工具。

标准版 1：仅限桌面和单实例安装。该类型是为部门、工作组级或 Web 应用设计的。从小型企业的单服务器环境到高度分散的分支机构环境。

个人版：仅限 Microsoft Windows 操作系统。它与企业版安装相同的软件(管理包除外)，但是它仅支持要求与 Oracle 11g 企业版和 Oracle 11g 标准版完全兼容的单用户开发和部署环境。个人版不会安装 RAC。

(10) 在“选择数据库版本”窗口中选择第一项“企业版”。单击“下一步”按钮，打开“指定安装位置”窗口，在此可以确定数据库安装的基目录和软件位置，如图 3-13 所示。

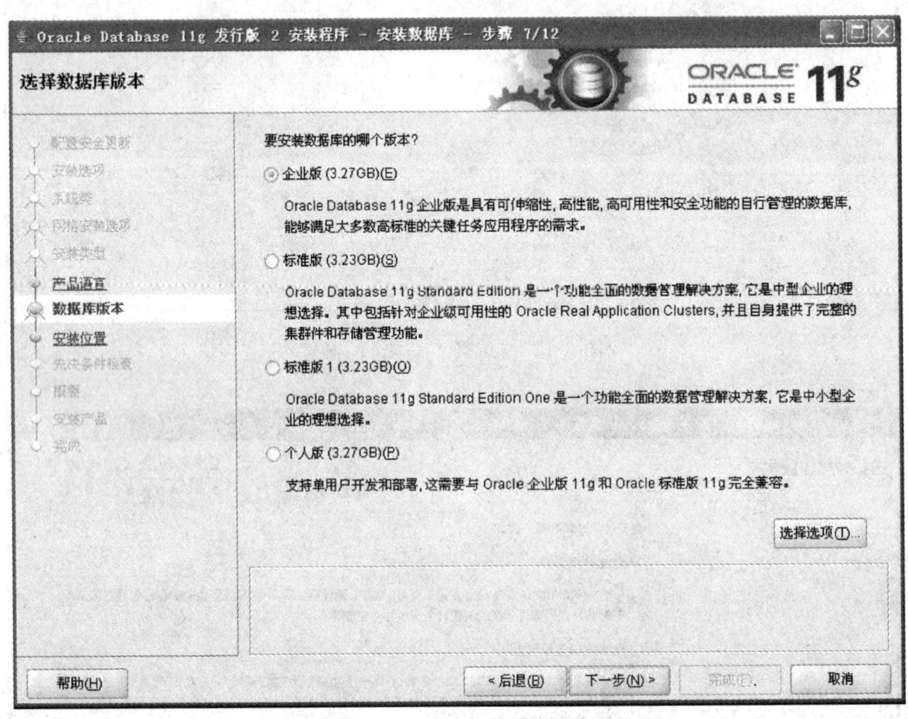

图 3-13 “指定安装位置”窗口

Oracle 基目录：是 Oracle 安装的最上层的目录，可以为多个安装选择同样的基目录，也可以为每个安装选择不同的基目录。如果在同一个 Linux 系统上使用不同用户来安装数据库，那么每个用户都必须创建单独的基目录。在 Windows 安装环境下，基目录的安装路径为：驱动器\app\用户名。本书的安装目录为 D：\app\Administrator。

软件位置：这里的软件位置指的就是 Oracle 数据库的主目录。主目录是安装特定 Oracle 数据库产品的目录，对应于 Oracle 数据库组件的运行环境，Oracle 服务器所有的可执行文件都存放于主目录。Oracle 允许存在多个主目录，但是每个单独的 Oracle 数据库或不同版本的 Oracle 数据库都必须指定一个单独的主目录。主目录是以基目录为基础的，如果将主目录命名为 dbhome_1，它的位置为：驱动器\app\用户名\product\11.2.0\dbhome_1。

注意：Oracle 主目录名称的长度必须为 1～16 个字符，且只能包含字母、数字、下划线，不能包含空格或其他任何字符。

(11) 默认其基目录路径和软件位置，单击“下一步”按钮，打开“选择配置类型”窗口。可以选择要创建的数据库类型，如图 3-14 所示。

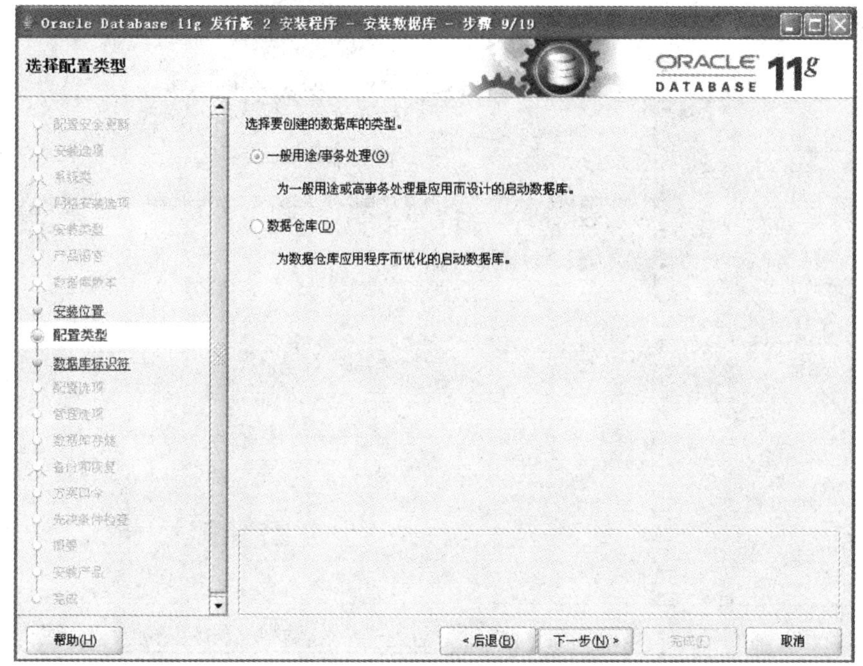

图 3-14 “选择配置类型”窗口

该窗口中有两个选项，一个是一般用途/事务处理，另一个是数据仓库。

一般用途/事务处理：该项适用于大多数数据库应用场合，包含大量并行用户快速访问数据和少量用户对复杂历史数据执行长时间的查询。

数据仓库：该项用于运行有关特定主题的复杂查询的数据库，对快速访问大量数据和联机分析处理提供了最佳支持。

(12) 默认选择第一项，单击“下一步”按钮，打开“指定数据库标识符”窗口。在这里可以为数据库进行命名全局数据库名和服务标识符(SID)，如图 3-15 所示。

全局数据库名：一个 Oracle 服务器上可以有多个数据库，因此为了唯一标识一个数据库，必须给每个数据库都起个名称，这个名称就是全局数据库名。全局数据库名采用的形式是 database_name. database_domain。例如，郑州有个数据库叫 StuInfo，北京也有一个数据库叫 StuInfo，用户访问数据库，该怎么区分？在此就可以使用全局数据库名。郑州的全局数据库可命名为 StuInfo. zhengzhou. com，北京的全局数据库可以命名为 StuInfo. beijing. com。即使数据库名相同，但数据库域不同，所以可以区分开。

Oracle 服务标识符 CSID：定义了 Oracle 数据库实例的名称，因此 SID 主要用于区分同一台计算机上不同的实例。Oracle 数据库实例由一组用于管理数据库的进程和内存结构组成。在安装 Oracle 的时候会自动将全局数据库名中的数据库名设置为 SID 的默认值，单实例数据库推荐使用默认值，这里采用的默认值是 orcl。

(13) 采用默认设置，单击“下一步”按钮，打开“指定配置选项”窗口。可以在该窗口中对数据库内存、字符集、安全性和示例方案配置进行设置，如图 3-16 所示。

内存：可以设置要分配给数据库的物理内存(RAM)。通过滑块和微调按钮调整可用物理内存的最大值和最小值限制。若是在复选框中选中“启用自动内存管理”单选按钮，系统会在共享全局区(SGA)和程序全局区(PGA)之间采用动态分配。

Oracle Database 11g 发行版 2 安装程序 - 安装数据库 - 步骤 10/19

指定数据库标识符

ORACLE DATABASE 11g

Oracle Database 由全局数据库名称 (格式通常为 "name.domain") 唯一地标识。

全局数据库名(G): orcl

数据库至少由一个 Oracle 实例引用，该实例由 Oracle 服务标识符 (SID) 唯一地标识，以区别于此计算机上的任何其他实例。

Oracle 服务标识符 (SID)(O): orcl

配置类型
数据库标识符
配置选项

帮助(H) <后退(B) 下一步(N)> 完成(F) 取消

图 3-15 “指定数据库标识符”窗口

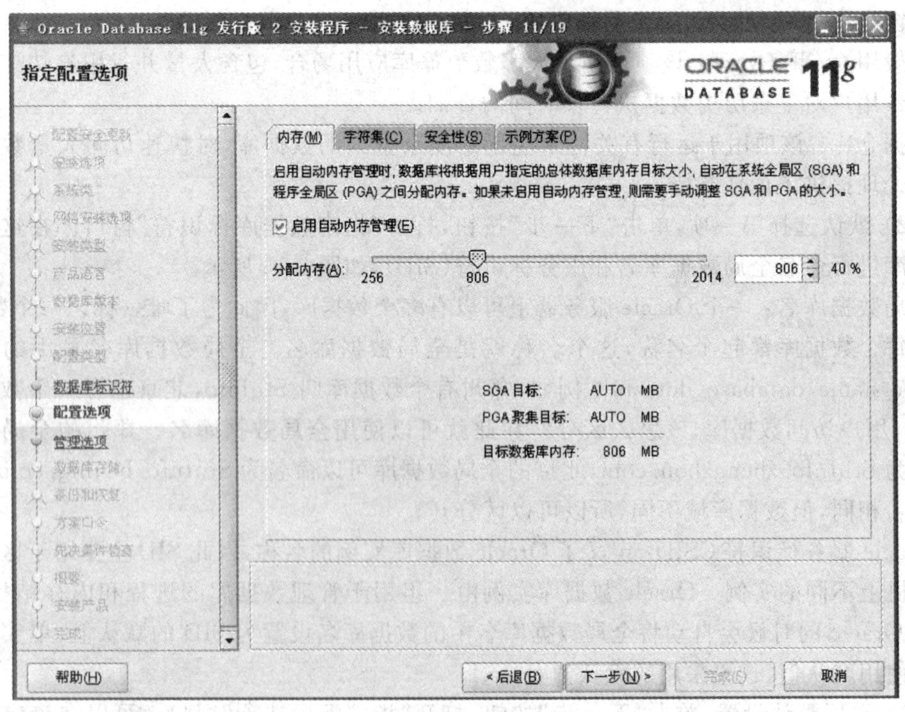

图 3-16 “指定配置选项”窗口

字符集：可以设置在数据库中要使用哪些语言组，采用默认设置即可。

安全性：可以选择是否要在数据库中禁用默认安全设置，Oracle 11g 增强了数据库的安全设置。

示例方案：可以设置是否要在数据库中包含示例方案。Oracle提供了与产品和文档示例一起使用的示例方案。如果选择安装示例方案，则会在数据库中创建EXAM-PLES表空间，添加以下几个示例方案。

① 人力资源HR(Human Resources)

它是基本的关系数据库方案，创建其他几个方案之前必须先创建HR方案。它与以前的SCOTT模式类似。HR方案中包含7个表，分别是雇员(Employees)、部门(Departments)、地点(Locations)、国家(Countries)、地区(Regions)、岗位(Jobs)和工作履历(Job_history)。

② 订单目录OE(Order Entry)

它是一个稍微复杂的方案，它建立在人力资源HR方案之上。OE方案具有某些对象关系和面向对象的特性。该方案包含了7张表：客户(Customers)、产品说明(Product_description)、产品信息(Product_information)、订单项目(Order_item)、订单(Order)、库存(Inventories)和仓库(Warehouses)。OE方案具有到HR方案和PM方案的链接。

③ 在线目录OC(Online Catalog)

它是OE方案的子方案。是面向对象的数据库的集合，用来测试Oracle中面向对象的特性。

④ 产品媒体PM(Product Media)

该方案集中于多媒体数据类型，它包含两张表：ONLINE_MEDIA和PRINT_MEDIA，一种对象类型ADHEADER_TYP以及一张嵌套表TEXTDOC_TYP。PM方案包含INTERMedia和LOB类型。

⑤ 信息交换IE(Information Exchange)

该方案用于演示Oracle的高级排队中进程间通信的特性，实际上，在Oracle 10g以前的版本中，该方案称为排队组装服务质量。

⑥ 销售历史SH(Sales History)

该方案是关系星形方案的示例。它比其他方案包含更多行的数据，主要用于展示大数据量的例子，它是实验SQL分区函数、MODEL语句等的好地方。它包含一张大范围分区的事实表SALES和5张维表：TIMES、PROMOTIONS、CHANNELS、PRODUCTS和CUSTOMERS。链接到CUSTOMERS的附加COUNTRIES表显示一个简单雪花。

在此“指定配置选项”窗口中选取“示例方案”，如图3-17所示。

(14) 选中“创建具有示例方案的数据库”复选框，然后单击“下一步”按钮，打开“指定管理选项”窗口。可以指定Oracle企业管理器OEM(Oracle Enterprise Manager)的界面，如图3-18所示。

Oracle数据库从10g开始就已经支持网格运算，因此除了使用Oracle Enterprise Manager Database Control管理数据库外，用户还可以选择使用Oracle Enterprise Manager Grid Control。

Oracle Enterprise Manager Gird Control：提供了集中界面来管理和监视环境中多个主机上的多个目标，包括Oracle数据库的安装、应用程序服务器、Oracle NET监听程序和主机。

Oracle Enterprise Manager Database Control：提供Web界面来管理单个Oracle数据库的安装。

无论是使用Grid Control还是使用Database Control，用户都可以执行相同的数据库管理任务，但使用Database Control只能管理一个数据库，它没有管理此系统或其他系统上的其他目标的功能。

(15) 选择默认设置，即使用Database Control管理数据库，就可以在本地进行数据库管

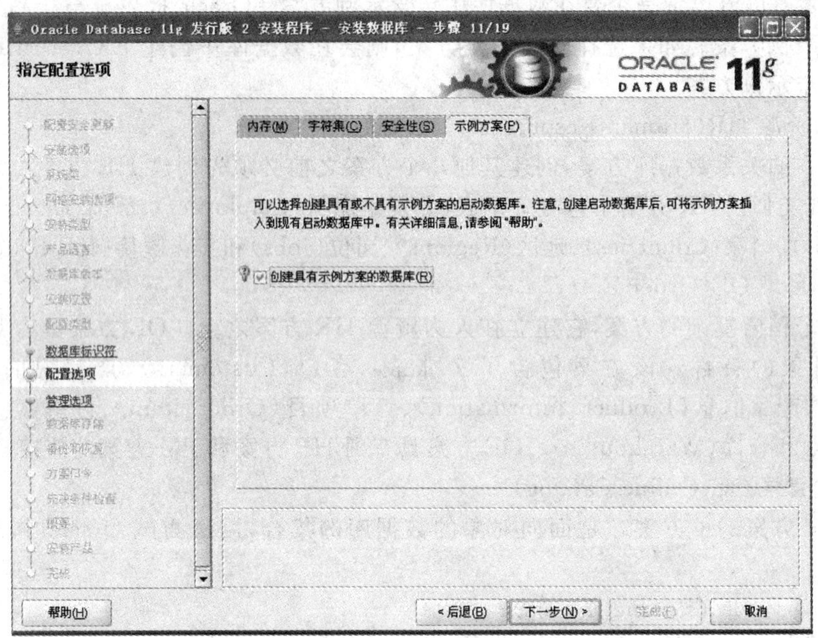

图 3-17 "指定配置选项"窗口中的"示例方案"

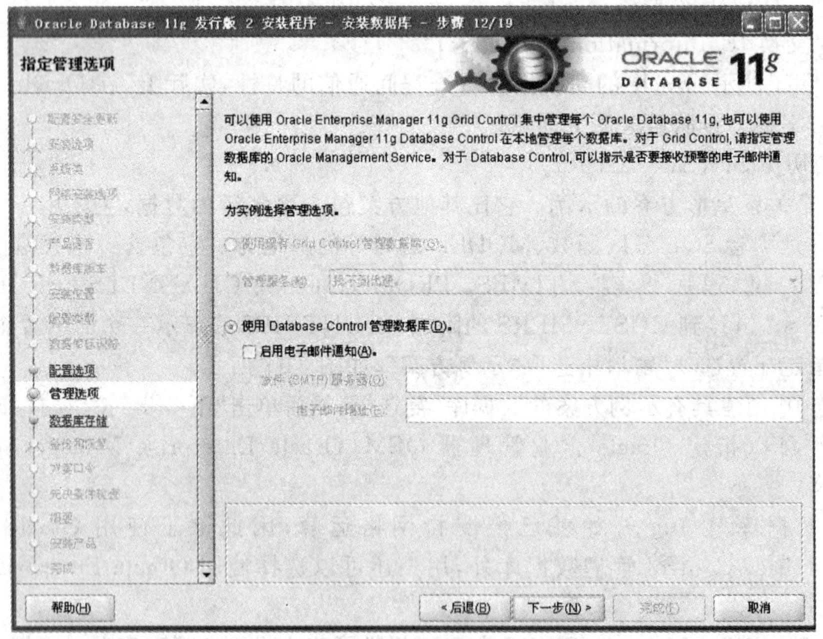

图 3-18 "指定管理选项"窗口

理了，单击"下一步"按钮，打开"指定数据库存储选项"窗口，如图 3-19 所示。

在该"指定数据库存储选项"窗口中，可以选择用于存储数据库文件的方法，Oracle 11g 提供了如下两种存储方法。

① 文件系统：选择该选项后，Oracle 将使用操作系统的文件系统存储数据库文件。

② 自动存储管理：如果要将数据库文件存储在自动存储管理磁盘中，则选择此选项。通过指定一个或多个由单独的 Oracle 自动存储管理实例管理的磁盘设备，可以创建自动存储管

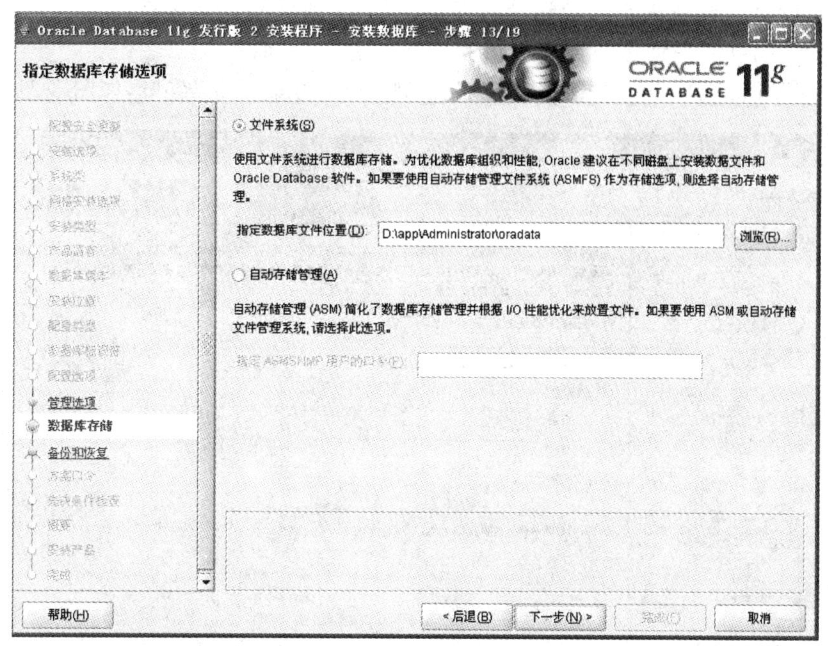

图 3-19　“指定数据库存储选项”窗口

理磁盘组，自动存储管理可以最大化提高 I/O 性能，减轻 DBA 的负担。

（16）该存储位置采用默认设置，选择“文件系统”按钮，单击“下一步”按钮，出现“指定恢复选项”窗口，在该窗口中可以指定是否要为数据库启用自动备份功能，如图 3-20 所示。

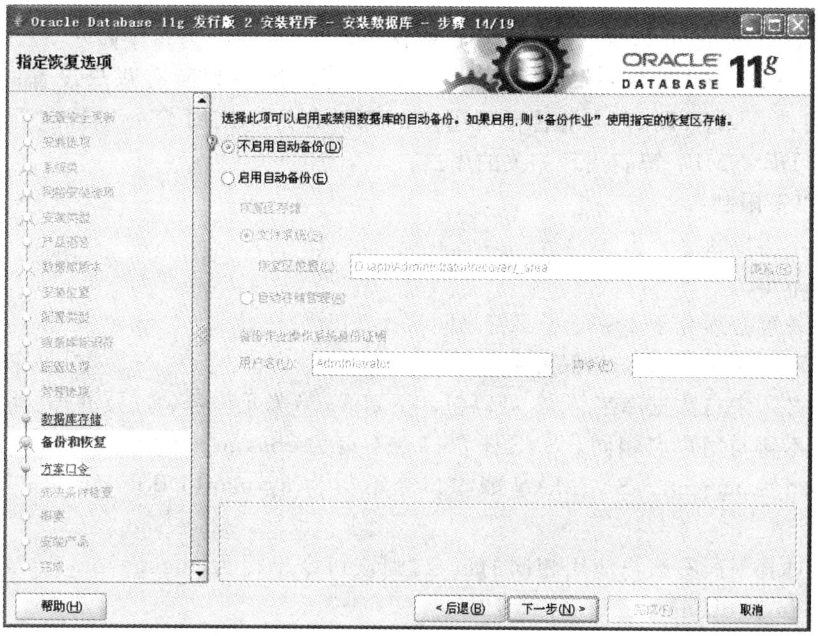

图 3-20　“指定恢复选项”窗口

如果选择“启用自动备份”功能选项，Oracle 会在每天的同一时间对数据库进行备份。默认情况下，备份作业安排在凌晨 02：00 运行。要启用自动备份，必须在磁盘上为备份文件指定一个“恢复区存储”的存储区域，可以将“文件系统”或“自动存储管理”用于恢复区存储。备份文件所需的磁盘空间取决于用户选择的存储机制，一般原则上必须指定至少 2GB 的磁盘空间的存储位置；也可以在创建数据库后再启用自动备份功能。

(17) 采用默认设置，单击“下一步”按钮，出现“指定方案口令”窗口，如图 3-21 所示。

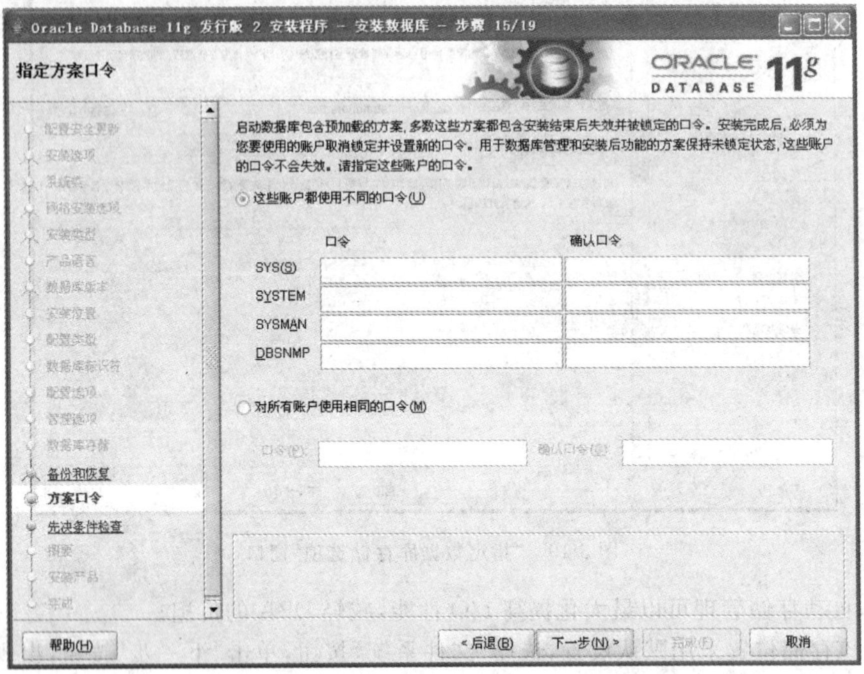

图 3-21 “指定方案口令”窗口

Oracle 从 10g 版本开始就已经不再采用默认的口令，而建议为每个账户 SYS、SYSTEM、SYSMAN 和 DBSNMP 等分别输入不同的口令，也可以统一为所有账户设置同一个口令。SYS：系统用户；SYSTEM：本地管理员用户；SYSMAN：OEM 资料库管理员(默认口令：oem_temp)；DBSNMP：智能代理相关的用户。

口令有以下限制：

- 口令不得以数字开头。
- 口令不得为空。
- 口令长度必须介于 4～30 个字符之间。
- 口令不得使用 Oracle 的保留字。
- 口令必须来自数据库字符集，可以包含下划线(_)美元符号($)及井号(#)。
- 口令不得与用户名相同。SYS 账户口令不得为 change_on_install，SYSTEM 账户口令不得为 manager，SYSMAN 账户口令不得为 sysman，DBSNMP 账户口令不得为 dbsnmp。
- 若是选择对所有账户使用相同的口令，则该口令不得为 change_on_install、manager、sysman 和 dbsnmp。

(18) 在“指定方案口令”窗口中，选择“对所有账户使用相同的口令”，在口令中输入设置的口令。单击“下一步”按钮，打开“执行先决条件检查”窗口。在这里将进行先决条件检查，如图 3-22 所示。

如果检查通过，就会显示数据库安装的概要信息，如图 3-23 所示。

这里生成 ORACLE UNIVERSAL INSTALL 的概要文件。用户可以仔细检查概要文件

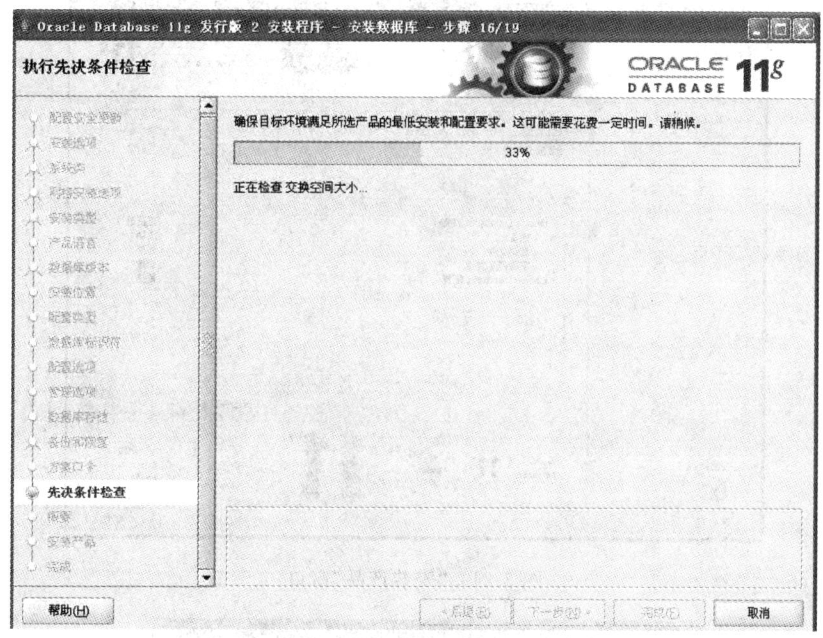

图 3-22 “执行先决条件检查”窗口

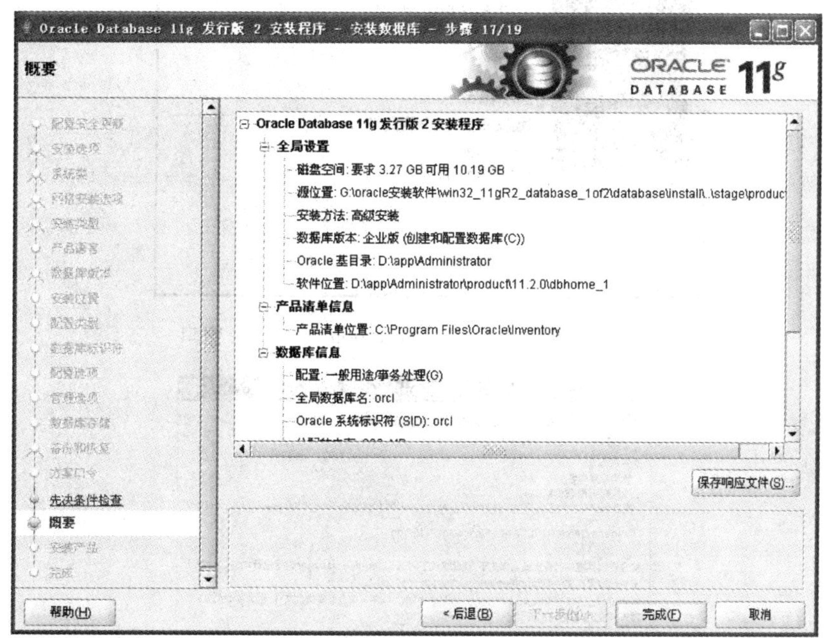

图 3-23 “概要”窗口

确定自己前面所选的选项。单击“完成”按钮，就开始数据库的安装。如图 3-24 所示。

(19) 安装 Oracle 服务器的过程中，会使用 DBCA 创建数据库，如图 3-25 所示。

在 Database Configuration Assistant 窗口中，创建完数据库后会出现信息提示对话框，此时可以对口令进行管理，如图 3-26 所示。单击“口令管理”按钮，如图 3-27 所示。

在“口令管理”对话框中可以锁定、解除数据库用户账户，设置的用户账户的密码。在这里解除了 SCOTT 和 HR 用户账户，设置其密码分别为 tiger 和 hr。

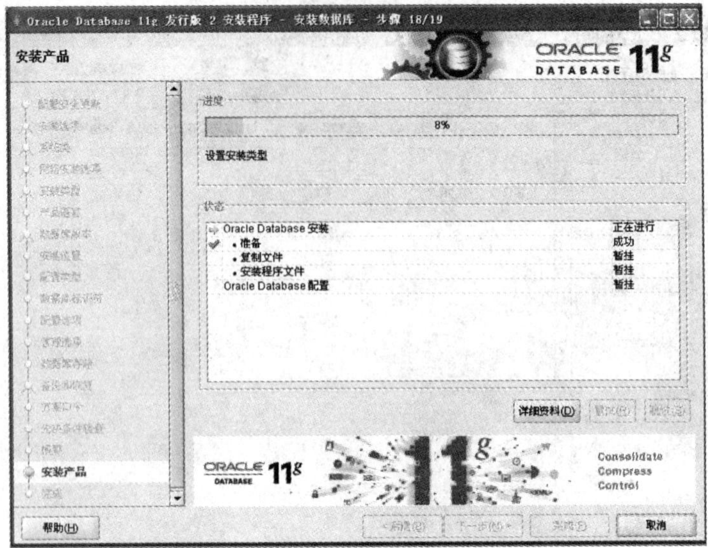

图 3-24 “安装产品”窗口

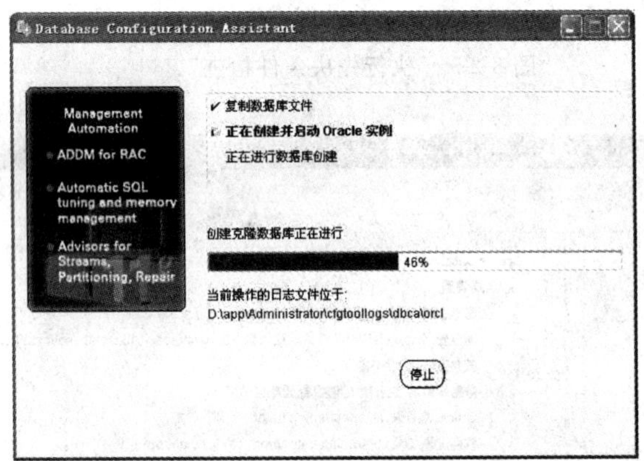

图 3-25 Database Configuration Assistant 窗口

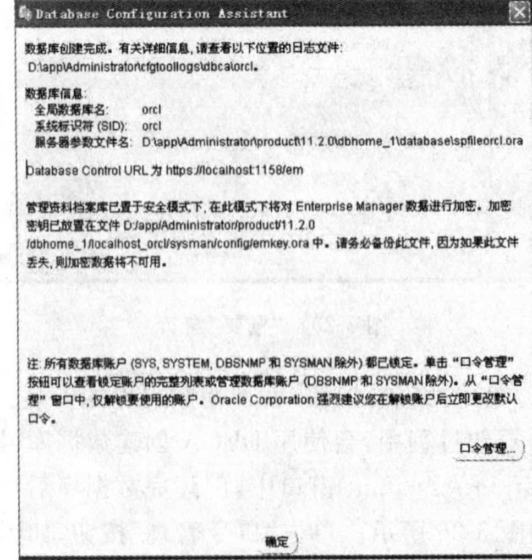

图 3-26 “信息提示”对话框

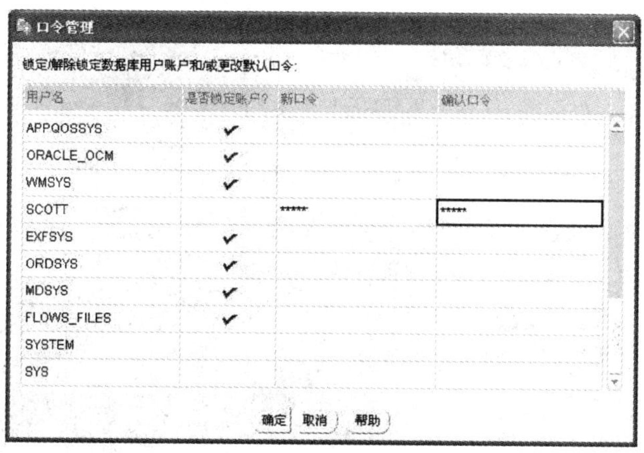

图 3-27 “口令管理”对话框

(20) 最后单击“关闭”按钮,结束创建数据库。安装完成,如图 3-28 所示。

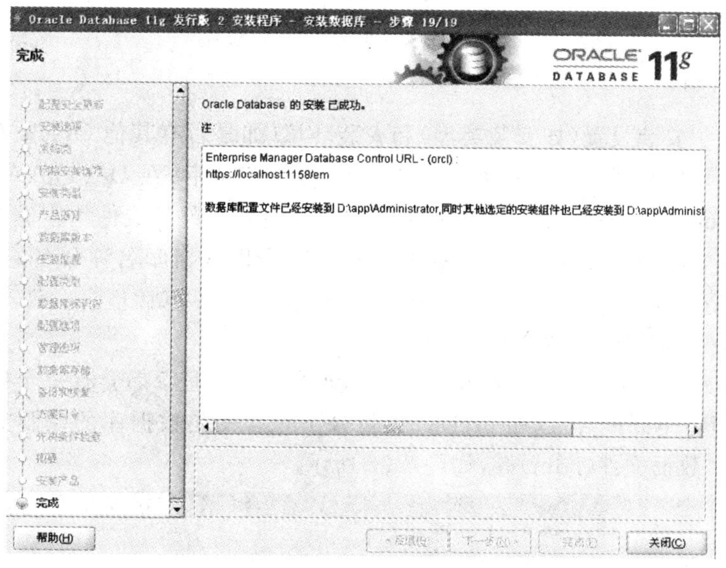

图 3-28 安装完成

安装结束后,可以在“开始”菜单中找到 Oracle 的目录,即 Oracle-OraDb11g_home1。至此服务器的安装过程就结束了。

3.2.3 查看 Oracle 11g 安装结果

通常,如果在安装过程中没有出现错误的话,就表示安装成功了。但查看、验证安装结果也是很必要和自然的事。

1. 程序组

Oracle 11g 安装结束后,可在“开始”菜单中可以看到 Oracle-OraClient11g_home1 菜单项。选择“开始”→“所有程序”选项,可以查看安装了 Oracle 11g 数据库服务器后的程序组,如图 3-29 所示。

图 3-29　查看 Oracle 11g 程序组

2. 文件体系结构

Oracle 中由于安装设置(如安装类型)和安装环境(如是否有其他 Oracle 数据库)的不同，文件目录结构也可能不同。按照本书介绍的情况，安装完成后，在 D:\app\Administrator\目录下，有 admin、product 等目录。数据库的软件文件、管理文件等文件均存储在这些目录的各个子目录中。在 admin 子目录下，每个数据库都有一个以数据库名称命名的子目录，即 DB_NAME 目录(如 orcl)。该目录下的几个子目录分别用于保存审计信息文件(adump)、登录信息文件(dpdump)和初始化参数文件(pfile)。

在 D:\app\Administrator\oradata 目录下，同样每个数据库都会有一个以数据库名称命名的子目录，即 Db_Name 目录(如 orcl)。该目录下包含的是数据库的控制文件(.ctl)、重做日志文件(.log)、数据文件(.dbf)等，如图 3-30 所示。

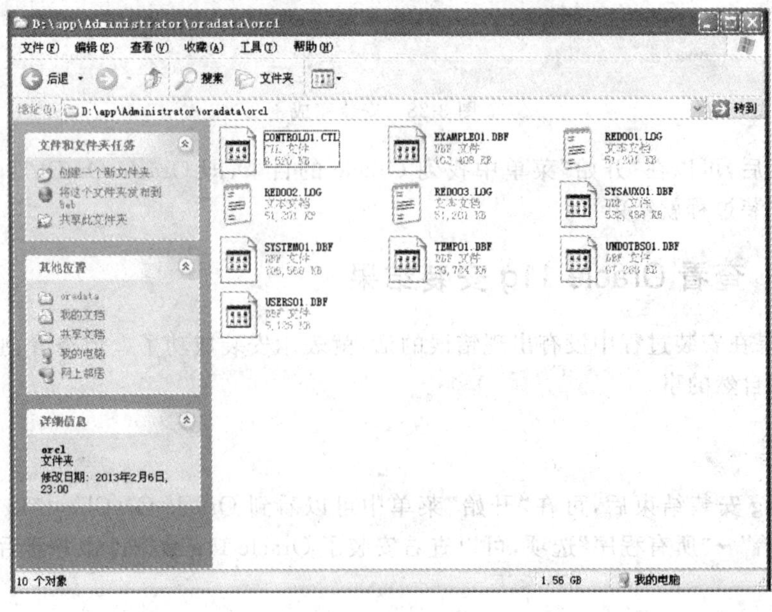

图 3-30　文件体系结构

3.2.4 设置环境变量

安装完 Oracle 11g 后，系统会自动创建一组环境变量，常用的环境变量如表 3-1 所示。

表 3-1 常用环境变量

环境变量名	默 认 值	说 明
NLS_LANG	SIMPLIFIED CHINESE_CHINA. ZHS16GBK	使用的语言。SIMPLIFIED CHINESE 表示简体中文。CHINA 表示中文日期格式，ZHS16GBK 表示编码
ORACLE_HOME	D:\app\Administrator\product\11.2.0\dbhome_1	安装 Oracle 11g 软件目录
ORACLE_BASE	D:\app\Administrator	安装 Oracle 11g 服务器顶层目录
PATH	D:\app\Administrator\product\11.2.0\dbhome_1\dbs	Oracle 可执行文件的路径
ORACLE_SID	Orcl	默认创建 Oracle 数据库实例

这些变量有两种存储方法，一种是存储在注册表中，另一种是以系统环境变量的方式存储。

1. 注册表环境变量

单击“开始”→“运行”，打开“运行”对话框。输入“regedit”命令，然后单击“确定”按钮，可以打开注册表窗口。在注册表窗口的左侧窗格中依次选择 HKEY_LOCAL_MACHINE→SOFTWARE→ORACLE→KEY_OraDb11g_home1，可以查看 Oracle 的注册表环境变量，如图 3-31 所示。

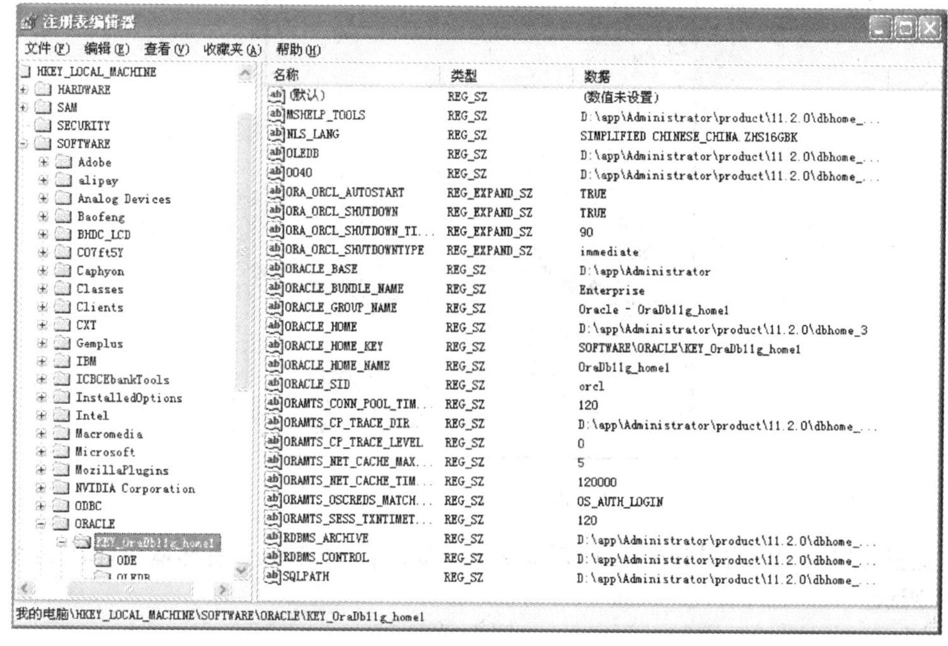

图 3-31 注册表环境变量

右击某个注册表项，在弹出的菜单中选择“修改”，可以打开“编辑字符串”对话框，修改指定环境变量的值。

2. 系统环境变量

右击“我的电脑”，在弹出的菜单中选择“属性”，打开“系统属性”对话框。打开“高级”选项卡，如图 3-32 所示。

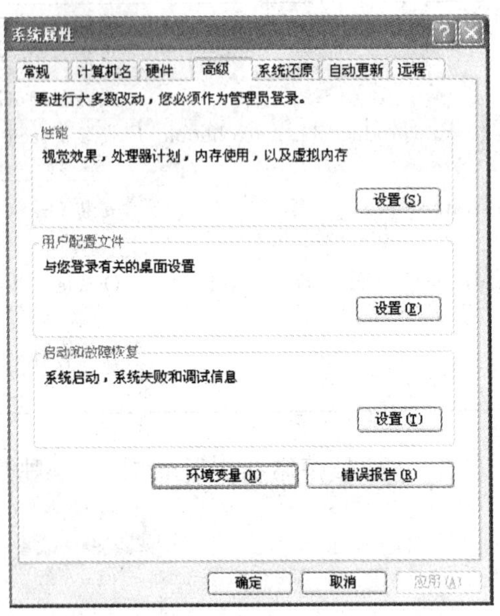

图 3-32 “系统属性”对话框

单击“环境变量”按钮，打开“环境变量”对话框，如图 3-33 所示。

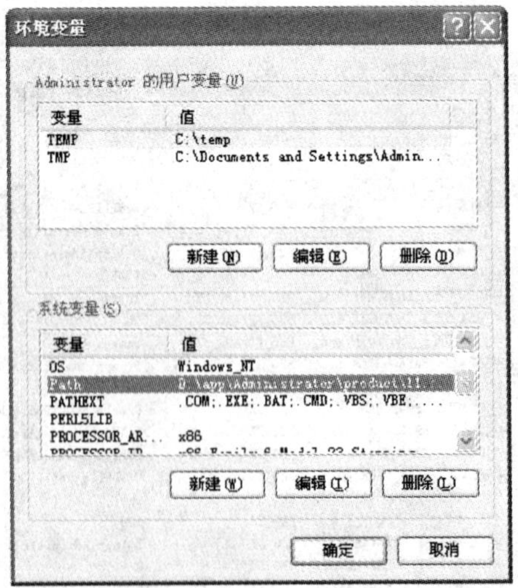

图 3-33 “环境变量”对话框

在这里可以看到所有 Windows 的环境变量。双击 Path，可以查看环境变量 Path 的值，如图 3-34 所示。

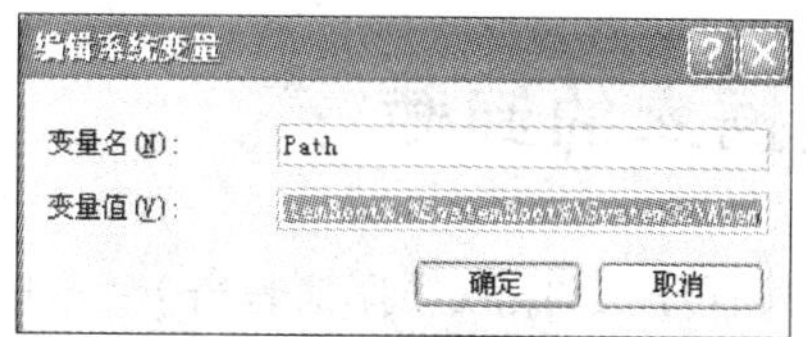

图 3-34 “编辑系统变量”对话框

3.2.5 Oracle 服务

安装完 Oracle 11g 后，系统会创建一组 Oracle 服务，这些服务可以确保 Oracle 的正常运行。在“控制面板”中选择“管理工具”→“服务”，可以打开“服务”窗口，如图 3-35 所示。

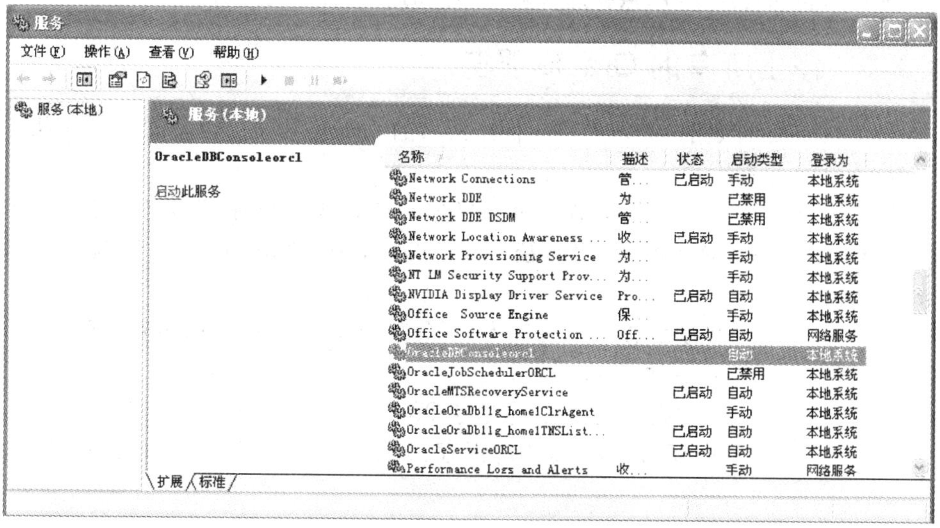

图 3-35 “服务”窗口

在当前“服务”窗口中，可以看到一组以 Oracle 开头的服务，具体介绍如下。

- OracleDBConsoleorcl：Oracle 数据库控制台服务，orcl 是 Oracle 例程标识，默认的例程为 orcl。在运行 Enterprise Manager 11g 时，需要启动此服务。该服务被默认设置为自动启动。
- OracleJobSchedulerORCL：Oracle 作业调度进行，ORCL 是 Oracle 例程标识。该服务被默认设置为禁用。
- OracleMTSRecoveryService：该服务允许数据库充当一个微软事务服务器、COM/COM+对象和分布式环境下的事务的资源管理器。
- OracleOraDb11g_home1CLrAgent：Oracle 提供的.NET 运行时支持的一个服务，解决.NET 程序与 OracleExtproc 之间的通信问题，是与 Oracle Database Extensions for .NET 组件一起安装的。
- OracleOraDb11g_home1TNSListener：监听器服务，服务只有在数据库需要远程访问时才需要。该服务被默认设置为自动启动。
- OracleServiceORCL：数据库服务，这个服务会自动地启动和停止数据库。ORCL 是 Oracle 的例程标识。该服务被默认设置为自动启动。

3.3 Oracle 11g 数据库的卸载

Oracle 11g 数据库(包括其程序文件、数据库文件等)会占用很大一部分的内存空间,这是一个不小的资源消耗。所以,如果不再需要使用它时就可以将其卸载。卸载 Oracle 11g 数据库的过程并不像卸载一般应用软件那么简单,若是疏忽了一些步骤,就会在系统中留有安装 Oracle 数据库的痕迹,从而浪费系统资源或者影响系统的运行。

一般情况下,卸载所有的 Oracle 11g 数据软件主要分三步完成:①停止所有的 Oracle 服务。如果在安装时配置了自动存储管理,应在停止 Oracle 服务前先删除 CSS 服务(本书安装时未曾选择自动存储管理);②用 OUI 卸载所有的 Oracle 组件;③手动删除 Oracle 残留的成分。卸载的内容包括程序文件、数据库文件、服务和进程的内存空间。

3.3.1 停止所有的 Oracle 服务

在卸载 Oracle 组件之前,必须先停止使用所有的 Oracle 服务。然后可以按照如下步骤执行卸载 Oracle 11g 数据库:

(1) 如果数据库配置了自动存储管理(ASM),应该先删除聚集同步服务 CSS(Cluster Synch-ronization Services)。删除 CSS 服务的方法是在 DOS 命令行中执行如下命令:localconfig delete。

(2) 选择"开始"→"控制面板"→"管理工具"命令,然后在右侧窗格中双击"服务"选项,出现服务界面,如 3.2.5 节中的图 3-35 所示。

(3) 在"服务"窗口中,以此检查找出所有与 Oracle 有关的服务,选中它们右击,从弹出的菜单中选择"停止"命令,出现"服务控制"对话框,显示停止 Oracle 的服务的进程,如图 3-36 所示。

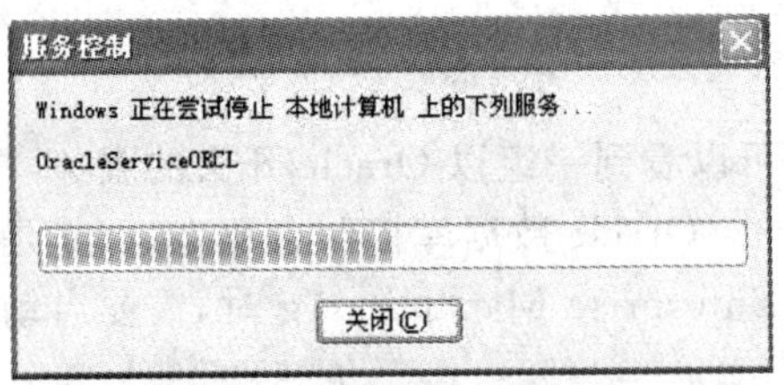

图 3-36 "服务控制"对话框

(4) 退出"服务"对话框,并退出"控制面板"。

3.3.2 使用 OUI 卸载所有的 Oracle 组件

(1) 在"开始"菜单中依次选择"程序"→Oracle-OraDb11g_home1→Oracle Installer Products→Universal Installer,打开 Oracle Universal Installer(OUI)窗口,如图 3-37 所示。

(2) 单击图 3-37 右下方的"卸载产品"按钮,打开"产品清单"对话框,如图 3-38 所示。

(3) 选中要删除的 Oracle 产品,单击"删除"按钮就开始删除选择的 Oracle 产品。卸载成功后,会自动返回"产品清单"对话框,单击关闭按钮,退出"产品清单"对话框,返回 Oracle Universal Installer(OUI)窗口,单击"取消"按钮。至此卸载完毕。

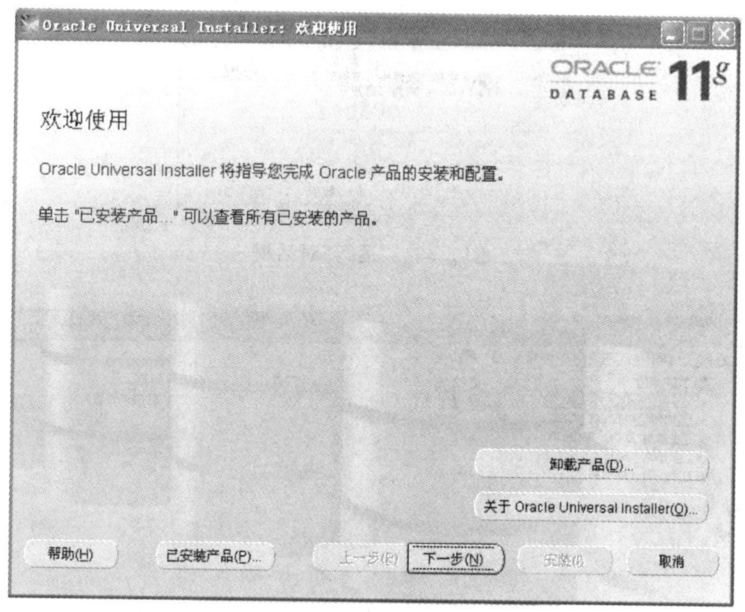

图 3-37 Oracle Universal Installer(OUI)窗口

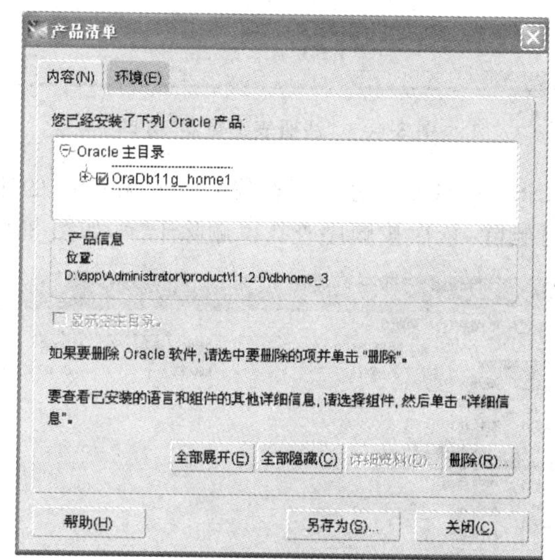

图 3-38 选择要删除的 Oracle 产品

3.3.3 手动删除 Oracle 残留成分

Oracle Universal Installer 是不能完全地卸载 Oracle 的所有成分的，当卸载完 Oracle 所有的组件后，还需要手动删除 Oracle 的残留成分，如注册表、环境变量、文件及其文件夹等。

1. 从注册表中删除

(1) 选择“开始”→“运行”，出现“运行”对话框，如图 3-39 所示。在“运行”对话框的文本框中输入“regedit”，单击“确定”按钮。

(2) 打开“注册表编辑器”窗口，如图 3-40 所示。

图 3-39 “运行”对话框

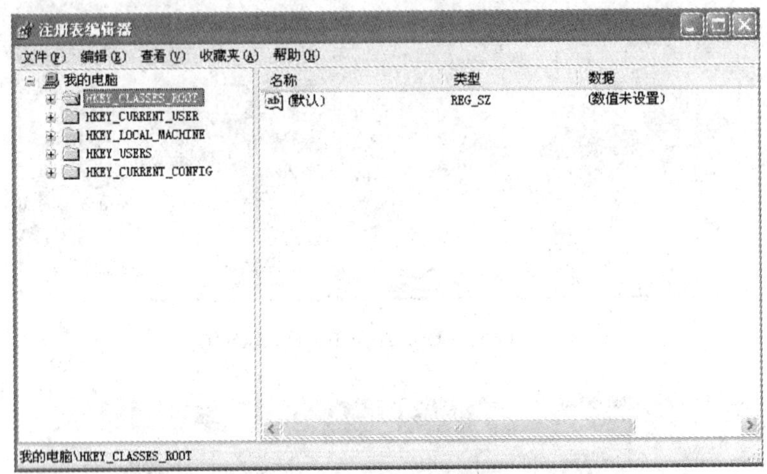

图 3-40 “注册表编辑器”窗口

(3) 在 HKEY_CLASSES_ROOT 分支下查找 Oracle 和 Ora 的注册项，右击，在弹出的菜单中选择“删除”命令进行删除，依次按顺序查找以删除干净，如图 3-41 所示。

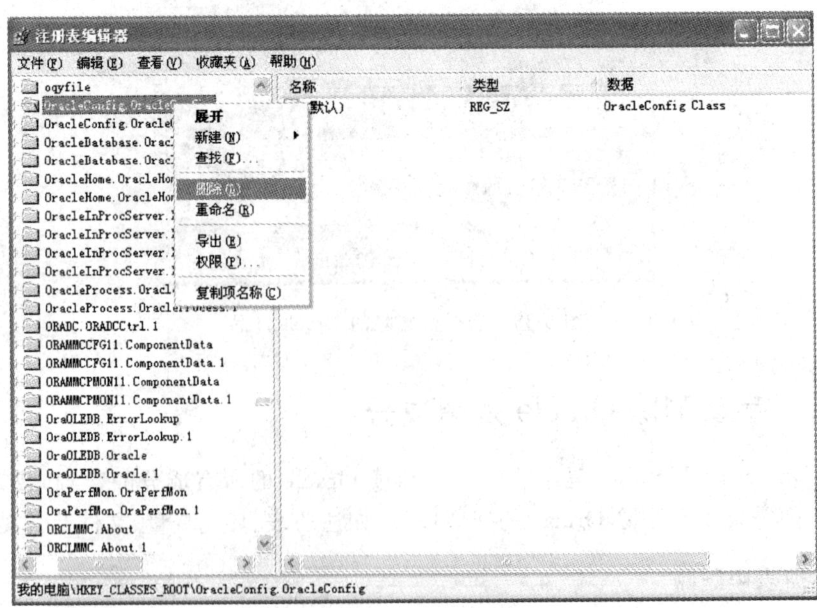

图 3-41 Oracle 和 Ora 的注册项

(4) 在 HKEY_LOCAL_MACHINE 分支下查找 Oracle 和 Ora 的注册项，如图 3-42 所示。

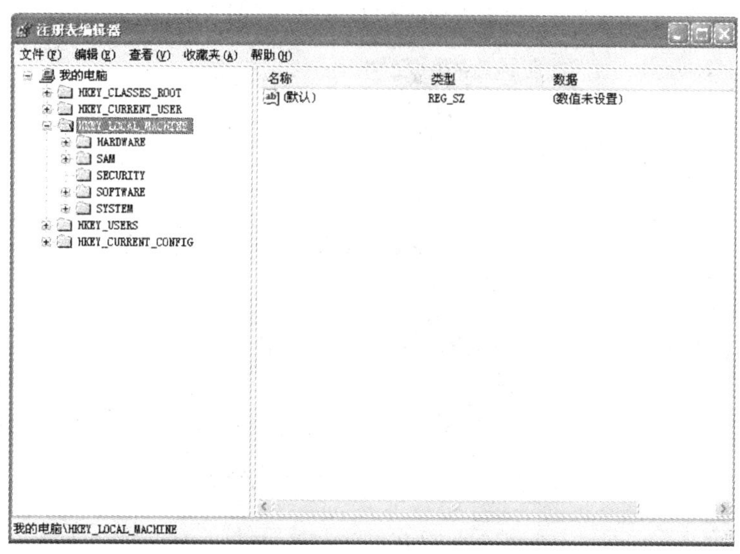

图 3-42　HKEY_LOCAL_MACHINE 选项

注意：在 HKEY_LOCAL_MACHINE\SYSTEM\CurrentControlSet\Services\下删除所有以 Oracle 开始的服务名称，这个键是标识 Oracle 在 Windows 下注册的各种服务；在 HKEY_LOCAL_MACHINE\SOFTWARE\ORACLE\路径下，删除 Oracle 目录，该目录下注册着 Oracle 数据库的软件安装信息；在 HKEY_LOCAL_MACHINE\SYSTEM\CurrentControlSet\Services\Eventlog\Application\路径下删除注册表的以 Oracle 开头的 Oracle 事件日志。

(5) 确定删除后，退出“注册表编辑器”窗口。

2. 从环境变量中删除

(1) 右击“我的电脑”，在弹出的菜单中选择“属性”，打开“系统属性”对话框。打开“高级”选项卡，如图 3-43 所示。

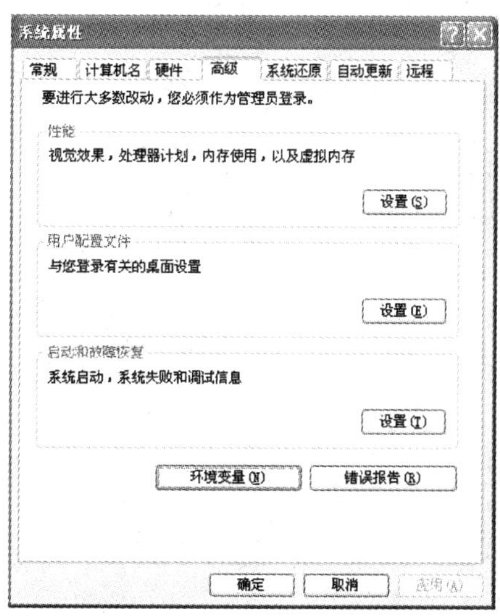

图 3-43　“系统属性”对话框

(2) 单击"环境变量"按钮,打开"环境变量"对话框,如图 3-44 所示。

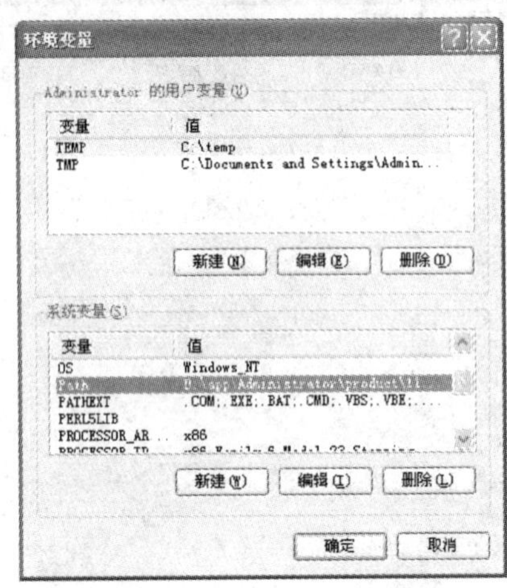

图 3-44 "环境变量"对话框

(3) 在"系统变量"中选中变量 Path,单击"删除"按钮,进行删除 Oracle 在该值中的内容。注意:Path 中记录着一堆操作系统的目录,在 Windows 中各个目录之间使用分号隔开,删除时要注意。

3. 从文件夹中删除

当删除了上面所有和 Oracle 相关的选项后,重新启动操作系统。重启操作系统后各种 Oracle 相关的进程都不会加载。这时就可以删除所有还存在的 Oracle 文件及相关文件夹,其中包括以下内容:

(1) 删除 C:\Program Files\Oracle 路径下 Oracle 的信息。有安装会话的日志与登记的产品清单,如图 3-45 所示。

图 3-45 "C 盘文件夹"窗口

(2) 本书 Oracle 的基目录和软件位置都在 D:\app 中，把该文件夹中的全部信息删除。不同的安装目录稍有不同，请使用者根据具体情况而定，如图 3-46 所示。

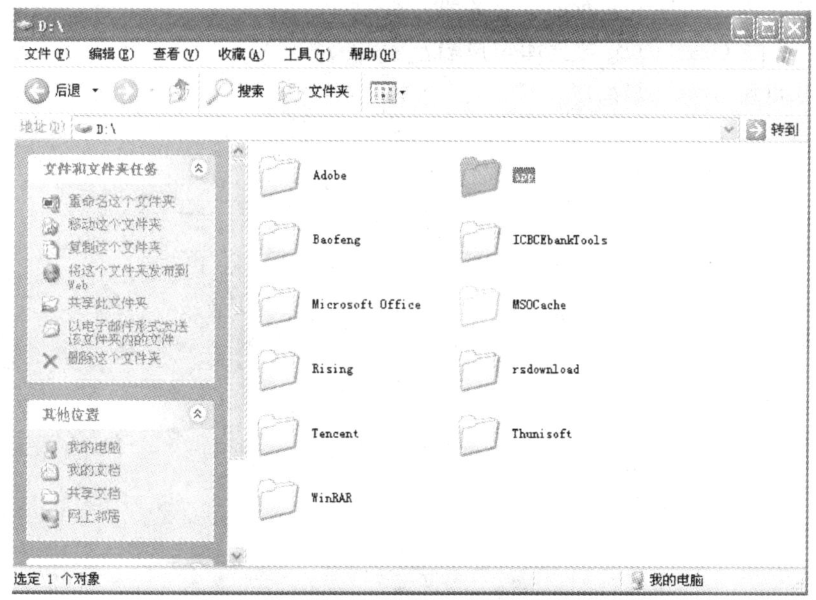

图 3-46 "D 盘文件夹"窗口

(3) 在安装时，把数据库控制文件和数据文件也放在 D:\app 中。删除基目录时一起删除。如果使用者改变了路径，别忘记删除该项。至此，Windows 平台下 Oracle 就彻底卸载了。

习题

一、选择题

1. 安装 Oracle 11g 数据库使用的最多密码位数为(　　)。
   A. 10　　B. 20　　C. 25　　D. 30
2. 下面关于 Oracle 11g 用户口令错误的是(　　)。
   A. 口令不得以数字开头　　B. 口令可以与用户名相同
   C. 口令不得使用 Oracle 的保留字　　D. 口令长度必须在 4～30 个字符之间
3. Oracle 11g 不支持的操作系统是(　　)。
   A. Windows 7　　B. Windows 2003　　C. Windows XP　　D. Windows NT
4. 安装 Oracle 数据库过程中 SID 指的是(　　)。
   A. 系统标识号　　B. 数据库名　　C. 用户名　　D. 用户口令

二、填空题

1. 代表默认创建的 Oracle 数据库实例的环境变量是________。
2. 在安装 Oracle 11g 数据库时，需要指定全局数据库名，默认为________。
3. Oracle 11g 监听器服务是________。
4. Oracle 的安装分为两种安装方式：________和________。

三、实践练习题

1. 试练习安装 Oracle 11g 数据库服务器。
2. 试练习安装 Oracle 11g 数据库客户端。
3. 试练习卸载 Oracle 11g。

第4章 Oracle数据库管理工具

Oracle 11g 提供了几个常用的管理工具程序，这些工具既是对安装结果的验证，又是Oracle 数据库操作的基础。

4.1 Oracle 数据库管理工具概述

Oracle 11g 控制和管理数据库的主要工具分别是：Oracle Universal Installer(OUI)、Database Configuration Assisant(DBCA)、SQL * Plus、Oracle Enterprise Manager(OEM)等。

4.1.1 Oracle Universal Installer

Oracle Universal Installer 11g 是 Oracle 11g 提供的管理工具，简称 OUI。在安装 Oracle 数据库时，Oracle 就会安装上程序 OUI。它是基于 Java 技术的图形界面安装工具，可以利用它完成不同操作系统、不同类型的、不同版本的 Oracle 软件安装及查看已经安装的产品。

OUI 是用户和 DBA 最得力的工具，它为日常管理 Oracle 组件提供了直观而方便的图形化界面，包括安装新的 Oracle 组件，查看已经安装的组件或是删除不适合的组件。

启动 OUI 的步骤如下：

(1) 单击“开始”菜单，打开“所有程序”，依次找到 Oracle-OraDb11g_home1 和 Oracle Installation Products，单击 Universal Installer。就会弹出 Oracle Universal Installer 窗口，如图 4-1 所示。

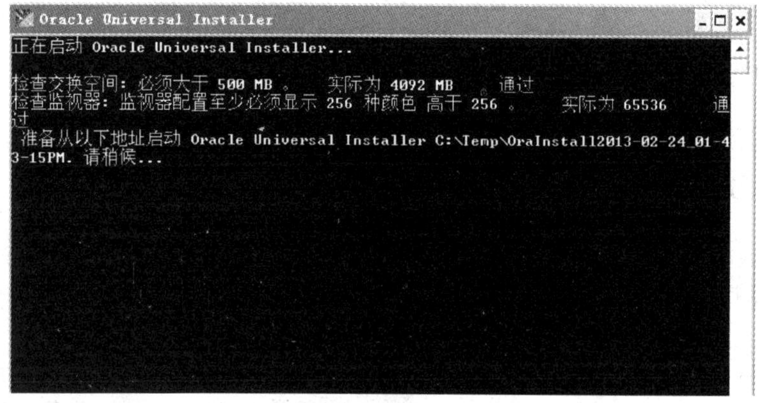

图 4-1 Oracle Universal Installer 窗口

(2) 稍等一会就会弹出 Oracle Universal Installer 窗口，如图 4-2 所示。

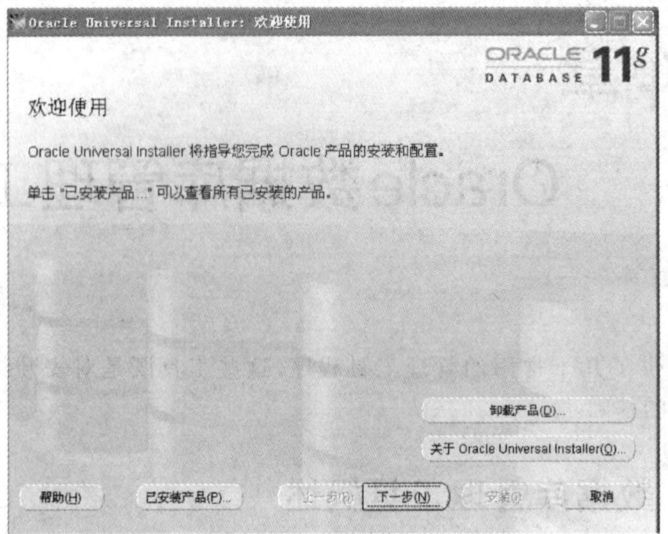

图 4-2 Oracle Universal Installer 窗口

在此窗口中,用户不管是单击"已安装产品"或是"卸载产品"按钮,都会弹出"产品清单"对话框。在这里可以查看已安装的产品信息与要卸载的产品信息,如图 4-3 所示。

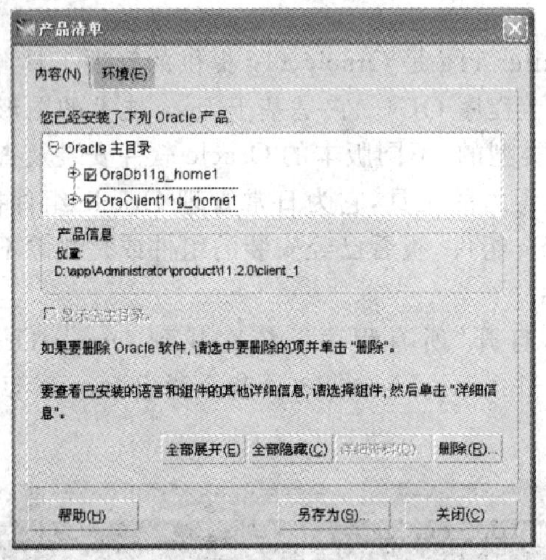

图 4-3 "产品清单"对话框

4.1.2 Database Configuration Assisant

在安装 Oracle 11g 时,数据库管理员(DBA)可以选择是否自动安装 Oracle 数据库。如果选择仅安装数据库服务器组件,而不创建数据库,这种情况下就要使用 Oracle 系统创建数据库。

DBCA(Database Configuration Assisant)是 Oracle 提供的一个具有图形化用户界面的工具,数据库管理员(DBA)可以通过它快速、直观地创建数据库。DBCA 中内置了几种典型的数据库模板,通过使用模板,用户或是 DBA 就能花很少的时间创建好数据库。

启动 DBCA 的步骤如下:

单击"开始"菜单,打开"所有程序",依次找到 Oracle-OraDb11g_home1 和"配置和移植工具”，单击 Database Configuration Assisant，就会弹出 Database Configuration Assisant 窗口，如图 4-4 所示。

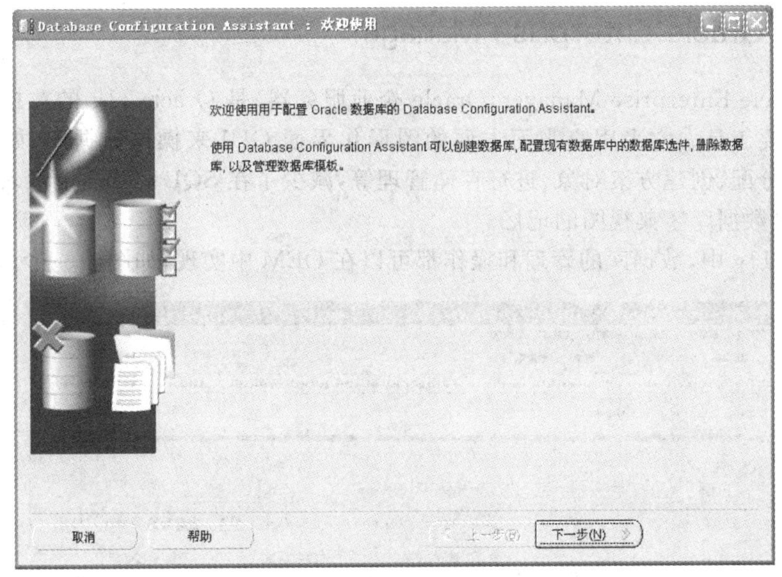

图 4-4　Database Configuration Assisant 窗口

创建数据库的方式有两种：一种是利用图形界面 DBCA 进行创建；另一种是脚本手工进行创建。在第 6 章的内容中，我们会告诉大家怎样用这两种方法来创建数据库。

4.1.3　SQL * Plus

在 Oracle 数据库系统中，用户对数据库的操作主要是通过 SQL * Plus 工具来实现的。SQL * Plus 作为 Oracle 客户端工具，可以建立位于相同服务器上的数据库连接，或是建立位于网络中不同服务器上的数据库连接。它可以满足 Oracle 数据库管理员很大一部分的需求。

启动 SQL * Plus 的步骤如下：

单击“开始”菜单，打开“所有程序”，依次找到 Oracle-OraDb11g_home1 和“应用程序开发”，打开 SQL * Plus 窗口，如图 4-5 所示。

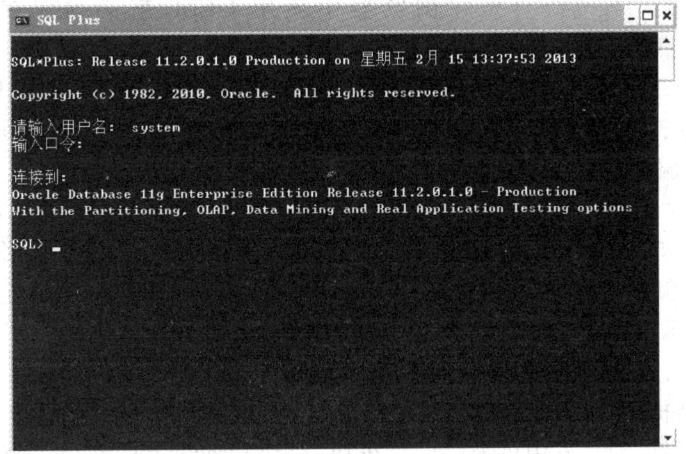

图 4-5　SQL * Plus 窗口

在 SQL * Plus 窗口中输入用户名和密码(用户名和密码在创建数据库时已指定),按 Enter 键,SQL * Plus 就可以连接到数据库了。

4.1.4 Oracle Enterprise Manager

OEM(Oracle Enterprise Manager,Oracle 企业服务器)是 Oracle 11g 的数据库控制和管理数据库的主要工具。它采用直观而方便的图形化界面 GUI 来操作数据库,如创建新的用户、角色、权限分配、创建方案对象、进行存储管理等,减少了在 SQL * Plus 中输入命令行的麻烦,也减少了对数据库字典视图的记忆。

在 Oracle 11g 中,数据库的管理和操作都可以在 OEM 中实现,如图 4-6 所示。

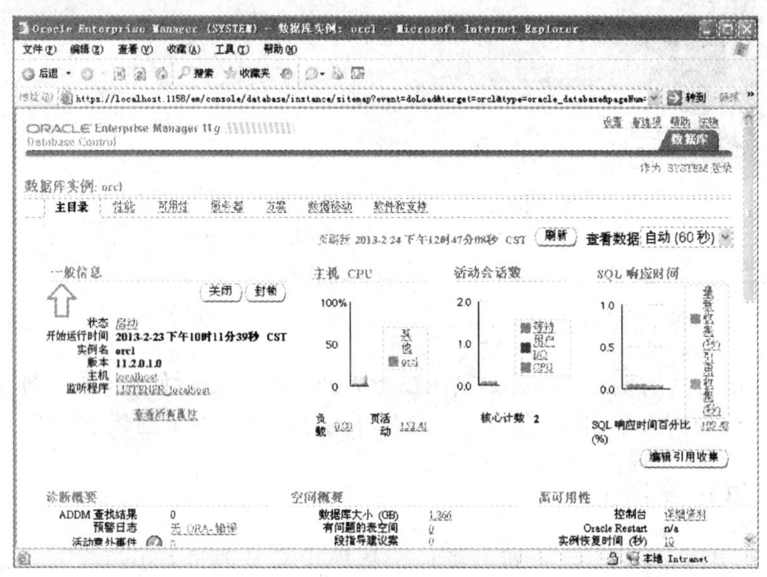

图 4-6 Oracle Enterprise Manager 窗口

4.2 启动 OracleDBConsole 服务

安装完 Oracle 11g 后,要想在浏览器中使用 OEM,就必须先在服务器上运行 OracleDBConsole 服务。该服务被设置成"自动"启动方式。

如果由于系统重启或其他原因(如停止了 OracleDBConsole 服务),使得 OracleDBConsole 服务没有运行,这时启动 OEM 就会出现"该页无法显示"提示页,将采取以下步骤启动 OracleDBConsole 服务。

单击"开始"→"控制面板"→"管理工具"→"服务"命令,打开"服务"窗口,如图 4-7 所示。

在该服务窗口中,Oracle 服务都以"Oracle"开头。在该"服务"列表中找到 OracleDBConsole 服务,其名称的格式是 OracleDBConsole＜SID＞。该服务进程的状态("已启动"或者空白表示已停止)被列在"状态"列中,如图 4-8 所示。

双击该服务,打开"属性"对话框,如图 4-9 所示。

在"属性"对话框中,单击"启动类型"下拉按钮,从中选择"手动"或"启动"。如果该服务还没有启动,则在"属性"对话框中单击"启动"按钮,启动 OracleDBConsole 服务进程,如图 4-10 所示。

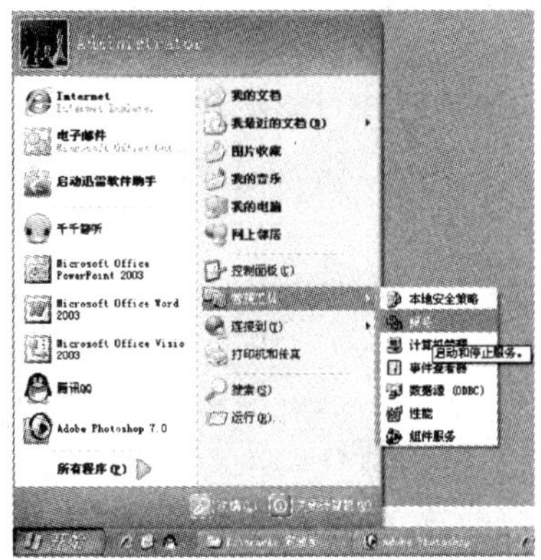

图 4-7 打开步骤

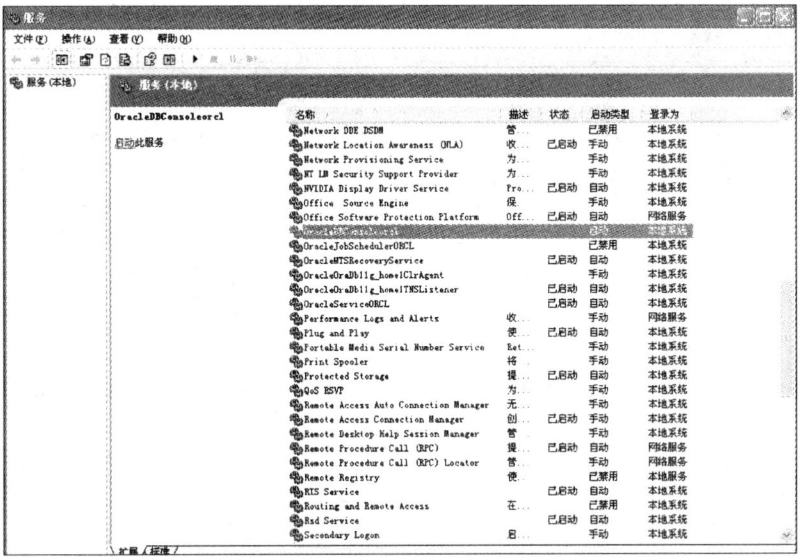

图 4-8 该服务没启动

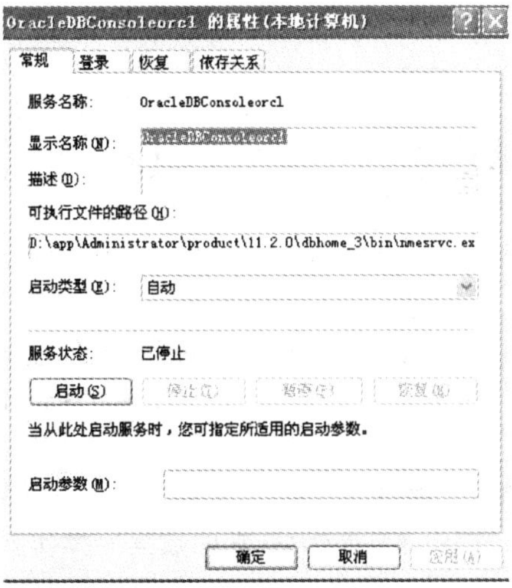

图 4-9 OracleDBConsole 服务属性窗口

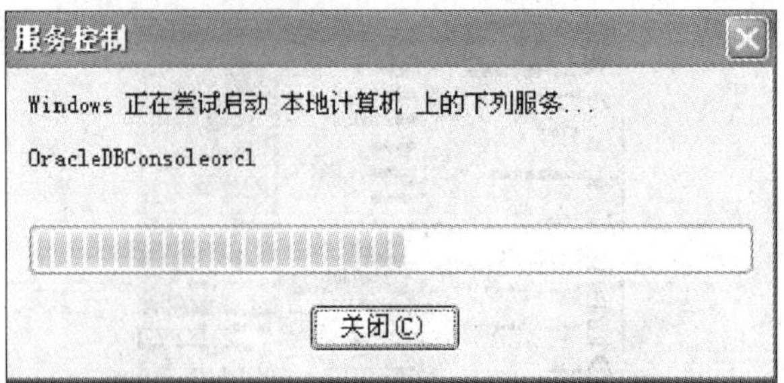

图 4-10 启动 OracleDBConsole 服务进程

启动 OracleDBConsole 服务进程后,返回"服务"窗口,此时 OracleDBConsole 服务就处于"已启动"状态了。此时就可以使用 OEM 了,如图 4-11 所示。

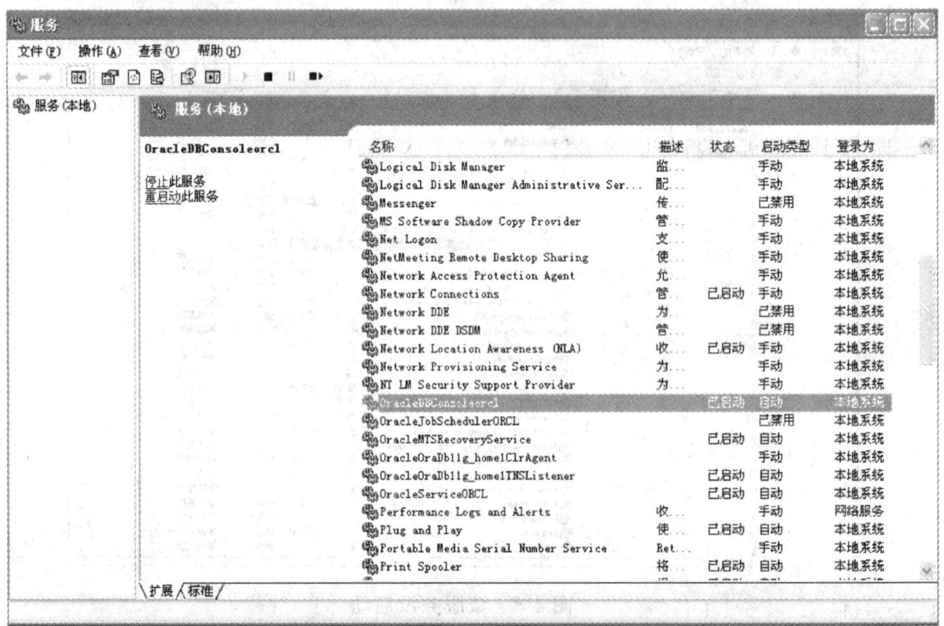

图 4-11 "已启动"状态 OracleDBConsole 服务

4.3 使用 Oracle Enterprise Manager

4.3.1 OEM 简介

Oracle Enterprise Manager 11g 是 Oracle 11g 提供的管理工具,简称 OEM。在安装 Oracle 数据库时,Oracle 通过安装程序 OUI(Oracle Universal Installer)会同时安装 OEM 数据库控制工具。

它是基本的 Web 管理工具,用户可以通过 Web 浏览器连接到 Oracle 数据库服务器。

OEM 包含大量对 DBA 有用的工具,为日常的数据库操作提供了直观而方便的图形化界面 GUI,包括创建新的用户、角色,进行权限分配,查看数据库运行情况,创建方案对象,进行存储管理等,几乎所有的数据库管理和操作都可以通过 OEM 来完成。

4.3.2 启动和登录 OEM

使用 OEM 数据库管理工具，包括启动、注销以及其他用户重新登录到 OEM 数据库中。当成功地创建并启动了数据库，并且在服务器上运行了 OracleDBConsole 服务进程后，就可以在 Web 浏览器中按下面的格式访问 Oracle Enterprise Manager 11g：

```
https://<Oracle 数据库服务器名称>:<EM 端口号>/em
```

不同数据库的 EM 端口号可能会不同，可以在 $ORACLE_HOME/install/portlist.ini 中找到需要的 EM 端口号。$ORACLE_HOME 代表 Oracle 数据库的安装目录，例如 D:\app\Administrator\product\11.2.0\dbhome_1。可以看到 EM 端口号为 1158。

若是在安装 Oracle 时，用网线将计算机连接到以太网交换机上，那么 Oracle 数据库服务器名称为网络服务器名或该计算机名称，如图 4-12 所示。在 Web 浏览器中访问该网址应是，http://zzly:1158/em，按 Enter 键，出现 OEM 的数据库登录窗口。

图 4-12 OEM 登录页面

若是没联网，单机安装使用，该 Oracle 数据库服务器名称为 Localhost，则在 Web 浏览器中访问网址 http://localhost:1158/em，按 Enter 键，出现 OEM 的数据库登录窗口，如图 4-13 所示。

在用户名文本框中输入"system"，然后输入对应的口令（密码为：admin），在"连接身份"组合框中可以选择 Normal 或 SYSDBA，这里选择 Normal，如图 4-14 所示。

单击"登录"按钮，即可进入 OEM 的数据库主页的"主目录"页面，如图 4-15 所示。

该页面提供了有关数据库，如 Orcl 数据库的环境和健康及丰富的信息内容。例如，一般信息、主机 CPU、活动会话数、SQL 响应时间、诊断概要、空间概要、高可用性等。

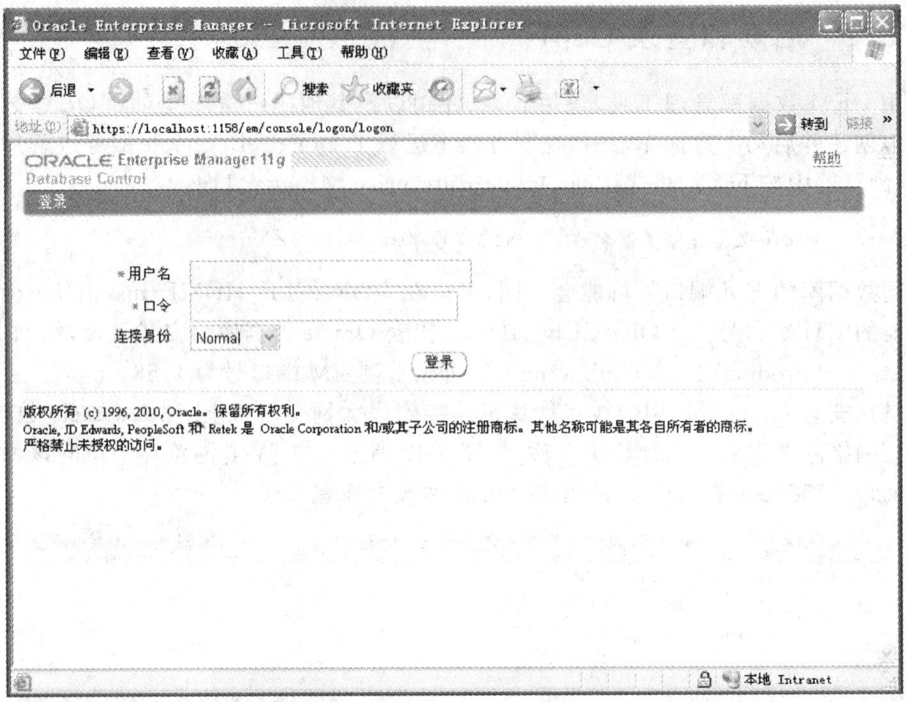

图 4-13　OEM 本地登录页面

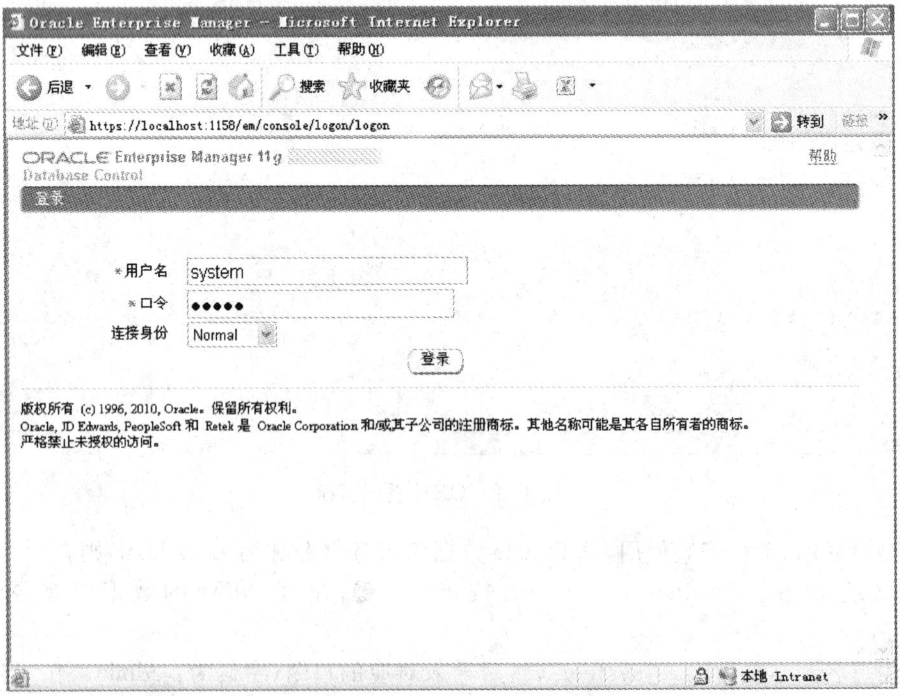

图 4-14　OEM 本地登录页面

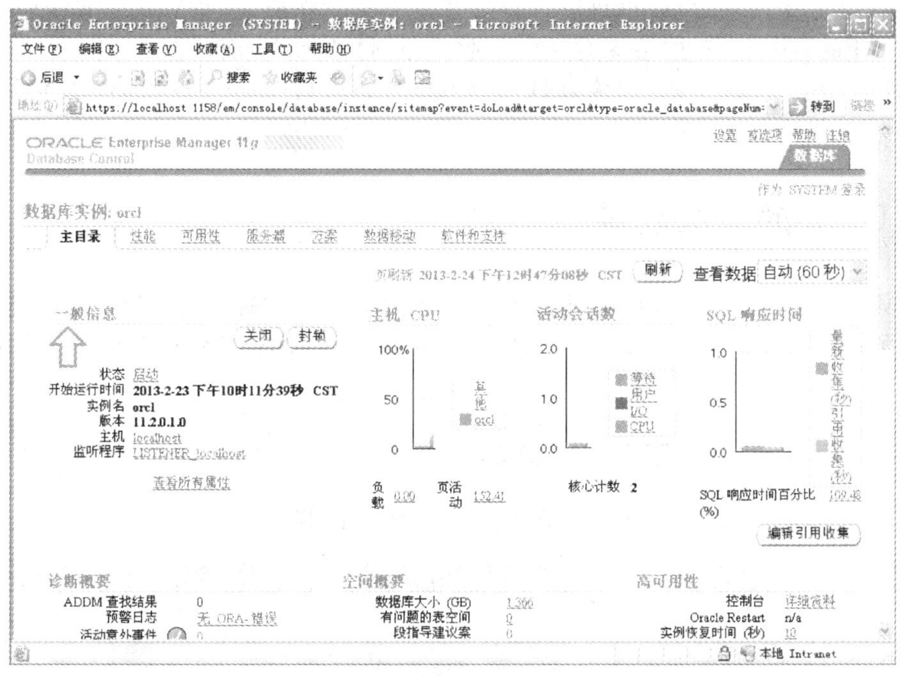

图 4-15 “主目录”页面

4.3.3 注销和重新登录 OEM

若是要以另外一个用户登录 OEM,可以先注销当前的连接会话。在图 4-16 中,单击右上角的“注销”超链接,则当前用户将退出该 OEM 页面,出现如图 4-16 所示的注销界面。

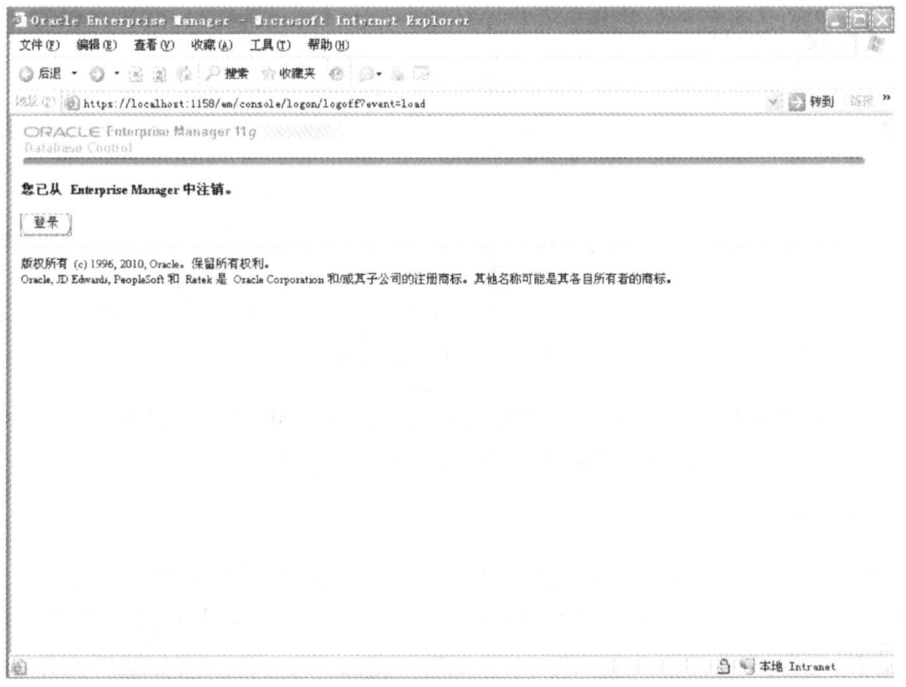

图 4-16 注销界面

当注销了一个用户之后，也可以重新以另一个身份登录到 OEM 上。其步骤如下：在图 4-16 所示的界面中，单击“登录”按钮，出现“登录到数据库”页面。

重新输入用户名和密码，如输入另一个用户名 sys，口令 admin（密码），“连接身份”选 SYSDBA。即可登录 OEM。

4.4 OEM 的页面功能

OEM 管理工具对数据库的各种操作都进行了归类，并放置在“主目录”、“性能”、“可用性”、“服务器”、“方案”、“数据移动”、“软件和支持”7 个页面中，下面对主要页面的功能进行分析。

4.4.1 OEM 的“主目录”页面

“主目录”页面包括数据库的一些常规信息，如图 4-17 所示。

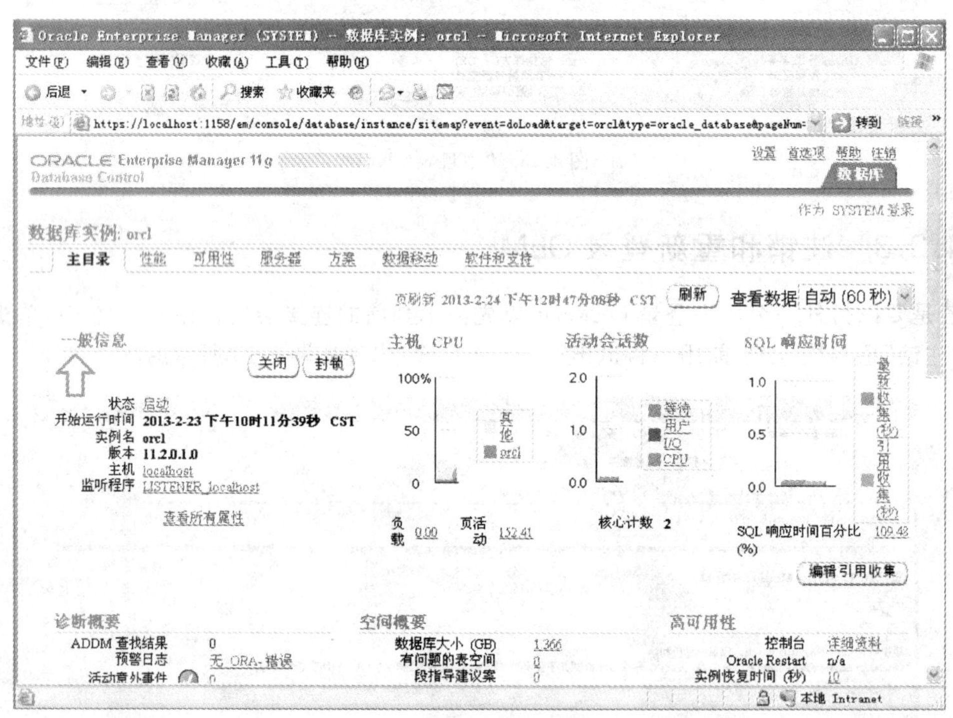

图 4-17 “主目录”页面

该页面为数据库状态以及数据库环境的管理和配置提供了一个起点。它包含“一般信息”、“主机 CPU”、“活动的会话”、“高可用性”若干部分的内容。

1. 一般信息

该部分提供数据库状态的快速概览以及数据库的基本信息，其中包括“状态”、“开始运行时间”等度量指标。通过该选项中的“查看所有属性”可以查看当前数据库实例 Orcl 的所有属性，如图 4-18 所示。

图 4-18 “查看实例所有属性”窗口

2. 主机 CPU

该部分中有一个图形，以不同的颜色粗略显示 Oracle 主机的相对 CPU 占用率。

3. 活动会话数

该部分显示当前活动会话情况、当前数据库在干什么以及其他 SQL 统计信息。要查看 SQL 操作度量，必须使用“数据库配置向导”进行配置。

4. 高可用性

该部分显示相关的可用性信息，包括实例恢复时间(它是例程的 MTTR 值，不同于例程崩溃恢复所用的时间)、上次备份、可用快速恢复区百分比以及是否启用了闪回事件数据库记录。

5. 空间概要

“空间概要”部分显示数据库的大小，还列出数据库包含的有问题的表空间的数目。“段指导建议案”有助于识别与存储有关的问题并提供改善性能的建议案。“已用转储区”链接显示已用转储区的百分比。“违反策略”链接向目标报告违反策略的数目。

6. 诊断概要

“诊断概要”部分给出了数据库执行情况的概略。“ADDM 查找结果”表示被自动数据库诊断监视器 ADDM(Automatic Database Disgnostic Monitor，Oracle 11g 中自诊断引擎)发现问题的数量。OEM 也能够自动分析环境，以确定是否存在违反策略的操作，并将分析结果放在“所有违反策略的情况中”。OEM 扫描预警日志，并显示所有当前的 ORA 错误。

7. 预警

“预警”部分提供已发出的所有预警以及每个预警的严重级别的有关信息。要了解预警的详细信息，可单击“消息”列中的相应预警消息。系统将显示预警的严重性图标(警告或严重)、触发预警的时间、预警值及上次检查度量值的时间。

8. 相关预警

“相关预警”部分提供相关目标的有关预警信息，例如监听程序和主机等目标，该信息中包含预警消息的详细内容，触发预警的时间、值、上次检查预警的时间。

对于上述这两部分内容，它们都是以表的形式给出相关的警告信息来引起用户的注意。

9. 作业活动

“作业活动”部分中包含一个作业执行的报告，显示已调度的执行、正在运行执行、挂起的执行和出问题的执行。

10. 相关链接

“相关链接”部分指明了可以与之相链接的部分。包括 EM SQL 历史记录、度量和策略设置、度量收集错误、监视配置、预警历史记录等相关内容。

4.4.2 OEM 的“性能”页面

“性能”页面的主要功能是监视 Oracle 11g 数据库服务器的运行状况，实时掌握其各种运行参数，并根据所存在的问题来采取相应的措施对其进行优化，以进一步提高其效率。确保系统的正常运行，“性能”页面如图 4-19 所示。

“性能”页面包括“主机：平均可运行进程”、平均活动会话数、“实例吞吐量”和“其他监视链接”4 个组成部分。

1. 主机：平均可运行进程

主机性能的稳定对于 Oracle 例程的正常运行是非常必要的。Oracle 例程能否正常运行取决于 CPU 能力、内存空间、网络响应和 I/O 性能是否充足。I/O 性能和网络响应情况可直接从 Oracle 统计信息中得到。但对于 CPU 能力或内存空间不足只能依靠推断来了解。

2. 平均活动会话数

“会话”图表体现了 14 种不同的事件类型：User I/O、System I/O、Scheduler、Other、Network、Configuration、Concurrency、Commit、Application、Administrative、CPU Wait、Queueung 和 CPU。该图表是 Oracle 性能监视的核心。该图表的 Y 轴上显示按全部时间折算的会话数，反映数据库的平均负载。可能有 200 个会话处于连接状态并同时在一个 Oracle 例程上工作，但是在同一时刻只有 10 个会话处于活动状态，这时图表中的活动会话数将为 10。对于这些活动会话，该图表还可显示哪些会话正在 CPU 上运行，哪些会话在等待某个事件。

绿色区域表示正在访问 CPU 的用户。其他颜色则表示在等待各种事件(如锁、磁盘 I/O 或网络通信)的用户。理想情况下，所有活动用户都将在 CPU 上运行，无须等待。

图 4-19 “性能”页面

3. 实例吞吐量

吞吐量图表反映“会话活动图表”中显示的各种争用的相对重要性。若是会话活动图表显示会话等待数不断增加，这就表明当前存在内部争用，但吞吐量却不断增大。

4. 其他监视链接

在“性能”页面中，有几个主要链接，SQL 优化集、快照、顶级活动、实例锁、实例活动、阻塞会话、AWR 基线等。SQL 性能分析程序：使用 SQL 性能分析程序可以测试和分析更改对 SQL 优化集中包含的 SQL 执行性能的影响。SQL 优化集：SQL 优化集是可用于优化的 SQL 语句的集合。快照：快照是某个时间点上数据库统计信息的集合，可以使用快照中的信息来诊断数据库问题。

4.4.3 OEM 的“可用性”页面

利用“可用性”页面可以执行以下任务：将数据导出到文件中或从文件中导入数据，将数据从文件加载到 Oracle 数据库中，收集、估计和删除统计信息，同时提高对数据库对象进行 SQL 查询的性能，如图 4-20 所示。

“可用性”页面是由“备份/恢复”构成，备份恢复主要提供对系统数据的备份和恢复两种功能，有效地避免数据的丢失。它的主要功能及说明如下。

在设置中可以分为 3 种设置：备份设置、恢复设置和恢复目录设置。备份设置可以针对磁盘设置、磁带设置、介质管理设置。如果设置完成要进行保存，必须提供用于访问目标数据库的操作系统登录的身份证明。恢复设置中可以进行实例恢复、介质恢复和快速恢复。如果

图 4-20 “可用性”页面

要对这些设置或参数进行修改需要重启数据库。恢复目录设置,资料档案库用来收集有关备份和恢复操作用到的目标数据库的元数据。信息可以存储在控制文件或恢复目录中(一个用来存放一个或多个数据库信息的单独数据库中的方案)。

在管理中,该部分提供的主要功能调度备份、执行恢复、管理当前备份等内容。调度备份:在磁盘、磁带或同时在磁盘和磁带上备份数据库的内容。执行恢复:还原或恢复数据库、表空间、数据文件、归档日志或者闪回表或取消删除对象。管理当前备份:搜索和显示备份集或备份副本的列表,并可以执行管理操作,如针对所选副本、备份集或文件的交叉检查和删除。

4.4.4 OEM 的“服务器”页面

“服务器”页面,通过该页配置和调整数据库的各个方面,从而提高性能和调整设置。它是 DBA 工作的主要场所,如图 4-21 所示。

“服务器”页面包括“存储”、“数据库配置”、“安全性”、“资源管理器”、“统计信息管理”等几个部分,它们的主要功能如下。

1. 存储

“存储”部分提供的主要功能有控制文件、表空间、数据文件、重做日志组等内容。

控制文件,每个 Oracle 数据库会维护一个控制文件,其中包含与关联数据库有关的信息,实例在启动或正常运行期间访问数据库时需要这些信息。该文件存储数据库物理结构的状态。使用“控制文件”页显示当前数据库的控制文件的详细信息。

表空间,每个 Oracle 数据库均分为一个或多个称为表空间的逻辑单元。使用该页管理这

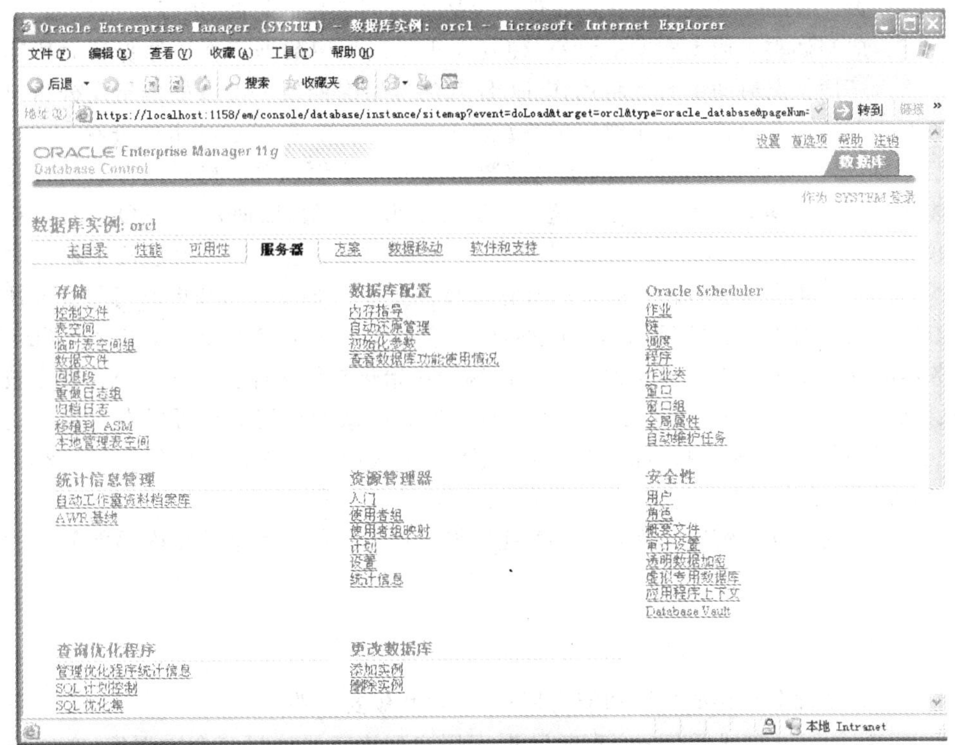

图 4-21 “服务器”页面

些表空间，创建或修改表空间的一般信息和存储信息。

数据文件，使用“数据文件”页创建数据文件或编辑与当前数据库关联的数据文件的参数。

重做日志组，创建或编辑与当前数据库关联的重做日志组的有关信息。重做日志用于记录对数据所做的更改。使用“重做日志组”页显示重做日志组的组号\线程(仅对于群集数据库)\文件大小和状态。“重做日志成员”表列出组成重做日志成员的文件和目录。可以使用“重做日志组成员”页在组中添加或删除成员。

2. 数据库配置

“数据库配置”部分提供的主要功能有内存指导、自动还原管理、初始化参数和查看数据库功能使用情况。

内存指导中，它包含两个部分：SGA 和 PGA。

系统全局区(SGA)是一组共享的内存结构，包含一个 Oracle 数据库例程的数据和控制信息。如果多个用户同时连接到同一个实例，这些用户将共享该实例 SGA 中的数据。所以有时 SGA 被称为共享全局区。

程序全局区(PGA)是一个内存区域，它包含服务器进程的数据和控制信息。它是由 Oracle 在启动服务器进程后创建的非共享内存。只有该服务器进程才可访问该区域，同时，只有代表其进行操作的 Oracle 代码才具有读写权限。由附加到 Oracle 例程的每个服务器进程分配的 PGA 总内存也称为由该例程分配的 PGA 的聚集内存。

自动还原管理，在“一般信息”选项卡中，用户可以查看实例的当前还原设置，并使用还原指导分析还原表空间要求。还原指导分为还原保留时间和还原表空间调整大小建议。

还原保留时间即还原数据在还原表空间中保留的时间长度。必须将还原数据保留至运行时间最长的查询，运行时间最长的事务处理以及持续时间最长的闪回(闪回数据库除外)所需的时间长度。应当调整还原表空间的大小，使其大小足以保留数据库在还原保留时段期间所生成的还原。还原保留时间参数还将用作 LOB 列的保留时间值。可以根据指定分析时段或所需还原保留期执行此分析。指定时段的系统活动可在“系统活动”选项卡中查看。

初始化参数，使用它可以创建或编辑当前数据库的初始化参数。初始化参数文件包含该例程和数据库的配置参数列表。可以将这些参数设置为特定值，以便初始化 Oracle 例程的许多内存和进程设置；可以过滤“初始化参数”页，仅显示符合在按名称过滤字段中输入的过滤标准的参数；也可以选择全部显示以显示所有参数；选择 SPFile 显示和更改当前服务器参数文件的参数。服务器参数文件(SPFILE)是初始化参数的一种资料档案库，在运行 Oracle 数据库服务器的计算机上维护。该文件是服务器端的初始化参数文件。存储在服务器参数文件中的初始化参数是永久性的，因为在例程运行时对参数所做的任何更改可以在例程关闭和启动的整个过程中保持不变。单击在 SPFile 模式下将更改应用于正在运行的例程。对于静态参数，必须重新启动数据库才能将更改应用于正在运行的例程。

查看数据库功能使用情况：数据库功能使用统计信息提供了各个数据库功能使用的大概频率。

3. 安全性

“安全性”这个部分提供的主要功能有用户、角色和概要文件。

用户，每个 Oracle 数据库有一个有效数据库用户列表。要访问某个数据库，必须使用该数据库中定义的有效用户名连接到数据库例程上；使用“用户”页创建或编辑数据库用户。

角色，使用它能简化对最终用户系统和方案对象权限的管理。可以创建拥有运行应用程序所需的所有权限的安全应用程序角色。然后，可以将该安全应用程序角色授予其他角色或用户。用户可能需要多个不同的角色，每个角色被授予一组不同的权限，可以在使用应用程序时访问或多或少的数据；每个 Oracle 数据库可以维护一个有效的数据库角色列表；使用“角色”页创建或编辑数据库角色。

概要文件，用户的概要文件限制数据库的使用以及概要文件中定义的例程资源。可以将概要文件分配给每个用户，将默认的概要文件分配给所有没有特定概要文件的用户。要使概要文件生效，必须对整个数据库启用资源限制；使用“概要文件”页设置用户的资源限制。

4.4.5 OEM 的“方案”页面

“方案”页面，可以完成大部分的数据库日常管理工作，如图 4-22 所示。

“方案”页面包括“数据库对象”、“程序”、“实体化视图”、“用户定义类型”、“更改管理”等几个部分，它们的主要功能如下。

1. 数据库对象

表，数据库由一个表或一系列表组成；使用“表”页创建新表\编辑现有表的结构和参数或删除表。

索引，提供了一种更快的表数据访问方式。如果使用正确，索引是减少磁盘 I/O 的主要手段；使用“索引”页创建新的索引\编辑现有索引的存储参数和可选参数或删除索引。

视图，为基表中的数据提供了另一种表示方法。通过视图可以定制对不同类型用户的数据表示方法；使用“视图”页创建新视图、编辑现有视图的参数或删除视图。

图 4-22 “方案”页面

同义词，每个 Oracle 数据库的数据库对象(例如表\视图或过程)可以有别名；使用该页创建\编辑或删除这些现有方案对象的同义词，或查看现有同义词的设置。可以创建本地数据库对象的同义词，也可以创建有权访问的网络数据库的同义词。

2. “程序”

过程，使用 OEM 创建或编辑由一组 SQL 语句组成的过程。OEM 将这些过程存储在数据库中，并作为一个单元运行以解决特定问题或执行一组相关操作。使用“过程”页创建或编辑数据库过程。

函数，使用 OEM 创建或编辑命名块来封装一系列语句。然后，可以在应用程序中使用这些函数计算值；这些函数存储在数据库中，以便应用程序可以调用。使用“函数”页创建或编辑这些数据库函数。

触发器，使用 OEM 创建或编辑与指定表或视图关联的触发器。这些触发器存储在数据库中，当在指定 DML 操作修改该表或视图时，自动调用这些触发器。使用“触发器”页创建或编辑触发器。

4.4.6 OEM 的“数据移动”页面

“数据移动”页面，可以执行移动行数据、移动数据库文件等任务，如图 4-23 所示。

1. 移动行数据

“移动行数据”部分提供的主要功能有导出到导出文件、从导出文件导入、从数据库导入、

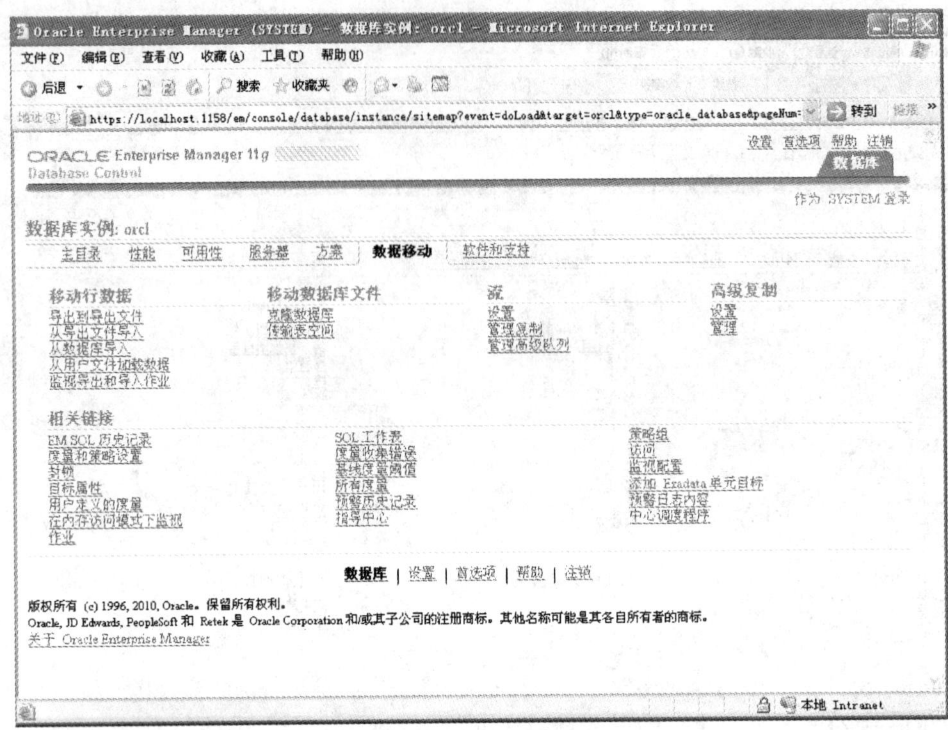

图 4-23 “数据移动”页面

从用户文件加载数据等内容。

导出到导出文件：导出数据库的内容、用户方案、表和表空间。

从导出文件中导入：导入对象和表的内容。

从数据库导入：导入数据库的内容。

从用户文件中加载数据：将生成或使用现有的控制文件。

2. 移动数据库文件

“移动数据库文件”部分提供了一些功能，如克隆数据库、传输表空间的内容。

克隆数据库：复制当前数据库，方法是先执行备份，然后将当前的数据库文件传输到目标 Oracle 主目录。执行克隆时可以选择创建备份集，也可以使用现有备份集。

传输表空间：生成可传输表空间集和集成现有可传输表空间集。生成可传输表空间集：传输源数据库中的一个或多个选定表空间。集成现有可传输表空间集：将一个或多个表空间集成到目标数据库中。

4.4.7 OEM 的“软件和支持”页面

“软件和支持”页面，可以执行配置、数据库软件打补丁等任务，如图 4-24 所示。

1. “配置”

在“配置”项中还提供了一些功能，如克隆 Oracle 主目录、查看补丁程序高速缓存等内容。

克隆 Oracle 主目录，克隆一个 Oracle 主目录到一个或多个目标主机。

收集状态，显示未收集到某一类或多类主机配置信息的主机。默认情况下，运行于主机上

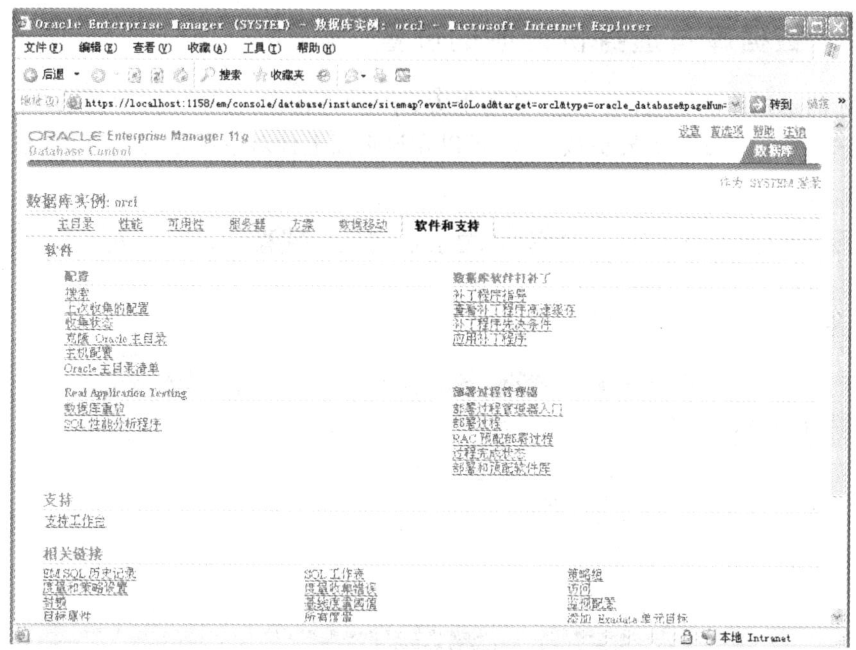

图 4-24 “软件和支持”页面

的 OracleManagementAgent 每 24 小时收集一次主机配置信息，并将该信息通过 HTTPS 传送到 Oracle Management Service，Oracle Management Service 将在 Oracle Management Repository 中存储该信息；OEM 在每台主机上执行操作系统命令以为主机收集配置信息，这些信息可以分为硬件、操作系统、操作系统注册的软件等类别。OEM 在每台主机上使用 Java API 从 Oracle Universal Installer 清单中的信息收集 Oracle 软件配置类别。

Oracle 主目录清单，列出主机 localhost 的 Oracle 主目录：D:\app\Administrator\product\11.2.0\dbhome_1 (OraDb11g_home1)。

2. 数据库软件打补丁

在“数据库软件打补丁”项中还提供了一些功能，如克隆 Oracle 主目录、查看补丁程序高速缓存等内容。

补丁程序指导，按产品系列、产品、发行版、平台、语言等条件，搜索补丁程序。

查看补丁程序高速缓存，显示 Oracle 补丁程序和补丁程序集的有关信息，它们是由 OEM 自动从 OracleMetaLink 下载到补丁程序高速缓存或者由用户手动添加到补丁程序高速缓存的。

选择补丁程序，是选择要应用的补丁程序。单击“添加补丁程序”从 My Oracle Support 或软件库中搜索和选择补丁程序。

4.5 首选身份证明的设置

首选身份证明是把相关目标的登录信息保存在资料库中，简化对其的管理操作。它是基于每个用户的，保证了对被管理目标环境的安全性。

4.5.1 数据库首选身份证明的设置

在 OEM 的数据库的“主目录”页面的右上方，单击“首选项”按钮，打开“首选项”一般信息页面，如图 4-25 所示。如果需要更改口令，可以在该页面上针对系统管理员身份，输入口令及其确认口令。

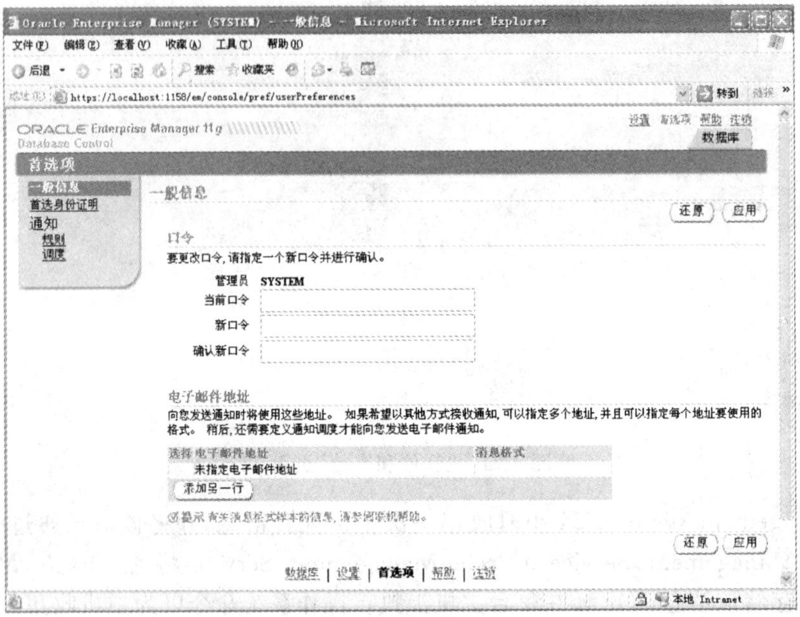

图 4-25 “首选项”窗口

在这里不需要，所以单击左上方的“首选身份证明”。在打开的窗口中，显示出 4 种不同的目标类型，分别是监听程序、数据库实例、主机和代理，如图 4-26 所示。

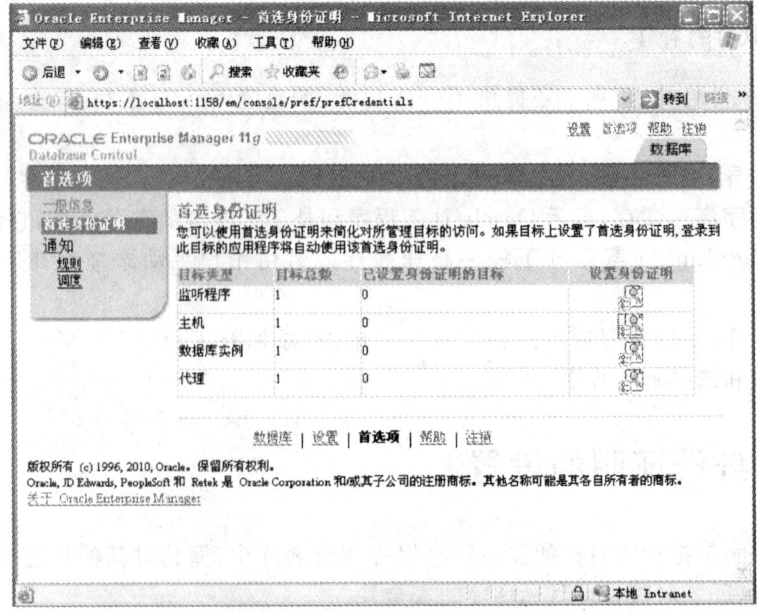

图 4-26 “首选身份证明”页面

单击“数据库实例”中的设置身份证明下方的图形按钮，显示出“数据库首选身份证明”页面，如图 4-27 所示。

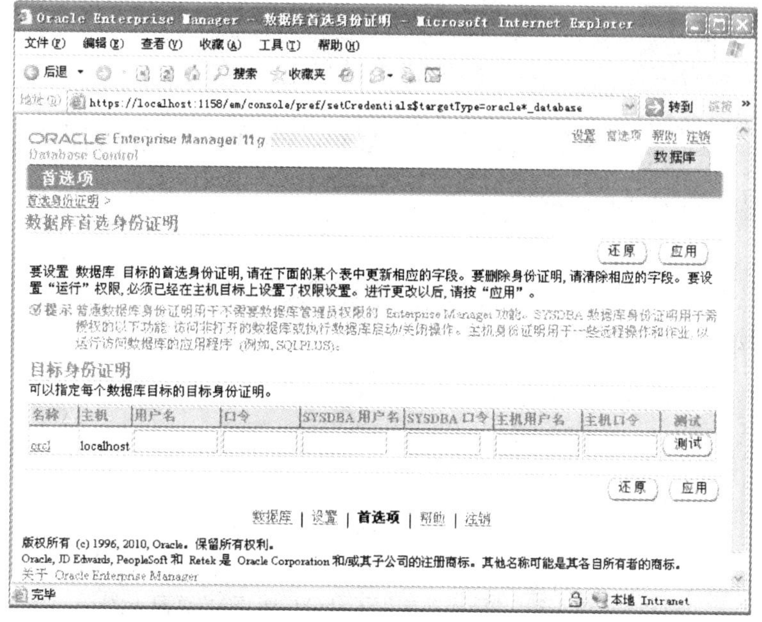

图 4-27 “数据库首选身份证明”页面

在该页面上的“目标身份证明”下方输入不同的用户名和口令，单击“测试”按钮，就会显示信息“已成功验证 orcl 的身份证明”页面，如图 4-28 所示。该测试是用普通身份证明和 SYSDBA 身份证明连接到数据库的过程。

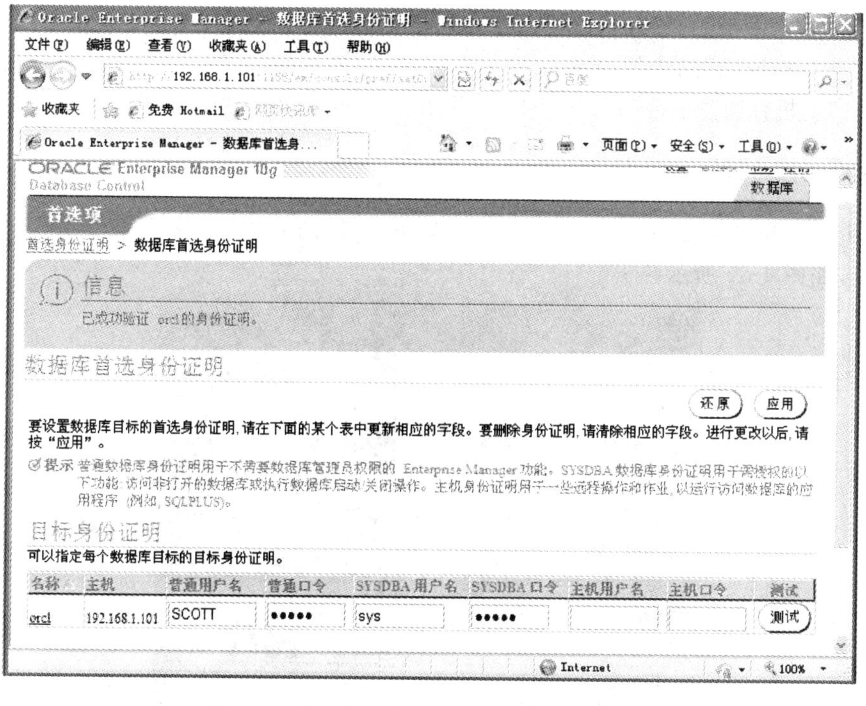

图 4-28 “已成功验证 orcl 的身份证明”页面

单击“应用”按钮，保存其设置。显示信息“已成功应用了身份证明更改”页面，如图 4-29 所示。

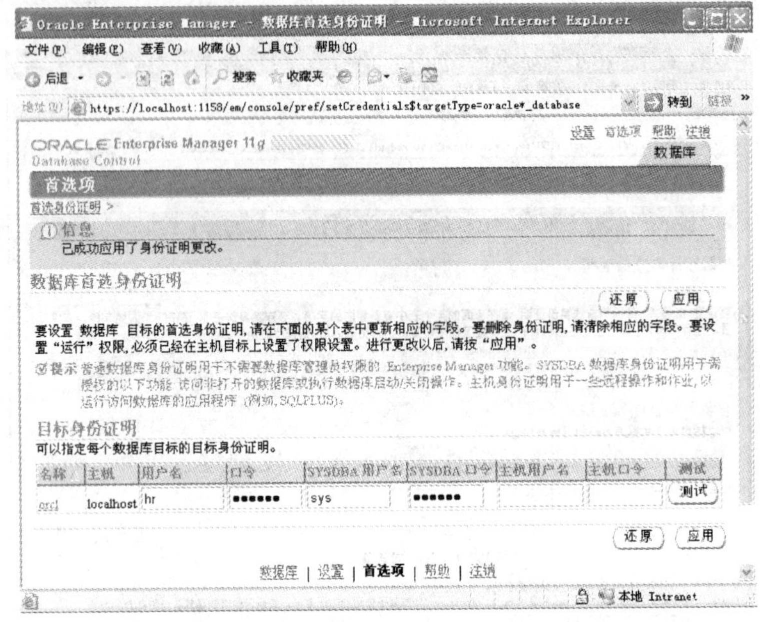

图 4-29 “已成功应用了身份证明更改”页面

4.5.2 主机首选身份证明的设置

很多的 Oracle 数据库分布在一个网络化的环境中，若是需要用 OEM 启动和关闭数据库，就必须指明是哪台主机上的数据库，并需要使用该主机的操作系统用户信息，即要进行“主机身份证明”。数据库中的“导入、导出”、“备份和恢复”，也都需要进行“主机首选身份证明”。设置“主机首选身份证明”的步骤如下。

要设置“主机首选身份证明”，分两步：一是用户权限分配，二是主机首选身份证明的设置。

1. 用户权限分配

针对用户权限的分配，首先要在“开始”菜单中选择“所有程序”→“管理工具”→“本地安全策略”命令，如图 4-30 所示。

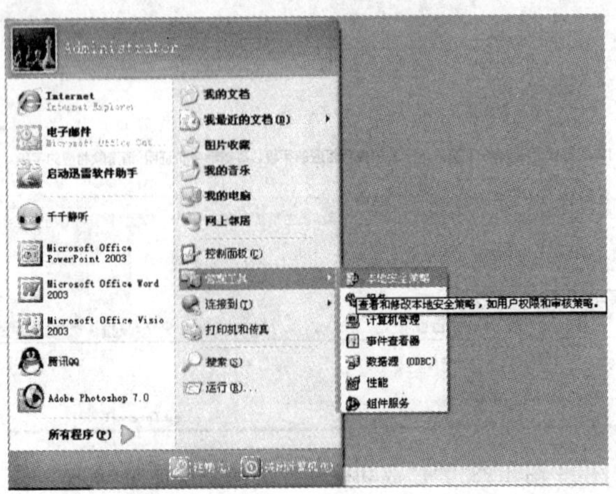

图 4-30 选择命令

打开“本地安全设置”窗口，在“本地安全设置”窗口的左边，选择“本地策略”中的“用户权利指派”项。在右边框的“策略”中双击“作为批处理作业登录”项，如图 4-31 所示。

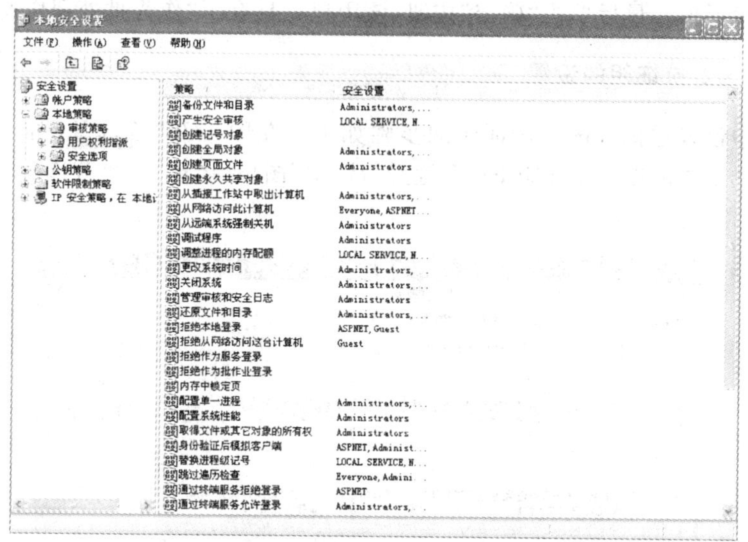

图 4-31 “本地安全设置”窗口

打开“作为批处理作业登录 属性”对话框，如图 4-32 所示。

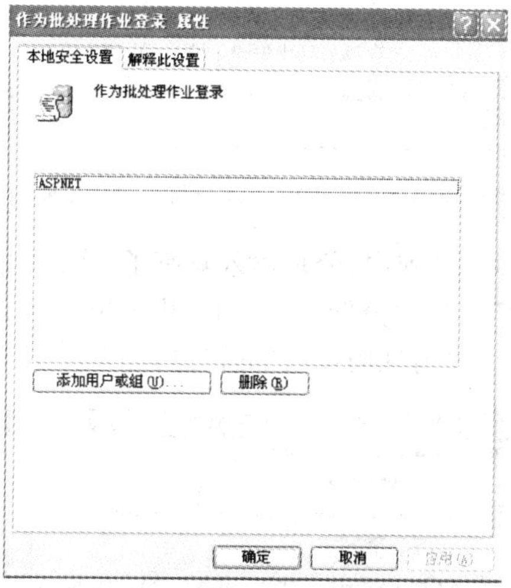

图 4-32 “作为批处理作业登录 属性”对话框

单击“添加用户或组”按钮，打开“选择用户或组”对话框，如图 4-33 所示。

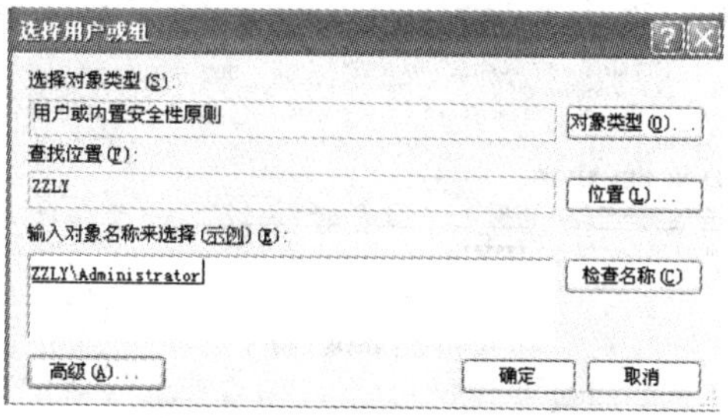

图 4-33 “选择用户或组”对话框

在"输入对象名称来选择(示例)"文本框中输入具有管理员权限的用户名,如Administrator。或单击"高级"按钮选择用户名。接着单击"确定"按钮,返回"作为批处理作业登录 属性"对话框。最后单击"确定"按钮,该用户就具有了"作为批处理作业登录"的权利。

2. 主机首选身份证明的设置

在OEM中设置主机首选身份证明的步骤如下。在图4-26"首选身份证明"页面中单击"目标类型"下方为"主机"一行右边的"设置身份证明"图标,出现"主机首选身份证明"页面,如图4-34所示。

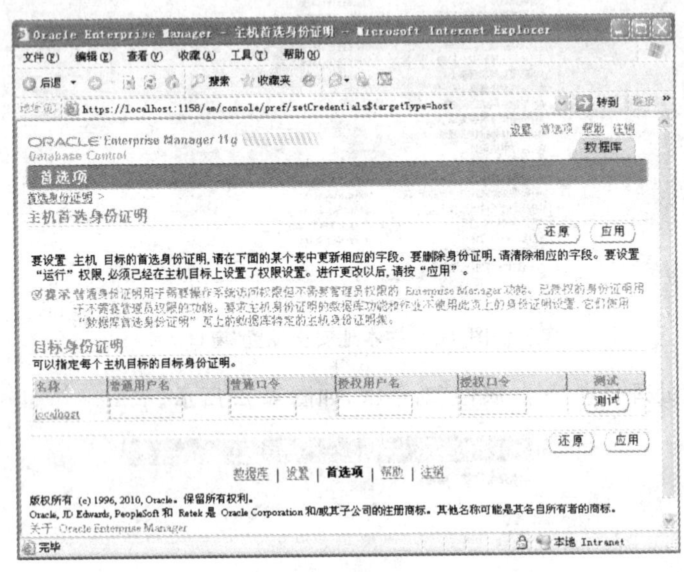

图4-34 "主机首选身份证明"页面

在"授权用户名"、"授权口令"列中,分别输入具有了"作为批处理作业登录"权限的用户名和口令,如在"用户权限分配"一列中分配了权限的用户hr。可直接单击"应用"按钮,保存所做的设置,出现"已成功应用了身份证明更改"的信息,如图4-35所示。

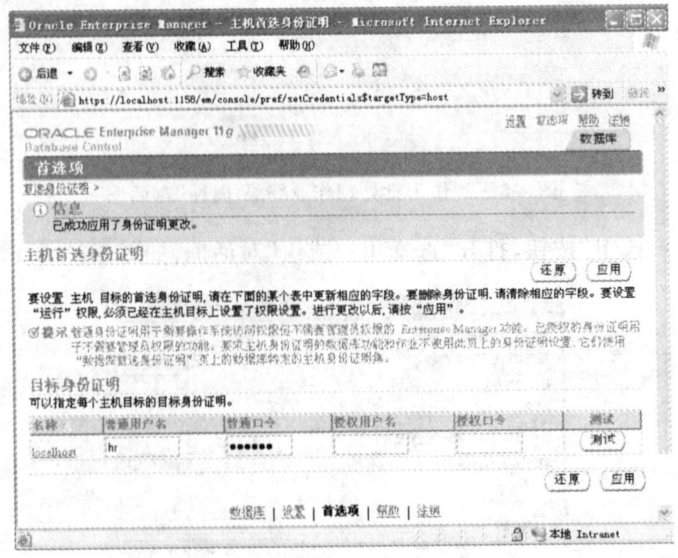

图4-35 "已成功应用了身份证明更改"的信息

4.6 Oracle 网络配置

4.6.1 Oracle 网络服务

Oracle 网络服务为分布式异构计算环境提供了企业级连接解决方案。它在连接、网络安全性、诊断能力等方面降低了网络配置和管理的复杂性，同时还增强了网络安全性和诊断功能。通常 Oracle 网络服务涉及以下几个方面：

(1) 可管理性；

(2) 用防火墙访问控制和协议访问控制保障网络安全；

(3) 提高性能和可伸缩性；

(4) 网络会话连接；

(5) 使用日志和跟踪文件提高诊断能力；

(6) 可配置和管理网络组件。

4.6.2 监听配置

监听是运行在数据库服务器上的一个进程，用来监听和处理数据库的请求。它的工作过程是对应的端口号接收到数据库请求；监听器接收来自连接用户的数据库请求，并将用户注册到数据库中；监听器调用服务进程为用户服务。当我们安装好 Oracle 软件后，系统会自动建立一个默认的监听器，可以在服务窗口中看到它，如图 4-36 所示。

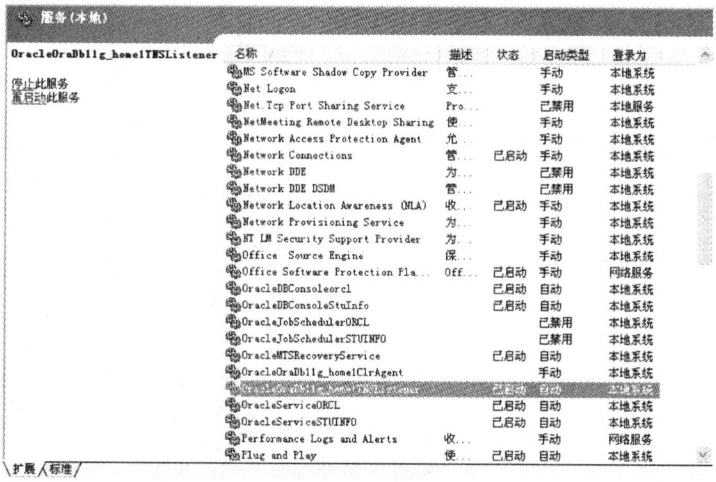

图 4-36　"监听服务"窗口

在 Oracle 11g 中，监听器的默认端口号是 1521。监听器与客户端交互一般是通过 TCP/IP 协议来完成的。所有客户端都是通过访问服务器中监听器对应的端口号来实现连接的。用户访问量大时，可以使用多个端口号建立多个监听器来减轻默认的 1521 端口号的压力。

1. 使用 NET MANAGER 新建端口号

选择"开始"→"所有程序"→Oracle-OraDb11g_home1→配置和移植工具→Net Manager，打开 Oracle Net Manager 窗口，如图 4-37 所示。

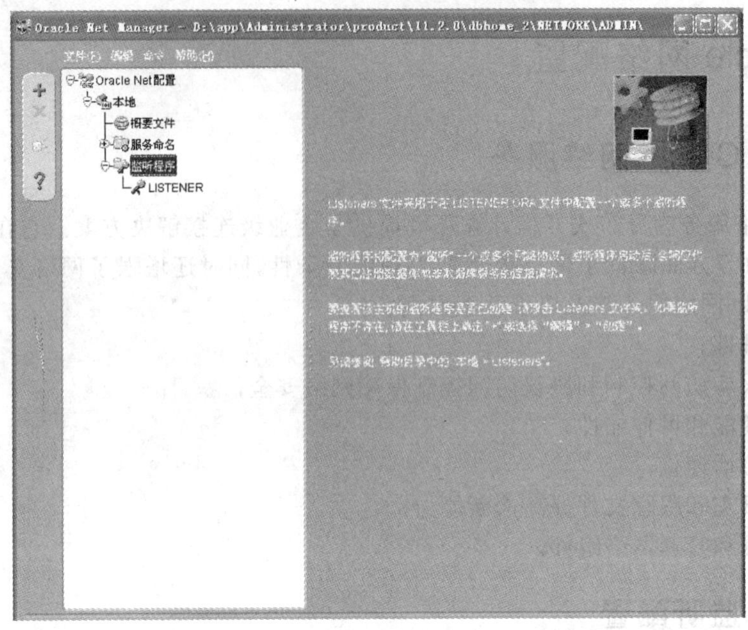

图 4-37 Oracle Net Manager 窗口

选择“监听程序”，单击左边的“+”号工具，出现“选择监听程序名称”对话框，如图 4-38 所示。

图 4-38 “选择监听程序名称”对话框

设置要建的监听器的名称，这里不做修改。单击“确定”按钮，如图 4-39 所示。

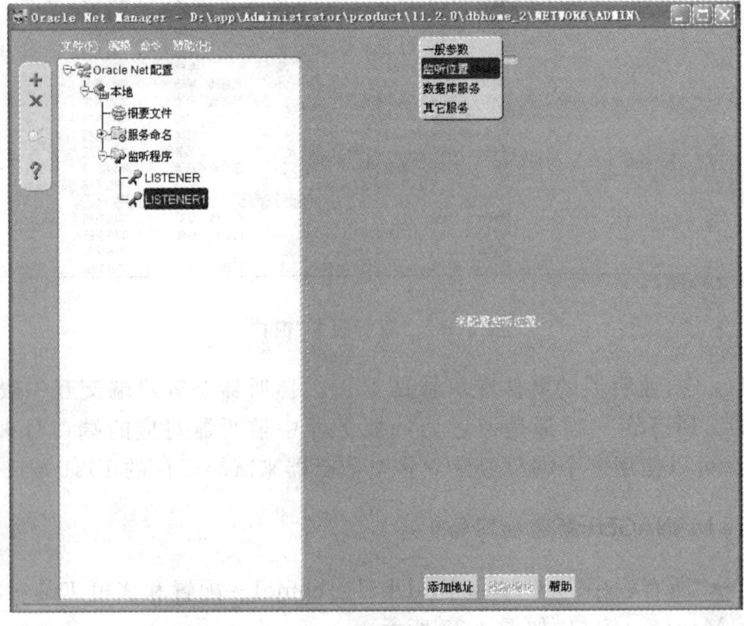

图 4-39 新建监听器

通过添加地址来选择监听位置，如图4-40所示。

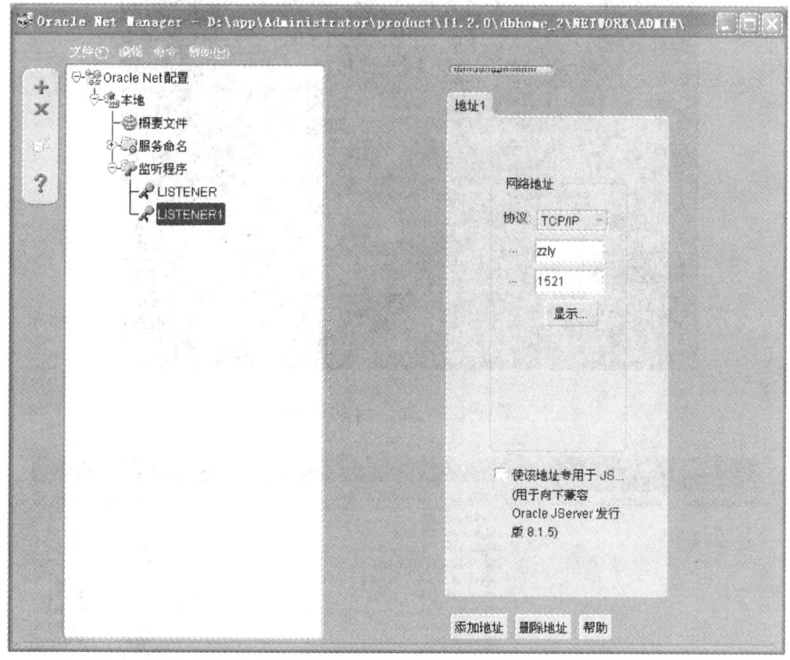

图4-40 添加地址

这里修改端口号，不能用默认的端口号。因为每一个监听器只能对应一个端口号，一个端口号只能被对应的监听器占用。改完端口号，单击右上角的关闭按钮，就会出现"更改配置确认"页面，如图4-41所示。

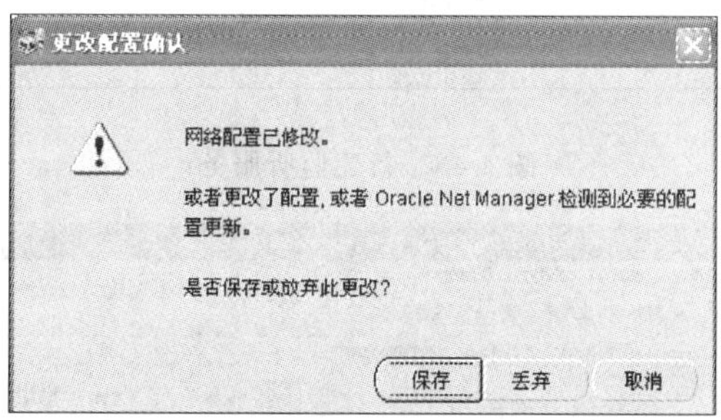

图4-41 "更改配置确认"页面

单击"保存"按钮，就建立了一个新的监听器。

2. 启动监听

刚刚建好的监听器在服务中是看不见的，必须用命令进行启动。启动监听命令的语句为：lsnrctl start LISTENER1，运行结果如图4-42所示。

监听器已经打开。此时在服务中就能看到新的监听器服务，如图4-43所示。

3. 查看监听文件信息

在Oracle主目录的文件夹中查看系统参数文件listener.ora文件，如图4-44所示。

如果想查看此文件中的内容，可以使用记事本程序将其打开，如图4-45所示。

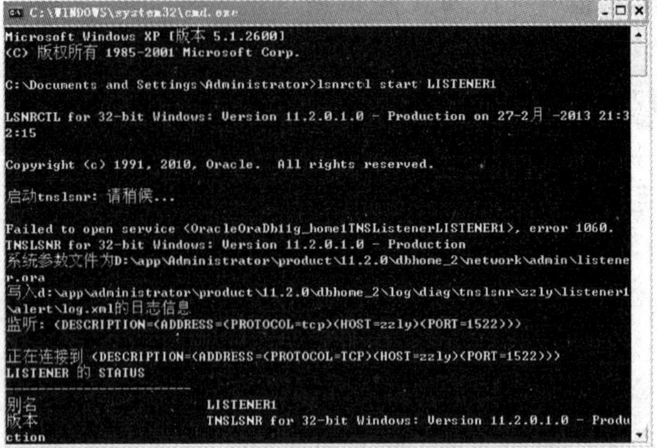

图 4-42　命令启动监听

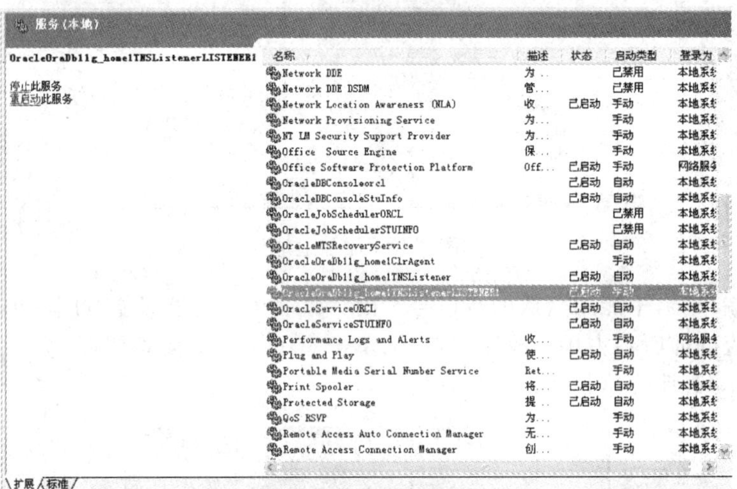

图 4-43　新建监听服务

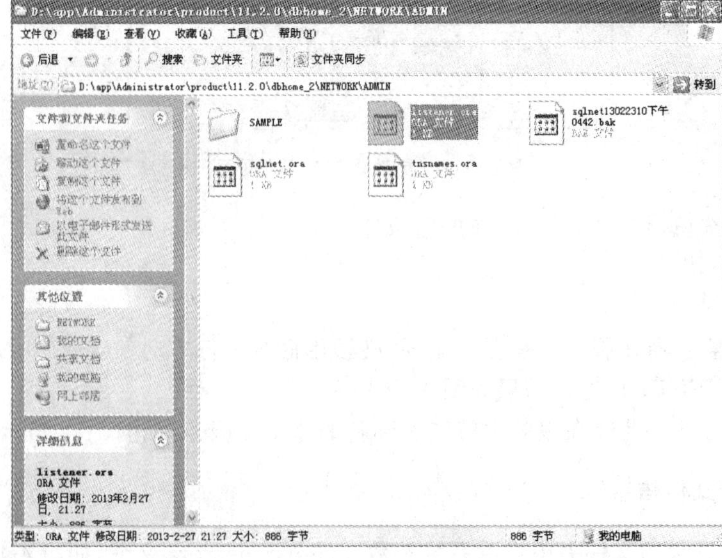

图 4-44　系统参数文件

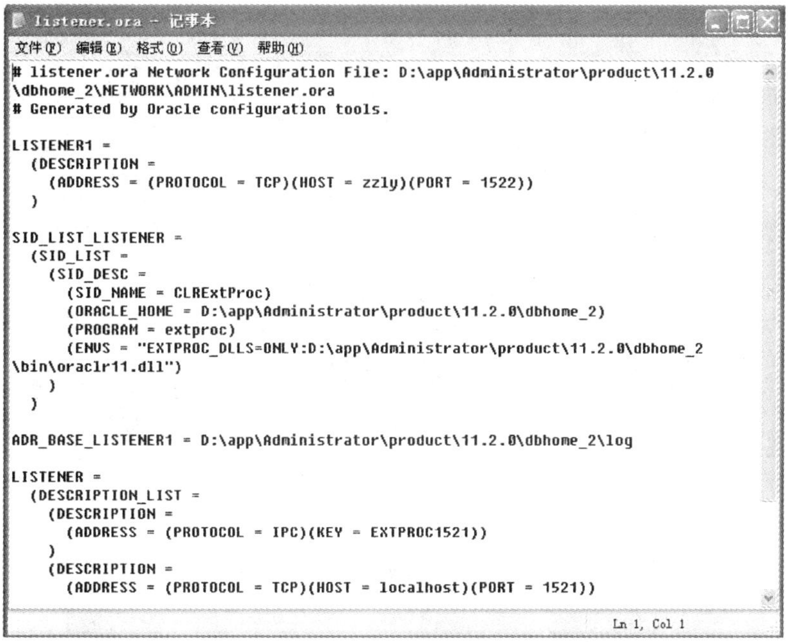

```
listener.ora - 记事本
文件(F) 编辑(E) 格式(O) 查看(V) 帮助(H)
# listener.ora Network Configuration File: D:\app\Administrator\product\11.2.0
\dbhome_2\NETWORK\ADMIN\listener.ora
# Generated by Oracle configuration tools.

LISTENER1 =
  (DESCRIPTION =
    (ADDRESS = (PROTOCOL = TCP)(HOST = zzly)(PORT = 1522))
  )

SID_LIST_LISTENER =
  (SID_LIST =
    (SID_DESC =
      (SID_NAME = CLRExtProc)
      (ORACLE_HOME = D:\app\Administrator\product\11.2.0\dbhome_2)
      (PROGRAM = extproc)
      (ENVS = "EXTPROC_DLLS=ONLY:D:\app\Administrator\product\11.2.0\dbhome_2
\bin\oraclr11.dll")
    )
  )

ADR_BASE_LISTENER1 = D:\app\Administrator\product\11.2.0\dbhome_2\log

LISTENER =
  (DESCRIPTION_LIST =
    (DESCRIPTION =
      (ADDRESS = (PROTOCOL = IPC)(KEY = EXTPROC1521))
    )
    (DESCRIPTION =
      (ADDRESS = (PROTOCOL = TCP)(HOST = localhost)(PORT = 1521))
Ln 1, Col 1
```

图 4-45 文件内容

监听器 Listener1 的相关信息已写入文件当中。利用 Net Manager 新建监听器其实就是在 listener. ora 文件中写入监听器信息。也可直接修改此文件来新建监听器。

4.6.3 Oracle 防火墙的设置

为了满足安全性、高可用性和可伸缩性的要求，防火墙和负载均衡程序可通过 Internet 访问的应用程序系统的部署是很重要的。

在 Windows 下安装 Oracle 后，在其防火墙设置中开放 1521 端口。若客户端仍然无法访问，则需要做进一步的设置，即在注册表 HKEY_LOCAL_MACHINE-Software-ORACLE-HOME 下添加一个注册表项 USE_SHARED_SOCKET，并将其值设为 TRUE，然后重启 Oracle 服务及 Listener 服务。

安装 Oracle 11g 的过程中会进行 Internet 的连接。如果 Windows 防火墙或已安装的杀毒软件处于开启状态，则可能会出现某些提示页面。所以在安装过程中，建议关闭 Windows 防火墙和杀毒软件。

4.6.4 使用 Net Configuration Assistant

如果 Oracle 客户端访问 Oracle 服务器，就必须给客户端指定一个网络服务名，客户端用这个网络服务的名称连接到服务器端。

使用 Net Configuration Assistant 工具配置本地的服务。

选择"开始"→"所有程序"→ Oracle-OraDb11g_home1 →"配置和移植工具"→ Net Configuration Assistant，如图 4-46 所示。

打开 Oracle Net Configuration Assistant 界面，如图 4-47 所示。

在该工具中有多个功能，可以用于指导常见的配置步骤。选择需要进行的配置，单击"下一步"按钮，在选项卡中根据需要一一进行设置就可完成配置的内容。

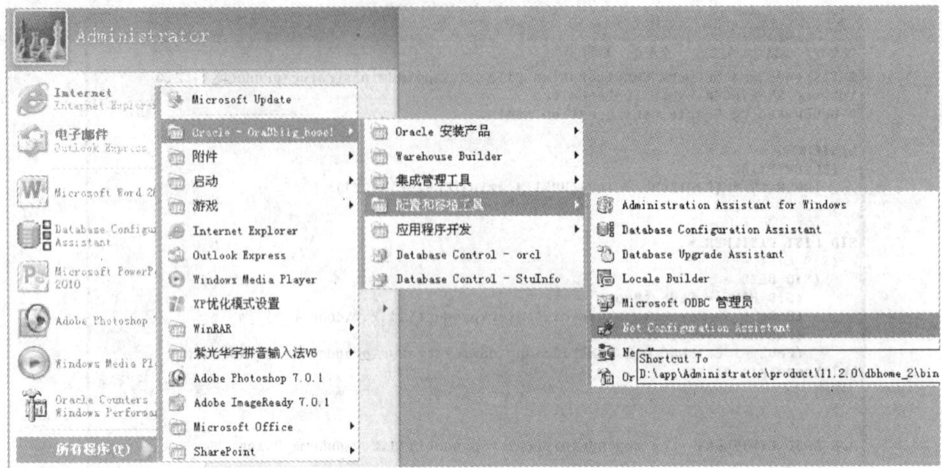

图 4-46　选择 Net Configuration Assistant 命令

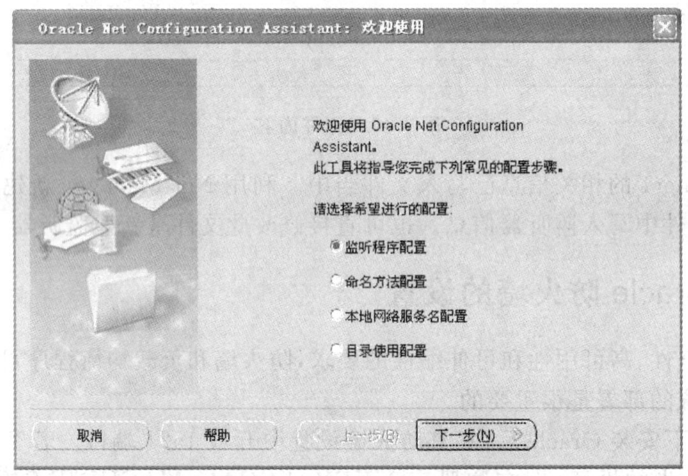

图 4-47　Oracle Net Configuration Assistant 界面

习题

一、选择题

1. 在登录到 Oracle Enterprise Manager 时，要求验证用户的身份。下面不属于可以选择的身份为(　　)。

A. Normal　　B. SYSOPER　　C. SYSDBA　　D. Administrator

2. OEM 对数据库的各种操作进行的归纳放置在不同的页面中，分别是主目录、性能、(　　)和维护。

A. 主机　　B. 高可用性　　C. 管理　　D. 例程

3. 以下创建表空间的正确语句是(　　)。

A.
```
CREATE TABLESPACE "TABLESPACENAME"
LOGGING
```

```
DATAFILE '/home/oracle/app/oracle/oradata/orcl/EVCHGJ4.dbf'
SIZE 5M
```

B.
```
CREATE TABLESPACE "EVCHGJ4"
LOGGING
DATAFILE '/home/oracle/app/oracle/oradata/orcl/EVCHGJ4.dbf'
```

C.
```
CREATE TABLESPACE "EVCHGJ4"
LOGGING
SIZE 5M
```

D.
```
CREATE TABLESPACE "EVCHGJ4"
DATAFILE '/home/oracle/app/oracle/oradata/orcl/EVCHGJ4.dbf'
SIZE 5M
```

4. 在 Oracle 环境下,从 smp 中导出一个表的命令正确的是(　　)。其中 datebase 是数据库名,password 是密码,ORACLE_SID 是系统标识号。

A. myunload database /password ev_para.unl '|' "select * from ev_para"

B. myload database /password ev_para.unl '|' 'select * from ev_para'

C. myload /@ $ ORACLE_SID ev_para.unl '|' 'select * from ev_para'

D. myunload /@ $ ORACLE_SID ev_para.unl '|' 'select * from ev_para'

5. 要以自身的模式创建私有同义词,用户必须拥有(　　)系统权限。

A. CREATE PRIVATE SYNONYM

B. CREATE PUBLIC SYNONYM

C. CREATE SYNONYM

D. CREATE ANY SYNONYM

6. 带有错误的视图可使用(　　)选项来创建。

A. FORCE

B. WITH CHECK OPTION

C. CREATE VIEW WITH ERROR

D. CREATE ERROR VIEW

二、填空题

1. 通过________命令,可以启动 OracleDBConsoleorcl 服务。

2. 使用 Enterprise Manager 11g 可以查看到________、________、________和________4 个页面。

3. 默认情况下,________、________和________具有管理权限才可登录到 OEM 进行控制管理。

4. ________语句使用户能够保持数据的一致性,可在永久地更新数据前预览修改,将逻辑相关的所有操作组合起来。

三、操作题

练习设置数据库及主机首选身份证明。

第 5 章 SQL*Plus命令

在数据库系统中，可以使用两种方式执行命令，一种方式是通过图形化工具，另一种方式是直接使用各种命令。图形化工具的特点是直观、简单、容易记忆，而直接使用命令则需要记忆具体的命令及语法形式。但是，图形工具灵活性比较差，不利于用户对命令及其选项的理解；而命令则非常灵活，有利于加深用户对复杂命令选项的理解，并且可以完成某些图形工具无法完成的任务。

在 Oracle 11g 系统中，可以使用 SQL 语句进行访问，实现查询、插入、修改和删除等操作。

本章将对 SQL * Plus 工具的特点、功能和用法进行全面描述，并对启动、退出 SQL * P1us、设置 SQL * Plus 的运行环境、执行各种 SQL * Plus 命令、格式化输出结果等内容进行介绍。

5.1 使用 SQL * Plus

SQL * Plus 是一个通用的、在各种平台上几乎都完全一致的工具。它既能在 Windows 机器上使用，也能在 UNIX、Linux 机器上使用。绝大多数的 DBA 和开发人员，在绝大多数的时间都是使用 SQL * Plus 来操作(如查询、添加、更新、删除数据)数据库并且执行各种数据库管理(如启动、关闭数据库实例，检测数据库的性能)功能的。

5.1.1 启动 SQL * Plus

为了使用 SQL * Plus，首先必须启动它。在 Windows 下启动 SQL * Plus 的步骤是：

选择“开始”→“所有程序”→Oracle-OraDblog-homel→“应用程序开发”→SQL Plus 命令，如图 5-1 所示。

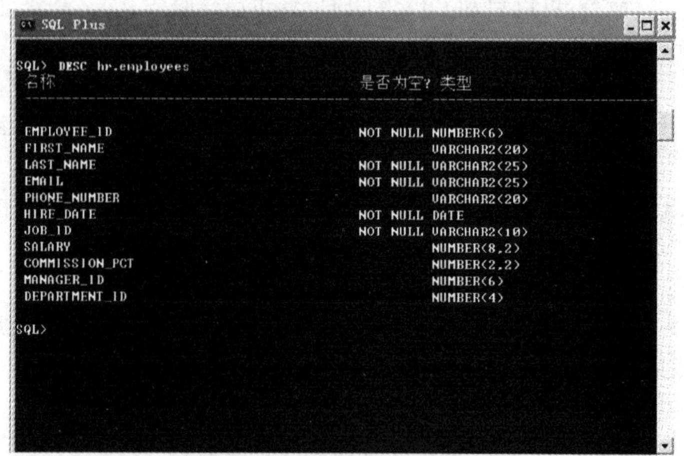

图 5-1 启动 SQL Plus 命令

出现 SQL * Plus 的登录窗口，如图 5-2 所示。

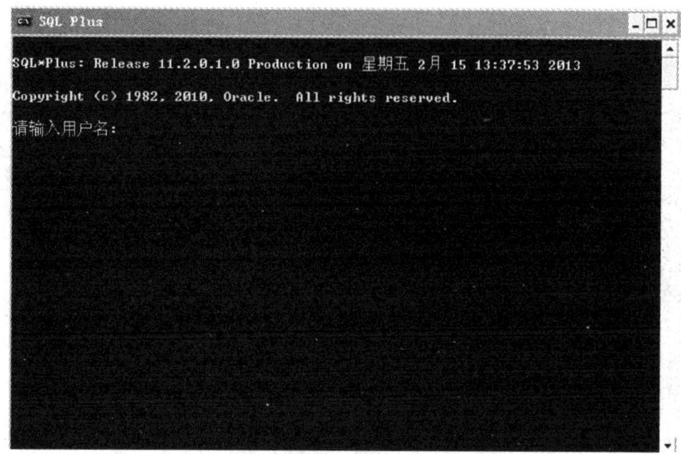

图 5-2 SQL * Plus 的登录窗口

在该窗口中输入用户名称 system、口令"admin"，这里用户口令采用回显的方式，所以是看不见的。然后按 Enter 键，则打开 Oracle SQL * Plus 窗口，如图 5-3 所示。

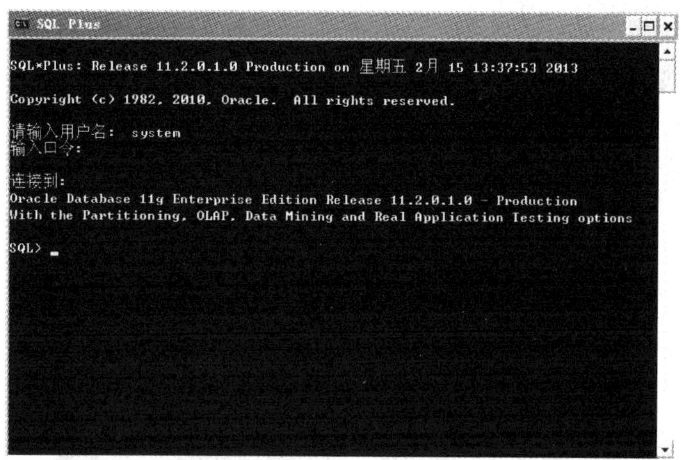

图 5-3 SQL * Plus 窗口

在该窗口中显示 SQL * Plus 的命令提示符"SQL>"，表明 SQL * Plus 已经连接到 Oracle 11g，准备接收命令了。

5.1.2 登录数据库命令

CONNECT 命令的作用是连接数据库，若是当前已经有用户连接了数据库，那么将会中断当前的连接，而使用该命令指定的用户建立新的连接。

CONNECT 命令的语法格式为：

```
CONN[ECT] [{<username>/<password> [@<connect_identifier>]/}[as{sysdba/sysoper}]
```

其中，username 指的是连接数据库的用户名，password 指的是密码，如果不省略它们，则会直接登录到 SQL * Plus 中；如果省略，可以在启动 SQL * Plus 之后再输入连接数据库的用户名和密码。

例如，登录到 SQL * Plus 后使用 CONNECT 命令连接 Oracle 数据库，如图 5-4 所示。

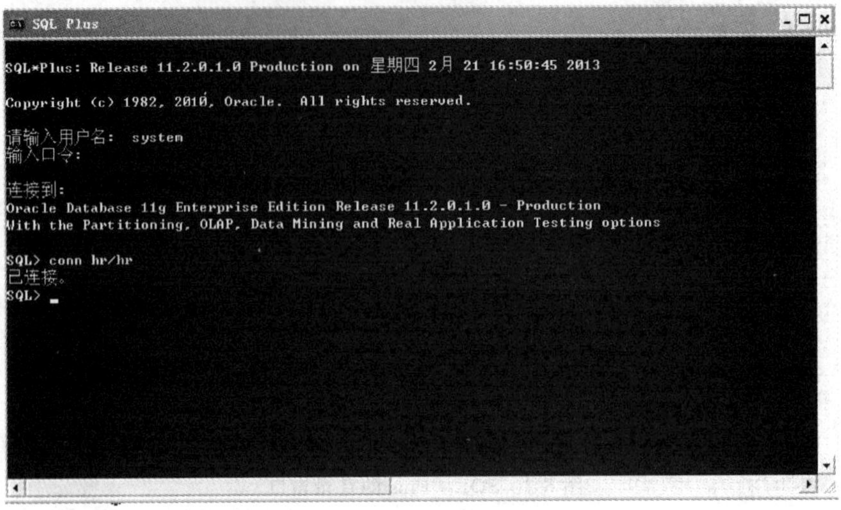

```
SQL*Plus: Release 11.2.0.1.0 Production on 星期四 2月 21 16:50:45 2013

Copyright (c) 1982, 2010, Oracle.  All rights reserved.

请输入用户名:  system
输入口令:

连接到:
Oracle Database 11g Enterprise Edition Release 11.2.0.1.0 - Production
With the Partitioning, OLAP, Data Mining and Real Application Testing options

SQL> conn hr/hr
已连接。
SQL> _
```

图 5-4　CONNECT 命令

5.1.3　退出 SQL * Plus

用户如果不需要再使用 SQL * Plus 命令时，想返回到操作系统，只需在 SQL * Plus 命令提示符下，输入 exit 或 quit 命令后，按 Enter 键即可。

在 SQL 命令后输入 exit 。如：SQL>exit，如图 5-5 所示。或是使用菜单命令，选择"文件"→"退出"命令，也可以退出 SQL * Plus。

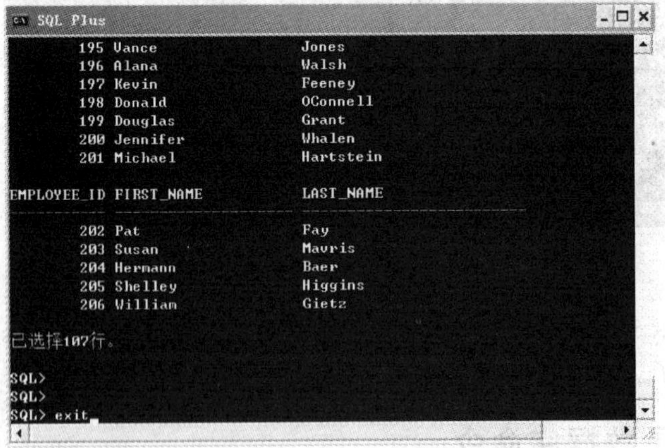

图 5-5　退出 SQL * Plus

5.2　SQL * Plus 运行环境的设置

SQL * Plus 运行环境是 SQL * Plus 的运行方式和查询语句执行结果显示方式的总称。设置合适的 SQL * Plus 运行环境，可以使 SQL * Plus 能够按照用户的要求运行和执行各种操作。

5.2.1 SET 命令选项

在 Oracle 11g 系统中，用户可以使用 SET 命令来设置 SQL * Plus 的运行环境。SET 命令是 SQL * Plus 内部命令中最重要、使用频率最高的命令。使用 SET 命令的语法格式为：

```
set sysytem_option value.
```

SET 命令的选项及其说明如表 5-1 所示。

表 5-1 SET 选项及说明

选 项	描 述
SETAUTOCOMMIT{ON|OFF|IMMEDIATE|N}	用于设置 SQL * Plus 的事务处理方式，手动/自动提交事务。当设置为 ON 和 IMMEDIATE 时，SQL 命令执行完毕后立即提交用户做的更改；而当设置为 OFF 时，则用户必须使用 COMMIT 命令提交
SET AUTOPRINT{ON|OFF}	自动打印变量值，如果设置为 ON，则在执行过程中可以看到屏幕上打印的变量值；设置为 OFF，表示只显示“过程执行完毕”这样的提示
SET AUTORECOVERY {ON|OFF}	设定为 ON 时，将以默认的文件名来重做记录，当需要恢复时，可以使用 RECOVER AUTOMATIC DATABASE 语句恢复，否则只能使用 RECOVER DATABASE 语句恢复
SET AUTOTRACE {ON|OFF|TRACE[ONLY]} [EX[LAIN][STATISTICS]	对正常执行完毕的 SQL DML 语句自动生成报表信息
SET BLOCKTERMINATOR {O|ON|OFF}	定义表示 PL/SQL 块结束的字符
SET COLSEP{_|TEXT}	设置列和列之间的分隔字符。默认情况下，在执行 SELECT 语句输出的结果中，列和列之间是以空格分隔的。这个分隔符可以通过使用 SET COLSEP 命令来进行分隔
SET CMDSEP{；|C|ON|OFF}	定义 SQL * Plus 的命令行区分字符，默认值为 OFF，也就是说，回车键表示下一条命令并开始执行；假如设置为 ON，则命令行区分字符会被自动设定成“；”，这样就可以在一行内用“；”分隔多条 SQL 命令
SET LINESIZE{80|N}	设置 SQL * Plus 在一行中能够显示的总字符数，默认值为 80。可以的取值为任意正整数
SET LONG{80|N}	为 LONG 型数值设置最大显示宽度，默认值为 80
SET NEWPAGE{1|N|NONE}	设置每页打印标题前的空行数，默认值为 1
SET NUMFORMAT FORMAT	设置数字的默认显示格式
SET NULL TEXT	设置当 SELECT 语句返回 NULL 值时显示的字符串
SET PAUSE{OFF|ON|TEXT}	设置 SQL * Plus 输出结果时是否滚动显示。当取值为 NO 时表示输出结果的每一页都暂停，用户按回车键后继续显示；取值为字符串时，每次暂停都将显示该字符串
SET PAGESIZE{14|N}	设置每页打印的行数，该值包括 NEWPAGE 设置的空行数
SET RECSEP {WRAPPED|EACH|OFF}	显示或打印记录分隔符。其取值为 WRAPPED 时，只有在折叠的行后面打印记录分隔符；取值为 EACH 则表示每行之后都打印记录分隔符；OFF 表示不打印分隔符
SET SPACE{1|N}	设置输出结果中列和列之间的空格数，默认值为 10
SET SQLCASE {MIXED|LOWER|UPPER}	设置在执行 SQL 命令之前是否转换大小写。取值可以为 MIXED(不进行转换)、LOWER(转换为小写)和 UPPER(转换为大写)

续表

选 项	描 述
SET SQLCONTINUE { > | TEXT}	设置 SQL * Plus 的命令提示符
SET TIME{OFF|ON}	设置当前时间的显示。取值为 ON 时，表示在每个命令提示符前显示当前系统时间；取值为 OFF，则不显示当前的系统时间
SET TIMING{OFF|ON}	用于启动和关闭显示 SQL 语句执行时间，取值为 ON 表示统计，取值 O 为 OFF，则不统计
SET UNDERLINE{ - | C | ON | OFF}	设置 SQL * Plus 是否在列标题下面添加分隔线，取值为 ON 或 OFF 时，分别表示打开或关闭该功能；还可以设置列标题下面分隔线的样式
SET WRAP{ON|OFF}	设置当一个数据项比当前行宽时，SQL * Plus 是否截断该数据项的显示。取值为 OFF 时，表示截断，取值为 ON，表示超出部分折叠到下一行显示

5.2.2 设置运行环境

在 Oracle 中怎么设置运行环境以及设置后的效果如何，在这里可以通过具体的示例来进行演示。设置运行环境中使用频率较高的操作如下所示。

1. SET PAGESIZE n 选项

当执行有返回结果的查询语句时，SQL * Plus 首先会显示用户所选择数据的列名，然后在相应的列名下显示数据，列名之间的空间就是 SQL * Plus 的一页。

SQL * Plus 的一页多大，可以使用命令 SHOW PAGESIZE 显示 SQL * Plus 默认的一页的大小。可以通过使用 PAGESIZE 命令来改变这个默认值。例如，设置 PAGESIZE 为 20 后查询 HR. EMPLOYEES 表，命令如下：

```
SQL> show pagesize
pagesize 14
SQL> set pagesize 20
SQL> SELECT employee_id,first_name,last_name
  2 FROM hr.employees;
```

运行结果如图 5-6 所示。

当 PAGESIZE 被设置为 20 后，SQL * Plus 在一页内显示了 17 行数据。一页的内容不仅包含查询的数据结果，它还包括表的表头、虚线和空白行等。换言之，如果希望在一页上显示所有的数据，可以把 PAGESIZE 的值设置得更大一些。

2. SET PAUSE 选项

如果查询语句返回的结果很多，以至于无法在 SQL * Plus 窗口中一次显示完，这时 SQL * Plus输出窗口会快速滚动显示。这样就需要在窗体上对数据进行缓冲，以存储滚动到屏幕以外的数据，以便一页一页地查看查询结果。

通过设置环境变量 PAUSE 为 ON 来控制 SQL * Plus 在显示完一页后暂停显示，直到按回车键后才继续显示下一页数据。当设置 PAUSE 命令为 ON 时，需注意：当提交查询的时候，SQL * Plus 会在显示第一页之前就暂停显示。只有按回车键后第一页的内容才会显示。PAUSE 选项还可以设置暂停后显示的字符串，以便提示用户。默认情况下，是不启用此功能

```
SQL> SHOW PAGESIZE
pagesize 14
SQL> SET PAGESIZE 20
SQL> SELECT employee_id,first_name,last_name
  2  FROM hr.employees;

EMPLOYEE_ID FIRST_NAME           LAST_NAME
----------- -------------------- -------------------------
        100 Steven               King
        101 Neena                Kochhar
        102 Lex                  De Haan
        103 Alexander            Hunold
        104 Bruce                Ernst
        105 David                Austin
        106 Valli                Pataballa
        107 Diana                Lorentz
        108 Nancy                Greenberg
        109 Daniel               Faviet
        110 John                 Chen
        111 Ismael               Sciarra
        112 Jose Manuel          Urman
        113 Luis                 Popp
        114 Den                  Raphaely
        115 Alexander            Khoo
        116 Shelli               Baida
```

图 5-6 SET PAGESIZE n 选项设置

的。如果想启用它，也可以使用 Text 参数在该命令后面给出相应的提示信息。

例如，使用 SET PAUSE ON 命令可以设置在暂停后显示“按回车键继续读”字符串。该命令运行结果如图 5-7 所示。

```
SQL > set pause on
SQL > SELECT employee_id, email, salary
  2 FROM hr. employees;
  '按回车键继续'
```

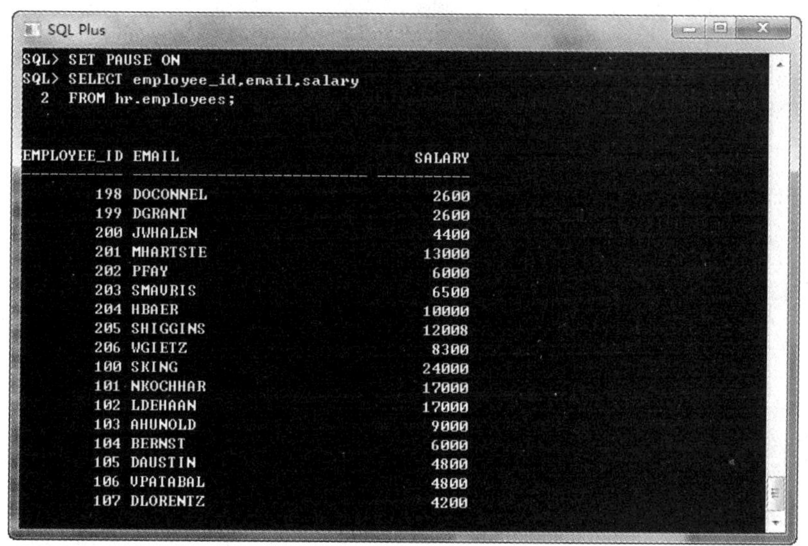

图 5-7 SET PAUSE ON 选项设置

当不再需要时可暂停，也可以选择关闭 PAUSE 命令。关闭 PAUSE 命令的形式如下：

```
SQL > set pause off
```

3. SET LINESIZE n 选项

使用 LINESIZE 选项，可以设置 SQL * Plus 中一行数据可以容纳的字符数量。n 表示每行能够显示的字符数，取值范围为 1～32767，默认值为 80。若是修改系统默认地每行打印 80 个字符。当 SQL * Plus 输出 LINESIZE 指定数量的字符后，随后的数据就会折叠到下一行显示，如果用户窗口特别宽，用户就可以设置更宽的 LINSIZE，以避免折叠显示。

```
SQL > show linesize
Linesize 80
SQL > set linesize 110
Linesize 110
```

使用与 SQL * Plus 窗口的宽度相匹配的 LINESIZE，就不会因为输出的数据超过窗口的限制而折叠显示。

4. SET TIMING[ON/OFF]选项

该选项用于启动和关闭显示 SQL 语句执行时间的功能。在 SQL * Plus 中运行 SQL 命令时，不同的 SQL 命令消耗的系统时间是不同的。为了查看命令所消耗的系统时间，可以设置 TIMING 选项为 ON，这时每当执行完 SQL 命令，SQL * Plus 就会显示该命令所消耗的系统时间，如图 5-8 所示。例如：

```
SQL > set timing on
SQL > SELECT EMPLOYEE_ID,FIRST_NAME,LAST_NAME
  2 FROM HR.EMPLOYEES;
```

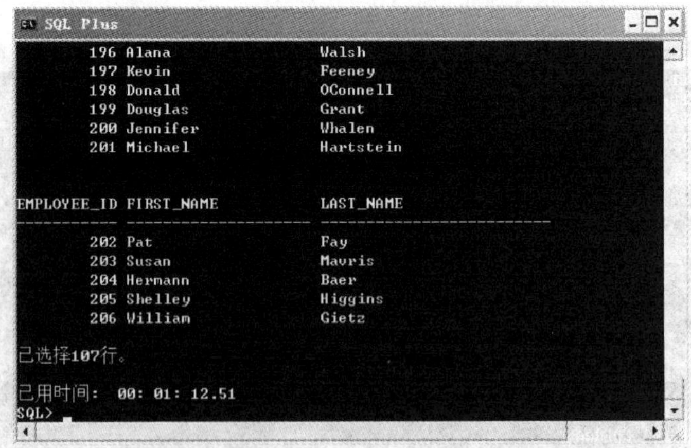

图 5-8 SET TIMING ON 选项设置

该命令输出的时间单位是小时：分：秒：毫秒。

5. SET TIME [ON/OFF]选项

该选项用于在提示符前显示或不显示系统时间。在 SQL * Plus 中运行 SQL 命令时，为了查看系统时间，可以设置 TIME 选项为 ON，这时每当执行 SQL 命令，命令符前就会显示系统时间，如图 5-9 所示。例如：

```
SQL> set time on
```

```
SQL*Plus: Release 11.2.0.1.0 Production on 星期六 2月 16 14:16:36 2013

Copyright (c) 1982, 2010, Oracle.  All rights reserved.

请输入用户名:  system
输入口令:

连接到:
Oracle Database 11g Enterprise Edition Release 11.2.0.1.0 - Production
With the Partitioning, OLAP, Data Mining and Real Application Testing options

SQL> set time on
14:17:10 SQL> show sga

Total System Global Area  535662592 bytes
Fixed Size                  1375792 bytes
Variable Size             222298576 bytes
Database Buffers          306184192 bytes
Redo Buffers                5804032 bytes
14:17:59 SQL> set time off
SQL>
```

图 5-9　SET TIME ON 选项设置

该命令执行后，就会在命令提示符前显示当前系统的时间。再次输入命令 SET TIME OFF 就会退出该命令，提示符前就不会显示系统时间了，如图 5-9 所示。

6. SET HEADING [ON/OFF] 选项

该选项用于设置是否显示表头信息，ON 表示为显示，OFF 表示为不显示。默认值一般为 ON。如图 5-9 所示。执行不显示表头信息命令，如图 5-10 所示。例如：

```
SQL> set heading off
SQL> SELECT job_id, job_title
  2  FROM hr.jobs
  3  WHERE rownum <= 8;
```

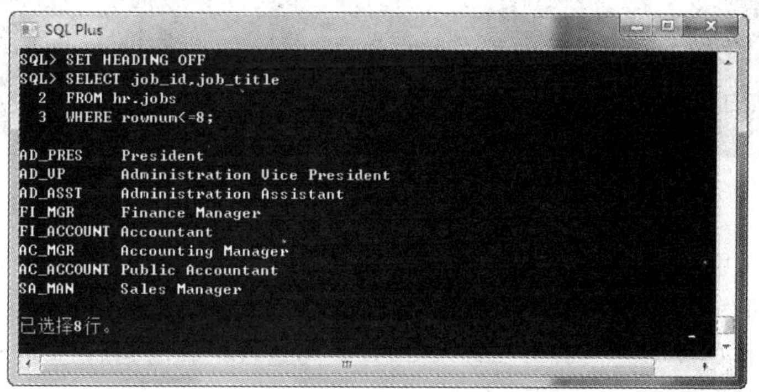

图 5-10　SET HEADING ON 选项设置

该命令执行后，数据前的表头信息将不再显示出来。再次输入命令 SET HEADING ON 就会重新显示出表头等信息。

5.3 SQL * Plus 定制行为命令

在 Oracle 11g 数据库系统当中，SQL * Plus 还提供了很多可以定制该工具行为的命令。这些命令包括 DESCRIBE、PROMPT、SPOOL 等。这些命令的具体使用方法如下。

5.3.1 DESCRIBE 命令

在 SQL * Plus 的许多命令中，DESCRIBE 命令可能是用户使用最为频繁的命令。该命令可以返回对数据库中所存储的对象的描述。如表、视图等对象而言，DESCRIBE 命令还可以列出其各个列的名称以及属性。除此之外，DESCRIBE 命令还可以输出 PL/SQL 块中的过程、函数和程序包的规范。

DESCRIBE 命令的语法形式如下：

```
DESC[RIBE] object_name;
```

其中，DESCRIBE 可以缩写为 DESC，OBJECT_NAME 表示将要描述的对象名称。

DESCRIBE 命令不仅可以描述表、视图的结构，而且还可以描述 PL/SQL 对象，如下面通过 DESCRIBE 命令查看 HR. EMPLOYEES 表的结构，如图 5-11 所示。

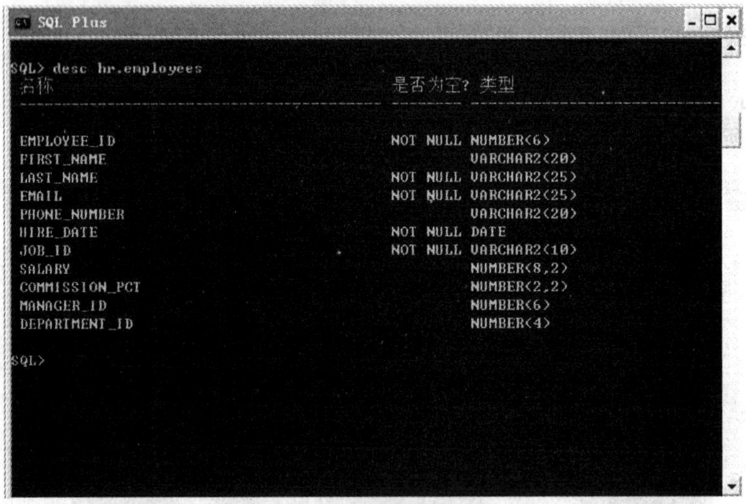

```
SQL Plus

SQL> desc hr.employees
 名称                                      是否为空? 类型
 ----------------------------------------- -------- ----------------------------

 EMPLOYEE_ID                               NOT NULL NUMBER(6)
 FIRST_NAME                                         VARCHAR2(20)
 LAST_NAME                                 NOT NULL VARCHAR2(25)
 EMAIL                                     NOT NULL VARCHAR2(25)
 PHONE_NUMBER                                       VARCHAR2(20)
 HIRE_DATE                                 NOT NULL DATE
 JOB_ID                                    NOT NULL VARCHAR2(10)
 SALARY                                             NUMBER(8,2)
 COMMISSION_PCT                                     NUMBER(2,2)
 MANAGER_ID                                         NUMBER(6)
 DEPARTMENT_ID                                      NUMBER(4)

SQL>
```

图 5-11 DESCRIBE 命令

在 SQL * Plus 中，如果输入了很长的一段 SQL 语句后，发现忘记了该表中的列名。重新再输入会浪费时间。我们可利用这个命令来解决这个问题。

只需在另一行以“#”开头，就可在输入 SQL 语句过程中临时运行一个 SQL * Plus 命令，执行完成后可继续加载上述语句的输入工作。

例如，在查询 HR. EMPLOYEES 表中的数据时，WHERE 子句中忘记了某个列名，可利用上述办法解决，继续加载 WHERE 语句中剩余的内容，如图 5-12 所示。

5.3.2 PROMPT 命令

使用 PROMPT 命令可以在显示屏幕上输出指定的数据和空行，这种输出方式非常有助

```
SQL> SELECT employees_id,first_name,last_name,hire_date
  2  FROM hr.employees
  3  WHERE
  4  #DESC hr.employees;
 名称                                       是否为空? 类型
 ----------------------------------------- -------- ----------------------
 EMPLOYEE_ID                               NOT NULL NUMBER(6)
 FIRST_NAME                                         VARCHAR2(20)
 LAST_NAME                                 NOT NULL VARCHAR2(25)
 EMAIL                                     NOT NULL VARCHAR2(25)
 PHONE_NUMBER                                       VARCHAR2(20)
 HIRE_DATE                                 NOT NULL DATE
 JOB_ID                                    NOT NULL VARCHAR2(10)
 SALARY                                             NUMBER(8,2)
 COMMISSION_PCT                                     NUMBER(2,2)
 MANAGER_ID                                         NUMBER(6)
 DEPARTMENT_ID                                      NUMBER(4)

  4
```

图 5-12 DESCRIBE 命令中的"#"

于在脚本文件中向用户传递相应的信息。

PROMPT 命令的语法形式如下：

```
PRO[MPT][text];
```

其中，text 表示用于指定要在屏幕上显示的提示信息，省略 TEST 则会输出一行空行。

编写一个查询选择 HR. EMPLOYEES 表的前三行信息的命令。

```
prompt
prompt  选择员工表中前 3 行记录
prompt
SELECT employee_id,first_name,last_name,email,phone_number,hire_date,job_id,salary,commission
_pct,manager_id,department_id
FROM hr.employees
WHERE rownum < 4;
```

5.3.3 SPOOL 命令

SPOOL 是 SQL * Plus 中主要完成以标准输出方式输出 SQL * Plus 的命令及执行结果，一般可把查询结果保存到文件中或者发送到打印机中。当查询语句的结果很多或是要生成一个报表时，通常会使用此命令以生成一些查询的脚本或者数据。该命令的语法格式如下：

```
SPO[OL]FILE_NAME [CREATE ] | [REPLACE] | [APPEND] | OFF;
```

其中，FILE_NAME 参数用于指定脱机文件的名称，默认的文件扩展名为 . LST。使用 CREATE 关键字，表示创建一个新的脱机文件；使用 REPLACE 关键字，表示替代已经存在的脱机文件；使用 APPEND 关键字，表示把脱机内容附加到一个已经存在的脱机文件中。

例如，将使用 SPOOL 命令生成 EMPLOYEES. TXT 文件，并将查询 HR. EMPLOYEES 表的内容保存到该文件夹中，如图 5-13 所示。

语句显示如下：

```
SQL> spool d:\employees.txt
SQL> SELECT employee_id,first_name,last_name,salary
  2  FROM hr.employees
  3  WHERE rownum <= 10;
```

```
SQL Plus
SQL> SPOOL d:\employees.txt
SQL> SELECT employee_id,first_name,last_name,salary
  2  FROM hr.employees
  3  WHERE rownum<=10;

EMPLOYEE_ID FIRST_NAME           LAST_NAME                     SALARY
----------- -------------------- ------------------------- ----------
        198 Donald               OConnell                        2600
        199 Douglas              Grant                           2600
        200 Jennifer             Whalen                          4400
        201 Michael              Hartstein                      13000
        202 Pat                  Fay                             6000
        203 Susan                Mavris                          6500
        204 Hermann              Baer                           10000
        205 Shelley              Higgins                        12008
        206 William              Gietz                           8300
        100 Steven               King                           24000

已选择10行。

SQL> spool off;
SQL>
```

图 5-13 SPOOL 命令

SPOOL 命令执行的结果为：从 SPOOL 命令开始，一直到 SPOOL OFF 或者 SPOOL OUT 命令之间的查询结果都将保存到 D:\EMPLOYEES. TXT 文件中。注意，只有输入执行完 SPOOL OFF 命令后，才能在文件中查看到保存的内容，如图 5-14 所示。

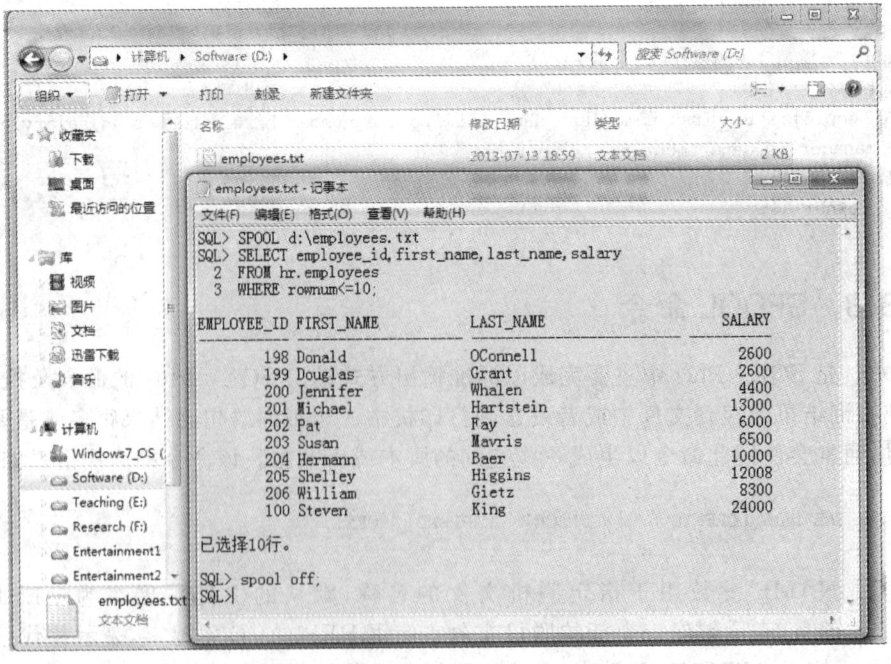

图 5-14 EMPLOYEES. TXT 记事本

5.3.4 HELP 命令

SQL * Plus 的命令很多,如果不知道某个具体命令的用法,就可以使用 HELP INDEX 命令来获取 SQL * Plus 内建帮助系统中的相关支持命令信息。

HELP 命令的语法形式如下:

```
HELP  [topic];
```

其中,topic 参数表示将要查询的命令名称。

使用 HELP INDEX 命令,就会显示 SQL * Plus 中所有的命令列表,如图 5-15 所示。

```
SQL> HELP index

Enter Help [topic] for help.
```

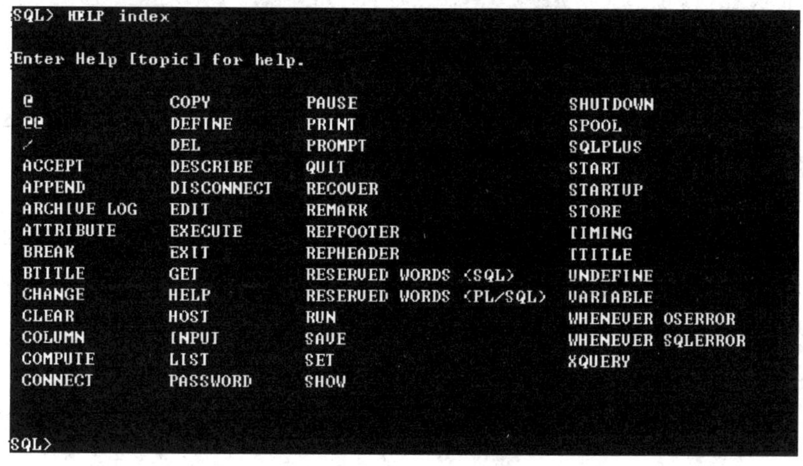

```
SQL> HELP index

Enter Help [topic] for help.

 @               COPY          PAUSE                     SHUTDOWN
 @@              DEFINE        PRINT                     SPOOL
 /               DEL           PROMPT                    SQLPLUS
 ACCEPT          DESCRIBE      QUIT                      START
 APPEND          DISCONNECT    RECOVER                   STARTUP
 ARCHIVE LOG     EDIT          REMARK                    STORE
 ATTRIBUTE       EXECUTE       REPFOOTER                 TIMING
 BREAK           EXIT          REPHEADER                 TTITLE
 BTITLE          GET           RESERVED WORDS (SQL)      UNDEFINE
 CHANGE          HELP          RESERVED WORDS (PL/SQL)   VARIABLE
 CLEAR           HOST          RUN                       WHENEVER OSERROR
 COLUMN          INPUT         SAVE                      WHENEVER SQLERROR
 COMPUTE         LIST          SET                       XQUERY
 CONNECT         PASSWORD      SHOW

SQL>
```

图 5-15 HELP INDEX 命令

5.4 缓存区命令

在 Oracle 中,通常所提到的 SQL 语句、PL/SQL 语句块都是 SQL * Plus 语句的命令。这一类命令是发送到服务器端执行的命令,它们要求以分号或反斜线结尾以表示语句执行完毕。当它们执行完成后,在 SQL * Plus 的缓存区中用户就可以重新调用、编辑或运行那些最近输入的 SQL 语句。值得注意的是,缓存区中只存储用户最近执行的命令语句。

5.4.1 EDIT 命令

通过在缓存区存储这些命令语句,用户可以使用 EDIT 命令,将缓存区中的内容传递到 Windows 记事本中进行编辑。编辑器只有在 SQL 缓存区中有内容时才能启动。

EDIT 命令的语法形式如下:

```
ED[IT]  [file_name];
```

EDIT命令会自动打开记事本，用来编辑缓存区中的内容，修改后直接关闭记事本，记事本中的内容就会存到缓存区。也可以在EDIT后面指定文件名，编辑完内容将文件保存，系统会自动将文件读入缓存区。

在SQL * Plus命令行中，输入内容如：SELECT emplyee_id FROM hr. employees WHERE rowunm<=5按Enter键，此时在SQL缓存区中就有内容存在，如图5-16所示。

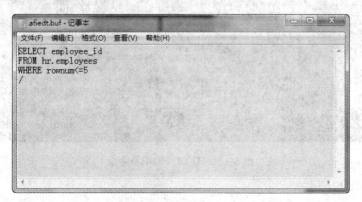

```
SQL> SELECT employee_id
  2  FROM hr.employees
  3  WHERE rownum<=5;

EMPLOYEE_ID
-----------
        100
        101
        102
        103
        104

SQL> EDIT;
已写入 file afiedt.buf
SQL>
```

图5-16　EDIT命令

在图5-16中，输入EDIT命令，按回车键。SQL * Plus将保存于SQL缓存区中的内容保存到Windows记事本，如图5-17所示。

图5-17　启动记事本编辑器

在记事本编辑器中直接编辑(修改)SQL语句，结果会直接放到缓存中，如图5-18所示。

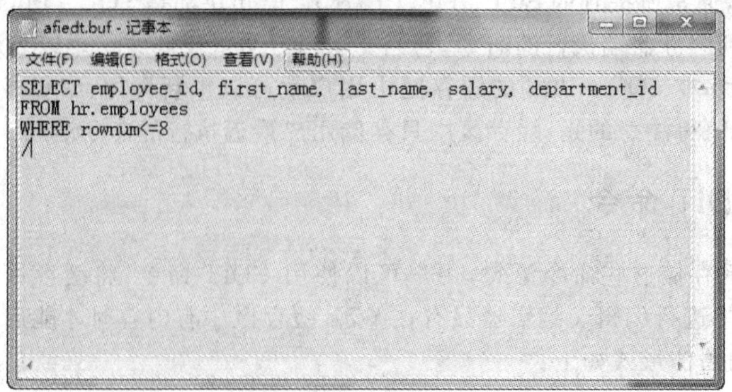

图5-18　在编辑器中编辑命令

选择"文件"→"保存"命令，再选择"文件"→"退出"命令，退出编辑器，退回到当前 SQL * Plus 中，如图 5-19 所示。

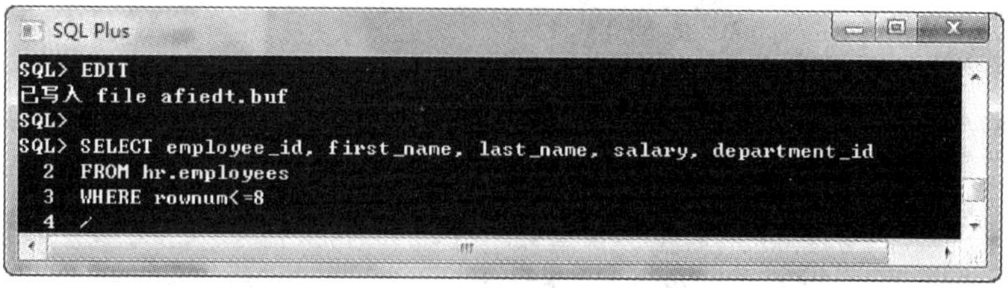

```
SQL Plus
SQL> EDIT
已写入 file afiedt.buf
SQL>
SQL> SELECT employee_id, first_name, last_name, salary, department_id
  2  FROM hr.employees
  3  WHERE rownum<=8
  4  /
```

图 5-19　退回到 SQL * Plus

5.4.2　SAVE 命令

在 SQL * Plus 中，除了 EDIT 命令外，还可以使用 SAVE 命令。使用 SAVE 命令可以把当前 SQL 缓存区中的内容保存到指定的文件中。

SAVE 命令的语法形式如下：

```
SAV[E]FILE_NAME [CREATE | REPLACE | APPEND]
```

其中，FILE_NAME 为文件名，如果用户没提供文件的扩展名，则默认扩展名为 SQL，保存的文件为一个 SQL 脚本文件，它由 SQL 语句或 PL/SQL 程序组成，它是一个可在 SQL * Plus 中执行的文件。

CREATE 选项用于指定若是文件不存在，可以创建一个文件。该选项也是 SAVE 命令的默认选项。REPLACE 选项用于指定如果文件不存在，就自动创建它，否则用 SQL * Plus 缓存区中的内容覆盖文件中的内容。APPEND 选项则把缓存区中的内容追加到文件的末尾。

例如，保存查询雇佣表信息的 SQL 语句到 D:\EMPLOYEES. SQL 文件中，使用的 SAVA 命令如图 5-20 所示。

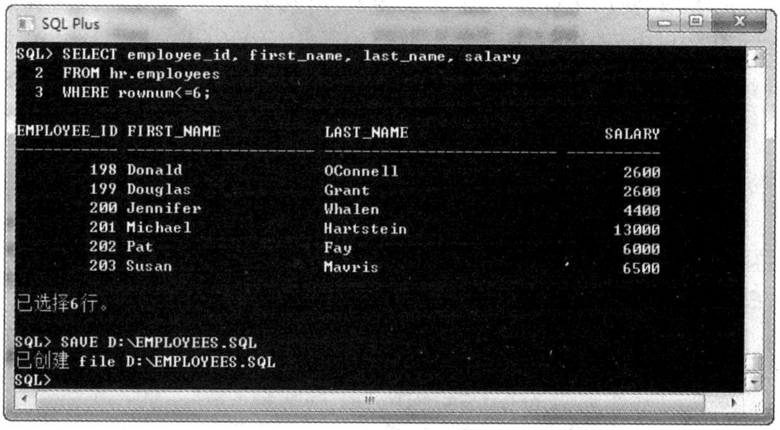

```
SQL Plus
SQL> SELECT employee_id, first_name, last_name, salary
  2  FROM hr.employees
  3  WHERE rownum<=6;

EMPLOYEE_ID FIRST_NAME           LAST_NAME                     SALARY
----------- -------------------- ------------------------- ----------
        198 Donald               OConnell                        2600
        199 Douglas              Grant                           2600
        200 Jennifer             Whalen                          4400
        201 Michael              Hartstein                      13000
        202 Pat                  Fay                             6000
        203 Susan                Mavris                          6500

已选择6行。

SQL> SAVE D:\EMPLOYEES.SQL
已创建 file D:\EMPLOYEES.SQL
SQL>
```

图 5-20　SAVE 命令

该语句被保存的文件在相应的目录下存放，如图 5-21 所示。

SAVE 命令默认的保存路径为 Oracle 系统安装的主目录。最好将 SQL 文件与 Oracle 系统文件分开保存，所以应在文件名前加绝对路径。

由于 SQL * Plus 缓冲区中只能存放 SQL 语句，所以可以使用这种方法把 SQL 语句或

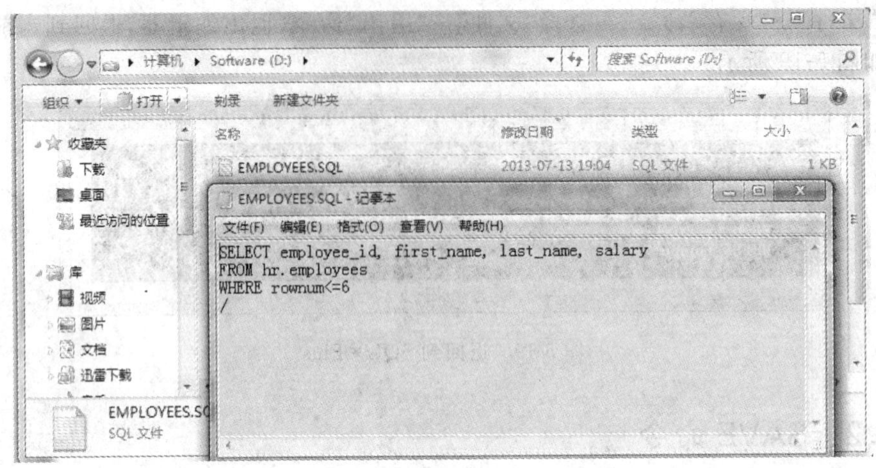

图 5-21 文件存放的位置

PL/SQL 块保存到指定的文件中去,而要保存 SQL * Plus 命令及其运行结果到文件中,就需要配合使用 INPUT 命令,如图 5-22 所示。

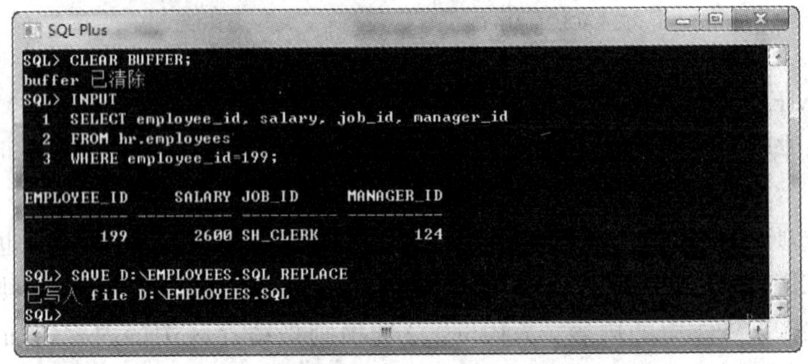

图 5-22 INPUT 命令

在图 5-22 的例子中,使用 INPUT 命令将 SQL 语句和其运行结果一同保存到文件 D:\EMPLOYEES. SQL 中,由于在 SAVE 命令中使用了 REPLACE 选项,所以新添加的内容将替换原文件的内容。替换源文件内容之前,通过 CLEAR BUFFER 命令清除了 SQL * Plus 缓存区中的内容。该记事本中被更改的语句如图 5-23 所示。

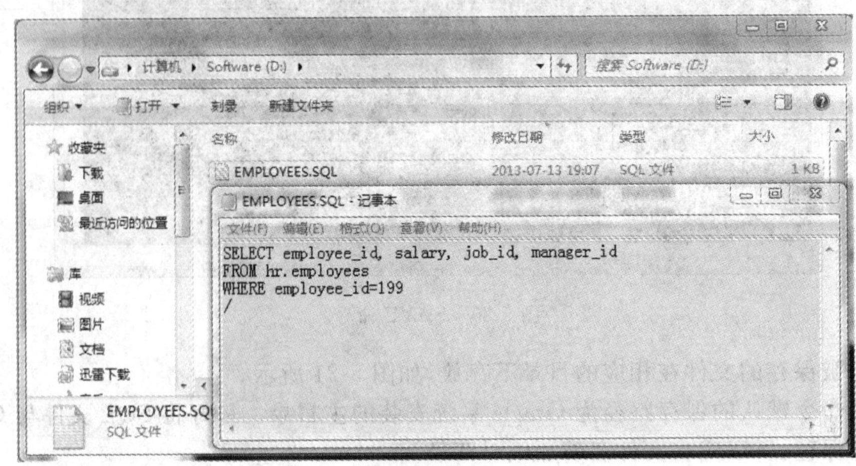

图 5-23 替换的记事本语句

5.4.3 RUN 命令

在 SQL * Plus 缓存区中，获取指定文件的内容后，就可对其中的命令作进一步的编辑。如果该命令只包含 SQL 语句或 PL/SQL 语句块，可以使用 RUN 命令或运行前斜线（"/"）命令或使用菜单命令，来执行缓存区中的语句。

R[UN]命令执行缓存区的 SQL 语句，以及前斜线命令执行语句的结果如图 5-24 所示。

```
SQL> RUN
  1  SELECT employee_id, salary, job_id, manager_id
  2  FROM hr.employees
  3* WHERE employee_id=199

EMPLOYEE_ID     SALARY JOB_ID     MANAGER_ID
----------- ---------- ---------- ----------
        199       2600 SH_CLERK          124

SQL> /

EMPLOYEE_ID     SALARY JOB_ID     MANAGER_ID
----------- ---------- ---------- ----------
        199       2600 SH_CLERK          124

SQL>
```

图 5-24 RUN 命令与前斜线命令

RUN 命令显示 SQL 缓存区中的内容和运行结果，并使 SQL 缓存区中的最后一行成为当前行；前斜线（"/"）命令只显示运行结果，不显示缓存区中的内容，也不使 SQL 缓存区中的最后一行成为当前行。

5.5 格式化查询命令

SQL * Plus 中所显示的查询结果的格式一般都是示意性的，在某些正式场合不适用。正因如此，SQL * Plus 提供了一些命令用于格式化查询结果，这些命令执行完后，不保存到 SQL 缓存区当中。它们一般对输出的结果进行格式化显示，也便于制作用户需要的报表。

使用这些常用的格式化查询结果命令，如 COLUMN 命令等。可以实现重新设置列的标题，重新定义值的显示格式和显示宽度等。

使用这些格式化的命令时，应该遵循如下规则：每一次报表结束时，应该重新设置 SQL * Plus为默认值；格式化命令设置后，将一直起作用，直到该会话结束或下一个格式化命令的设置。要是为某个列指定了别名，就必须引用该列的别名，不能再使用该列名。

通过使用 COLUMN 命令，可以控制查询结果集中列的显示格式。COLUMN 命令的语法格式如下：

```
COL[UMN] [[column_name] expr | option]
```

其中，COLUMN_NAME 参数用于指定要控制的列的名称。EXPR 表达式也可用于指定列的别名。OPTION 参数用于指定某个列的显示格式。

OPTION 选项及其说明如表 5-2 所示。

表 5-2 OPTION 选项及其说明

选　项	说　明
CLEAR	清除为该列设置的显示属性，使其使用默认的显示属性
COLOR	定义列的显示颜色
HEADING	定义列的标题
FORMAT	为列指定显示格式
JUSTIFY	调整列标题的对齐方式。默认情况是数字列为右对齐，其他列为左对齐。可以设置的标题位置值为：LEFT、CENTER、RIGHT
PRINT/NOPRINT	显示列标题/隐藏列标题
NULL	指定一个字符串，如果列的值为 NULL，则由该字符串代替
ON/OFF	控制显示属性的状态，OFF 表示定义的显示属性不起作用
TRUNCATED	TRUNCATED 表示截断字符串尾部
WORD_WRAPPED	表示从一个完整的字符处折叠
WRAPPED	当字符串的长度超过显示宽度时，将字符串的超出部分折叠到下一行显示

在关键字 COLUMN 后面没有指定任何参数的话，COLUMN 命令就会显示 SQL * Plus 环境中所有列的当前显示属性；在 COLUMN 后面只有列名，则显示该列的当前属性。

1. FORMAT 选项

在 SQL * Plus 中运行 SELECT 查询命令时，如果有返回结果，则结果会以行和列的形式显示。对于查询结果集中的每一列，SQL * Plus 都允许在 COLUMN 命令中使用 FORMAT 选项规定列的显示格式。

默认情况下，对于日期型和字符型的数据，SQL * Plus 中的列的显示宽度与定义表时指定列的宽度相同，并且左对齐；改变显示长度可以使用 FORMAT An，其中 A 表示格式化之后的结果是字符型数据，n 表示的是列的长度；若是指定的列的宽度比列表头小，会将其截断处理。

对于数值型数据，SQL * Plus 中的列显示是右对齐，它还会对数据进行四舍五入操作以满足列的宽度的设置；如果列的设置不正确，会以“井号”(#)来代替数值显示结果。

进行数值转换时，常用的格式字符串如表 5-3 所示。

表 5-3 常用的格式字符串

格式元素	示　例	描　述
逗号(,)	9999	指定位置上显示逗号，可以设置多个逗号
小数点(.)	9.999	指定位置上显示小数点，一次只能设置一个
0	0999 或 9990	显示前面或后面的零
9	9999	转换后字符显示的宽度
¥	¥9999	人民币符号
L	L9999	本地货币符号
$	$9999	美元符号

例如，在 SQL * Plus 中查询 HR.EMPLOYEES 表中的 Salary 列，要求以货币符号“L”开头。则所使用的 COLUMN 命令如下：

```
SQL> column salary format L999,999.00
SQL> SELECT employee_id,salary,job_id
  2  FROM hr.employees
  3  WHERE rownum<=9;
```

该 COLUMN 命令语句的运行结果如图 5-25 所示。

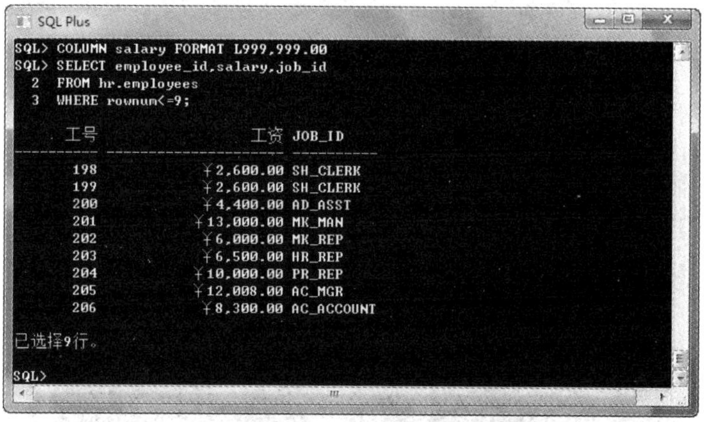

```
SQL Plus
SQL> COLUMN salary FORMAT L999,999.00
SQL> SELECT employee_id,salary,job_id
  2  FROM hr.employees
  3  WHERE rownum<=9;

      工号                   工资 JOB_ID
---------- -------------------- ----------
       198            ￥2,600.00 SH_CLERK
       199            ￥2,600.00 SH_CLERK
       200            ￥4,400.00 AD_ASST
       201           ￥13,000.00 MK_MAN
       202            ￥6,000.00 MK_REP
       203            ￥6,500.00 HR_REP
       204           ￥10,000.00 PR_REP
       205           ￥12,008.00 AC_MGR
       206            ￥8,300.00 AC_ACCOUNT

已选择9行。

SQL>
```

图 5-25　COLUMN 命令

2. HEADING 选项

一般在默认情况下,查询语句中的列标题是从数据库中选择相应的列的名称。通过 COLUMN 命令可以为列指定一个别名,为列指定别名时需要在 COLUMN 命令中使用 HEADING 选项。

例如,使用下面的命令为查询的各列指定别名,分别为:工作号、姓名和薪金。

```
SQL> COLUMN employee_id HEADING 工号
SQL> COLUMN salary heading 工资
SQL> SELECT employee_id,salary
  2  FROM hr.employees
  3  WHERE rownum<=9;
```

该 COLUMN 命令语句的运行结果如图 5-26 所示。

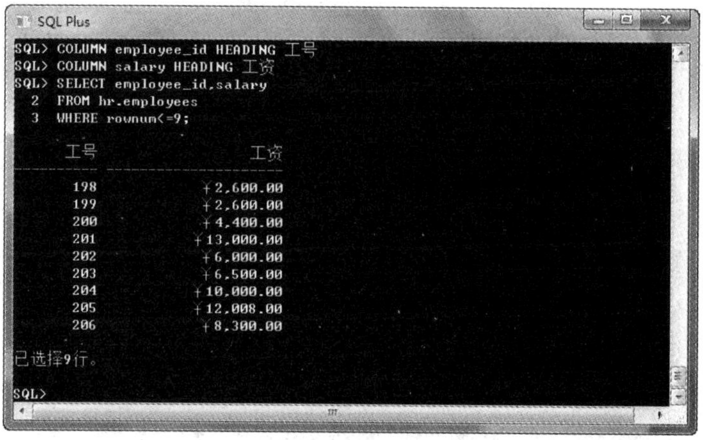

```
SQL Plus
SQL> COLUMN employee_id HEADING 工号
SQL> COLUMN salary HEADING 工资
SQL> SELECT employee_id,salary
  2  FROM hr.employees
  3  WHERE rownum<=9;

      工号                   工资
---------- --------------------
       198            ￥2,600.00
       199            ￥2,600.00
       200            ￥4,400.00
       201           ￥13,000.00
       202            ￥6,000.00
       203            ￥6,500.00
       204           ￥10,000.00
       205           ￥12,008.00
       206            ￥8,300.00

已选择9行。

SQL>
```

图 5-26　HEADING 选项

若是在语句中,用户想要查看某个列的显示属性,可以通过以下命令显示特定的列的显示属性。例如,在查询语句中,显示 sal 的特定属性。

```
SQL> COLUMN salary on HEADING 工资 FORMAT L999,999.00
SQL> SELECT salary
  2  FROM hr.employees
  3  WHERE rownum <= 7;
```

使用命令显示特定列的显示属性的运行结果如图 5-27 所示。

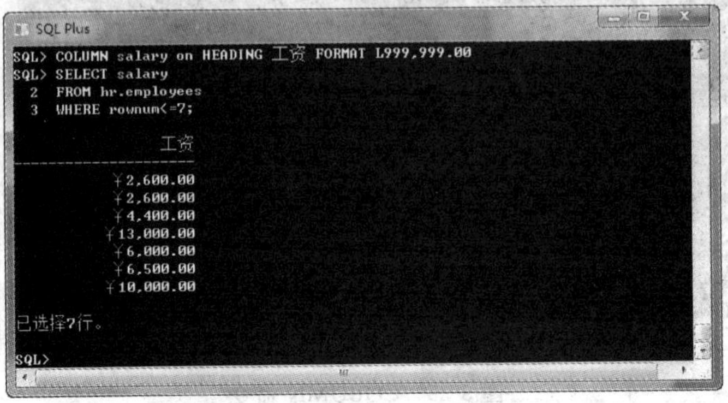

```
SQL> COLUMN salary on HEADING 工资 FORMAT L999,999.00
SQL> SELECT salary
  2  FROM hr.employees
  3  WHERE rownum<=7;

                工资
--------------------
         ￥2,600.00
         ￥2,600.00
         ￥4,400.00
        ￥13,000.00
         ￥6,000.00
         ￥6,500.00
        ￥10,000.00

已选择7行。

SQL>
```

图 5-27 HEADING 选项

3. 设置特定列的显示属性

在 SQL * Plus 语句运行中,用户还可以通过 ON 或 OFF 来设置某列的显示属性是否起到作用。

例如,在下面的例子当中,通过 OFF 禁用了列的显示属性,也可以根据需要使用 ON 启用列的显示属性。下面的示例通过 OFF 禁用了某些列的显示属性。

```
SQL> COLUMN employee_id OFF
SQL> SELECT EMPLOYEE_ID,SALARY
  2  FROM hr.employees
  3  WHERE rownum <= 9;
```

使用 OFF 禁用某些特定列的显示属性的运行结果如图 5-28 所示。

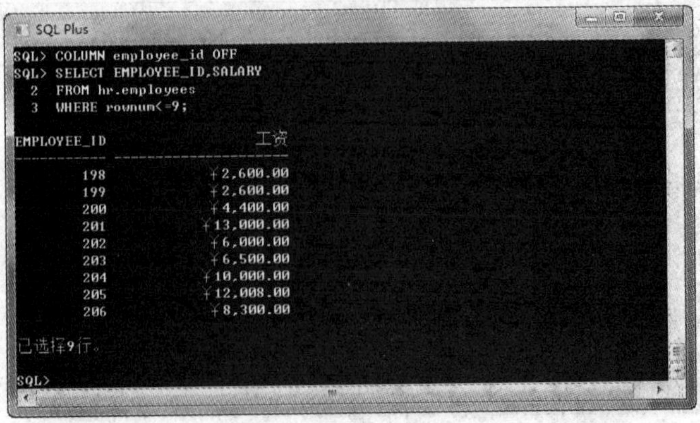

```
SQL> COLUMN employee_id OFF
SQL> SELECT EMPLOYEE_ID,SALARY
  2  FROM hr.employees
  3  WHERE rownum<=9;

EMPLOYEE_ID                 工资
----------- --------------------
        198          ￥2,600.00
        199          ￥2,600.00
        200          ￥4,400.00
        201         ￥13,000.00
        202          ￥6,000.00
        203          ￥6,500.00
        204         ￥10,000.00
        205         ￥12,008.00
        206          ￥8,300.00

已选择9行。

SQL>
```

图 5-28 OFF 禁用选项

4. CLEAR 选项

用户若是想要取消对刚才的列的显示属性的设置，则可以通过 CLEAR 选项清除设置的显示属性。例如，下面的例子中分别清除了禁用显示属性的 EMPLOYEE_ID 列和显示属性的 SALARY 列的显示属性。

禁用显示属性的 EMPLOYEE_ID 列的运行语句：

```
SQL> column employee_id
COLUMN   employee_id OFF
HEADING '工号'
SQL> column employee_id clear
SQL> column employee_id
SP2-0046: COLUMN 'employee_id' 未定义
```

显示属性的 SALARY 列的运行语句：

```
SQL> column salary
COLUMN salary ON
HEADING '工资'
FORMAT L999,999.00
SQL> column salary clear
SQL> column salary
SP2-0046: COLUMN 'salary' 未定义
```

习题

一、选择题

1. 如果要控制列的显示格式，可以使用(　　)命令。
   A. SHOW　　B. COLUMN　　C. DEFINE　　D. SPOOL
2. 使用 DESCRIBE 命令显示某个表的信息时，不会显示(　　)信息。
   A. 表名称　　B. 列名称　　C. 列的空值特性　　D. 列的长度
3. 如果要设置 SQL * Plus 每页打印的数量，可以使用如下(　　)命令。
   A. SET PAGESIZE　　B. SET PAGE　　C. SIZE　　D. PAGESIZE
4. 以下语句中可以正确查看服务器时间的 SQL 语句是(　　)。
   A. select sysdate from dual　　B. select systemdate from dual
   C. select current_date from dual　　D. 以上说法均不正确
5. 主键对应的关键字是(　　)。
   A. foreign key　　B. check　　C. not null　　D. primary key
6. (　　)SQL 语句将为计算列 SAL * 12 生成别名 Annual Salary。
   A. SELECT ename,sal * 12 'Annual Salary' FROM emp;
   B. SELECT ename,sal * 12 "Annual Salary" FROM emp;
   C. SELECT ename,sal * 12 AS Annual Salary FROM emp;
   D. SELECT ename,sal * 12 AS INITCAP("Annual Salary") FROM emp;

7. (　　)包用于显示 PL/SQL 块和存储过程中的调试信息。

A. DBMS_OUTPUT

B. DBMS_STANDARD

C. DBMS_INPUT

D. DBMS_SESSION

二、填空题

1. SQL * Plus 中的 HELP 命令可以向用户提供的帮助信息包括________、命令作用描述的文件、命令的缩写形式、________。

2. 使用________命令可以在屏幕上输出一行数据。这种输出方法有助于在脚本中向用户传递相应的信息。

3. 通过使用____________命令,可以控制查询结果集中列的显示格式。

三、操作题

1. 如何设置 SQL * Plus 运行环境?

2. 练习使用 SQL * Plus 中的各种命令工具。

第6章 Oracle数据库的管理、配置与维护

在安装 Oracle 11g 时，数据库管理员（DBA）可以选择是否自动安装 Oracle 数据库。在完成软件安装后，数据库管理员（DBA）担负着数据库的管理工作。他的具体任务包括创建和删除数据库管理、数据库配置、备份和恢复数据库等。

6.1 创建和删除数据库

若是没有创建该数据库，或是数据库不符合要求，或是要在当前再添加一个新的数据库，或是以前的数据库遭到破坏，这时就需要创建数据库。对于已经不再需要的数据库，一定要删除以节约空间。

6.1.1 创建数据库

创建数据库虽然不如其他工作那么频繁，却是使用数据库系统的第一步。

一个完整的数据库系统包括：物理结构：一系列文件等；逻辑结构：数据库的表、视图、索引等；内存结构：即 SGA 区、PGA 区；进程结构：数据库的各种进程。直观地理解数据库的创建过程，实质上就是在 Oracle 所基于的操作系统之上，按照特定的规则，建立一系列文件，包括控制文件、数据文件、重做日志文件、程序文件、执行文件等，并将这些文件交给 Oracle 数据库服务器进行管理，以便启动相应的进程、服务、存储和管理数据，即建立起组成一个完整数据库系统的物理结构、逻辑结构、内存结构和进程结构。

1. 规划数据库

新建数据库的规划包含以下几个方面的内容：

(1) 估算数据库所需的空间大小。可以依据数据库中将要包含的表、索引等对象的结构大小和记录数量做出大致的估算。

(2) 确定数据库文件的存放方式。结合数据库运行时的特点来考虑它们在硬盘中的存放位置。采用单磁盘还是硬盘阵列存储，通过合理规划数据文件的存放位置，可以有效地均衡硬盘 I/O 操作，使数据库的物理性能得到较大改善。

(3) 熟悉与创建数据库过程相关的初始化参数。保证新建数据库的优良性能。

(4) 决定新数据库的全局数据库名。全局数据库名是一个 Oracle 数据库在网络中的唯一标识，是数据库最为重要的属性。在确定全局数据库的同时，也要确定数据库名和系统标识 SID。

2. 创建数据库

安装 Oracle 11g 的过程中,安装程序将创建一个默认的数据库。还可使用 Oracle 11g 的数据库配置助手 DBCA(DataBase Configuration Assistant)创建数据库,或是编写 SQL Plus 脚本并运行来创建。

后一种方法虽然有很大的灵活性,但它要求创建者对 Oracle 11g 数据库创建的语法和参数有深入的了解,初学者一般选择使用前一种方法。

下面介绍新建数据库的具体步骤。

(1) 单击"开始"→"程序"→Oracle-OraDb11g_home1→"配置和移植工具"→Database Configuration Assistant,进入"欢迎使用"窗口,如图 6-1 所示。

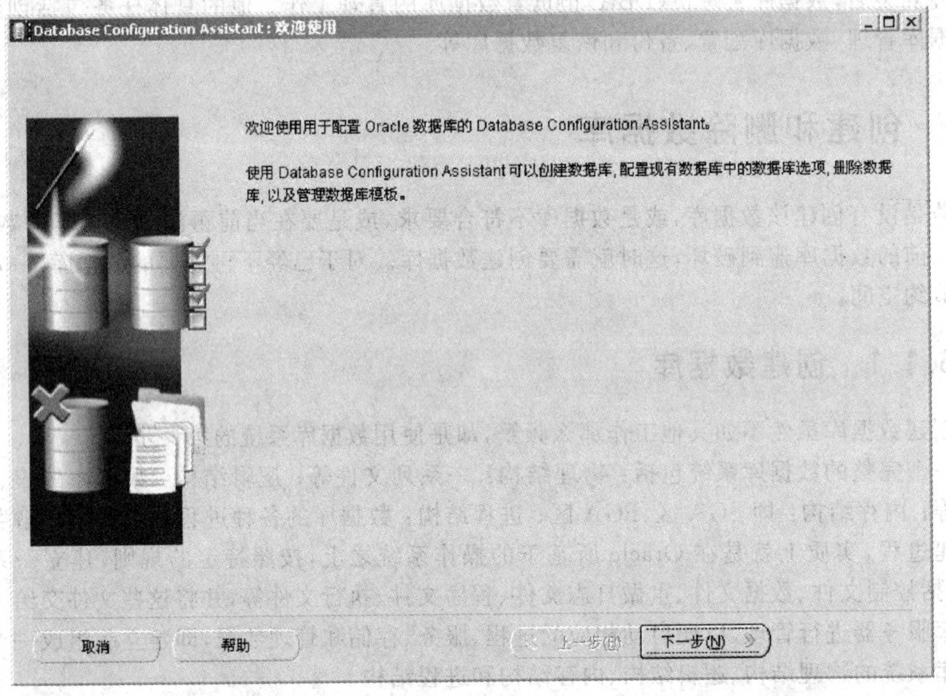

图 6-1 欢迎窗口

(2) 单击"下一步"按钮,进入"步骤 1: 操作"窗口,用户有以下 4 个选择。

这 4 项分别是: 创建数据库、配置数据库选项、删除数据库和管理模板。创建数据库: 该选项将指导用户完成创建新数据库或模板; 配置数据库选项: 该选项将指导用户更改已有数据库的配置; 删除数据库: 该选项将指导用户删除数据库及其相关联的所有文件; 管理模板: 该选项将指导用户创建和管理数据库模板。数据库模板是将数据库配置信息以 XML 文件格式保存到用户本地磁盘,从而节省创建时间; DBCA 提供了预定义的模板,用户也可以创建满足自己需要的模板。注意,配置自动存储管理这一选项在 Oracle 11g 发行版 2 以及以上版本的 64 位中才能进行选取。

选择第一项"创建数据库",如图 6-2 所示。

(3) 选择"创建数据库",单击"下一步"按钮,进入"步骤 2: 数据库模板"窗口,用户有以下 3 个选择,分别为"一般用途或事务处理"、"定制数据库"和"数据仓库"。

选择"一般用途或事务处理"选项,如图 6-3 所示。如果要查看数据库选项的详细信息,单

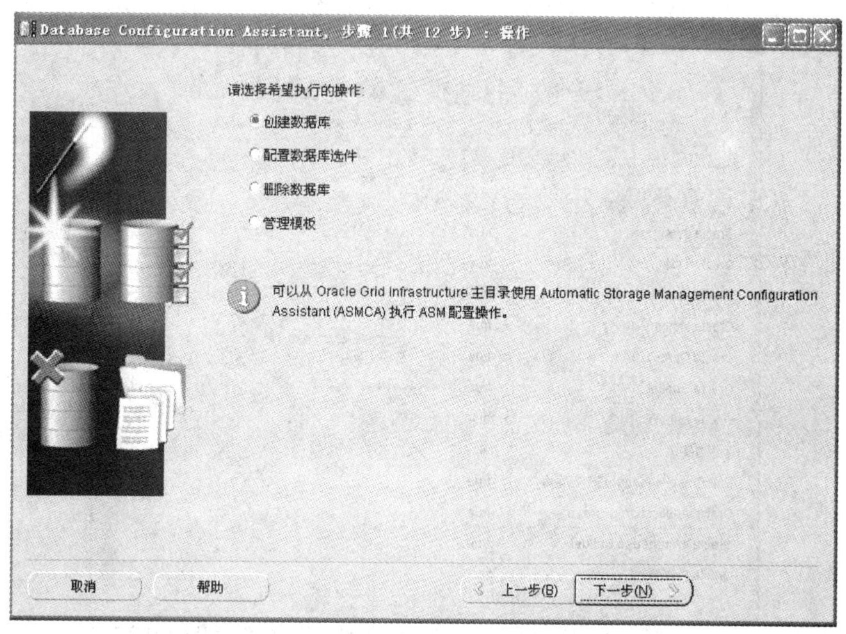

图 6-2 步骤 1：选择希望执行的操作窗口

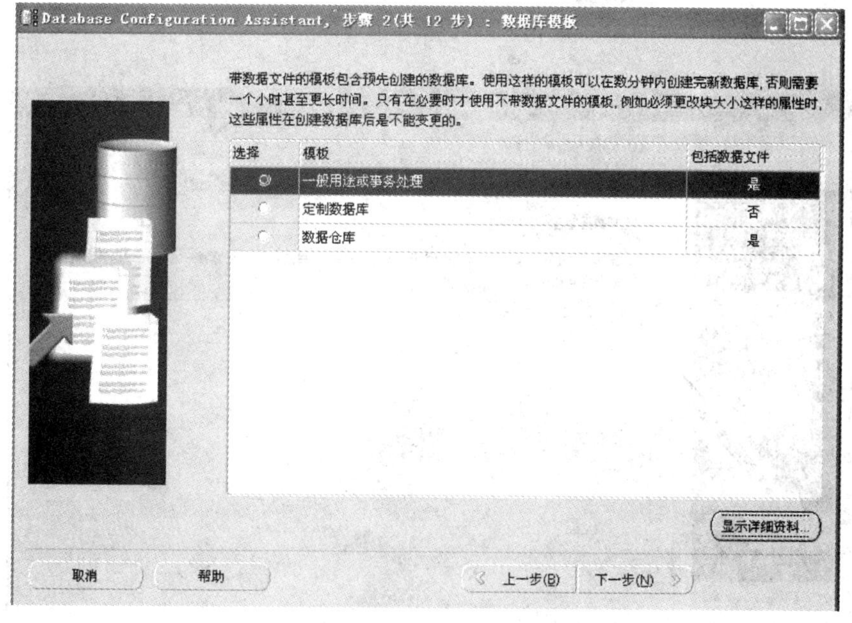

图 6-3 步骤 2：数据库模板

击“显示详细资料”按钮，打开“模板详细资料”窗口，如图 6-4 所示。单击“关闭”按钮，返回“步骤 2：数据库模板”窗口。

(4) 单击图 6-3 中的“下一步”按钮，进入“步骤 3：数据库标识”窗口，如图 6-5 所示。在这一步中，需要输入全局数据库名和 Oracle 系统标识符(SID)。全局数据库名是 Oracle 数据库的唯一标识，所以不能与已有的数据库重名。打开 Oracle 数据库时，将启动 Oracle 实例。实例由 Oracle 系统标识符唯一标识，从而区分该计算机上的任何其他实例。在默认情况下，全局数据库名和 SID 同名。

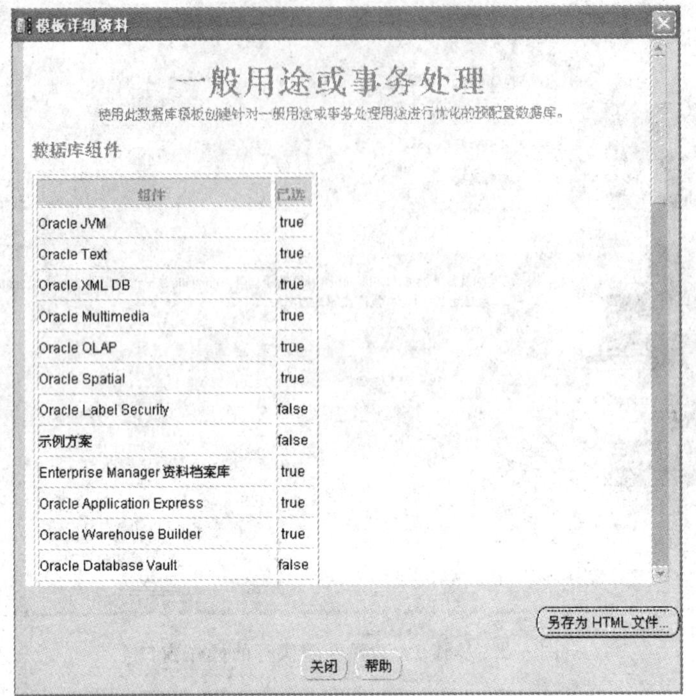

图 6-4 模板详细资料

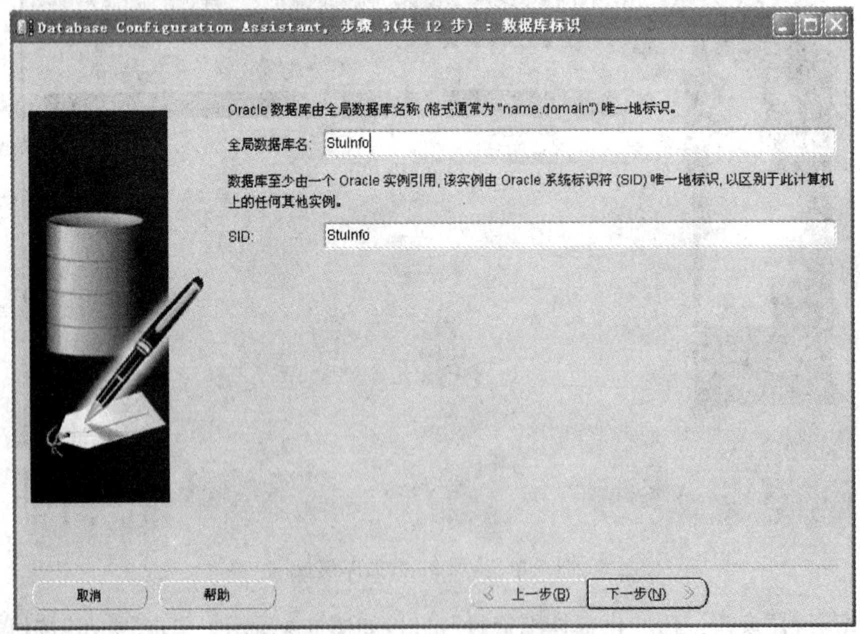

图 6-5 步骤 3：数据库标识

(5) 单击“下一步”按钮，出现“步骤 4：管理选项”窗口，如图 6-6 所示。在该窗口中，选择默认选项。

(6) 单击“下一步”按钮，打开“步骤 5：数据库身份证明”窗口，如图 6-7 所示。为了安全起见，必须为新数据库中的 SYS、SYSTEM、DBSNMP 和 SYSMAN 用户指定口令。可以选择所

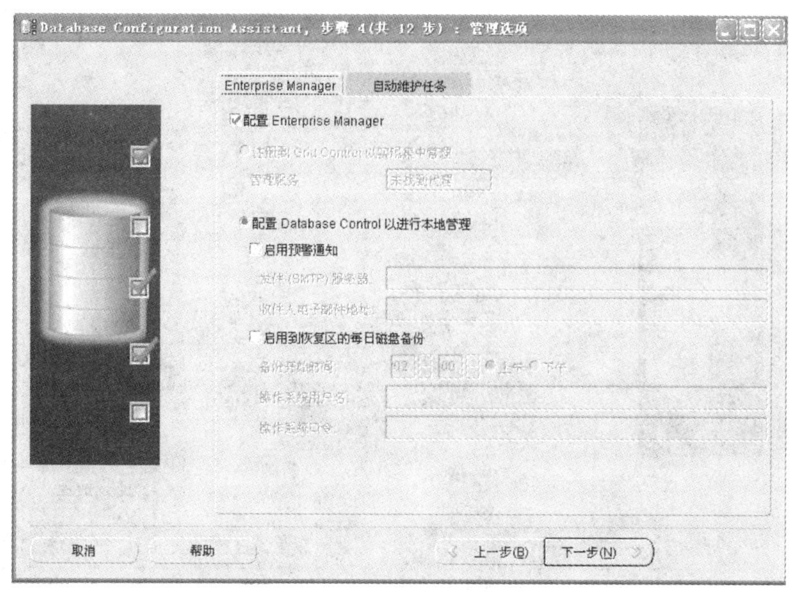

图 6-6　步骤 4：管理选项

有账户使用相同的口令，也可以分别设置这 4 个用户的口令。

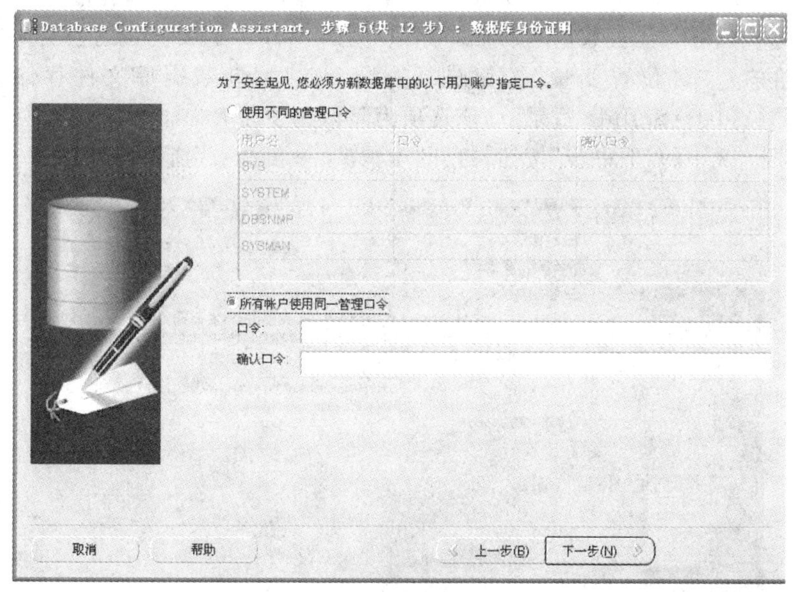

图 6-7　步骤 5：数据库身份证明

SYS：SYS 用户拥有数据字典所有基础表和用户可访问的视图。任何 Oracle 用户都不应该更改 SYS 方案中包含的任何方案对象，因为这样会破坏数据的完整性。

SYSTEM：SYSTEM 用户拥有用于创建显示管理信息的其他表和视图，以及各种 Oracle 组件和工具使用的内部表和视图。

SYSMAN：SYSMAN 用户代表 OEM 超级管理员账户。

DBSNMP：OEM 使用 DBSNMP 账户来访问有关数据库的性能统计信息。

(7) 单击“下一步”按钮，打开“步骤 6：数据库文件所在位置”窗口，如图 6-8 所示。存储类型为：文件系统；存储位置：使用模板中的数据库文件位置。

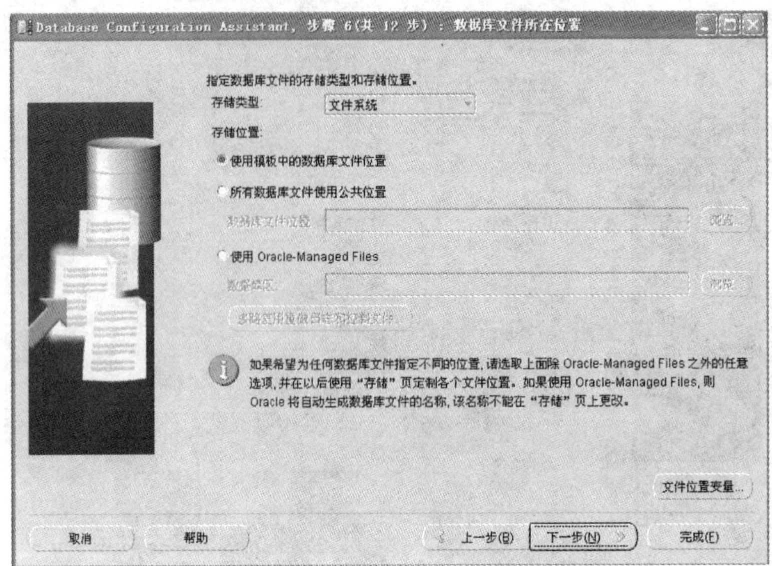

图 6-8　步骤 6：数据库文件所在位置

使用模板中数据库文件的位置，默认情况下为{ORACLE_BASE}/oradata/{DB_UNIQUE_NAME}/，{ORACLE_BASE}代表 Oracle 数据库的基目录，例如 D:\app\Administrator。{DB_UNIQUE_NAME}代表数据库的唯一标识，例如 StuInfo。要查看这些变量的值，可以单击窗口右下角的“文件位置变量”按钮进行查看。此时，新数据库文件存储在 D:\app\Administrator\oradata\StuInfo 目录下，该选项为默认选项。

(8) 单击图 6-8 中的“下一步”按钮，打开“步骤 7：恢复配置”窗口，如图 6-9 所示。

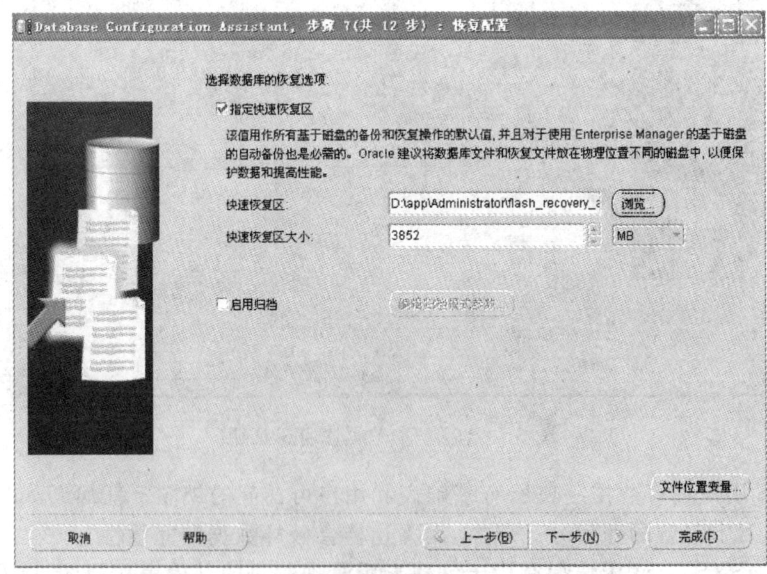

图 6-9　步骤 7：恢复配置

在此可以设置 Oracle 数据库的备份和恢复选项。可以使用快速恢复区，也可以启用归档。指定快速恢复区：快速恢复区可以用作高速缓存，它是由 Oracle 管理的磁盘组，该磁盘组提供了备份文件和恢复文件的集中磁盘位置，以便缩短恢复时间。默认的快速恢复区为

{ORACLE_BASE}/flash_recovery_area,快速恢复区的大小为 3852MB。建议将数据库文件和恢复文件放在物理位置不同的磁盘中,以便保护数据和提高性能。

启用归档:这种模式下,数据库将保存所有的重做日志(归档),可以使用归档重做日志文件来恢复数据库。

(9) 单击"下一步"按钮,打开"步骤 8:数据库内容"窗口,此窗口中有两个选项卡:"示例方案"和"定制脚本",分别如图 6-10 和图 6-11 所示。

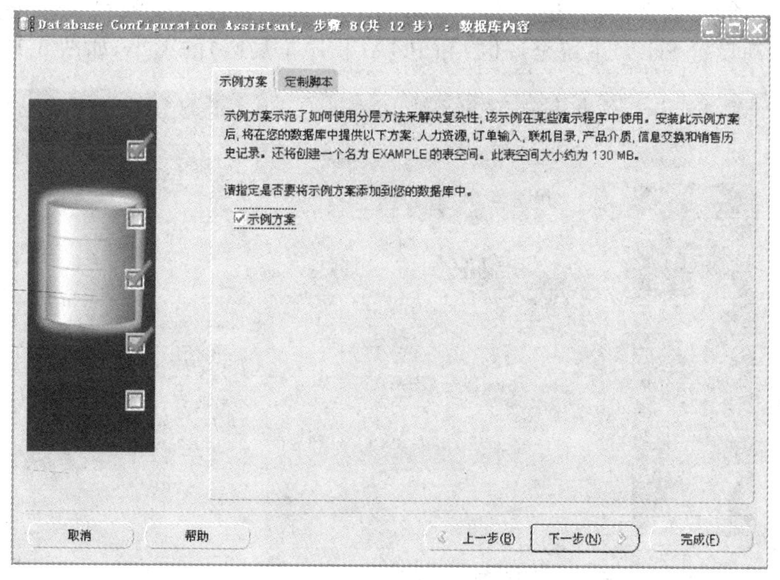

图 6-10　步骤 8:数据库内容中的"示例方案"

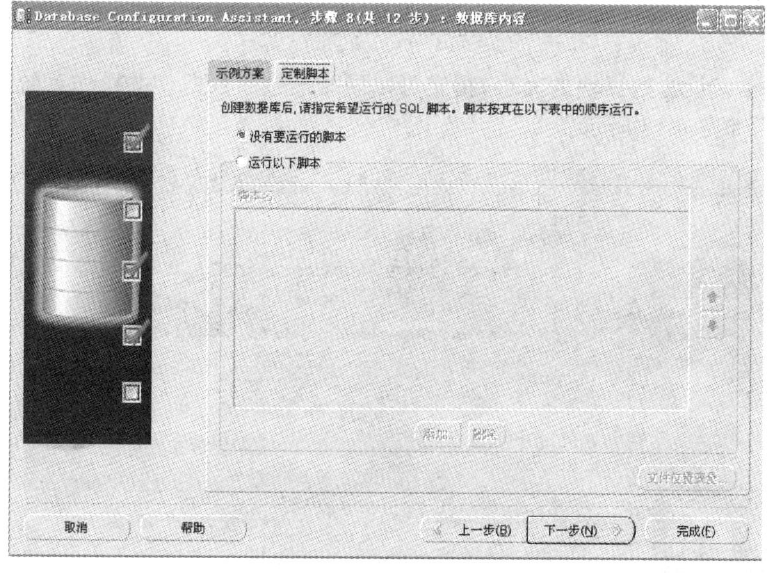

图 6-11　步骤 8:数据库内容中的"定制脚本"

在"示例方案"选项中,可以配置是否在新数据库中安装示例方案。示例方案包括人力资源、订单输入、联机目录、产品介质、信息交换和销售历史记录等,还将创建一个名为 EXAMPLE 的表空间,大小约为 130MB。如果要安装示例方案,选择"示例方案"复选框即可。

在“定制脚本”选项中,可以指定创建数据库后自动运行的 SQL 脚本,例如创建默认的表。可以选择不运行脚本或指定要运行的脚本。

(10) 单击“下一步”按钮,打开“步骤 9: 初始化参数”窗口。在此可以配置数据库的初始化参数,包括以下几项内容。

- 内存。可以设置内存的初始化参数。内存分配包括“典型”和“定制”两种选择。典型:这种方法不需要配置,大多数情况下使用此选项即可。定制:对数据库如何使用可用系统内存能有较多控制,适合经验丰富的 DBA。通常可以按照 Oracle 的典型配置,也可以手动设置 SGA(系统全局区)和 PGA(程序全局区)的大小,如图 6-12 所示。

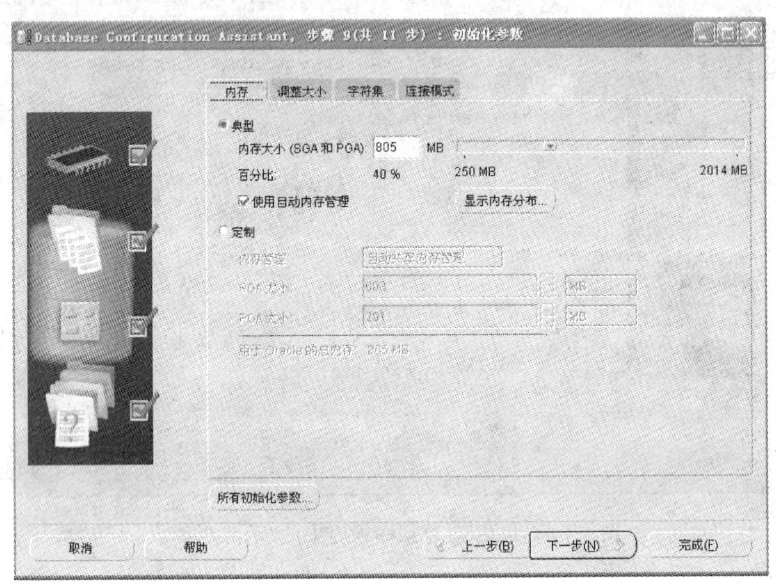

图 6-12 步骤 9: 初始化参数中的“内存”

- 调整大小。设置数据块的大小,指定可以同时连接此数据库的操作系统用户进程的最大数量,如图 6-13 所示。

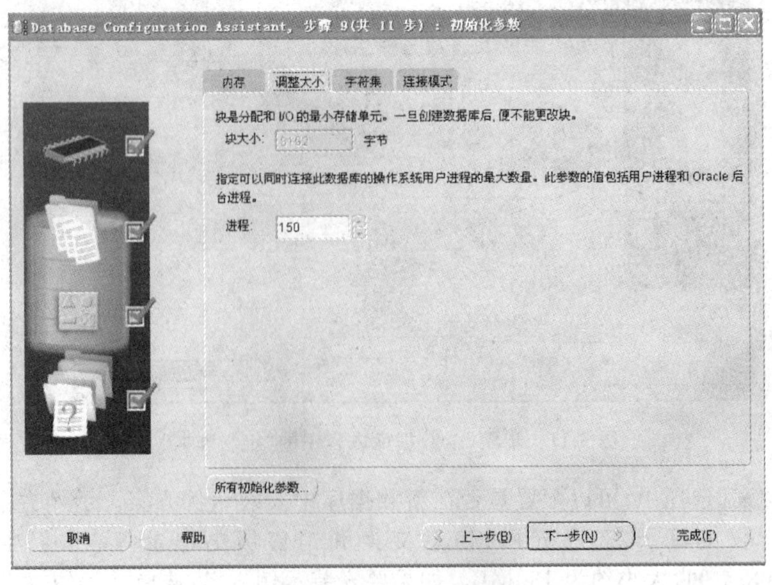

图 6-13 步骤 9: 初始化参数中的“调整大小”

• 字符集。设置数据库使用的字符集，通常使用操作系统默认的语言设置 ZHS16GBK。国家字符集、默认语言和默认日期格式通常都可以保持不变，如图 6-14 所示。

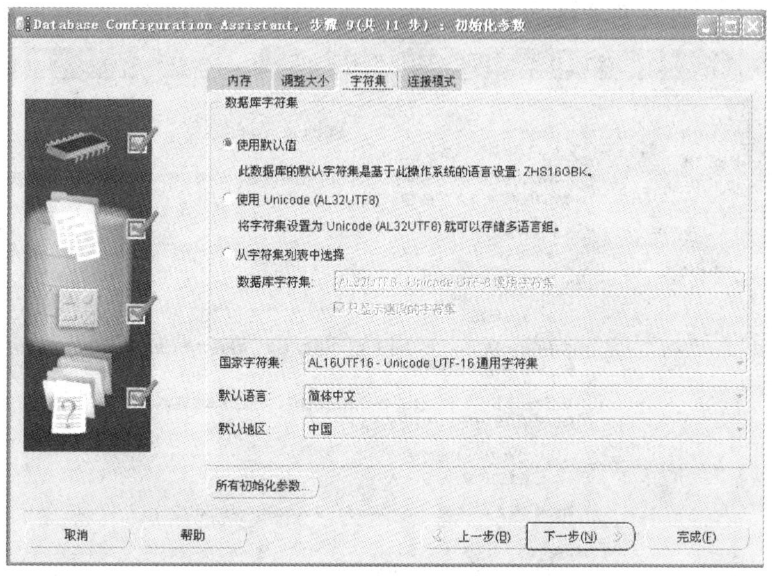

图 6-14 步骤 9：初始化参数中的"字符集"

• 连接模式。设置数据库运行的默认模式，如图 6-15 所示。

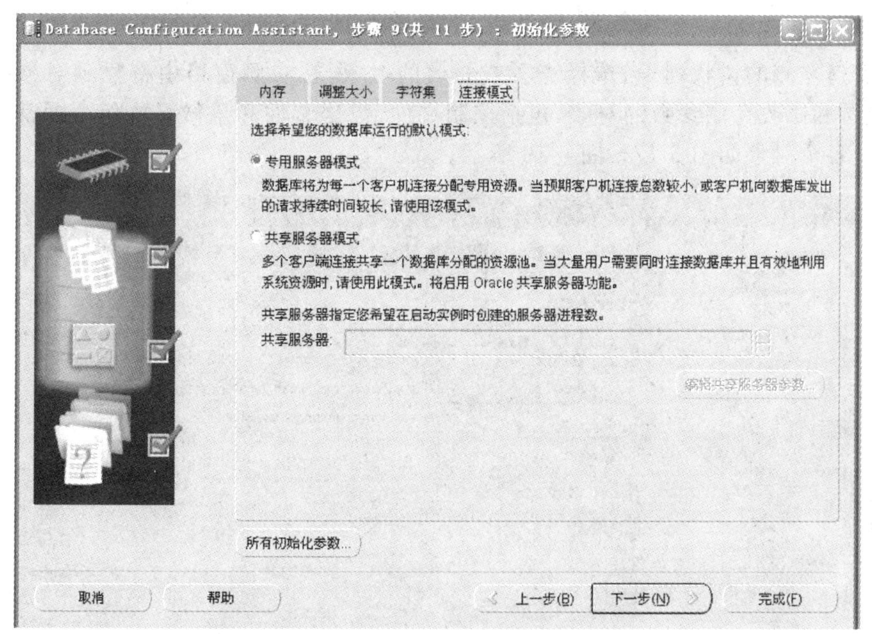

图 6-15 步骤 9：初始化参数中的"连接模式"

Oracle 提供了下面两种数据库的连接模式：

① 专用服务器模式。该模式下 Oracle 数据库要求每个用户进程拥有一个专用服务器进程，这种情况适合用户少且用户对数据库发出持久的、长时间的运行请求。

② 共享服务器模式。该模式下 Oracle 数据库允许多个用户进程共享非常少的服务器进程，由调度程序来安排大量的连接请求，这样一个很小的服务器进程共享池就可以为大量的客

户服务。

(11) 单击"下一步"按钮,打开"步骤 10:数据库存储"窗口,如图 6-16 所示。在这一步中,可以指定创建数据库的存储参数。

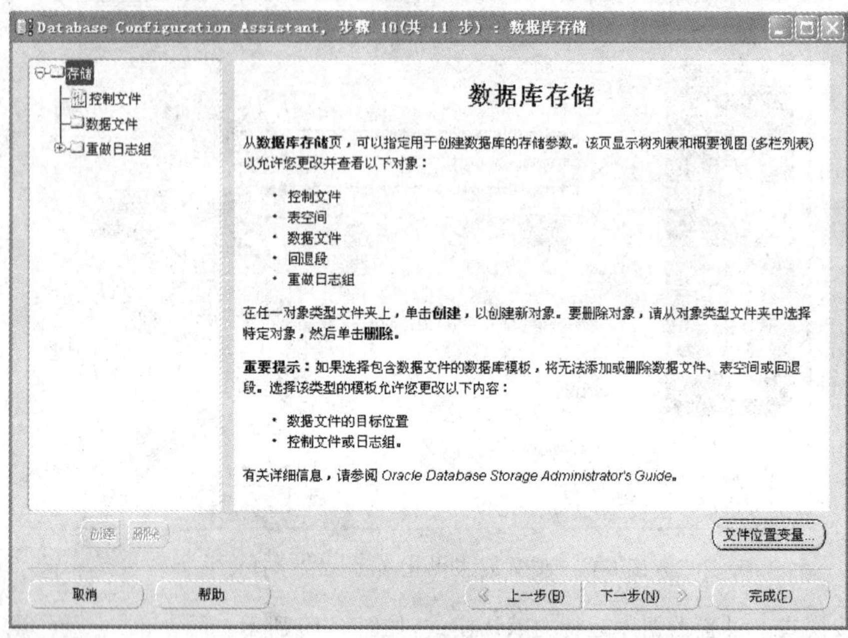

图 6-16 步骤 10:数据库存储

单击窗口左侧的树状列表,选择查看或修改的对象,在右侧窗格中将显示对象的存储信息,可以查看和修改存储参数的对象,包括控制文件、数据文件和重做日志组。通常可以使用默认数据。各个对象如图 6-17~图 6-19 所示。

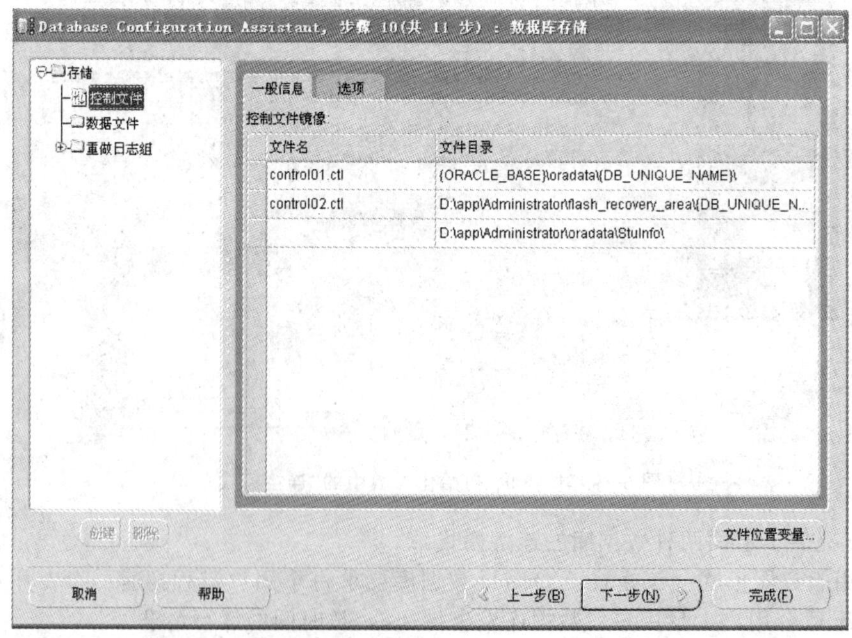

图 6-17 控制文件

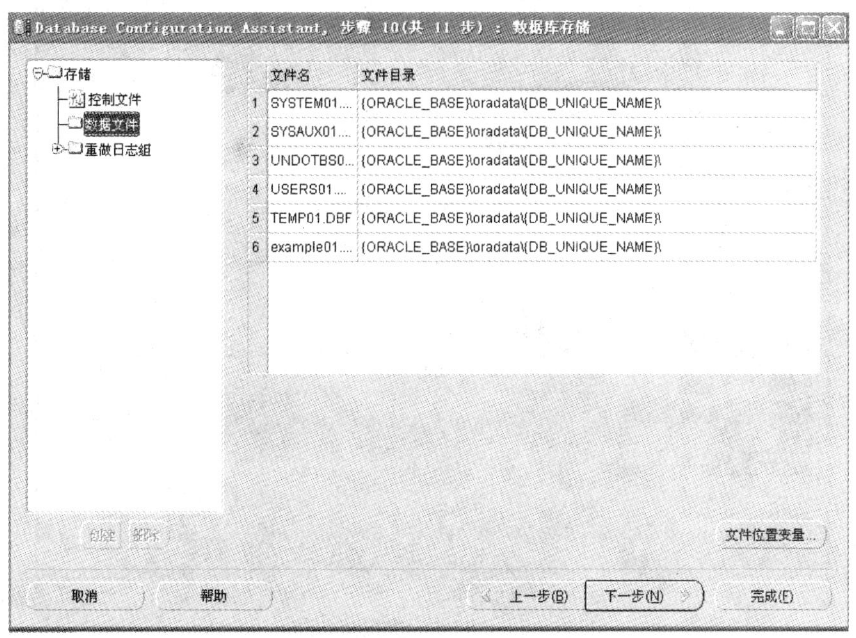

图 6-18 数据文件

图 6-19 重做日志组

(12) 单击“下一步”按钮，打开“步骤 11：创建选项”窗口，如图 6-20 所示。选中“创建数据库”复选框可以立即创建数据库；选中“另存为数据库模板”复选框可以将步骤(1)～(11)所选择的参数另存为模板，下一次创建数据库时，步骤(2)“数据库模板”中就会出现该模板。选中“生成数据库创建脚本”复选框可将步骤(1)～(11)存为脚本文件。

(13) 单击“完成”按钮，打开“确认”对话框，显示数据库模板，并提示用户将创建数据库，如图 6-21 所示。

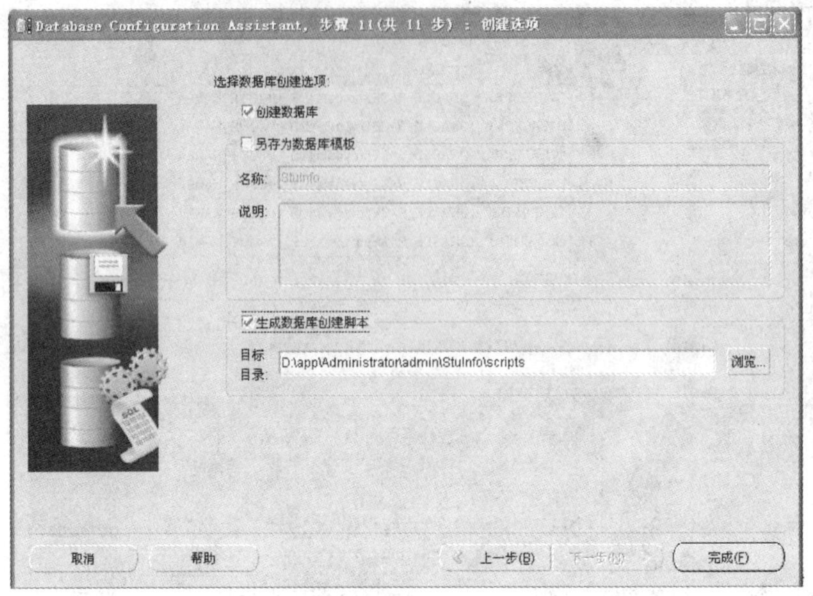

图 6-20 步骤 11：创建选项

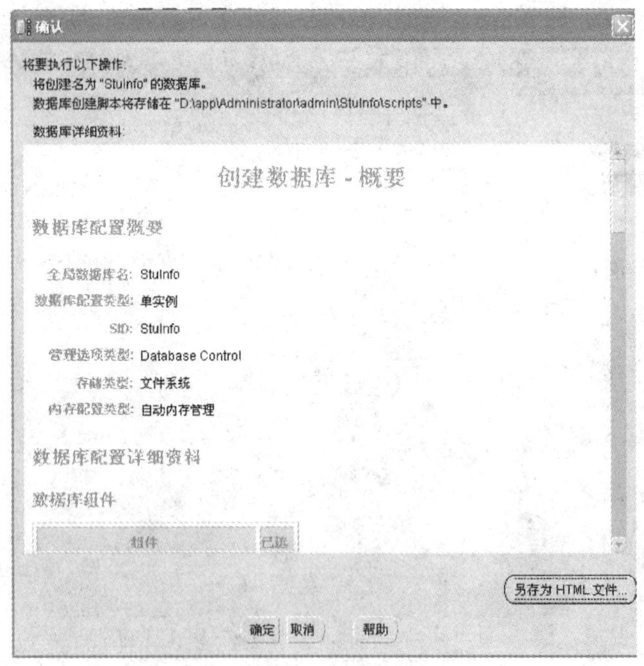

图 6-21 “确认”对话框

(14) 单击“确定”按钮，开始创建数据库，并显示创建的过程和进度。通过该界面可查看即将创建的数据库的详细参数，单击右下角的“另存为 HTML 文件”按钮将此信息保存，以后需要优化数据库或解决数据库性能的问题时可参考该 HTML 文件，如图 6-22 和图 6-23 所示。

(15) 创建数据库的时间取决于计算机的硬件配置和数据库的配置情况，选择安装的组件越多，需要的时间就越长。创建完成后，将弹出“创建完成”界面，如图 6-24 所示。

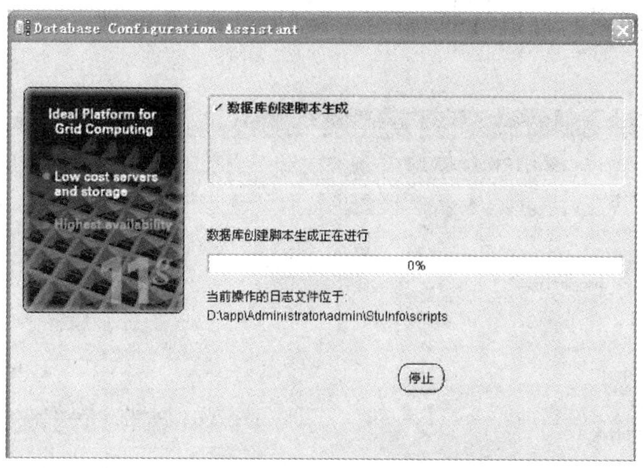

图 6-22 创建数据库脚本

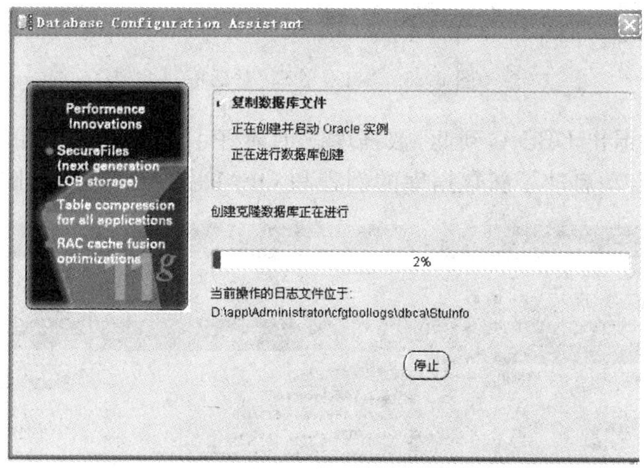

图 6-23 创建数据库实例

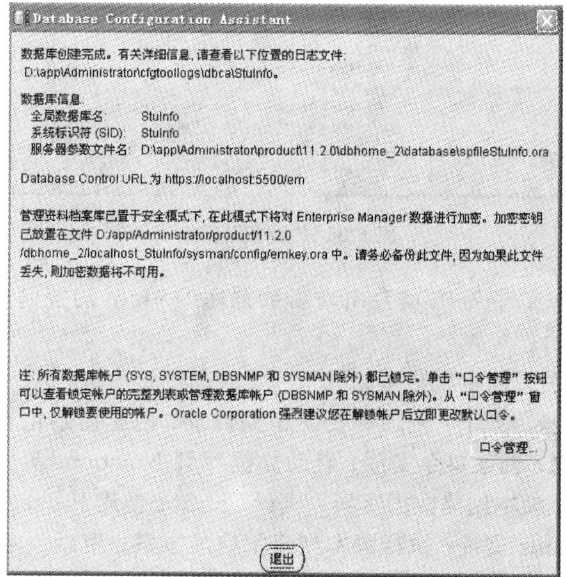

图 6-24 数据库创建完成

单击“口令管理”按钮，可以打开“口令管理”对话框，编辑数据库中各用户的口令。如图 6-25 所示。

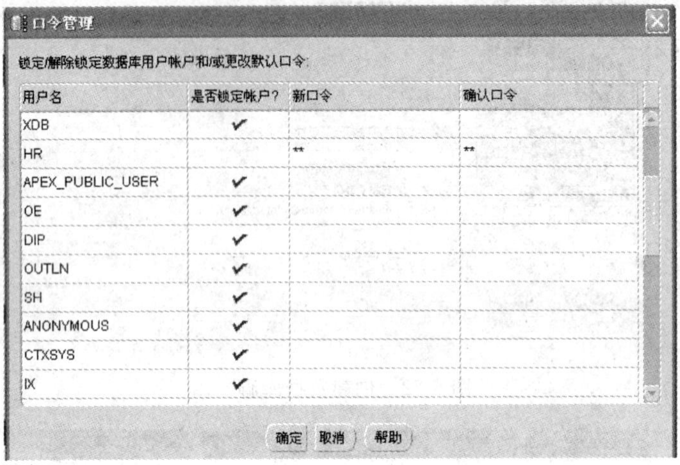

图 6-25 “口令管理”对话框

单击“退出”按钮退出 DBCA，到此，数据库就创建好了。创建完毕后，与 Oracle 有关的服务器的服务中，已经自动启动了新数据库的例程和 OEM 控制台服务，如图 6-26 所示。

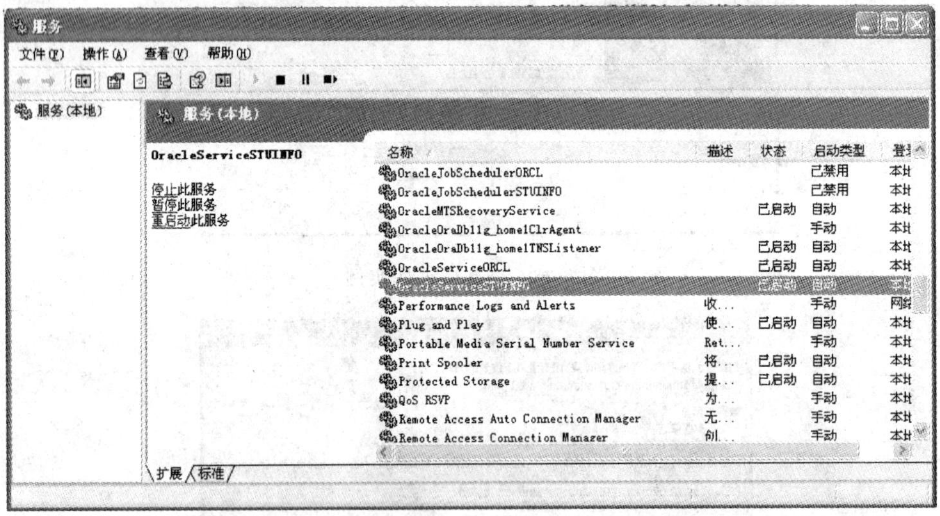

图 6-26 “服务”窗口

在数据库的 oradata 文件夹中，就会出现新数据库 StuInfo 的控制文件、重做日志文件和数据文件，如图 6-27 所示。

另一种方法就是：手工创建数据库。

手工创建数据库的步骤如下：创建必要的相关目录；创建初始化参数文件；设置环境变量 Oracle_sid；创建实例；创建口令文件；启动数据库到 Nomount 实例状态；执行创建数据库的脚本；执行 Catalog 脚本创建数据字典；执行 Catproc 创建 Package 包；执行 Pupbld；由初始化参数文件创建 Spfile 文件；执行脚本创建相应的方案；用命令测试数据库创建是否完成；配置 OEM，使得能够通过浏览器管理和控制数据库。

使用 CREATE DATABASE 语句创建数据库，CREATE DATABASE 语句的基本语法

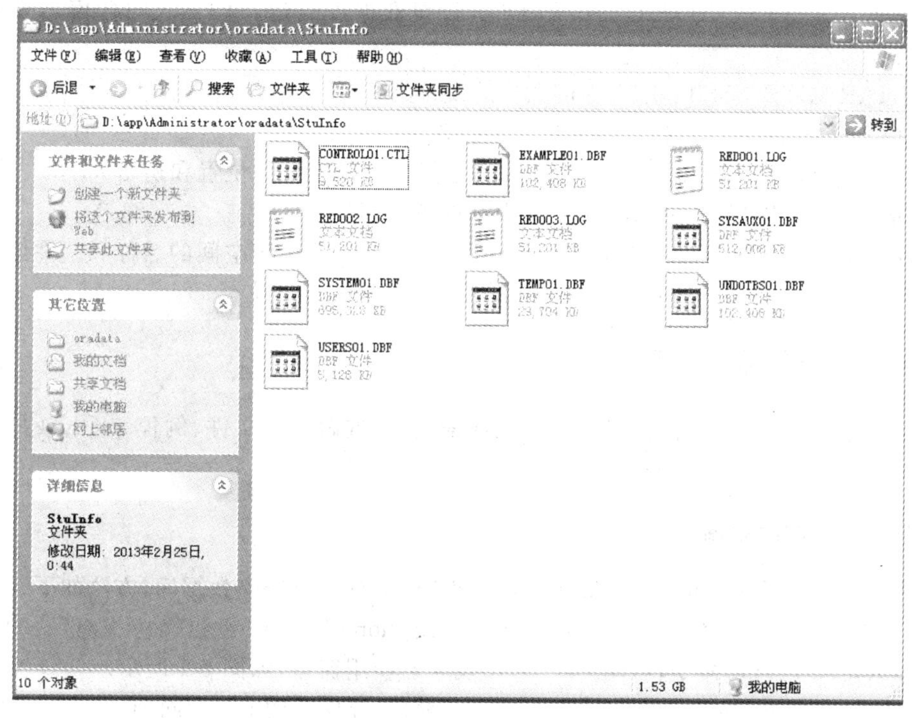

图 6-27 查看 StuInfo 示例数据库

如下：

```
CREATE DATABASE 数据库名
[USER 用户名 IDENTIFIED BY 密码]
[CONTROLFILE REUSE]
[LOGFILE [GROUP n] 日志文件, …… ]
[MAXLOGFILES 整数]
[MAXLOGMEMBERS 整数]
[MAXDATAFILES 整数]
[MAXINSTANCES 整数]
[ARCHIVELOG | NOARCHIVELOG]
[CHARACTER SET 字符集]
[DATAFILE 数据文件, …… ]
[SYSAUX DATAFILE 数据文件, …… ]
[DEFAULT TABLESPACE 表空间名]
[DEFAULT TEMPORARY TABLESPACE 临时表空间名 TEMPFILE 临时文件]
[UNDO TABLESPACE 撤销表空间名 DATAFILE 文件名]
```

参数说明如下：

- USER…IDENTIFIED BY…：设置数据库管理员的密码，例如 SYS 用户或 SYSTEM 用户。
- CONTROLFILE REUSE：使用已有的控制文件(如果存在的话)。
- LOGFILE[GROUP N]日志文件：定义日志文件组和成员。
- MAXLOGFILES：定义最大的日志文件数量。
- MAXLOGMEMBERS：定义日志文件组中最大的日志文件数量。
- MAXDATAFILE：定义数据库中最大的数据文件数量。
- MAXINSTANCES：定义数据库中最大的实例数量。

- ARCHIVELOG|NOARCHIVELOG：设置数据库的运行模式为归档模式或非归档模式。
- CHARACTER SET：定义存储数据的字符集。
- DATAFILE：定义数据文件的位置和初始大小。
- SYSAUXDATAFILE：定义 sysaux 表空间中数据文件的位置和初始大小。
- DEFAULT TABLESPACE：定义默认的表空间。
- DEFAULT TEMPORARY TABLESPACE：定义临时表空间的名称和文件位置。
- UNDO TABLESPACE：定义撤销表空间的位置和文件位置。

6.1.2 删除数据库

当删除数据库时，会同时删除控制文件、数据文件、重做日志文件、例程和 OEM 控制台的服务、初始化参数文件和口令文件。

1. 使用工具删除数据库

使用 DataBase Configuration Assistant(DBCA)工具可以删除数据库，方法如下。

(1) 选择"开始"→"程序"→Oracle-Oracle11g_home1→"配置和移植工具"→Database Configuration Assistant 命令，启动 DBCA，出现欢迎使用窗口，如图 6-1 所示。

(2) 单击"下一步"按钮，进入"步骤 1：操作"窗口，界面与图 6-2 相同。

(3) 选择"删除数据库"，然后单击"下一步"按钮，进入"步骤 2：数据库"窗口，如图 6-28 所示。在"数据库"列表中选择需要配置的数据库，例如 STUINFO 数据库。

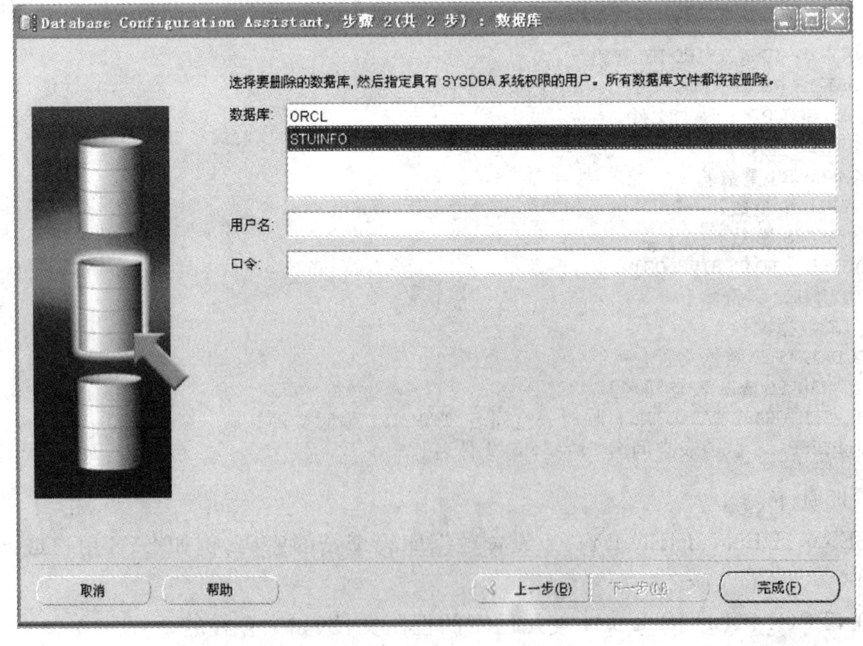

图 6-28 步骤 2：数据库

(4) 单击"完成"按钮，打开"确认"对话框。单击"是"按钮，将打开"删除数据库"窗口。系统将连接到数据库，然后删除例程和数据文件，并更新网络配置文件。最后，数据库被删除。

(5) 数据库删除完毕后，将弹出"确认"对话框，询问用户是否执行其他操作。单击"是"按钮，则返回 Database Configuration Assistant 界面；单击“否”按钮，则退出。

2. 使用语句删除数据库

同样也可以使用 DROP DATABASE 语句删除数据库。在删除数据库之前，需要用户以 SYSDBA 或 SYSOPER 身份登录，并且将数据库以 MOUNT 模式启动。

```
CONNECT SYS/admin AS SYSDBA;
SHUTDOWN IMMDIATE;
STARTUP MOUNT;
DROP DATABASE;
```

其中 admin 为 SYS 用户的密码，请读者根据实际情况输入。

6.2　启动和关闭数据库

数据库管理员的任务之一就是负责启动和关闭数据库。在本节中将讲解如何在 Oracle Enterprise Manager 和 SQL * Plus 中关闭和启动数据库实例。只有具有 SYSDA 和 SYSOPER 系统特权的用户才能启动和关闭数据库。启动与关闭数据库的步骤如图 6-29 所示。

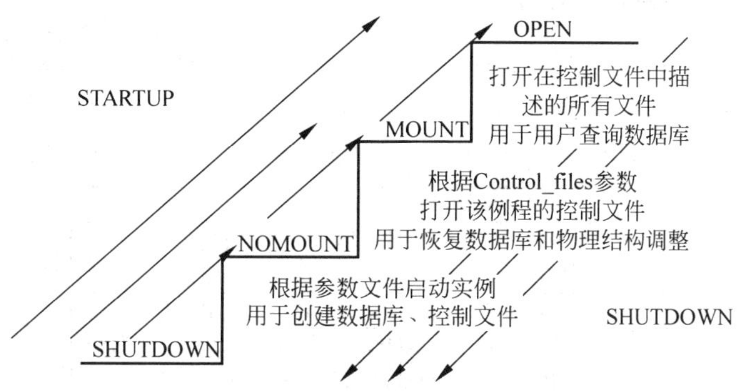

图 6-29　启动和关闭数据库的步骤

6.2.1　Oracle 数据库实例的状态

Oracle 数据库实例支持三种状态，包括已启动(NOMOUNT)、已装载(MOUNT)和打开(OPEN)。下面对这三种状态加以说明。

- 已启动(NOMOUNT)。启动实例，但不装载数据库。该模式用于重新创建控制文件，对控制文件进行恢复或从头重新创建数据库。因为此状态下没有打开数据库，所以不允许用户访问。该状态也称为“不装载”。
- 已装载(MOUNT)。启动例程并装载数据库，但不打开数据库。该模式用于更改数据库的归档模式或执行恢复操作，还用于数据文件恢复。因为此状态下没有打开数据库，所以不允许用户访问。
- 打开(OPEN)。启动例程，装载并打开数据库。该模式是默认的启动模式，它允许任何有效用户连接到数据库，并执行典型的数据访问操作。

6.2.2 启动数据库实例

每个启动的数据库都至少对应一个例程。例程是为了运行数据库的，是 Oracle 用来管理数据库的一个实体，它在服务器中由一组逻辑内存结构和一系列后台服务进程组成。当启动数据库时，这些内存结构和服务进程得到分配、初始化、启动，以使用户能够与数据库进行通信。一个例程只能访问一个数据库，而一个数据库可以由多个例程同时访问。

Oracle 数据库的启动看似轻松，只是以 SYSDBA/SYSOPER 身份登录，输入一条 STARTUP 命令就可以轻松地启动数据库了。在这条命令之后，Oracle 需要执行一系列复杂的操作，深入理解这些操作不仅有助于了解 Oracle 数据库的运行机制，还可以在故障发生时帮助大家快速地定位问题的根源所在，所以我们将进一步分析数据库的启动过程。

启动一个 Oracle 数据库，是按步骤进行的。每完成一个步骤就进入一个模式，以便保证数据库处于某种一致性的操作状态。可以通过在启动过程中设置选项，控制数据库进入一个模式。

Oracle 数据库的启动主要包含三个步骤：启动数据库到 NOMOUNT 状态；启动数据库到 MOUNT 状态；启动数据库到 OPEN 状态。完成这三个过程，数据库才能进入就绪状态，准备提供数据访问。

1. 使用 SQL * Plus 启动数据库

在 SQL * Plus 中，可以使用 STARTUP 命令启动数据库实例。启动数据库实例可以分为以下几种情况，如图 6-30 所示。

命令	选项	含义
	NOMOUNT	创建启动例程
STARTUP	MOUNT	创建例程，并装载数据库
	OPEN	创建例程，装载数据库并打开
	FORCE	正常方式启动不了时用FORCE
	RESTRICT	以OPEN状态启动数据库的受限模式
	PFILE	以PFILE文件来启动

图 6-30 SQL * Plus 启动数据库

(1) 启动数据库实例。不装载数据库。

只读取初始化参数文件、初始化 SGA 和启动后台进程，创建并启动实例。适用情况：创建数据库，创建文件；重建控制文件。执行此操作的命令如下：STARTUP NOMOUNT。

(2) 启动数据库实例，装载数据库，但不打开数据库。

装载数据库时，例程将打开数据库的控制文件，根据初始化参数 Control_files 的设置找到控制文件，并从中获取数据库名称、数据文件的位置和名称等关于数据库物理结构的信息，为下一步打开数据库做好准备。在装载阶段，例程并不会打开数据库的物理文件，即数据文件和重做日志文件，所以数据库还是处于关闭状态。

适用情况：更名数据库；改变归档日志模式、备份和恢复数据库。执行此操作的命令如下：STARTUP MOUNT。

(3) 启动数据库实例，装置并打开数据库。

这是默认的启动数据库的操作，直接使用 STARTUP 命令即可实现此功能。使用此种方式启动数据库后，用户可以连接到数据库并执行数据库访问操作。除了启动数据库实例、装载并打开数据库外，STARTUP 命令还将从默认位置读取初始化参数。

(4) 启动后限制对数据库实例的访问。

执行此操作后，只允许管理员用户访问数据库。通常，可以在此种方式下执行以下操作：

- 导入和导出数据。
- 执行数据载入。
- 临时阻止指定的用户访问数据库。
- 执行迁移或升级操作。

执行此操作的命令如下：STARTUP RESTRICT。

RESTRICT 子句可以与 MOUNT、NOMOUNT、OPEN 子句结合使用。可以通过执行如下命令结束限制访问状态：ALTER SYSTEM DISABLE RESTRICTED SESSION。

(5) 强制实例启动。

在遇到特殊异常的情况时，可以强制启动实例，例如：

- SHUTDOWN NORMAL、SHUTDOWN IMMEDIATE 或 SHUTDOWN TRANSACTIONAL 命令无法关闭数据库。
- 无法正常启动数据库实例。

强制启动实例的语句如下：STARTUP FORCE 。如果当前实例正在运行，则 STARTUP FORCE 语句使用 ABORT 方式将其关闭，然后再重新启动。

2. 使用 Oracle Enterprise Manager 启动数据库

在 Oracle Enterprise Manager 中，如果该 Orcl 数据库处于关闭状态，可以启动该数据库。使用 SYS 用户以 SYSDBA 身份登录到 Oracle Enterprise Manager。

选择“开始”→“程序”→Oracle-Oracle11g_home1→Database Control-orcl 命令，连接到 https://localhost:1158/em/，如图 6-31 所示。

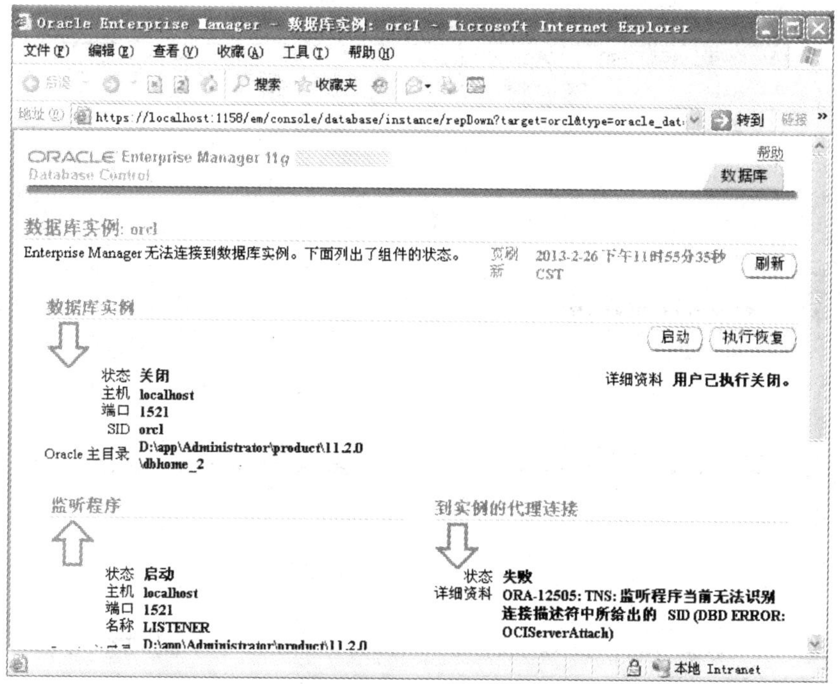

图 6-31 连接到 https://localhost:1158/em/

如果数据库实例没有启动，单击“启动”按钮，打开“请指定主机和目标数据库身份证明”窗口，如图 6-32 所示。

Oracle Enterprise Manager - 启动/关闭：请指定主机和目标数据库身份证明 - Microsoft ...

文件(F) 编辑(E) 查看(V) 收藏(A) 工具(T) 帮助(H)

后退 搜索 收藏夹

地址(D) https://localhost:1158/em/console/database/instance/changeState?event=changeState&targe 转到 链接

ORACLE Enterprise Manager 11g Database Control 帮助 数据库

取消 确定

启动/关闭：请指定主机和目标数据库身份证明

请指定以下身份证明，以更改数据库状态。

主机身份证明

指定操作系统的用户名和口令，以登录到目标数据库计算机。

*用户名 Administrator

*口令 ●●●●●●

数据库身份证明

请指定目标数据库的身份证明。

要使用操作系统验证，请将用户名和口令字段留空。

*用户名 sys

*口令 ●●●●●

数据库 orcl

*连接身份 SYSDBA

□另存为首选身份证明

请注意，您需要以 SYSDBA 或 SYSOPER 身份登录到数据库，然后才能更改数据库状态。

正在打开网页 https://localhost:1158/em/console/database 本地 Intranet

图 6-32 “请指定主机和目标数据库身份证明”窗口

用户需要拥有管理员的权限才能关闭数据库实例，包括主机操作系统的管理员和当前数据库实例的 SYSDBA 用户。输入完成后，单击“确定”按钮，打开“启动/关闭：确认”窗口，如图 6-33 所示。

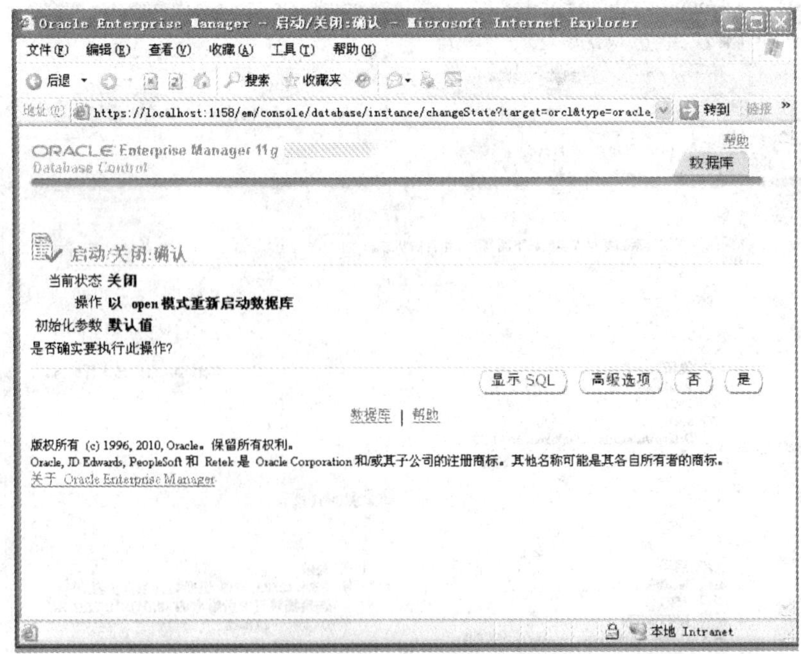

图 6-33 “启动/关闭：确认”窗口

单击"高级选项"按钮,可以选择关闭数据库的方式。单击"是"按钮,开始打开数据库,如图 6-34 所示。

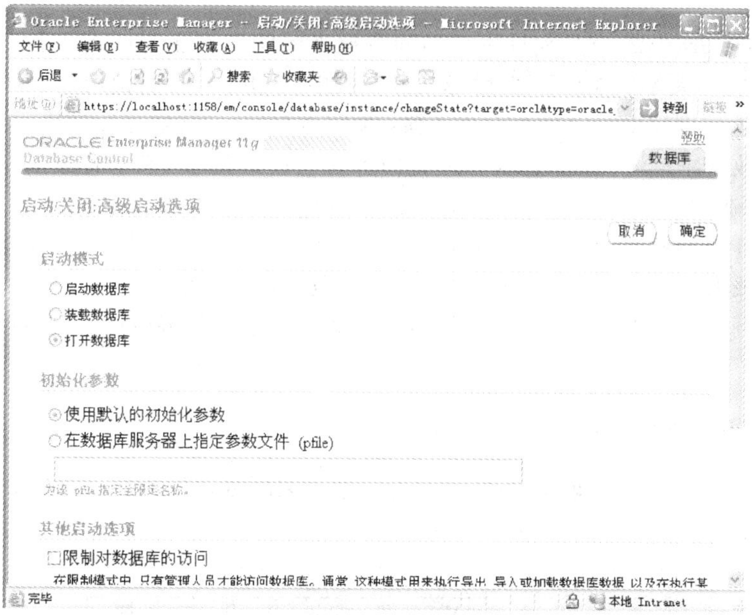

图 6-34 打开数据库

单击"确定"按钮,数据库就会启动起来,如图 6-35 所示。

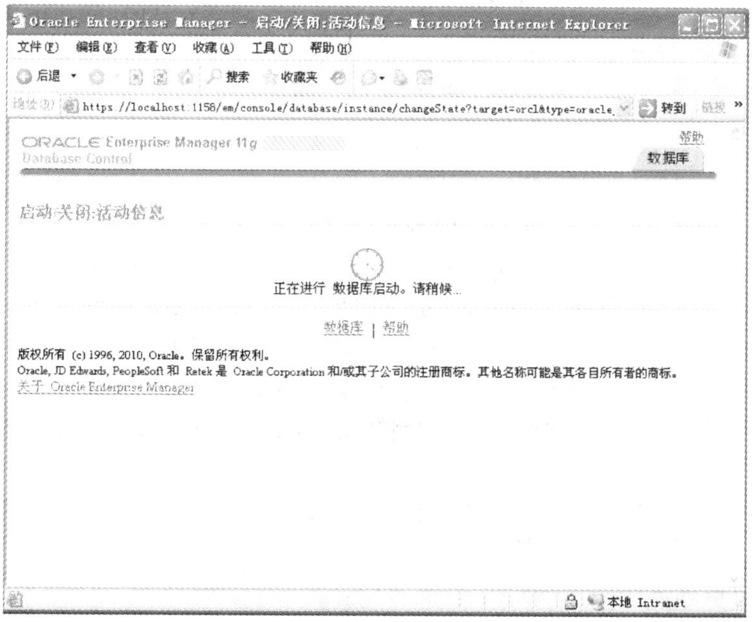

图 6-35 数据库启动

6.2.3 关闭数据库实例

为了执行数据库的定期冷备份、执行数据库软件升级等操作,需要关闭数据库。关闭数据库与数据库的启动相对应，关闭数据库也是分步骤进行的。在关闭数据库与例程时，需要使用一个具有 SYSDBA 权限的用户账号连接到 Oracle，然后使用 SHUTDOWN 语句执行关闭操作。

关闭就是将 Oracle 实例从允许用户访问数据库的状态转变为休止状态。关闭操作首先终止用户访问数据库所需的进程，然后释放计算机中供 Oracle 运行使用的那部分内存。

关闭数据库的例程也可以分为三个步骤：关闭数据库、卸载数据库和终止例程。

(1) 关闭数据库。将重做日志缓存中的内容写入重做日志文件；将数据库高速缓存中被改动过的数据(脏数据)写入数据文件；再关闭所有的数据文件和重做日志文件；数据库的控制文件仍然处于打开状态，但由于数据库已经处于关闭状态，所以用户将无法访问数据库。

(2) 卸载数据库。数据库的控制文件被关闭，但例程仍然存在。

(3) 终止例程。例程所拥有的所有后台进程和服务进程都将被终止，分配给例程的 SGA 区被回收。

1. 使用 SQL * Plus 关闭数据库

在 SQL * Plus 中，可以使用 SHUTDOWN 命令关闭数据库实例。关闭数据库的操作可以分为以下 4 种情况，如图 6-36 所示。

命令	选项	含义
SHUTDOWN	NORMAL	正常关闭。如果没有时间限制，等待所有连接都断开才关闭。默认方式
	TRANSACTIONAL	完成事务后关闭。等所有未提交事务完成后关闭
	IMMEDIATE	回滚未提交事务，关闭
	ABORT	不回滚未提交事务，关闭

图 6-36 在 SQL * Plus 中关闭数据库的命令

具体说明如下。

(1) 正常关闭。默认方式。等待当前所有已连接的用户断开与数据库的连接，然后关闭数据库。正常关闭语句如下：SHUTDOWN NORMAL。

NORMAL 是 SHUTDOWN 语句的默认选项，因此 SHUTDOWN NORMAL 和 SHUTDOWN 完全相同。执行此语句后，数据库将不允许建立新的连接。

使用 NORMAL 选项关闭数据库时，Oracle 将执行如下操作：阻止任何用户建立连接；等待当前所有正在连接的用户主动断开连接；一旦所有的用户都断开连接，才进行关闭、卸载数据库，并终止例程。按 NORMAL 方式关闭数据库，则在下次启动数据库时不需要进行任何恢复操作。

(2) 立即关闭。回退活动事务处理并断开所有已连接的用户，然后关闭数据库。立即关闭的语句如下：SHUTDOWN IMMEDIATE。

通常在以下情况执行立即关闭。

- 初始化自动备份。
- 如果电源将在比较长的时间内被切断。
- 如果数据库或者数据库应用程序发生异常，而管理员无法联系到用户退出登录或者用户无法退出登录。

所谓事务(Transaction)是指包含一个或多个 SQL 语句的逻辑单元，事务中的 SQL 语句是一个完整的整体，它们要么被全部提交(Commit)执行，要么全部回滚(Roolback)撤销。

按 IMMEDIATE 选项关闭数据库时，Oracle 执行如下操作：阻止任何用户建立新的连接，同时阻止当前连接的用户开始任何新的事务；任何当前未提交的事务均被回退；Oracle 不再等待用户主动断开连接，而是直接关闭、卸载数据库并终止例程。按 IMMEDIATE 选项来关闭数据库，在下次启动数据库时不需要进行任何恢复操作。

(3) 事务处理关闭。完成事务处理后断开所有已连接的用户，然后关闭数据库。事务处理关闭的语句如下：SHUTDOWN TRANSACTIONAL。

在执行事务处理关闭时，数据库将不允许建立新的连接，也不允许开始新的事务。当所有都处理完成后，仍然连接到当前实例的客户端将被断开。

事务处理关闭可以避免客户端中断工作，也不需要用户退出登录。按 TRANSACTIONAL 选项关闭数据库，则在下次启动数据库时不需要进行任何恢复操作。

(4) 中止关闭。中止数据库实例，立即关闭数据库。中止关闭的语句如下：SHUTDOWN ABORT。

使用 ABORT 选项来关闭数据库，Oracle 将执行如下操作：阻止任何用户建立连接，同时阻止当前连接的用户开始任何新的事务；立即结束当前正在执行的 SQL 语句；任何未提交的事务均不被回退；立即断开所有用户的连接，关闭、卸载数据库，并终止例程。

使用 ABORT 选项关闭数据库，由于当前未完成的事务不会被回退，所以可能丢失一部分数据信息，数据的完整性遭到破坏，在下一次启动数据库时需要进行恢复。

中止关闭是最快速的关闭 Oracle 数据库的方式，但一般情况下不用使用该命令停止例程，该命令在特殊情况下使用，如系统需要马上断电时或者数据库实例启动时出现异常。

2. 使用 Oracle Enterprise Manager 关闭数据库

下面介绍如何在 Oracle Enterprise Manager 中关闭数据库。

在数据库处于打开状态时，使用 SYS 用户以 SYSDBA 身份登录到 Oracle Enterprise Manager。在主目录页面的“一般信息”栏目中，可以看到“关闭”按钮，如图 6-37 所示。

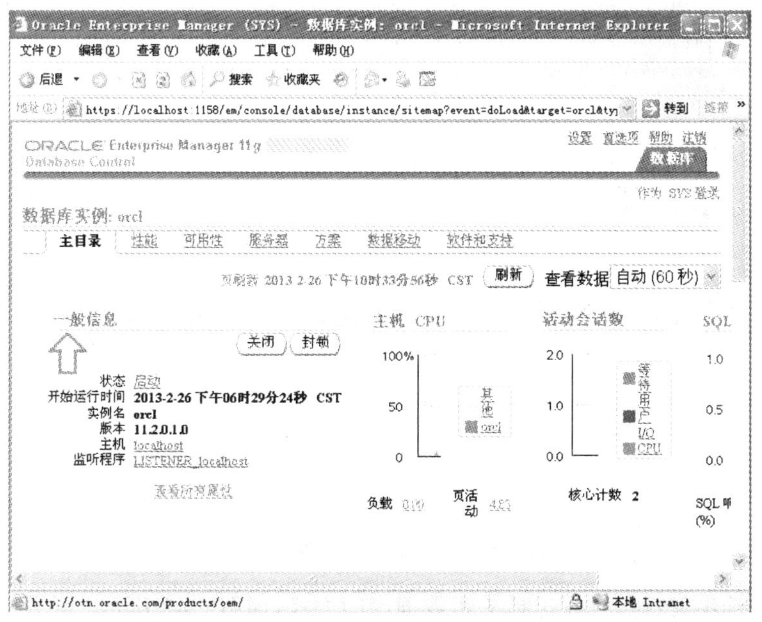

图 6-37 关闭数据库

单击“关闭”按钮，可以打开“请指定主机和目标数据库身份证明”窗口，如图 6-38 所示。

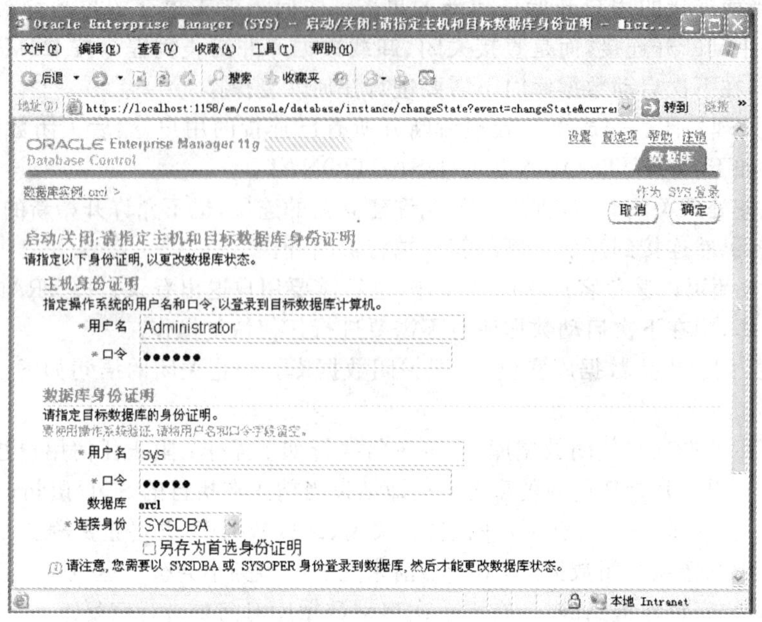

图 6-38 “请指定主机和目标数据库身份证明”窗口

用户需要拥有管理员的权限才能关闭数据库实例，包括主机操作系统的管理员和当前数据库实例的 SYSDBA 用户。输入完成后，单击“确定”按钮，打开“启动/关闭：确认”窗口，如图 6-39 所示。

图 6-39 “启动/关闭：确认”窗口

单击“高级选项”按钮，可以选择关闭数据库的方式，如图 6-40 所示。单击“确定”按钮，开始关闭数据库。

图 6-40 关闭数据库的方式

6.2.4 改变数据库的状态

可以使用 ALTER DATABASE 语句改变数据库的状态。

(1) 装载数据库实例。

在执行某些管理操作时,数据库必须启动、装载一个实例,但此时数据库处于关闭状态。此时可以使用如下语句: ALTER DATABASE MOUNT。

(2) 打开已关闭的数据库。

可以使用下面的语句打开一个已经关闭的数据库: ALTER DATABASE OPEN。

(3) 以只读方式打开数据库。

有时需要以只读方式打开数据库,从而避免因为误操作而造成的数据丢失。可以使用下面的语句以只读方式打开数据库: ALTER DATABASE OPEN READ ONLY。

6.3 数据库参数及用户管理

在 Oracle Enterprise Manager 中,可以对 Oracle 数据库的参数和人员进行管理和设置。通过使用该模块,可以更好地了解 Oracle 数据库。

6.3.1 管理初始化参数

每个数据库中都有一个操作系统文件,叫做初始化参数文件。该文件在不同的数据库版本中有不同的存储路径和格式。该文件决定了数据库的物理结构、内存、数据库的极限及系统的大量默认值,是进行数据库设计与性能调整的重要文件。

当 Oracle 数据库实例启动时,系统需要从初始化参数文件中读取初始化参数。初始化参数文件可以是只读的文本文件,也可以是可读写的二进制文件。二进制文件被称为服务器参数文件(Server Parameter File,SPFile),它始终存放在数据库服务器上。

服务器参数文件必须根据传统的文本初始化参数文件才能创建。创建时必须使用STARTUP命令才能完成。使用CREATE SPFILE语句创建服务器文件,而且执行该语句必须拥有SYSDBA和SYSOPER权限。

在操作系统中,默认的文本初始化参数文件名为init%ORACLE_SID%.ora,默认路径为%ORACLE_HOME%\database。%ORACLE_SID%表示当前的数据库实例名,%ORACLE_HOME表示Oracle数据库产品的安装目录。如果当前数据库实例为Orcl,则SPFILED:\APP\ADMINISTRATOR\PRODUCT\11.2.0\DBHOME_2\DATABASE\SPFILEORCL.ORA。它给出了SPFILE的绝对路径。

使用Oracle Enterprise Manager打开管理页面,如图6-41所示。

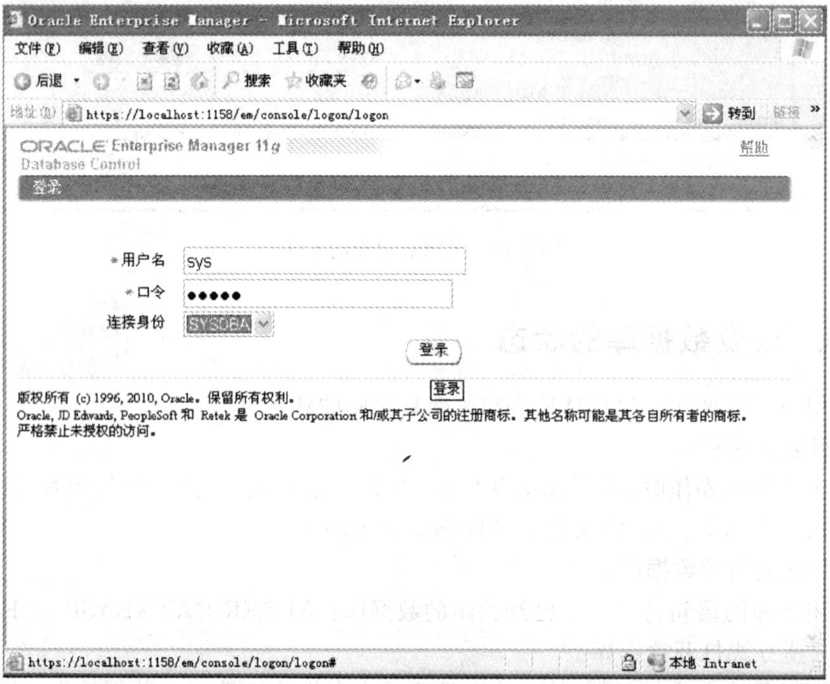

图6-41 登录页面

在OEM登录页面中,以SYS用户和SYSDBA身份连接,输入密码:admin。即可登录。登录后,选择“服务器”页面,找到“数据库配置”选项,如图6-42所示。

在“服务器”栏目下方单击“初始化参数”超链接,打开“初始化参数”窗口,如图6-43所示。

初始化参数包括动态参数和静态参数,在如图6-43所示的页面中只能修改动态参数,单击左上角的SPFile超链接,可以修改SPFile文件中定义的所有静态初始化参数,如图6-44所示。

除了使用Oracle Enterprise Manager外,还可以使用语句来查看和修改初始化参数。使用SHOW PARAMETERS语句可以显示初始化参数信息;使用ALTER SESSION语句可以更改当前会话的参数设置,并且该语句所进行的更改只适用于当前会话。使用ALTER SYSTEM语句可以更改初始化参数,其结果适用于例程的所有会话。执行这两条语句,都必须拥有SYSDBA和SYSOPER系统权限。

在使用ALTER SYSTEM语句中,更改传统的文本初始化参数时,所做的修改只会影响当前例程,因为不存在自动更新磁盘上的文本初始化参数文件机制。要想更改的结果涉及到

图 6-42　“服务器”页面“数据库配置”选项

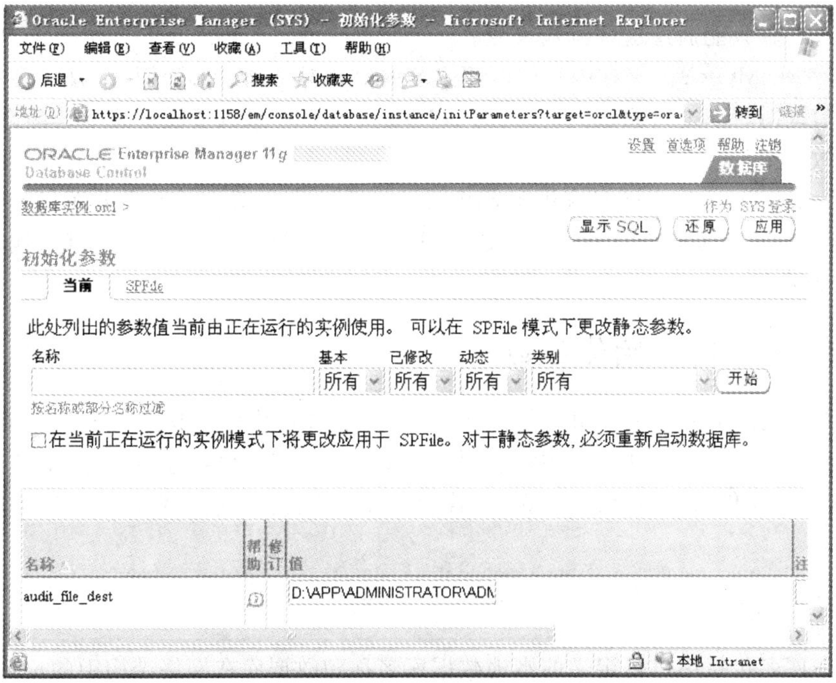

图 6-43　初始化参数

将来的例程，必须手动修改，然后重启例程。但需要使用 SCOPE 子句来指定更改的范围。

SCOPE 子句指定了参数改变的适用范围，它可以取以下的值：

SCOPE=SPFile。改变仅对 SPFile 文件有效。对于动态参数而言，改变将在下一次启动

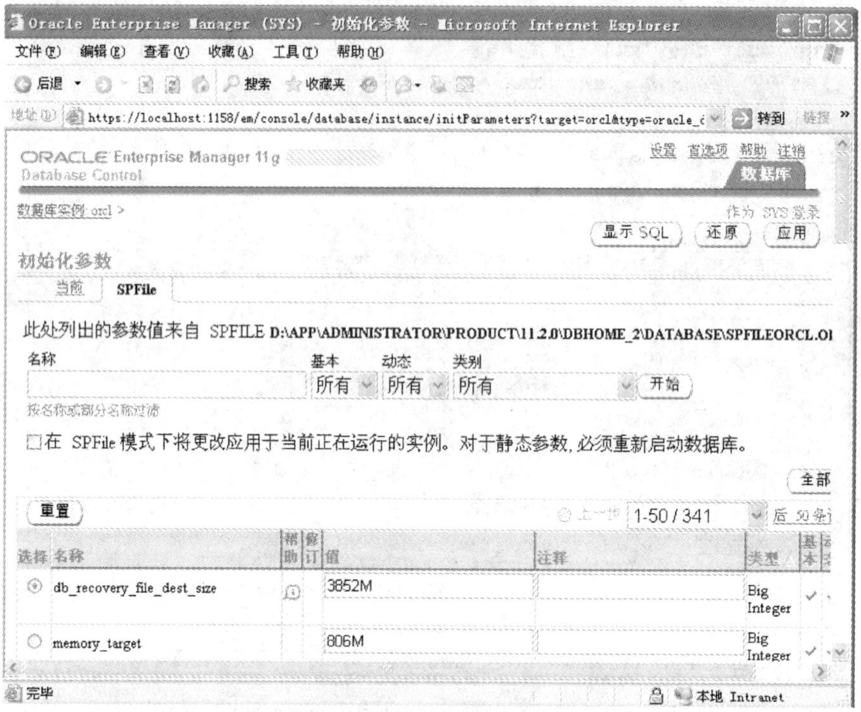

图 6-44 查看、修改 SPFile 参数

时生效。静态参数只能通过这种方式改变。

SCOPE＝MEMORY。仅在内存中应用改变的值。对于动态参数而言，改变将立即生效，但在下一次启动时将恢复为原来的值，因为 SPFile 文件中的参数值没有改变。静态变量不允许使用此参数。

SCOPE＝BOTH。改变同时应用于 SPFile 文件和内存。对于动态参数而言，改变将立即生效，而且在下一次启动时依然有效。静态变量不允许使用此参数。Oracle 默认地将 SCOPE 选项设置为 BOTH。

6.3.2 基本的初始化参数

Oracle 11g 提供了两百多个初始化参数，并且大多数参数都有其默认值。Oracle 建议手动修改其中三十多个基本的初始化参数。基本的初始化参数包括：全局数据库名、定义闪回恢复区、指定控制文件名、指定数据块大小、管理 SGA、指定最大进程数量和指定 UNDO 管理模式。

1. 全局数据库名

全局数据库名包括用户自定义的本地数据库名称和数据库在网络结构中的位置信息。初始化参数 DB_NAME 定义了本地数据库名称，参数 DB_DOMAIN 定义了网络结构的域信息，设置该参数时，应将其设置为网络域名。把二者结合在一起，可以在网络中唯一标识一个数据库。格式为：db_name. db_domain。如：

```
DB_NAME = orcl
DB_DOMAIN = mydomain.com
```

则全局数据库名为 orcl. mydomain. com

DB_NAME 必须有最多 8 个可见字符组成,其值只能包含字母、数字、#、$ 和_。当创建数据库时,DB_NAME 被记录在数据库的数据文件、重做日志文件和控制文件中。如果数据库实例启动时初始化参数中 DB_NAME 的值与控制文件中的数据库名称不同,则数据库无法启动。

2. 定义闪回恢复区

闪回恢复区是 Oracle 数据库用来存储和管理与备份/恢复相关的文件的位置。它区分于数据库区,数据库区是管理当前数据库文件(数据文件、控制文件和在线重做日志文件等)的位置。

闪回恢复区包含以下初始化参数:

- DB_RECOVERY_FILE_DEST。定义闪回恢复区的位置。即写入恢复文件的文件夹为止。它可以是目录、文件系统或自动存储管理(ASM)磁盘组。
- DB_RECOVERY_FILE_DEST_SIZE。指定闪回恢复区的最大字节数。注意,只有在 DB_RECOVERY_FILE_DEST 有效时才能指定此参数。它存储了 Flash Recovery 文件的磁盘空间的大小。

3. 指定控制文件名

使用初始化参数 CONTROL_FILES 可以为数据库指定一个或多个控制文件名。当执行 CREATE DATABASE 创建数据库时,将创建 CONTROL_FILES 中指定的控制文件列表。如果控制文件为多个,名称之间用逗号隔开。

如果在初始化参数文件中没有 CONTROL_FILES,则 Oracle 数据库使用默认的文件名来创建控制文件。设置该参数时,最多可指定 8 个控制文件。

4. 指定数据块大小

使用初始化参数 DB_BLOCK_SIZE 可以指定数据库的标准数据块大小。数据块大小可以在 SYSTEM 表空间和其他表空间中被默认使用。通常 DB_BLOCK_SIZE 设置为 4KB 或 8KB。

5. 管理 SGA

SGA 即系统全局区,它是一组共享内存结构,其中包含一个 Oracle 数据库实例数据及控制信息。初始化参数 SGA_MAX_SIZE 可以指定 SGA 的最大大小。初始化参数 SGA_TARGET 用于指定 SGA 的实际大小,设置 SGA_TARGET 后,SGA 的组件大小将被自动设置,包括 SHARED_POOL_SIZE(指定共享池的大小)、LARGE_POOL_SIZE(指定大缓存池的大小)、JAVA_POOL_SIZE(指定 Java 池的大小)和 DB_CACHE_SIZE(指定标准数据高速缓存的大小)等。

6. 指定最大进程数量

使用该初始化参数 PROCESSES 决定了操作系统中可以连接到 Oracle 数据库的最大进程数量,换言之,就是可以连接到 Oracle 的并发用户的最大个数。

7. 指定 UNDO 管理模式

使用 UNDO_MANAGEMENT 初始化参数可以设置是否启动自动还原管理模式。在自动还原管理模式中，还原数据被保存在还原表空间中。默认情况下，UNDO_MANAGEMENT 的值为 AUTO 或 MANUAL。设置为 AUTO 时，表示使用撤销表空间管理回退数据；设置为 MANUAL 时，表示使用回滚段管理回退数据。

如果一个数据库实例启动了自动还原管理模式，则系统会选择一个还原表空间来存储还原数据。初始化参数 UNDO_TABLESPACE 用于指定启动实例时还原表空间。该参数指定的撤销的表空间必须是已经存在的表空间。

6.3.3 数据库用户类型

Oracle 数据库提供了多种用户类型，用于实现不同的管理职责。可以分为以下几种类型：数据库管理员、安全管理员、网络管理员、应用程序开发员、应用程序管理员、数据库用户。

1. 数据库管理员

每个数据库都至少有一个数据库管理员。Oracle 数据库系统可能非常庞大，拥有众多用户，因此有时数据库管理并不是一个人的工作，它需要一组数据库管理员共同完成。数据库管理员的主要职责如下：

(1) 安装和升级 Oracle 数据库服务器和其他应用工具。

(2) 分配系统存储空间，并计划数据库系统未来需要的存储空间，为其创建主要的数据库存储结构。

(3) 根据应用程序开发员的设计创建主要的数据库对象。

(4) 根据应用程序开发员提供的信息修改数据库结构。

(5) 管理 Oracle 用户，维护系统安全。

(6) 监视和控制用户对数据库的访问。

(7) 做好备份和恢复数据库的计划，备份和恢复数据库。

2. 安全管理员

安全管理员可以管理用户、控制和监视用户对数据库的访问，以及维护数据库的安全。若是有单独的安全管理员，则 DBA 就不需要关注这些问题。

3. 网络管理员

网络管理员可以管理 Oracle 的网络产品。

4. 应用程序开发员及管理人员

应用程序开发员负责设计和实现数据库应用程序。他们的主要职责是：设计和开发数据库应用程序；估算应用程序需要的数据库存储空间；定义应用程序需要对数据库结构所进行的修改；在开发过程中对应用程序进行调整；在开发过程中对应用程序的安全性进行检测。

应用程序管理员可以对指定的应用程序进行管理，每个应用程序都可以有自己的管理员。

5. 数据库用户

数据库用户又称终端用户。通过应用程序与数据库打交道，数据库用户最常用的权限是：

在权限的范围内添加、修改和删除数据；从数据库中生成统计报表。

6.3.4 默认 Oracle DBA 用户

数据库管理员可以拥有两种类型的用户，即操作系统账户和 Oracle 数据库账户。

1. 数据库管理员的操作系统账户

为了完成许多数据库管理任务，数据库管理员必须能够执行操作系统命令，因此数据库管理员需要拥有一个操作系统账户用于访问操作系统。

2. 数据库管理员的用户名

在创建 Oracle 数据库时，两个用户被自动创建：一个是 SYS 用户，默认密码为 CHANGE_ON_INSTALL；另一个则是 SYSTEM 用户，默认密码为 MANAGER。在手动创建数据库时，不要使用默认密码，建议在创建数据库的同时指定 SYS 和 SYSTEM 用户的密码。在本书中都设置为 ADMIN。

在 Oracle 中再创建一个管理员用户，将其授予适当的管理员角色来执行日常管理工作。尽可能不用 SYS 用户和 SYSTEM 用户来进行日常管理工作。

SYS 用户，当创建一个 Oracle 数据库时，SYS 用户将被默认创建并授予 DBA 角色。所有数据库数据字典中的基本表和视图都存储在名为 SYS 的方案中。这些基本表和视图对于 Oracle 数据库的操作是非常重要的。

SYS 方案中的表只能由系统来维护。它们不能被任何用户或数据库管理员修改，而且任何用户都不能在 SYS 方案中创建表；SYSTEM 用户与 SYS 用户一样，在创建 Oracle 数据库时，SYSTEM 用户也被默认创建并授予 DBA 角色。它用于创建显示管理信息的表或视图，以及被各种 Oracle 数据库应用和工具使用的内部表或视图。

SYS 用户和 SYSTEM 用户都被默认授予 DBA 角色。DBA 角色是在 Oracle 数据库创建时自动生成的角色，它包含大多数数据库系统权限，因此只有系统管理员才能被授予 DBA 角色。

6.3.5 Oracle DBA 的权限

数据库管理员会对数据库进行一系列的操作，在操作时需要被赋予管理员权限。Oracle 提供两个特殊的系统权限，即 SYSDBA 和 SYSOPER。拥有这两种权限的用户可以在数据库关闭时访问数据库实例，对这些权限的控制完全在数据库之外进行。

拥有 SYSDBA 权限可以执行以下操作：

(1) 它可作为 SYS 用户连接到数据库。

(2) 启动和关闭数据库操作。

(3) 执行 CREATE DATABASE 语句创建数据库。

(4) 执行 ALTER DATABASE 语句修改数据库。

(5) 执行 DROP DATABASE 语句删除数据库。

(6) 执行 CREATE SPFILE 语句。

(7) 拥有 RESTRICTED SESSION 权限，此权限允许用户执行基本的操作任务，但不能查看用户数据。

拥有 SYSOPER 权限可以执行以下操作：

(1) 启动和关闭数据库操作。

(2) 执行 CREATE SPFILE 语句。

(3) 执行 ALTER DATABASE 语句修改数据库。

(4) 拥有 RESTRICTED SESSION 权限,此权限允许用户执行基本的操作任务,但不能查看用户数据。

当使用 SYSDBA 和 SYSOPER 权限连接到数据库时,用户会被连接到一个默认的方案,却不是与用户名有关的方案。SYSDBA 对应的方案是 SYS,而 SYSOPER 对应的方案是 PUBLIC。

习题

一、选择题

1. 下面不属于 Oracle 数据库状态的是(　　)。
   A. OPEN　　B. MOUNT　　C. CLOSE　　D. READY
2. 关闭 Oracle 数据库的命令是(　　)。
   A. CLOSE　　B. EXIT　　C. SHUTDOWN　　D. STOP
3. 在创建 Oracle 数据库时,会自动创建用户 SYS,它的默认密码为(　　)。
   A. CHANGE_ON_INSTALL　　B. SYS
   C. 123456　　D. SYSPWD
4. 以下重命名表明正确的语句是(　　)。
   A. RENAME OLD_NAME TO NEW_NAME
   B. CHANGENAME OLD_NAME TO NEW_NAME
   C. ALTER TABLE OLD_NAME TO NEW_NAME
   D. 以上说法均不正确
5. Oracle 的内置程序包由(　　)用户所有。
   A. SYS　　B. SYSTEM　　C. SCOTT　　D. PUBLIC
6. (　　)服务监听并按受来自客户端应用程序的连接请求。
   A. OracleHOME_NAMETNSListener
   B. OracleServiceSID
   C. OracleHOME_NAMEAgent
   D. OracleHOME_NAMEHTTPServer

二、填空题

1. 执行立即关闭的命令是____________。
2. 执行强制启动数据库的命令是____________。
3. 改变数据库状态的语句是____________。
4. 保存初始化参数的服务器参数文件的缩写是____________。
5. 指定数据库的标准数据块大小的初始化参数是____________。
6. 设置初始化参数的命令是____________。
7. Oracle 提供了几种类型的用户,分别是________、________、________、________和________。

三、操作题

1. 练习使用命令关闭数据库，然后再启动数据库实例。
2. 练习在 Enterprise Manager 中启动和关闭数据库。
3. 练习在 Enterprise Manager 11g 中查看初始化参数。

四、简答题

1. 简述 Oracle 数据库管理员的主要职责。
2. 简述 SYSDBA 和 SYSOPER 权限所能进行的操作。

第7章 SQL查询语句

SQL(Structured Query Language,结构化查询语言)是一种在关系数据库中定义和操纵数据的标准语言,是用户与数据库之间进行交流的接口。SQL 语言已经被大多数关系数据库管理系统采用。ANSI(美国国家标准化研究所)在过去的 20 年里一直致力于 SQL 语言的开发。

Oracle 采用 ANSI 的 SQL 标准,并且对它进行了扩充,以便包含更多的附加功能。Oracle 数据库提供的许多有用而强大的功能都需要通过 SQL 语言来体现。因此要使用 Oracle 数据库,一定要掌握 SQL 语言。SQL 语言分为好几种,在本章节中只介绍数据操纵语言、事务控制语言,数据定义语言将在后面的方案对象管理中讲解。

7.1 SQL 概述

SQL 是 1974 年由 Boyce 和 Chamberlin 提出,并在 IBM 公司研制的关系数据库原型系统 System R 上实现。1986 年 10 月,美国国家标准局(ANSI)的数据库委员会批准了 SQL 作为关系数据库语言的美国标准,同年,公布了标准 SQL 文本。1987 年 6 月国际标准化组织(ISO)将其采纳为国际标准,这个标准也称为"SQL86"。之后 SQL 标准化工作不断地进行着,相继出现了"SQL89"、"SQL2"(1992 年)和"SQL3"(1993 年)等。SQL 已成为关系数据库领域中的一种主流语言。

7.1.1 SQL 的特点

SQL 语言集多种功能于一体,是一个综合的、通用的、功能极强的,同时又简洁易学的语言。其主要特点如下:

(1) SQL 是一种一体化的语言。尽管设计 SQL 的最初目的是查询,数据查询也是其最重要的功能之一,但 SQL 绝不仅仅是一个查询工具,它集数据定义、数据查询、数据操纵和数据控制功能于一体,可以独立完成数据库的全部操作。

(2) SQL 是一种高度非过程化的语言。它没有必要一步步地告诉计算机"如何"去做,而只需要描述清楚用户要"做什么",SQL 就可以将要求交给系统,自动完成全部工作。

(3) SQL 非常简洁。虽然 SQL 功能很强,但它只有为数不多的 9 条命令:CREATE、DROP、ALTER、SELECT、INSERT、UPDATE、DELETE、GRANT、REVOKE。另外,SQL 的语法也非常简单,它很接近英语自然语言,因此容易学习和掌握。

(4) SQL 可以直接以命令方式交互使用,也可以嵌入到程序设计语言中以程序方式使用。现在很多数据库应用开发工具都将 SQL 直接融入到自身的语言之中,使用起来更方便。这些使用方式为用户提供了灵活的选择余地。此外,尽管 SQL 的使用方式不同,但 SQL 的语法基本是一致的。

7.1.2 SQL 的命令类型分类

SQL 可以分成如下几类：数据定义语言、数据操纵语言、事务控制语言、会话控制语言和系统控制语言。

数据定义语言(Date Definition Language,DDL)：用于定义、修改、删除数据库模式对象，进行权限管理等。DDL 语言包括创建、修改、删除或者重命名模式对象(CREATE、ALTER、DROP、RENAME)的语句，删除表中所有行但不删除表(TRUNCATE)的语句，管理权限(GRANT、REVOKE)的语句，审核数据库使用(AUDIT、NOAUDIT)的语句，以及在数据字典中添加说明(COMMENT)的语句。使用 DDL 语言定义模式对象时，会将其定义保存在数据字典中。DDL 语言是自动提交的。

数据操纵语言(Data Manipulation Language,DML)：用于查询、生成、修改、删除数据库中的数据。DML 语言包含用于查询数据(SELECT)、添加新行数据(INSERT)、修改现有行数据(UPDATE)、删除现有行数据(DELETE)、合并数据(MERGE)的语句，查看一个 SQL 运行计划(EXPLAIN PLAN)以及锁定一个数据库表以限制访问(LOCK TABLE)的语句。

事务控制(Transaction Control)：用于把一组 DML 语句组合起来形成一个事务并进行事务控制。使用这些语句可以把这些语句组合所做的修改保存起来(COMMIT)或者抛弃这些修改(ROLLBACK)。包括在事务中设置一个保存点(SAVEPOINT)的语句，以便用于可能出现的回溯操作。还包括设置事务属性(SET TRANSACTION)的语句。

会话控制(Session Control)：用于控制一个会话(SESSION，指从与数据库连接开始到断开之间的时间过程)的属性。包括用于控制会话属性(ALTER SESSION)的语句。还包括切换角色(SET ROLE)的语句。

系统控制(System Control)：用于管理数据库的属性。只有一条语句，即 ALTER SYSTEM。

7.2 Oracle 用户示例方案

7.2.1 Oracle 常用示例

安装 Oracle 后，就会在数据库中创建一个 Scott 用户(该用户得名于 Oracle 公司的第一位员工 Bruce Scott 的名字，而 Scott 用户的密码 Tiger 则得名于 Bruce Scott 所养的猫的名字)及其所属的 4 个表 DEPT、EMP、BONUS 和 SALGRADE)。位于 $ORACLE_HOME\RDBMS\ADMIN 的文件夹下的 Scott.sql 脚本文件就是用来创建这 4 个表并向其中插入初始数据的。在 SQL * Plus 中以 CONNECT sys/password AS sysdba 连接到数据库，并运行该脚本文件就可以创建该 Scott 用户方案的示例数据库。

Scott 示例方案中的 4 个表及其各个表的结构如下。

```
SQL> connect scott/tiger
已连接.
SQL> select table_name from user_tables;
TABLE_NAME
------------------------------------
SALGRADE
BONUS
EMP
DEPT
```

DEPT 表的结构：

```
SQL> DESC dept
名称是否为空? 类型
----------------------------------------- -------- ----------------
DEPTNO                        NOT NULL NUMBER(2)
DNAME                         VARCHAR2(14)
LOC                             VARCHAR2(13)
```

EMP 表的结构：

```
SQL> DESC emp
名称是否为空? 类型
------------------------------------------ -------- -----------------
EMPNO                                          NOT NULL NUMBER(4)
ENAME                                                     VARCHAR2(10)
JOB                                                     VARCHAR2(9)
MGR                                                     NUMBER(4)
HIREDATE                                              DATE
SAL                                                     NUMBER(7,2)
COMM                                                     NUMBER(7,2)
DEPTNO                                                  NUMBER(2)
```

BONUS 表的结构：

```
SQL> DESC bonus
名称是否为空? 类型
----------------------------------------- -----------------
ENAME                          VARCHAR2(10)
JOB                                                     VARCHAR2(9)
SAL                                                     NUMBER
COMM                                                   NUMBER
```

SALGRADE 表的结构：

```
SQL> DESC salgrade
名称是否为空? 类型
---------------------------------------------------
GRADE                                             NUMBER
LOSAL                                             NUMBER
HISAL                                               NUMBER
```

随着 Oracle 数据库技术的不断发展，很早前就开始运用的 Scott 示例方案，已经不能很好地展示 Oracle 数据库的最基本的特征了，为了适应培训课件、产品文档以及软件开发等各种不同的需求，自 Oracle 9i 开始就提供了一些更为丰富的示例方案数据库。

这些示例方案分别是人力资源 HR(Hnman Resources)、订单目录 OE(Order Entry)、在线目录 OC(Online Catalog)、产品媒体 PM(Product Media)、信息交换 IX(Information Exchange)、销售历史 SH(Sales History)。前面第 3 章已经做了介绍。

7.2.2 HR 示例方案

为了更好地理解 Oracle 的各种具体操作，本章的相关示例均来源于 Oracle 本身自带的 HR 示例模式(称为示例方案)。它是在安装数据库时由用户选择安装的,是我们进行运用的组成部分。

它是基本的关系数据库方案,创建其他几个方案之前必须先创建 HR 方案。它与以前的 Scott 模式类似。HR 方案中包含 7 个表,分别是:雇员(EMPLOYEES)、部门(DEPARTMENTS)、地点(LOCATIONS)、国家(COUNTRIES)、地区(REGIONS)、岗位(JOBS)和工作履历(JOB_HISTORY)。这 7 张表描述了公司人力资源部的相关信息。这 7 个表相互之间都是一对多的联系,如一个地区有多个国家,一个国家有多个地点,一个地点有多个部门,一个部门有多名雇员,一名雇员可以干过多个工作岗位,一个工作在不同时期可以有多个雇员来承担。

在该 HR 方案中,每个雇员都有自己的雇员编号、电子邮件地址、电话号码、薪金、部门编号、岗位编号和他所在部门的负责人等信息。在岗位信息的描述中,每个岗位都有一个岗位编号、岗位的名称和该岗位的最低、最高工资。每个雇员的工作不可能是一成不变的,会根据公司的需要进行调整,所以在工作履历表中记录着该雇员在该岗位上工作的起止时间、岗位编号和所隶属的部门编号。公司还拥有不同的部门,部门信息中记录着部门编号、部门名称、部门所在地方和该部门的负责人。公司规模越做越大,在每个地区、每个国家,公司都会在很多个地方创建分公司。地区表中通过地区编号和地区名字记录信息;国家表中记录着国家的编号,国家的名称和该国家所隶属的地区编号;地点表中记录着该城市名称、街道名称、邮政编码等一系列完整的地址信息等。

7.2.3 HR 方案的表结构

当用户连接到数据库后,就可以通过 DESCRIBE 命令查看 HR 示例方案中的各个表结构。我们也可以使用 SELECT 语句查询各个表的详细信息。

EMPLOYEES 表的结构和部分数据内容如图 7-1 和图 7-2 所示。

```
SQL Plus
SQL> DESC employees;
 名称                                      是否为空? 类型
 ----------------------------------------- -------- ----------------------------
 EMPLOYEE_ID                               NOT NULL NUMBER(6)
 FIRST_NAME                                         VARCHAR2(20)
 LAST_NAME                                 NOT NULL VARCHAR2(25)
 EMAIL                                     NOT NULL VARCHAR2(25)
 PHONE_NUMBER                                       VARCHAR2(20)
 HIRE_DATE                                 NOT NULL DATE
 JOB_ID                                    NOT NULL VARCHAR2(10)
 SALARY                                             NUMBER(8,2)
 COMMISSION_PCT                                     NUMBER(2,2)
 MANAGER_ID                                         NUMBER(6)
 DEPARTMENT_ID                                      NUMBER(4)

SQL>
```

图 7-1 EMPLOYEES 表的结构

```
SQL> SELECT * FROM employees WHERE rownum <=8;

EMPLOYEE_ID FIRST_NAME           LAST_NAME                 EMAIL                     PHONE_NUMBER
----------- -------------------- ------------------------- ------------------------- --------------------
        198 Donald               OConnell                  DOCONNEL                  650.507.9833
        199 Douglas              Grant                     DGRANT                    650.507.9844
        200 Jennifer             Whalen                    JWHALEN                   515.123.4444
        201 Michael              Hartstein                 MHARTSTE                  515.123.5555
        202 Pat                  Fay                       PFAY                      603.123.6666
        203 Susan                Mavris                    SMAVRIS                   515.123.7777
        204 Hermann              Baer                      HBAER                     515.123.8888
        205 Shelley              Higgins                   SHIGGINS                  515.123.8080

已选择8行。
```

图 7-2 EMPLOYEES 表的部分数据

JOBS 表的结构和部分数据内容如图 7-3 和图 7-4 所示。

```
SQL> DESC jobs;
 名称                                      是否为空? 类型
 ----------------------------------------- -------- ----------------------------
 JOB_ID                                    NOT NULL VARCHAR2(10)
 JOB_TITLE                                 NOT NULL VARCHAR2(35)
 MIN_SALARY                                         NUMBER(6)
 MAX_SALARY                                         NUMBER(6)
```

图 7-3　JOBS 表的结构

```
SQL> SELECT * FROM jobs WHERE rownum <= 10;

JOB_ID     JOB_TITLE                           MIN_SALARY MAX_SALARY
---------- ----------------------------------- ---------- ----------
AD_PRES    President                                20080      40000
AD_VP      Administration Vice President            15000      30000
AD_ASST    Administration Assistant                  3000       6000
FI_MGR     Finance Manager                           8200      16000
FI_ACCOUNT Accountant                                4200       9000
AC_MGR     Accounting Manager                        8200      16000
AC_ACCOUNT Public Accountant                         4200       9000
SA_MAN     Sales Manager                            10000      20080
SA_REP     Sales Representative                      6000      12008
PU_MAN     Purchasing Manager                        8000      15000

已选择10行。
```

图 7-4　JOBS 表的部分数据

DEPARTMENT 表的结构和部分数据内容如图 7-5 和图 7-6 所示。

```
SQL> DESC departments;
 名称                                      是否为空? 类型
 ----------------------------------------- -------- ----------------------------
 DEPARTMENT_ID                             NOT NULL NUMBER(4)
 DEPARTMENT_NAME                           NOT NULL VARCHAR2(30)
 MANAGER_ID                                         NUMBER(6)
 LOCATION_ID                                        NUMBER(4)
```

图 7-5　DEPARTMENT 表的结构

```
SQL> SELECT * FROM departments WHERE rownum <= 10;

DEPARTMENT_ID DEPARTMENT_NAME                MANAGER_ID LOCATION_ID
------------- ------------------------------ ---------- -----------
           10 Administration                        200        1700
           20 Marketing                             201        1800
           30 Purchasing                            114        1700
           40 Human Resources                       203        2400
           50 Shipping                              121        1500
           60 IT                                    103        1400
           70 Public Relations                      204        2700
           80 Sales                                 145        2500
           90 Executive                             100        1700
          100 Finance                               108        1700

已选择10行。
```

图 7-6　DEPARTMENT 表的部分数据

LOCATIONS 表的结构和部分数据内容如图 7-7 和图 7-8 所示。

COUNTRIES 表的结构和部分数据内容如图 7-9 和图 7-10 所示。

REGIONS 表的结构和部分数据内容如图 7-11 和图 7-12 所示。

JOB_HISTORY 表的结构和部分数据内容如图 7-13 和图 7-14 所示。

```
SQL> DESC locations;
 名称                                      是否为空? 类型
 ----------------------------------------- -------- ----------------------------
 LOCATION_ID                               NOT NULL NUMBER(4)
 STREET_ADDRESS                                     VARCHAR2(40)
 POSTAL_CODE                                        VARCHAR2(12)
 CITY                                      NOT NULL VARCHAR2(30)
 STATE_PROVINCE                                     VARCHAR2(25)
 COUNTRY_ID                                         CHAR(2)
```

图 7-7 LOCATIONS 表的结构

```
SQL> SELECT * FROM locations WHERE rownum <= 10;

LOCATION_ID STREET_ADDRESS                           POSTAL_CODE  CITY                           STATE_PROVINCE            CO
----------- ---------------------------------------- ------------ ------------------------------ ------------------------- --
       1000 1297 Via Cola di Rie                     00989        Roma                                               IT
       1100 93091 Calle della Testa                  10934        Venice                                             IT
       1200 2017 Shinjuku-ku                         1689         Tokyo                          Tokyo Prefecture          JP
       1300 9450 Kamiya-cho                          6823         Hiroshima                                          JP
       1400 2014 Jabberwocky Rd                      26192        Southlake                      Texas                     US
       1500 2011 Interiors Blvd                      99236        South San Francisco            California                US
       1600 2007 Zagora St                           50090        South Brunswick                New Jersey                US
       1700 2004 Charade Rd                          98199        Seattle                        Washington                US
       1800 147 Spadina Ave                          M5V 2L7      Toronto                        Ontario                   CA
       1900 6092 Boxwood St                          YSW 9T2      Whitehorse                     Yukon                     CA

已选择10行。
```

图 7-8 LOCATIONS 表的部分数据

```
SQL> DESC countries;
 名称                                      是否为空? 类型
 ----------------------------------------- -------- ----------------------------
 COUNTRY_ID                                NOT NULL CHAR(2)
 COUNTRY_NAME                                       VARCHAR2(40)
 REGION_ID                                          NUMBER
```

图 7-9 COUNTRIES 表的结构

```
SQL> SELECT * FROM countries WHERE rownum <= 10;

CO COUNTRY_NAME                              REGION_ID
-- ---------------------------------------- ----------
AR Argentina                                         2
AU Australia                                         3
BE Belgium                                           1
BR Brazil                                            2
CA Canada                                            2
CH Switzerland                                       1
CN China                                             3
DE Germany                                           1
DK Denmark                                           1
EG Egypt                                             4

已选择10行。
```

图 7-10 COUNTRIES 表的部分数据

```
SQL> DESC regions;
 名称                                      是否为空? 类型
 ----------------------------------------- -------- ----------------------------
 REGION_ID                                 NOT NULL NUMBER
 REGION_NAME                                        VARCHAR2(25)
```

图 7-11 REGIONS 表的结构

```
SQL> SELECT * FROM regions;

 REGION_ID REGION_NAME
---------- -------------------------
         1 Europe
         2 Americas
         3 Asia
         4 Middle East and Africa
```

图 7-12 REGIONS 表的部分数据

```
SQL> DESC job_history;
 名称                                              是否为空? 类型
 ------------------------------------------------- -------- ----------------
 EMPLOYEE_ID                                       NOT NULL NUMBER(6)
 START_DATE                                        NOT NULL DATE
 END_DATE                                          NOT NULL DATE
 JOB_ID                                            NOT NULL VARCHAR2(10)
 DEPARTMENT_ID                                              NUMBER(4)
```

图 7-13 JOB_HISTORY 表的结构

```
SQL> SELECT * FROM job_history WHERE rownum <= 10;

EMPLOYEE_ID START_DATE     END_DATE       JOB_ID     DEPARTMENT_ID
----------- -------------- -------------- ---------- -------------
        102 13-1月 -01     24-7月 -06     IT_PROG               60
        101 21-9月 -97     27-10月-01     AC_ACCOUNT           110
        101 28-10月-01     15-3月 -05     AC_MGR               110
        201 17-2月 -04     19-12月-07     MK_REP                20
        114 24-3月 -06     31-12月-07     ST_CLERK              50
        122 01-1月 -07     31-12月-07     ST_CLERK              50
        200 17-9月 -95     17-6月 -01     AD_ASST               90
        176 24-3月 -06     31-12月-06     SA_REP                80
        176 01-1月 -07     31-12月-07     SA_MAN                80
        200 01-7月 -02     31-12月-06     AC_ACCOUNT            90

已选择10行。
```

图 7-14 JOB_HISTORY 表的部分数据

7.3 SELECT 语句的使用

有效地将数据组织在一起就是数据库存在的意义，这样可以使数据很容易地被获取和利用。因此，用户使用数据库最关心的就是数据库是否能够随时查询所需要的数据信息，“查询”的含义就是从数据库中获取数据。对于用户来说，查询功能是数据库最基本、最主要的功能。

查询是一种从一个或多个表或视图中检索数据的操作，不会改变表中的结构。

查询数据是数据库的核心操作，是使用频率最高的操作。查询数据是关系代数、关系演算在 SQL 中的主要体现。SELECT 语句能够表达所有的关系代数表达式，具有灵活的使用方式和丰富的功能，它可以是很简单地将一个表中的数据查询出来，也可以设计多个表、多层嵌套、多个逻辑条件、多种计算的复杂查询。可能正因为如此，所以才将这种语言取名为 SQL。

SELECT 语句的基本语法格式是：

```
SELECT [DISTINCT] * | [column1 [AS col1],column2 [AS col2], … ]
FROM table1 [tab1],table2 [tab2]…
WHERE condition_expression1
[GROUP BY column3[HAVING condition_expression2]]
ORDER BY column4 [ASC|DESC]
```

其中：

SELECT 子句：用于指定所选择的要查询的特定表中的列，它可以是星号(*)、表达式、列表、变量等。column1、column2 等式所查询的列 column1 列的别名是 col1，以此类推。

FROM 子句：用于指定要查询的表或者视图，最多可以指定 16 个表或者视图，用逗号相互隔开。单表查询涉及一个表，多表查询有多个表。Table1 表的别名是 tab1，以此类推。

WHERE 子句：用来限定查询的范围和条件。指定要查询条件(在单表查询中使用)，或连接条件(在多表查询中使用),或同时指定查询条件与连接条件。

GROUP BY 子句: 对查询结果按照指定的列的值,如 column3,对记录进行分组,即该列值相等的记录为一个组。通常会在每组中使用分组函数进行汇总、统计,每个组产生结果集中的一条记录。

HAVING 子句: 在分组后的结果集中筛选出满足指定条件的组(必须与 GROUP BY 子句联合使用,也称组筛选)。

GROUP BY 子句、HAVING 子句和集合函数一起可以实现对每个组生成一行和一个汇总值。

ORDER BY 子句: 对查询结果按指定列值,如 column4(包括分组后的分组函数列、表达式列),进行升序(ASC)或降序(DESC)排序。

该语句具有灵活的使用方式和功能,其中 SELECT 子句、FROM 子句是必需的。如果使用了某些子句,则这些子句必须严格遵守上面的次序。

7.3.1 基本查询

数据库查询语句的第一部分是 SELECT 子句,SELECT 子句也就成了数据库查询最主要的部分。基本查询是指针对一个表的查询,即单表查询。它是相对多表查询而言的。

```
SELECT [DISTINCT] * | [column1 [AS col1],column2 [AS col2], … ]
FROM table
WHERE condition_expression
ORDER BY column4 [ASC|DESC]
```

1. 查询所有的列

在 SELECT 子句中指定所要查找的列名及列的顺序。在查找过程中既可以查找所有的列也可查找部分的列名。如果使用 * 号,表示查找全部的列,这时数据将按照定义该表时的列的顺序显示。查找 COUNTRIES 和 REGIONS 表中所有的列。

先以 HR/HR 身份连接到数据库:

```
SQL> connect hr/hr
已连接。
```

使用 SELECT 语句查找 COUNTRIES 和 REGIONS 表中所有的数据。在该查找过程中,可以使用 * 号代替具体的列名查找所有的列。

COUNTRIES 表中全部的数据如图 7-15 所示。查询语句如下:

```
SQL> SELECT * FROM countries;
```

REGIONS 表中全部的数据如图 7-16 所示。查询语句如下:

```
SQL> SELECT * FROM regions;
```

```
SQL> SELECT * FROM countries;

CO COUNTRY_NAME                              REGION_ID
-- ---------------------------------------- ----------
AR Argentina                                         2
AU Australia                                         3
BE Belgium                                           1
BR Brazil                                            2
CA Canada                                            2
CH Switzerland                                       1
CN China                                             3
DE Germany                                           1
DK Denmark                                           1
EG Egypt                                             4
FR France                                            1
IL Israel                                            4
IN India                                             3
IT Italy                                             1
JP Japan                                             3
KW Kuwait                                            4
ML Malaysia                                          3

CO COUNTRY_NAME                              REGION_ID
-- ---------------------------------------- ----------
MX Mexico                                            2
NG Nigeria                                           4
NL Netherlands                                       1
SG Singapore                                         3
UK United Kingdom                                    1
US United States of America                          2
ZM Zambia                                            4
ZW Zimbabwe                                          4

已选择25行。
```

图 7-15　查询 COUNTRIES 表

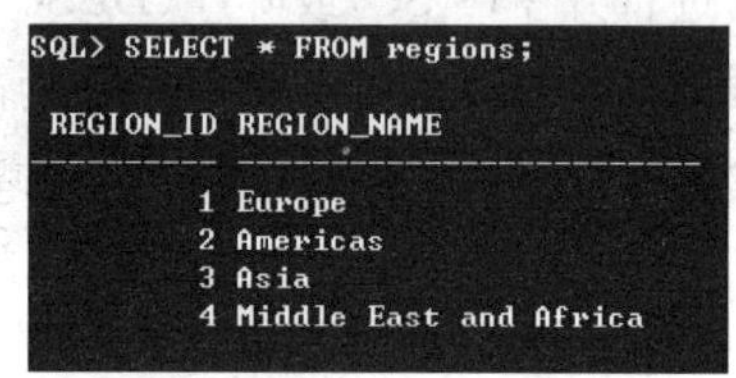

```
SQL> SELECT * FROM regions;

 REGION_ID REGION_NAME
---------- -------------------------
         1 Europe
         2 Americas
         3 Asia
         4 Middle East and Africa
```

图 7-16　查询 REGIONS 表

2. 查询指定的列

在当前表中如果只需查询某些列时，就在 SELECT 关键字后面指定列名，列名的次序可以任意安排，但要注意的是各列之间要用“,”隔开。

例如，查询 EMPLOYEES 表中 employee_id，email，job_id 列信息。查询语句如下：

```
SQL> SELECT employee_id, email, job_id FROM employees;
```

上述语句运行的结果如图 7-17 所示。

```
SQL> SELECT employee_id,email,job_id FROM employees;

EMPLOYEE_ID EMAIL                     JOB_ID
----------- ------------------------- ----------
        198 DOCONNEL                  SH_CLERK
        199 DGRANT                    SH_CLERK
        200 JWHALEN                   AD_ASST
        201 MHARTSTE                  MK_MAN
        202 PFAY                      MK_REP
        203 SMAVRIS                   HR_REP
        204 HBAER                     PR_REP
        205 SHIGGINS                  AC_MGR
        206 WGIETZ                    AC_ACCOUNT
        100 SKING                     AD_PRES
        101 NKOCHHAR                  AD_VP
        102 LDEHAAN                   AD_VP
        103 AHUNOLD                   IT_PROG
        104 BERNST                    IT_PROG
        105 DAUSTIN                   IT_PROG
        106 VPATABAL                  IT_PROG
        107 DLORENTZ                  IT_PROG
        108 NGREENBE                  FI_MGR
        109 DFAVIET                   FI_ACCOUNT
        110 JCHEN                     FI_ACCOUNT
        111 ISCIARRA                  FI_ACCOUNT
        112 JMURMAN                   FI_ACCOUNT
        113 LPOPP                     FI_ACCOUNT
        114 DRAPHEAL                  PU_MAN
        115 AKHOO                     PU_CLERK
        116 SBAIDA                    PU_CLERK
        117 STOBIAS                   PU_CLERK
        118 GHIMURO                   PU_CLERK
```

图 7-17　查询指定列名

若别名中包含了大小写、空格、特殊字符(%、括号等),就需要使用双引号(不能使用单引号)将其括起来。需要给查询结果列表中的表达式起一个有说明意义的别名。

3. 避免重复的行

在默认情况下查询数据时,查询的结果中往往包含了检索到的所有数据行(包括一个或多个列),它们中存在有重复数据。当不需要在查询结果中出现重复行时,在 SELECT 关键字后面指定关键字 DISTINCT 便可,例如,在 EMPLOYEES 表中,一个部门会有多名雇员。那么在当前表中 DEPARTMENT_ID 列会在查询时出现重复的数值。查询语句如下:

```
SQL> SELECT DISTINCT DEPARTMENT_ID FROM EMPLOYEES;
```

上述语句运行的结果如图 7-18 所示。

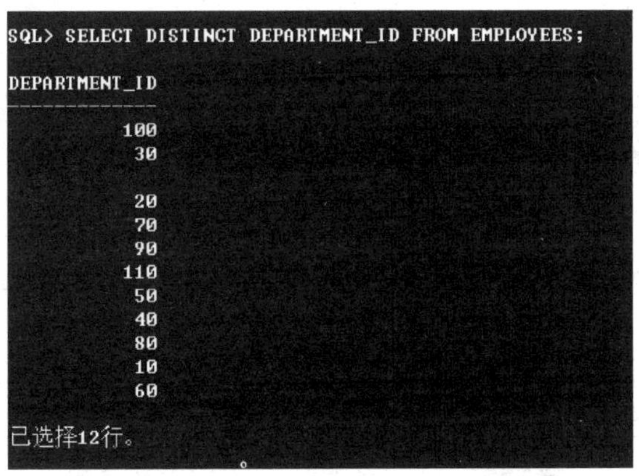

图 7-18　使用 DISTINCT 关键字

4. 使用列别名查询

表中查询结果的列标题默认为表中的所查询列名。用户为了便于记录每个列的名称,有时可以为列指定别名。

在设计表的结构时,为方便起见,有可能使用英文(或中文)简写的形式来命名列,但这种列名的可读性较差,所以,有时需要选用 AS(可以省略 AS)定义该列的别名,如"REGION_NAME"列的别名的可读性就比较差。将"REGION_NAME"列的别名取为"地区名称",例如:

```
SQL> SELECT REGION_ID,REGION_NAME AS 地区名称 FROM REGIONS;
```

上述语句运行的结果如图 7-19 所示。

```
SQL> SELECT REGION_ID,REGION_NAME AS 地区名称 FROM REGIONS;

 REGION_ID 地区名称
---------- -------------------------
         1 Europe
         2 Americas
         3 Asia
         4 Middle East and Africa
```

图 7-19　运行结果

需要给查询结果列表中的表达式起一个有说明意义的别名。若别名中包含了大小写、空格、特殊字符(%、括号等),就需要使用双引号(不能使用单引号)将其括起来。如果别名在SELECT子句中需要双引号,则在ORDER BY子句中也需要双引号。

7.3.2 使用WHERE子句指定查询条件

若是不需要对整个表数据进行查询,可以只查询满足某些条件的行,则可以使用WHERE子句来指定查询条件。在数据库中,往往一个表中有很多行,如不使用条件查询,就会查询出很多的行,而在屏幕中难以看到、找到所需要的行,也会占用大量内存空间。

如果某行的数据使条件表达式为TRUE,则查询出该行,否则不查询出该行。WHERE子句的功能是:精确定位到要查询的行。注意,在编写条件表达式时,可以使用列名或表达式,但不能使用列别名。需要使用的各种运算符包括比较运算符、逻辑运算符和SQL运算符。如表7-1~表7-3所示。

表7-1 比较运算符

比较运算符	含 义	比较运算符	含 义
=	等于	>=	大于等于
<>或!=	不等于	<	小于
<=	小于等于	>	大于

表7-2 逻辑运算符

逻辑运算符	含 义	逻辑运算符	含 义
AND	与	NOT	非
OR	或		

表7-3 SQL运算符

SQL运算符	含 义
(NOT)BETWEEN a AND b	匹配范围内的值
IN()和NOT IN()	确定离散范围
IS NULL 和 IS NOT NULL	测试值是否为NULL(或空)值或非NULL值(或有值)
LIKE 和 NOT LIKE	模式匹配(或模糊查询)
IS NAN	与非数字值匹配

在WHERE子句中使用数字值时,既可以用单引号也可以不用单引号,使用字符串值、日期值时都必须使用单引号,并且要注意字符串值是大小写区分的,日期值是格式区分的。在数据库中默认的日期格式是DD-MM-YY,是由数据库参数NLS_DATE_FORMAT设置的。DBA可以使用ALTER SESSION语句对其进行设置。

例如,查询工资大于5000的雇员的姓名和工资。查询语句如下:

```
SQL> SELECT first_name,last_name,salary FROM employees WHERE salary>5000;
```

上述语句运行的结果如图7-20所示。

例如,查询在部门编号20工作的、工资高于8000或岗位是"IT-PROG"的所有雇员的姓名、部门编号、工资、岗位编号和电话号码。查询语句如下:

```
SQL> SELECT first_name, last_name, department_id, salary, job_id, phone_numbe
  2  FROM employees
  3  WHERE department_id = 20 AND (salary > 8000 or job_id = ' IT - PROG ');
```

```
SQL> SELECT first_name,last_name,salary FROM employees WHERE salary>5000;

FIRST_NAME           LAST_NAME                     SALARY
-------------------- ------------------------- ----------
Michael              Hartstein                      13000
Pat                  Fay                             6000
Susan                Mavris                          6500
Hermann              Baer                           10000
Shelley              Higgins                        12008
William              Gietz                           8300
Steven               King                           24000
Neena                Kochhar                        17000
Lex                  De Haan                        17000
Alexander            Hunold                          9000
Bruce                Ernst                           6000
Nancy                Greenberg                      12008
Daniel               Faviet                          9000
John                 Chen                            8200
Ismael               Sciarra                         7700
Jose Manuel          Urman                           7800
Luis                 Popp                            6900
Den                  Raphaely                       11000
Matthew              Weiss                           8000
Adam                 Fripp                           8200
Payam                Kaufling                        7900
Shanta               Vollman                         6500
Kevin                Mourgos                         5800
John                 Russell                        14000
Karen                Partners                       13500
Alberto              Errazuriz                      12000
```

图 7-20　WHERE 子句查询

上述语句运行的结果如图 7-21 所示。

```
SQL> SELECT first_name,last_name,department_id,salary,job_id,phone_number
  2  FROM employees
  3  WHERE department_id=20 AND (salary>8000 or job_id=' IT-PROG ');

FIRST_NAME           LAST_NAME                 DEPARTMENT_ID     SALARY JOB_ID     PHONE_NUMBER
-------------------- ------------------------- ------------- ---------- ---------- --------------------
Michael              Hartstein                            20      13000 MK_MAN     515.123.5555
```

图 7-21　WHERE 多条件查询

例如，查询部门 20 和 30 中的，工资在 5500～7500 之间的，岗位不是“FI-MGR”或“IT-PROG”的所有雇员的部门编号、雇员编号、工作岗位和工资。查询语句如下：

```
SQL> SELECT department_id, first_name, last_name, job_id, salary
  2  FROM employees
  3  WHERE department_id IN(20,30)
  4  AND (salary BETWEEN 5500 AND 7500) AND NOT (job_id = 'FI - MGR' or job_id  = 'IT - PROG');
```

上述语句运行的结果如图 7-22 所示。

```
SQL> SELECT department_id, first_name,last_name, job_id,salary
  2  FROM employees
  3  WHERE department_id  IN(20,30)
  4  AND  (salary BETWEEN 5500 AND 7500) AND  NOT (job_id=' FI-MGR' or job_id =' IT-PROG ');

DEPARTMENT_ID FIRST_NAME           LAST_NAME                 JOB_ID         SALARY
------------- -------------------- ------------------------- ---------- ----------
           20 Pat                  Fay                       MK_REP           6000
```

图 7-22　使用连接运算符查询

当用字符串作为查询条件，但并不能完全确定字符串而只知道它的某些特征的时候，就需要使用 SQL 运算符中的 LIKE 运算符用于执行模糊查询。其格式为：

```
[NOT] LIKE '匹配字符串'[ESCAPE '换码字符']
```

在匹配字符串中使用通配符"%"和"_"。其中"%"(百分号)用于表示 0 个或多个字符。例如，a%c 表示以 a 开头，以 c 结尾的任意长度的字符串，ac、abc、abdpc 等都满足该匹配字符串。又如，Queen 能匹配 Qu%也能匹配%Qu%；而"_"(下划线)则表示 1 个字符，称为位置标识符，例如，a_b 表示以 a 开头，以 b 结尾的长度为 3 的任意字符串，acb、apb 等都满足该匹配字符串，而 ab 不能满足。

用户若是在查询时遇到被查询的字符串本身有实际的"%"或"_"，那么就需要在匹配字符串中使用一个转义字符(ESCAPE，一般使用"\"作为转义字符)，并且还需要在 ESCAPE 子句中指明这个转义字符。例如，WHERE last_name LIKE '%_a%' escape '\'条件能查询出 last_name 为 ab_aq 和 abc_apc 的数据。

例如，查询雇员表中电子邮件地址的第一个字符为"D"的所有雇员的全部信息。查询语句如下：

```
SQL> SELECT * FROM employees WHERE email LIKE 'D%';
```

上述语句运行的结果如图 7-23 所示。

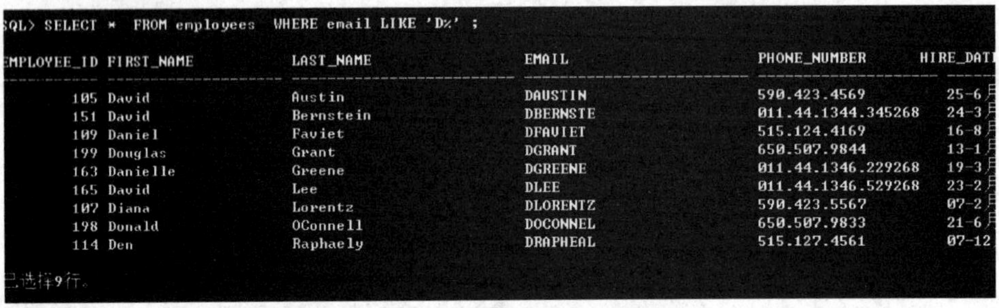

```
SQL> SELECT *  FROM employees  WHERE email LIKE 'D%' ;

EMPLOYEE_ID FIRST_NAME           LAST_NAME                 EMAIL                     PHONE_NUMBER         HIRE_DAT
----------- -------------------- ------------------------- ------------------------- -------------------- -------
        105 David                Austin                    DAUSTIN                   590.423.4569         25-6月
        151 David                Bernstein                 DBERNSTE                  011.44.1344.345268   24-3月
        109 Daniel               Faviet                    DFAVIET                   515.124.4169         16-8月
        199 Douglas              Grant                     DGRANT                    650.507.9844         13-1月
        163 Danielle             Greene                    DGREENE                   011.44.1346.229268   19-3月
        165 David                Lee                       DLEE                      011.44.1346.529268   23-2月
        107 Diana                Lorentz                   DLORENTZ                  590.423.5567         07-2月
        198 Donald               OConnell                  DOCONNEL                  650.507.9833         21-6月
        114 Den                  Raphaely                  DRAPHEAL                  515.127.4561         07-12

已选择9行。
```

图 7-23　使用条件表达式查询

7.3.3 使用表达式查询

可以在所查询的列中使用表达式来进行算术运算(+、-、*、/)、连接字符串(使用符号"||"连接字符串)、使用系统函数(如使用函数 TO_CHAR 来改变显示的格式)等。

例如，查询雇佣时间在 01-1 月-95 以后的雇员，工资上涨 3%，该名员工的具体工作，该列以雇员身份命名。查询语句如下：

```
SQL> SELECT last_name ||'是一位'|| job_id AS 雇员身份,
  2  TO_CHAR(hire_date,'YYYY_MM_DD')AS 雇佣时间,salary * 1.3
  3  FROM employees
  4  WHERE hire_date >'01 - 1 月 - 95';
```

上述语句运行的结果如图 7-24 所示。

```
SQL> SELECT last_name ||'是一位'|| job_id AS 雇员身份,
  2  TO_CHAR(hire_date,'YYYY_MM_DD')AS 雇佣时间,salary*1.3
  3  FROM employees
  4  WHERE hire_date>'01-1月-95';

雇员身份                                        雇佣时间      SALARY*1.3
----------------------------------------------- ------------- ----------
OConnell是一位SH_CLERK                          2007_06_21          3380
Grant是一位SH_CLERK                             2008_01_13          3380
Whalen是一位AD_ASST                             2003_09_17          5720
Hartstein是一位MK_MAN                           2004_02_17         16900
Fay是一位MK_REP                                 2005_08_17          7800
Mavris是一位HR_REP                              2002_06_07          8450
Baer是一位PR_REP                                2002_06_07         13000
Higgins是一位AC_MGR                             2002_06_07       15610.4
Gietz是一位AC_ACCOUNT                           2002_06_07         10790
King是一位AD_PRES                               2003_06_17         31200
Kochhar是一位AD_VP                              2005_09_21         22100

雇员身份                                        雇佣时间      SALARY*1.3
----------------------------------------------- ------------- ----------
De Haan是一位AD_VP                              2001_01_13         22100
Hunold是一位IT_PROG                             2006_01_03         11700
Ernst是一位IT_PROG                              2007_05_21          7800
Austin是一位IT_PROG                             2005_06_25          6240
Pataballa是一位IT_PROG                          2006_02_05          6240
Lorentz是一位IT_PROG                            2007_02_07          5460
Greenberg是一位FI_MGR                           2002_08_17       15610.4
Faviet是一位FI_ACCOUNT                          2002_08_16         11700
Chen是一位FI_ACCOUNT                            2005_09_28         10660
Sciarra是一位FI_ACCOUNT                         2005_09_30         10010
Urman是一位FI_ACCOUNT                           2006_03_07         10140

雇员身份                                        雇佣时间      SALARY*1.3
----------------------------------------------- ------------- ----------
```

图 7-24　表达式查询

7.3.4　排序查询

前面介绍的数据检索技术中，只是把数据库中的数据直接从表中提取出来。结果集中的数据的排列顺序是由数据的物理存储顺序决定的，这种存储结构一般比较乱，没有规则可循，有时也不能满足一些用户的特定需求。在 SELECT 语句中，可以利用 ORDER BY 语句对查询出的数据的结果集进行排序。

例如，以部门编号降序，查询工资在 4500～6000 的雇员的部门编号、员工编号、工资和电子邮件地址。查询语句如下：

```
SQL> SELECT department_id, employee_id, salary, email
  2  FROM employees
  3  WHERE salary BETWEEN 4500 AND 6000
  4  ORDER BY department_id DESC;
```

上述语句运行的结果如图 7-25 所示。

```
SQL> SELECT department_id,employee_id,salary,email
  2  FROM employees
  3  WHERE salary BETWEEN 4500 AND 6000
  4  ORDER BY department_id DESC;

DEPARTMENT_ID EMPLOYEE_ID     SALARY EMAIL
------------- ----------- ---------- -------------------------
           60         105       4800 DAUSTIN
           60         106       4800 VPATABAL
           60         104       6000 BERNST
           50         124       5800 KMOURGOS
           20         202       6000 PFAY
```

图 7-25　ORDER BY 语句

语句中可以使用ORDER BY子句来将返回的行数据按照指定列的值的大小进行升序(ASC)、降序(DESC)排列,默认时使用升序排列;还可以在ORDER BY子句中指定一个或多个列(包含表达式),返回行将先按照ORDER BY子句中的第一个列排序,然后按照第二个列排序,以此类推。

值得注意的是:在SELECT语句中同时包含多个子句(FROM、WHERE、GROUP BY、HAVING、ORDER BY)时,ORDER BY子句必须是最后一条子句。嵌套语句中该语句只能在最外层(父查询)中出现。

7.3.5 分组查询

GROUP BY子句用于在查询结果集中对记录进行分组,以汇总数据或者为整个分组显示单行的汇总信息。但在开发数据库应用程序时,往往需要将数据真正地进行分组,以便对各个组的数据进行汇总、统计。例如,求在组中某个列数据的最大值、平均值、合计值等。

对数据进行分组可以通过在SELECT语句中加入GROUP BY子句完成,用组函数来对每个组中的数据进行汇总、统计。用HAVING子句来决定查询的结果集中显示分组后的、其组函数的满足指定条件的那些组。

1. 组函数

组函数(Aggregate Funcion)有时也称为组处理函数、统计函数或聚合函数,作用于查询出的数据组(即多行数据的组),并返回一个汇总、统计的结果。一般情况下,组函数要与GROUP BY子句联合使用,以便作用于数据组。否则会将查询出的所有行数据当成一个组。Oracle提供了大量的组函数,如表7-4所示。

表7-4 常用的组函数及其说明

组函数	说 明	组函数	说 明
AVG	返回列或表达式的平均值	COUNT	返回记录行的总行数
MAX	返回列或表达式的最大值	STDDEV	返回列或表达式的标准偏差
MIN	返回列或表达式的最小值	VARIANCE	返回列或表达式的方差
SUM	返回列或表达式的合计值		

使用组函数需要注意:

除了count(*)之外,其他分组函数,包括count(column_name)都会忽略用于分组的列的值为NULL的行。

分组函数只能出现在所查询的列、ORDER BY子句、HAVING子句中,而不能出现在WHERE子句、GROUP BY子句中。

如果所查询的列同时包含列、表达式和分组函数,那么这些列、表达式都必须出现在GROUP BY子句中。

在组函数中可以指定ALL和DISTINCT选项,其中默认选项是ALL,表示该函数作用于所有的行(包括重复的行),而DISTINCT则只作用于不同值的行。

2. GROUP BY子句的使用

在SELECT语句中,用GROUP BY子句将数据按指定的列的列值进行分组。分组的方法是:按指定的一列或多列分组,值相等的为一组。

使用该语句要注意：该子句的作用对象是查询的中间结果，而不会对表进行分组；使用该子句后，SELECT 子句所查询的列中只能出现用于分组的列和分组函数。

例如，在 EMPLOYEES 表中，查询每个部门、每种岗位的平均工资和最高工资。查询语句如下：

```
SQL> SELECT department_id,job_id,AVG(salary),MAX(salary)
  2  FROM employees
  3  GROUP BY department_id,job_id;
```

上述语句运行的结果如图 7-26 所示。

```
SQL> SELECT department_id,job_id,AVG(salary),MAX(salary)
  2  FROM employees
  3  GROUP BY department_id,job_id;

DEPARTMENT_ID JOB_ID     AVG(SALARY) MAX(SALARY)
------------- ---------- ----------- -----------
          110 AC_ACCOUNT        8300        8300
           90 AD_VP            17000       17000
           50 ST_CLERK          2785        3600
           80 SA_REP      8396.55172       11500
          110 AC_MGR           12008       12008
           50 ST_MAN            7280        8200
           80 SA_MAN           12200       14000
           50 SH_CLERK          3215        4200
           20 MK_MAN           13000       13000
           90 AD_PRES          24000       24000
           60 IT_PROG           5760        9000
          100 FI_MGR           12008       12008
           30 PU_CLERK          2780        3100
          100 FI_ACCOUNT        7920        9000
           70 PR_REP           10000       10000
              SA_REP            7000        7000
           10 AD_ASST           4400        4400
           20 MK_REP            6000        6000
           40 HR_REP            6500        6500
           30 PU_MAN           11000       11000

已选择20行。
```

图 7-26　使用 GROUP BY 子句查询

3. HAVING 子句的使用

可以用 HAVING 子句来限制(或过滤)经过 GROUP BY 分组处理之后的结果显示。HAVING 子句必须与 GROUP 子句一起使用。如果在 SELECT 语句中使用了 GROUP BY 子句，那么 HAVING 子句将应用于 GROUP BY 子句创建的那些组。

例如，在 EMPLOYEES 表中，查询部门编码在 30 以下的各个部门的部门编号、最高工资、平均工资及员工数目。查询语句如下：

```
SQL> SELECT department_id,AVG(salary),MAX(salary),COUNT(*) AS 员工数目
  2  FROM employees
  3  WHERE department_id<=30
  4  GROUP BY department_id;
```

上述语句运行的结果如图 7-27 所示。

在上一例题中，在原先题目的基础上加上一个要求。例如，使用 HAVING 子句只显示上述查询的结果集中平均工资高于 5000 的组。查询语句如下：

```
SQL> SELECT department_id,AVG(salary),MAX(salary),COUNT(*) AS 员工数目
  2  FROM employees
  3  WHERE department_id <=30
  4   GROUP BY department_id;

DEPARTMENT_ID AVG(SALARY) MAX(SALARY)   员工数目
------------- ----------- ----------- ----------
           10        4400        4400          1
           20        9500       13000          2
           30        4150       11000          6
```

图 7-27　使用 GROUP BY 子句查询

```
SQL > SELECT department_id, AVG(salary), MAX(salary), COUNT( * ) AS 员工数目
  2   FROM employees
  3   WHERE department_id < = 30
  4   GROUP BY department_id
  5   HAVING AVG(salary)> = 5000;
```

上述语句运行的结果如图 7-28 所示。

```
SQL> SELECT department_id,AVG(salary),MAX(salary),COUNT(*) AS 员工数目
  2  FROM employees
  3  WHERE department_id <=30
  4  GROUP BY department_id
  5  HAVING AVG(salary)>=5000;

DEPARTMENT_ID AVG(SALARY) MAX(SALARY)   员工数目
------------- ----------- ----------- ----------
           20        9500       13000          2
```

图 7-28　使用 HAVING 子句查询

从上面两个例题中可以清楚看出，WHERE 子句先对查询出来的记录行进行过滤，然后用 GROUP BY 子句对过滤后的记录进行分组，对于 HAVING 子句，它是对分组后的数据进行汇总、统计的结果。

限制分组显示结果时，必须使用 HAVING 子句，而不能在 WHERE 子句中使用组函数来限制分组显示结果。注意，在 SQL 语句中，不能在 WHERE 子句中使用组函数，否则会显示错误信息。

7.3.6　多表查询

在 RDMBS 中，不同意义的数据被保存在不同的表中，但往往不同表中的数据又有相关的数据。可以使用 SQL 的强大功能建立数据之间的联系并查询相关的数据。通过连接运算符就可以实现多表连接查询。连接是关系数据库模型的主要特征，也是区别于其他类型数据库管理系统的一个标志。

单表(基本)查询是从一个表或视图中进行查询，多表(连接)查询是指从两个或两个以上表或视图中进行的查询。多表查询时关系数据库中最主要、最有实际意义的查询，是关系数据库的一项核心功能。

SELECT 语句的 FROM 子句告诉数据库应该到哪个或哪些表或视图中查询所需要的数据。Oracle 管理软件会在 FROM 子句中出现多个表时执行连接。该 SELECT 语句所查询的列可以包含任意或所有这些表或视图中的列(或表达式)；WHERE 子句把各个关系中的相同的条件进行连接或比较。

1. 内连接

内连接是一种常用的多表查询，它又称为简单连接或等值连接。内连接使用关键字 INNER JOIN 把两个或多个表之间存在意义相同的列进行连接。内连接使用比较运算符时，在连接表的一些列之间进行比较操作，只有连接列上值相等的记录才会被作为查询结果返回。

内连接中的 FROM 子句除了 JOIN 关键字外，还定义了一个 ON 子句。ON 子句指定了内连接操作列出与连接条件匹配的数据行，再通过比较运算符比较连接的列值。如果需要进一步限制条件的范围，可使用 WHERE 子句进行删选。

内连接的语法格式如下：

```
SELECT column_list
FROM table1[inner] join table2
ON join_condition;
```

其中，column_list 表示检索的列名列表。一般情况下，这些列名来自于两个表。table1 与 table2 表示要连接的两个表格，表格之间要以逗号隔开。[inner] join 表示内连接，inner 关键字是可选的。join_condition 表示要连接的条件。

例如，查询雇员的名字、岗位名称。查询语句如下：

```
SQL> SELECT first_name,last_name,job_title
  2  FROMemployees inner join jobs
  3  ON employees.job_id = jobs.job_id;
```

上述语句运行的结果如图 7-29 所示。

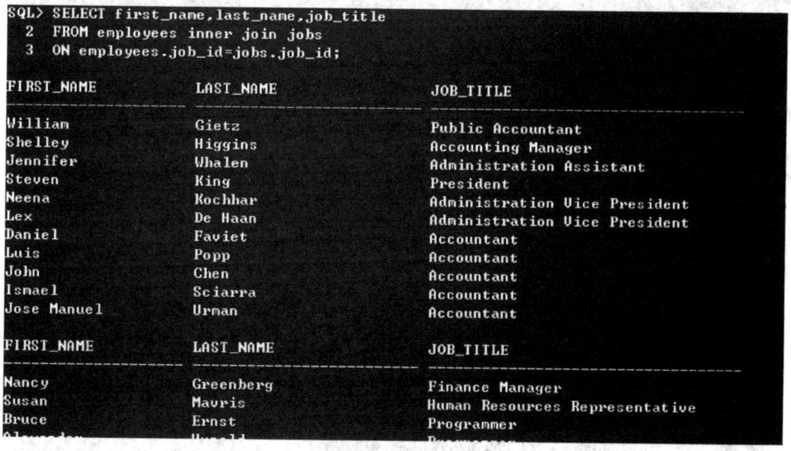

```
SQL> SELECT first_name,last_name,job_title
  2  FROM employees inner join jobs
  3  ON employees.job_id=jobs.job_id;

FIRST_NAME           LAST_NAME                 JOB_TITLE
-------------------- ------------------------- -----------------------------------
William              Gietz                     Public Accountant
Shelley              Higgins                   Accounting Manager
Jennifer             Whalen                    Administration Assistant
Steven               King                      President
Neena                Kochhar                   Administration Vice President
Lex                  De Haan                   Administration Vice President
Daniel               Faviet                    Accountant
Luis                 Popp                      Accountant
John                 Chen                      Accountant
Ismael               Sciarra                   Accountant
Jose Manuel          Urman                     Accountant

FIRST_NAME           LAST_NAME                 JOB_TITLE
-------------------- ------------------------- -----------------------------------
Nancy                Greenberg                 Finance Manager
Susan                Mavris                    Human Resources Representative
Bruce                Ernst                     Programmer
```

图 7-29　内连接查询

2. 外连接

在内连接进行多表查询时，返回的结果都是满足连接条件的数据行。如果某个表中有些数据不满足连接的条件，而又想出现在最后的结果集中，我们就要使用外连接来进行连接操作。

外连接的特点就是把某些不满足连接条件的数据也存放于最后的结果集中。根据外连接的特点，它可分为左外连接(LEFT OUTER JOIN)，右外连接(RIGHT OUTER JOIN)，全外连接(FULL OUTER JOIN)。左外连接不仅包含满足条件的数据,还包含了连接左边表中不满足连接条件的数据;右外连接不仅包含满足条件的数据,还包含了连接右边表中不满足连接条件的数据;全外连接不仅包含满足条件的数据,还包含了连接左边表和右边表中所有不满足连接条件的数据。连接中没有数据的地方补上 NULL 值。

在连接语句中,JOIN 关键字左边的表称为左表,右边的表称为右表。

例如,先向当前 EMPLOYSSE 表中分别插入两行数据。查询语句如下:

```
SQL> INSERT INTO employees(employee_id,first_name,last_name,email,hire_date,job_id,department_id)
  2  VALUES(555,'Damon','Salvatore','smile',to_date('2000-11-21','yyyy-mm-dd'),'IT_PROG',null);
已创建 1 行.

SQL> INSERT INTO employees (employee_id, first_name, last_name, email, hire_date, job_id, department_id)
  2  VALUES (666,'Elena',' Gilbert ','love',to_date('2000-02-14','yyyy-mm-dd'),'IT_PROG',null);
已创建 1 行.
```

上述语句运行的结果如图 7-30 所示。

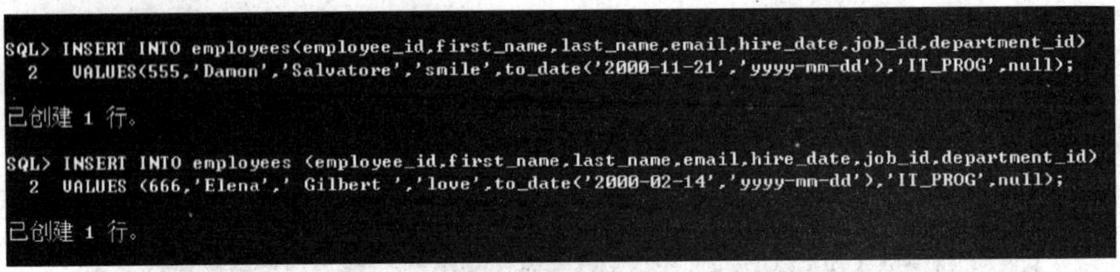

```
SQL> INSERT INTO employees(employee_id,first_name,last_name,email,hire_date,job_id,department_id)
  2  VALUES(555,'Damon','Salvatore','smile',to_date('2000-11-21','yyyy-mm-dd'),'IT_PROG',null);

已创建 1 行。

SQL> INSERT INTO employees (employee_id,first_name,last_name,email,hire_date,job_id,department_id)
  2  VALUES (666,'Elena',' Gilbert ','love',to_date('2000-02-14','yyyy-mm-dd'),'IT_PROG',null);

已创建 1 行。
```

图 7-30 插入数据

再在插入数据的 EMPLOYEES 表中查询雇员的名字、岗位名称。查询语句如下:

```
SQL> SELECT e.employee_id,e.first_name,e.last_name,d.department_name
  2  FROM employees e LEFT OUTER JOIN departments d
  3  ON e.department_id = d.department_id
  4  WHERE e.job_id = 'IT_PROG';
```

上述语句运行的结果如图 7-31 所示。

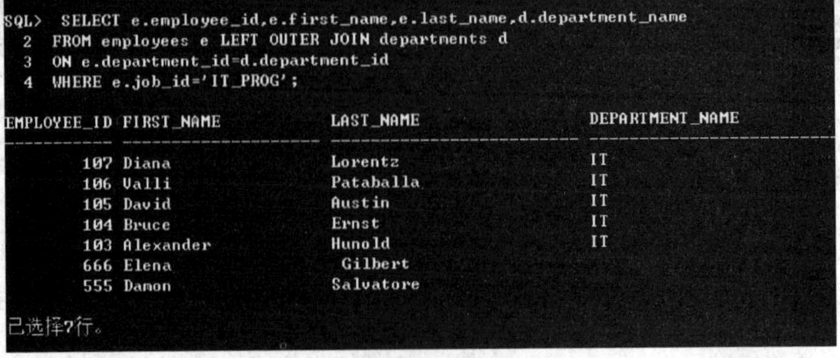

```
SQL>  SELECT e.employee_id,e.first_name,e.last_name,d.department_name
  2  FROM employees e LEFT OUTER JOIN departments d
  3  ON e.department_id=d.department_id
  4  WHERE e.job_id='IT_PROG';

EMPLOYEE_ID FIRST_NAME           LAST_NAME                 DEPARTMENT_NAME
----------- -------------------- ------------------------- ------------------------------
        107 Diana                Lorentz                   IT
        106 Valli                Pataballa                 IT
        105 David                Austin                    IT
        104 Bruce                Ernst                     IT
        103 Alexander            Hunold                    IT
        666 Elena                 Gilbert
        555 Damon                Salvatore

已选择7行。
```

图 7-31 外连接查询

在上面的例子中，FROM 子句使用的 LEFT OUTER JOIN 进行左外连接。从结果中可以看出，除了满足连接条件的数据以外，左边表中的没有连接对象的数据也保存在结果集中。同样如果执行右外连接时，则会在结果集中返回右边表中的数据，左边表中没有连接对象的数据则不会出现在结果集中。

除了我们了解的左外连接和右外连接外，还有一种是全外连接。执行全外连接，就像同时执行了一个左外连接和一个右外连接。在数据的结果集中，全外连接除了查询满足条件的数据行，还会把左外连接与右外连接的数据全部查询显示出来。在外连接中，一定要注意两个表的位置。

3. 自然连接

用来建立两个表之间的关系的连接条件的运算符是等号(＝)的连接是等值连接，连接完成后自动去掉表中重复的行和列，就是自然连接。这种类型的连接把来自两个表的、在指定列中具有相等值的行连接起来。建立相等连接需要指定列具有相同的名称。如果仅列名相同而数据类型不同，会出错；如果没有相同名称的列，此连接的结果就是笛卡儿积。

自然连接与外连接的区别在于对于无法匹配的记录，外连接会虚拟一条数据记录与之配对保全表中所有连接数据记录的存在，但自然连接是不会的。从此来看，自然连接实质上就是一种内连接，不同之处在于自然连接只能是同名属性的等值连接，而内连接可使用 ON 或是 USING 子句来指定连接的条件。

例如，查询在部门编号为 20 工作的雇员的编号、工资及其部门名称。查询语句如下：

```
SQL> SELECT departments. department_id, department_name, employee_id, salary
FROM departments, employees
WHEREdepartments. department_id = employees. department_id
ANDdepartments. department_id = 20;
```

上述语句运行的结果如图 7-32 所示。

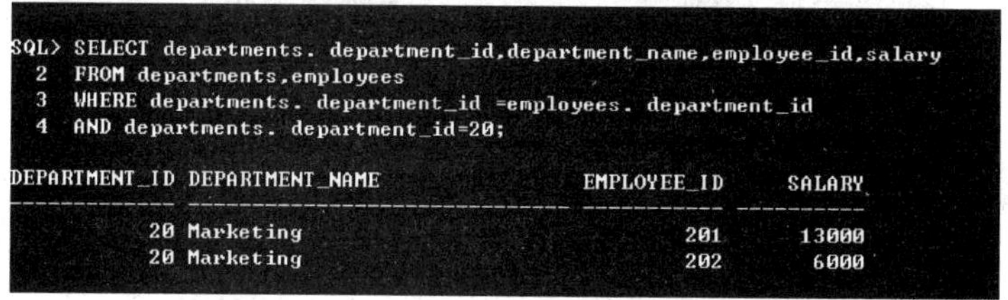

```
SQL> SELECT departments. department_id,department_name,employee_id,salary
  2  FROM departments,employees
  3  WHERE departments. department_id =employees. department_id
  4  AND departments. department_id=20;

DEPARTMENT_ID DEPARTMENT_NAME                EMPLOYEE_ID     SALARY
------------- ------------------------------ ----------- ----------
           20 Marketing                              201      13000
           20 Marketing                              202       6000
```

图 7-32 自然连接查询

对于上一道题，当进行多表查询时，可以使用表的别名来简化查询语句(用别名来代替表名进行限定)，当指定表的别名时，别名应该跟在表名后面，中间以空格分隔。在 SELECT 语句中，重复的列名必须加上表名前缀。如上一道题也可以写成如下查询语句：

```
SQL> SELECT d. department_id, department_name, employee_id, salary
FROM departments d, employees e
WHERE d. department_id = e. department_id
AND d. department_id = 20;
```

上述语句运行的结果如图 7-33 所示。

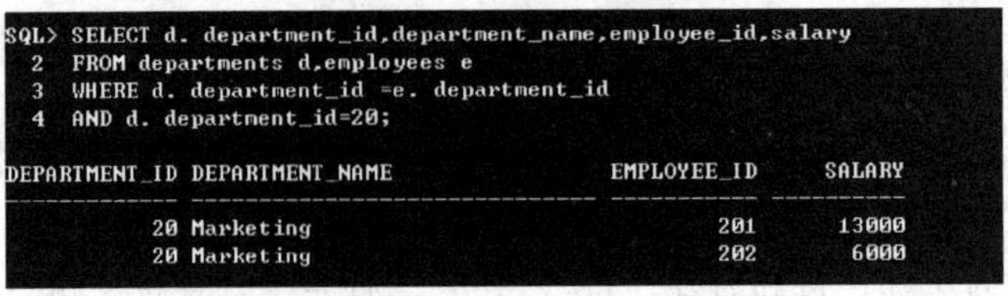

```
SQL> SELECT d. department_id,department_name,employee_id,salary
  2  FROM departments d,employees e
  3  WHERE d. department_id =e. department_id
  4  AND d. department_id=20;

DEPARTMENT_ID DEPARTMENT_NAME                EMPLOYEE_ID     SALARY
------------- ------------------------------ ----------- ----------
           20 Marketing                              201      13000
           20 Marketing                              202       6000
```

图 7-33 自然连接查询中的表别名

4. 自身连接

自身连接(Self Join)是指在同一个表中进行的连接,它是 SQL 语句中经常要用的连接方式。一个表在 FROM 子句中出现两次,分别使用不同的别名。这两个别名被当作两个不同的表来处理,并且会像其他任何表一样会使用一个或多个有关的列进行连接。能用于自身连接的表叫作自参照表,自参照表在不同列之间具有参照关系。自身连接像是对本身的表创建了一个镜像。

例如,查询 EMPLOYEES 表中,在部门编号为 20 工作的雇员的姓及其管理员的姓,则需要使用自身查询的参照关系,查询语句如下:

```
SQL> SELECT e.last_name 雇员,m.last_name 管理员
  2  FROM employees e,employees m
  3  WHERE m.employee_id = e.manager_id
  4  AND e.department_id = 20;
```

上述语句运行的结果如图 7-34 所示。

```
SQL> SELECT d. department_id,department_name,employee_id,salary
  2  FROM departments d,employees e
  3  WHERE d. department_id =e. department_id
  4  AND d. department_id=20;

DEPARTMENT_ID DEPARTMENT_NAME                EMPLOYEE_ID     SALARY
------------- ------------------------------ ----------- ----------
           20 Marketing                              201      13000
           20 Marketing                              202       6000
```

图 7-34 自身连接

在自身连接中,会多次使用同一个表格进行查询,被查询的列往往又会重名,所以要注意使用列别名。

7.3.7 集合查询

集合操作可以将两个或多个 SQL 语句的查询结果集合并起来,利用集合进行查询处理以完成一些特殊的任务需求。集合操作主要是由集合运算符(Set Operator)来实现的。常用的集合运算符如表 7-5 所示。

表 7-5 集合运算符

运 算 符	说 明
UNION	返回两个结果集的所有行,不包括重复行,即并
UNION ALL	返回两个结果集的所有行,包括重复行,即并
MINUS	返回第一个结果集中有但在第二个结果集中没有的行,即差
INTERSECT	返回两个结果集中都有的行,即交

集合查询的基本语法是：

```
SELECT 语句 one
[UNION | UNION ALL|MINUS |INTERSECT ]
SELECT 语句 two
ORDER BY column_name
```

这些集合运算符具有相同的优先级，当在相同的查询中出现多个集合运算符时，它们会从左到右（或从上到下）地求值，除非使用括号指定顺序。

当使用集合运算符时要注意：两个结果集的列的名称可以不同，最后结果集中的名称采用的是第一个结果集中的列名称；必须确保不同结果集的列的个数及其对应的数据类型都要匹配（长度可以不同）；只能有一个 ORDER BY 子句，且该子句只能出现在最后一个 SELECT 语句的最后面。ORDER BY 子句中只能使用第一个 SELECT 语句所查询的列名或别名，若是该列名与第二个 SELECT 语句中的列名重复，则必须使用别名或列的次序号。

针对 UNION、UNION ALL、MINUS 和 INTERSECT 这 4 个集合运算符，用同一道例题来查看各自的不同之处。

1. UNION

例如，在 EMPLOYEES 表中，查询工资大于 4000 和工资在 2500 到 5500 之间的雇员编号、电子邮件地址。查询 UNION 运算后如下，数据行不重复。查询语句如下：

```
SQL> SELECT employee_id, email, salary FROM employees WHERE salary > 8000
  2  UNION
  3  SELECT employee_id, email, salary FROM employees WHERE salary between 7000 and 12000;
```

上述语句运行的结果如图 7-35 所示。

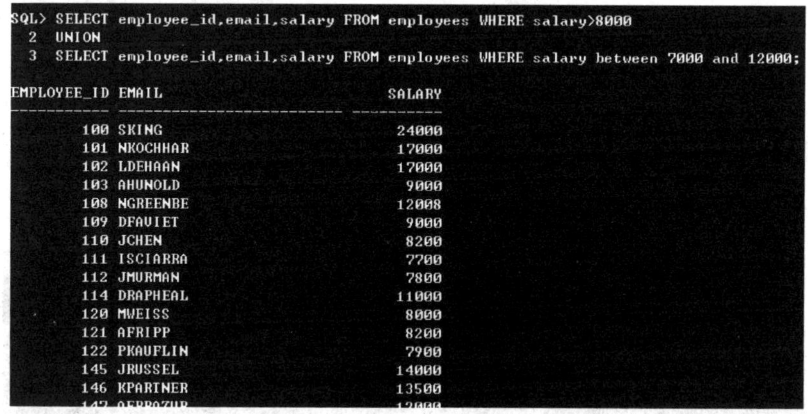

图 7-35 使用 UNION 运算符

该例题的查询结果“已选择 47 行”。UNION 运算符会将集合中的重复记录去除，这是 UNION 运算和 UNION ALL 运算唯一不同的地方。

2. UNION ALL

UNION ALL 与 UNION 语句的工作方式基本相同。使用同样的例题，查看 UNION ALL 运算后的结果如下，在该语句中包括了重复的数据行。查询语句如下：

```
SQL> SELECT employee_id,email,salary FROM employees WHERE salary>8000
UNION ALL
SELECT employee_id,email,salary FROM employees WHERE salary between 7000 and 12000;
```

上述语句运行的结果如图 7-36 所示。

```
SQL> SELECT employee_id,email,salary FROM employees WHERE salary>8000
UNION ALL
SELECT employee_id,email,salary FROM employees WHERE salary between 7000 and 12000;

EMPLOYEE_ID EMAIL                          SALARY
----------- ------------------------- ----------
        201 MHARTSTE                       13000
        204 HBAER                          10000
        205 SHIGGINS                       12008
        206 WGIETZ                          8300
        100 SKING                          24000
        101 NKOCHHAR                       17000
        102 LDEHAAN                        17000
        103 AHUNOLD                         9000
        108 NGREENBE                       12008
        109 DFAVIET                         9000
        110 JCHEN                           8200
        114 DRAPHEAL                       11000
        121 AFRIPP                          8200
        145 JRUSSEL                        14000
        146 KPARTNER                       13500
        147 AERRAZUR                       12000
        148 GCAMBRAU                       11000
        149 EZLOTKEY                       10500
        150 PTUCKER                        10000
        151 DBERNSTE                        9500
        152 PHALL                           9000
        156 JKING                          10000
```

图 7-36 使用 UNION ALL 运算符

该例题的查询结果"已选择 72 行"。UNION ALL 运算符会选择集合中的重复全部记录。

3. MINUS

用 MINUS 运算符可以找到两个指定的集合之间的差集。使用同样的例题，用 MINUS 运算后的结果如下，它只包括在第一个结果集但不在第二个结果集中的行。查询语句如下：

```
SQL> SELECT employee_id,email,salary FROM employees WHERE salary>8000
MINUS
SELECT employee_id,email,salary FROM employees WHERE salary between 7000 and 12000;
```

上述语句运行的结果如图 7-37 所示。

```
SQL> SELECT employee_id,email,salary FROM employees WHERE salary>8000
MINUS
SELECT employee_id,email,salary FROM employees WHERE salary between 7000 and 12000;

EMPLOYEE_ID EMAIL                          SALARY
----------- ------------------------- ----------
        100 SKING                          24000
        101 NKOCHHAR                       17000
        102 LDEHAAN                        17000
        108 NGREENBE                       12008
        145 JRUSSEL                        14000
        146 KPARTNER                       13500
        201 MHARTSTE                       13000
        205 SHIGGINS                       12008

已选择8行。
```

图 7-37 使用 MINUS 运算符

4. INTERSECT

UNION 运算符与 INTERSECT 运算符不同的是，UNION 基本上是一个 OR 运算，而 INTERSECT 更像是 AND 运算。使用同样的例题，用 INTERSECT 运算后的结果如下，它只包括共同的行。查询语句如下：

```
SQL > SELECT employee_id,email,salary FROM employees WHERE salary > 8000
  2  INTERSECT
  3  SELECT employee_id,email,salary FROM employees WHERE salary between 7000 and 12000;
```

上述语句运行的结果如图 7-38 所示。

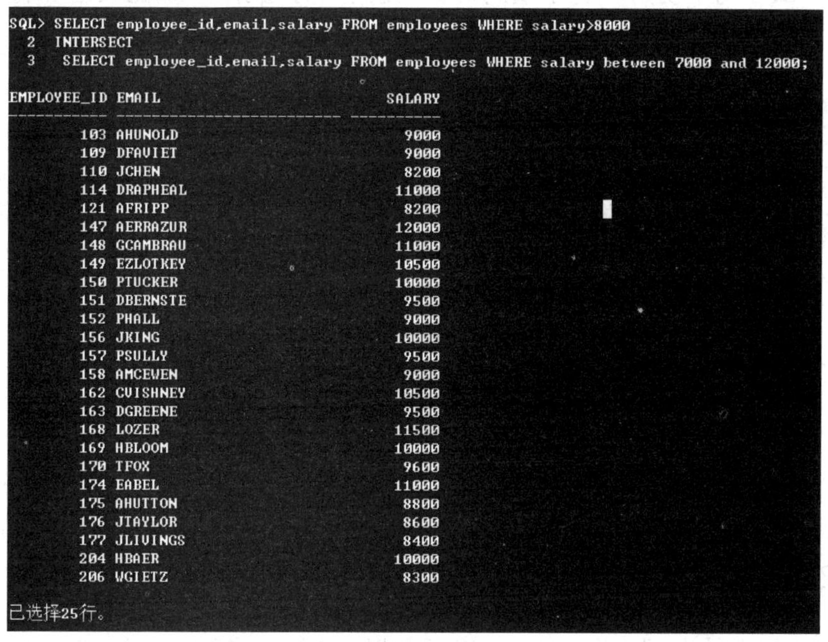

```
SQL> SELECT employee_id,email,salary FROM employees WHERE salary>8000
  2  INTERSECT
  3   SELECT employee_id,email,salary FROM employees WHERE salary between 7000 and 12000;

EMPLOYEE_ID EMAIL                         SALARY
----------- ------------------------- ----------
        103 AHUNOLD                         9000
        109 DFAVIET                         9000
        110 JCHEN                           8200
        114 DRAPHEAL                       11000
        121 AFRIPP                          8200
        147 AERRAZUR                       12000
        148 GCAMBRAU                       11000
        149 EZLOTKEY                       10500
        150 PTUCKER                        10000
        151 DBERNSTE                        9500
        152 PHALL                           9000
        156 JKING                          10000
        157 PSULLY                          9500
        158 AMCEWEN                         9000
        162 CVISHNEY                       10500
        163 DGREENE                         9500
        168 LOZER                          11500
        169 HBLOOM                         10000
        170 TFOX                            9600
        174 EABEL                          11000
        175 AHUTTON                         8800
        176 JTAYLOR                         8600
        177 JLIVINGS                        8400
        204 HBAER                          10000
        206 WGIETZ                          8300

已选择25行。
```

图 7-38 使用 INTERSECT 运算符

7.4 嵌套查询

在 SQL 中，一个 SELECT-FROM-WHERE 语句称为一个查询块。嵌套查询是指将一个查询块嵌入到另一查询语句当中去。该查询可嵌入在 SELECT 子句、WHERE 子句、FROM 子句、HAVING 子句、SET 子句中。嵌套查询中还可以继续嵌套子查询(最多 255 层)即在一个子查询中还包含另外一个查询。

使用子查询，可以用一系列简单的查询构成复杂的查询，从而明显增强 SQL 语句的功能。

子查询的 SELECT 语句中不能使用 ORDER BY 子句，ORDER BY 语句只能对最终查询的结果进行排序。

嵌套查询的分类方法比较多，从父查询与子查询的关系上可分为不相关子查询(子查询的查询条件不依赖于父查询中的表)、相关子查询(子查询的查询条件依赖于父查询中的表)。

不相关子查询的求解方法是由里向外执行,即先执行子查询,子查询的结果用于建立其父查询的查找条件。

7.4.1 单行子查询

在单行子查询中,该子查询只返回一行记录(单行单列的值),但父查询可以返回多行记录。子查询可以放在 SELECT 语句的 WHERE 子句、HAVING 语句、FROM 子句中。

在 WHERE 子句中使用单行子查询时,要使用单行运算符(即比较运算符=、>、<、>=、<=、<>)。

例如,查询工资最低的雇员的编号、电子邮件地址和工资。查询语句如下:

```
SQL> SELECT employee_id,email,salary FROM employees
  2  WHERE salary = (SELECT MIN(salary) FROM employees);
```

上述语句运行的结果如图 7-39 所示。

```
SQL> SELECT employee_id,email,salary FROM employees
  2  WHERE salary=(SELECT MIN(salary) FROM employees);

EMPLOYEE_ID EMAIL                          SALARY
----------- ------------------------- ----------
        132 TJOLSON                          2100
```

图 7-39 单行子查询

7.4.2 多行子查询

多行子查询可以向外层查询返回单列多行数据。在这种多行查询中,必须使用多行运算符来进行判断。若是用户不能确认子查询会返回多少行记录,则在子查询中使用多行运算符比使用单行运算符更安全,否则容易失效。

在 WHERE 子句中使用多行子查询时,必须使用多行运算符(IN、NOT IN、EXISTS、NOT EXISTS、ALL、ANY,其中 ALL、ANY 必须与比较运算符结合使用)。

例如,查询与部门编号 20 的岗位相同的雇员的编号、部门编号、工资和工作。在该语句中使用 IN 运算符的用法。查询语句如下:

```
SQL> SELECT employee_id,department_id,salary,job_id FROM employees
  2  WHERE job_id IN (SELECT distinct job_id FROM employees WHERE department_id = 20);
```

上述语句运行的结果如图 7-40 所示。

例如,查询不与部门编号 20 的岗位相同的雇员的编号、部门编号、工资和工作。在该语句中使用 NOT IN 运算符,查询语句如下:

```
SQL> SELECT employee_id,department_id,salary,job_id FROM employees
  2  WHERE job_id NOT IN (SELECT distinct job_id FROM employees WHERE department_id = 20);
```

```
SQL> SELECT employee_id,department_id,salary,job_id  FROM employees
  2  WHERE job_id IN (SELECT distinct job_id FROM employees WHERE department_id=20);

EMPLOYEE_ID DEPARTMENT_ID     SALARY JOB_ID
----------- ------------- ---------- ----------
        201            20      13000 MK_MAN
        202            20       6000 MK_REP
```

图 7-40 多行子查询 IN 关键字

上述语句运行的结果如图 7-41 所示。

```
SQL> SELECT employee_id,department_id,salary,job_id  FROM employees
  2  WHERE job_id NOT IN (SELECT distinct job_id FROM employees WHERE department_id=20);

EMPLOYEE_ID DEPARTMENT_ID     SALARY JOB_ID
----------- ------------- ---------- ----------
        102            90      17000 AD_VP
        101            90      17000 AD_VP
        119            30       2500 PU_CLERK
        118            30       2600 PU_CLERK
        117            30       2800 PU_CLERK
        116            30       2900 PU_CLERK
        115            30       3100 PU_CLERK
        149            80      10500 SA_MAN
        148            80      11000 SA_MAN
        147            80      12000 SA_MAN
        146            80      13500 SA_MAN

EMPLOYEE_ID DEPARTMENT_ID     SALARY JOB_ID
----------- ------------- ---------- ----------
        145            80      14000 SA_MAN
        124            50       5800 ST_MAN
        123            50       6500 ST_MAN
```

图 7-41 多行子查询 NOT IN 关键字

例如，查询雇员工资高于所有部门编号 20 的雇员的编号、部门编号、工资和工作。在该语句中使用 ALL 运算符。在语句中 ALL 运算符必须与单行运算符结合使用。查询语句如下：

```
SQL> SELECT employee_id, department_id, salary, job_id FROM employees
  2  WHERE salary > ALL(SELECT salary FROM employees WHERE department_id = 20);
```

上述语句运行的结果如图 7-42 所示。

```
SQL> SELECT employee_id,department_id,salary,job_id  FROM employees
  2  WHERE salary >ALL(SELECT salary FROM employees WHERE department_id=20);

EMPLOYEE_ID DEPARTMENT_ID     SALARY JOB_ID
----------- ------------- ---------- ----------
        146            80      13500 SA_MAN
        145            80      14000 SA_MAN
        101            90      17000 AD_VP
        102            90      17000 AD_VP
        100            90      24000 AD_PRES
```

图 7-42 多行子查询 ALL 运算符

例如，查询雇员工资高于任意一个部门编号 20 的雇员的编号、部门编号、工资和工作。在该语句中使用 ANY 运算符。ANY 运算符必须与单行运算符结合使用，查询语句如下：

```
SQL> SELECT employee_id, department_id, salary, job_id FROM employees
  2  WHERE salary > ANY(SELECT salary FROM employees WHERE department_id = 20);
```

上述语句运行的结果如图 7-43 所示。

```
SQL> SELECT employee_id,department_id,salary,job_id  FROM employees
  2  WHERE salary >ANY(SELECT salary FROM employees WHERE department_id=20);

EMPLOYEE_ID DEPARTMENT_ID     SALARY JOB_ID
----------- ------------- ---------- ----------
        100            90      24000 AD_PRES
        102            90      17000 AD_VP
        101            90      17000 AD_VP
        145            80      14000 SA_MAN
        146            80      13500 SA_MAN
        201            20      13000 MK_MAN
        108           100      12008 FI_MGR
        205           110      12008 AC_MGR
        147            80      12000 SA_MAN
        168            80      11500 SA_REP
        114            30      11000 PU_MAN

EMPLOYEE_ID DEPARTMENT_ID     SALARY JOB_ID
----------- ------------- ---------- ----------
        148            80      11000 SA_MAN
        174            80      11000 SA_REP
        149            80      10500 SA_MAN
```

图 7-43　多行子查询 ANY 运算符

7.4.3　相关子查询

在 SQL 中，内查询的执行需要借助于外查询，而外查询的执行又离不开内查询的执行。这时，内查询与外查询是相互关联的，这种子查询称为相关子查询。换言之，当最终结果集的内容需要子查询依赖父查询中每一行中的记录值时，就需要使用相关子查询。

在相关子查询中，父查询所处理的每一行都先被传递给子查询。子查询依次处理这些行，即将其应用到子查询，如果满足子查询中的条件，则父查询中的这一行就是最终结果集中的一行，直到父查询中的每一行都处理完成为止。

例如，查询哪个职位的员工的工资是否超出了平均水平，查询语句如下：

```
SQL > SELECT first_name, last_name, job_id, salary FROM employees a
  2   WHERE salary >(SELECT AVG(salary) FROM employees WHERE a.job_id = job_id);
```

上述语句运行的结果如图 7-44 所示。

```
SQL> SELECT first_name,last_name,job_id,salary FROM employees a
  2  WHERE salary>(SELECT AVG(salary) FROM employees WHERE a.job_id=job_id);

FIRST_NAME           LAST_NAME                 JOB_ID         SALARY
-------------------- ------------------------- ---------- ----------
Alexander            Hunold                    IT_PROG          9000
Bruce                Ernst                     IT_PROG          6000
Daniel               Faviet                    FI_ACCOUNT       9000
John                 Chen                      FI_ACCOUNT       8200
Alexander            Khoo                      PU_CLERK         3100
Shelli               Baida                     PU_CLERK         2900
Sigal                Tobias                    PU_CLERK         2800
Matthew              Weiss                     ST_MAN           8000
Adam                 Fripp                     ST_MAN           8200
Payam                Kaufling                  ST_MAN           7900
Julia                Nayer                     ST_CLERK         3200

FIRST_NAME           LAST_NAME                 JOB_ID         SALARY
-------------------- ------------------------- ---------- ----------
Laura                Bissot                    ST_CLERK         3300
Mozhe                Atkinson                  ST_CLERK         2800
Jason                Mallin                    ST_CLERK         3300
```

图 7-44　查询结果

带有 EXISTS 谓词的子查询不返回任何数据，只产生逻辑真值“true”或假值“false”，使得子查询的选择列没有实际意义而被忽略，因此在嵌套的子查询的 SELECT 语句中，列名使用

“ * ”号代替具体的列名。

例如，查询部门名称为“IT”的雇员的姓名、部门编号、工资和工作。使用 EXISTS 运算符的相关子查询：

```
SQL> SELECT first_name,last_name,department_id,salary,job_id FROM employees
  2  WHERE EXISTS(SELECT * FROM departments
  3  WHERE departments. department_id = employees. department_id AND department_name = 'IT');
```

上述语句运行的结果如图 7-45 所示。

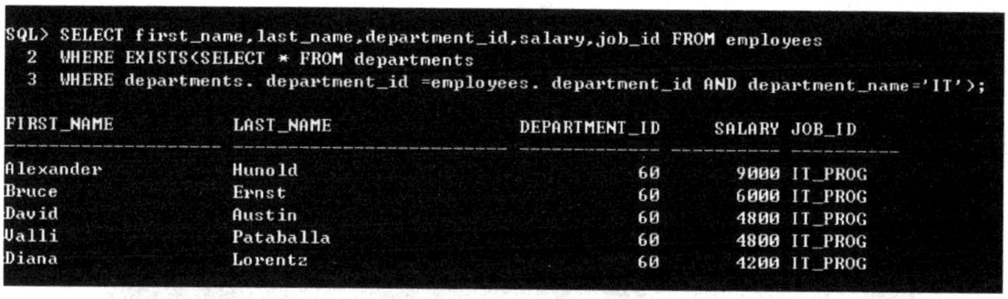

```
SQL> SELECT first_name,last_name,department_id,salary,job_id FROM employees
  2  WHERE EXISTS(SELECT * FROM departments
  3  WHERE departments. department_id =employees. department_id AND department_name='IT');

FIRST_NAME           LAST_NAME                 DEPARTMENT_ID     SALARY JOB_ID
-------------------- ------------------------- ------------- ---------- ----------
Alexander            Hunold                               60       9000 IT_PROG
Bruce                Ernst                                60       6000 IT_PROG
David                Austin                               60       4800 IT_PROG
Valli                Pataballa                            60       4800 IT_PROG
Diana                Lorentz                              60       4200 IT_PROG
```

图 7-45 EXISTS 谓词

7.5 数据更新操作

在 Oracle 11g 中，SQL 语句除了可以执行查询数据外，还可完成数据更新操作。数据更新是指用 INSERT、UPDATE、DELETE 语句来插入、更新、删除数据库表中的记录行。它们也是数据库的主要功能之一。当创建表之后，应该首先插入数据，才能进行数据的查询，才能更新和删除数据。

7.5.1 插入数据

INSERT 语句用于完成各种向数据表中插入数据的功能。可对列赋值执行一次插入一条记录或者是成批量地插入数据。

1. 单条语句的插入

使用 INSERT 语句向表中插入新的数据行，其基本语法格式是：

```
INSERT INTO table [column1 [, column2,...]]
VALUES(value1 [, value2,...])
```

INTO 子句的功能是：table 用于指定要插入数据的表；column1、column2、…用于指定要插入数据的列。如果有多个列，则用逗号分开，如果没有在表后面列出列名，则表示要插入的是一条完整的记录，这时列与表结构定义中的列名的顺序必须一致。

VALUES 子句的功能是用于指定提供的数据。如果插入的为字符列或日期列插入数据，则必须使用单引号。未出现的列如果是没有预先定义的默认数据值，可以用 NULL 关键字来为一列指定一个空值，否则取默认数据值。日期格式要符合默认的日期格式，否则要使用 TO_DATE 函数进行格式转换。

插入数据时，列的个数、数据类型、顺序必须要和提供的数据的个数、数据类型、顺序保持一致或匹配。当有列的列表时，列的顺序可与表结构定义中的顺序不一致，插入的记录在其余列上取空值或取默认值。当没有列的列表时，则必须根据表结构定义中的顺序为所有的列提供数据，包括提供空值数据。

在插入数据时，为了保证数据的完整性，一般是先输入被参照的表中的记录，然后才输入参照表中的记录，否则不能在参照完整性中的外键列中输入数据。

如果不知表中列的信息，可以使用DESC命令先显示表的结构信息(即列的顺序、数据类型)，然后再写出INSERT语句。

例如，不使用列列表插入数据。用INSERT语句向JOBS表中插入一行数据。查询语句如下：

```
SQL> INSERT INTO jobs VALUES('IT_DBA','数据库管理员',5000.00,15000.00);
已创建 1 行.
```

上述语句运行的结果如图7-46所示。

```
SQL> INSERT INTO jobs VALUES('IT_DBA','数据库管理员',5000.00,15000.00);

已创建 1 行。
```

图7-46 INSERT语句不带列表

例如，使用列列表插入数据。用INSERT语句向EMPLOYSSE表中分别插入两行数据。查询语句如下：

```
SQL> INSERT INTO employees(employee_id,first_name,last_name,email,hire_date,job_id,department
_id)
  2  VALUES(555,'Damon','Salvatore','smile',to_date('2000 - 11 - 21','yyyy - mm - dd'),'IT_PROG',
null);
已创建 1 行.

SQL> INSERT INTO employees (employee_id, first_name, last_name, email, hire_date, job_id,
department_id)
  2  VALUES (666,'Elena','Gilbert ','love',to_date('2000 - 02 - 14','yyyy - mm - dd'),'IT_PROG',
null);
已创建 1 行.
```

上述语句运行的结果如图7-47所示。

```
SQL> INSERT INTO employees(employee_id,first_name,last_name,email,hire_date,job_id,department_id)
  2  VALUES(555,'Damon','Salvatore','smile',to_date('2000-11-21','yyyy-mm-dd'),'IT_PROG',null);

已创建 1 行。

SQL> INSERT INTO employees (employee_id,first_name,last_name,email,hire_date,job_id,department_id)
  2  VALUES (666,'Elena',' Gilbert ','love',to_date('2000-02-14','yyyy-mm-dd'),'IT_PROG',null);

已创建 1 行。
```

图7-47 INSERT语句带列表

2. 批量语句的插入

使用INSERT语句向表中插入新的数据行，其基本语法格式是：

```
INSERT INTO table [column1 [, column2,...]]
SUBQUERY
```

其中，INTO 子句的功能与单条语句插入功能类似。SUBQUERY 是子查询语句，可以是任何合法的 SELECT 语句，其所选列的个数和类型与前面的 COLUMN 相对应。

例如，创建一个部门编号为 80 的表格，用于存放 Employees 表中的部分数据信息。先用 CREATE 语句创建 Salesemp 表，再用 INSERT 语句向 Salesemp 表中插入多行数据。语句如下：

```
SQL> CREATE TABLE Salesemp(
  2  employee_id number(6),
  3  first_name varchar2(20),
  4  last_name varchar2(25),
  5  department_id number(4));

表已创建.

SQL> INSERT INTO Salesemp
  2  SELECT employee_id,first_name,last_name,department_id
  3  FROM employees
  4  WHERE department_id = 80;

已创建 34 行.
```

上述语句运行的结果如图 7-48 所示。

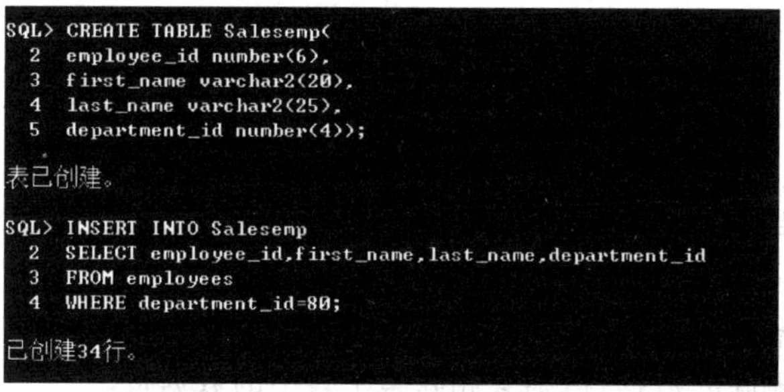

```
SQL> CREATE TABLE Salesemp(
  2  employee_id number(6),
  3  first_name varchar2(20),
  4  last_name varchar2(25),
  5  department_id number(4));

表已创建。

SQL> INSERT INTO Salesemp
  2  SELECT employee_id,first_name,last_name,department_id
  3  FROM employees
  4  WHERE department_id=80;

已创建34行。
```

图 7-48　创建表并批量插入数据

7.5.2　更新数据

如果表中的数据出现了错误或不合适了，就需要对数据进行修改或更新。使用 UPDATE 语句更新表中已经存在的数据，还可以通过 WHERE 子句限制被修改的行。该语句的基本语法格式是：

```
UPDATE table
SET column1 =  value1 [, column2 = value2,...]
[WHERE condition]
```

其中，table 用于指定要更新数据的表，一次只能更新一个表；column1、column2、…用于指定要更新数据的列。如果有多个列，则用逗号分开；value1、value2、…用于指定提供的新的数据

(可以是表达式或 SELECT 子查询);condition 指符合要求的条件,用于指定要更新的数据行(可以是一行或多行)。

在 UPDATE 语句中,没有在 SET 子句中出现的列的数据不会被更新;如果不用 WHERE 子句限定要更新的数据行,则会更新整个表的数据行;更新数据时,列的数据类型必须要和提供的新的数据的数据类型匹配。

例如,使用 UPDATE 语句为数据库管理员 IT_DBA 的最低工资增加 300 元。查询语句如下:

```
SQL > UPDATE jobs SET min_salary = min_salary + 300 WHERE job_id = 'IT_DBA';

已更新 1 行.
```

上述语句运行的结果如图 7-49 所示。

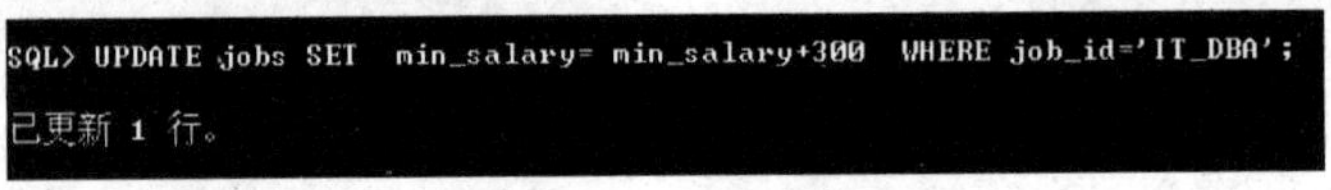

```
SQL> UPDATE jobs SET  min_salary= min_salary+300  WHERE job_id='IT_DBA';

已更新 1 行。
```

图 7-49 UPDATE 语句

7.5.3 删除数据

在 Oracle 中,如果数据不正确或过时了的话,应该选择删除,以便释放这些数据所占用的空间,留出空间给新插入的数据使用。使用 DELETE 语句删除表中已经存在的数据,其基本语法格式是:

```
DELETE FROM table
[WHERE condition]
```

其中,table 用于指定要删除数据的表;condition 指符合要求的条件,用于指定要删除的数据行(可以是一行或多行)。

在删除表中的数据时,只会删除指定表中的数据,不会删除其他表中的数据。如果不用 WHERE 子句限定要删除的数据行,则会删除整个表中的数据行。

将前面插入数据库中的记录从相应的表中删除,以便保持数据库中数据的原始状态。例如,删除 jobs 表中“IT_DBA”的信息。查询语句如下:删除 EMPLOYEES 中 Damon 和 Elena 的信息。

```
SQL > DELETE FROM jobs WHERE job_id = 'IT_DBA';

已删除 1 行.
```

上述语句运行的结果如图 7-50 所示。

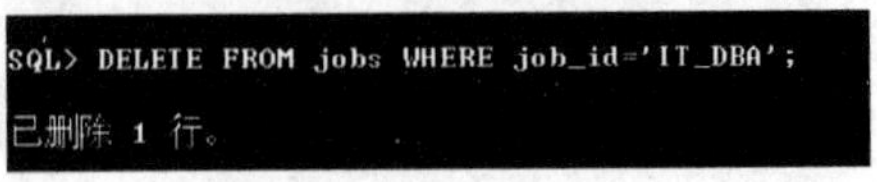

```
SQL> DELETE FROM jobs WHERE job_id='IT_DBA';

已删除 1 行。
```

图 7-50 DELETE 语句删除 jobs 的信息

例如,删除 employees 中 Damon 和 Elena 的信息。查询语句如下：

```
SQL > DELETE FROM employees WHERE employee_id IN(555, 666);

已删除 2 行.
```

上述语句运行的结果如图 7-51 所示。

```
SQL>  DELETE FROM employees WHERE employee_id IN(555, 666);
已删除2行。
```

图 7-51　DELETE 语句删除 employees 表的信息

习题

一、选择题

1. SQL 是(　　)的语言,易学习。

　A. 过程化　　B. 非过程化　　C. 格式化　　D. 导航式

2. 假定学生关系是 S(S＃,SNAME,SEX,AGE),课程关系是 C(C＃,CNAME,TEACHER),学生选课关系是 SC(S＃,C＃,GRADE)。要查找选修“COMPUTER”课程的“女”学生姓名,将涉及关系(　　)。

　A. S　　B. SC,C　　C. S,SC,C　　D. S

3. 删除数据库的语句是(　　)。

　A. DELETE DATABASE　　B. REMOVE DATABASE

　C. DROP DATABASE　　D. UNMOUNT DATABASE

4. SQL 具有两种使用方式,分别称为交互式 SQL 和(　　)。

　A. 提示式 SQL　　B. 多用户 SQL　　C. 嵌入式 SQL　　D. 解释式 SQL

5. SQL 是(　　)语言。

　A. 层次数据库　　B. 网络数据库　　C. 关系数据库　　D. 非数据库

6. (　　)参数用于确定是否要导入整个导出文件。

　A. CONSTRAINTS　　B. TABLES　　C. FULL　　D. FILE

二、操作题

设有如下所示的关系 S(S＃,SNAME,SAGE,SSEX)、C(C＃,CNAME,TEACHER)和 SC(S＃,C＃,GRADE),试用关系代数表达式表示下列查询语句：

1. 检索年龄大于 19 岁的男学生学号(S＃)和姓名(SNAME)。
2. 检索“王明明”同学不学课程的课程号(C＃)。
3. 检索选修课程名为“C 语言”的学生学号(S＃)和姓名(SNAME)。
4. 检索选修全部课程的学生姓名(SNAME)。
5. 检索选修课程包含“王华”老师所授课程之一的学生学号。

三、简答题

简述 Oracle 数据库中 SQL 的特点。

第8章 常用SQL函数及Oracle事务管理

8.1 常用 SQL 函数

Oracle 数据库中提供了很多函数，这些函数被用来加强 SQL 语句的执行功能，所以又称为 SQL 函数。使用这些函数可以大大提高计算机语言的运算、判断功能。函数(Function)是指有零个或多个参数并且返回一个值的程序段。

根据函数的操作对象是一行数据还是多行数据，可将 SQL 函数分为单行函数和多行函数。单行函数是指输入一行输出也是一行，或直接对单个数据进行操作的函数。单行函数从功能上可分为数学函数、时间和日期函数、转换函数和字符函数等。

多行函数可以同时操作多行数据，前面讲的聚合函数(组函数)就是多行函数。组函数与单行函数的求值方式不同。单行函数是在检索出每一行时求值一次，而组函数则是在检索出一行或多行组成的一个组时才求值一次，这是因为单行函数的输入量在检索出每一行的时候就知道了，而组函数的输入量则是在检索出所有的行之后才能确定。

单行函数既可以在 SQL 语句中使用，又可以在 PL/SQL 语句中使用。可以用于 SELECT 语句的 SELECT 子句、WHERE 子句、ORDER BY 子句，可以用于 UPDATE 语句的 SET 子句，可以用于 INSERT 语句的 VALUES 子句，可以用于 DELETE 语句的 WHERE 子句。只有组函数才能用于 HAVING 子句中，单行函数不能用于 SELECT 语句的 HAVING 子句中。本章主要讲解的函数是单行函数。

Oracle 数据库中的 dual 表示一个虚拟的表，它有一行一列，它的所有人是 Sys 用户，但可供数据库中的所有用户使用。不能向这个表中插入数据，但可以用这个表来选择系统变量(如用 SELECT sysdate FROM dual 可查询当前的系统时间)或求一个表达式的值，在这里理解 SQL 函数的用法主要是用于 dual 表。

8.1.1 数学函数

数学函数可以用于执行各种数据计算。该函数的输入输出都是数字型数据，执行一些类似算术或数学运算方面的计算。Oracle 系统提供了大量的数学函数，这些函数大大增强了 Oracle 系统的科学计算能力。

它们中间大多数函数能精确到 38 位。这些函数及其功能说明如表 8-1 所示。

表 8-1　数学函数

函　　数	说　　明
abs(x)	返回 x 的绝对值
asin(x)	返回 x 的反正弦值
acos(x)	返回 x 的反余弦值
atan(x)	返回 x 的反正切值
ceil(x)	返回大于等于 x 的最小整数
cosh(x)	返回 x 的双余弦值
exp(x)	返回 e 的 x 次幂(e=2.71828183…)
floor(x)	返回小于等于 x 的最大整数
ln(x)	返回 x 的自然对数,x 不能为 0
log(y,x)	返回以 y 为底的 x 的对数,y 不能为 0
mod(y,x)	返回 y 除以 x 之后的余数,如果 x 为 0,则返回 y
power(x,y)	返回 x 的 y 次幂
round(x[,y])	执行四舍五入运算。如果省略 y,则四舍五入到整数位；如果 y 是负数,则到小数点前 y 位；如果 y 是正数,则到小数点后 y 位
sign(x)	检测 x 的正负。如果 x 小于 0,则返回−1；如果 x 等于 0,则返回 0;如果 x 大于 0,则返回 1
sinh(x)	返回 x 的双正弦值
sqrt(x)	返回 x 的平方根,x 必须大于 0
tan(x)	返回 x 的正切值
tanh(x)	返回 x 的双正切值
trunc(x,[y])	截取数字。如果省略 y,则将 x 的小数部分截去；如果 y 是负数,截取到小数点前 y 位；如果 y 是正数,则截取到小数点后 y 位

1. abs 函数

abs 函数的功能是求出参数的绝对值,该函数的语法格式为：abs(列名或表达式)。例如,使用 abs 函数的例子和结果：

```
SQL> SELECT - 52,abs( - 52) negative,52,abs(52) position FROM dual;
```

上述语句运行的结果如图 8-1 所示。

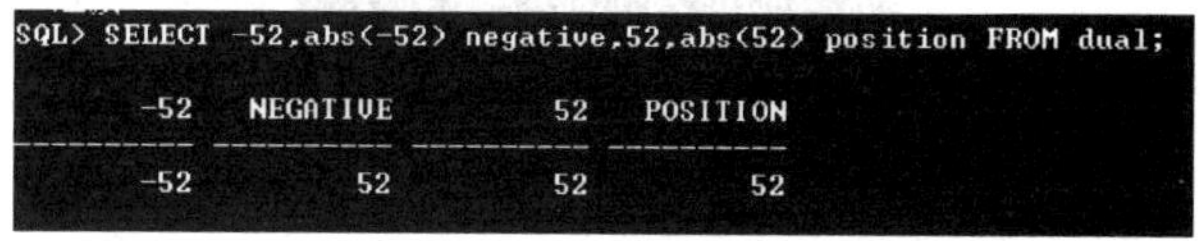

图 8-1　abs 函数

2. asin 函数

asin 函数的功能是返回参数的反正弦值。该函数的格式为：asin(列名或表达式)。例如,使用 asin 函数的例子和结果：

```
SQL> SELECT asin(0.5),asin(1) FROM dual;
```

上述语句运行的结果如图 8-2 所示。

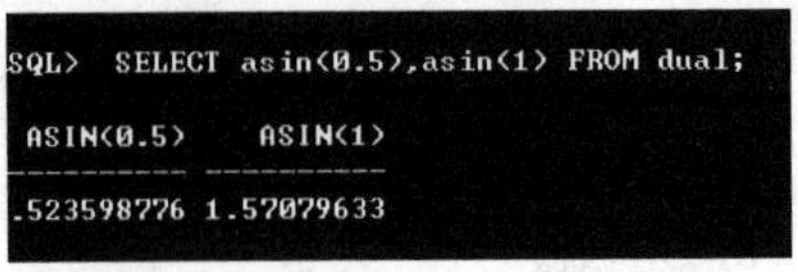

```
SQL> SELECT asin(0.5),asin(1) FROM dual;

 ASIN(0.5)    ASIN(1)
---------- ----------
.523598776 1.57079633
```

图 8-2 asin 函数

3. ceil 函数

ceil 函数的功能是获取大于或等于参数值的最大整数。对于正数,返回的结果向绝对值大的方向转化;对于负数,返回的结果向绝对值小的方向转化。该函数的语法格式为:

```
ceil(列名或表达式)。
```

例如,使用 ceil 函数的例子和结果:

```
SQL > SELECT ceil(6.6),ceil(6),ceil( - 6.6) FROM dual;
```

上述语句运行的结果如图 8-3 所示。

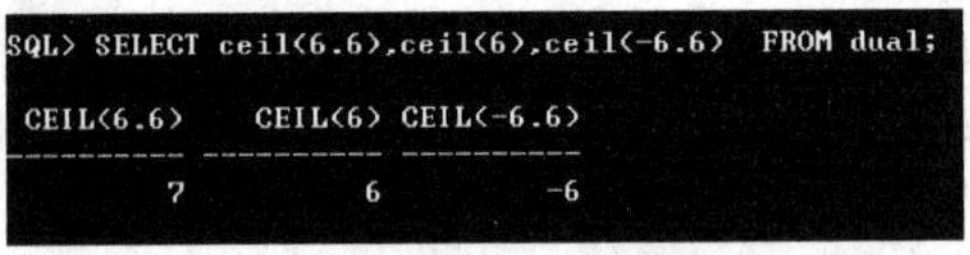

```
SQL> SELECT ceil(6.6),ceil(6),ceil(-6.6)  FROM dual;

 CEIL(6.6)    CEIL(6) CEIL(-6.6)
---------- ---------- ----------
         7          6         -6
```

图 8-3 ceil 函数

4. cosh 函数

cosh 函数的功能是返回参数的双余弦值。该函数的格式为:cosh(列名或表达式)。
例如,使用 cosh 函数的例子和结果:

```
SQL > SELECT cosh(60) FROM dual;
```

上述语句运行的结果如图 8-4 所示。

```
SQL> SELECT cosh(60) FROM dual;

  COSH(60)
----------
5.7100E+25
```

图 8-4 cosh 函数

5. exp 函数

exp 函数的功能是用于计算数字 e 的 x 次幂。该函数的语法格式为:exp(x)。
例如,使用 exp 函数的例子和结果:

```
SQL > SELECT exp(1) e,exp(10) FROM dual;
```

上述语句运行的结果如图 8-5 所示。

```
SQL> SELECT exp(1) e,exp(10) FROM dual;

         E    EXP(10)
---------- ----------
2.71828183 22026.4658
```

图 8-5　exp 函数

6. floor 函数

floor 函数的功能与 ceil 函数相反，可以得到小于等于参数值的最大值。对于正数，返回的结果向绝对值小的方向转化；对于负数，返回的结果向绝对值大的方向转化。

例如，使用 floor 函数的例子和结果：

```
SQL> SELECT floor( - 95.54) f,floor( - 122.24) FROM dual;
```

上述语句运行的结果如图 8-6 所示。

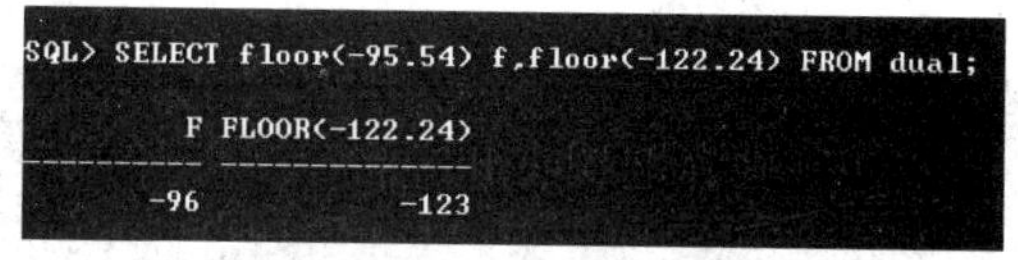

```
SQL> SELECT floor(-95.54) f,floor(-122.24) FROM dual;

         F FLOOR(-122.24)
---------- --------------
       -96           -123
```

图 8-6　floor 函数

7. mod 函数

mod 函数的功能是将两个参数做除法后取余数。该函数的语法格式如下：mod(列名或表达式，列名或表达式)。其中，第一个参数表示被除数，第二个参数表示除数。

例如，使用 MOD 函数的例子和结果：

```
SQL> SELECT mod(82,3) ,mod(3,82) FROM dual;
```

上述语句运行的结果如图 8-7 所示。

```
SQL> SELECT mod(82,3) ,mod(3,82) FROM dual;

 MOD(82,3)  MOD(3,82)
---------- ----------
         1          3
```

图 8-7　mod 函数

8. power 函数

power 函数的功能是计算 x 的 y 次幂。该函数的语法格式为：power(x,y)。

例如，使用 power 函数的例子和结果：

```
SQL> SELECT power(2.18.,9) P FROM dual;
```

上述语句运行的结果如图 8-8 所示。

```
SQL> SELECT power(2.18,9) P  FROM dual;

         P
----------
1112.00936
```

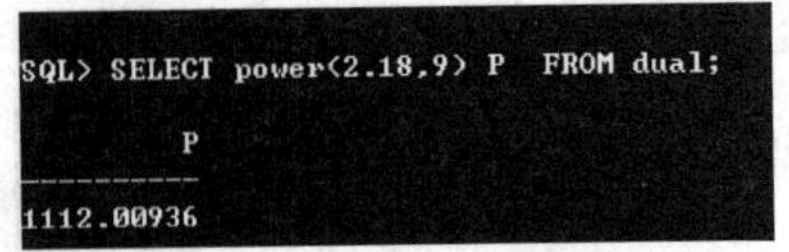

图 8-8　power 函数

9. trunc 函数

trunc 函数的功能是将列名或表达式所表示的数值进行截取。该函数的语法格式为：trunc(列名或表达式[,x])。

例如，使用 trunc 函数的例子和结果：

```
SQL > SELECT trunc(123.123, - 1) A,trunc(456.456, - 2)B,trunc(78.78, - 3)C
  2  FROM dual;
```

上述语句运行的结果如图 8-9 所示。

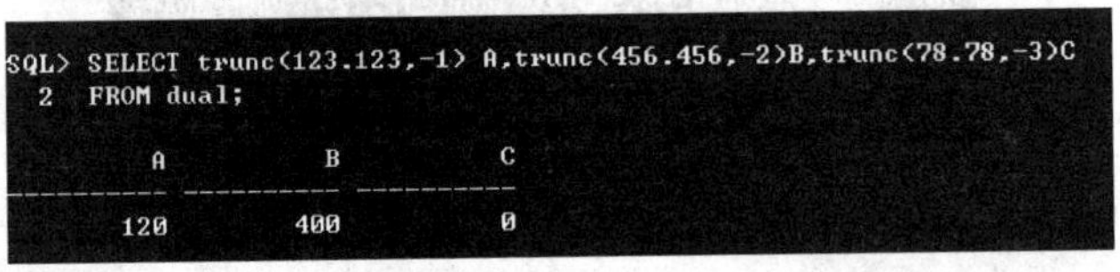

```
SQL> SELECT trunc(123.123,-1) A,trunc(456.456,-2)B,trunc(78.78,-3)C
  2  FROM dual;

         A          B          C
---------- ---------- ----------
       120        400          0
```

图 8-9　trunc 函数

10. round 函数

round 函数的功能是将列名或表达式所表示的数值进行四舍五入。该函数的语法格式为：round(列名或表达式[,x])。

例如，使用 round 函数的例子和结果：

```
SQL > SELECT round(123.123, - 1) A,round(456.456, - 2)B,round(78.78, - 3)C
  2  FROM dual;
```

上述语句运行的结果如图 8-10 所示。

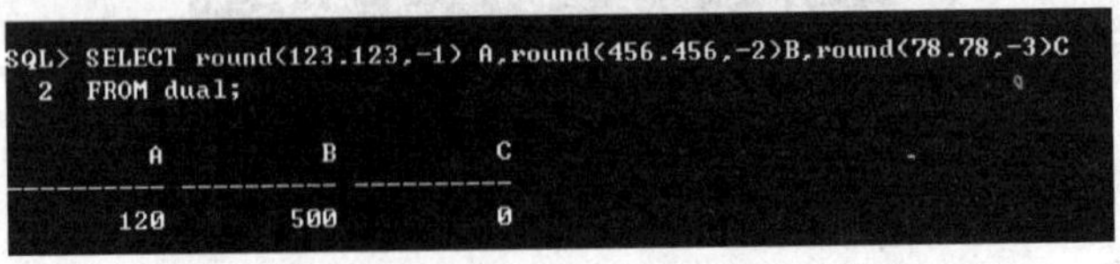

```
SQL> SELECT round(123.123,-1) A,round(456.456,-2)B,round(78.78,-3)C
  2  FROM dual;

         A          B          C
---------- ---------- ----------
       120        500          0
```

图 8-10　round 函数

通过相同的例子，查看 round 函数与 trunc 函数的不同之处，trunc 函数不需要进行四舍五入，处理起来比较简单，直接截取数值即可，截取后的数据位全部为 0。而 round 函数需要将列名或表示的数值进行四舍五入。

8.1.2　字符函数

字符函数是用于对字符表达式进行处理的函数。使用该函数时，输入值一般是字符型数据类型。这些字符可以来自于一个表中的列或一个字符表达式。它们大多有一个或多个字符参数，并且大多返回字符值。常用的字符函数及其功能说明如表 8-2 所示。

表 8-2　字符函数

函　数	说　明
ascii(string x)	返回字符 x 的 ASCII 值
chr(x)	返回整数 x 所对应的十进制 ASCII 的字符
concat(c1,c2)	返回将 c2 添加到 c1 后面形成的字符串。如果 c1 是 null，那么返回 c2；如果 c2 是 null，那么返回 c1；如果 c1、c2 都是 null，那么返回 null
initcap(c)	返回将 c 的每个首字符都大写、其他字符都小写之后的字符串。单词之间以空格、控制字符和标点符号分界
length(x)	返回 x 的长度。包括所有的后缀空格；如果 x 是 null，则返回 null
instr(c1,c2[,n[,m]])	在 c1 中从 n 开始搜索 c2 第 m 次出现的位置，并返回该位置数字。如果 n 是复数，则搜索从右向左进行，但位置数字仍然从左向右计算。n 和 m 默认都是 1
lower(x)	返回将 x 全部字符都小写之后的字符串
lpad(c1,n[,c2])	在 c1 的左边填充 c2，直到字符串的总长度达到 n。c2 的默认值为空格。如果 c1 的长度大于 n，则返回 c1 左边的 n 个字符
nanvl(x,value)	如果 x 匹配 NaN(即非数字)，就返回 value，否则返回 x
nvl(x,value)	如果 x 为空，就返回 value，否则返回 x
nvl2(x,value1,value2)	如果 x 为空，就返回 value1，否则返回 value2
rpad(c1,n[,c2])	在 c1 的右边填充 c2，直到字符串的总长度到达 n。c2 的默认值为空格，如果 c1 的长度大于 n，则返回 c1 右边的 n 个字符
rtrim(c1[,c2])	去掉 c1 右边所包含的 c2 中的任何字符，当遇到不是 c2 中的字符时结束，然后返回剩余的字符串，c2 默认为空格
substr(c,m[,n])	返回 c 的字串，其中 m 是字串开始的位置，n 是字串的长度。如果 m 为 0，则从 c 的首字符开始；如果 m 是负数，则从 c 的结尾开始
soundex(x)	返回包括字符串 x 的音标
upper(x)	返回将 x 全部字符都大写之后的字符串

1. ascii 函数

ascii 函数的功能是返回某个字符的 ASCII 码的值。该函数的语法格式为：ascii(列名或表达式)。

例如，使用 ascii 函数的例子和结果：

```
SQL> SELECT ascii('A') A,ascii('a') a,ascii('Abcd') AB,ascii('0') zero,ascii(' ') space
  2  FROM dual;
```

上述语句运行的结果如图 8-11 所示。

```
SQL> SELECT ascii('A') A,ascii('a') a,ascii('Abcd') AB,ascii('0') zero,ascii(' ') space
  2  FROM dual;

         A          A         AB       ZERO      SPACE
---------- ---------- ---------- ---------- ----------
        65         97         65         48         32
```

图 8-11　ascii 函数

2. chr 函数

chr 函数的功能与 ascii 函数的功能正好相反，它是根据参数的数值返回每个对应的字符。该函数的语法格式为：chr(列名或表达式)。

例如，使用 chr 函数的例子和结果：

```
SQL > SELECT chr(51141) LI,chr(46),chr(78) FROM dual;
```

上述语句运行的结果如图 8-12 所示。

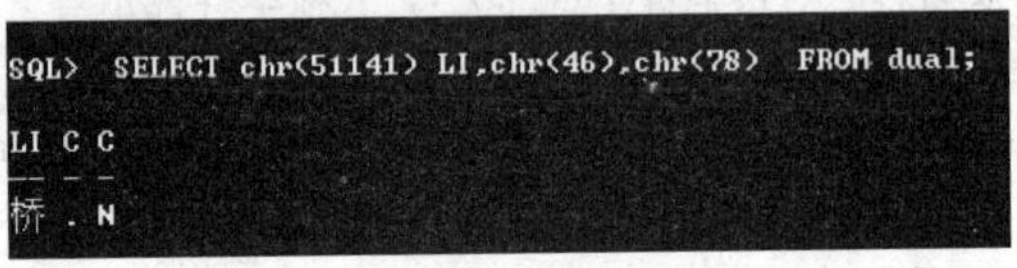

```
SQL> SELECT chr(51141) LI,chr(46),chr(78) FROM dual;

LI C C
-- - -
桥 . N
```

图 8-12　chr 函数

3. initcap 函数

initcap 函数的功能是将参数字符串的每个单词的第一个字母转换成大写，其余的转换为小写返回。该函数的语法格式为：initcap(列名或表达式)。

例如，使用 initcap 函数的例子和结果：

```
SQL > SELECT initcap('my love') FROM dual;
```

上述语句运行的结果如图 8-13 所示。

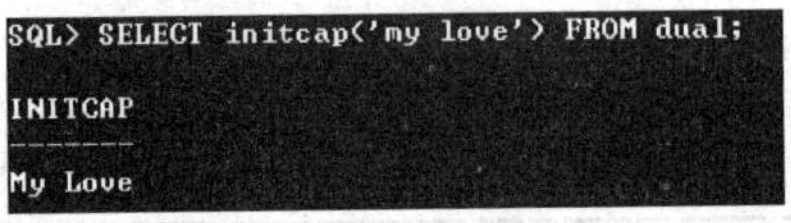

```
SQL> SELECT initcap('my love') FROM dual;

INITCAP
-------
My Love
```

图 8-13　initcap 函数

4. length 函数

length 函数的功能是返回参数字符串的长度，返回值以字符为长度单位。该函数的语法格式为：length(列名或表达式)。

例如，使用 length 函数的例子和结果：

```
SQL > SELECT length('my baby'),length('our') FROM dual;
```

上述语句运行的结果如图 8-14 所示。

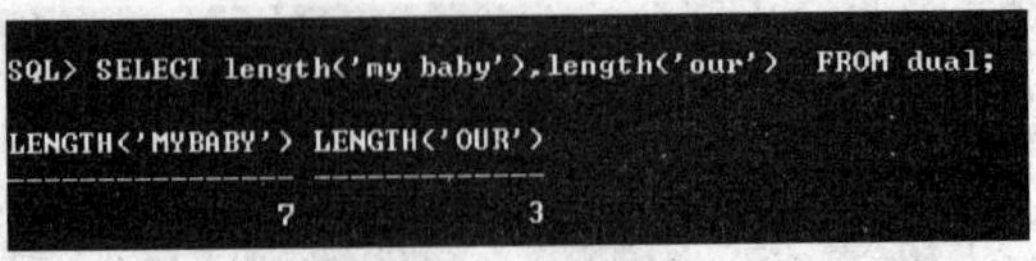

```
SQL> SELECT length('my baby'),length('our') FROM dual;

LENGTH('MYBABY') LENGTH('OUR')
---------------- -------------
               7             3
```

图 8-14　length 函数

5. lengthb 函数

lengthb 函数的功能是返回参数字符串的长度，返回值以字节为长度单位。该函数的语法格式为：lengthb(列名或表达式)。

例如，使用 lengthb 函数的例子和结果：

```
SQL> SELECT lengthb('数据库原理'),lengthb('ORACLE') FROM dual;
```

上述语句运行的结果如图 8-15 所示。

```
SQL> SELECT lengthb('数据库原理'),lengthb('ORACLE') FROM dual;

LENGTHB('数据库原理') LENGTHB('ORACLE')
--------------------- -----------------
                   10                 6
```

图 8-15 lengthb 函数

6. lower 函数

lower 函数将参数字符串中的英文全部转化为小写字母后返回。该函数的语法格式为：lower(列名或表达式)。

例如，使用 lower 函数的例子和结果：

```
SQL> SELECT lower('SQLSERVER') s,lower('ORACLE') o FROM dual;
```

上述语句运行的结果如图 8-16 所示。

```
SQL> SELECT lower('SQLSERVER') s,lower('ORACLE') o FROM dual;

S         O
--------- ------
sqlserver oracle
```

图 8-16 lower 函数

7. upper 函数

upper 函数将参数字符串中的英文字母全部转化为大写后返回。该函数的语法格式为：upper(列名或表达式)。

例如，使用 upper 函数的例子和结果：

```
SQL> SELECT upper('Sql server') s,upper('Oracle') o FROM dual;
```

上述语句运行的结果如图 8-17 所示。

```
SQL> SELECT upper('Sql server') s,upper('Oracle') o FROM dual;

S          O
---------- ------
SQL SERVER ORACLE
```

图 8-17 upper 函数

8. lpad 函数

lpad 函数的功能是在列名或表达式的左边补齐字符，补齐后的长度为 width，补齐后返回。有参数时，使用 pad_string 参数补齐，否则使用空格补齐。该函数的语法格式为：lpad(列名或表达式，width[，pad_string])。

例如，使用 lpad 函数的例子和结果：

```
SQL> SELECT lpad('abc',5,'*')A,lpad('abc',2,'*')B,lpad('abc',9)C
  2  FROM dual;
```

上述语句运行的结果如图 8-18 所示。

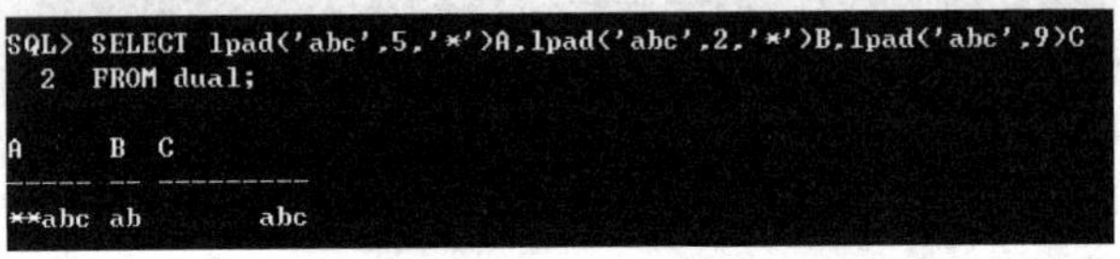

```
SQL> SELECT lpad('abc',5,'*')A,lpad('abc',2,'*')B,lpad('abc',9)C
  2  FROM dual;

A     B  C
----- -- ---------
**abc ab       abc
```

图 8-18 lpad 函数

9. rpad 函数

rpad 函数的功能是在列名或表达式的右边补齐字符，补齐后的长度为 width，补齐后返回。有参数时，使用 pad_string 参数补齐，否则使用空格补齐。该函数的语法格式为：rpad(列名或表达式，width[，pad_string])。

例如，使用 rpad 函数的例子和结果：

```
SQL> SELECT rpad('abc',5,'*')A,rpad('abc',2,'*')B,rpad('abc',9)C
  2  FROM dual;
```

上述语句运行的结果如图 8-19 所示。

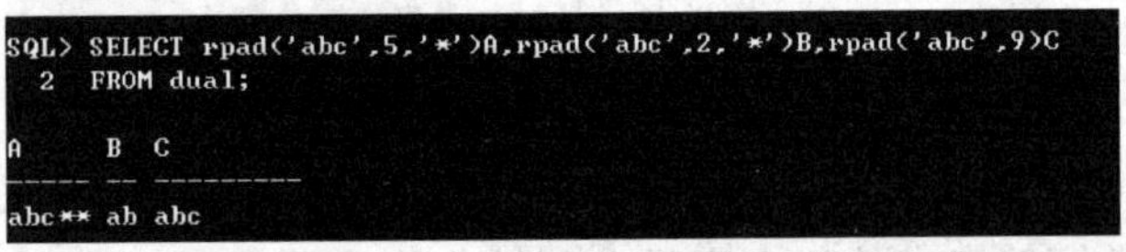

```
SQL> SELECT rpad('abc',5,'*')A,rpad('abc',2,'*')B,rpad('abc',9)C
  2  FROM dual;

A     B  C
----- -- ---------
abc** ab abc
```

图 8-19 rpad 函数

10. replace 函数

replace 函数的功能是在第一个参数中找到一个这样的 string1 字符串，如果找到就用替代的字符串 string2 来代替。若是没有 string2 这个参数，就用空白来替换 string1，删除第一个参数中的 string1 字符串。该函数的语法格式为：replace(列名或表达式，string1[，string2])。

例如，使用 replace 函数的例子和结果：

```
SQL> SELECT replace('数据库原理','原理','原理及应用') DB FROM dual;
```

上述语句运行的结果如图 8-20 所示。

```
SQL> SELECT replace('数据库原理','原理','原理及应用') DB FROM dual;

DB
------------------
数据库原理及应用
```

图 8-20　replace 函数

8.1.3　时间和日期函数

在 Oracle 中，日期类型的数据不止包含日期，时间和日期是一起存储的，其数据类型是 DATE 或者 TIMESTAMP。DATE 类型可以存储世纪、年份、月、日、时（以 24 小时格式）、分、秒这 7 个部分。在默认的情况下格式是：DD-MON-YY。其中 YY 是年份的最后两位，MON 是包括“月”的月份，DD 是两位的月份中的第几天，如“23-3 月-13”。在插入日期时间数据的时候，如果不使用这个默认格式，就需要使用 to_date 函数进行格式转换，常用的时间、日期格式如表 8-3 所示。

表 8-3　常用的时间、日期格式

函　数	说　　明	示　　例
AM 或 PM	上午或下午	格式 HH12 AM 的 09 AM
DY	星期（缩写、大写）	MON、TUE、FRI、…
DAY	星期全拼（大写）	MONDAY、TUESDAY、FRIDAY、…
D	本周的第几天（星期几）	1,2,3,4,5,6,7
DD	本月中的第几天	1,2,3,4,…,28,29,30,31
W	本月中的第几周	1,2,3,4
MON	月份（缩写）	Jan、Feb、Mar、…、Dec
Month	月份全拼（首字母大写）	January、February、…、December
YYYY	4 位数表示的年	2013
YEAR	年份全拼（大写）	TWO THOUSAND-ELEVEN
HH24	24 小时格式的小时	0,1,2,3,4,5,…,21,22,23
HH、HH12	12 小时格式的小时	1,2,3,4,5,…,10,11,12

TIMESTAMP 类型也可以存储世纪、年份、月、日、时（以 24 小时格式）、分、秒。但 TIMESTAMP 类型还可以存储时区。

在 Oracle 11g 中，系统还提供了许多用于处理日期和时间的函数，常用的时间和日期函数如表 8-4 所示。

表 8-4　常用的时间和日期函数

函　　数	描　　述
add_months(x,y)	在 x 给定的日期上增加 y 个月。若 y 为负，则表示从 x 中减去 y 个月
current_date	返回当前会话时区所对应的日期
current_timestamp([x])	返回当前会话时区所对应的日期时间，x 为精度，可以是 0～9 之间的一个整数，默认为 6
dbtimezone	返回数据库所在的时区
last_day(x)	返回日期 x 所在月份的最后一天

续表

函　　数	描　　述
months_between(x,y)	返回日期 x 和 y 之间相差的约数。如果 x 小于 y,则返回负数,如果 x 和 y 的天数相同或都是月底,则返回整数;否则 Oracle 以每月 31 天为准来计算结果的小数部分
round(x[,fmt])	返回日期时间 x 的四舍五入结果。如果 fmt 是 year,则以 7 月 1 日为分界线,如果 fmt 是 month,则以 16 日为分界线;如果 fmt 是 day,则以中午 12:00 时为分界线
sysdate	返回当前数据库的日期时间
systimestamp	返回当前数据库的一个 timestamp with time zone 类型的日期时间
next_day(x,y)	返回日期 x 后的下一个 y。y 是一个字符串,表示当前会话语言表示的一周的某一天的全称(如星期一、星期二)

1. current_date 函数

current_date 函数的功能是返回本地时区的当前日期。

例如,使用 current_date 函数的例子和结果:

```
SQL> SELECT sysdate,current_date,sessiontimezone FROM dual;
```

上述语句运行的结果如图 8-21 所示。

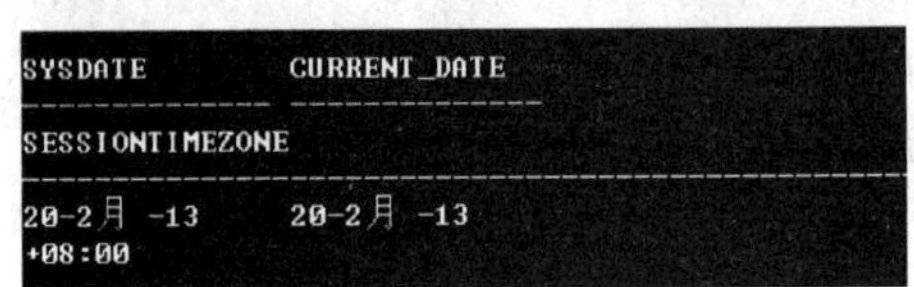
```
SYSDATE         CURRENT_DATE
--------------  --------------
SESSIONTIMEZONE
---------------------------------------------------------------------------
20-2月 -13      20-2月 -13
+08:00
```

图 8-21　current_date 函数

2. current_timestamp 函数

current_timestamp 函数的功能是返回本地时区的当前日期和时间。

例如,使用 current_timestamp 函数的例子和结果:

```
SQL> SELECT current_timestamp FROM dual;
```

上述语句运行的结果如图 8-22 所示。

```
SQL> SELECT current_timestamp FROM dual;

CURRENT_TIMESTAMP
---------------------------------------------------------------------------
20-2月 -13 05.55.55.875000 下午 +08:00
```

图 8-22　current_timestamp 函数

3. dbtimezone 函数

dbtimezone 函数的功能是返回数据库所在的时区。

例如,使用 dbtimezone 函数的例子和结果:

```
SQL > SELECT dbtimezone FROM dual;
```

上述语句运行的结果如图 8-23 所示。

```
SQL> SELECT dbtimezone FROM dual;

DBTIME
------
+00:00
```

图 8-23　dbtimezone 函数

4. systimestamp 函数

systimestamp 函数的功能是返回 Oracle 服务器的时间。

例如,使用 systimestamp 函数的例子和结果:

```
SQL > SELECT systimestamp FROM dual;
```

上述语句运行的结果如图 8-24 所示。

```
SQL> SELECT systimestamp FROM dual;

SYSTIMESTAMP
---------------------------------------------------------------------------
20-2月 -13 06.01.59.515000 下午 +08:00
```

图 8-24　systimestamp 函数

5. extract 函数

extract 函数的功能是从日期时间类型的数据中提取特定部分的信息。该函数的语法格式如下:

```
extract ({year/month/day/hour/minute/second}
/{timezone_hour/timezone_minutes}
/{timezone_region/timezone_abbr}
FROM 列名或表达式)
```

例如,使用 extract 函数提取年份、月份和日期:

```
SQL > SELECT extract(year FROM sysdate)year FROM dual;
```

上述语句运行的结果如图 8-25 所示。

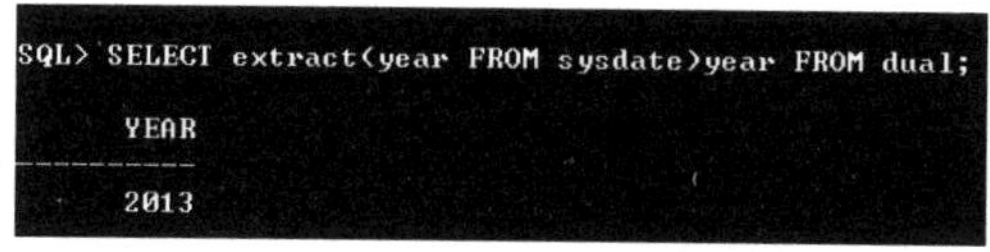

```
SQL> SELECT extract(year FROM sysdate)year FROM dual;

      YEAR
----------
      2013
```

图 8-25　extract 函数

8.1.4　转换函数

在数据库中存在多种数据类型,不可避免地会涉及数据类型之间的转换问题。Oracle 数据库提供了一些转换函数实现数据类型的转换问题。转换函数用于将数据从一种数据类型转换为另一种数据类型。在某些情况下，Oracle会根据操作和函数对数据类型的需要，而隐含地转换数据的数据类型。例如，把表示价格的数字数据转换为字符数据。

转换的基本原则是：任何number或date类型的数据都可以被转换为char、varchar2的数据；被转换的数据与要转换的数据类型要基本相似。如可以将12345转换成字符串，但不能将monp转换成数字。常用的转换函数如表8-5所示。

表8-5 常用的转换函数

函数	描述
asciistr(a)	将字符串a转换为ASCII字符串。就是将a中的ASCII字符保留不变，但非ASCII字符则以ASCII表示返回
cast(c AS t)	将表达式c转换成数据类型t。t可以是内建数据类型，也可以是程序员自定义的数据类型
to_char(x,[,fmt])	将x按format格式转换成字符串。x是一个日期或者数字，fmt是一个规定了x采用何种格式转换的字符串
to_date(c[,fmt])	将符合fmt指定的特定日期格式的字符串c转换成date类型的数据
to_number(c[,fmt])	将符合fmt指定的特定数字格式的字符串c转换成数字类型的数据
to_timestamp(a)	将字符串a转换为一个timestamp数据类型

在编写应用程序时，为了防止出现模糊和编译错误，如果数据类型不同或不匹配，就应该使用转换函数进行类型转换，以使程序稳定和易于维护。同一个转换函数可能会有相当多的格式化代码，以便用来实现广泛的格式转换。

1. cast函数

cast函数的功能是将某种类型的表达式转换为另一种数据类型。

例如，使用cast函数的例子和结果：

```
SQL> SELECT cast(sysdate AS varchar2(20)) now FROM dual;
```

上述语句运行的结果如图8-26所示。

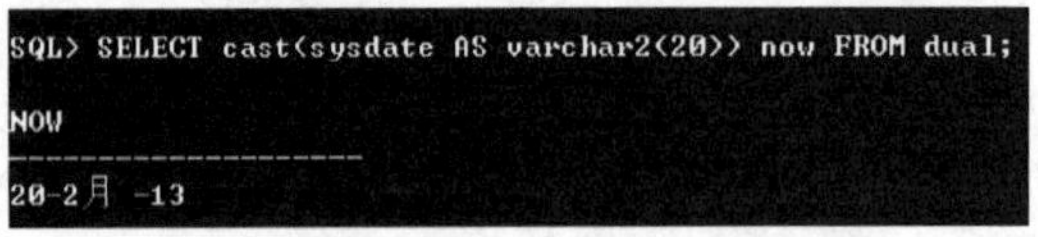

```
SQL> SELECT cast(sysdate AS varchar2(20)) now FROM dual;

NOW
--------------------
20-2月 -13
```

图8-26 cast函数

2. to_char函数

在Oracle中，to_char()函数是最常使用的转换函数。它的功能是将非字符型的数据转换成字符型数据，可以设置字符的输出格式。该函数的语法形式：to_char(x,[,format])。这里x可以是数值型、日期时间型或者是其他的字符类型(nchar、nvarchar2、clob、nclob)的数据，转换后变成varchar2类型。换言之，括号内x是个数字，则format应该是个数字格式的代码。

常用的数值转换时格式字符串如表8-6所示。

表 8-6 常用的数值转换时格式字符串

函　数	说　明
9	返回数字，如果是正值，则表示前导空格的数字数位；如果是负值，则表示前面有一个“—”(负号)。转换后字符显示宽度
0	前导或结尾位置的 0
,	逗号，用作组分符。它不能出现在小数点之后
.	圆点，用作小数点符，表示小数点的位置
$	美元符号
L	本地货币符号
EEEE	使用科学记数法
B	若是整数部分为零，使用空格表示
C	在指定位置上使用 ISO 标准货币符号
D	在指定位置上返回小数点位置
FM	删除数字的前后空格
G	在指定位置上显示分组符号
MI	负数的尾部有负号，正数的尾部有空格
TM	使用最小的字符数返回数字
U	在指定位置上返回双货币号
X	返回十六进制数字

例如，使用 to_char 函数数值转换时格式字符串的例子和结果：

```
SQL> SELECT to_char(1234567,'9,999,999') A , to_char(1234,'$9,999') B FROM dual;
```

上述语句运行的结果如图 8-27 所示。

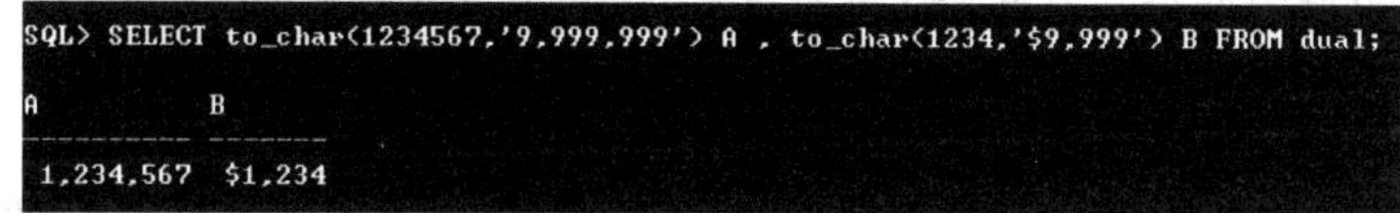
```
SQL> SELECT to_char(1234567,'9,999,999') A , to_char(1234,'$9,999') B FROM dual;

A          B
---------- -------
 1,234,567  $1,234
```

图 8-27　to_char 数值转换函数

常用的日期转换时格式字符串如表 8-7 所示。

表 8-7 常用的日期转换时格式字符串

函　数	说　明
SSSSS	表示午夜之后的秒
SS	表示秒数
YYYY	表示 4 位表示的年
YY	表示 2 位表示的年
MM	表示月
DD	表示天
DAY	表示星期几
YEAR	表示英文表示的年
MON	表示英文表示的月，3 位字母表示
WW	表示年的周数
W	表示月的周数

续表

函　数	说　明
Q	表示年的季度
MI	表示分钟数
HH/HH12	以 12 小时表示一天的小时数
HH24	以 24 小时表示一天的小时数
AM 或 A. M. 或 PM 或 P. M.	正午标识(大写)
am 或 a. m. 或 pm 或 p. m.	正午标识(小写)
μs	微秒

例如,使用 to_char 函数日期转换时格式字符串的例子和结果:

```
SQL> SELECT to_char(sysdate,'YYYY-MM-DD***HH-MI-SS***')date time FROM dual;
```

上述语句运行的结果如图 8-28 所示。

```
SQL> SELECT to_char(sysdate,'YYYY-MM-DD***HH-MI-SS***') datetime FROM dual;

DATETIME
---------------------------
2013-02-20***07-36-20***
```

图 8-28　to_char 日期转换函数

8.1.5 其他常用函数

在数据库中存在多种数据类型,不可避免地会涉及数据类型之间的转换问题。Oracle 数据库提供了一些转换函数实现数据类型的转换。

1. dump 函数

dump 函数的功能是查看表的数据在数据文件中的存储内容。该函数的语法格式为:dump(列名或表达式[,返回值格式][,起始位置][,长度]),其中该函数返回值是一个字符串,包含了数据类型的代码、数据的长度和数据的内容表现形式;返回格式用于执行返回值的返回形式,如 8 表示以八进制形式返回。默认情况下,返回值中不包括字符集信息,想要获取该信息,必须加上 1000。如 1008 返回八进制的结果,还返回字符集信息;起始位置和长度共同作用可以返回指定部分的值,默认以十进制的形式返回所有内容。

例如,使用 DUMP 函数的例子和结果:

```
SQL> SELECT dump('baby') a, dump('baby',8) b, dump('baby',1008) c
  2  FROM dual;
```

上述语句运行的结果如图 8-29 所示。

```
SQL> SELECT dump('baby') a, dump('baby',8) b, dump('baby',1008) c
  2  FROM dual;

A                              B                              C
------------------------------ ------------------------------ ------------------------------
Typ=96 Len=4: 98,97,98,121 Typ=96 Len=4: 142,141,142,171 Typ=96 Len=4 CharacterSet=ZHS16GBK: 142,141,142,171
```

图 8-29　dump 函数

2. decode 函数

decode 函数的功能是实现类似 IF…THEN…ELSE 选择判断，使 SQL 语句更为灵活。该函数的语法格式为：decode(列名或表达式，值 1，返回值 1[，值 2，返回值 2…，][，默认])，该格式意义为：如果列名或表达式等于值 1，则结果返回值 1；如果列名或表达式等于值 2，则结果返回值 2；如果在列表中找不到相等的数值，则返回默认值。

在 HR 示例方案 countries 表中练习此函数。例如，使用 decode 函数将 countries 中 region_id 的序列号变为大写字母。

```
SQL> SELECT country_id,country_name,decode(region_id,1,'A',2,'B',3,'C','其他')
  2  FROM countries;
```

上述语句运行的结果如图 8-30 所示。

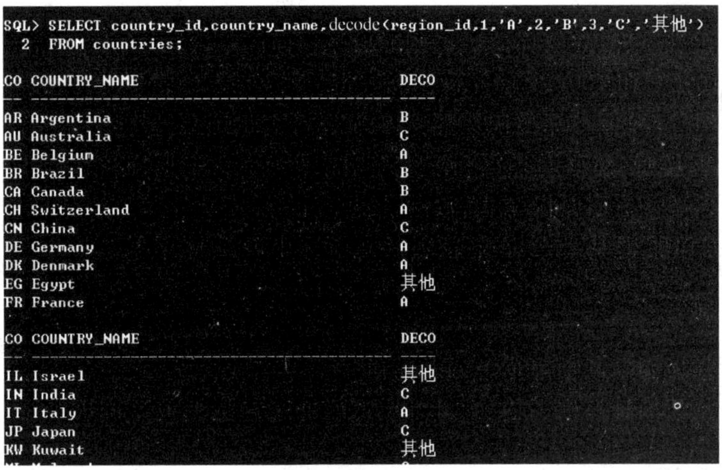

```
SQL> SELECT country_id,country_name,decode(region_id,1,'A',2,'B',3,'C','其他')
  2  FROM countries;

CO COUNTRY_NAME                             DECO
-- ---------------------------------------- ----
AR Argentina                                B
AU Australia                                C
BE Belgium                                  A
BR Brazil                                   B
CA Canada                                   B
CH Switzerland                              A
CN China                                    C
DE Germany                                  A
DK Denmark                                  A
EG Egypt                                    其他
FR France                                   A

CO COUNTRY_NAME                             DECO
-- ---------------------------------------- ----
IL Israel                                   其他
IN India                                    C
IT Italy                                    A
JP Japan                                    C
KW Kuwait                                   其他
```

图 8-30　decode 函数

8.2　Oracle 事务处理

事务是多用户数据库的重要机制，事务处理是所有 RDBMS(当然包括 Oracle)的核心。事实上，没有事务处理，就没有 RDBMS 实现的可能性。事务处理技术主要包括数据库的恢复技术和并发控制技术。数据库恢复技术和并发控制技术是数据库管理系统的重要组成部分。

8.2.1　事务的概念

事务(Transaction)是一系列的数据库操作，由一条或多条相关的 SQL 语句组成，是数据库应用程序的基本逻辑单位。数据存储的逻辑单位是数据块，数据操作的逻辑单位是事务。

数据库的一大特点就是数据共享，但数据共享必然带来数据的安全问题。数据的安全保护措施是否有效，是数据库的主要性能指标之一。对数据的保护包含两个方面的内容：防止合法用户的操作对数据库造成意外的破坏；如用户进行的 DML 操作半途而废或者由于并发存取而导致的对数据一致性的破坏，由于更新数据而导致的对数据完整性的破坏，由于故障而导致的数据破坏等。另外,就是防止非法用户的操作对数据库造成故意的破坏。如非法偷取数据,非法更新数据等。

对于前者来讲,Oracle 提供了一种"事务"的控制机制,能够保证对数据进行有效、安全的操作,使数据库中的数据始终处于一个数据一致性的状态;对于后者来说,可以用户管理、权限管理等方法来控制。本节讨论的就是前者的问题。

在关系数据库中,一个事务是一组 SQL 语句或整个程序。事务与应用程序是两个不同的概念。通常情况下,一个应用程序包括多个事务。

事务就是用户定义的一个数据库操作序列,这些操作要不全做要不全不做,是一个不可分割的工作单位。举例来看,例如商业活动中的交易都涉及两个基本操作:一手交钱,一手交货。这两个操作构成了一个完整的交易,缺一不可。也就是说,如果这两个操作都成功了,则交易成功,如果任何一个不成功,则交易不成功;就应该取消该交易,将钱或货归还到原来的人手中,恢复交易前原来的状态。

8.2.2 事务特性

事务具有 4 大性质,包括原子性(Atomicity)、一致性(Consistency)、隔离性(Isolation)和持续性(Durability)。它们可简称为事务的 ACID 特性。

1. 原子性

事务是数据库中一个不可分割的逻辑单位(或操作序列),一个事务中的所有操作要么都被成功地做完,要么都不做。只要有一个不成功,就会被自动回退。否则数据库中的数据就会处于不一致状态。未提交对数据的更新操作是可以被回退的,提交之后的更新操作是不能被回退的,可以手动回退或手动提交。

2. 一致性

一致性是指一个语句、一个事务操作后的结果(事务执行的结果)必须要使数据库中的所有数据处于一种逻辑上的一致性的状态。换言之,数据库必须从一个一致性状态到另一个一致性的状态。如在语句、事务处理开始之前,数据库中的所有数据都是满足已经设置的各种约束条件或业务规则的,在语句、事务处理完成之后,数据虽然不同以往,但它们必须仍然满足先前设置的约束条件或业务规则。

3. 隔离性

隔离性是指事务的执行不能被其他的事务所干扰。即一个事务内部的操作与使用的数据,对其他事务是隔离的,并发执行的各个事务之间不能互相干扰。在提交之前,只有该事务的用户才能够看到正在修改的数据,而其他事务的用户只能看到修改之前的数据。

隔离性是数据库允许对其中的数据并发修改和读取的能力。如果没有隔离性,一个事务就有可能读取另一个事务正在操作的、但还没有提交的、设置还可能处于回退的中间数据,而因此做出的错误的操作或决策。

4. 持续性

持续性也称为永久性,它是指一个事务一旦被提交成功,它对数据库中的数据所做的修改也就永久性地保存下来了。这些修改不会由于系统故障或错误而消失。换言之,这个数据一致性的状态是可以被恢复的，不会被丢失的。接下来的其他操作都是在此基础上进行的，不会对其执行结果有任何影响。

8.2.3 事务处理机制

Oracle 提供的事务控制是隐式自动开始的，它不需要用户显式地使用语句开始事务处理。但该事务控制也包括以下几种语言：提交事务（Commit）、回退事务（Rollback）、设置保存点（Savepoint）、回退到保存点（Rollback to Savepoint）、设置事务的属性（Set Transaction）和设置可延迟约束的检验时机（Set Constrants）。

1. 事务的开始与结束

事务是用来分隔数据库操作的逻辑单位的，因此事务是有起点和终点的。正如前面所讲，Oracle 的一个重要特点就是没有“开始事务处理”的语句。用户不能也不必显式地开始一个事务处理。当发生如下事件之一时，事务就开始了：

（1）连接到数据库，并开始执行第一条 DML 语句时；

（2）当一个事务结束或者执行一条会自动提交事务的语句时。

当发生如下事件之一时，事务就结束了：

（1）执行一条会自动提交事务的语句时；

（2）显式地使用提交（Commit）语句或回滚（Rollback）语句时；

（3）执行一条 DML 语句该语句却失败了时，此时会因为这个失败的 DML 语句而自动回退事务；

（4）在 SQL * PLUS 中，正常的退出（使用 exit 命令或者是 quit 命令），Oracle 会自动对事务进行提交；

（5）如果直接关闭 SQL * PLUS，会自动对事务进行回滚；

（6）在 SQL * PLUS 中，Autocommit 设置为 ON，事务也会自动提交；

（7）在执行 SQL * Plus 中，如遇到计算机突然停断电、崩溃等，就会自动执行 Rollback 语句；

（8）执行一条 DDL 语句（如 Create Table，Alter Table，Drop Table，Alter System）后；

（9）执行一条 DCL 语句（如 Grant，Revoke，Audit，Noaudit，Rename）后；

（10）断开与数据库的连接时。

值得注意的是：Oracle 中尽管没有“开始事务处理”的语句，但有“结束事务处理”的语句。一般来说，当一个事务的逻辑单位结束时，或者应该用 Commit 语句提交，或者应该用 Rollback 语句回退。

2. 提交事务

在用 DML 语句对数据库进行操作之后，如果要在数据库中永久性地保存操作结果，就需要使用 Commit 命令来提交事务。也就是说，通知数据库管理系统将该事务对数据库所做的操作全部保存到操作系统文件中。注意：至少要先被保存到“重做日志文件”中，然后再保存到“数据文件”中。提交成功之后，其他会话就可以查看到操作后的数据了。

例如，当会话 A 更改了数据，但在提交之前，会话 B 不能取得更新后的数据。在会话 A 提交了事务之后，会话 B 就可以取得更新后的数据了。事务就是用这种方法保证了数据的读一致性，如表 8-8 所示。

表 8-8　提交事务

会话 A(运行一个 SQL * Plus)	会话 B(运行另一个 SQL * Plus)
SQL > DELETE FROM employees WHERE employee_id = 555; 已经删除 1 行.	
	SQL > SELECT employee _ id, first _ name FROM employees 2 WHERE employee_id = 555; employee_idfirst_name ---------- ---------- 555 Damon
SQL > commit; 提交完成.	
	SQL > SELECT employee _ id, first _ name FROM employees 2 WHERE employee_id = 555; 未选定行

3. 回退事务

如果不想让执行的 SQL 语句生效,就需要使用 Rollback 语句回退事务。回退一个事务也就意味着在该事务中对数据库进行的全部操作将被撤销,Oracle 利用回退来修改存储前的数据,通过重做日志来记录对数据所做的修改。也就是说,回退可以终止用户的事务处理,并撤销用户已经进行的所有更改。

从事务开始到回退时的所有 SQL 语句的操作都不会被记录到数据库中。换言之,如果在对数据库的修改过程中出现了程序方面或数据库方面的错误,或用户不打算保存他们所做的操作结果时,或验证 Rollback 语句的功能时,都可以使用 Rollback 命令来回退全部事务。将该事务目前对数据库所做的更改全部回退(Rollback)到上一个提交成功后的状态。显然,如果不能回退错误或操作结果,就没有人能够使用数据库。

与提交事务不同,回退事务所需要的时间取决于所要撤销的数据库操作或逐句的数量。显然,这是因为回退事务必须要在物理上撤销所做的操作。回退的功能是一个对错误的异常处理办法,非常时期(系统停/断电、人为破坏等特殊情况)是必需的。正常时不要使用,否则就无法在数据库中保留操作的结果了。

例如,回退全部事务的效果,所有的操作(插入、修改、删除)都被回退了,都没有保存到数据库中。语句如下:

```
SQL > COMMIT;

提交完成.

SQL > INSERT INTO employees (employee_id, first_name, last_name, email, hire_date, job_id,
department_id)
  2  VALUES(555,'Damon','Salvatore','smile',to_date('2000 - 11 - 21','yyyy - mm - dd'),'IT_PROG',
null);
```

```
已创建 1 行.

SQL > ROLLBACK;

回退已完成.

SQL > SELECT employee_id,first_name FROM employees
  2  WHERE employee_id = 555;

未选定行
```

上述语句运行的结果如图 8-31 所示。

```
SQL> COMMIT;

提交完成。

SQL> INSERT INTO employees (employee_id, first_name, last_name, email, hire_date, job_id, department_id)
  2  VALUES(555,'Damon','Salvatore','smile',to_date('2000-11-21','yyyy-mm-dd'),'IT_PROG',null);

已创建 1 行。

SQL> ROLLBACK;

回退已完成。

SQL> SELECT employee_id,first_name FROM employees
  2  WHERE employee_id=555;

未选定行
```

图 8-31　回退全部事务

当进行部分回退的时候，Oracle 执行的任务是：

(1) 撤销保存点之后所有已经执行的更改，但保留保存点之前的更改。

(2) 释放保存点之后各个 SQL 语句所占用的系统资源，并解除对所涉及的操作对象的锁定。但保留保存点之前各个 SQL 语句所占用的系统资源和对所涉及的操作对象的锁定。

(3) 给用户返回一个回退到保存点的成功提示的代码。

(4) 用户可以继续执行当前的事务。

例如，回退部分事务。在一个事务中设置了保留点，以便回退部分事务。保留点以后的操作(删除、插入、修改)都被回退了，但保留点之前的操作仍然存在。

```
SQL > COMMIT;

提交完成.

SQL > INSERT INTO employees (employee_id, first_name, last_name, email, hire_date, job_id,
department_id)
  2  VALUES(555,'Damon','Salvatore','smile',to_date('2000 - 11 - 21','yyyy - mm - dd'),'IT_PROG',
null);

已创建 1 行.

SQL > SAVEPOINT sp1;

保存点已创建.

SQL > UPDATE employees SET first_name = 'Amy' WHERE employee_id = 555;
```

```
已更新 1 行.

SQL > SELECT employee_id,first_name FROM employees WHERE employee_id = 555;

EMPLOYEE_ID FIRST_NAME
------------ ---------------------
         555 Amy

SQL > ROLLBACK TO sp1;

回退已完成.

SQL > SELECT employee_id,first_name FROM employees WHERE employee_id = 555;

EMPLOYEE_ID FIRST_NAME
------------ ---------------------
         555 Damon
```

上述语句运行的结果如图 8-32 所示。

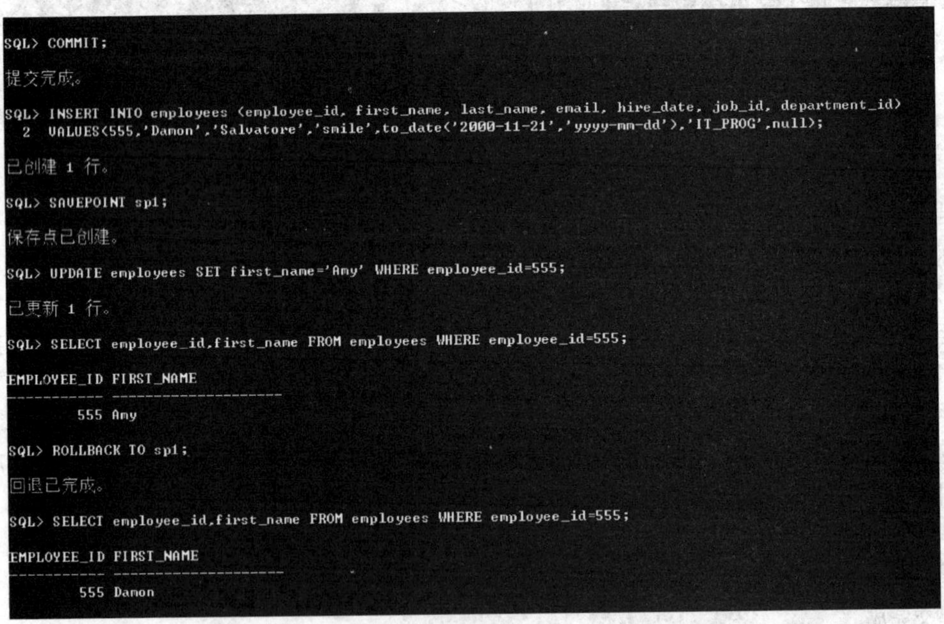

```
SQL> COMMIT;

提交完成。

SQL> INSERT INTO employees (employee_id, first_name, last_name, email, hire_date, job_id, department_id)
  2  VALUES(555,'Damon','Salvatore','smile',to_date('2000-11-21','yyyy-mm-dd'),'IT_PROG',null);

已创建 1 行。

SQL> SAVEPOINT sp1;

保存点已创建。

SQL> UPDATE employees SET first_name='Amy' WHERE employee_id=555;

已更新 1 行。

SQL> SELECT employee_id,first_name FROM employees WHERE employee_id=555;

EMPLOYEE_ID FIRST_NAME
----------- --------------------
        555 Amy

SQL> ROLLBACK TO sp1;

回退已完成。

SQL> SELECT employee_id,first_name FROM employees WHERE employee_id=555;

EMPLOYEE_ID FIRST_NAME
----------- --------------------
        555 Damon
```

图 8-32 回退全部事务

8.2.4 事务的并发控制

数据库的基本特征就是允许多用户并发访问。虽然很多的用户并发访问能提高数据资源的使用效率,但是也会引起资源的争用和数据不一致等一系列的问题。

1. 并发操作的问题

事务是并发控制的基本单位,保证了事务 ACID 特性是事务处理的重要任务。事务的特性受到破坏的原因之一就是多个事务对数据库的并发操作所造成的结果。在并发事务情况下,存在三种现象会对数据库造成破坏。

这三种现象分别是：

读“脏”数据（Dirty Read）：一个事务读取到了另一个事务中还没有提交、更改过的数据。其效果就像是打开了其他人正在更改的Word文档，不是最后的定稿的文档。在这种情况下，数据可能并不是一致性的。

不可重复读（Non-Repeatable Read）：当一个事务T1读取了一些数据后，另一个事务T2修改了这些数据并进行了提交。这样一来，当该T1事务再次读这些数据时，发现这些数据已经被修改了。

丢失修改（Lost Update）：两个事务T1和T2读入同一数据并修改，T2提交的结果破坏了T1提交的结果，导致T1的修改被丢失。

2. 锁

并发操作带来的三大问题的原因就是在于并发操作破坏了事务的隔离性。那么该如何解决这三个问题呢？我们所使用的方法就是锁。

锁就是对某个资源或是对象加以锁定，从而起到限制和防止其他用户访问的作用，保证数据的一致性和完整性。

锁的基本类型分为两种：一种是排他锁，另一种是共享锁。排他锁（Exclusive Lock）又称X锁。如果一个事务在某个数据对象上建立了排他锁，那么只有该事务可以对该数据对象进行修改、插入和删除等更新操作，而其他事务则不能对该数据对象加上任何类型的锁；共享锁（Share Lock）又称S锁。如果一个事务在某个数据对象上建立了共享锁，则该事务可以对该数据对象进行读操作，进而能进行修改、删除等更新操作，其他的事务也只能对该数据对象加上S锁进行读取，而不能加上X锁进行修改、删除等更新操作。

锁是Oracle数据库用来控制并发访问的一种很重要的机制。

3. 加锁

一般情况下，锁是由Oracle数据库自动维护的，一般的查询语句是不用加任何锁的。执行DDL、DML操作的时候，Oracle数据库会自动进行加锁，这时用户也可以选择手动的方式用语句进行加锁。手动方式加锁分为LOCK TABLE语句对表加锁和SELECT FOR UPDATE语句对行记录进行加锁。

（1）LOCK TABLE语句

LOCK TABLE语句的语法格式为：

```
LOCK TABLE table_name IN lockmode MODE NOWAIT /WAIT n
```

其中，table_name指定要锁定的表或视图；lockmode表示锁定的模式，选项有ROW EXCLUSIVE、SHARE、ROW SHARE、SHARE ROW EXCLUSIVE和EXCLUSIVE；WAIT关键字表示用于指定等待其他用户释放锁的秒数，防止无期限的等待；NOWAIT关键字表示不必等待要锁定的表上的锁释放而直接返回。

（2）SELECT FOR UPDATE语句

SELECT FOR UPDATE语句允许用户一次锁定多条记录。它的语法格式为：

```
SELECT 语句 FOR UPDATE[of column][ WAIT n/NOWAIT ][ SKIP LOCK]
```

其中，OF关键字指出将要更新的列，锁定行上的特定的列；WAIT关键字表示等待其他用户释放锁的秒数，防止无休止的等待；NOWAIT关键字表示不必等待锁定的数据行上的锁释放可直接返回；使用 SKIP LOCK 子句表示可越过锁定的行，不会报告由 WAIT n 引发的异常报告。

习题

一、选择题

1. 在对 RMAN 用户进行授权时，不需要授予的权限是(　　)。
   A. CONNECT　　B. RECORERY_CATALOG_OWNER
   C. DBA　　D. RESOURCE
2. 注册 Oracle 目标数据库的命令是(　　)。
   A. reg db　　B. register database
   C. database register　　D. regst database
3. 如果需要同时执行多个语句，可以使用(　　)命令定义一组要执行的语句。
   A. bat　　B. group　　C. run　　D. execute
4. 事务提交使用的命令是(　　)。
   A. rollback　　B. commit　　C. help　　D. update
5. 在非归档日志方式下操作的数据库禁用了(　　)。
   A. 归档日志
   B. 联机日志
   C. 日志写入程序
   D. 日志文件
6. 以下备份方式需要在完全关闭数据库进行的是(　　)。
   A. 无归档日志模式下的数据库备份
   B. 归档日志模式下的数据库备份
   C. 使用导出实用程序进行逻辑备份
   D. 以上都不对

二、填空题

1. 打开恢复管理器的命令是________。
2. 还原数据库的命令是________。
3. 初始化参数________表示闪回恢复区的位置，________表示闪回恢复区的大小。

三、操作题

1. 练习使用 Enterprise Manager 11g 对数据库进行备份和恢复操作。
2. 简述将数据库设置归档日志模式的操作步骤。

四、简答题

简述何谓事务及其特性。

第9章 PL/SQL编程基础

9.1 PL/SQL 概述

9.1.1 认识 PL/SQL

标准 SQL 主要用于存取数据以及查询、更新和管理关系数据库系统，属于第四代语言。标准 SQL 以数据库为操作对象，主要包括数据定义语言 DDL、数据操纵语言 DML、数据查询语言 DQL 和数据控制语言 DCL。由于其语法结构简洁易学，几乎所有的数据库都对其支持。但是标准 SQL 是非过程化的，不具备过程控制功能，在某些情况下满足不了复杂业务流程的需求。由此形成了 PL/SQL(Procedural Language/SQL)。

PL/SQL 是 Oracle 对标准 SQL 的扩展，是一种过程化语言，属于第三代语言。它与 C、C++、Java 类似，可以实现比较复杂的业务逻辑，如逻辑判断、条件循环以及异常处理等。除了可以执行查询语句外，PL/SQL 也允许将 DML、DDL 及查询语句包含在块结构和代码过程语句中，这使得 PL/SQL 成为一种功能强大的事务处理语言。本章将使用 Oracle 的 hr 方案中的 7 个表进行举例。

9.1.2 PL/SQL 的优点

PL/SQL 是从标准 SQL 扩展而来的，其优点如下：

(1) 兼容性。PL/SQL 是一种高性能的基于事务处理的语言，能运行在任何 Oracle 环境中，支持所有的数据处理命令、所有的标准 SQL 数据类型、所有标准 SQL 函数和所有的 Oracle 对象类型。

(2) 可移植性。PL/SQL 块可以被命名和存储在 Oracle 服务器中，同时也能被其他的 PL/SQL 程序或 SQL 命令调用，任何客户/服务器工具都能访问 PL/SQL 程序，具有很好的可移植性。

(3) 安全性。可以使用 Oracle 数据工具来管理存储在服务器中的 PL/SQL 程序的安全性。可以授权或撤销数据库其他用户访问 PL/SQL 程序的能力。

(4) 便利性。PL/SQL 代码可以使用任何 ASCII 文本编辑器编写，所以对任何 Oracle 能够运行的操作系统都是非常便利的。

(5) 性能。PL/SQL 以整个语句块为单位将命令发送给服务器，降低了网络拥挤。

9.1.3 PL/SQL 的语言结构

PL/SQL 是块结构的语言，其基本组成单元是块(Block)。一个 PL/SQL 程序包含了一个或多个块，每个块都可以划分为三个部分：声明部分、执行部分和异常处理部分。其中执行部分是必需的，而声明部分和异常处理部分可选。下面描述了 PL/SQL 块的结构：

```
[DECLARE]            --声明部分开始关键字
                     -- 此处用来定义常量、变量、类型和游标等
BEGIN                --执行部分开始关键字
                     --此处用来编写各种 PL/SQL 语句、函数和存储过程
[EXCEPTION]          --异常处理部分开始关键字
                     --此处用来编写异常处理代码
END                  --执行部分结束关键字
```

声明部分(Declaration Section)：

声明部分定义了变量、常量、类型和游标。这部分由关键字 DECLARE 开始，如果不需要声明变量或常量等，那么可以忽略这一部分。需要说明的是游标的声明也在这一部分中。

执行部分(Executable Section)：

执行部分是 PL/SQL 块中的指令部分，以关键字 BEGIN 开始，以关键字 END 结束。所有的可执行语句和其他的 PL/SQL 块都放在这一部分。PL/SQL 的每一条语句都必须以分号结束，分号表示该语句的结束。

异常处理部分(Exception Section)：

异常处理部分用于处理异常或错误。这一部分可以忽略，如果未被忽略则异常处理部分需写在执行部分内部。对异常处理的详细讨论将在后面进行。

9.1.4 PL/SQL 示例程序

为了深入理解 PL/SQL 语言的结构，本节将介绍两个 PL/SQL 示例程序。第一个示例程序只包含执行部分；第二个示例程序除了包含执行部分外，还包含声明以及异常处理部分。

例 9-1 只包含执行部分：

```
1  SET SERVEROUTPUT ON;
2  BEGIN
3    DBMS_OUTPUT.PUT_LINE('第一个 PL/SQL 程序.这里是执行体部分!');
4  END;
5  /
```

在这个示例程序中，我们可以进行如下分析：

- 第 1 行 SET SERVEROUTPUT ON 用来打开 SQL * Plus 的输出功能，从而可以使 PL/SQL 在 SQL * Plus 中输出。
- 第 2 行 BEGIN 关键字标识执行部分的开始。
- 第 3 行 使用 DBMS_OUTPUT. PUT_LINE 函数向 SQL * Plus 进行输出，括号中的参数为相应的输出内容。
- 第 4 行 END 关键字标识执行部分的结束。
- 第 5 行/表示执行以上程序，即程序的执行操作。

将以上代码在 SQL * Plus 中执行，其结果如图 9-1 所示。

```
SQL> SET SERVEROUTPUT ON;
SQL> BEGIN
  2      DBMS_OUTPUT.PUT_LINE('第一个PL/SQL程序。这里是执行体部分!');
  3  END;
  4  /
第一个PL/SQL程序。这里是执行体部分!

PL/SQL 过程已成功完成。

SQL>
```

图 9-1　只包含执行部分的 PL/SQL 程序块

例 9-2　包含声明、执行和异常处理三个部分：

```
1  DECLARE
2    var_country_name VARCHAR2(40);
3  BEGIN
4    SELECT country_name
5    INTO var_country_name
6    FROM hr.countries
7    WHERE region_id =
8    (SELECT region_id
9    FROM hr.regions
10   WHERE region_name = 'Europe');
11
12  DBMS_OUTPUT.PUT_LINE('在欧洲的'||var_country_name ||'设立了部门!');
13
14  EXCEPTION
15   WHEN NO_DATA_FOUND THEN
16    DBMS_OUTPUT.PUT_LINE('在欧洲没有国家设立我们的部门!');
17   WHEN TOO_MANY_ROWS THEN
18    DBMS_OUTPUT.PUT_LINE('在欧洲有太多国家设立有我们的部门!');
19  END;
20  /
```

在这个示例程序中，我们可以进行如下分析：

- 第 1～2 行是 PL/SQL 程序块的声明部分，声明一个类型为 VARCHAR2(40)的变量 var_country_name。
- 第 3～19 行是执行部分，该部分包括一条基本 SQL 语句、一条输出语句和一块异常处理语句。
- 第 4～10 行是一条基本 SQL 语句，即 SELECT…INTO…语句，它将查询出来的值赋给 INTO 后面的变量。本示例是将满足查询条件的国家名字存入变量 var_country_name 中。
- 第 12 行是输出语句。
- 第 14～18 行是异常处理部分。异常处理部分包含在执行部分之内。由于 var_country_name 的类型为 VARCHAR2(40)，该变量只能存放一条记录的国家名。因此，如果查询返回 0 条查询记录，则会引发 NO_DATA_FOUND 异常；如果查询返回多条记录，则会引发 TOO_MANY_ROWS 异常。异常处理将在后续章节进行详细讲解。

将以上脚本在 SQL * Plus 中执行，其结果如图 9-2 所示。

```
SQL> DECLARE
      var_country_name VARCHAR2(40);
    BEGIN
      SELECT country_name
      INTO var_country_name
      FROM hr.countries
      WHERE region_id =
      (SELECT region_id
      FROM hr.regions
      WHERE region_name = 'Europe');

      DBMS_OUTPUT.PUT_LINE('在欧洲的'||var_country_name ||'设立了部门! ');

     EXCEPTION
       WHEN NO_DATA_FOUND THEN
         DBMS_OUTPUT.PUT_LINE('在欧洲没有国家设立我们的部门!');
       WHEN TOO_MANY_ROWS THEN
         DBMS_OUTPUT.PUT_LINE('在欧洲有太多国家设立有我们的部门!');
     END;
     /
在欧洲有太多国家设立有我们的部门!

PL/SQL 过程已成功完成。

SQL>
```

图 9-2 包含声明、执行和异常处理三个部分

9.1.5 输入和输出

PL/SQL 既拥有输出功能，也拥有输入功能。对于其输出功能，在 8.1.3 节已经介绍了 DBMS_OUTPUT.PUT_LINE 函数，用于向 SQL * Plus 中输出信息。下面我们将介绍 PL/SQL 的输入功能。

PL/SQL 的键盘输入通过在变量名前面加一个"&"符号实现。如存在变量 var_input，且需要使用键盘输入数据并存储在 var_input 中，则需要表示为 &var_input。此时，如果 var_input 是数值型(如 number，integer)，则在 SQL * Plus 中提示输入时，需要输入数值型数据；如果 var_input 是字符型(如 varchar2)，则有两个办法输入：

(1) 如果书写时是：&var_input，那么输入时要加单引号把字符串引起来。

(2) 如果书写时是：'&var_input '，那么输入时不要加单引号，直接输入字符串即可。

例 9-3 PL/SQL 的输入：

```
DECLARE
  var_first_name VARCHAR2(20);
  var_last_name VARCHAR2(25);
  var_employee_id NUMBER;
BEGIN
  SELECT first_name, last_name
  INTO var_first_name, var_last_name
  FROM hr.employees
  WHERE employee_id = &var_employee_id;

  DBMS_OUTPUT.PUT_LINE('员工的姓名为: '|| var_first_name || ''|| var_last_name);
 END;
 /
```

这个示例在声明部分声明了三个变量，在执行部分有一个 SELECT…INTO…语句。SELECT 语句要求获取 employee_id 为 var_employee_id 值的员工的 first_name 和 last_name。在 SELECT 语句中，变量 var_employee_id 前有符号 &，表示变量 var_employee_id 的值需从键盘输

入，而输入值的类型还必须与 var_employee_id 在声明时定义的类型相同，在本例中为 NUMBER 类型。图 9-3 给出了运行结果，从图中可以看出，一旦使用“/”运行程序块，则会提示“输入 var_employee_id 的值：”。假如在 SQL＊Plus 中输入 NUMBER 型数值 196，则会得到提示：

```
原值  9:  WHERE employee_id = &var_employee_id;
新值  9:  WHERE employee_id = 196;
```

并得到运行结果：

```
员工姓名为:Alana Walsh
```

```
SQL> SET SERVEROUTPUT ON;
SQL> Declare
  2    var_first_name VARCHAR2(20);
  3    var_last_name  VARCHAR2(25);
  4    var_employee_id NUMBER;
  5  BEGIN
  6    SELECT first_name, last_name
  7    INTO var_first_name, var_last_name
  8    FROM hr.employees
  9    WHERE employee_id = &var_employee_id;
 10
 11    DBMS_OUTPUT.PUT_LINE('员工姓名为:'||var_first_name||' '||var_last_name);
 12  END;
 13  /
输入 var_employee_id 的值:  196
原值    9:    WHERE employee_id = &var_employee_id;
新值    9:    WHERE employee_id = 196;
员工姓名为:Alana Walsh

PL/SQL 过程已成功完成。

SQL>
```

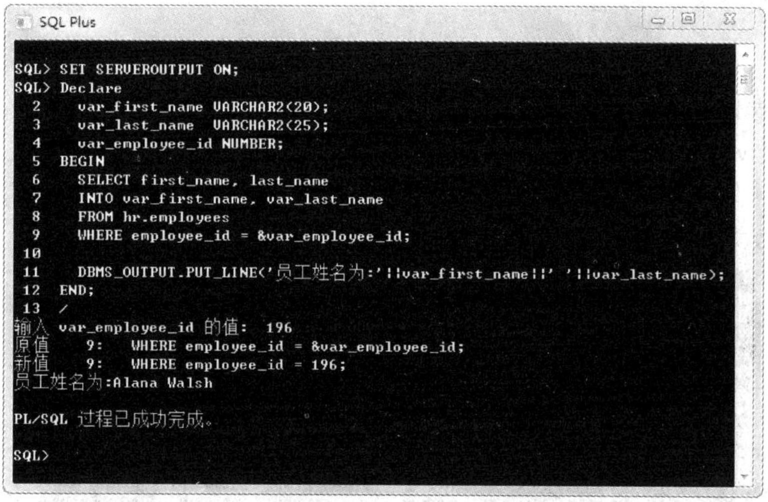

图 9-3　PL/SQL 的输入示例

9.2　数据类型

变量和常量是在 PL/SQL 乃至所有编程语言中都非常重要的概念，任何一个程序都是由变量、常量以及各种语句构成的。在编写 PL/SQL 脚本时，变量和常量的使用是非常频繁的。它们在使用之前都必须提前声明。本节首先介绍变量和常量的声明，再介绍它们的两种常用类型，即标量类型和复合类型。

9.2.1　变量与常量的声明

变量(Variable)和常量(Constant)是用来存储数据的，它们记载了程序运行过程中需要用到的一些数据。不同的是，变量的值是可以根据程序运行的需要随时改变的，而常量的值在程序运行过程中是不能改变的。下面分别介绍变量和常量声明的具体方法。

1. 声明变量

声明变量的语法结构如下：

```
<变量名> <数据类型> [(宽度) := <初始值>];
```

语法说明：

- ＜变量名＞为用户根据实际情况自行定义的变量名称。
- ＜数据类型＞为变量的类型，PL/SQL 中常用的数据类型将在下面进行介绍。
- [(宽度) ：= ＜初始值＞]为可选部分。若该部分不存在，则表示未对变量赋值；若该部分存在，则表示变量在声明时就被赋予了初值。

例 9-4 声明变量：

```
1 DECLARE
2   var_country_name VARCHAR2(40) : = 'CHINA';
3 BEGIN
4   DBMS_OUTPUT.PUT_LINE('国家的名字为: '|| var_country_name);
5 END;
6 /
```

在以上程序块中，第 2 行声明了类型为 VARCHAR2(40)的变量 var_country_name。在声明时，为变量 var_country_name 赋予初值'CHINA'。第 4 行将变量值输出到 SQL * Plus 中。其运行结果如图 9-4 所示。

```
SQL Plus
SQL> SET SERVEROUTPUT ON;
SQL> DECLARE
  2   var_country_name VARCHAR2(40) := 'CHINA';
  3   BEGIN
  4   DBMS_OUTPUT.PUT_LINE('国家的名字为: ' || var_country_name);
  5   END;
  6   /
国家的名字为: CHINA

PL/SQL 过程已成功完成。

SQL>
```

图 9-4 声明变量的运行结果

2. 声明常量

声明常量的语法结构如下：

```
<常量名> CONSTANT <数据类型> : = 值;
```

语法说明：

- ＜常量名＞为用户根据实际情况自行定义的常量名称。
- CONSTANT 为关键字，表示声明的是常量。
- ＜数据类型＞为常量的类型。
- ：= 值表示为常量赋初值。与声明变量不同的是，常量一旦被声明，必须赋予初值。

例 9-5 声明常量：

```
DECLARE
  con_db_name CONSTANT VARCHAR2(40) : = 'Oracle';
BEGIN
  DBMS_OUTPUT.PUT_LINE('使用的数据库为: '|| con_db_name);
END;
/
```

在以上程序块中，第 2 行声明了类型为 VARCHAR2(40)的常量 con_db_name。注意，在常量名后，必须有 CONSTANT 标识符表示此时声明的为常量。该示例的运行结果如图 9-5 所示。

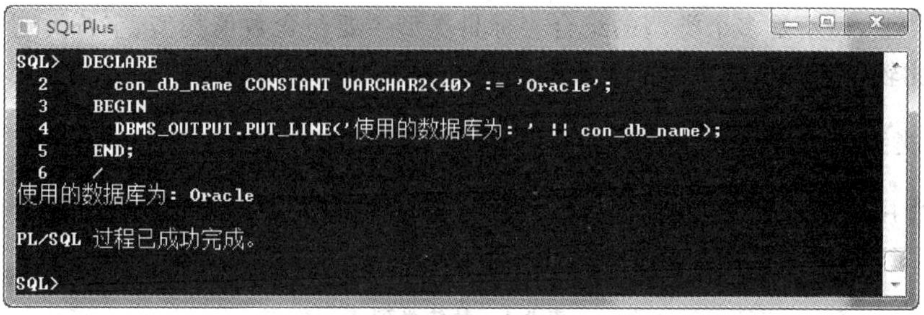

```
SQL Plus
SQL>  DECLARE
  2     con_db_name CONSTANT VARCHAR2(40) := 'Oracle';
  3    BEGIN
  4     DBMS_OUTPUT.PUT_LINE('使用的数据库为: ' || con_db_name);
  5    END;
  6    /
使用的数据库为: Oracle

PL/SQL 过程已成功完成。

SQL>
```

图 9-5 声明常量的运行结果

例 9-6 对常量值进行修改：

```
1  DECLARE
2    con_db_name CONSTANT VARCHAR2(40) := 'Oracle';
3  BEGIN
4    con_db_name = 'Oracle 11g';
5    DBMS_OUTPUT.PUT_LINE('现在使用的是: '|| con_db_name);
6  END;
7  /
```

常量一旦被赋予初值，其值不能再被更改。在例 9-6 的第 4 行，常量 con_db_name 的值被更改为'Oracle 11g'。经运行，其结果如图 9-6 所示。从图中可以看出，第 4 行报错，错误原因为常量值不能修改。

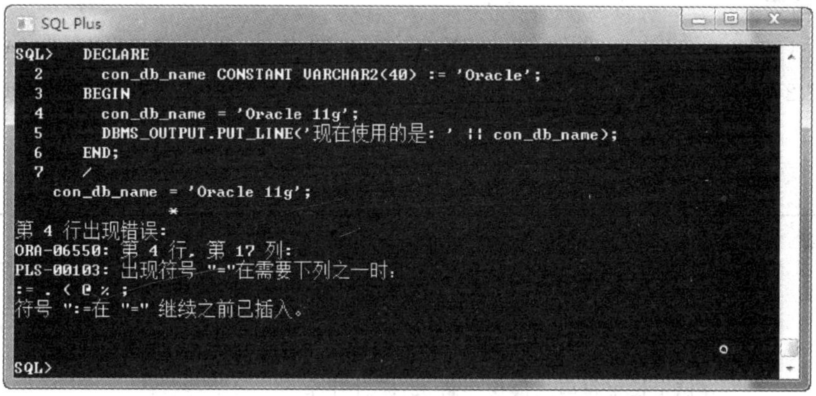

```
SQL Plus
SQL>   DECLARE
  2      con_db_name CONSTANT VARCHAR2(40) := 'Oracle';
  3    BEGIN
  4      con_db_name = 'Oracle 11g';
  5      DBMS_OUTPUT.PUT_LINE('现在使用的是: ' || con_db_name);
  6    END;
  7    /
    con_db_name = 'Oracle 11g';
                *
第 4 行出现错误:
ORA-06550: 第 4 行, 第 17 列:
PLS-00103: 出现符号 "="在需要下列之一时:
:= . ( @ % ;
符号 ":=在 "=" 继续之前已插入。

SQL>
```

图 9-6 对常量值进行修改

需要说明的是，在声明变量和常量时，变量名和常量名的定义必须遵守 PL/SQL 标识符命名规则，包括以下内容：

(1) 标识符必须以字母开头，可以包含字母、数字或下划线。

(2) 标识符不区分大小写。

(3) 标识符的长度限制在 30 个字符之内。

(4) 标识符不能与保留字重名。

9.2.2 标量数据类型

在声明变量和常量时，都需要标明其类型。标量类型是最简单、最基本的数据类型。它本身是单一的类型，而不是多个类型的组合。标量类型主要包含数值类型、字符类型、布尔类型、日期类型和比较特殊的引用类型。下面将对这几种类型做详细的描述。

1. 数值类型

数值类型用来存入数字类型的数据，最常用的三种类型是 NUMBER、PLS_INTEGER 和 BINARY_INTEGER。其详细信息如表 9-1 所示。

表 9-1 数值类型

数值类型	说 明
NUMBER(p, s)	NUMBER 可以用来存储定长的整数和小数，其中 p 表示精度，s 表示保留的小数位数，p 最大精度是 38 位（十进制）。NUMBER 及其子类型既是 PL/SQL 数据类型，也是 SQL 数据类型
PLS_INTEGER	PLS_INTEGER 用于存储整数。表示范围是－2 147 483 648 ～ 2 147 483 647。如果 PLS_INTEGER 在计算时数据溢出，它会抛出异常。PLS_INTEGER 及其子类型是 PL/SQL 数据类型，而非 SQL 数据类型。也就是说，在创建表时不能使用
BINARY_INTEGER	BINARY_ INTEGER 与 PLS_ INTEGER 类似，用于存储整数。表示范围是－2 147 483 648～ 2 147 483 647。但是如果 BINARY_INTEGER 计算时数据溢出，BINARY_INTEGER 会自动转换成 NUMBER 类型。同样地，BINARY_INTEGER 及其子类型是 PL/SQL 数据类型，而非 SQL 数据类型

2. 字符类型

字符类型用来存入单个字符或字符串，最常用的几种字符类型有 VARCHAR2、NVARCHAR2、CHAR、NCHAR 和 LONG 类型。这 5 种类型既是 PL/SQL 数据类型，也是 SQL 数据类型。其详细信息如表 9-2 所示。

表 9-2 字符类型

数值类型	说 明
VARCHAR2	存储可变长度字符串。作为变量时最长为 32767 个字节，作为存储字段时最长为 4000 个字节
NVARCHAR2	存储 Unicode 字符集的可变长度字符串。其他与 VARCHAR2 相同
CHAR	存储定长字符串。最长存储 32767 个字节
NCHAR	存储 Unicode 字符集的定长字符串。其他与 CHAR 相同
LONG	存储可变长度字符串。作为变量时最长为 32760 个字节，作为存储字段时最长可达 2GB

3. 布尔类型

布尔类型 BOOLEAN 用来存储逻辑结果的值，对于一个布尔变量，它存在三种值，即 TRUE、FALSE 和 NULL。布尔类型是 PL/SQL 数据类型，但不是 SQL 数据类型。也就是说，在数据库中创建表时，布尔类型不能作为表中数据类型。

4. 日期类型

日期类型在 PL/SQL 中常用的类型有两种：DATA 和 TIMESTAMP。这两种类型既是 PL/SQL 数据类型，也是 SQL 数据类型。其详细信息如表 9-3 所示。

表 9-3　日期类型

数值类型	说　明
DATA	取值范围在公元前 4712 年 1 月 1 日到公元 9999 年 12 月 31 日。可以存储月、年、日、世纪、时、分和秒
TIMESTAMP	TIMESTAMP 由 DATA 演变而来，较 DATA 而言更加精确。可以存储月、年、日、世纪、时、分、秒和小数的秒，并且能够显示上午和下午

5. 引用类型

使用这种方式定义变量与前面所介绍的直接定义变量的方式有所不同。它利用已有的数据类型来定义新的数据类型。当定义某个变量或常量时，我们可以根据前面使用过的数据类型，利用%TYPE 或%ROWTYPE 来定义。最常用的就是以表中的字段类型（利用%TYPE 命令）或行记录类型（利用%ROWTYPE 命令）作为变量或常量的数据类型。下面我们来进行举例。

例 9-7　使用表字段类型定义变量：

```
1  DECLARE
2    var_first_name hr.employees.first_name % TYPE;
3    var_last_name hr.employees.last_name % TYPE;
4    var_employee_id hr.employees.employee_id % TYPE;
5  BEGIN
6    SELECT first_name, last_name
7    INTO var_first_name, var_last_name
8    FROM hr.employees
9    WHERE employee_id = &var_employee_id;
10
11  DBMS_OUTPUT.PUT_LINE('员工的姓名为: '|| var_first_name || ' '|| var_last_name);
12  END;
13  /
```

例 9-7 是对例 9-3 的改进。在例 9-3 中，我们希望获取满足条件的员工的姓名，并将姓存入变量 var_first_name 中，将名存入变量 var_last_name 中。使用的 SELECT…INTO…语句要求变量 var_first_name 必须与 employees 表的 first_name 字段的类型相同，变量 var_last_name 必须与 employees 表的 last_name 字段的类型相同。然而在声明变量时，我们若不知道 first_name 字段和 last_name 字段的类型，怎么办？此时应该用到%TYPE 命令。例 9-7 针对例 9-3 的声明部分进行了修改。

- 第 2 行表示定义变量 var_first_name，其类型与 hr 方案中 employees 表的 first_name 字段的类型相同。
- 第 3 行表示定义变量 var_last_name，其类型与 hr 方案中 employees 表的 last_name 字段的类型相同。

- 第 4 行表示定义变量 var_employee_id，其类型与 hr 方案中 employees 表的 employee_id 字段的类型相同。

例 9-7 的运行结果如图 9-7 所示。

```
SQL Plus
SQL> SET SERVEROUTPUT ON;
SQL> Declare
  2    var_first_name hr.employees.first_name%TYPE;
  3    var_last_name  hr.employees.last_name%TYPE;
  4    var_employee_id hr.employees.employee_id%TYPE;
  5  BEGIN
  6    SELECT first_name, last_name
  7    INTO var_first_name, var_last_name
  8    FROM hr.employees
  9    WHERE employee_id = &var_employee_id;
 10
 11    DBMS_OUTPUT.PUT_LINE('员工姓名为:'||var_first_name||' '||var_last_name);
 12  END;
 13  /
输入 var_employee_id 的值:  196
原值    9:    WHERE employee_id = &var_employee_id;
新值    9:    WHERE employee_id = 196;
员工姓名为:Alana Walsh

PL/SQL 过程已成功完成。

SQL>
```

图 9-7 使用表字段类型定义变量

%TYPE 定义的类型与某个变量或表的某个字段的类型相同。与之不同，%ROWTYPE 则是定义与表的某一行的类型相同。因为表的一行存在多个字段，所以可以用%ROWTYPE 来替代%TYPE 一次性定义整行的类型，这样比较简单。例 9-8 使用行记录类型定义变量。

例 9-8 使用行记录类型定义变量：

```
1  DECLARE
2    var_emp_rec hr.employees%ROWTYPE;
3  BEGIN
4    SELECT * INTO var_emp_rec
5    FROM hr.employees
6    WHERE employee_id = &var_employee_id;
7
8    DBMS_OUTPUT.PUT_LINE('员工姓名为:'|| var_emp_rec.first_name
9                                   ||' '||var_emp_rec.last_name);
10  END;
11  /
```

该示例的解释如下：

- 在声明部分，定义变量 var_emp_rec，其数据类型的定义方式为“hr. employees %ROWTYPE”，表示变量 var_emp_rec 的类型与 hr 方案的 employees 表的行记录类型相同。行记录中含有多少个字段，变量 var_emp_rec 就有多少个字段。
- 在执行部分，SELECT…INTO…语句将满足条件的一整行记录存入变量 var_emp_rec 中。需要注意的是，var_emp_rec 的类型是一行记录，当查询结束返回多行记录时，则会出现错误。
- 访问变量 var_emp_rec 时，可以使用“.”的方式。如第 8、9 行，var_emp_rec. first_name 表示访问变量 var_emp_rec 的 first_name 字段，而 var_emp_rec. last_name 表示访问变量 var_emp_rec 的 last_name 字段。

例 9-8 的运行结果如图 9-8 所示。

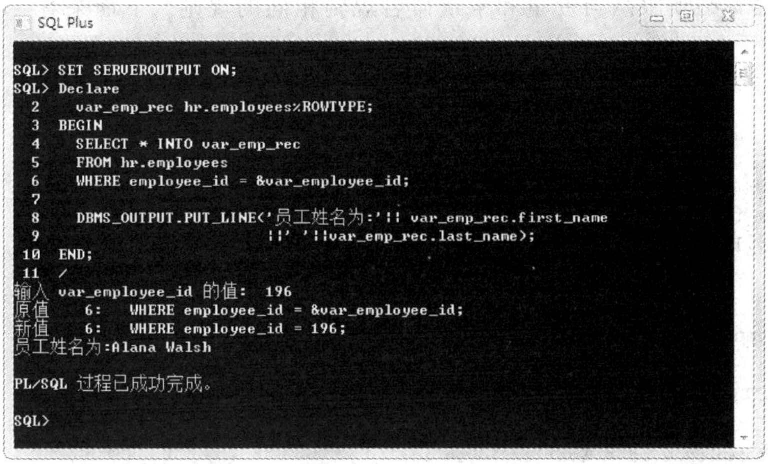

```
SQL Plus
SQL> SET SERVEROUTPUT ON;
SQL> Declare
  2    var_emp_rec hr.employees%ROWTYPE;
  3  BEGIN
  4    SELECT * INTO var_emp_rec
  5    FROM hr.employees
  6    WHERE employee_id = &var_employee_id;
  7
  8    DBMS_OUTPUT.PUT_LINE('员工姓名为:'|| var_emp_rec.first_name
  9                          ||' '||var_emp_rec.last_name);
 10  END;
 11  /
输入 var_employee_id 的值:  196
原值    6:    WHERE employee_id = &var_employee_id;
新值    6:    WHERE employee_id = 196;
员工姓名为:Alana Walsh

PL/SQL 过程已成功完成。

SQL>
```

图 9-8　使用行记录类型定义变量

使用引用类型定义数据类型有以下优点：

(1) 可以保证各变量数据类型的一致性。

(2) 可以保证各变量与表中字段类型的一致性。

(3) 减少数据的维护成本。

(4) 自适应表结构的变化。

9.2.3 复合数据类型

若变量被定义为复合数据类型,则变量中可以包含多个元素,且各个元素的类型也不必相同。由于复合类型的特殊性,所以必须先定义复合类型,然后才可以声明该种类型的变量。PL/SQL 有三种常见的复合类型：记录类型、索引类型和 VARRAY 数组类型。在本节中将讨论复合类型的定义方法和使用方式。

1. 记录类型

记录是 PL/SQL 的一种复合数据类型,记录之所以被称为复合数据类型是因为它由多个元素组成。各个元素既可以是普通的标量类型(如 VARCHAR2 或 NUMBER),也可以是引用类型。记录类型经常被用在查询语句中查到多个列的情况。此时,记录可以被看成表中的数据行,各元素则相当于表中的列。记录中的每一个元素都可以被引用或赋值。值得注意的是,我们必须先对记录进行定义,然后再声明记录类型的变量。

定义记录的语法如下：

```
TYPE <记录名称> IS RECORD (
<变量名> <数据类型> [(宽度) := <初始值>]
[,<变量名> <数据类型> [(宽度) := <初始值>]]
[,<变量名> <数据类型> [(宽度) := <初始值>]]…
);
```

声明记录类型的变量的方法为：

```
<变量名称><记录名称>
```

此时声明的变量的类型就为记录类型。值得注意的是，记录定义中，各元素是由逗号分隔的列表，元素名称必须服从与变量和常量命名规则相同的规则。下面来看一个记录类型的例子。

例 9-9 记录类型的定义与使用：

```
1  DECLARE
2    TYPE emp_record_type IS RECORD(
3      var_first_name hr.employees.first_name % TYPE,
4      var_last_name hr.employees.last_name % TYPE
5      );
6
7    var_emp_rec EMP_RECORD_TYPE;
8  BEGIN
9    SELECT first_name, last_name INTO var_emp_rec
10   FROM hr.employees
11   WHERE employee_id = &var_employee_id;
12
13   DBMS_OUTPUT.PUT_LINE('员工姓名为:'|| var_emp_rec. var_first_name
14                              ||' '||var_emp_rec.var_last_name);
15  END;
16  /
```

该示例的解释如下：

- 第 2～5 行给出了名为 emp_record_type 的记录类型的定义。在记录类型 emp_record_type 中存在两个元素，第一个为与 hr. employees. first_name 类型相同的变量 var_first_name，第二个为与 hr. employees. last_name 类型相同的变量 var_last_name。
- 第 7 行声明了一个新变量 var_emp_rec，该变量为第 2～5 行定义的 EMP_RECORD_TYPE 记录类型。
- 第 9～11 行使用 SELECT…INTO…语句为变量赋值，这里 INTO 后面直接是记录类型的数据 var_emp_rec，赋值会依据记录类型声明时里面元素的顺序依次赋值。
- 第 13～14 行输出结果。注意访问记录时，使用的方法是＜记录变量名＞.＜变量名＞。

运行例 9-9，其运行结果如图 9-9 所示。

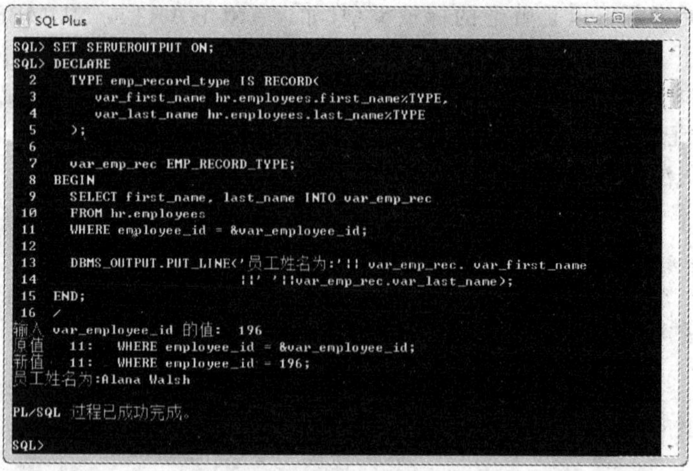

```
SQL Plus
SQL> SET SERVEROUTPUT ON;
SQL> DECLARE
  2    TYPE emp_record_type IS RECORD(
  3       var_first_name hr.employees.first_name%TYPE,
  4       var_last_name hr.employees.last_name%TYPE
  5    );
  6
  7    var_emp_rec EMP_RECORD_TYPE;
  8  BEGIN
  9    SELECT first_name, last_name INTO var_emp_rec
 10    FROM hr.employees
 11    WHERE employee_id = &var_employee_id;
 12
 13    DBMS_OUTPUT.PUT_LINE('员工姓名为:'|| var_emp_rec. var_first_name
 14                        ||' '||var_emp_rec.var_last_name);
 15  END;
 16  /
输入 var_employee_id 的值:  196
原值   11:   WHERE employee_id = &var_employee_id;
新值   11:   WHERE employee_id = 196;
员工姓名为:Alana Walsh

PL/SQL 过程已成功完成。

SQL>
```

图 9-9 记录类型的定义与使用

2. 索引类型

索引类型也称关联数组,该类型与数组相似,其中可以有多个元素,各个元素的数据类型必须相同。索引可以使用键值查找对应的数据。与数组不同的是,索引的下标允许使用字符串,且数组的元素的个数不是固定值,它可以根据需要自动地改变索引的长度。

定义索引的语法如下:

```
TYPE <索引名称> IS TABLE OF <数据类型>
[NOT NULL]
INDEX BY <数组下标数据类型>;
```

其中,＜索引名称＞为定义索引的名称。索引中的任何一个元素的类型都必须相同,为＜数据类型＞规定的类型。[NOT NULL]表示是否可以为空约束,此为可选部分。INDEX BY 指出了数组下标的数据类型,下标类型可以为数值型,也可以为字符串型。

声明索引类型变量的方式为:

```
<变量名称><索引名称>
```

此时声明的变量的类型就为索引型。例 9-10 给出了索引的一个例子。

例 9-10 索引类型的使用:

```
1  DECLARE
2    TYPE emp_table_type IS TABLE OF hr.employees%ROWTYPE
3    INDEX BY BINARY_INTEGER;
4
5    var_emp_table EMP_TABLE_TYPE;
6  BEGIN
7    SELECT first_name, last_name
8    INTO var_emp_table(1).first_name,var_emp_table(1).last_name
9    FROM hr.employees
10   WHERE employee_id = 195;
11
12   SELECT first_name, last_name
13   INTO var_emp_table(2).first_name,var_emp_table(2).last_name
14   FROM hr.employees
15   WHERE employee_id = 196;
16
17   DBMS_OUTPUT.PUT_LINE('195 号员工姓名为:'|| var_emp_table(1).first_name
18                              ||' '||var_emp_table(1).last_name);
19
20   DBMS_OUTPUT.PUT_LINE('196 号员工姓名为:'|| var_emp_table(2).first_name
21                              ||' '||var_emp_table(2).last_name);
22  END;
23  /
```

例 9-10 可以做如下分析:

- 第 2、3 行定义了一个名为 emp_table_type 的索引类型,该索引中的每个元素的类型都为 hr.employees%ROWTYPE,索引的下标为 BINARY_INTEGER 类型。
- 第 5 行声明了变量 var_emp_table,该变量是一个索引,即在第 2、3 行声明的 EMP_TABLE_TYPE 类型的索引。

- 第 7～10 行为 SELECT…INTO…语句，将 employee_id 为 195 的 first_name 和 last_name 存入索引的第一个元素对应的两个值中。
- 第 12～15 行与第 7～10 行的用法类似。
- 第 17～21 行为输出结果。

例 9-10 的运行结果如图 9-10 所示。

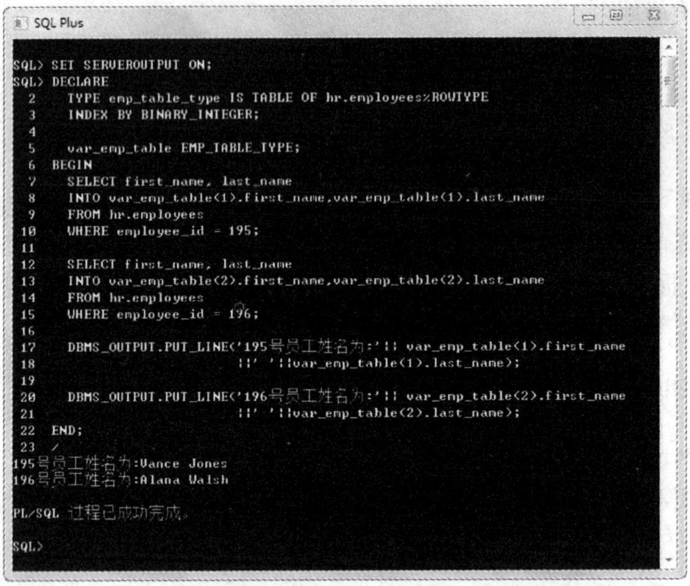

```
SQL Plus
SQL> SET SERVEROUTPUT ON;
SQL> DECLARE
  2    TYPE emp_table_type IS TABLE OF hr.employees%ROWTYPE
  3    INDEX BY BINARY_INTEGER;
  4
  5    var_emp_table EMP_TABLE_TYPE;
  6  BEGIN
  7    SELECT first_name, last_name
  8    INTO var_emp_table(1).first_name,var_emp_table(1).last_name
  9    FROM hr.employees
 10    WHERE employee_id = 195;
 11
 12    SELECT first_name, last_name
 13    INTO var_emp_table(2).first_name,var_emp_table(2).last_name
 14    FROM hr.employees
 15    WHERE employee_id = 196;
 16
 17    DBMS_OUTPUT.PUT_LINE('195号员工姓名为:'|| var_emp_table(1).first_name
 18                        ||' '||var_emp_table(1).last_name);
 19
 20    DBMS_OUTPUT.PUT_LINE('196号员工姓名为:'|| var_emp_table(2).first_name
 21                        ||' '||var_emp_table(2).last_name);
 22  END;
 23  /
195号员工姓名为:Vance Jones
196号员工姓名为:Alana Walsh

PL/SQL 过程已成功完成。

SQL>
```

图 9-10　索引类型的使用

3. VARRAY 变长数组类型

与索引类型不同，VARRAY 变长数组类型的长度是需要限制的。它存储的是有序的元素，并且元素的索引值为整型，从数值 1 开始。

定义 VARRAY 变长数组的语法如下：

```
TYPE <变长数组名称> IS {VARRAY | ARYING ARRAY}(数组长度)
OF <数据类型> [NOT NULL];
```

其中，VARRAY 是 ARYING ARRAY 的缩写，数组的最长大度在规定的数组长度之内。数组中所有元素的类型都相同，即为 OF 之后的数据类型。

有了变长数组的定义，接下来就可以声明变长数组类型的变量了。

声明 VARRAY 变长数组类型的变量的方式为：

```
<变量名称><变长数组名称>
```

例 9-11 给出了 VARRAY 变长数组的使用方法。

例 9-11　VARRAY 变长数组的使用：

```
DECLARE
  TYPE job_varry_type IS VARRAY(6) OF hr.jobs.job_title%TYPE;
  var_job_varray JOB_VARRY_TYPE;
BEGIN
```

```
5     var_job_varray : = JOB_VARRY_TYPE(
6                        'President',
7                        'Administration Vice President',
8                        'Administration Assistant',
9                        'Finance Manager',
10                       'Accountant',
11                       'Accounting Manager');
12
13    DBMS_OUTPUT.PUT_LINE('现有职位有:'|| var_job_varray(1) || ', '
14                                       || var_job_varray(2) || ', '
15                                       || var_job_varray(3) || ', '
16                                       || var_job_varray(4) || ', '
17                                       || var_job_varray(5) || ','
18                                       || var_job_varray(6) );
19    var_job_varray(1) : = 'Stock Clerk';
20    DBMS_OUTPUT.PUT_LINE('第一个职位更改为:'|| var_job_varray(1));
21  END;
22  /
```

对于例 9-11,可以进行如下分析:

- 第 2 行定义了一个最大长度为 6 的变长数组类型 job_varry_type,其每个元素的类型都为 hr.jobs.job_title%TYPE。
- 第 3 行声明了一个类型为 JOB_VARRY_TYPE 的变量 var_job_varray。
- 第 5～11 行为变量 job_varry_type 赋初值,注意,赋值时使用符号 :=,变长数组各元素使用逗号隔开。
- 第 13～18 行输出变长数组元素的值。从示例中可以看出,访问变长数组时,其下标为整数,并且从 1 开始。
- 第 19 行对变长数组的第一个元素值进行更新。
- 第 20 行输出更新后的值。

其运行结果如图 9-11 所示。

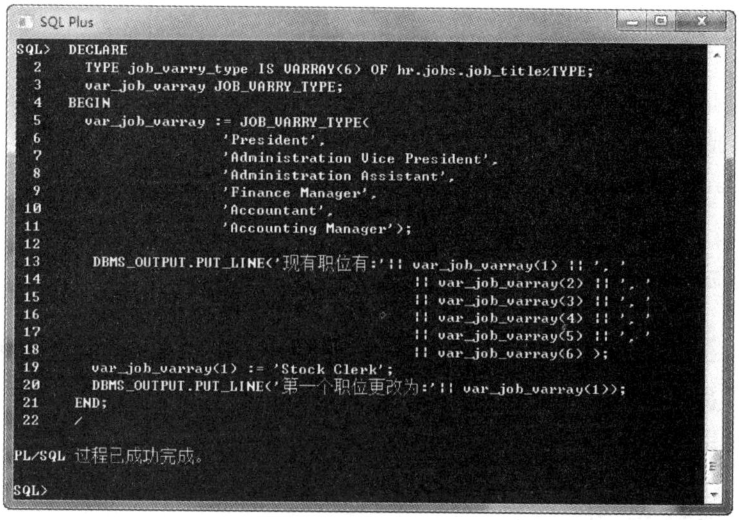

```
SQL Plus
SQL> DECLARE
  2    TYPE job_varry_type IS VARRAY(6) OF hr.jobs.job_title%TYPE;
  3    var_job_varray JOB_VARRY_TYPE;
  4  BEGIN
  5    var_job_varray := JOB_VARRY_TYPE(
  6                      'President',
  7                      'Administration Vice President',
  8                      'Administration Assistant',
  9                      'Finance Manager',
 10                      'Accountant',
 11                      'Accounting Manager');
 12
 13     DBMS_OUTPUT.PUT_LINE('现有职位有:'|| var_job_varray(1) || ', '
 14                                       || var_job_varray(2) || ', '
 15                                       || var_job_varray(3) || ', '
 16                                       || var_job_varray(4) || ', '
 17                                       || var_job_varray(5) || ', '
 18                                       || var_job_varray(6) );
 19     var_job_varray(1) := 'Stock Clerk';
 20     DBMS_OUTPUT.PUT_LINE('第一个职位更改为:'|| var_job_varray(1));
 21   END;
 22   /

PL/SQL 过程已成功完成。

SQL>
```

图 9-11　VARRAY 变长数组的使用

9.3 表达式

表达式在多门课程中都曾出现。表达式可以描述为由数字、算符、数字分组符号(括号)、自由变量和约束变量等以能求得数值的有意义排列方法所得的组合。数据库中也经常使用表达式,它和普通编程语言的表达式很类似。在 Oracle 11g 中,表达式根据其特性,可以大致被分为赋值表达式、数值表达式、关系表达式和逻辑表达式。

1. 赋值表达式

赋值表达式是由赋值符号“:=”连接起来的表达式,其形式如:

```
<变量> := <表达式>
```

在赋值表达式中,“:=”为赋值运算符。其中赋值运算符右侧表达式的值赋给左侧的变量。例如 var_salary := 100 表示将值 100 赋给变量 var_salary。

2. 数值表达式

数值表达式就是由数值类型的变量、常量、函数或表达式由算术运算符号连接而成的。在 Oracle 11g 中常用的运算符有加号(+)、减号(-)、乘号(*)、除号(/)和乘方(**)等。数值表达式可以通过运算符号构成更复杂的表达式。例如 4+9 *(var_salary - 2)就是一个数值表达式,其中 var_salary 为变量。

3. 关系表达式

关系表达式是由关系运算符连接起来的表达式。在 Oracle 11g 中常用的关系运算符有小于号(<)、大于号(>)、小于等于号(<=)、大于等于号(>=)、相等号(=)、不等号(!= 或<>)。例如 var_salary<= 100 就是一个关系表达式,用于判断 var_salary 是否小于 100。值得注意的是,在 Oracle 11g 中,用于判断两个式子是否相等的符号为“=”,而赋值符号为“:=”。

4. 逻辑表达式

逻辑表达式是由逻辑符号连接起来的表达式。在 Oracle 11g 中常用的逻辑表达式有逻辑非(NOT)、逻辑或(OR)和逻辑与(AND)。其中 NOT 为一元运算符,OR 和 AND 为二元运算符。例 (var_salary > 100)AND(var_salary < 150)即为逻辑表达式。

9.4 控制语句

PL/SQL 是一种过程化语言,可以实现比较复杂的业务逻辑,如逻辑判断、条件循环等。控制语句在编程过程中可以帮助完成这些复杂的业务逻辑。本章将介绍条件语句、分支语句和循环语句的使用。

9.4.1 条件语句

条件语句是控制语句的一种,它可以根据判定条件来选择执行哪个语句块。条件语句有三种形式:IF…、IF…ELSE…和 IF…ELSIF…。

1. IF…结构

IF…结构是条件语句中最基本的结构。其结构如下：

```
IF <条件> THEN
  语句块;
END IF;
```

在这个结构中，只存在一个语句块。当 IF 之后的条件为 TRUE 时，则执行 THEN 之后的语句块；否则，不执行。

例 9-12 给出了 IF…结构的用法，输入员工编号，若其工资低于 3500 元，输出其工资数额。

例 9-12 IF…结构示例：

```
1  DECLARE
2    var_salary hr.employees.salary%TYPE;
3  BEGIN
4    SELECT salary INTO var_salary
5    FROM hr.employees
6    WHERE employee_id = &var_employee_id;
7
8    IF var_salary < 3500 THEN
9        DBMS_OUTPUT.PUT_LINE('该员工的收入较低：'||var_salary|| '元!');
10   END IF;
11  END;
12  /
```

对于例 9-12，可以进行如下分析：

- 第 2 行声明了变量 var_salary，其类型与 hr 方案的 employees 表的 salary 字段相同。
- 第 4～6 行是执行部分的一部分，其为 SELECT…INTO…语句。程序要求在 SQL * Plus 中输入员工编号 var_employee_id 值，并选择在 employees 表中与该值对应的员工的工资 salary 存入变量 var_salary 中。
- 第 8～10 行为条件语句，为 IF…结构。第 8 行为判定条件，当 var_salary < 3500 时，则执行第 9 行，输出员工的工资；否则，直接跳到第 11 行。值得注意的是，不要遗漏 IF 之后的 THEN。

例 9-12 的运行结果如图 9-12 所示。

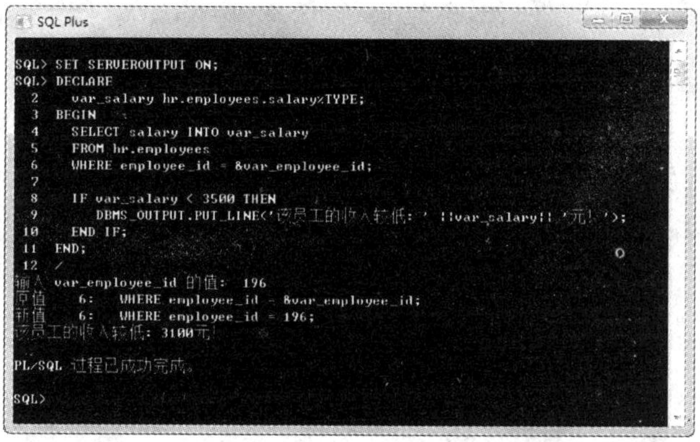

图 9-12 IF…结构示例

2. IF…ELSE…结构

IF…ELSE…结构与之前的 IF…结构相比稍复杂。其结构如下：

```
IF <条件> THEN
  语句块 1;
ELSE
  语句块 2;
END IF;
```

在这个结构中，存在两个语句块。当 IF 之后的条件为 TRUE 时，则执行语句块 1；否则，当 IF 之后的条件为 FALSE 时，则执行语句块 2。语句块 1 和语句块 2 不可同时执行。

例 9-13 给出了 IF…ELSE…结构的用法，输入员工编号，获取对应的员工工资，并根据其工资判断是否需要交税。

例 9-13　IF…ELSE…结构示例：

```
1  DECLARE
2    var_salary hr.employees.salary%TYPE;
3  BEGIN
4    SELECT salary INTO var_salary
5    FROM hr.employees
6    WHERE employee_id = &var_employee_id;
7
8    IF var_salary < 3500 THEN
9        DBMS_OUTPUT.PUT_LINE('该员工不需交税，工资：'||var_salary|| '元！');
10   ELSE
11       DBMS_OUTPUT.PUT_LINE('该员工需要交税，工资：'||var_salary|| '元！');
12   END IF;
13 END;
14 /
```

例 9-13 是在例 9-12 的基础之上改写而来的。其中第 8～12 行为 IF…ELSE…结构。第 8 行判断员工工资是否低于 3500 元，若低于 3500 元，则执行第 9 行，否则执行第 11 行。该示例的运行结果如图 9-13 所示。

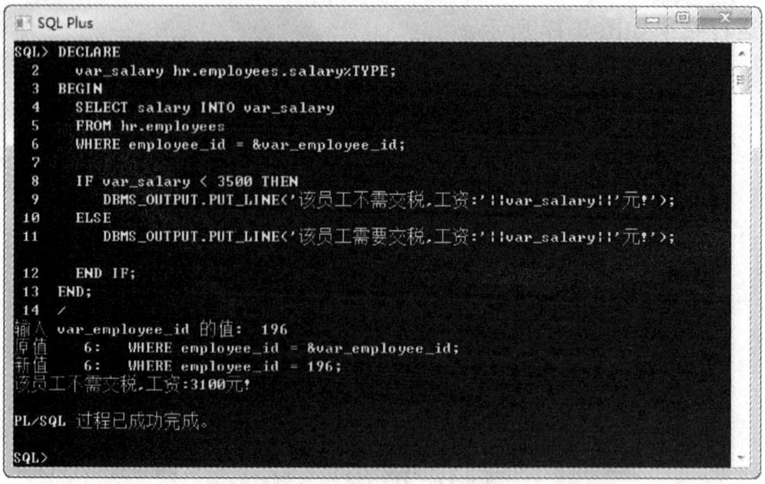

```
SQL> DECLARE
  2    var_salary hr.employees.salary%TYPE;
  3  BEGIN
  4    SELECT salary INTO var_salary
  5    FROM hr.employees
  6    WHERE employee_id = &var_employee_id;
  7
  8    IF var_salary < 3500 THEN
  9       DBMS_OUTPUT.PUT_LINE('该员工不需交税,工资:'||var_salary||'元!');
 10    ELSE
 11       DBMS_OUTPUT.PUT_LINE('该员工需要交税,工资:'||var_salary||'元!');

 12    END IF;
 13  END;
 14  /
输入 var_employee_id 的值:  196
原值    6:    WHERE employee_id = &var_employee_id;
新值    6:    WHERE employee_id = 196;
该员工不需交税,工资:3100元!

PL/SQL 过程已成功完成。

SQL>
```

图 9-13　IF…ELSE…结构示例

3. IF…ELSIF…结构

IF…ELSIF…结构是 IF…结构和 IF…ELSE…结构的综合。其结构如下：

```
IF <条件 1 > THEN
  语句块 1;
ELSIF <条件 2 > THEN
  语句块 2;
…
ELSIF <条件 n > THEN
  语句块 n;
ELSE
  语句块 n + 1;
END IF;
```

在这个结构中，存在多个条件和多个语句块。若条件 1 为 TRUE，则执行语句块 1；否则，若条件 2 为 TRUE，则执行语句块 2。各个条件依次进行判断。若 n 个条件都不满足，程序会执行最后 ELSE 语句对应的语句块。值得注意的是各语句块不会被同时执行，整个 IF…ELSIF…结构只允许执行一个语句块。

例 9-14 给出了 IF…ELSIF…结构的用法，输入员工编号，获取员工的工资和职位，并根据其职位和工资计算奖金。

例 9-14 IF…ELSIF…结构示例：

```
1  DECLARE
2    var_bonus NUMBER;
3    var_salary hr.employees.salary %TYPE;
4    var_job_id hr.employees.job_id %TYPE;
5    var_employee_id hr.employees.employee_id %TYPE;
6  BEGIN
7    SELECT salary, job_id INTO var_salary, var_job_id
8    FROM hr.employees
9    WHERE employee_id = &var_employee_id;
10
11   IF var_job_id = 'AD_PRES' THEN -- President
12       var_bonus := var_salary * 0.2 * 12;
13   ELSIF var_job_id = 'SA_MAN' THEN -- Sales Manager
14       var_bonus := var_salary * 0.15 * 12;
15   ELSIF var_job_id = 'AD_ASST' THEN -- Administration Assistant
16       var_bonus := var_salary * 0.1 * 12;
17   ElSE
18       var_bonus := var_salary * 0.05 * 12;
19   END IF;
20       DBMS_OUTPUT.PUT_LINE(var_employee_id ||'员工为'||var_job_id
21                                        || '年终奖为:'||var_bonus|| '元!');
22  END;
23  /
```

对于例 9-14，可以进行如下分析：

- 第 2～5 行定义 4 个变量，分别为奖金值 var_bonus、员工工资 var_salary、职位编号 var_job_id 和员工编号 var_employee_id。
- 第 7～9 行为 SELECT…INTO…语句。程序要求在 SQL * Plus 中输入员工编号

var_employee_id值,并选择在 employees 表中与该值对应的员工工资 salary 和职位编号 job_id,并分别存入变量 var_salary 和 var_job_id 中。

- 第 11～19 行为 IF…ELSIF…结构,结构以 END IF 结束。若第 11 行满足,则执行第 12 行;若第 13 行满足,则执行第 14 行;若第 15 行满足,则执行第 16 行;若都不满足,则执行第 18 行。注意,判断是否相等时使用符号"=",赋值时使用符号":="。

例 9-14 的运行结果如图 9-14 所示。

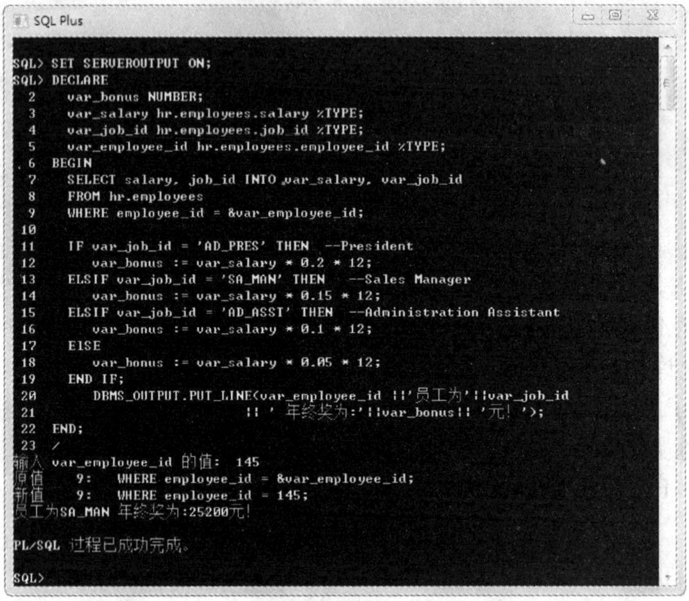

```
SQL> SET SERVEROUTPUT ON;
SQL> DECLARE
  2    var_bonus NUMBER;
  3    var_salary hr.employees.salary %TYPE;
  4    var_job_id hr.employees.job_id %TYPE;
  5    var_employee_id hr.employees.employee_id %TYPE;
  6  BEGIN
  7    SELECT salary, job_id INTO var_salary, var_job_id
  8    FROM hr.employees
  9    WHERE employee_id = &var_employee_id;
 10
 11    IF var_job_id = 'AD_PRES' THEN  --President
 12       var_bonus := var_salary * 0.2 * 12;
 13    ELSIF var_job_id = 'SA_MAN' THEN   --Sales Manager
 14       var_bonus := var_salary * 0.15 * 12;
 15    ELSIF var_job_id = 'AD_ASST' THEN  --Administration Assistant
 16       var_bonus := var_salary * 0.1 * 12;
 17    ElSE
 18       var_bonus := var_salary * 0.05 * 12;
 19    END IF;
 20       DBMS_OUTPUT.PUT_LINE(var_employee_id ||'员工为'||var_job_id
 21                            || ' 年终奖为:'||var_bonus|| '元! ');
 22  END;
 23  /
输入 var_employee_id 的值:  145
原值    9:   WHERE employee_id = &var_employee_id;
新值    9:   WHERE employee_id = 145;
员工为SA_MAN 年终奖为:25200元!

PL/SQL 过程已成功完成。

SQL>
```

图 9-14　IF…ELSIF…结构示例

4. 嵌套 IF 结构

以上三种条件语句 IF…、IF…ELSE…和 IF…ELSIF…可以嵌套使用。这样不仅可以使得条理更加清晰,而且还可以建立更加复杂的条件结构。

例 9-15 给出了一个嵌套 IF 结构的例子。输入员工编号,获取对应的员工的入职时间,并根据入职时间计算奖金。

例 9-15　嵌套 IF 结构示例:

```
DECLARE
  var_bonus NUMBER;
  var_hire_date hr.employees.hire_date %TYPE;
  var_employee_id hr.employees.employee_id %TYPE;
BEGIN
  SELECT hire_date INTO var_hire_date
  FROM hr.employees
  WHERE employee_id = &var_employee_id;

  IF var_hire_date > '01 - 1 月 - 10' THEN
      var_bonus : = 5000;
  ELSE
      IF var_hire_date > '01 - 1 月 - 05'THEN
          var_bonus : = 10000;
```

```
15        ELSE
16            var_bonus : = 20000;
17        END IF;
18    END IF;
19    DBMS_OUTPUT.PUT_LINE(var_employee_id ||'员工的聘用日期为: '
20            ||var_hire_date || '年终奖为: '|| var_bonus|| '元!');
21  END;
22  /
```

对于例 9-15,可以进行如下分析：

- 第 2～4 行定义三个变量,分别为奖金值 var_bonus、入职时间 var_hire_date 和员工编号 var_employee_id。
- 第 6～8 行为 SELECT…INTO…语句。程序要求在 SQL * Plus 中输入员工编号 var_employee_id 值,并选择在 employees 表中与该值对应的员工的入职时间 hire_date 存入变量 var_hire_date 中。
- 第 10～18 行为嵌套 IF 结构,若入职时间 var_hire_date 晚于 '01-1 月-10',则执行第 11 行,奖金为 5000 元；否则执行第 12～18 行。第 12～18 行是一个嵌套的 IF…ELSE…语句。第 13 行表示入职时间早于 '01-1 月-10'且晚于'01-1 月-05'。第 15 行表示入职时间早于'01-1 月-05'。

例 9-15 的运行结果如图 9-15 所示。

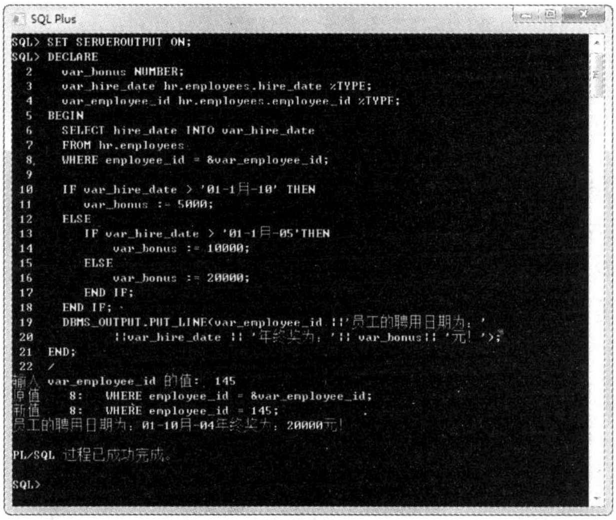

```
SQL Plus
SQL> SET SERVEROUTPUT ON;
SQL> DECLARE
  2    var_bonus NUMBER;
  3    var_hire_date hr.employees.hire_date %TYPE;
  4    var_employee_id hr.employees.employee_id %TYPE;
  5  BEGIN
  6    SELECT hire_date INTO var_hire_date
  7    FROM hr.employees
  8    WHERE employee_id = &var_employee_id;
  9
 10    IF var_hire_date > '01-1月-10' THEN
 11       var_bonus := 5000;
 12    ELSE
 13       IF var_hire_date > '01-1月-05'THEN
 14           var_bonus := 10000;
 15       ELSE
 16           var_bonus := 20000;
 17       END IF;
 18    END IF;
 19    DBMS_OUTPUT.PUT_LINE(var_employee_id ||'员工的聘用日期为: '
 20           ||var_hire_date || '年终奖为: '|| var_bonus|| '元! ');
 21  END;
 22  /
输入 var_employee_id 的值:  145
原值    8:   WHERE employee_id = &var_employee_id;
新值    8:   WHERE employee_id = 145;
员工的聘用日期为: 01-10月-04年终奖为: 20000元!

PL/SQL 过程已成功完成。

SQL>
```

图 9-15　嵌套 IF 结构示例

9.4.2　分支语句

分支语句 CASE 的功能与 IF 语句类似,根据条件来选择对应的语句执行。CASE 语句的语法结构表示如下。

```
CASE <变量>
  WHEN <条件 1 > THEN 语句块 1;
  WHEN <条件 2 > THEN 语句块 2;
  …
```

```
  WHEN <条件 n> THEN 语句块 n;
  ELSE 语句块 n+1;
END CASE;
```

CASE 语句的执行过程是将变量值依次与各条件进行比较。如果变量值与某个条件比较成功,则执行对应的语句块,并结束 CASE 语句;如果变量值与所有条件的比较全部失败,则执行 ELSE 之后的语句块,并结束 CASE 语句。例 9-16 为 CASE 语句的例子,用于输出员工的职务。

例 9-16 分支语句示例:

```
1  DECLARE
2    var_job_id hr.employees.job_id%TYPE;
3    var_employee_id hr.employees.employee_id%TYPE;
4  BEGIN
5    SELECT job_id INTO var_job_id
6    FROM hr.employees
7    WHERE employee_id = &var_employee_id;
8
9    CASE var_job_id
10   WHEN 'SA_MAN' THEN
11       DBMS_OUTPUT.PUT_LINE('员工的职务为 Sales Manager');
12   WHEN 'SA_REP' THEN
13       DBMS_OUTPUT.PUT_LINE('员工的职务为 Sales Representative');
14   ELSE
15       DBMS_OUTPUT.PUT_LINE('该员工不是销售部门的人员');
16   END CASE;
17 END;
18 /
```

对于例 9-16,可以进行如下分析:

- 第 2、3 行定义两个变量,分别为员工职位 var_job_id 和员工编号 var_employee_id。
- 第 5~7 行获取相应职工编号的职位。
- 第 10~16 行是分支语句,示例按照顺序将员工的职位与第 10 行的'SA_MAN'和第 12 行的'SA_REP'进行匹配。若与'SA_MAN'匹配成功,则执行第 11 行,并跳转到第 17 行。若与'SA_REP'匹配成功,则执行第 13 行,并跳转到第 17 行。若所有匹配都失败,则执行第 14 行的 ELSE 语句。

例 9-16 的运行结果如图 9-16 所示。

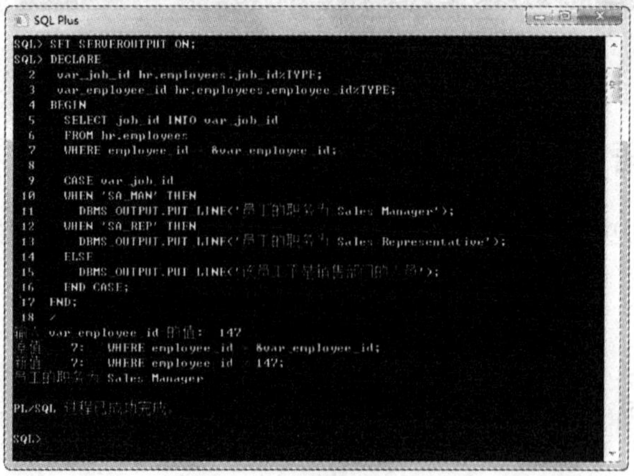

图 9-16 分支语句示例

9.4.3 循环语句

循环语句的功能是重复执行指定的语句块。循环语句有三种形式：LOOP… END LOOP、WHILE…LOOP… END LOOP、FOR…LOOP…END LOOP。本章将分别介绍这三种循环形式。

1. LOOP…END LOOP 语句

该形式的循环语句要求不断循环执行 LOOP 和 END LOOP 之间的语句。该语句结构本身不会终止 LOOP 循环，终止循环时需借助于 EXIT 语句。其语法结构如下：

```
[<<循环标签>>]
LOOP
    语句块 1;
    EXIT [循环标签] WHEN <条件>;
    语句块 2;
END LOOP [循环标签];
```

其中[＜＜循环标签＞＞]是循环语句的标签，该部分可选。LOOP 为循环开始标识，END LOOP 为循环结束标识。LOOP 和 END LOOP 之间为循环体。EXIT 语句为防止死循环而设立的终止循环标识，该语句表示当＜条件＞为真时退出循环。EXIT 之后的[循环标签]为应该退出的循环名称，此项若省略则表示退出当前循环。

例 9-17 给出了 LOOP…END LOOP 的使用方法，用于计算 1～100 之间的整数之和。

例 9-17 LOOP…END LOOP 语句示例：

```
1  DECLARE
2      var_result NUMBER : = 0;
3      var_number NUMBER : = 1;
4  BEGIN
5      LOOP
6      var_result : = var_result + var_number;
7      var_number : = var_number + 1;
8      EXIT WHEN var_number > 100;
9      END LOOP;
10     DBMS_OUTPUT.PUT_LINE('1～100 的和为: '|| var_result);
11  END;
12  /
```

对于例 9-17，可以进行如下解释：

- 第 2、3 行定义了两个 NUMBER 类型的变量 var_result 和 var_number，分别存放运算结果和当前数字。
- 第 5～9 行为 LOOP 循环，该循环没有定义循环标签。
- 第 8 行为退出循环。当数字 var_number 大于 100 时，使用 EXIT 终止当前循环。
- 第 10 行为输出结果。

例 9-17 的运行结果如图 9-17 所示。

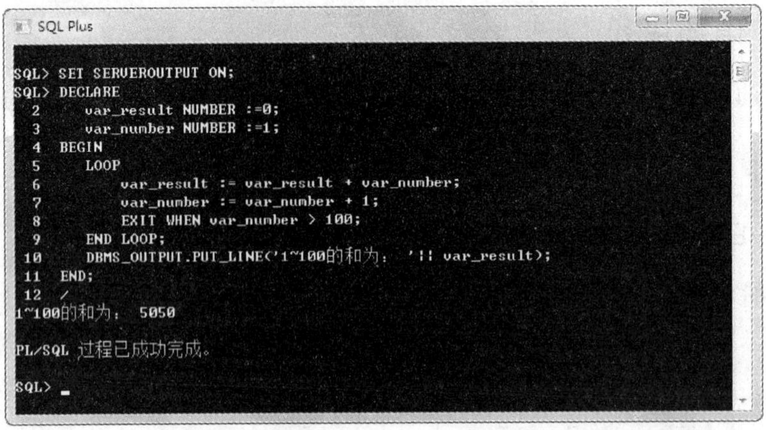

```
SQL> SET SERVEROUTPUT ON;
SQL> DECLARE
  2     var_result NUMBER :=0;
  3     var_number NUMBER :=1;
  4  BEGIN
  5     LOOP
  6         var_result := var_result + var_number;
  7         var_number := var_number + 1;
  8         EXIT WHEN var_number > 100;
  9     END LOOP;
 10     DBMS_OUTPUT.PUT_LINE('1~100的和为：  '|| var_result);
 11  END;
 12  /
1~100的和为： 5050

PL/SQL 过程已成功完成。

SQL>
```

图 9-17　LOOP…END LOOP 语句示例

2. WHILE…LOOP… END LOOP 语句

该语句结构本身可以终止循环。其语法结构如下：

```
[<<循环标签>>]
WHILE <条件> LOOP
    语句块;
END LOOP [循环标签];
```

其中，WHILE 之后的＜条件＞为布尔表达式。当＜条件＞为 TRUE 时，执行循环体，即语句块部分；当＜条件＞为 FALSE 时，则终止循环，跳转到 END LOOP 部分。END LOOP 之后的[循环标签]为可选部分，指定要跳出的循环。

例 9-18 给出了 WHILE…LOOP… END LOOP 的举例，同样用于计算 1～100 之间的整数之和。

例 9-18　WHILE…LOOP… END LOOP 语句示例：

```
1  DECLARE
2      var_result NUMBER := 0;
3      var_number NUMBER := 1;
4  BEGIN
5      WHILE var_number <= 100 LOOP
6          var_result := var_result + var_number;
7          var_number := var_number + 1;
8      END LOOP;
9      DBMS_OUTPUT.PUT_LINE('1～100 的和为: '|| var_result);
10 END;
11 /
```

例 9-18 与例 9-17 相比，只在循环部分有所改变。第 5～8 行为循环部分。第 5 行含有布尔表达式 var_number ＜＝ 100，当布尔表达式为 TRUE 时，执行循环体第 6、7 行，否则，循环结束。可以看出，在 WHILE…LOOP… END LOOP 结构中，并没有使用 EXIT。例 9-18 的运行结果如图 9-18 所示。

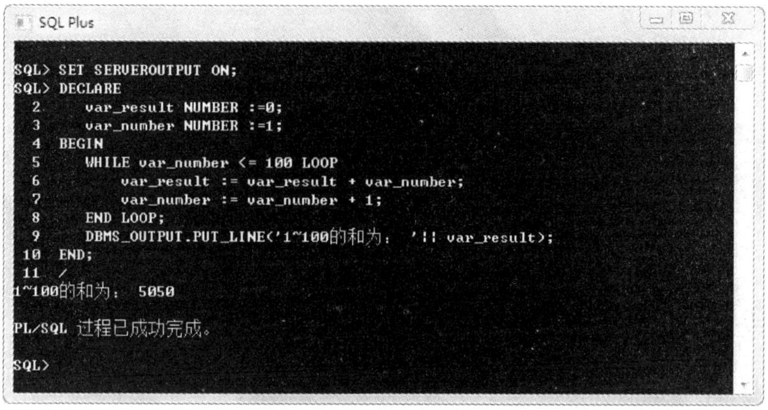

```
SQL Plus
SQL> SET SERVEROUTPUT ON;
SQL> DECLARE
  2     var_result NUMBER :=0;
  3     var_number NUMBER :=1;
  4  BEGIN
  5     WHILE var_number <= 100 LOOP
  6         var_result := var_result + var_number;
  7         var_number := var_number + 1;
  8     END LOOP;
  9     DBMS_OUTPUT.PUT_LINE('1~100的和为：  '|| var_result);
 10  END;
 11  /
1~100的和为： 5050

PL/SQL 过程已成功完成。

SQL>
```

图 9-18　WHILE…LOOP… END LOOP 语句示例

3. FOR…LOOP…END LOOP 语句

该语句结构循环遍历指定范围内的整数。当第一次进入循环时，其循环范围会被确定，并且以后不会再次计算。每循环一次，其循环次数自动加 1。其语法结构如下：

```
[<<循环标签>>]
FOR <循环变量> IN [REVERSE] <初始值>..<终止值> LOOP
    语句段;
END LOOP [循环标签];
```

其中＜循环变量＞为循环计数器，该变量可以得到当前的循环次数，但是不能被赋值。[REVERSE]可以指定遍历的方式，为可选部分。[REVERSE]若省略，则循环方式为从＜初始值＞遍历到＜终止值＞；[REVERSE]若使用，则循环方式为从＜终止值＞遍历到＜初始值＞。＜初始值＞为循环范围的下界，＜终止值＞为循环范围的上界。＜初始值＞和＜终止值＞之间用“..”连接。注意，此处使用两个点。

例 9-19 给出了 FOR…LOOP…END LOOP 的示例，同样计算 1～100 之间的整数之和。

例 9-19　FOR…LOOP…END LOOP 语句示例：

```
1  DECLARE
2      var_result NUMBER := 0;
3  BEGIN
4      FOR var_number IN 1..100 LOOP
5          var_result := var_result + var_number;
6      END LOOP;
7      DBMS_OUTPUT.PUT_LINE('1～100 的和为: '|| var_result);
8  END;
9  /
```

该示例与前两个示例相比，第 4～6 行为 FOR…LOOP…ENDLOOP 结构。

- 第 4 行表示若变量 var_number 在范围 1～100 之间，执行循环体。
- 第 5 行为循环体，用于求和。
- 第 6 行为循环结束标志。

值得注意的是，每循环一次，其 var_number 将会自动增加 1，从而可以省略 var_number :=

var_number ＋ 1 语句。

例 9-19 的运行结果如图 9-19 所示。

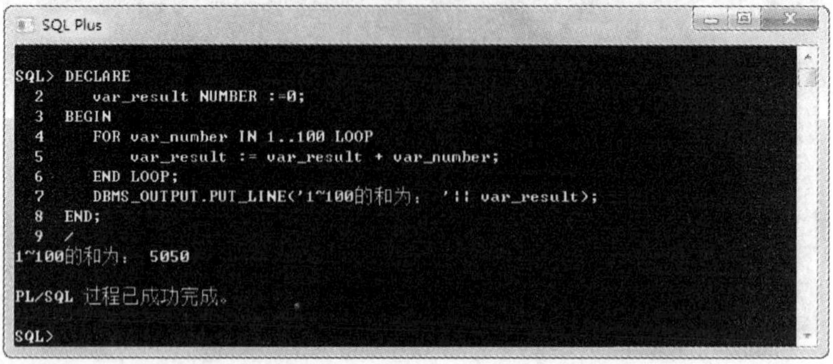

```
SQL> DECLARE
  2     var_result NUMBER :=0;
  3  BEGIN
  4     FOR var_number IN 1..100 LOOP
  5         var_result := var_result + var_number;
  6     END LOOP;
  7     DBMS_OUTPUT.PUT_LINE('1~100的和为：  '|| var_result);
  8  END;
  9  /
1~100的和为： 5050

PL/SQL 过程已成功完成。

SQL>
```

图 9-19 FOR…LOOP…END LOOP 语句示例

9.5 游标的使用

9.5.1 游标的基本概念

在使用 SELECT 语句查询数据库时，数据库将查询出来的数据存储在结果集中。用户在使用数据时，需要从结果集中获取数据。而游标就是从结果集中获取数据的一种机制。

所谓游标就是游动的光标，它映射在结果集中的一行数据上。通过使用游标，用户便可以访问结果集中的任何一行数据。图 9-20 为游标示意图，整个图中的数据为结果集，而第 2 行为游标所获得的数据。

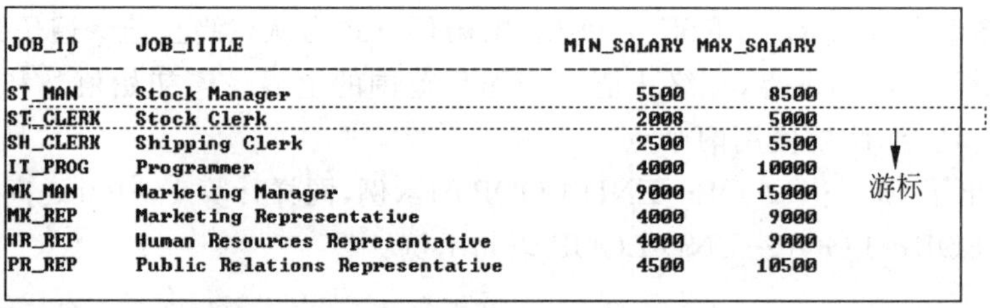

JOB_ID	JOB_TITLE	MIN_SALARY	MAX_SALARY
ST_MAN	Stock Manager	5500	8500
ST_CLERK	Stock Clerk	2008	5000
SH_CLERK	Shipping Clerk	2500	5500
IT_PROG	Programmer	4000	10000
MK_MAN	Marketing Manager	9000	15000
MK_REP	Marketing Representative	4000	9000
HR_REP	Human Resources Representative	4000	9000
PR_REP	Public Relations Representative	4500	10500

游标

图 9-20 游标示意图

Oracle 11g 游标有两种类型，隐式游标和显式游标。隐式游标也就是前面所讲述的 SELECT…INTO…语句，将查找到的结果存储到 INTO 之后指定的变量中。显式游标的使用过程稍复杂，首先需要声明游标，其次打开游标访问数据，最后将游标关闭。显式游标的优点是使程序结构更加清晰，并且用户可以直接参与结果集的管理。通常我们所说的游标即为显式游标。

9.5.2 游标的控制语句

本节将介绍显式游标。使用游标的控制流程分为 4 个步骤：声明游标、打开游标、读取数据和关闭游标。

(1) 声明游标。该步骤需要定义游标的名称和 SELECT 语句。声明游标需要使用关键字 CURSOR，其语法结构如下：

```
CURSOR <游标名>
[ <参数列表> ]
IS
< SELECT 语句>;
```

例 9-20 声明一个游标 cur_jobs，读取指定类型的工作编号，该游标没有参数，其代码如下：

```
CURSOR cur_jobs IS
    SELECT * FROM hr.jobs
    WHERE job_id LIKE 'SA_MAN';
```

(2) 打开游标。该步骤将执行声明游标时定义的 SELECT 语句，并将查询到的结果集存储于内存中等待读取。游标此时位于结果集的第一行。打开游标需要使用关键字 OPEN，其语法结构如下：

```
OPEN <游标名> [ <参数列表> ];
```

例 9-21 打开游标 cur_jobs，代码如下：

```
OPEN cur_jobs;
```

由于定义的游标 cur_jobs 没有参数，所以打开游标时也没有参数。

(3) 读取数据。该步骤从结果集中读取游标所指向的行，并将结果存入 INTO 之后的变量列表中。之后，游标后移一行。读取数据使用关键字 FETCH，其语法结构如下：

```
FETCH <游标名> INTO <变量列表>;
```

例 9-22 读取游标当前位置处的数据，代码如下：

```
FETCH cur_jobs INTO var_job;
```

根据游标的定义可知，SELECT 语句获取的是 jobs 表的整行数据。并且 FETCH…INTO…语句要求前后类型一致，所以变量 var_job 的数据类型必须为 hr.jobs %ROWTYPE。

(4) 关闭游标。该步骤在最后使用，它将释放结果集和所占用的内存空间。关闭游标使用关键字 CLOSE，其语法结构如下：

```
CLOSE <游标名>;
```

例 9-23 关闭游标 cur_jobs，代码如下：

```
CLOSE cur_jobs;
```

下面根据以上介绍的 4 步骤，介绍一个比较完整的例子，代码如例 9-24 所示。

例 9-24 游标使用示例：

```
1  DECLARE
2      var_job hr.jobs %ROWTYPE;
3      CURSOR cur_jobs IS
4        SELECT * FROM hr.jobs
5        WHERE job_id = 'SA_MAN';
6  BEGIN
7      OPEN cur_jobs;
8      FETCH cur_jobs INTO var_job;
9      CLOSE cur_jobs;
10     DBMS_OUTPUT.PUT_LINE('JOB_ID: '|| var_job.job_id);
11     DBMS_OUTPUT.PUT_LINE('JOB_TITLE:'|| var_job.job_title);
12     DBMS_OUTPUT.PUT_LINE('MIN_SALARY:'|| var_job.min_salary);
13     DBMS_OUTPUT.PUT_LINE('MAX_SALARY:'|| var_job.max_salary);
14  END;
15  /
```

例 9-24 可以进行如下分析：

- 第 2～5 行为声明部分。第 2 行声明变量 var_job，该类型与 hr 方案的 jobs 表的行记录类型相同。第 3～5 行声明了游标 cur_jobs，该游标对应的 SELECT 语句用于查找 job_id 为'SA_MAN'的员工信息。
- 第 7 行打开游标 cur_jobs，该步骤会执行游标定义中的 SELECT 语句，获取结果集，此时游标指向结果集的第 1 行。
- 第 8 行将游标指向的那一行结果集存入变量 var_job 中。
- 第 9 行关闭游标。游标的关闭会释放结果集和占用的内存空间。
- 第 10～13 行输出相应的结果。

例 9-24 的运行结果如图 9-21 所示。通过例 9-24，相信大家已经对游标有了一定的概念了。

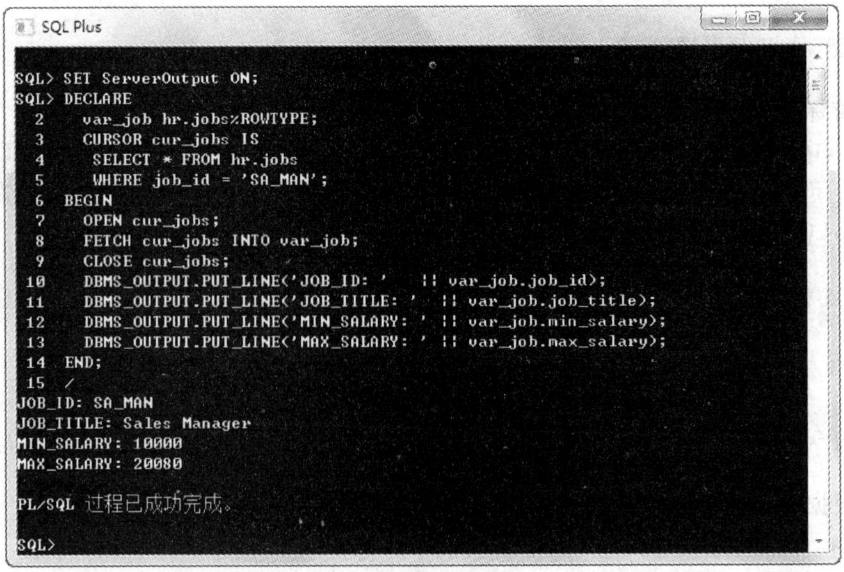

```
SQL Plus
SQL> SET ServerOutput ON;
SQL> DECLARE
  2    var_job hr.jobs%ROWTYPE;
  3    CURSOR cur_jobs IS
  4     SELECT * FROM hr.jobs
  5     WHERE job_id = 'SA_MAN';
  6  BEGIN
  7    OPEN cur_jobs;
  8    FETCH cur_jobs INTO var_job;
  9    CLOSE cur_jobs;
 10    DBMS_OUTPUT.PUT_LINE('JOB_ID: '    || var_job.job_id);
 11    DBMS_OUTPUT.PUT_LINE('JOB_TITLE: '  || var_job.job_title);
 12    DBMS_OUTPUT.PUT_LINE('MIN_SALARY: ' || var_job.min_salary);
 13    DBMS_OUTPUT.PUT_LINE('MAX_SALARY: ' || var_job.max_salary);
 14  END;
 15  /
JOB_ID: SA_MAN
JOB_TITLE: Sales Manager
MIN_SALARY: 10000
MAX_SALARY: 20080

PL/SQL 过程已成功完成。

SQL>
```

图 9-21 游标使用示例

9.5.3 游标的属性

游标有 4 种属性：%ISOPEN、%FOUND、%NOTFOUND 和%ROWCOUNT。通过使用这些属性，可以发挥游标更大的优势。

1. %ISOPEN 属性

若要正常获取游标的数据，游标必须是打开的。如果此时游标是关闭的，从游标中读取数据时会出现错误。%ISOPEN 属性可以帮助我们判断游标是否打开。如果该游标已打开，则%ISOPEN 的属性值为 TRUE；否则% ISOPEN 的属性值为 FALSE。例 9-25 给出了%ISOPEN属性的举例。

例 9-25 %ISOPEN 属性示例：

```
1  DECLARE
2    var_email hr.employees.email %TYPE;
3    var_phone_number hr.employees.phone_number %TYPE;
4    CURSOR cur_employees(var_employee_id NUMBER) IS
5        SELECT email, phone_number FROM hr.employees
6        WHERE employee_id = var_employee_id;
7  BEGIN
8      IF cur_employees %ISOPEN = FALSE THEN
9          DBMS_OUTPUT.PUT_LINE('游标尚未打开');
10         OPEN cur_employees(&id);
11     END IF;
12     DBMS_OUTPUT.PUT_LINE('游标已经打开');
13     FETCH cur_employees INTO var_email, var_phone_number;
14     CLOSE cur_employees;
15     DBMS_OUTPUT.PUT_LINE('邮箱:'|| var_email ||
16                          ',手机号码:'|| var_phone_number);
17  END;
18  /
```

例 9-25 可以进行如下分析：

- 第 4～6 行声明游标 cur_employees，该游标有一个 NUMBER 类型的参数 var_employee_id。游标中的 SELECT 语句是获取员工编号值为 var_employee_id 的员工的邮箱和手机号码。
- 第 8～11 行是用于判断游标是否打开。若没有打开，则使用 OPEN 命令打开游标。值得注意的是，游标 cur_employees 含有参数，所以打开游标时，需要传递参数。&id 表示在运行程序时，在 SQL * Plus 中输入 id 值。
- 第 13 行读取游标数据。
- 第 14 行关闭游标。
- 第 15、16 行输出结果。

图 9-22 为例 9-25 在输入 id 编号为 193 时的运行结果。

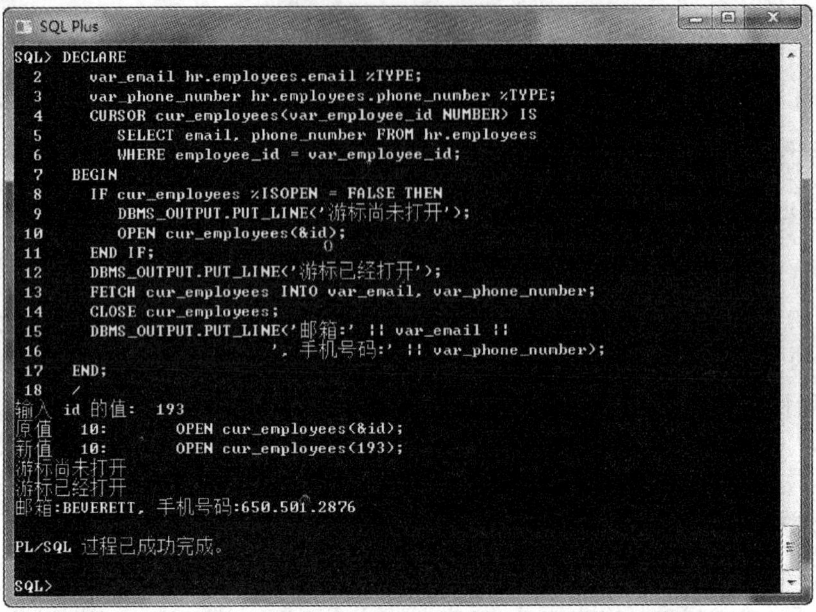

```
SQL Plus
SQL> DECLARE
  2      var_email hr.employees.email %TYPE;
  3      var_phone_number hr.employees.phone_number %TYPE;
  4      CURSOR cur_employees(var_employee_id NUMBER) IS
  5         SELECT email, phone_number FROM hr.employees
  6         WHERE employee_id = var_employee_id;
  7    BEGIN
  8      IF cur_employees %ISOPEN = FALSE THEN
  9         DBMS_OUTPUT.PUT_LINE('游标尚未打开');
 10         OPEN cur_employees(&id);
 11      END IF;
 12      DBMS_OUTPUT.PUT_LINE('游标已经打开');
 13      FETCH cur_employees INTO var_email, var_phone_number;
 14      CLOSE cur_employees;
 15      DBMS_OUTPUT.PUT_LINE('邮箱:' || var_email ||
 16                          ', 手机号码:' || var_phone_number);
 17    END;
 18    /
输入 id 的值:  193
原值   10:         OPEN cur_employees(&id);
新值   10:         OPEN cur_employees(193);
游标尚未打开
游标已经打开
邮箱:BEVERETT, 手机号码:650.501.2876

PL/SQL 过程已成功完成。

SQL>
```

图 9-22 %ISOPEN 属性示例

2. %FOUND 属性和%NOTFOUND 属性

%FOUND 属性是用来判断游标所指向的行是否有效。如果所指行有效,则%FOUND 的值为 TRUE;否则,其值为 FALSE。%NOTFOUND 属性与%FOUND 属性正好相反。如果所指行无效,则%NOTFOUND 的值为 TRUE;否则,其值为 FALSE。由于%FOUND 属性和%NOTFOUND 属性相似,本节以%FOUND 属性进行举例,如例 9-26 所示,例 9-26 是在例 9-25 的基础之上改进而来的。

例 9-26 %FOUND 属性示例:

```
DECLARE
  var_email hr.employees.email %TYPE;
  var_phone_number hr.employees.phone_number %TYPE;
  CURSOR cur_employees(var_employee_id NUMBER) IS
    SELECT email, phone_number FROM hr.employees
    WHERE employee_id = var_employee_id;
BEGIN
  IF cur_employees %ISOPEN = FALSE THEN
      DBMS_OUTPUT.PUT_LINE('游标尚未打开');
      OPEN cur_employees(&id);
  END IF;
  DBMS_OUTPUT.PUT_LINE('游标已经打开');
  FETCH cur_employees INTO var_email, var_phone_number;
  IF cur_employees %FOUND THEN
      DBMS_OUTPUT.PUT_LINE('邮箱:'|| var_email ||
                           ', 手机号码:'|| var_phone_number);
  END IF;
  CLOSE cur_employees;
END;
/
```

例 9-26 可以进行如下分析：

- 第 13 行用于获取游标 cur_employees 的数据。
- 第 14 行判断游标所指向的行是否有效。如果有效，则%FOUND 的属性值为 TRUE，并执行第 15 行。值得注意的是，第 13、14 行的顺序不能调换，必须先使用 FETCH 获取，然后再使用%FOUND 进行判断是否有效。

图 9-23 为例 9-26 的运行结果。

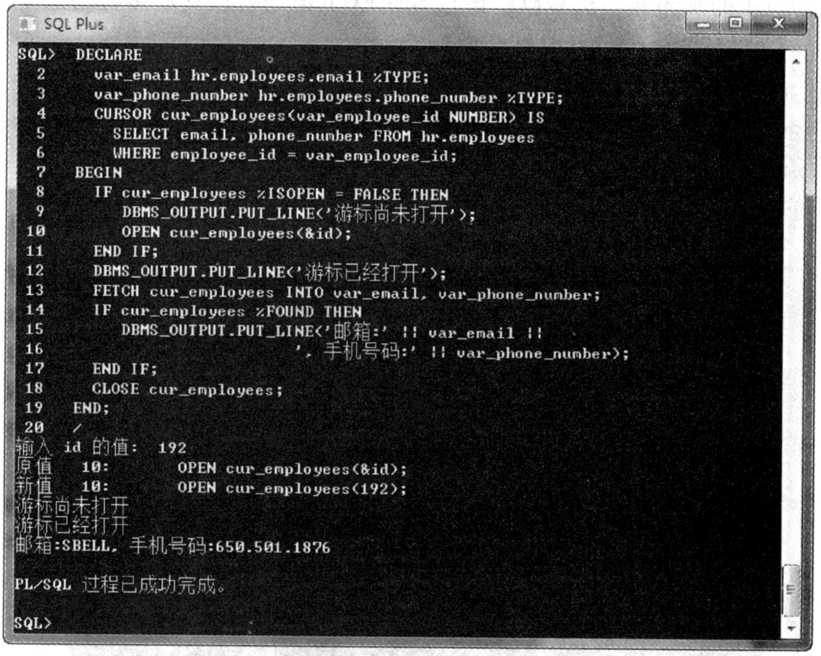

```
SQL Plus
SQL>  DECLARE
  2     var_email hr.employees.email %TYPE;
  3     var_phone_number hr.employees.phone_number %TYPE;
  4     CURSOR cur_employees(var_employee_id NUMBER) IS
  5       SELECT email, phone_number FROM hr.employees
  6       WHERE employee_id = var_employee_id;
  7   BEGIN
  8     IF cur_employees %ISOPEN = FALSE THEN
  9        DBMS_OUTPUT.PUT_LINE('游标尚未打开');
 10        OPEN cur_employees(&id);
 11     END IF;
 12     DBMS_OUTPUT.PUT_LINE('游标已经打开');
 13     FETCH cur_employees INTO var_email, var_phone_number;
 14     IF cur_employees %FOUND THEN
 15        DBMS_OUTPUT.PUT_LINE('邮箱:' || var_email ||
 16                             ', 手机号码:' || var_phone_number);
 17     END IF;
 18     CLOSE cur_employees;
 19   END;
 20   /
输入 id 的值:  192
原值   10:        OPEN cur_employees(&id);
新值   10:        OPEN cur_employees(192);
游标尚未打开
游标已经打开
邮箱:SBELL, 手机号码:650.501.1876

PL/SQL 过程已成功完成。

SQL>
```

图 9-23　%FOUND 属性示例

到目前为止，所举的游标的例子，其结果集都只有一行。下面将介绍对于多行结果集游标是如何进行访问的。此时，仍需借助%FOUND 属性，如例 9-27 所示。

例 9-27　%FOUND 属性示例：

```
DECLARE
  var_email hr.employees.email %TYPE;
  var_phone_number hr.employees.phone_number %TYPE;
  CURSOR cur_employees IS
      SELECT email, phone_number FROM hr.employees
      WHERE employee_id <= 110;
BEGIN
  IF cur_employees %ISOPEN = FALSE THEN
      DBMS_OUTPUT.PUT_LINE('游标尚未打开');
      OPEN cur_employees;
  END IF;
  DBMS_OUTPUT.PUT_LINE('游标已经打开');
  FETCH cur_employees INTO var_email, var_phone_number;
  WHILE cur_employees %FOUND LOOP
      DBMS_OUTPUT.PUT_LINE('邮箱:'|| var_email ||
                           ', 手机号码:'|| var_phone_number);
      FETCH cur_employees INTO var_email, var_phone_number;
  END LOOP;
```

```
19    CLOSE cur_employees;
20  END;
21  /
```

例 9-27 可以进行如下分析：

- 第 4～6 行定义游标 cur_employees，游标的 SELECT 语句用于选择员工编号小于等于 110 的员工的邮箱和手机号码。该行 SELECT 语句可以获取多行结果集。
- 第 8～11 行在游标未打开时打开游标。
- 第 13 行获取游标所指向的当前行的数据。
- 第 14～18 行循环获取游标数据，并输出结果。第 14 行使用 cur_employees %FOUND 作为条件，表示当游标所指向的数据有效时，循环继续进行。

例 9-27 的运行结果如图 9-24 所示。

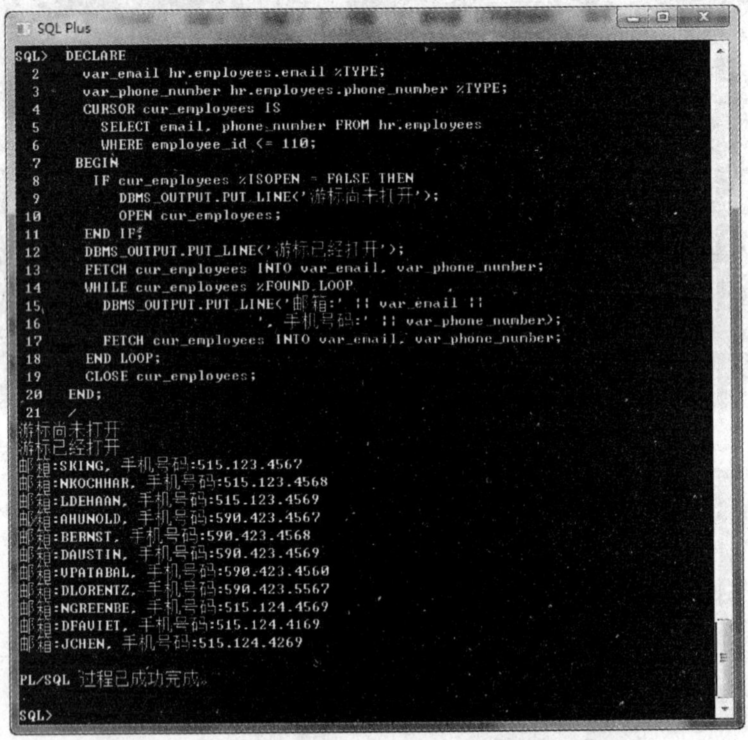

```
SQL Plus
SQL>  DECLARE
  2     var_email hr.employees.email %TYPE;
  3     var_phone_number hr.employees.phone_number %TYPE;
  4     CURSOR cur_employees IS
  5       SELECT email, phone_number FROM hr.employees
  6       WHERE employee_id <= 110;
  7    BEGIN
  8     IF cur_employees %ISOPEN = FALSE THEN
  9         DBMS_OUTPUT.PUT_LINE('游标尚未打开');
 10         OPEN cur_employees;
 11     END IF;
 12     DBMS_OUTPUT.PUT_LINE('游标已经打开');
 13     FETCH cur_employees INTO var_email, var_phone_number;
 14     WHILE cur_employees %FOUND LOOP
 15       DBMS_OUTPUT.PUT_LINE('邮箱:' || var_email ||
 16                      ', 手机号码:' || var_phone_number);
 17       FETCH cur_employees INTO var_email, var_phone_number;
 18     END LOOP;
 19     CLOSE cur_employees;
 20   END;
 21   /
游标尚未打开
游标已经打开
邮箱:SKING, 手机号码:515.123.4567
邮箱:NKOCHHAR, 手机号码:515.123.4568
邮箱:LDEHAAN, 手机号码:515.123.4569
邮箱:AHUNOLD, 手机号码:590.423.4567
邮箱:BERNST, 手机号码:590.423.4568
邮箱:DAUSTIN, 手机号码:590.423.4569
邮箱:VPATABAL, 手机号码:590.423.4560
邮箱:DLORENTZ, 手机号码:590.423.5567
邮箱:NGREENBE, 手机号码:515.124.4569
邮箱:DFAVIET, 手机号码:515.124.4169
邮箱:JCHEN, 手机号码:515.124.4269

PL/SQL 过程已成功完成。

SQL>
```

图 9-24 %FOUND 属性示例

3. %ROWCOUNT 属性

%ROWCOUNT 属性用于获取已经读取了多少行数据。下面使用例 9-28 向大家描述其用法。

例 9-28 %ROWCOUNT 属性示例：

```
DECLARE
  var_email hr.employees.email %TYPE;
  var_phone_number hr.employees.phone_number %TYPE;
  CURSOR cur_employees IS
      SELECT email, phone_number FROM hr.employees
```

```
6       WHERE employee_id <= 110;
7   BEGIN
8     IF cur_employees %ISOPEN = FALSE THEN
9         DBMS_OUTPUT.PUT_LINE('游标尚未打开');
10        OPEN cur_employees;
11    END IF;
12    DBMS_OUTPUT.PUT_LINE('游标已经打开');
13    FETCH cur_employees INTO var_email, var_phone_number;
14    WHILE cur_employees %FOUND LOOP
15      DBMS_OUTPUT.PUT_LINE('邮箱:' || var_email ||
16                          ', 手机号码:' || var_phone_number);
17      IF cur_employees %ROWCOUNT = 3 THEN
18          EXIT;
19      END IF;
20      FETCH cur_employees INTO var_email, var_phone_number;
21    END LOOP;
22    CLOSE cur_employees;
23  END;
24  /
```

例 9-28 是在例 9-27 的基础上增加了第 17～19 行。此 3 行意思表示为若我们从游标中获取了 3 行数据，则退出循环。其运行结果如图 9-25 所示。

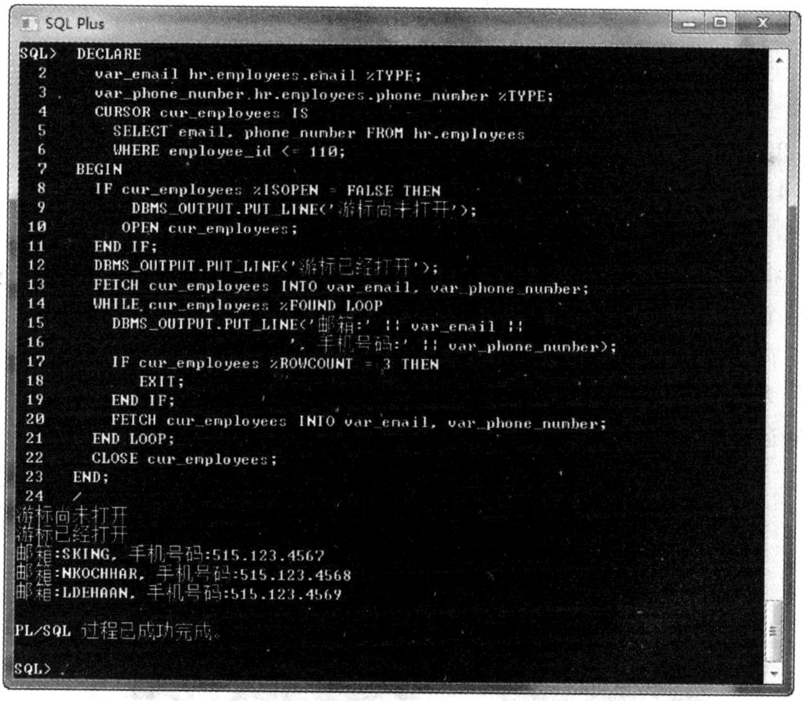

```
SQL Plus
SQL> DECLARE
  2    var_email hr.employees.email %TYPE;
  3    var_phone_number hr.employees.phone_number %TYPE;
  4    CURSOR cur_employees IS
  5      SELECT email, phone_number FROM hr.employees
  6      WHERE employee_id <= 110;
  7  BEGIN
  8    IF cur_employees %ISOPEN = FALSE THEN
  9        DBMS_OUTPUT.PUT_LINE('游标尚未打开');
 10       OPEN cur_employees;
 11    END IF;
 12    DBMS_OUTPUT.PUT_LINE('游标已经打开');
 13    FETCH cur_employees INTO var_email, var_phone_number;
 14    WHILE cur_employees %FOUND LOOP
 15      DBMS_OUTPUT.PUT_LINE('邮箱:' || var_email ||
 16                          ', 手机号码:' || var_phone_number);
 17      IF cur_employees %ROWCOUNT = 3 THEN
 18         EXIT;
 19      END IF;
 20      FETCH cur_employees INTO var_email, var_phone_number;
 21    END LOOP;
 22    CLOSE cur_employees;
 23  END;
 24  /
游标尚未打开
游标已经打开
邮箱:SKING, 手机号码:515.123.4567
邮箱:NKOCHHAR, 手机号码:515.123.4568
邮箱:LDEHAAN, 手机号码:515.123.4569

PL/SQL 过程已成功完成。

SQL>
```

图 9-25 %ROWCOUNT 属性示例

9.5.4 游标 FOR 循环

在 9.5.3 节例 9-27 中，介绍了通过使用游标可以获取多行结果集，并且可以使用%FOUND 属性配合循环语句来获取结果集中的每一行。本节将介绍另一种遍历结果集每一行数据的循环方法，即游标 FOR 循环。

与通常的游标结构不同，在使用游标 FOR 循环时，不需要打开游标（OPEN）、读取数据（FETCH）和关闭游标（CLOSE）。游标 FOR 循环开始时，游标被自动打开；每循环一次，系统将自动读取下一行游标数据；当循环结束时，游标被自动关闭。

典型的游标 FOR 循环的语法结构如下：

```
FOR <行记录名> IN <游标名> LOOP
    语句块;
END LOOP;
```

例 9-29 给出了游标 FOR 循环的举例。

例 9-29 游标 FOR 循环示例：

```
1  DECLARE
2    CURSOR cur_employees IS
3      SELECT email, phone_number FROM hr.employees
4      WHERE employee_id <= 110;
5  BEGIN
6    FOR var_record IN cur_employees LOOP
7        DBMS_OUTPUT.PUT_LINE('邮箱:' || var_record.email ||
8                                        ', 手机号码:' || var_record.phone_number);
9    END LOOP;
10 END;
11 /
```

对于例 9-29，可以进行如下分析：

- 第 2～4 行定游标 cur_employees。
- 第 6～9 行为游标 FOR 循环。
- 第 6 行将游标返回的一行数据存储于 var_record 中，根据第 3、4 行可以看出，var_record 中有两个字段：email 和 phone_number。
- 第 7、8 行为输出结果。
- 第 9 行为游标 FOR 循环结束标志。

例 9-29 的运行结果如图 9-26 所示。

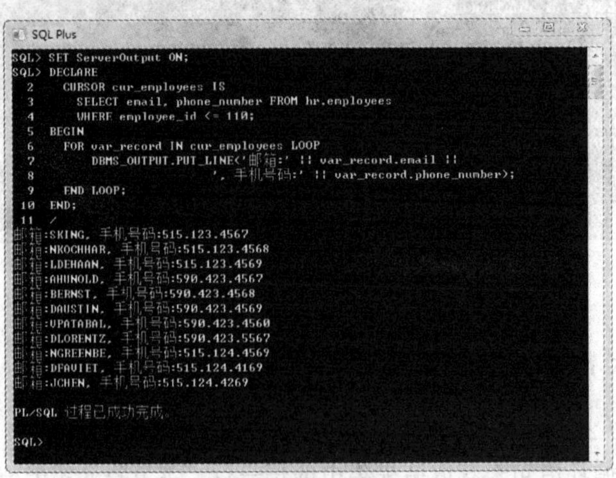

```
SQL Plus
SQL> SET ServerOutput ON;
SQL> DECLARE
  2    CURSOR cur_employees IS
  3      SELECT email, phone_number FROM hr.employees
  4      WHERE employee_id <= 110;
  5  BEGIN
  6    FOR var_record IN cur_employees LOOP
  7        DBMS_OUTPUT.PUT_LINE('邮箱:' || var_record.email ||
  8                             ', 手机号码:' || var_record.phone_number);
  9    END LOOP;
 10  END;
 11  /
邮箱:SKING, 手机号码:515.123.4567
邮箱:NKOCHHAR, 手机号码:515.123.4568
邮箱:LDEHAAN, 手机号码:515.123.4569
邮箱:AHUNOLD, 手机号码:590.423.4567
邮箱:BERNST, 手机号码:590.423.4568
邮箱:DAUSTIN, 手机号码:590.423.4569
邮箱:VPATABAL, 手机号码:590.423.4560
邮箱:DLORENTZ, 手机号码:590.423.5567
邮箱:NGREENBE, 手机号码:515.124.4569
邮箱:DFAVIET, 手机号码:515.124.4169
邮箱:JCHEN, 手机号码:515.124.4269

PL/SQL 过程已成功完成。

SQL>
```

图 9-26 游标 FOR 循环示例

在上述的游标 FOR 循环中，需要先定义游标，然后再使用游标 FOR 循环。还有一种更简单的方式，就是将游标 FOR 循环中的＜游标名＞直接替换为游标定义中所使用的 SELECT 语句。其语法结构如下：

```
FOR <行记录名> IN < SELECT 语句> LOOP
        语句块;
END LOOP;
```

修改例 9-29，得到例 9-30。

例 9-30　游标 FOR 循环示例：

```
1  BEGIN
2    FOR var_record IN (SELECT email, phone_number FROM hr.employees
3      WHERE employee_id <= 110) LOOP
4        DBMS_OUTPUT.PUT_LINE('邮箱:' || var_record.email ||
5                             ', 手机号码:' || var_record.phone_number);
6    END LOOP;
7  END;
8  /
```

在例 9-30 中的声明中省略了游标的定义。而在游标 FOR 循环中直接使用 SELECT 语句代替游标名。在第 2 行中大家可以看到，IN 之后改为了 SELECT 语句。

例 9-30 的运行结果与例 9-29 的运行结果相同，如图 9-27 所示。

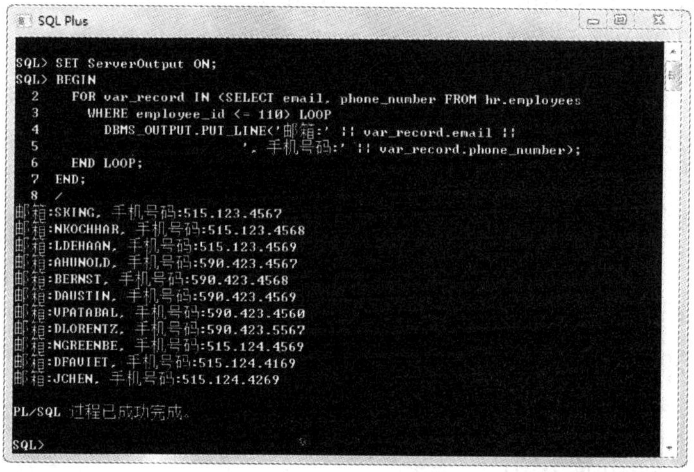

```
SQL Plus
SQL> SET ServerOutput ON;
SQL> BEGIN
  2    FOR var_record IN (SELECT email, phone_number FROM hr.employees
  3      WHERE employee_id <= 110) LOOP
  4        DBMS_OUTPUT.PUT_LINE('邮箱:' || var_record.email ||
  5                             ', 手机号码:' || var_record.phone_number);
  6    END LOOP;
  7  END;
  8  /
邮箱:SKING, 手机号码:515.123.4567
邮箱:NKOCHHAR, 手机号码:515.123.4568
邮箱:LDEHAAN, 手机号码:515.123.4569
邮箱:AHUNOLD, 手机号码:590.423.4567
邮箱:BERNST, 手机号码:590.423.4568
邮箱:DAUSTIN, 手机号码:590.423.4569
邮箱:VPATABAL, 手机号码:590.423.4560
邮箱:DLORENTZ, 手机号码:590.423.5567
邮箱:NGREENBE, 手机号码:515.124.4569
邮箱:DFAVIET, 手机号码:515.124.4169
邮箱:JCHEN, 手机号码:515.124.4269

PL/SQL 过程已成功完成。

SQL>
```

图 9-27　游标 FOR 循环示例

9.6　异常处理

同其他程序一样，即使是写得最好的 PL/SQL 程序也会遇到错误或未预料到的事件，如试图使用一个无效的游标、没有连接到 Oracle 等。一个健壮的程序应该能够正确处理各种出错情况，并尽可能从错误中恢复。我们知道，一个完整的 PL/SQL 程序由三部分构成：声明部分、执行部分和异常处理部分。在异常处理部分(EXCEPTION)可以用于处理异常或错误。

异常处理代码在 EXCEPTION 块实现，使用关键字 WHEN 定义异常处理。其语言结构如下：

```
EXCEPTION
WHEN <异常名 1> THEN
 异常处理代码 1
WHEN <异常名 2> THEN
 异常处理代码 2
 …
WHEN OTHERS THEN
 异常处理代码 n
```

异常名为 Oracle 11g 定义的异常标识，表 9-4 给出了 Oracle 11g 常用的标准异常名。当 WHEN 语句指定的异常发生时，则执行其后的异常处理代码。

表 9-4　PL/SQL 标准异常名

错误号	异常名	说　明
ORA-0001	DUP_VAL_ON_INDEX	违反了唯一性限制
ORA-0051	TIMEOUT_ON_RESOURCE	在等待资源时发生超时
ORA-0061	TRANSACTION_BACKED_OUT	由于发生死锁事务被撤销
ORA-1001	INVALID_CURSOR	试图使用一个无效的游标
ORA-1012	NOT_LOGGED_ON	没有连接到 Oracle
ORA-1017	LOGIN_DENIED	无效的用户名/口令
ORA-1403	NO_DATA_FOUND	SELECT INTO 没有找到数据
ORA-1422	TOO_MANY_ROWS	SELECT INTO 返回多行
ORA-1476	ZERO_DIVIDE	试图被零除
ORA-1722	INVALID_NUMBER	转换一个数字失败
ORA-6500	STORAGE_ERROR	内存不够引发的内部错误
ORA-6501	PROGRAM_ERROR	内部错误
ORA-6502	VALUE_ERROR	转换或截断错误
ORA-6504	ROWTYPE_MISMATCH	宿主游标变量与 PL/SQL 变量有不兼容行类型
ORA-6511	CURSOR_ALREADY_OPEN	试图打开一个已处于打开状态的游标
ORA-6530	ACCESS_INTO_NULL	试图为 NULL 对象的属性赋值
ORA-6531	COLLECTION_IS_NULL	试图将 EXISTS 以外的集合(COLLECTION)方法应用于一个 NULL PL/SQL 表上或 VARRAY 上
ORA-6532	SUBSCRIPT_OUTSIDE_LIMIT	对嵌套或 VARRAY 索引的引用超出声明范围以外
ORA-6533	SUBSCRIPT_BEYOND_COUNT	对嵌套或 VARRAY 索引的引用大于集合中元素的个数

例 9-31　除数为零异常示例：

```
DECLARE
  var_result NUMBER;
BEGIN
  var_result := &var_input / 0;
  DBMS_OUTPUT.PUT_LINE('运行结果是：'|| var_result);
  EXCEPTION
    WHEN ZERO_DIVIDE THEN
        var_result := &var_input / 1;
        DBMS_OUTPUT.PUT_LINE('除 0 异常,以 1 代除数');
        DBMS_OUTPUT.PUT_LINE('运行结果是：'|| var_result);
 END;
 /
```

在例 9-31 中，第 4 行除数为 0，当程序执行到这一行时，会马上捕获 ZERO_DIVIDE 异常，并跳转到第 6 行异常处理部分。此时，会将除 0 异常与 WHEN 之后的异常名匹配，与 ZERO_DIVIDE 匹配成功后，执行第 8～10 行。其运行结果如图 9-28 所示。

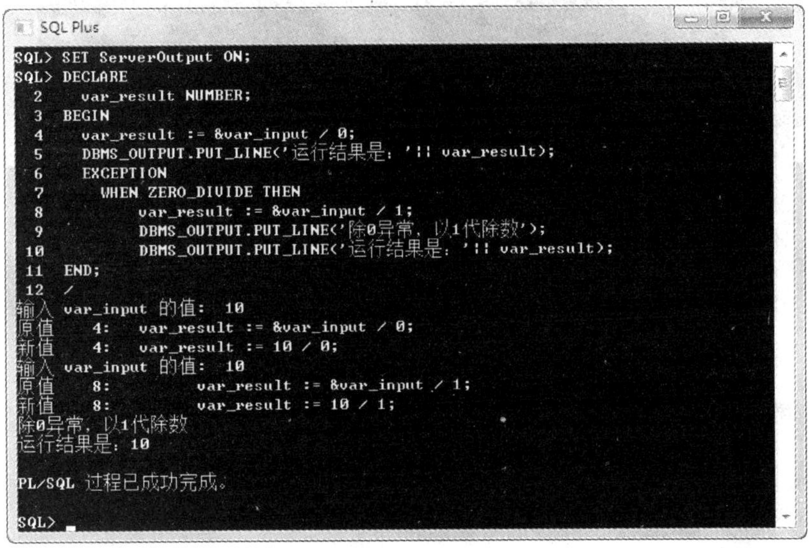

```
SQL Plus
SQL> SET ServerOutput ON;
SQL> DECLARE
  2    var_result NUMBER;
  3  BEGIN
  4    var_result := &var_input / 0;
  5    DBMS_OUTPUT.PUT_LINE('运行结果是：'|| var_result);
  6    EXCEPTION
  7      WHEN ZERO_DIVIDE THEN
  8          var_result := &var_input / 1;
  9          DBMS_OUTPUT.PUT_LINE('除0异常，以1代除数');
 10          DBMS_OUTPUT.PUT_LINE('运行结果是：'|| var_result);
 11  END;
 12  /
输入 var_input 的值：  10
原值    4:   var_result := &var_input / 0;
新值    4:   var_result := 10 / 0;
输入 var_input 的值：  10
原值    8:          var_result := &var_input / 1;
新值    8:          var_result := 10 / 1;
除0异常，以1代除数
运行结果是：10

PL/SQL 过程已成功完成。

SQL>
```

图 9-28　除数为零异常示例

例 9-32　结果集行数异常示例：

```
1  DECLARE
2    var_jobs_info hr.jobs %ROWTYPE;
3  BEGIN
4    SELECT * INTO var_jobs_info
5    FROM hr.jobs
6    WHERE job_id LIKE 'SA%';
7
8    DBMS_OUTPUT.PUT_LINE('职位编号为：'|| var_jobs_info.job_id );
9  EXCEPTION
10   WHEN NO_DATA_FOUND THEN
11    DBMS_OUTPUT.PUT_LINE('没有找到对应的职位!');
12   WHEN TOO_MANY_ROWS THEN
13    DBMS_OUTPUT.PUT_LINE('对应的职位过多,请再次核实!');
14  END;
15  /
```

在例 9-32 中，程序会选择 job_id 以 SA 开头的工作信息，并存入变量 var_jobs_info 中。此时会出现三种情况：

(1) 若返回 1 行数据，则该行数据存入变量 var_jobs_info。

(2) 若返回 0 行数据，则程序会马上捕获 NO_DATA_FOUND 异常，并跳转到第 10 行异常处理部分。

(3) 若返回多行数据，则程序会马上捕获 TOO_MANY_ROWS 异常，并跳转到第 12 行异常处理部分。

例 9-32 的运行结果如图 9-29 所示。在实际运行中，查找结果会返回多行数据，所以抛出 TOO_MANY_ROWS 异常。

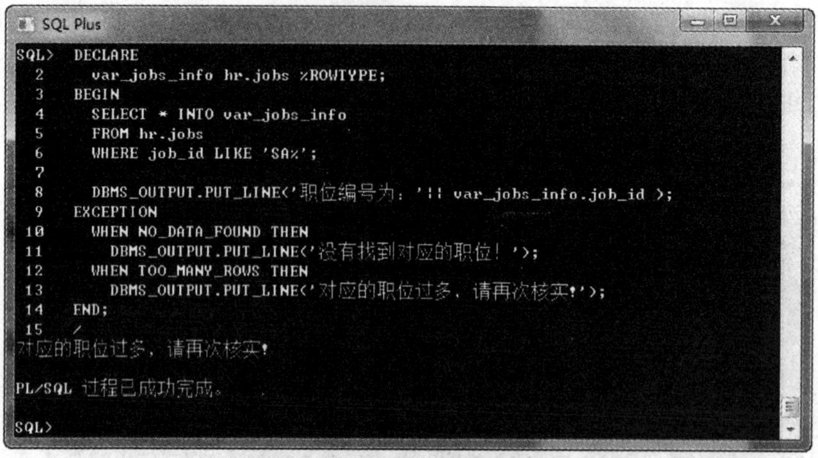

```
SQL Plus
SQL> DECLARE
  2    var_jobs_info hr.jobs %ROWTYPE;
  3  BEGIN
  4    SELECT * INTO var_jobs_info
  5    FROM hr.jobs
  6    WHERE job_id LIKE 'SA%';
  7
  8    DBMS_OUTPUT.PUT_LINE('职位编号为：'|| var_jobs_info.job_id );
  9  EXCEPTION
 10    WHEN NO_DATA_FOUND THEN
 11      DBMS_OUTPUT.PUT_LINE('没有找到对应的职位！');
 12    WHEN TOO_MANY_ROWS THEN
 13      DBMS_OUTPUT.PUT_LINE('对应的职位过多，请再次核实!');
 14  END;
 15  /
对应的职位过多，请再次核实!

PL/SQL 过程已成功完成。

SQL>
```

图 9-29　结果集行数异常示例

例 9-33　数据类型异常示例：

```
1  DECLARE
2    var_num NUMBER;
3  BEGIN
4    var_num := '十二';
5    DBMS_OUTPUT.PUT_LINE('该数字为：'|| var_num);
6  EXCEPTION
7    WHEN VALUE_ERROR THEN
8      DBMS_OUTPUT.PUT_LINE('数据类型错误!');
9    WHEN OTHERS THEN
10     DBMS_OUTPUT.PUT_LINE('错误情况不明!');
11  END;
12  /
```

例 9-33 为数据类型异常。在第 2 行定义 NUMBER 型变量 var_num，并在第 4 行赋值'十二'，由于'十二'不是 NUMBER 类型，所以程序执行到第 4 行时，会马上捕获 VALUE_ERROR 异常，并跳转到第 7 行异常处理部分。此时要注意的是，若第 4 行抛出的异常不是 VALUE_ERROR 异常，则与第 7 行匹配失败，程序执行 WHEN OTHERS THEN 之后的语句块。例 9-33 的运行结果如图 9-30 所示。

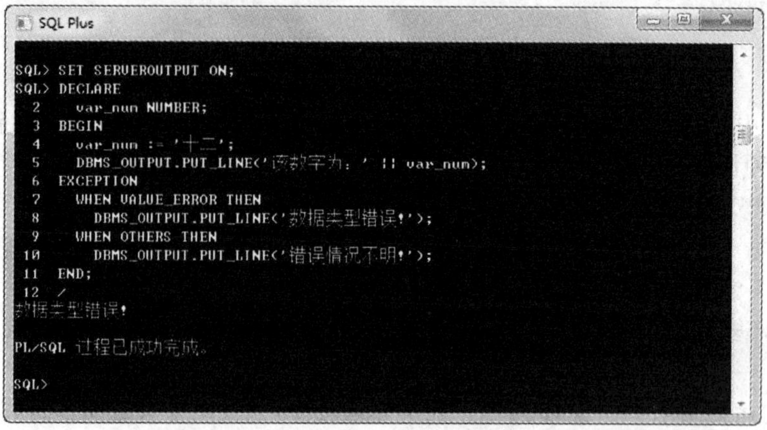

```
SQL Plus
SQL> SET SERVEROUTPUT ON;
SQL> DECLARE
  2    var_num NUMBER;
  3  BEGIN
  4    var_num := '十二';
  5    DBMS_OUTPUT.PUT_LINE('该数字为：' || var_num);
  6  EXCEPTION
  7    WHEN VALUE_ERROR THEN
  8      DBMS_OUTPUT.PUT_LINE('数据类型错误!');
  9    WHEN OTHERS THEN
 10      DBMS_OUTPUT.PUT_LINE('错误情况不明!');
 11  END;
 12  /
数据类型错误!

PL/SQL 过程已成功完成。

SQL>
```

图 9-30　数据类型异常示例

9.7 同义词

同义词(SYNONYM)是方案对象的一个别名。同义词并不占用实际存储空间,只在数据字典中保存同义词的定义。在使用同义词时,Oracle 11g 简单地将它翻译成对应方案对象的名称。

使用同义词有以下优点:

(1) 简化对象访问。

(2) 提高对象访问的安全性。

(3) 节省大量的数据库空间。

(4) 扩展数据库的使用范围。

同义词的使用语法结构如下:

(1) 创建同义词语句:

```
CREATE PUBLIC SYNONYM <表名> FOR <用户>.<表名>;
```

其中第一个表名和第二个表名可以不一样。

(2) 删除同义词:

```
DROP PUBLIC SYNONYM <表名>;
```

(3) 查看所有同义词:

```
SELECT * FROM DBA_SYNONYMS;
```

例 9-34 为 hr 方案的 employees 表创建同义词:

我们使用下面一行语句创建 hr. employees 的同义词 employee。

```
CREATE PUBLIC SYNONYM employee FOR hr.employees;
```

该示例的运行结果如图 9-31 所示。我们首先为 hr. employees 创建同义词 employees。接下来就可以使用 employees 代替 hr. employees 进行操作,如 SELECT 操作。然后使用 DROP 语句删除 employees 同义词。当再次使用 employees 时则会出错。

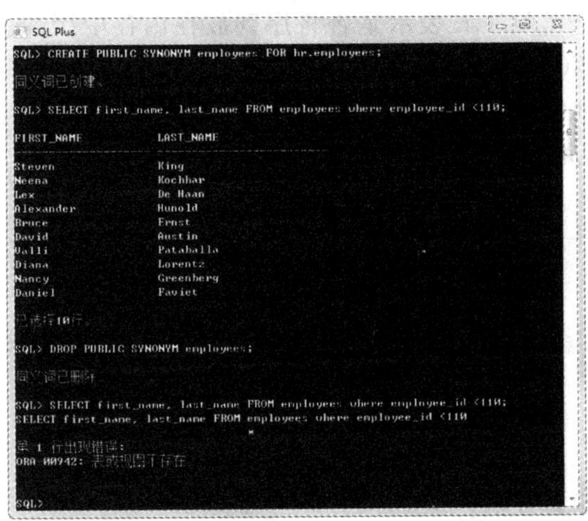

图 9-31 同义词的使用

9.8 序列

Oracle 11g 中的序列能够完成自动增长编号的功能，当向表格中插入记录时，就可以把下一个序列号赋予此记录的一个字段。

9.8.1 序列的创建与使用

创建序列的语法结构如下：

```
CREATE SEQUENCE <序列名>
  [INCREMENT BY n]
  [START WITH n]
  [{MAXVALUE n | NOMAXVALUE}]
  [{MINVALUE n | NOMINVALUE}]
  [{CYCLE|NOCYCLE}]
  [{CACHE n|NOCACHE}];
```

对于该语法结构，可以进行如下分析：

(1) 序列名为用户根据需要创建的序列的名称。

(2) INCREMENT BY 用于定义序列的增长步长为 n。如果 n 为负值，则说明该序列以步长 n 递减。缺省该项，则默认以步长 1 递增。

(3) START WITH 定义序列的初始值为 n。缺省该项，则默认初值为 1。

(4) MAXVALUE 定义序列允许产生的最大值为 n 或 NOMAXVALUE。缺省该项，则默认最大值为 NOMAXVALUE。NOMAXVALUE 对于递增序列，表示系统能够产生的最大值为 10^{27}，对于递减序列，表示最大值为－1。

(5) MINVALUE 定义序列允许产生的最小值为 n 或 NOMINVALUE。缺省该项，则默认最小值为 NOMINVALUE。NOMINVALUE 对于递减序列，表示系统能够产生的最小值为 -10^{26}，对于递增序列，表示最小值为 1。

(6) CYCLE 和 NOCYCLE 是循环标识。CYCLE 代表当序列达到最值时，序列循环编号。NOCYCLE 代表序列达到最值后，不循环编号，而会发生错误。

(7) CACHE n 和 NOCACHE 表示是否将序列放在内存中缓冲。CACHE n 表示缓冲，分配内存大小为 n MB，NOCACHE 表示不缓冲。

下面将介绍一个序列的例子。

例 9-35 创建序列，并为区域表 REGIONS 添加行记录。

```
1  CREATE SEQUENCE seq_region
2    INCREMENT by 1
3    START WITH 5
4    MAXVALUE 100
5    MINVALUE 1
6    NOCYCLE
7    NOCACHE;
```

上述代码可以进行如下分析：

- 第 1 行表示创建序列，序列名称为 seq_region。

- 第 2 行表示序列以步长 1 递增。
- 第 3 行表示序列的初始编号为 5。
- 第 4 行表示序列编号的最大值为 100。
- 第 5 行表示序列的最小值为 1。
- 第 6 行表示序列编号达到最大值 100 时,不循环编号。
- 第 7 行表示序列不被放在内存中缓冲。

在创建完序列 seq_region 后,我们向 hr 方案的区域表 REGIONS 中插入两行数据。我们使用 seq_region. NEXTVAL 自动创建区域编号。

```
INSERT INTO hr.regions VALUES(seq_region.NEXTVAL,'Oceania');
INSERT INTO hr.regions VALUES(seq_region. NEXTVAL,'Latin');
```

最后我们使用 SELECT 语句查询 REGIONS 表中的数据。

```
SELECT * FROM hr.regions ORDER BY region-id;
```

其运行结果如图 9-32 所示。

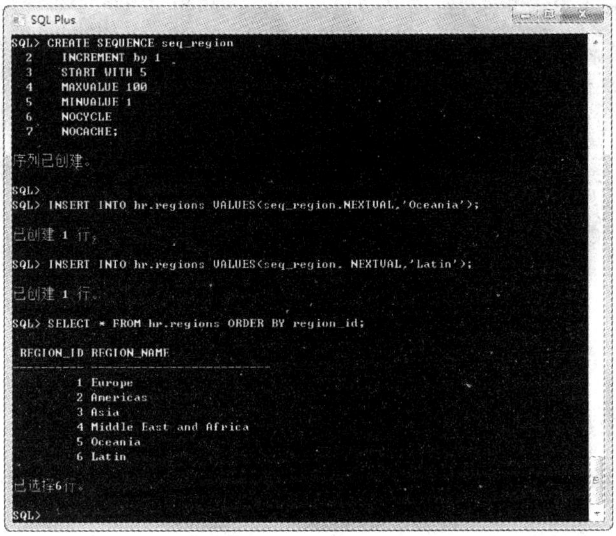

```
SQL Plus
SQL> CREATE SEQUENCE seq_region
  2    INCREMENT by 1
  3    START WITH 5
  4    MAXVALUE 100
  5    MINVALUE 1
  6    NOCYCLE
  7    NOCACHE;

序列已创建。

SQL>
SQL> INSERT INTO hr.regions VALUES(seq_region.NEXTVAL,'Oceania');

已创建 1 行。

SQL> INSERT INTO hr.regions VALUES(seq_region. NEXTVAL,'Latin');

已创建 1 行。

SQL> SELECT * FROM hr.regions ORDER BY region_id;

 REGION_ID REGION_NAME
---------- -------------------------
         1 Europe
         2 Americas
         3 Asia
         4 Middle East and Africa
         5 Oceania
         6 Latin

已选择6行。

SQL>
```

图 9-32 序列的创建与使用

9.8.2 序列的修改

在创建序列时,序列中有很多属性。其中每个属性的值都可以修改。其语法结构如下:

```
ALTER SEQUENCE <序列名>
  [INCREMENT BY n]
  [START WITH n]
  [{MAXVALUE n | NOMAXVALUE}]
  [{MINVALUE n | NOMINVALUE}]
  [{CYCLE|NOCYCLE}]
  [{CACHE n|NOCACHE}];
```

在该语法结构中,使用的关键字为 ALTER SEQUENCE。修改序列时应该注意的是,序列的改变只会影响以后的序列值，对于已经产生的值没有影响。

例 9-36 将例 9-35 的序列步长更改为 2。

采用以下两行代码修改序列的步长。

```
ALTER SEQUENCE seq_region
  INCREMENT BY 2;
```

接着再利用序列值向区域表 RETIONS 中插入一行数据，其代码如下所示：

```
INSERT INTO hr.regions VALUES(seq_region.NEXTVAL,'South America');
```

最后，使用 SELECT 语句查询区域表，其结果如图 9-33 所示。从图中可以看出，在编号 6 之后，没有编号 7，直接是编号 8 了，很明显，步长为 2。

```
SQL Plus
SQL> ALTER SEQUENCE seq_region
  2    INCREMENT BY 2;

序列已更改。

SQL> INSERT INTO hr.regions VALUES(seq_region.NEXTVAL,'South America');

已创建 1 行。

SQL> SELECT * FROM hr.regions ORDER BY region_id;

 REGION_ID REGION_NAME
---------- -------------------------
         1 Europe
         2 Americas
         3 Asia
         4 Middle East and Africa
         5 Oceania
         6 Latin
         8 South America

已选择7行。

SQL>
```

图 9-33 序列的修改

9.8.3 删除序列

删除序列使用 DROP SEQUENCE 语句，序列被删除后，就不能再被引用。删除序列的语法结构如下：

```
DROP SEQUENCE <序列名>;
```

例 9-37 删除序列：

下面删除前面两个例子使用的序列 seq_region，其代码如下。

```
DROP SEQUENCE seq_region;
```

其运行结果如图 9-34 所示。

```
SQL Plus
SQL> DROP SEQUENCE seq_region;

序列已删除。

SQL>
```

图 9-34 序列的删除

习题

一、选择题

1. 在循环语句中，退出循环体的关键字是(　　)。

   A. BREAK　　B. GO　　C. COMMIT　　D. EXIT

2. SELECT…INTO…语句可以出现的异常是(　　)。

   A. NO_DATA_FOUND　　B. CURSOR_ALREADY_OPEN

   C. ACCESS_INTO_NULL　　D. COLLECTION_IS_NULL

3. 修改序列使用的关键字是(　　)。

   A. ALTER TABLE　　B. ALTER SEQUENCE

   C. ALTER COLLECTION　　D. ALTER EXCEPTION

4. 下面不是复合数据类型的是(　　)。

   A. RECORD　　B. TABLE　　C. VARRAY　　D. VARCHAR2

二、操作题

1. 编写 PL/SQL 程序，使用 WHILE…LOOP… END LOOP 语句计算 10！的值。

2. 创建序列 seq_employee，该序列的值每次自动加 1，从 1 开始计数，不设最大值，并且一直累加，不循环。

三、简答题

1. 请简述在 PL/SQL 中常用的循环语句。
2. 请举出至少 5 个异常的名称，并对它们进行说明。
3. 请介绍什么是游标。

第10章 管理表空间和文件

10.1 表空间概述

Oracle 数据库是由若干个表空间(Tablespace)构成的。任何数据库对象在存储时都必须存储在某个表空间中。表空间对应于若干个磁盘文件,即表空间是由一个或多个磁盘文件构成的。表空间相当于操作系统中的文件夹,也是数据库逻辑结构与物理文件之间的一个映射。每个数据库至少有一个表空间,表空间的大小等于所有从属于它的数据文件大小的总和。

表空间是数据库最大的逻辑单位,任何方案对象(如表、索引)都被存储在表空间的数据文件中。

10.1.1 表空间类型

Oracle 数据库中主要的表空间类型有永久表空间、撤销表空间和临时表空间。永久表空间包含一些段,这些段在超出会话或事务的持续时间后持续存在。

虽然撤销表空间可能有一些段在超出会话或事务末尾后仍然保留,但它为访问被修改表的 SELECT 语句提供读一致性,同时为数据库的大量闪回特性提供撤销数据。然而,撤销段主要用来存储一系列在更新或删除前的值,或者用于提供指示,表明不存在用于插入的行。如果用户的会话在用户发出 Commit 或 Rollback 前失败,则取消更新、插入和删除。用户的会话永远不可以直接访问撤销段,并且撤销表空间可能只有撤销段。

顾名思义,临时表空间包含暂时的数据,这些数据只存在于会话的持续时间,例如完成分类操作的空间不适合来自于内存。

大文件表空间可用于这三类表空间的任何一种,大文件表空间将维护点从数据文件移动到表空间,从而简化了表空间的管理。大文件表空间只包含一个数据文件。大文件表空间也有一些缺点,本章后文中会介绍这些缺点。

1. 永久表空间

SYSTEM 表空间和 SYSAUX 表空间是永久表空间的两个示例。此外,任何在超出会话或事务边界后需要由用户或应用程序保留的段都应该存储在永久表空间中。

(1) SYSTEM 表空间

用户段绝对不应该驻留在 SYSTEM 表空间中。从 Oracle 11g 开始,除了保留 Oracle 9i 中指定默认临时表空间的能力外,还可以指定默认永久表空间。

如果使用 Oracle 通用安装程序(Oracle Universal Installer,OUI)来创建数据库,则会为

永久段和临时段创建不同于 SYSTEM 的单独表空间。如果手动创建数据库,则要确保指定默认永久表空间和默认临时表空间,如同下面的样例 CREATE DATABASE 命令。

```
CREATE DATABASE rjbdb
USER SYS IDENTIFIED BY kshelt25
USER SYSTEM IDENTIFIED BY mgrab45
LOGFILE GROUP 1 ('/u02/oracle11g/oradata/rjbdb/redo01.log') SIZE 100M,
GROUP 2 ('/u04/oracle11g/oradata/rjbdb/redo02.log') SIZE 100M,
GROUP 3 ('/u06/oracle11g/oradata/rjbdb/redo03.log') SIZE 100M
MAXLOGFILES 5
MAXLOGMEMBERS 5
MAXLOGHISTORY 1
MAXDATAFILES 100
MAXINSTANCES 1
CHARACTER SET US7ASCII
NATIONAL CHARACTER SET AL16UTF16
DATAFILE '/u01/oracle11g/oradata/rjbdb/system01.dbf' SIZE 325M REUSE
EXTENT MANAGEMENT LOCAL
SYSAUX DATAFILE '/u01/oracle11g/oradata/rjbdb/sysaux01.dbf'
SIZE 325M REUSE
DEFAULT TABLESPACE USERS
DATAFILE '/u03/oracle11g/oradata/rjbdb/users01.dbf'
SIZE 50M REUSE
DEFAULT TEMPORARY TABLESPACE tempts1
TEMPFILE '/u01/oracle11g/oradata/rjbdb/temp01.dbf'
SIZE 20M REUSE
UNDO TABLESPACE undotbs
DATAFILE '/u02/oracle11g/oradata/rjbdb/undotbs01.dbf'
SIZE 200M REUSE AUTOEXTEND ON MAXSIZE UNLIMITED;
```

从 Oracle 10g 开始,SYSTEM 表空间默认为本地管理。换句话说,所有的表空间的使用由位图段管理,位图段在表空间的第一个数据文件的第一个部分中。在本地管理 SYSTEM 表空间的数据库中,数据库中的其他表空间也必须被本地管理,或者必须是只读的。使用本地管理的表空间可免除一些 SYSTEM 表空间的争用,因为表空间的空间分配和释放操作不需要使用数据字典表。

(2) SYSAUX 表空间

类似于 SYSTEM 表空间,SYSAUX 表空间不应该有任何用户段。SYSAUX 表空间的内容根据应用程序划分,可以使用 EM 数据库控制台(Database Control)进行查看。通过单击 Server 选项卡下面的 Tablespaces 链接,并单击 SYSAUX 链接,可以编辑 SYSAUX 表空间。

如果驻留在 SYSAUX 表空间中的特定应用程序的空间使用率过高,或者由于与其他使用 SYSAUX 表空间的应用程序严重争用表空间而造成了 I/O 瓶颈,那么可以将这些应用程序中的一个或多个移动到不同的表空间。

2. 撤销表空间

多个撤销表空间可以存在于一个数据库中,但在任何给定的时间内只有一个撤销表空间可以是活动的。撤销表空间用于回滚事务,以及提供与 DML 语句同时运行在相同的表或表集上的 SELECT 语句的读一致性,并支持大量 Oracle 闪回特性,例如闪回查询(Flashback Query)。

撤销表空间需要正确地确定大小,从而防止"Snapshot too old"错误,并且提供足够的空间来支持初始参数,例如 UNDO_RETENTION。

3. 临时表空间

数据库中可以有多个临时表空间联机并处于活动状态，但在 Oracle 10g 之前，同一个用户的多个会话只可以使用同一个临时表空间，因为只有一个默认的临时表空间可以被赋予用户。为了解决这个潜在的性能瓶颈，Oracle 现在支持临时表空间组。临时表空间组即为一系列临时表空间。

临时表空间组必须至少包含一个临时表空间，它不可以为空。一旦临时表空间组没有任何成员，它将不再存在。

使用临时表空间组的一个最大优点是，向具有多个会话的单个用户提供如下功能：对每个会话使用不同的实际临时表空间。

并不是将单个临时表空间赋给用户，而是赋予临时表空间组。在这个示例中，将临时表空间组 TEMPGRP 赋给 OE。因为 TEMPGRP 临时表空间组中有三个实际的临时表空间，所以第一个 OE 会话可以使用临时表空间 TEMP1，第二个 OE 会话执行的 SELECT 语句可以并行使用其他两个临时表空间 TEMP2 和 TEMP3。在 Oracle 10g 以前，两个会话都使用相同的临时表空间，从而潜在地造成性能问题。

创建临时表空间组非常简单。创建单独的表空间 TEMP1、TEMP2 和 TEMP3 后，可以创建名为 TEMPGRP 的临时表空间组，具体如下：

```
SQL > ALTER TABLESPACE temp1 tablespace group tempgrp;
Tablespace altered.
SQL > ALTER TABLESPACE temp2 tablespace group tempgrp;
Tablespace altered.
SQL > ALTER TABLESPACE temp3 tablespace group tempgrp;
Tablespace altered.
```

使用将实际临时表空间改为默认临时表空间的相同命令，可以将数据库的默认临时表空间改为 TEMPGRP。临时表空间组逻辑上可视为与一个临时表空间相同。

```
SQL > ALTER DATABASE default temporary tablespace tempgrp;
Database altered.
```

为了删除表空间组，必须先删除它的所有成员。对组中的临时表空间赋予空字符串(取消组中的表空间)，即可删除表空间组的成员：

```
SQL > ALTER TABLESPACE temp3 tablespace group '';
Tablespace altered.
```

将临时表空间组赋给用户等同于将一个临时表空间赋给用户，这种分配可以发生在创建用户时或者将来的某个时刻。下面的示例表示将新用户 JENWEB 赋给临时表空间 TEMPGRP：

```
SQL > CREATE user jenweb identified by pi4001
2     default tablespace users
3     temporary tablespace tempgrp;
User created.
```

在 Oracle Database 10g 中，对数据字典视图进行了一些改动以支持临时表空间组。与 Oracle 以前的版本一样，数据字典视图 DBA_USERS 仍然具有列 TEMPORARY_TABLESPACE，但该列现在可以包含赋给用户的临时表空间的名称，或者是临时表空间组的名称。

```
SQL> SELECT username, default_tablespace, temporary_tablespace
2    FROM dba_users WHERE username = 'JENWEB';
USERNAME     DEFAULT_TABLESPACE TEMPORARY_TABLESPACE
-------------------- ------------------ --------------------
JENWEB       USERS        TEMPGRP

1 row selected.
```

新的数据字典视图 DBA_TABLESPACE_GROUPS 显示了每个临时表空间组的成员：

```
SQL> SELECT group_name, tablespace_name FROM
dba_tablespace_groups;
GROUP_NAME               TABLESPACE_NAME
---------------------------- ----------------------------
TEMPGRP                  TEMP1
TEMPGRP                  TEMP2
TEMPGRP                  TEMP3
3 rows selected.
```

和其他大多数可以使用命令行实现的 Oracle 特性一样，可以使用 EM 数据库控制台将成员赋给临时表空间组，也可以从临时表空间组中取消成员。

4. 大文件表空间

大文件表空间减轻了数据库管理工作，因为它只包含一个数据文件。如果表空间块大小是 32KB，则该数据文件的大小最多可以为 128TB。前面许多只可用于维护数据文件的命令现在都可以用于表空间，只要表空间是大文件表空间即可。

虽然大文件表空间的维护很方便，但大文件表空间也存在一些潜在的缺点。因为大文件表空间是单一的数据文件，所以完全备份单一的一个大型数据文件所花的时间比完全备份多个小型数据文件(这些小型数据文件的总大小与单一数据文件表空间相等)要长得多，这是因为在 Oracle 中，每个数据文件只使用一个从进程，因此不能使用并行进程备份大文件表空间的不同部分。如果大文件表空间是只读的，或者只定期备份已改变的块，则备份问题在这种环境中也许并不突出。

10.1.2 Oracle 安装表空间

表 10-1 列出了使用标准 Oracle 安装创建的表空间，其中使用了 Oracle 通用安装程序(OUI)。EXAMPLE 表空间是可选的，如果在安装对话期间指定想要创建示例模式，则安装该表空间。

表 10-1 标准 Oracle 安装表空间

表空间	类型	段空间管理	初始分配的近似大小/MB
SYSTEM	永久	手动	680
SYSAUX	永久	自动	585
TEMP	临时	手动	20
UNDOTBS1	永久	手动	115

续表

表空间	类型	段空间管理	初始分配的近似大小/MB
USERS	永久	自动	16
EXAMPLE	永久	自动	100

1. SYSTEM

本章前面提及,没有任何用户段应该存储在 SYSTEM 表空间中。通过自动将一个永久表空间赋予还没有被显式赋予永久表空间的所有用户,CREATE DATABASE 命令中的新子句 DEFAULT TABLESPACE 可帮助防止这种情况的发生。使用 Oracle 通用安装程序(OUI)执行的 Oracle 安装将自动分配 USERS 表空间为默认的永久表空间。

如果过多地使用过程化的对象,例如函数、过程和触发器等,SYSTEM 表空间将快速增长,因为这些对象必须驻留在数据字典中。对于抽象数据类型和 Oracle 的其他面向对象特性,情况也是如此。

2. SYSAUX

和 SYSTEM 表空间一样,用户段永远不应该存储在 SYSAUX 表空间中。如果 SYSAUX 表空间的特定占用者占据了过多的可用空间,或者严重影响了其他使用 SYSAUX 表空间的应用程序的性能,则应该考虑将该占用者移动到另一个表空间。

3. TEMP

不推荐使用一个非常大的临时表空间,而应该考虑使用一些较小的临时表空间,并且创建一个临时表空间组来保存它们。如同在本章前面所看到的,这可以缩短某些应用程序的响应时间。这些受影响的应用程序创建了许多具有相同用户名的会话。

4. UNDOTBS1

即使数据库可能有多个撤销表空间,在任意给定时间内也只能有一个活动的撤销表空间。如果撤销表空间需要使用更多的空间,且 AUTOEXTEND 不可用,则可以添加另一个数据文件。一个撤销表空间必须可用于实时应用集群(Real Application Clusters,RAC)环境中的每个节点,因为每个实例都管理自己的撤销。

5. USERS

USERS 表空间计划用于由每个数据库用户创建的各种段,它不适合于任何产品应用程序。应该为每个应用程序和段类型创建单独的表空间。稍后将介绍一些额外的标准,用户可以使用这些标准来决定何时将段分离到它们自己的表空间中。

6. EXAMPLE

在产品环境中,EXAMPLE 表空间应该被删除。它占用 100MB 磁盘空间,并且具有所有 Oracle 段类型和数据结构类型的示例。如果需要练习,应该创建单独的数据库,使其包含这些示例模式。对于已有的练习数据库,可以使用 $ORACLE_HOME/demo/schema 中的脚本将这些示例模式安装到所选的表空间中。

10.1.3　段分离

一般可根据类型、大小和访问频率将段划分到不同的表空间中。此外，每个表空间将从自己的磁盘组或磁盘设备上获益。然而在实际情况中，大多数计算站并没有能力将每个表空间存储到自己的设备上。下面的要点标识了一些条件，用户可以使用这些条件来确定如何将段分离到表空间中。这些条件之间不存在优先级，因为优先级取决于特定的环境。使用自动存储管理(ASM)可以消除这里所列出的许多争用问题，从而不需要DBA进行额外的工作。

- 大段和小段应该在单独的表中。
- 表段和它们所对应的索引段应该在单独的表中。
- 单独的表空间应该用于每个应用程序。
- 较少使用的段和较多使用的段应该在不同的表空间中。
- 静态段应该和高DML段分离。
- 只读表应该在其自己的表空间中。
- 数据仓库的分段表应该在其自己的表空间中。
- 根据是否逐行访问段以及是否通过完整表扫描访问段，使用适当的块大小来创建表空间。
- 物化视图应该在与基表不同的单独表空间中。
- 对于分区的表和索引，每个分区应该在其自己的表空间中。

使用EM数据库控制台，可以通过标识热点(在文件级或对象级中)来标识任意表空间上的总体争用情况。

10.2　管理表空间

10.2.1　管理表空间原则

在管理表空间时应遵循以下原则。

1. 使用多重表空间

采用多重表空间可使数据库操作更灵活。主要体现在以下方面：

- 将用户数据与数据字典数据相分离，并将不同表空间的数据文件分别存储在不同磁盘上可以降低I/O竞争。
- 将一个应用的数据与其他应用相分离，可以避免表空间脱机时多个应用受到影响。
- 可根据需要将单个表空间脱机，从而获得较好的可用性。
- 通过为不同类型的数据库预留表空间，以达到优化表空间的目的，如更新较高的或只读、或临时段存储等。
- 备份单个表空间。

2. 为用户指定表空间限额

要创建、管理与使用表空间，必须首先以Sys用户并以as sysdba身份登录数据库。与以前Oracle版本(如Oracle 9i)不同，在Oracle 11g中，启动SQL * Plus时的账户和口令不需加引号。命令格式是：

```
sqlplus sys/< sys password > as sysdba
```

10.2.2 创建表空间

1. 创建永久性的表空间

命令格式：

```
SQL> CREATE[undo]TABLESPACE tablespace_name
[datafile filespec[autoextend_clause][,filespec[autoextend_clause]]...]
[{minimum extent integer[ k|m]|blocksize integer[k]|{logging|nologging}
|default storage_clause|{online|offline}
|{permanent|temporary}|extent_management_clause|segment_management_clause
}
[ minimum extent integer[k|m]|blocksize integer[k]
|{logging|nologging}|default storage_clause|{online|offline}
|{permanent|temporary}|extent_management_clause|segment_management_clause
]...
];
```

创建一个名为 tbspace 的表空间，示例如下：

```
SQL> CREATE TABLESPACE tbspace nologging
datafile'D:\oracle\product\10.2.0\oradata
'D:\app\Administrator\oradata\tbspace\tbspace01.ora 'size 50m blocksize 8192
extent management local uniform size 256k
segment space management auto;
```

2. 使一个表空间脱机

命令格式：

```
SQL> ALTER TABLESPACE <tablespace_name> offline;
```

将表空间 tbspace 脱机，示例如下：

```
SQL> ALTER TABLESPACE tbspace offline;
```

注意：SYSTEM 表空间不能脱机。

3. 使一个表空间联机

命令格式：

```
SQL> ALTER TABLESPACE <tablespace_name> online;
```

将表空间 tbspace 联机，示例如下：

```
SQL> ALTER TABLESPACE tbspace online;
```

4. 使表空间只读

命令格式：

```
SQL > ALTER TABLESPACE < tablespace_name > read only;
```

将表空间 tbspace 更改为只读，示例如下：

```
SQL > ALTER TABLESPACE tbspace read only;
```

5. 使表空间可读可写

命令格式：

```
SQL > ALTER TABLESPACE < tablespace_name > read write;
```

将表空间 tbspace 更改为可读写，示例如下：

```
SQL > ALTER TABLESPACE tbspace read write;
```

6. 创建临时表空间

命令格式：

```
SQL > CREATE TEMPORARY TABLESPACE < tablespace_name >
tempfile'< data_file_path_and_file_name >'
size < megabytes > m autoextend < on|off >
extent management local uniform size < extent_size >;
```

创建临时表空间 temp，示例如下：

```
SQL > CREATE TEMPORARY TABLESPACE temp
tempfile 'D:\ app\Administrator\oradata\temp\temp01.ora'
size 500m autoextend off
extent management local uniform size 512k;
```

注意：虽然语句 ALTER TABLESPACE 中带有 temporary 关键字，但不能使用带有 temporary 关键字的 ALTER TABLESPACE 语句将一个本地管理的永久表空间转变为本地管理的临时表空间。必须使用 CREATE TEMPORARY TABLESPACE 语句直接创建本地管理的临时表空间。

7. 添加临时表空间的数据文件

命令格式：

```
SQL > ALTER TABLESPACE < tablespace_name > add tempfile '< path_and_file_name >'size < n > m;
```

为临时表空间 temp_ren 添加数据文件，示例如下：

```
SQL > ALTER TABLESPACE temp_ren add tempfile 'D:\app\Administrator\oradata\temp\temp.dbf'size 100m;
```

8. 调整临时表空间的数据文件

命令格式：

```
SQL> ALTER DATABASE tempfile '<path_and_file_name>'resize<mega_bytes>m;
```

调整临时表空间的数据文件大小，示例如下：

```
SQL> ALTER DATABASE tempfile 'D:\app\Administrator\oradata\temp \temp.ora' resize 20m;
```

9. 将表空间的数据文件或临时文件脱机

命令格式：

```
SQL> ALTER DATABASE datafile'<path_and_file_name>' offline;
```

或

```
SQL> ALTER DATABASE tempfile '<path_and_file_name>' offline;
```

将表空间的数据文件或临时文件脱机，示例如下：

```
SQL> ALTER DATABASE datafile 'D:\app\Administrator\oradata\temp\temp.ora' offline;
```

或

```
SQL> ALTER DATABASE tempfile D:\app\Administrator\oradata\temp\temp.ora'offline;
```

10. 将临时表空间联机

命令格式：

```
SQL> ALTER DATABASE tempfile '<path_and_file_name>'online;
```

将临时表空间联机，示例如下：

```
SQL> ALTER DATABASE tempfile 'D:\app\Administrator\oradata01\temp\temp01.ora' online;
```

11. 删除表空间，但不删除其文件

命令格式：

```
SQL> DROP TABLESPACE <tablespace_name>;
```

删除表空间 taspace，但不删除其文件，示例如下：

```
SQL> DROP TABLESPACE tbspace
```

12. 删除包含目录内容的表空间

命令格式：

```
SQL> DROP TABLESPACE <tablespace_name> including contents;
```

删除表空间 dasoft 及其包含的内容，示例如下：

```
SQL> DROP TABLESPACE tbspace including contents;
```

13. 删除包含目录内容和数据文件在内的表空间

命令格式：

```
SQL> DROP TABLESPACE <tablespace_name> including contents and datafiles;
```

删除表空间 tbspace 及其包含的内容以及数据文件，示例如下：

```
SQL> DROP TABLESPACE tbspace including contents and datafiles;
```

14. 当含有参照性约束时，删除包含目录内容和数据文件在内的表空间

命令格式：

```
SQL> DROP TABLESPACE <tablespace_name> including contents and datafiles cascade constraints;
```

将表空间 tbspace 及其包含的内容、数据文件以及相关约束一同删除，示例如下：

```
SQL> DROP TABLESPACE tbspace including contents and datafiles cascade constraints;
```

15. 表空间更名

在 Oracle 9i 版本中不能直接将表空间更名。在 Oracle 11g 中可直接更名永久表空间和临时表空间。但是，SYSTEM 和 SYSAUX 表空间不能更名。

命令格式：

```
SQL> ALTER TABLESPACE <old_tablespacename> rename to <new_tablespacename>;
```

将表空间 tbspace 更改为 newtbspace，示例如下：

```
SQL> ALTER TABLESPACE tbspace rename to newtbspace;
```

在 Oracle 11g 中，如果一个撤销表空间通过使用 pfile 的实例被更名，则警告日志文件中将写入一个信息，提醒用户更改 undo_tablespace 的参数值。注意，当使用 Drop tablespace 误删除了表空间之后，通过查看 Alert 文件可以确定误操作的时间。该文件位于 Oracle_Home\admin\<SID>\bdump 目录下，名为 alert_<SID>.log。

10.2.3 表空间的相关查询

列出表空间、表空间的文件、分配的空间、空闲空间以及下一个空闲分区，如下所示：

```
SET LINESIZE 132
SET PAGESIZE 60
COL tablespace_name format a12
COL file_name format a38
COL tablespace_kb heading 'TABLESPACE|TOTAL KB'
COL kbytes_free heading 'TOTAL FREE|KBYTES'
    SELECT ddf.tablespace_name tablespace_name,
ddf.file_name file_name,ddf.bytes/1024 tablespace_kb,
sum(fs.bytes)/1024 kbytes_free,max(fs.bytes)/1024 next_free
FROM sys.dba_free_space fs,sys.dba_data_files ddf
WHERE ddf.tablespace_name = fs.tablespace_name
GROUP BY ddf.tablespace_name,ddf.file_name,ddf.bytes/1024
ORDER BY ddf.tablespace_name,ddf.file_name;
```

列出数据文件，表空间名以及大小，如下所示：

```
COL file_name format a50
COL tablespace_name format a10
SELECT file_name,tablespace_name,round(bytes/1024000) MB
FROM dba_data_files
ORDER BY file_name;
```

列出表空间、大小、空闲空间以及空闲空间的百分比，如下所示：

```
SELECT ddf.tablespace_name,sum(ddf.bytes)
total_space,sum(dfs.bytes) free_space,
round(((nvl(sum(dfs.bytes),0)/sum(ddf.bytes)) * 100),2) pct_free
FROM dba_free_space dfs,dba_data_files ddf
WHERE ddf.tablespace_name = dfs.tablespace_name ( + )
GROUP BY ddf.tablespace_name
ORDER BY ddf.tablespace_name;
```

计算表空间每个数据文件实际的最小空间以及对应的文件名，其大小与磁盘操作系统中显示的不同，如下所示（该语句运行需要较长时间）：

```
SELECT substr(df.file_name,1,70)
filename,max(de.block_id *
(de.bytes/de.blocks) + de.bytes)/1024 min_size
FROM dba_extents de,dba_data_files df
WHERE de.file_id = df.file_id
GROUP BY df.file_name;
```

10.3 管理数据文件

10.3.1 数据文件

数据文件是存储 Oracle 数据库中的数据的，也是 Oracle 数据库中最为核心的文件。Oracle 数据库中的表、索引等都是记录在数据文件中的。其中系统表空间包含的数据文件里保存了数据库的元数据(Metadata)，这部分数据是十分关键的，如果 Metadata 出现故障，那么在访问数据库的数据时就会发生问题。

数据文件中还有一类特殊的文件，即临时文件，一般来说，临时文件属于临时表空间。临时文件是 Oracle 存放临时性数据的，比如排序数据、临时表。一旦数据库重启，临时文件将会丢失。因此，我们不能把永久性的表和索引存放在临时文件中。

10.3.2 创建数据文件

创建数据文件的过程实质上就是向表空间中添加文件的过程。在创建表空间时，通常会预先估计表空间所需要的存储空间大小，然后为它建立若干适当大小的数据文件。如果在使用过程中发现表空间存储空间不足，可以再为它添加新的数据文件。

要为表空间添加新的数据文件，可以使用 ALTER TABLESPACE … Add DATAFILE 语句，执行该语句的用户必须具有 ALTER TABLESPACE 系统权限。例如，下面的语句为表空间 tbspace 添加一个大小为 20MB 的数据文件。

```
SQL> ALTER TABLESPACE USER01
  2  add datafile 'D:\ORADATA\TEST\ tbspace01.dbf' size 20m;
```

10.3.3 改变数据文件大小

除了创建新的数据文件外，另一种增加表空间的存储空间的方法是改变已经存在的数据文件的大小。改变数据文件大小的方式有两种：设置数据文件为自动增长，手动改变数据文件的大小。

1. 设为自动增长

(1) 在创建表空间时指定

```
SQL> CREATE TABLESPACE my02
  2  datafile 'D:\app\Administrator\ORADATA\TEST\my02.dbf' size 50m
  3  autoextend on
  4  next 10m maxsize 70m;
```

表空间已创建。

(2) 在表空间中增加一个新的自增文件

```
SQL> ALTER TABLESPACE my02
  2  add datafile 'D:\app\Administrator\ORADATA\TEST\my02_1.dbf' size 5m
  3  autoextend on next 1m maxsize 60m;
```

表空间已更改。

(3) 取消已有数据文件的自增方式

```
SQL> ALTER DATABASE
  2  datafile 'D:\app\Administrator\ORADATA\TEST\my02_1.dbf'
  3  autoextend off;
```

数据库已更改。

(4) 如果数据文件已创建，现要修改为自增

```
SQL> ALTER DATABASE
```

```
  2  datafile 'D:\app\Administrator\ORADATA\TEST\my02_1.dbf'
  3  autoextend on next 1m maxsize 50m;
```

数据库已更改。

2. 手动改变数据文件大小

除了自动增长方式外，还可以通过手动方式来增大或者减小已有数据文件的大小。手动方式改变数据文件大小时，需要使用 RESIZE 语句。例如，下面的语句将数据文件的大小增长为 100MB。

```
SQL> ALTER DATABASE
  2  datafile 'D:\app\Administrator\ORADATA\TEST\my02_1.dbf'
  3  resize 100m;
```

```
SQL> alter tablespace USER01
  2  add datafile 'D:\ORADATA\TEST\ USER01_001.dbf' size 20m;
```

10.3.4 移动数据文件

当某个磁盘的 I/O 操作过于繁忙时，可能影响到 Oracle 数据库系统的整体效率，这时就应该将一个或者几个数据文件移动到其他的磁盘上。当某个磁盘损毁时，为了使数据库系统继续运行也可能要将一个或者几个数据文件移动到其他的磁盘上。Oracle 提供了两种移动数据文件的语句。

1. 第一种格式

```
ALTER TABLESPACE 表空间名
  RENAME DATAFILE '文件名'[,'文件名']…
  TO '文件名'[,'文件名']…
```

这条语句只适用于上面没有活动的还原数据或者临时段的非系统表空间中的数据文件。要求在使用这条语句时，表空间一定为脱机状态而且目标数据文件必须存在。因为该条语句只修改控制文件中指向数据文件的指针(地址)。

2. 第二种格式

```
ALTER DATABASE [数据库名]
  RENAME DATAFILE '文件名'[,'文件名']…
  TO '文件名'[,'文件名']…
```

这条语句适用于系统表空间和不能置为脱机的表空间中的数据文件，要求在使用这条语句时，数据库必须运行在加载(MOUNT)状态而且目标数据文件必须存在。

10.4 管理控制文件

10.4.1 控制文件概述

每个 Oracle 数据库都必须具有至少一个控制文件。控制文件是一个很小的二进制格式的操作系统文件，其中记录了关于数据库物理结构的基本信息，包括数据库的名称、相关数据文件的名称和位置、当前的日志序列号等内容，用于描述和维护数据库的物理结构。数据库的启动和正常运行都离不开控制文件。启动数据库时，Oracle 从初始化参数文件中获得控制文件的名字及位置，打开控制文件，然后从控制文件中读取数据文件和联机日志文件的信息，最后打开数据库。数据库运行时，Oracle 会修改控制文件，所以，一旦控制文件损坏，数据库将不能正常运行。

10.4.2　创建控制文件

创建控制文件使用 CREATE CONTROLFILE 语句：

```
CREATE CONTROLFILE
     reuse DATABASE "test"
     LOGFILE GROUP 1 'c:\oradata\test\redo01.log' size 50M,
             GROUP 2 'c: oradata\test\redo02.log' size 50M,
             GROUP 3 'c: \oradata\test\redo03.log' size 50M
    NORESETLOGS
    NOARCHIVELOG
                    DATAFILE 'c: \oradata\test\system01.dbf',
                             'c: \oradata\test\sysaux01.dbf' ,
                             'c: \oradata\test\undotbs01.dbf',
                             'c: \oradata\test\users01.dbf'
    MAXLOGFILES 16
    MAXLOGMEMBERS 3
    MAXLOGHISTORY 292
    MAXDATAFILES 100
    MAXINSTANCES 8
    CHARACTER SET ZHS16GBK;
```

创建控制文件的步骤如下：

(1) 获取数据库的数据文件和重做日志文件列表。

(2) 关闭数据库。

```
SHUTDOWN IMMEDIATE
```

(3) 备份所有的数据文件、重做日志文件和 SPFILE 参数文件。

(4) 使用 STARTUP NOMOUNT 启动数据库实例。

(5) 使用 CREATE CONTROLFILE 语句创建控制文件。如果需要重命名数据库，则使用 RESETLOGS 子句，否则使用 NORESETLOGS 子句。

(6) 将新的控制文件备份到其他不在线的存储介质中，如 U 盘、移动硬盘或磁带等。

(7) 根据实际情况修改 CONTROL_FILE 参数；如果修改了数据库名称，则还需要修改 DB_NAME 参数。

(8) 如果需要的话，则恢复数据库。

(9) 如果在第(8)步中进行了恢复数据库的操作，则需要执行 ALTER DATABASE OPEN 语句打开数据库。如果在创建控制文件时使用了 RESETLOGS 子句，则需要使用 ALTER DATABASE OPEN RESETLOGS 语句。

10.4.3　恢复控制文件

如果控制文件被破坏，但存储控制文件的目录仍然是可访问的，可以使用下面的方法恢复：

(1) 关闭数据库实例；
(2) 使用操作系统命令将控制文件副本复制到控制文件目录下；
(3) 使用 STARTUP 命令打开数据库实例。

如果存储介质被破坏，导致存储控制文件的目录无法访问，则可以使用下面的方法恢复：

(1) 关闭数据库实例；
(2) 使用操作系统命令将控制文件副本复制到一个新的可以访问的目录下；
(3) 修改 CONTROL_FILES 参数，将无效的控制文件目录修改为新的目录；
(4) 使用 STARTUP 命令打开数据库实例。

10.5 日志文件的管理

10.5.1 日志文件概述

日志文件又被称为重做日志文件(Redo Log File)，用来记录 Oracle 数据库中的每一个更改操作。Oracle 的日志文件是记录数据库变化的一个凭证，就是 Oracle 对于一切数据库的操作的记录，方便以后查找分析错误，有可以恢复数据等作用。

重做日志文件是由一条条重做记录组成的，重做记录(Redo Record)是由一个个修改向量(Change Vector)组成的。每个修改向量对应数据块。重做日志文件是保存在磁盘上的一个实际的文件，空间有限，所以，每个 Oracle 数据库至少要包含两个或两个以上的重做日志文件组，LGWR 后台进程以循环的方式将重做记录写入其中。

10.5.2 增加日志文件

如果发现 LGWR 经常处于等待状态，则需要考虑添加日志组及其成员，一个数据库最多可以拥有 MAXLOGFILES 个日志组。增加重做日志是使用 ALTER DATABASE 语句完成的，执行该语句时要求用户具有 ALTER DATABASE 系统权限。

1. 增加日志组

当警告文件出现了 Checkpoint not complete 时，应该增加日志组。增加日志组的目的是为了确保 DBWR 进程和 ARCH 进程不会妨碍 LGWR 进程的工作，进而提高系统性能。

```
ALTER DATABASE add logfile
('E:\oracle\oradata\lgtest\newRED001.LOG', 'F:\oracle\oradata\lgtest\newRED001.LOG') size 30m;
```

2. 增加日志成员

增加日志成员即多元化重做日志，避免某个日志组的某个成员损坏后系统不能正常运转。

```
ALTER DATABASE add logfile member
'F:\oracle\oradata\lgtest\newRED002.LOG'' to group 2;
```

10.5.3 改变日志文件位置或者名称

由于 LGWR 进程不断地将事物变化由重做日志缓冲区中写入重做日志中，所以重做日志文件的 I/O 操作很频繁。为了提高 I/O 性能，应将重做日志分布到 I/O 操作相对较少、速度较快的磁盘上，这就需要改变该日志成员的存放位置。复制重做日志到目标位置的语句为：

```
COPY E:\oracle\oradata\lgtest\newRED001.LOG f:\ newRED001.LOG
```

10.5.4 删除日志文件

当日志成员损坏或者丢失时，应该删除该日志成员。当日志组大小不合适时，需要重新建立日志组，并删除原来的日志组。删除重做日志是使用 ALTER DATABASE 语句完成的，执行该语句时要求用户具有 ALTER DATABASE 系统权限。

1. 删除日志成员

要删除一个成员日志文件，使用下述语句：

```
ALTER DATABASE drop logfile member 'F:\oracle\oradata\lgtest\newRED001.LOG'
```

注意：不能删除日志组的唯一成员；当数据库处于 archivelog 模式下，确保日志成员所在组已经归档；不能删除当前日志组的日志成员。

2. 删除日志组

由于已经存在的日志组的大小不能改变，所以当日志组的大小不合适时，就需要重新建立日志组并指定合适大小，并删除不合大小要求的日志组。在删除一个日志组时，其中的成员文件也将全部删除。

```
ALTER DATABASE drop logfile group 3;
```

3. 清除重做日志

清除重做日志文件就是将重做日志文件中的内容全部初始化，这相当于删除该重做日志文件，然后再重新建立它。

```
ALTER DATABASE clear unarchived logfile group 2;
```

习题

一、选择题

1. 在 CREATE TABLESPACE 语句中使用(　　)关键字可以创建临时表空间。
   A. TEM　　B. BIGFILE
   C. TEMPORARY　　D. EXTENT MANAGEMENT LOCAL
2. 以下表空间不可以被设置为脱机状态的是(　　)。
   A. 系统表空间　　B. 撤销表空间
   C. 临时表空间　　D. 用户表空间

二、填空题

1. 用于创建表空间的语句是__________。
2. 修改表空间的语句是__________。

3. 在 ALTER TABLESPACE 语句中使用____________关键字，可以设置表空间为脱机状态。

4. 在 ALTER TABLESPACE 语句中使用____________关键字，可以设置表空间为只读状态。

三、操作题

1. 练习查看和管理表空间。
2. 练习切换数据库归档模式的步骤。

第11章 表的管理

表是数据库最基本的单位，由行和列组成，它是数据库存在的意义。本章将讲述在 Oracle 11g 中如何使用 DDL 语句创建表、修改表和删除表，并介绍如何管理约束、分区表和临时表。

在本章中，为了使讲解更加清晰，我们以学生成绩管理为例，建立新的数据库 StuInfo，该数据库中存在 5 张表，即系表 DEPT、教师表 TEACHER、学生表 STUDENT、课程表 COURSE 和成绩表 SCORE，分别如表 11-1 至表 11-5 所示。

表 11-1　系表 DEPT

字　段	数据类型	描　述
Dno	VARCHAR2(6)	系编号(主键)
Dname	VARCHAR2(50)	系名(非空值，唯一约束)
Dtelephone	VARCHAR2(12)	系电话(允许为空)
Ddean	VARCHAR2(10)	系主任(非空值)
Daddress	VARCHAR2(50)	系地址(允许为空)

表 11-2　教师表 TEACHER

字　段	数据类型	描　述
Tno	VARCHAR2(6)	教师编号(主键)
Tname	VARCHAR2(10)	教师姓名(非空值)
Ttitle	VARCHAR2(8)	教师职称(允许为空)

表 11-3　学生表 STUDENT

字　段	数据类型	描　述
Sno	VARCHAR2(20)	学号(主键)
Sname	VARCHAR2(10)	姓名(非空值)
Ssex	VARCHAR2(6)	性别(非空值，取“F”或“M”)
Sage	NUMBER(3)	年龄(允许为空)
Sentrydate	DATE	入学日期(非空值)
Dno	VARCHAR2(6)	系标号(外键，参照 Dept 表主键)

表 11-4　课程表 COURSE

字　段	数据类型	描　述
Cno	VARCHAR2(20)	课程编号(主键)
Cname	VARCHAR2(50)	课程名(非空值)

续表

字　段	数据类型	描　述
Cprecno	VARCHAR2(10)	先行课(允许为空)
Ccredit	NUMBER(2)	学分(允许为空)
Tno	VARCHAR2(6)	教师编号(外键,参照 TEACHER 表主键)

表 11-5　成绩表 SCORE

字　段	数据类型	描　述
Sno	VARCHAR2(20)	学号(外键,参照 STUDENT 表主键)
Cno	VARCHAR2(20)	课程编号(外键,参照 COURSE 表主键)
Type	VARCHAR2(8)	考试类型(允许为空,取“期中”或“期末”)
Grade	NUMBER(5,2)	分数(允许为空)

11.1 创建表

在 DDL 语句中,我们使用 CREATE 语句创建表,其语法结构如下:

```
CREATE TABLE <表名>
( <列名 1 > <数据类型>[NULL | NOT NULL],
<列名 2 > <数据类型>[NULL | NOT NULL],
…
[约束条件])
```

其中,<表名>为创建的数据库表的名称,在同一个数据库中表名不可重复。从该语法结构中可以看出,一个表中可以有多列(即字段),在同一个表中,列名也是不可以重复的。表名和列名的命名规则与变量和常量的命名规则相同。[NULL | NOT NULL]是可选部分,表示该列是否允许取空值,默认允许为空,即 NULL。[约束条件]也是可选部分,该项为表中的列设置约束条件(如指定列是否为主键、是否为外键等)。值得注意的是,创建表必须要求用户拥有 CREATE TABLE 权限,并且系统拥有足够的存储空间。

下面首先打开 SQL * Plus,并以 SYSTEM 用户登录。然后用以上语法结构创建表 11-1 至表 11-5 的 5 张表。

例 11-1　创建系表 DEPT。

表中存在 5 列,分别为系编号 Dno、系名 Dname、系电话 Dtelephone、系主任 Ddean 和系地址 Daddress,类型分别为 VARCHAR2(6)、VARCHAR2(50)、VARCHAR2(12)、VARCHAR2(10)和 VARCHAR2(50)。列 Dname 和列 Ddean 要求不可为空,列 Dno 要求为主键,列 Dname 有唯一约束。创建表 DEPT 使用以下代码:

```
CREATE TABLE dept(
    dno VARCHAR2(6),
    dname VARCHAR2(50) NOT NULL,
    dtelephone VARCHAR2(12),
    ddean VARCHAR2(10) NOT NULL,
    daddress VARCHAR2(50),
    CONSTRAINTS dept_dno_pk PRIMARY KEY(dno),
```

```
8       CONSTRAINTS dept_dname_unk UNIQUE (dname)
9 );
```

上述代码可以做如下分析：

- 第1行使用 CREATE TABLE 关键字创建表 DEPT。
- 第2行创建列 Dno，其类型为 VARCHAR2(6)。
- 第3行创建列 Dname，其类型为 VARCHAR2(50)。NOT NULL 关键字限制该列不可为空。
- 第4行创建列 Dtelephone，其类型为 VARCHAR2(12)。
- 第5行创建列 Ddean，其类型为 VARCHAR2(10)。NOT NULL 关键字限制该列不可为空。
- 第6行创建列 Daddress，其类型为 VARCHAR2(50)。
- 第7、8行创建两个约束，分别是命名为 dept_dno_pk 的主键约束和命名为 dept_dname_unk 的唯一约束。以下几个表的约束创建都将在第11.4节进行详细讲述。
- 第9行表示创建表的结束。

其运行结果如图11-1所示。

```
SQL Plus
SQL> CREATE TABLE dept(
  2    dno VARCHAR2(6),
  3    dname VARCHAR2(50) NOT NULL,
  4    dtelephone VARCHAR2(12),
  5    ddean VARCHAR2(10) NOT NULL,
  6    daddress VARCHAR2(50),
  7    CONSTRAINTS dept_dno_pk PRIMARY KEY(dno),
  8    CONSTRAINTS dept_dname_unk UNIQUE (dname)
  9  );

表已创建。

SQL>
```

图11-1 创建系表 DEPT

例11-2 创建教师表 TEACHER。

表中存在3列，分别为教师编号 Tno、教师姓名 Tname 和教师职称 Ttitle，类型分别为 VARCHAR2(6)、VARCHAR2(10)和 VARCHAR2(8)。列 Tname 不可为空；列 Tno 为主键。创建表 TEACHER 使用以下代码：

```
1 CREATE TABLE teacher(
2       tno VARCHAR2(6),
3       tname VARCHAR2(10) NOT NULL,
4       ttitle VARCHAR2(8),
5       CONSTRAINTS teacher_tno_fk PRIMARY KEY(tno)
6 );
```

上述代码可以做如下分析：

- 第1行使用 CREATE TABLE 关键字创建表 TEACHER。
- 第2行创建列 Tno，其类型为 VARCHAR2(6)。
- 第3行创建列 Tname，其类型为 VARCHAR2(10)。NOT NULL 关键字限制该列不可为空。
- 第4行创建列 Ttitle，其类型为 VARCHAR2(8)。

- 第 5 行创建命名为 teacher_tno_fk 的主键约束。
- 第 6 行表示创建表的结束。

其运行结果如图 11-2 所示。

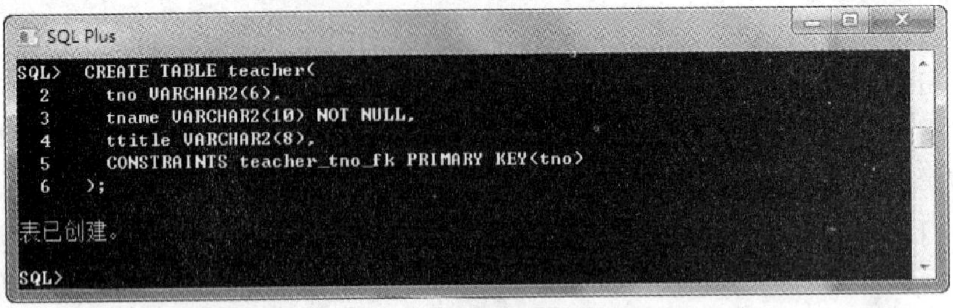

```
SQL Plus
SQL>  CREATE TABLE teacher(
  2     tno VARCHAR2(6),
  3     tname VARCHAR2(10) NOT NULL,
  4     ttitle VARCHAR2(8),
  5     CONSTRAINTS teacher_tno_fk PRIMARY KEY(tno)
  6   );

表已创建。

SQL>
```

图 11-2 创建教师表 TEACHER

例 11-3 创建学生表 STUDENT。

表中存在 6 列，分别为学号 Sno、姓名 Sname、性别 Ssex、年龄 Sage、入学日期 Sentrydate 和系标号 Dno，类型分别为 VARCHAR2(20)、VARCHAR2(10)、VARCHAR2(6)、NUMBER(3)、DATE 和 VARCHAR2(6)。列 Sname、Ssex 和 Sentrydate 不可为空；列 Sno 为主键；列 Ssex 需要检查，其值只可取'F'和'M'；列 Dno 为外键。创建表 STUDENT 使用以下代码：

```
1   CREATE TABLE student(
2       sno VARCHAR2(20),
3       sname VARCHAR2(10) NOT NULL,
4       ssex VARCHAR2(6) NOT NULL,
5       sage NUMBER(3),
6       sentrydate DATE NOT NULL,
7       dno VARCHAR2(6),
8       CONSTRAINTS student_sno_pk PRIMARY KEY(sno),
9       9 CONSTRAINTS student_ssex_check CHECK(ssex in ('F','M')),
10      CONSTRAINTS student_dno_fk FOREIGN KEY(dno) REFERENCES dept(dno)
11      ON DELETE CASCADE
12  );
```

上述代码可以做如下分析：

- 第 1 行使用 CREATE TABLE 关键字创建表 STUDENT。
- 第 2 行创建列 Sno，其类型为 VARCHAR2(20)。
- 第 3 行创建列 Sname，其类型为 VARCHAR2(10)。NOT NULL 关键字限制该列不可为空。
- 第 4 行创建列 Ssex，其类型为 VARCHAR2(6)。NOT NULL 关键字限制该列不可为空。
- 第 5 行创建列 Sage，其类型为 NUMBER (3)。
- 第 6 行创建列 Sentrydate，其类型为 DATE。NOT NULL 关键字限制该列不可为空。
- 第 7 行创建列 Dno，其类型为 VARCHAR2(6)。
- 第 8～11 行用于创建约束。
- 第 8 行创建命名为 student_sno_pk 的主键约束。
- 第 9 行创建命名为 student_ssex_check 的检查约束。
- 第 10、11 行创建命名为 student_dno_fk 的外键约束。
- 第 12 行表示创建表的结束。

其运行结果如图 11-3 所示。

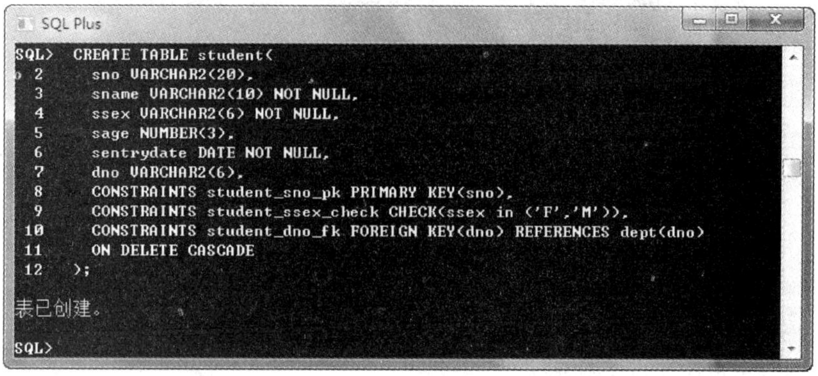

```
SQL Plus
SQL>  CREATE TABLE student(
  2     sno VARCHAR2(20),
  3     sname VARCHAR2(10) NOT NULL,
  4     ssex VARCHAR2(6) NOT NULL,
  5     sage NUMBER(3),
  6     sentrydate DATE NOT NULL,
  7     dno VARCHAR2(6),
  8     CONSTRAINTS student_sno_pk PRIMARY KEY(sno),
  9     CONSTRAINTS student_ssex_check CHECK(ssex in ('F','M')),
 10     CONSTRAINTS student_dno_fk FOREIGN KEY(dno) REFERENCES dept(dno)
 11     ON DELETE CASCADE
 12   );

表已创建。

SQL>
```

图 11-3　创建学生表 STUDENT

例 11-4　创建课程表 COURSE。

表中存在 5 列，分别为课程编号 Cno、课程名 Cname、先行课 Cprecno、学分 Ccredit 和教师编号 Tno，类型分别为 VARCHAR2(20)、VARCHAR2(50)、VARCHAR2(10)、NUMBER(2) 和 VARCHAR2(6)。列 Cname 不可为空；列 Cno 为主键；列 Tno 为外键。创建表 COURSE 使用以下代码：

```
1  CREATE TABLE course(
2      cno VARCHAR2(20),
3      cname VARCHAR2(50) NOT NULL,
4      cprecno VARCHAR2(10),
5      ccredit NUMBER(2),
6      tno VARCHAR2(6),
7      CONSTRAINTS course_con_pk PRIMARY KEY(cno),
8      CONSTRAINTS course_tno_fk FOREIGN KEY(tno) REFERENCES Teacher(tno)
9      ON DELETE CASCADE
10 );
```

上述代码可以做如下分析：

- 第 1 行使用 CREATE TABLE 关键字创建表 COURSE。
- 第 2 行创建列 Cno，其类型为 VARCHAR2(20)。
- 第 3 行创建列 Cname，其类型为 VARCHAR2(50)。NOT NULL 关键字限制该列不可为空。
- 第 4 行创建列 Cprecno，其类型为 VARCHAR2(10)。
- 第 5 行创建列 Ccredit，其类型为 NUMBER (2)。
- 第 6 行创建列 Tno，其类型为 VARCHAR2(6)。
- 第 7～9 行用于创建约束。分别用于创建命名为 course_con_pk 的主键约束和命名为 course_ tno_fk 的外键约束。
- 第 10 行表示创建表的结束。

其运行结果如图 11-4 所示。

例 11-5　创建成绩表 SCORE。

表中存在 4 列，分别为学号 Sno、课程编号 Cno、考试类型 Type 和分数 Grade，类型分别为 VARCHAR2(20)、VARCHAR2(20)、VARCHAR2(8)和 NUMBER(5,2)。列 Sno 和列 Cno

```
SQL Plus
SQL> CREATE TABLE course(
  2   cno VARCHAR2(20),
  3   cname VARCHAR2(50) NOT NULL,
  4   cprecno VARCHAR2(10),
  5   ccredit NUMBER(2),
  6   tno VARCHAR2(6),
  7   CONSTRAINTS cource_con_pk PRIMARY KEY(cno),
  8   CONSTRAINTS cource_tno_fk FOREIGN KEY(tno) REFERENCES Teacher(tno)
  9   ON DELETE CASCADE
 10  );

表已创建。

SQL>
```

图 11-4 创建课程表 COURSE

分别作为两个外键,二者合在一起作为联合主键；列 Type 需要检查,其值只可取'期中'或'期末'。创建表 SCORE 使用以下代码：

```
1	CREATE TABLE score(
2	sno VARCHAR2(20),
3	cno VARCHAR2(20),
4	type VARCHAR2(8),
5	grade NUMBER(5,2),
6	CONSTRAINTS score_pk PRIMARY KEY(sno,cno),
7	CONSTRAINTS score_sno_fk FOREIGN KEY(sno) REFERENCES student(sno)
8	ON DELETE CASCADE,
9	CONSTRAINTS score_cno_fk FOREIGN KEY(cno) REFERENCES course(cno)
10	ON DELETE CASCADE,
11	CONSTRAINTS score_type_check CHECK(type in('期中','期末',null))
12 );
```

上述代码可以做如下分析：

- 第 1 行使用 CREATE TABLE 关键字创建表 SCORE。
- 第 2 行创建列 Sno,其类型为 VARCHAR2(20)。
- 第 3 行创建列 Cno,其类型为 VARCHAR2(20)。
- 第 4 行创建列 Type,其类型为 VARCHAR2(8)。
- 第 5 行创建列 Grade,其类型为 NUMBER (5,2)。
- 第 6～11 行用于创建约束。第 6 行创建命名为 score_pk 的主键约束。第 7、8 行创建命名为 score_sno_fk 的外键约束。第 9、10 行创建命名为 score_cno_fk 的外键约束。第 11 行创建命名为 score_type_check 的检查约束。
- 第 12 行表示创建表的结束。

其运行结果如图 11-5 所示。

```
SQL Plus
SQL> CREATE TABLE score(
  2   sno VARCHAR2(20),
  3   cno VARCHAR2(20),
  4   type VARCHAR2(8),
  5   grade NUMBER(5,2),
  6   CONSTRAINTS score_pk PRIMARY KEY(sno, cno),
  7   CONSTRAINTS score_sno_fk FOREIGN KEY(sno) REFERENCES Student(sno)
  8   ON DELETE CASCADE,
  9   CONSTRAINTS score_cno_fk FOREIGN KEY(cno) REFERENCES Course(cno)
 10   ON DELETE CASCADE,
 11   CONSTRAINTS score_type_check CHECK(type in('期中','期末',null))
 12  );

表已创建。

SQL>
```

图 11-5 创建成绩表 SCORE

11.2 修改表

如果对已经创建的表进行修改,则需要使用 ALTRE TABLE 关键字进行修改。其语法结构如下:

```
ALTER TABLE <表名>
ADD <列名> 数据类型 [,...]
| DROP COLUMN <列名> [,...]
| MODIFY (<列名> 数据类型[,...])
| RENAME COLUMN <原列名> TO <新列名>
| RENAME TO <新表名>;
```

其中,＜表名＞为待修改表的名字。ADD 用于向表中增加一列;DROP COLUMN 用于删除表中指定一列;MODIFY 用来修改指定列的信息;RENAME COLUMN 用于修改指定列的列名称;RENAME TO 用于修改表的表名称。

本节将以系表 DEPT 为例,讲述以上修改表的语句。为了展示更加清晰的运行效果,我们在 11.1 节创建过系表 DEPT 之后,向表中插入一些数据。使用 SELECT 语句查找 DEPT 表,表中数据展示如图 11-6 所示。

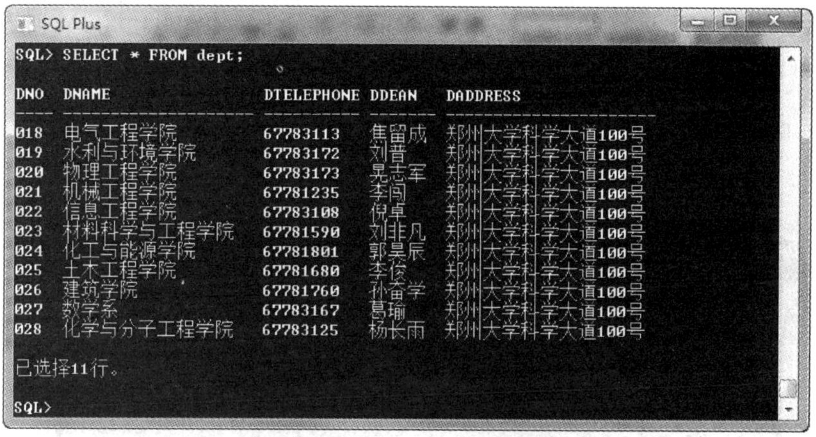

```
SQL Plus
SQL> SELECT * FROM dept;

DNO  DNAME                DTELEPHONE DDEAN    DADDRESS
---- -------------------- ---------- -------- ----------------------
018  电气工程学院          67783113   焦留成   郑州大学科学大道100号
019  水利与环境学院        67783172   刘普     郑州大学科学大道100号
020  物理工程学院          67783173   晁志军   郑州大学科学大道100号
021  机械工程学院          67781235   李阎     郑州大学科学大道100号
022  信息工程学院          67783108   倪卓     郑州大学科学大道100号
023  材料科学与工程学院    67781590   刘非凡   郑州大学科学大道100号
024  化工与能源学院        67781801   郭昊辰   郑州大学科学大道100号
025  土木工程学院          67781680   李俊     郑州大学科学大道100号
026  建筑学院              67781760   孙奋学   郑州大学科学大道100号
027  数学系                67783167   葛瑜     郑州大学科学大道100号
028  化学与分子工程学院    67783125   杨长雨   郑州大学科学大道100号

已选择11行。

SQL>
```

图 11-6 系表 DEPT 数据

11.2.1 增加列

下面将分三种情况讲解增加列。其一,增加一列,新列值可以为空;其二,增加一列,新列值不可为空;其三,增加多列。

例 11-6 增加一列,新列值可以为空。

修改系表 DEPT,向该表中增加一列 TEACH_NUM,表示该系的教师人数,其数据类型为 NUMBER。此时使用 ALTER TABLE 的 ADD 语句,代码如下所示:

```
ALTER TABLE dept ADD teach_num NUMBER;
```

这样就完成了在系表 DEPT 中增加一列的操作。当再次查询 DEPT 表时,运行效果如图 11-7 所示。值得注意的是,创建的新列 TEACH_NUM 中并没有数据,即为 NULL 的。

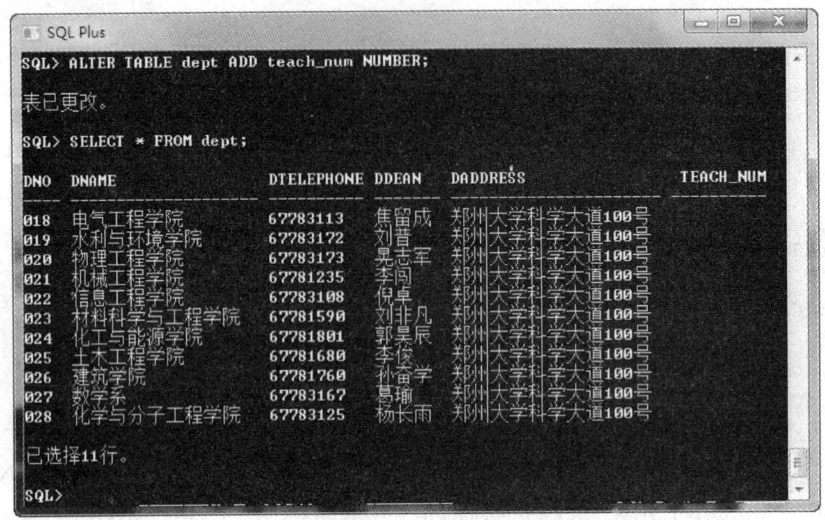

图 11-7 在系表 DEPT 中增加列 TEACH_NUM

例 11-7 增加一列,新列值不可为空。

在增加新列的时候,如果表中已经存在行记录,那么就不能为新列指定 NOT NULL 约束。若要指定 NOT NULL 约束,则必须为新列设置默认值。

例如,对于系表 DEPT,已经存在多行记录,在增加新列 TEACH_NUM 时若指定 NOT NULL 约束,而不设默认值,则会报错。运行以下一行代码,其运行结果如图 11-8 所示。

```
ALTER TABLE dept ADD teach_num NUMBER NOT NULL;
```

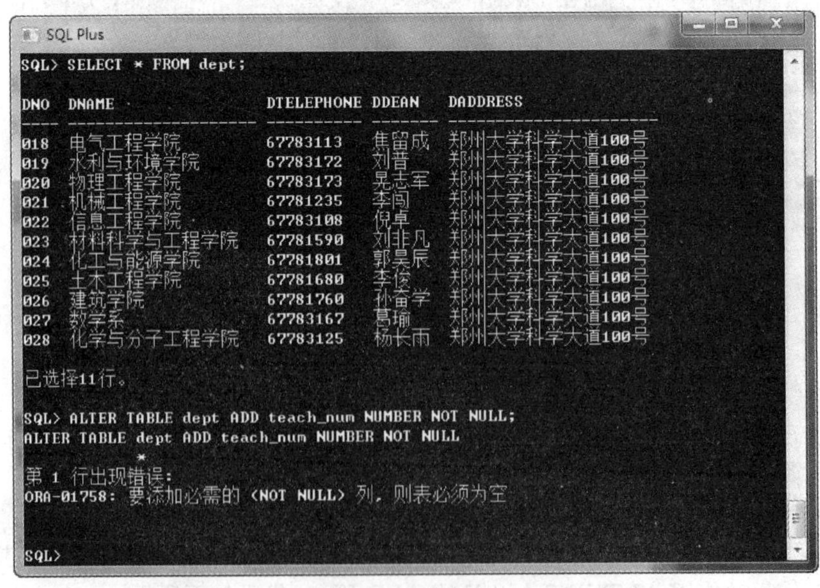

图 11-8 在系表 DEPT 中增加列 TEACH_NUM 并指定 NOT NULL 约束

从图中可以看出,执行该行代码会出现错误:

```
ORA－01758:要添加必需的(NOT NULL)列,则表必须为空。
```

然而，在有行记录的表中创建新列时，使用 DEFAULT 关键字设置默认值'0'，则不会报错。执行下面一行代码，其运行结果如图 11-9 所示。可以看出，创建的新列 TEACH_NUM 时已经设置好了默认值 0。

```
ALTER TABLE dept ADD teach_num NUMBER DEFAULT '0' NOT NULL;
```

```
SQL Plus
SQL> ALTER TABLE dept ADD teach_num NUMBER DEFAULT '0' NOT NULL;

表已更改。

SQL> SELECT * FROM dept;

DNO  DNAME                DTELEPHONE DDEAN    DADDRESS               TEACH_NUM
---- -------------------- ---------- -------- ---------------------- ----------
018  电气工程学院          67783113   焦留成   郑州大学科学大道100号            0
019  水利与环境学院        67783172   刘昔     郑州大学科学大道100号            0
020  物理工程学院          67783173   晁志军   郑州大学科学大道100号            0
021  机械工程学院          67781235   李闯     郑州大学科学大道100号            0
022  信息工程学院          67783108   倪卓     郑州大学科学大道100号            0
023  材料科学与工程学院    67781590   刘非凡   郑州大学科学大道100号            0
024  化工与能源学院        67781801   郭昊辰   郑州大学科学大道100号            0
025  土木工程学院          67781680   李俊     郑州大学科学大道100号            0
026  建筑学院              67781760   孙笛学   郑州大学科学大道100号            0
027  数学系                67783167   葛瑜     郑州大学科学大道100号            0
028  化学与分子工程学院    67783125   杨长雨   郑州大学科学大道100号            0

已选择11行。

SQL>
```

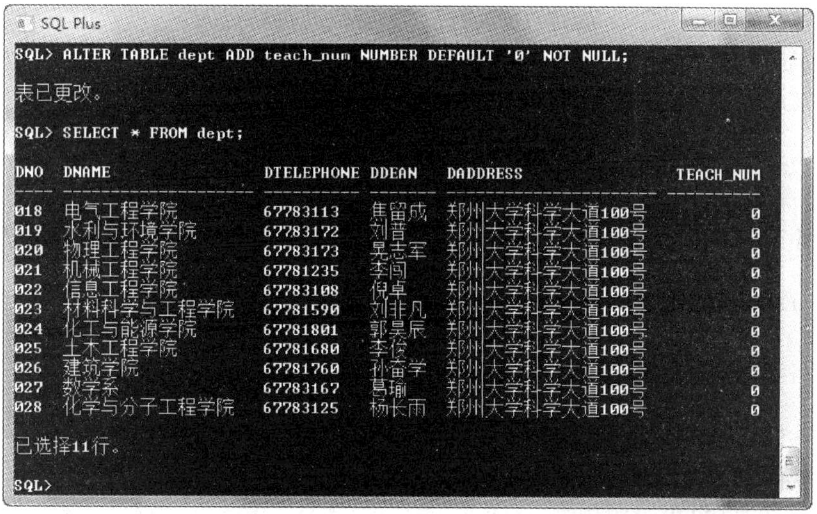

图 11-9　在系表 DEPT 中增加列 TEACH_NUM 并指定 NOT NULL 约束

例 11-8　增加多列。

在 Oracle 11g 中，我们也可以同时增加多列。例如，我们在系表 DEPT 中增加类型都为 VARCHAR2(3)的两列 A 和 B，执行下面一行代码，其运行结果如图 11-10 所示。

```
ALTER TABLE dept ADD (A varchar2(3), B varchar2(3));
```

```
SQL Plus
SQL> ALTER TABLE dept ADD (A varchar2(3), B varchar2(3));

表已更改。

SQL> SELECT * FROM dept;

DNO  DNAME                DTELEPHONE DDEAN    DADDRESS               A   B
---- -------------------- ---------- -------- ---------------------- --- ---
018  电气工程学院          67783113   焦留成   郑州大学科学大道100号
019  水利与环境学院        67783172   刘昔     郑州大学科学大道100号
020  物理工程学院          67783173   晁志军   郑州大学科学大道100号
021  机械工程学院          67781235   李闯     郑州大学科学大道100号
022  信息工程学院          67783108   倪卓     郑州大学科学大道100号
023  材料科学与工程学院    67781590   刘非凡   郑州大学科学大道100号
024  化工与能源学院        67781801   郭昊辰   郑州大学科学大道100号
025  土木工程学院          67781680   李俊     郑州大学科学大道100号
026  建筑学院              67781760   孙笛学   郑州大学科学大道100号
027  数学系                67783167   葛瑜     郑州大学科学大道100号
028  化学与分子工程学院    67783125   杨长雨   郑州大学科学大道100号

已选择11行。

SQL>
```

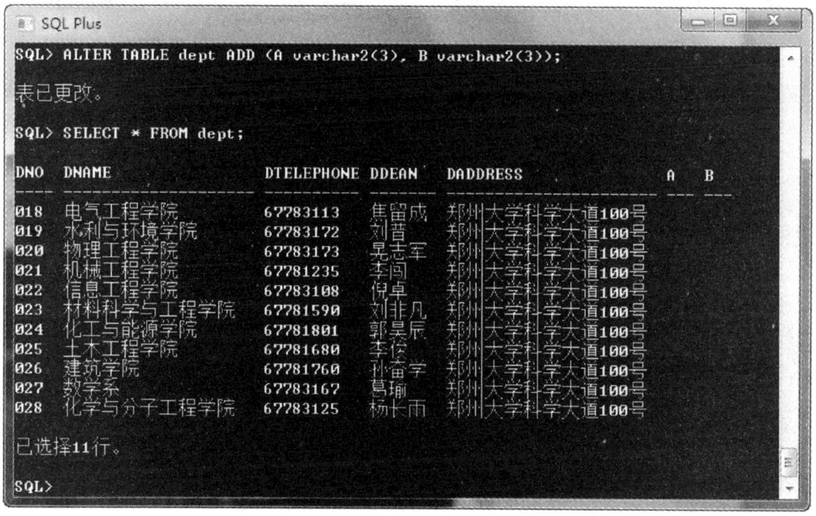

图 11-10　在系表 DEPT 中同时增加两列

11.2.2 删除列

例 11-6 为系表 DEPT 增加一个新列 TEACH_NUM，接下来我们修改系表 DEPT，将列 TEACH_NUM 删除。删除列使用 ALTER TABLE 的 DROP 语句。DROP 语句经常与 CASCADE CONSTRAINTS 一起使用，其用意是把与该列有关的所有约束一起删除。

例 11-9 删除系表 DEPT 的列 TEACH_NUM。

执行下面一行语句，即可删除系表 DEPT 的列 TEACH_NUM。在该语句最后 CASCADE CONSTRAINTS 关键字可以将与列 TEACH_NUM 有关的所有约束全部删除。

```
ALTER TABLE dept DROP COLUMN teach_num CASCADE CONSTRAINTS;
```

在删除列 TEACH_NUM 后，再使用下面的 SELECT 语句查询系表 DEPT。

```
SELECT * FROM dept;
```

其结果如图 11-11 所示。从图中可以看出，表中已经没有 TEACH_NUM 列了。

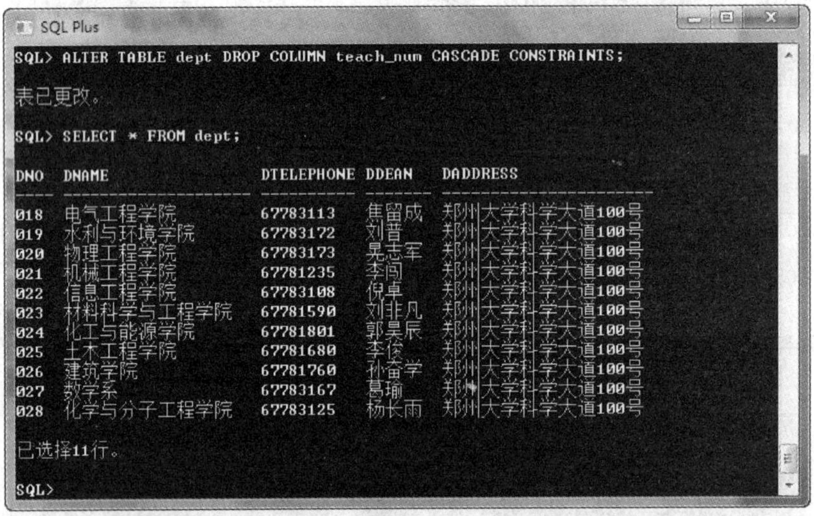

```
SQL> ALTER TABLE dept DROP COLUMN teach_num CASCADE CONSTRAINTS;

表已更改。

SQL> SELECT * FROM dept;

DNO  DNAME                     DTELEPHONE DDEAN      DADDRESS
---- ------------------------- ---------- ---------- ---------------------
018  电气工程学院              67783113   焦留成     郑州大学科学大道100号
019  水利与环境学院            67783172   刘晋       郑州大学科学大道100号
020  物理工程学院              67783173   晁志军     郑州大学科学大道100号
021  机械工程学院              67781235   李阎       郑州大学科学大道100号
022  信息工程学院              67783108   倪卓       郑州大学科学大道100号
023  材料科学与工程学院        67781590   刘非凡     郑州大学科学大道100号
024  化工与能源学院            67781801   郭昊辰     郑州大学科学大道100号
025  土木工程学院              67781680   李俊       郑州大学科学大道100号
026  建筑学院                  67781760   孙奋学     郑州大学科学大道100号
027  数学系                    67783167   葛瑜       郑州大学科学大道100号
028  化学与分子工程学院        67783125   杨长雨     郑州大学科学大道100号

已选择11行。

SQL>
```

图 11-11 在系表 DEPT 中删除 TEACH_NUM 列

11.2.3 更新列

更新列可以改变指定列的信息。更新列时使用 ALTER TABLE 的 MODIFY 语句。下面仍采用系表 DEPT 进行举例。

例 11-10 更新系表 DEPT 的 Dno 列的数据类型。

执行下面一行语句，即可将 Dno 列的数据类型更新为 VARCHAR2(20)。

```
ALTER TABLE dept MODIFY dno VARCHAR2(20);
```

然后我们再从 USER_TAB_COLS 中查找系表 DEPT 的各列的属性值。其代码如下所示：

```
SELECT column_name, data_type, data_length FROM USER_TAB_COLS WHERE TABLE_NAME = 'DEPT';
```

经过在 SQL * Plus 中运行，其结果如图 11-12 所示。从图中可以看出，Dno 列的数据类型已经被更新为 VARCHAR2(20)了。

```
SQL Plus
SQL> ALTER TABLE dept MODIFY dno VARCHAR2(20);

表已更改。

SQL> SELECT column_name, data_type, data_length FROM USER_TAB_COLS WHERE TABLE_N
AME = 'DEPT';

COLUMN_NAME                          DATA_TYPE              DATA_LENGTH
------------------------------------ ---------------------- -----------
DNO                                  VARCHAR2                        20
DNAME                                VARCHAR2                        50
DTELEPHONE                           VARCHAR2                        12
DDEAN                                VARCHAR2                        10
DADDRESS                             VARCHAR2                        50

SQL>
```

图 11-12　更新系表 DEPT 的 Dno 列的属性

11.2.4　修改列名

修改列名指的是修改表中指定列的名字。修改列名使用 ALTER TABLE 的 RENAME COLUMN 语句。

例 11-11　更新系表 DEPT 的列 Dtelephone 的列名。

执行下面一行语句，将系表 DEPT 的列 Dtelephone 的列名更新为 Dphonenumber。

```
ALTER TABLE dept RENAME COLUMN dtelephone TO dphonenumber;
```

在更新列名后，再使用下面的 SELECT 语句查询系表 DEPT：

```
SELECT * FROM dept;
```

其结果如图 11-13 所示。从图中可以看出，Dtelephone 列的名称已经被更新为 Dphonenumber。

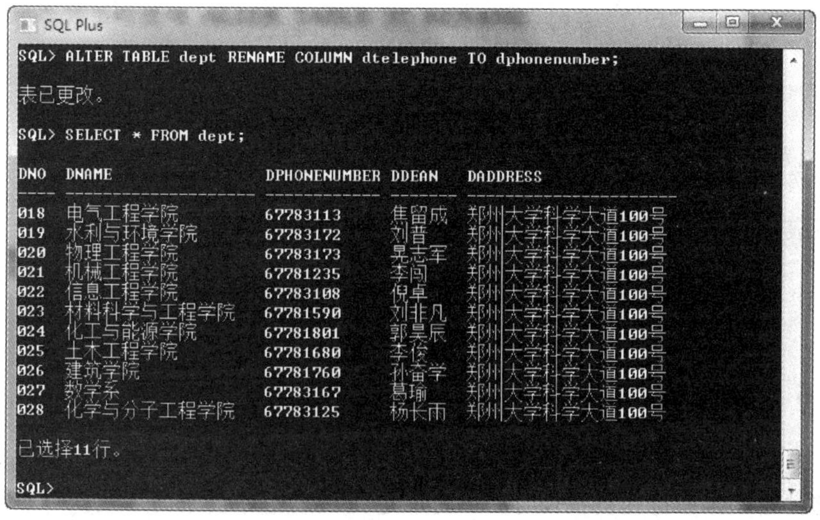

```
SQL Plus
SQL> ALTER TABLE dept RENAME COLUMN dtelephone TO dphonenumber;

表已更改。

SQL> SELECT * FROM dept;

DNO  DNAME                      DPHONENUMBER DDEAN    DADDRESS
---- -------------------------- ------------ -------- ----------------------
018  电气工程学院               67783113     焦留成   郑州大学科学大道100号
019  水利与环境学院             67783172     刘普     郑州大学科学大道100号
020  物理工程学院               67783173     晁志军   郑州大学科学大道100号
021  机械工程学院               67781235     李闯     郑州大学科学大道100号
022  信息工程学院               67783108     倪卓     郑州大学科学大道100号
023  材料科学与工程学院         67781590     刘非凡   郑州大学科学大道100号
024  化工与能源学院             67781801     郭昊辰   郑州大学科学大道100号
025  土木工程学院               67781680     李俊     郑州大学科学大道100号
026  建筑学院                   67781760     孙奋学   郑州大学科学大道100号
027  数学系                     67783167     葛瑜     郑州大学科学大道100号
028  化学与分子工程学院         67783125     杨长雨   郑州大学科学大道100号

已选择11行。

SQL>
```

图 11-13　更新系表 DEPT 的 DTELEPHONE 列的名称

11.2.5 重命名表

在创建完表之后，表的名称也可以改变。更新表名使用 ALTER TABLE 的 RENAME TO 命令。

例 11-12 重命名系表 DEPT 的表名。

执行下面一行语句，可以将系表表名 DEPT 更改为 DEPARTMENT。

```
ALTER TABLE dept RENAME TO department;
```

当表名更改后，DEPT 就不能再被访问，访问出错。其运行结果如图 11-14 所示。

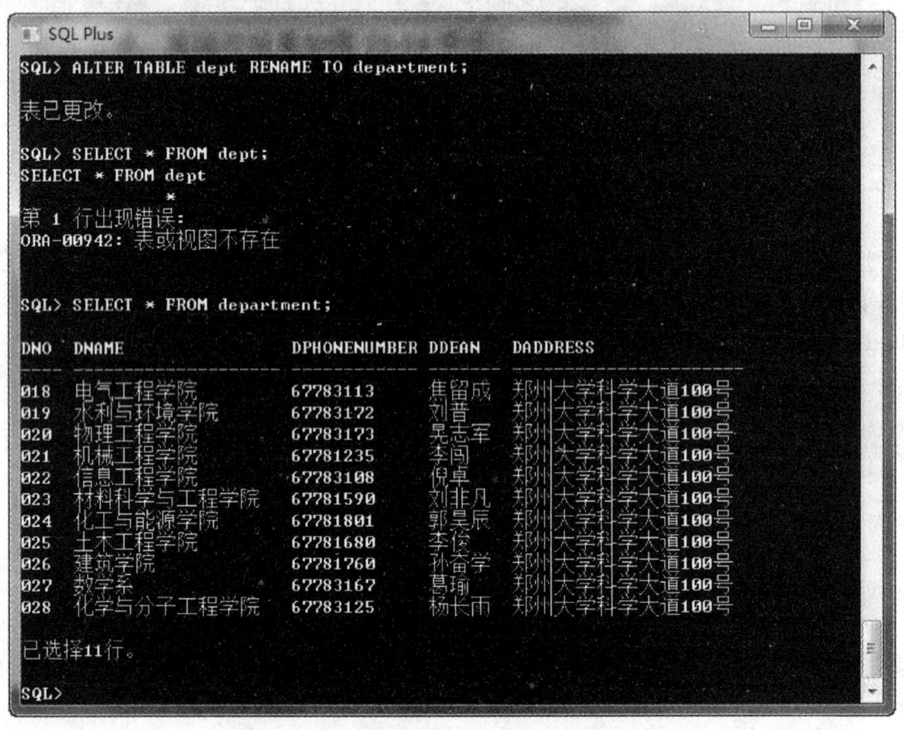

图 11-14 重命名系表 DEPT 的表名

重命名表也可以使用 RENAME…TO…语句，其语法结构如下：

```
RENAME <原表名> TO <新表名>;
```

那么，更新系表 DEPT 的表名也可以采用下面一行语句。

```
RENAME dept TO department;
```

11.2.6 修改表的状态

10.2.2 节所述删除列的方法，在删除列的同时，也释放该列所占用的存储空间。但是如果表较大，这种删除操作将耗费很长时间。为了避免在数据库使用高峰期执行删除列的操作而占用过多的系统资源，可以使用修改表状态的方法，即将要删除的列暂时标记为不可用状态,然后等系统空闲时再进一步释放列所占用的存储空间。

标记列不可以使用关键字 UNUSED。其语法结构为:

```
ALTER TABLE <表名> SET UNUSED (<列名>)[CASCADE CONSTRAINTS];
```

其中,<表名>为要修改的表的名称,<列名>为要标记为不可用的列的名称。[CASCADE CONSTRAINTS]是可选部分,其意思是把与该列有关的约束一起删除。

释放不可用的列所占用的空间,也就是删除不可用的列,需要使用关键字 DROP,其语法结构为:

```
ALTER TABLE <表名> DROP UNUSED COLUMNS;
```

例 11-13 修改表状态,并删除不可用的列。

将系表 DEPT 的 TEACH_NUM 列标注为 UNUSED,其代码如下所示。

```
ALTER TABLE dept SET UNUSED (teach_num) CASCADE CONSTRAINTS;
```

删除系表 DEPT 中所有状态为 UNUSED 的列,其代码如下所示。

```
ALTER TABLE dept DROP UNUSED COLUMNS;
```

11.3 删除表

在数据库的使用过程中,经常会出现一些冗余的表,为了节约空间,这些表需要被删除。删除表使用 DROP TABLE 语句,其语法结构如下:

```
DROP TABLE <表名> [CASCADE CONSTRAINTS];
```

[CASCADE CONSTRAINTS]是可选部分。

例 11-14 删除表 DEPT。

我们分别使用两种方法来删除表 DEPT。

- 不带 CASCADE CONSTRAINTS 的语句。
- 带 CASCADE CONSTRAINTS 的语句。

其代码分别如下面两行:

```
DROP TABLE dept;
DROP TABLE dept CASCADE CONSTRAINTS;
```

其运行结果如图 11-15 所示。从图中可以看出,在执行 DROP TABLE dept 语句时报错。根据提示"ORA-02449:表中的唯一/主键被外键引用",我们发现表 DEPT 的 Dno 列是其他表的外键,因此表 DEPT 不允许被删除。而在执行 DROP TABLE dept CASCADE CONSTRAINTS 语句时,表 DEPT 删除成功。这是因为通过使用"CASCADE CONSTRAINTS",与表 DEPT 有关的所有约束也一起都被删除了,所以表 DEPT 可以被删除。

```
SQL> DROP TABLE dept;
DROP TABLE dept
           *
第 1 行出现错误:
ORA-02449: 表中的唯一/主键被外键引用


SQL> DROP TABLE dept CASCADE CONSTRAINTS;

表已删除。

SQL>
```

图 11-15 删除系表 DEPT

11.4 创建约束

数据的完整性可以通过定义表的约束来满足。完整性约束是一种规则,不占用任何数据库空间。完整性约束存在于数据字典中,在执行 SQL 或 PL/SQL 期间使用。用户可以指明约束是启用的还是禁用的。当约束启用时,它增强了数据的完整性,否则,则会降低数据的完整性。

约束类型总的来说有 5 种:主键约束 PRIMARY KEY、外键约束 FOREIGN KEY、唯一约束 UNIQUE、检查约束 CHECK 和非空约束 NOT NULL。这些约束既可以在创建表时创建,也可以在表创建结束后再添加。下面将详细介绍这 5 种约束的创建、修改和删除方法。

11.4.1 主键约束

主键约束是通过 PRIMARY KEY 定义的。每个表只允许有一个主键,但主键可以由一个表的多个列构成。定义主键对行数据起到唯一标识的作用,其值不能为空,也不能重复。

1. 创建表时创建主键约束

下面以教师表 TEACHER 为例,创建教师表,并且指定列 Tno 为主键。

创建主键的语法结构如下:

```
CONSTRAINTS <约束名> PRIMARY KEY (主键列名)
```

其中,<约束名>是用户为约束起的名称,主键列名为该表中被指定为主键的列名。

例 11-15 创建主键约束。

根据以上语法结构,创建教师表 TEACHER,并采用以下一行代码把教师编号 Tno 设为主键,该行约束命名为 teacher_tno_fk。

```
CONSTRAINTS teacher_tno_fk PRIMARY KEY(Tno)
```

其执行效果如图 11-16 所示。

除了单一列作主键的情况外,还有多个列联合在一起作主键的情况,即联合主键。其语法结构与上面类似,即:

```
CONSTRAINTS <约束名> PRIMARY KEY (列名 1, 列名 2, …, 列名 n);
```

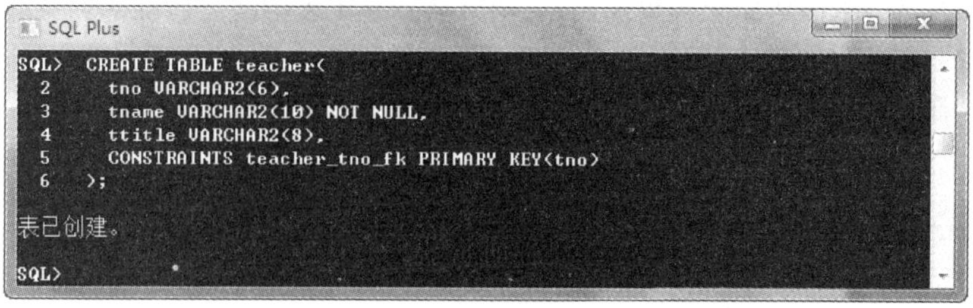

```
SQL Plus
SQL>  CREATE TABLE teacher(
  2     tno VARCHAR2(6),
  3     tname VARCHAR2(10) NOT NULL,
  4     ttitle VARCHAR2(8),
  5     CONSTRAINTS teacher_tno_fk PRIMARY KEY(tno)
  6   );

表已创建。

SQL>
```

图 11-16　创建教师表 TEACHER 并设置 Tno 为主键

2. 在创建完表之后，使用 ALTER TABLE 添加主键约束

如果在创建表时没有添加主键，那么在后期修改表时，我们仍然可以使用 ALTER TABLE 的 ADD 语句为表添加主键，其语法结构如下：

```
ALTER TABLE <表名>
ADD CONSTRAINTS <约束名> PRIMARY KEY (主键列名);
```

其中，<表名>是要添加约束的表的名称，<约束名>是正要创建的约束的名称，主键列名是设置为主键的列。

例 11-16　添加主键约束。

根据此语法结构，在创建无约束的教师表 TEACHER 之后，执行下面两行语句，添加名为 teacher_tno_fk 的主键约束，设置 Tno 列为主键。

```
ALTER TABLE teacher
ADD CONSTRAINTS teacher_tno_fk PRIMARY KEY (tno);
```

其运行结果如图 11-17 所示。

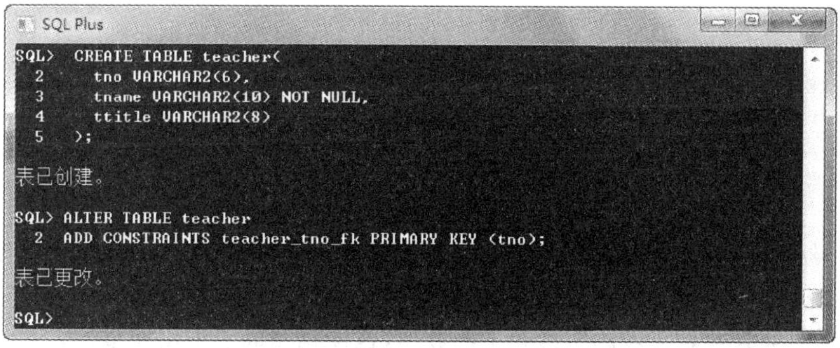

```
SQL Plus
SQL>  CREATE TABLE teacher(
  2     tno VARCHAR2(6),
  3     tname VARCHAR2(10) NOT NULL,
  4     ttitle VARCHAR2(8)
  5   );

表已创建。

SQL> ALTER TABLE teacher
  2  ADD CONSTRAINTS teacher_tno_fk PRIMARY KEY (tno);

表已更改。

SQL>
```

图 11-17　修改教师表 TEACHER 并设置 Tno 为主键

3. 删除主键约束

如果要删除表中的主键，则需使用 ALTER TABLE 的 DROP 语句，其语法结构如下：

```
ALTER TABLE <表名>
DROP CONSTRAINTS <约束名>;
```

其中，＜表名＞是需要删除约束的表，＜约束名＞是该表中需要删除的约束名称。

例 11-17 删除主键约束。

接上例，若要删除教师表 TEACHER 中名为 teacher_tno_fk 的约束，则需执行下面两行语句：

```
ALTER TABLE teacher
DROP CONSTRAINTS teacher_tno_fk;
```

其执行效果如图 11-18 所示。

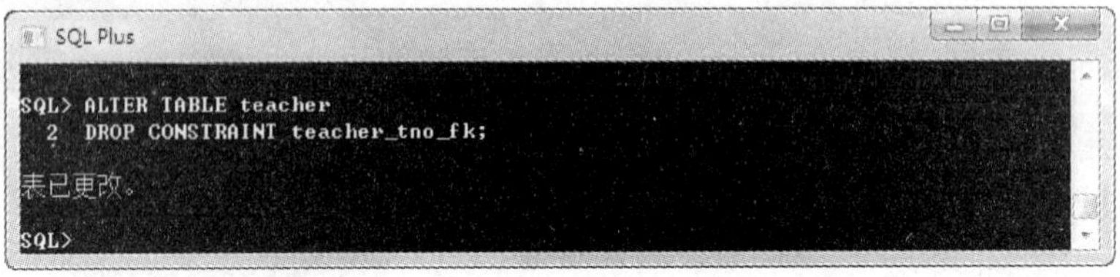

```
SQL> ALTER TABLE teacher
  2  DROP CONSTRAINT teacher_tno_fk;

表已更改。

SQL>
```

图 11-18 删除教师表 TEACHER 的主键约束 teacher_tno_fk

11.4.2 外键约束

外键约束用于保证表的强制引用完整性，要与主键约束一起使用。这样就可以保证使用外键约束的列与所引用的主键约束的列的一致性。外键约束通过 FOREIGN KEY 定义。与主键约束不同，每个表可以有多个外键约束。

1. 创建表时创建外键约束

下面以课程表 COURSE 为例，创建课程表，并且指定列 Cno 为主键，Tno 为外键。

创建外键约束的语法结构如下：

```
CONSTRAINTS <约束名> FOREIGN KEY (外键列名)
REFERENCES <父表名> (主键列名)
[ ON DELETE NO ACTION
| ON DELETE CASCADE
| ON DELETE SET NULL
| ON DELETE SET DEFAULT]
```

其中，＜约束名＞是用户为约束起的名称。外键列名为该表中被指定为外键的列。＜父表名＞(主键列名)为外键所引用的表对应的主键列。通过这种外键定义，就可以保证当前表的外键中的所有数据值都必须是父表的主键列中的数据，这样就完成了引用完整性。

这里需要注意的是可选部分的内容。

- ON DELETE NO ACTION：当父表中被引用列的数据被更新或删除时，若当前表中的外键违反引用完整性，则更新或删除动作将被禁止执行。
- ON DELETE CASCADE：当父表中被引用列的数据被更新或删除时，当前表中的相应的数据也被更新或删除。
- ON DELETE SET NULL：当父表中被引用列的数据被更新或删除时，当前表中的相应数据被设置成 NULL 值，前提是子表中的相应列允许 NULL 值。
- ON DELETE SET DEFAULT：当父表中被引用列的数据被更新或删除时，子表中的数据被设置成默认值，前提是子表中的相应列设置有默认值。

例 11-18 创建外键约束。

以 COURSE 表为例，设置 Cno 为主键、Tno 为外键。外键引用父表 TEACHER 中的 Tno 列，并且设置当父表 TEACHER 的 Tno 列中的数据被更新或删除时，子表中相应的数据也被更新或删除。创建外键约束的代码如下：

```
CONSTRAINTS cource_tno_fk FOREIGN KEY(tno)
REFERENCES teacher(tno)
ON DELETE CASCADE
```

其运行结果如图 11-19 所示。

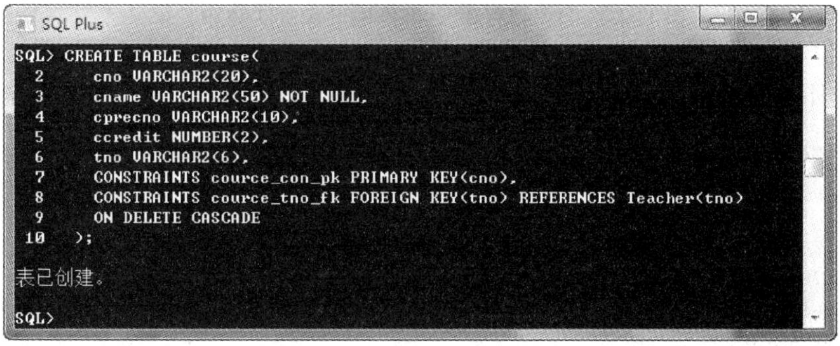

```
SQL Plus
SQL> CREATE TABLE course(
     cno VARCHAR2(20),
     cname VARCHAR2(50) NOT NULL,
     cprecno VARCHAR2(10),
     ccredit NUMBER(2),
     tno VARCHAR2(6),
     CONSTRAINTS cource_con_pk PRIMARY KEY(cno),
     CONSTRAINTS cource_tno_fk FOREIGN KEY(tno) REFERENCES Teacher(tno)
     ON DELETE CASCADE
   );

表已创建。

SQL>
```

图 11-19 创建课程表 COURSE 并设置 Tno 为外键

2. 创建完表之后，使用 ALTER TABLE 添加外键约束

如果在创建表时没有添加外键，那么在后期修改表时，仍然可以使用 ALTER TABLE 的 ADD 语句为表添加外键，其语法结构与使用 ALTER TABLE 添加主键约束的结构相似，如下所示：

```
ALTER TABLE <表名>
ADD CONSTRAINTS <约束名> FOREIGN KEY (列名)
REFERENCES <表名> (列名)
[ ON DELETE NO ACTION
| ON DELETE CASCADE
| ON DELETE SET NULL
| ON DELETE SET DEFAULT];
```

例 11-19 添加外键约束。

我们将首先创建不带外键约束的课程表 COURSE，然后再使用下面代码向表中添加外键约束。

```
ALTER TABLE course
ADD CONSTRAINTS cource_tno_fk FOREIGN KEY (tno)
REFERENCES teacher (tno)
ON DELETE CASCADE;
```

其运行结果如图 11-20 所示。

```
SQL> CREATE TABLE course(
  2    cno VARCHAR2(20),
  3    cname VARCHAR2(50) NOT NULL,
  4    cprecno VARCHAR2(10),
  5    ccredit NUMBER(2),
  6    tno VARCHAR2(6),
  7    CONSTRAINTS cource_con_pk PRIMARY KEY(cno)
  8  );

表已创建。

SQL> ALTER TABLE course
  2  ADD CONSTRAINTS cource_tno_fk FOREIGN KEY (tno)
  3  REFERENCES teacher (tno)
  4  ON DELETE CASCADE;

表已更改。

SQL>
```

图 11-20　修改课程表 COURSE 并设置 Tno 为外键

3. 删除外键约束

删除外键约束与删除主键约束的方法相同，使用 ALTER TABLE 的 DROP 语句。

例 11-20　删除外键约束。

删除课程表 COURSE 的外键约束 cource_tno_fk 的代码如下：

```
ALTER TABLE course
DROP CONSTRAINTS cource_tno_fk;
```

其运行结果如图 11-21 所示。

```
SQL> ALTER TABLE course
  2  DROP CONSTRAINTS cource_tno_fk;

表已更改。

SQL>
```

图 11-21　删除课程表 COURSE 的外键约束 cource_tno_fk

11.4.3　唯一约束

唯一维束可以保证表中数据的唯一性。它与主键约束类似，都可以建立唯一索引保证数据的不重复性。但是二者也存在差异。首先，在一张表中唯一约束可以有多个，而主键约束只能有一个；其次，唯一约束允许出现空值，而主键约束不允许有空值存在。值得注意的是，对于同一张表或同一列，不能同时设置主键约束和唯一约束。唯一约束通过 UNIQUE 关键字定义，下面将对唯一约束进行讲解。

1. 创建表时创建唯一约束

我们以系表 DEPT 为例，创建表时以列 Dno 为主键，并为列 Dname 设置唯一约束。

创建唯一约束的语法结构如下：

```
CONSTRAINTS <约束名> UNIQUE (列名)
```

其中，<约束名>是用户为约束起的名称，列名为该表中设置唯一约束的列。

例 11-21　创建唯一约束。

以系表 DEPT 为例，创建系表时设置列 Dno 为主键、列 Dname 有唯一约束。根据以上语法结构，创建唯一约束采用下面一行代码：

```
CONSTRAINTS dept_dname_unq UNIQUE (dname)
```

其运行效果如图 11-22 所示。

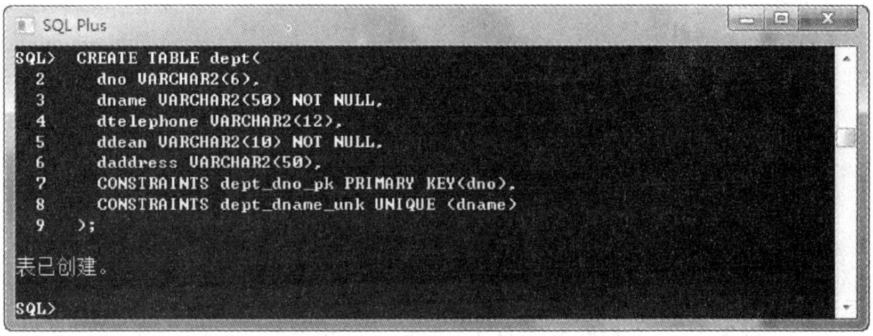

```
SQL Plus
SQL> CREATE TABLE dept(
  2    dno VARCHAR2(6),
  3    dname VARCHAR2(50) NOT NULL,
  4    dtelephone VARCHAR2(12),
  5    ddean VARCHAR2(10) NOT NULL,
  6    daddress VARCHAR2(50),
  7    CONSTRAINTS dept_dno_pk PRIMARY KEY(dno),
  8    CONSTRAINTS dept_dname_unk UNIQUE (dname)
  9  );

表已创建。

SQL>
```

图 11-22　创建系表 DEPT 并设置 Dname 列为唯一约束

2. 创建完表之后，使用 ALTER TABLE 添加唯一约束

在创建表之后，唯一约束仍然可以添加，此时也是使用 ALTER TABLE 的 ADD 语句，其语法结构如下：

```
ALTER TABLE <表名>
ADD CONSTRAINTS <约束名> UNIQUE (列名);
```

例 11-22　添加唯一约束。

我们首先创建不带唯一约束的 DEPT 表，然后根据以上语法结构，采用下述语句为系表 DEPT 添加唯一约束：

```
ALTER TABLE dept
ADD CONSTRAINTS dept_dname_unq UNIQUE (dname);
```

其运行结果如图 11-23 所示。

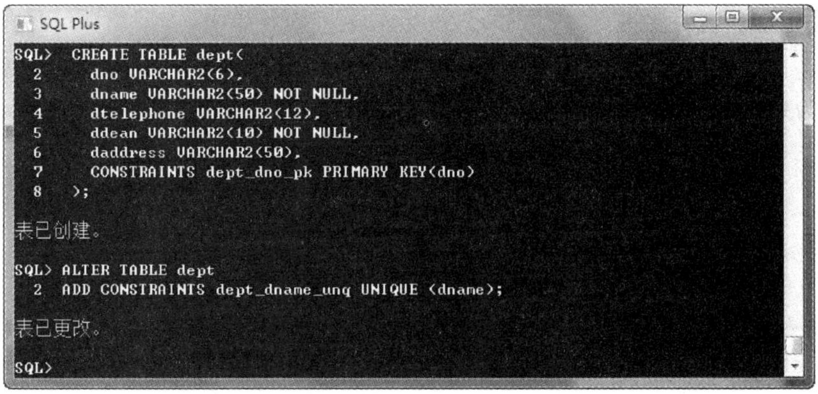

```
SQL Plus
SQL> CREATE TABLE dept(
  2    dno VARCHAR2(6),
  3    dname VARCHAR2(50) NOT NULL,
  4    dtelephone VARCHAR2(12),
  5    ddean VARCHAR2(10) NOT NULL,
  6    daddress VARCHAR2(50),
  7    CONSTRAINTS dept_dno_pk PRIMARY KEY(dno)
  8  );

表已创建。

SQL> ALTER TABLE dept
  2  ADD CONSTRAINTS dept_dname_unq UNIQUE (dname);

表已更改。

SQL>
```

图 11-23　修改系表 DEPT 并设置 Dname 列为唯一约束

3. 删除唯一约束

唯一约束也可删除，删除唯一约束与删除主键约束的方法也相同。

例 11-23 删除唯一约束。

承接上例，我们使用下面两行语句将唯一约束 dept_dname_unq 删除：

```
ALTER TABLE dept
DROP CONSTRAINTS dept_dname_unq;
```

其运行结果如图 11-24 所示。

```
SQL> ALTER TABLE dept
  2  DROP CONSTRAINTS dept_dname_unq;

表已更改。

SQL>
```

图 11-24 删除系表 DEPT 的唯一约束 dept_dname_unq

11.4.4 检查约束

在数据库中，检查约束是限制表中某一列或者某些列中可接收的数据值或者数据格式。例如，限制学生表中的学生性别必须为“F”或“M”，成绩表中的考试类型必须为“期中”或“期末”。当表被删除时，对这个表对应的检查约束也将同时被删除。检查约束通过 CHECK 关键字定义，下面将对检查约束进行讲解。

1. 创建表时创建检查约束

我们以学生表 STUDENT 为例，创建学生表，并且为列 Ssex 设置检查约束，要求性别只能为“F”或“M”。

创建检查约束的语法结构如下：

```
CONSTRAINTS <约束名> CHECK (条件)
```

其中，＜约束名＞是用户为约束起的名称。条件为限制条件，必须与表中具体的一列或多列相对应。

例 11-24 创建检查约束。

以学生表 STUDENT 为例，创建学生表时设置 Sno 为主键、Dno 为外键，并为 Ssex 创建检查约束。为列 Ssex 创建检查约束的代码如下所示：

```
CONSTRAINTS student_ssex_check CHECK(ssex in ('F','M'))
```

其运行结果如图 11-25 所示。

值得注意的是，当为某列建立检查约束时，若存在多个条件，则可以使用逻辑运算符 AND 或 OR 进行连接。如限制学生年龄必须大于 18 岁小于 30 岁，则建立检查约束时，可以使用下面一行语句。

```
CONSTRAINTS student_sage_check CHECK(sage > 18 AND sage < 30)
```

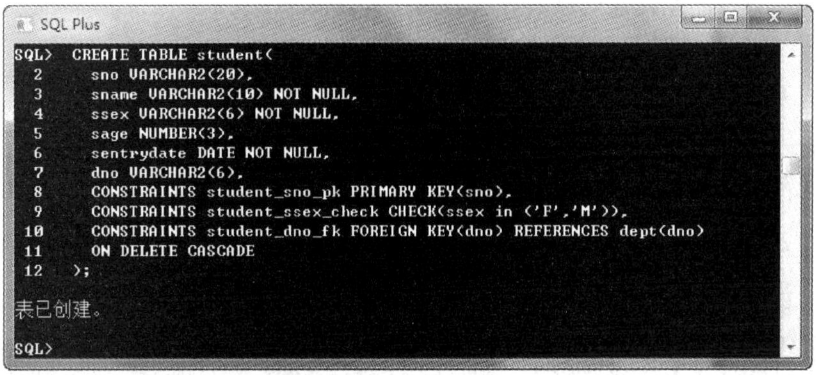

```
SQL> CREATE TABLE student(
  2    sno VARCHAR2(20),
  3    sname VARCHAR2(10) NOT NULL,
  4    ssex VARCHAR2(6) NOT NULL,
  5    sage NUMBER(3),
  6    sentrydate DATE NOT NULL,
  7    dno VARCHAR2(6),
  8    CONSTRAINTS student_sno_pk PRIMARY KEY(sno),
  9    CONSTRAINTS student_ssex_check CHECK(ssex in ('F','M')),
 10    CONSTRAINTS student_dno_fk FOREIGN KEY(dno) REFERENCES dept(dno)
 11    ON DELETE CASCADE
 12  );

表已创建。

SQL>
```

图 11-25 创建学生表 STUDENT 并为 Ssex 列建立检查约束

2. 创建完表之后,使用 ALTER TABLE 添加检查约束

检查约束也可以在创建完表之后添加,仍然使用 ALTER TABLE 的 ADD 语句,其语法结构如下:

```
ALTER TABLE <表名>
ADD CONSTRAINTS <约束名> CHECK (条件);
```

例 11-25 添加检查约束。

首先创建不带检查约束的学生表 STUDENT,然后采用下述语句为学生表 STUDENT 添加检查约束。

```
ALTER TABLE student
    ADD CONSTRAINTS student_ssex_check CHECK(ssex in ('F','M'));
```

其执行效果如图 11-26 所示。

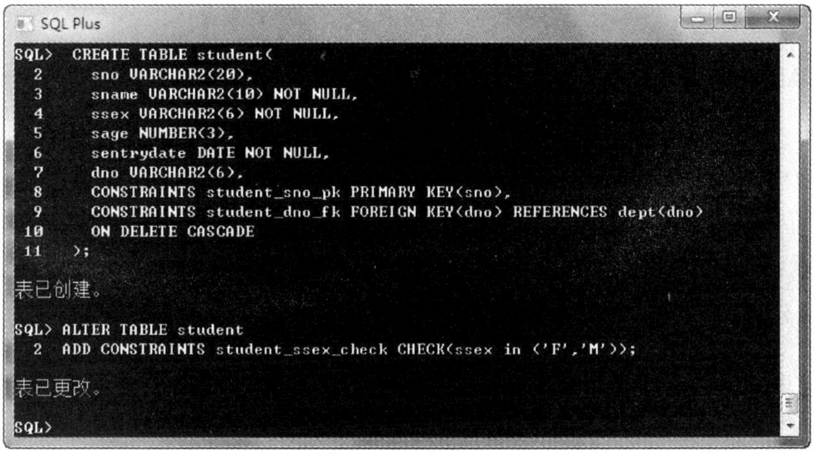

```
SQL> CREATE TABLE student(
  2    sno VARCHAR2(20),
  3    sname VARCHAR2(10) NOT NULL,
  4    ssex VARCHAR2(6) NOT NULL,
  5    sage NUMBER(3),
  6    sentrydate DATE NOT NULL,
  7    dno VARCHAR2(6),
  8    CONSTRAINTS student_sno_pk PRIMARY KEY(sno),
  9    CONSTRAINTS student_dno_fk FOREIGN KEY(dno) REFERENCES dept(dno)
 10    ON DELETE CASCADE
 11  );

表已创建。

SQL> ALTER TABLE student
  2  ADD CONSTRAINTS student_ssex_check CHECK(ssex in ('F','M'));

表已更改。

SQL>
```

图 11-26 修改学生表 STUDENT 并为 Ssex 列添加检查约束

3. 删除检查约束

删除检查约束与删除其他约束的方法相同。

例 11-26 删除检查约束。

删除学生表 STUDENT 的检查约束 student_ssex_check,其代码如下所示:

```
ALTER TABLE student
DROP CONSTRAINTS student_ssex_check;
```

执行上述代码,其运行结果如图 11-27 所示。

```
SQL Plus
SQL> ALTER TABLE student
  2  DROP CONSTRAINTS student_ssex_check;

表已更改。

SQL>
```

图 11-27 删除学生表 STUDENT 的唯一约束 student_ssex_check

11.4.5 非空约束

1. 创建表时创建非空约束

非空约束 NOT NULL 强制列不接受空值,即字段必须始终包含值。这意味着,如果不向存在 NOT NULL 约束的字段添加值,就无法插入新记录或者更新记录。

非空约束的创建与以上 4 种约束的创建方法不同,是在字段定义的后面直接写上 NOT NULL,字段定义与 NOT NULL 之间用空格隔开。很明显,在以上举例中,我们经常看到 NOT NULL 关键字。如图 11-2 的第 3 行,字段 Tname 被设置为 NOT NULL,说明只要表中存在记录,记录对应的该列必须要填写内容。

值得注意的是,NOT NULL 和 NULL 是相对应的关系,NOT NULL 表示对应列不能为空,而 NULL 表示对应列表示可以为空。在创建表时,如果字段定义之后没有标注 NOT NULL 或 NULL,则默认为 NULL。

2. 使用 ALTER TABLE 设置非空约束

在创建表之后,修改非空约束的方法与以上 4 种约束的方法不同,不再使用 ALTER TABLE 的 ADD 方法,而使用的是 MODIFY 方法,直接将对应列修改为 NOT NULL 或 NULL。其语法结构如下:

```
ALTER TABLE <表名>
MODIFY <列名> NOT NULL | NULL;
```

根据以上语法结构,如果要将例 11-24 的学生表 STUDENT 的入学日期列 Sentrydate 从 NOT NULL 修改为 NULL,则直接使用下面两行代码即可。

```
ALTER TABLE student
MODIFY Sentrydate NULL;
```

其运行结果如图 11-28 所示。

图 11-28 修改学生表 STUDENT 并将入学日期列 Sentrydate 修改为 NULL

11.5 使用企业管理器管理表

使用企业管理器 Enterprise Manager 也可以完成对表的创建、修改和删除操作。下面将分别进行讲解。

11.5.1 创建表

在企业管理器中,可以使用表管理器来创建表。下面将以系表 DEPT 为例在企业管理器中创建表。

1. 打开企业管理器

在安装完 Oracle 11g 之后,企业管理器就已经安装完成了。企业管理器的登录页面如图 11-29 所示。

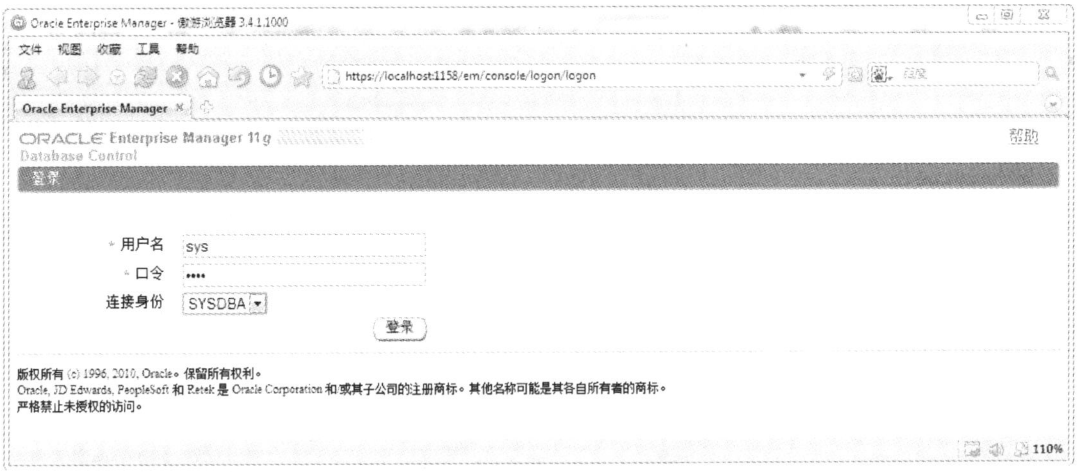

图 11-29 企业管理器登录页面

在登录页面输入用户名和口令,并以 SYSDBA 身份登录,单击“登录”按钮,登录到企业管理器的主界面,如图 11-30 所示。

2. 进入创建数据表界面

单击企业管理器主界面的“方案”选项卡,进入方案界面,如图 11-31 所示。

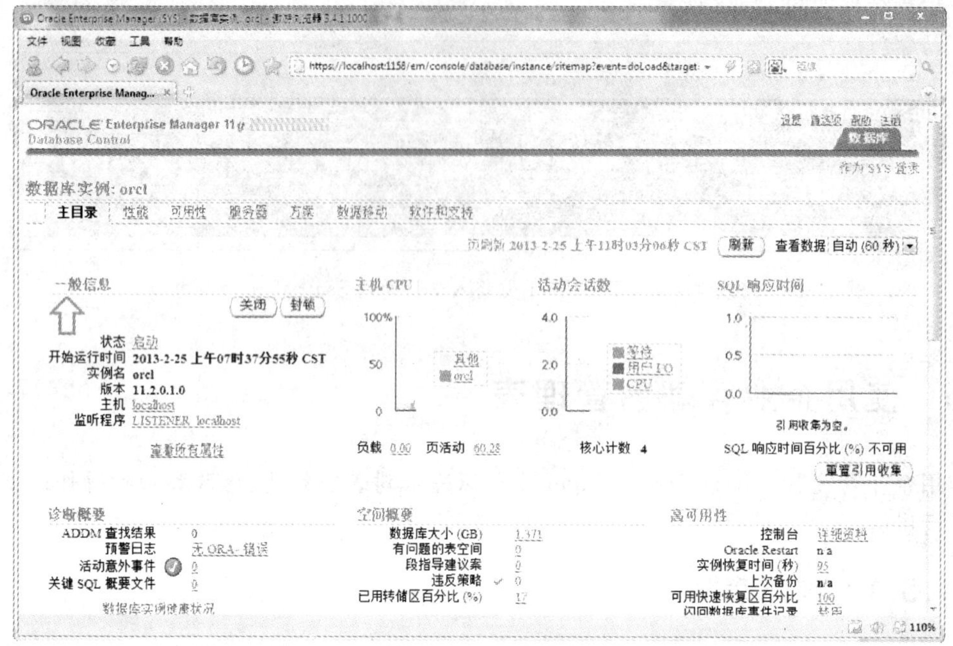

图 11-30 企业管理器主界面

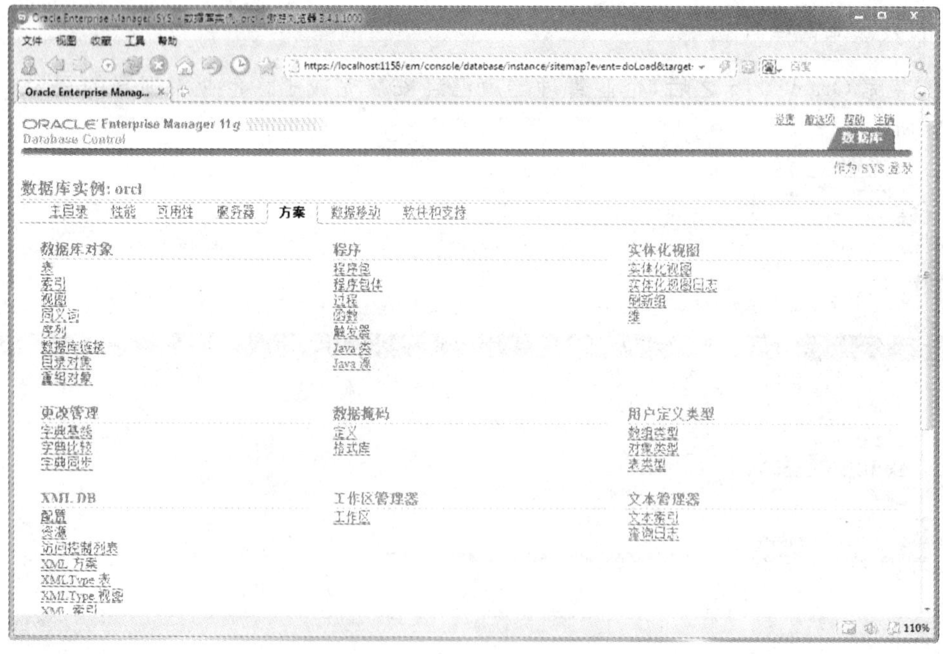

图 11-31 方案界面

在“数据库对象”模块中，单击“表”选项，则进入表界面，默认为 SYS 方案，如图 11-32 所示。

3. 创建表

单击“创建”按钮，进入表组织界面，如图 11-33 所示。该界面存在两种表，一种为标准表，

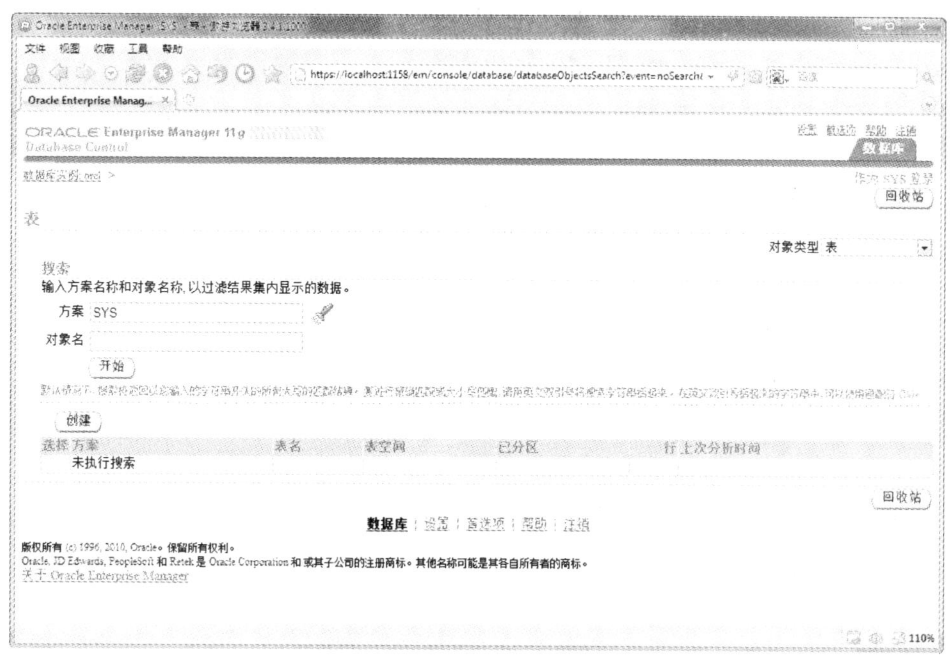

图 11-32 表界面

另一种为索引表。

- 标准表。该表是以堆的形式组织的标准表，是普通表，表中数据未排序。如果选择“临时”选项，将创建临时表。临时表仅存储在事务处理或会话期间存在的临时数据。
- 索引表。该表是以索引的形式组织的表，与词典中的索引非常相似。

我们在此选择标准表。

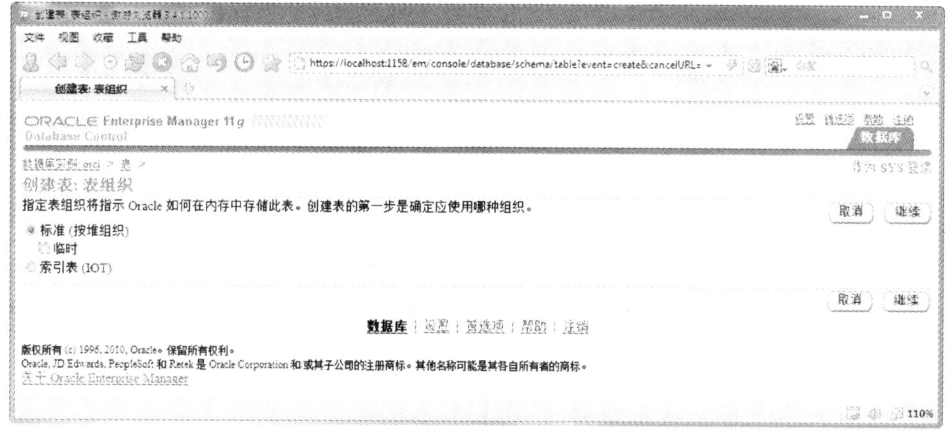

图 11-33 表组织界面

单击“继续”按钮，进入创建表界面，如图 11-34 所示。创建表时需填入表的名称、表所属的方案及表存储的表空间。然后根据设计好的表结构(表 11-1)填写表的信息，包括列名称、数据类型、数据大小、数据小数位数、是否为空、默认值和是否加密等。数据类型可以进行选择，在数据类型的下拉列表中共有 23 种数据类型，分别是 VARCHAR2、NUMBER、DATE、CHAR、FLOAT、INTEGER、NCHAR、NVARCHAR2、LONG、LONG RAW、RAW、ROWID、UROWID、BLOB、CLOB、NCLOB、BFILE、TIMESTAMP、INTERVAL YEAR、

INTERVAL DAY、BINARY_DOUBLE、BINARY_FLOAT 和 XML TYPE 类型。

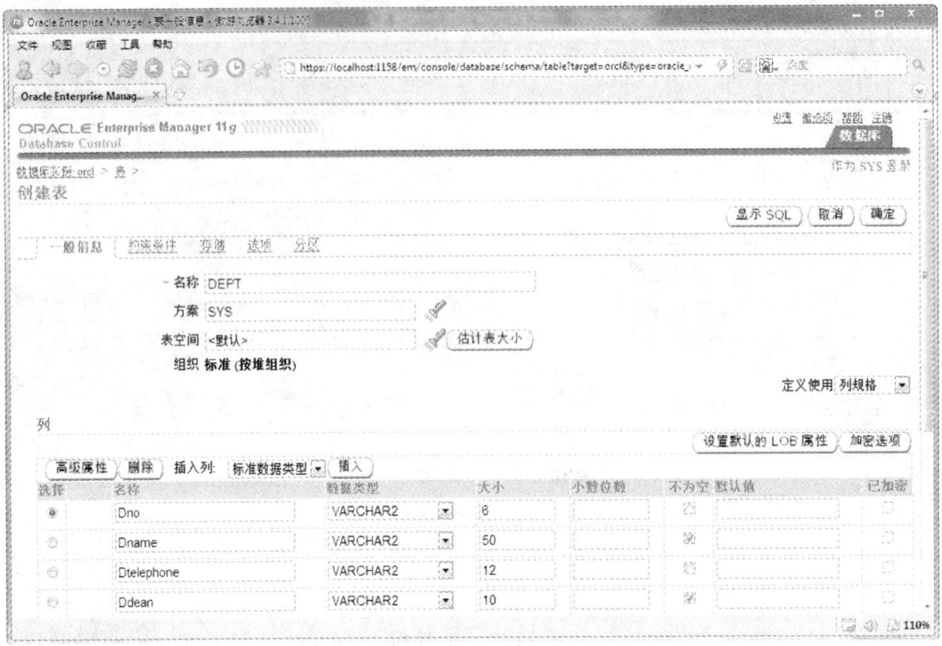

图 11-34　创建表界面

将系表 DEPT 的 5 个字段填写完毕后，在该界面的下方其效果如图 11-35 所示。我们可以看到创建表界面下方还有“约束条件”等选项卡，用于进一步对表进行设置。

在表信息填完成之后，单击右下角的“确定”按钮，系表 DEPT 即创建完毕。

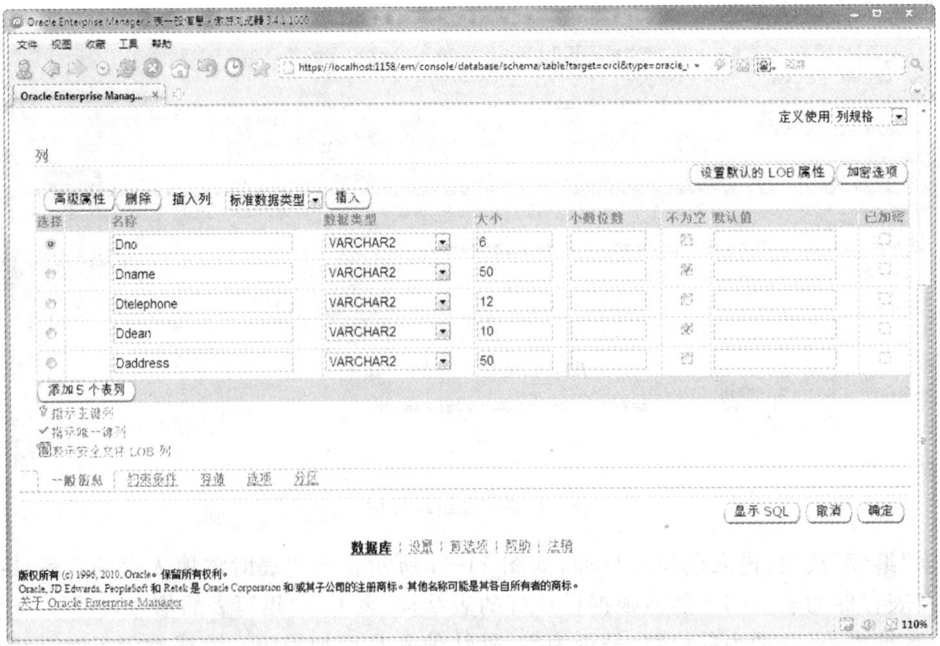

图 11-35　创建表界面

11.5.2 修改表

在企业管理器中,表也是可以修改的。

1. 查找待修改的表

此时,我们仍以在SYS方案中的系表DEPT为例,在图11-32的表界面中,填写方案名SYS和待修改的对象名DEPT,单击"开始"按钮,则可查询到系表DEPT,查找结果如图11-36下方所示。

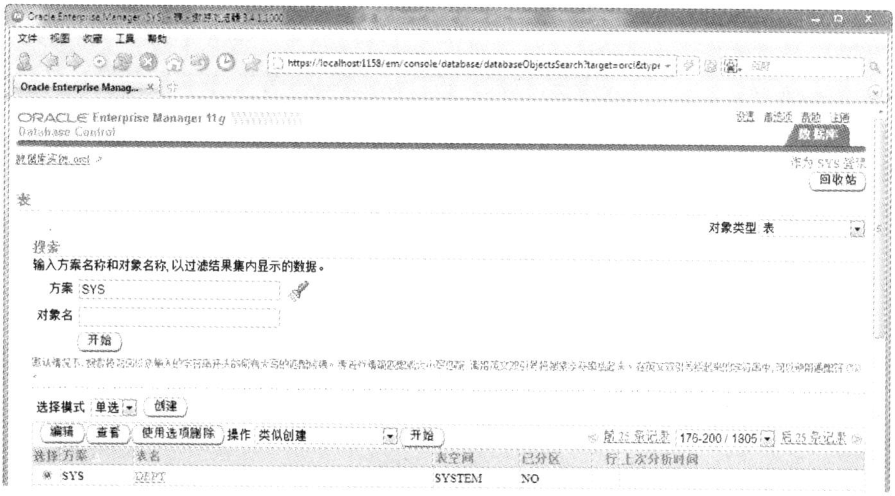

图 11-36 表界面

单击表名DEPT,则系表DEPT的详细信息将被列出,如图11-37所示。

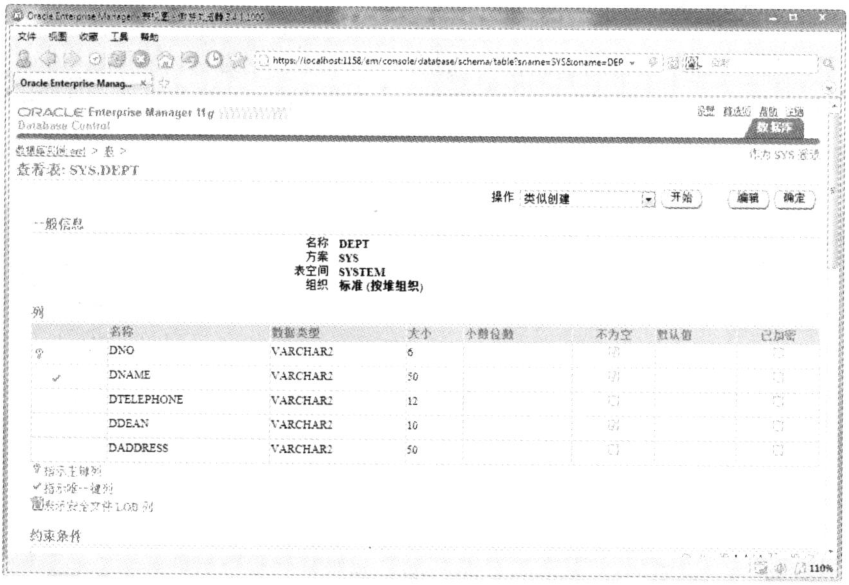

图 11-37 详细信息界面

2. 修改表

单击详细信息界面右上角的"编辑"按钮，则进入编辑表界面，如图 11-38 所示。在该界面中：

- 可以通过修改填写的数据来修改表名称、列名称、数据类型、数据大小以及相关约束。
- 可以选择列，并通过单击"删除"按钮删除选择的列。
- 可以单击"插入"按钮插入新的一列。

这些修改表的操作比较直观和简单。

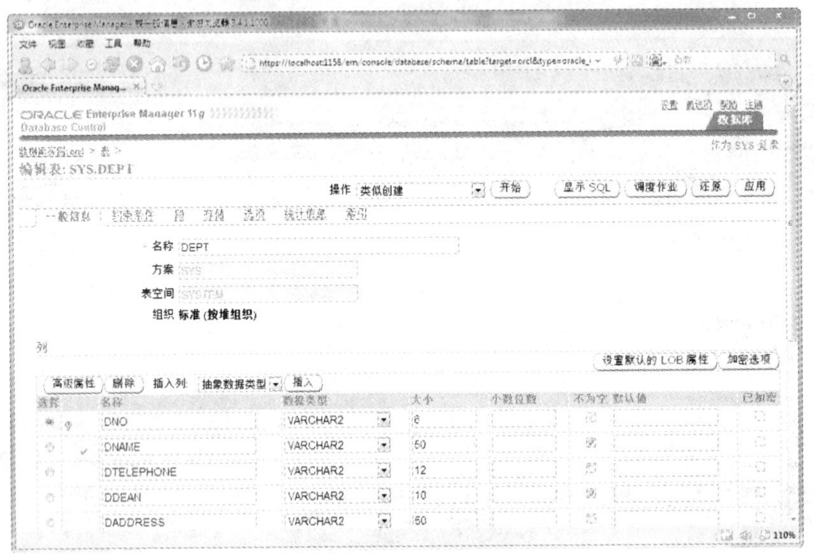

图 11-38 编辑表界面

11.5.3 删除表

在企业管理器中，也存在删除表操作。以删除系表 DEPT 为例，在图 11-36 中，已经查找到系表 DEPT。选中系表 DEPT，单击"使用选项删除"按钮，进入使用选项删除界面，如图 11-39 所示。此处有三种选择：

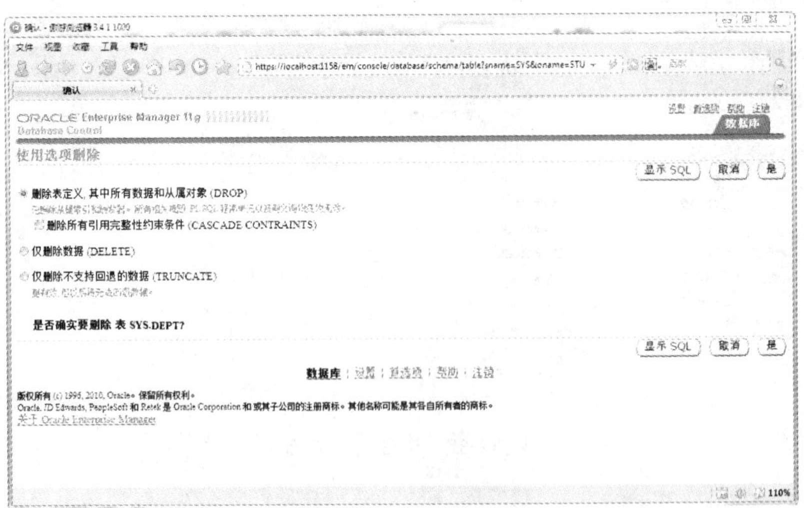

图 11-39 使用选项删除界面

- 删除表定义,包括其中所有数据和从属对象(DROP)。
- 仅删除数据(DELETE)。
- 仅删除不支持回退的数据(TRUNCATE)。

我们选择"删除表定义,其中所有数据和从属对象(DROP)"选项,然后单击"是"按钮,即可删除选择的系表 DEPT。

11.5.4 创建约束

在创建表时(见图 11-35),我们可以选择下方的选项卡"约束条件"来为表设置约束。当选择"约束条件"选项卡后,界面如图 11-40 所示。

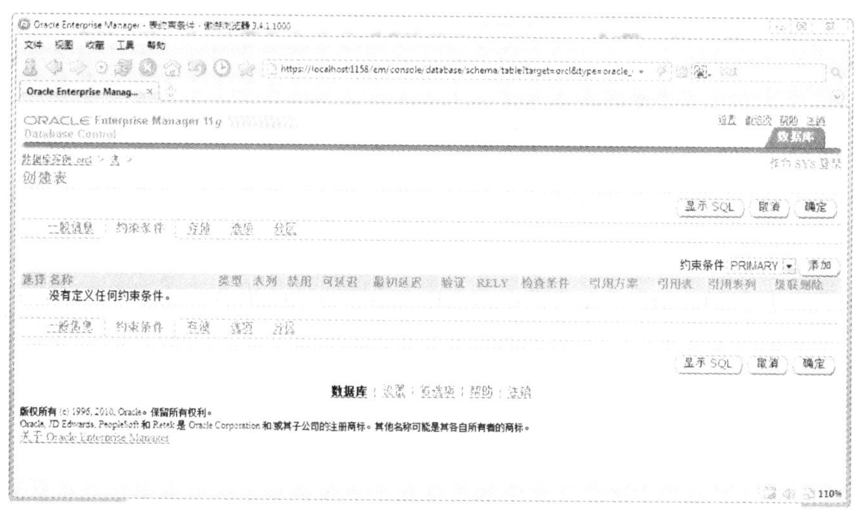

图 11-40 创建约束界面

首先为系表 DEPT 创建主键约束 dept_dno_pk,设置列 Dno 为主键。在创建约束界面的右侧"约束条件"处选择 PRIMARY 选项,单击"添加"按钮。页面跳转到添加 PRIMARY 约束条件界面,如图 11-41 所示。

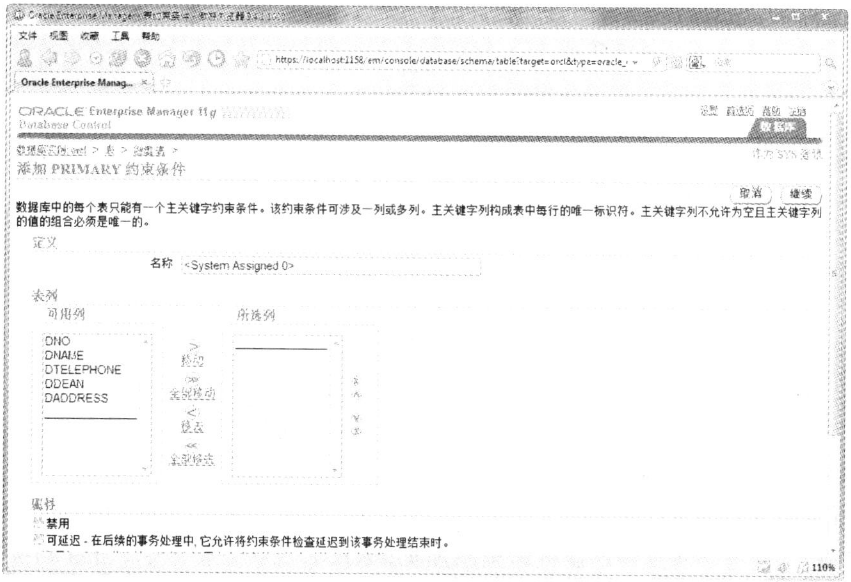

图 11-41 添加 PRIMARY 约束条件界面

在添加 PRIMARY 约束条件界面的"名称"处填写约束名称 dept_dno_pk，在"可用列"中选择 DNO 列，单击"移动"按钮，将 DNO 列移动到"所选列"中，如图 11-42 所示。

图 11-42　添加 PRIMARY 约束条件界面

单击右上角的"继续"按钮，则企业管理器再次跳转到创建约束界面，如图 11-43 所示。

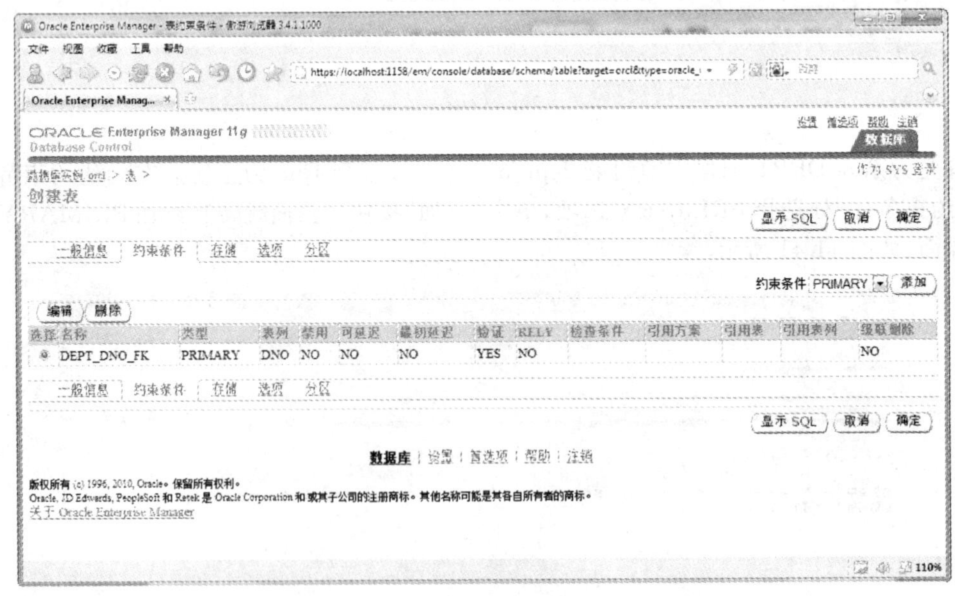

图 11-43　创建约束界面

在图 11-43 中，可以发现，主键约束 dept_dno_pk 已经创建成功。如果希望对约束进行编辑或删除，只需单击约束名左上角的"编辑"或"删除"按钮即可。

接下来为系表 DEPT 创建唯一约束 dept_dname_unk，限制 Dname 列的值必须是不可重复的。在创建约束界面的右上角的"约束条件"处选择 UNIQUE 选项，如图 11-44 所示。

单击"添加"按钮。企业管理器跳转至添加 UNIQUE 约束条件界面，如图 11-45 所示。接

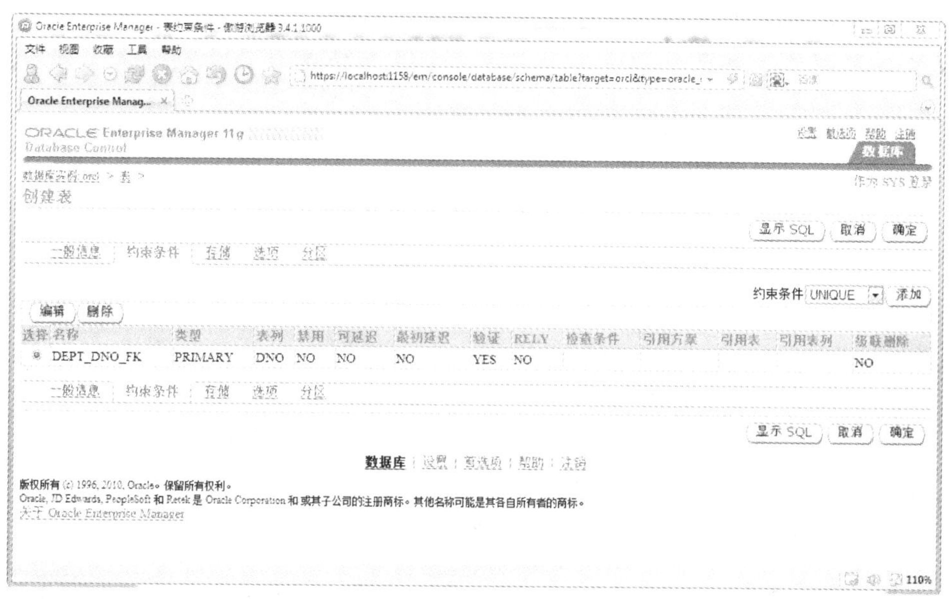

图 11-44 创建约束界面

下来在“名称”处填写约束名称 dept_dname_unk，在“可用列”中选择 DNAME 列，单击“移动”按钮，将 DNAME 列移动到“所选列”中，如图 11-45 所示。

图 11-45 添加 UNIQUE 约束条件界面

单击“继续”按钮，企业管理器跳转到创建约束界面，如图 11-46 所示。从图中可以看出，约束 DEPT_DNAME_UNK 已经被创建。同样地，选中该约束，即可使用约束名称左上角的“编辑”或“删除”按钮进行编辑或删除操作。

此处只为大家介绍两种约束的创建方法，检查约束和外键约束的创建方法与之类似。

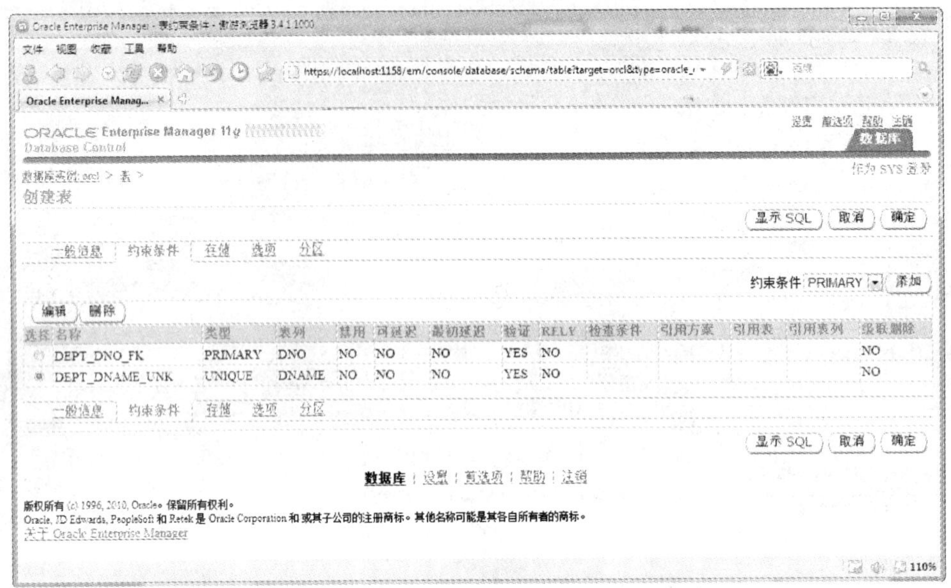

图 11-46 创建约束界面

11.6 分区表

分区表在 Oracle 11g 的学习中也占着比较重要的地位，本文将从分区表的概念、创建分区、维护分区和查找分区信息 4 个方面对分区表进行讲解。

11.6.1 分区表的概念

对于一张普通的表，当表中数据量较大时，查询数据的速度就会较慢，相应地，应用程序的性能就会下降。为了解决这种问题，分区表的概念被提出。我们可以将表进行分区，被分区的表在逻辑上仍然是一张完整的表，但是在物理层面上，不同分区的数据被存储到了不同的表空间中。对于数据库管理员，分区表既可集体管理，也可单独管理，这使得表管理更加灵活；而对于应用程序，表是否分区是感受不到的。

经过总结，分区表有以下特点。

(1) 改善查询性能：查询数据时可以只检索相应的分区，不必将整张表全部扫描，提高了检索的速度。

(2) 增强健壮性：当一个分区损坏时，其他分区仍然可以正常使用。

(3) 改善维护性：当一个分区损坏时，只需维护该分区，其他分区不受影响。

但是，目前为止，分区表也有自己的缺点。比如对于已经存在的表不能直接转化为分区表。

11.6.2 创建分区表

在创建分区表时，我们在此介绍三种分区方法：范围分区、列表分区和散列分区。

1. 范围分区

范围分区是按照数据的取值范围划分分区，这种分区方式是最为常用的，创建范围分区使用关键字 PARTITION BY RANGE，其语法结构如下：

```
PARTITION BY RANGE (列名)
(
    PARTITION <分区名 1 > VALUES LESS THAN (上界值) TABLESPACE 表空间名 1,
    PARTITION <分区名 2 > VALUES LESS THAN (上界值) TABLESPACE 表空间名 2,
    …
    PARTITION <分区名 n > VALUES LESS THAN (上界值) TABLESPACE 表空间名 n,
)
```

其中参数中的列名是划分分区所依据的列的名称。

上述语法结构将表划分为了 n 个分区，并将 n 个分区分别存储到 n 个不同的表空间中。每个分区都有上界和下界。分区的上界使用 VALUES LESS THAN 语句指定，任何等于或者大于这个上限值的数据都会被划分到更高的分区中。除了第一个分区，分区的下界是紧挨此分区之前的一个分区的上界值。

例 11-27　创建范围分区。

我们以学生表为例创建分区表。将学号在'20087740347'以前的学生划分为一个分区，存储在表空间 stu_space01 中，将学号在'20087740347'～'20087790536'之间的学生划分为第二个分区，存储在表空间 stu_space02 中。

首先创建学生表 STUDENT，紧接着以学号 Sno 为参数使用 PARTITION BY RANGE 创建两个分区。注意，表空间 stu_space01 和 stu_space02 之前必须已经定义过。其代码如下所示：

```
CREATE TABLE student(
        sno VARCHAR2(20),
        sname VARCHAR2(10) NOT NULL,
        ssex VARCHAR2(6),
        sage NUMBER(3),
        sentrydate DATE NOT NULL,
        dno VARCHAR2(6),
        CONSTRAINTS student_sno_pk PRIMARY KEY(sno),
        CONSTRAINTS student_Ssex_check CHECK(ssex in ('F','M')),
        CONSTRAINTS student_dno_fk FOREIGN KEY(dno) REFERENCES dept(dno)
        ON DELETE CASCADE
)
PARTITION BY RANGE (sno)
(
        PARTITION stu_part1 VALUES LESS THAN ('20087740347')
        TABLESPACE stu_space01,
        PARTITION stu_part2 VALUES LESS THAN ('20087790536')
        TABLESPACE stu_space02
);
```

运行上述代码，其运行结果如图 11-47 所示。

2. 列表分区

对于列中数值种类只有几种的表，我们可以使用列表分区。使用列表划分的分区不再有

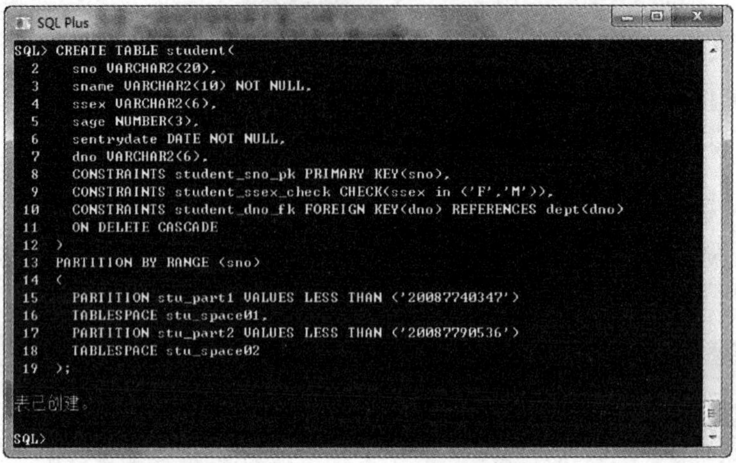

```
SQL> CREATE TABLE student(
    sno VARCHAR2(20),
    sname VARCHAR2(10) NOT NULL,
    ssex VARCHAR2(6),
    sage NUMBER(3),
    sentrydate DATE NOT NULL,
    dno VARCHAR2(6),
    CONSTRAINTS student_sno_pk PRIMARY KEY(sno),
    CONSTRAINTS student_ssex_check CHECK(ssex in ('F','M')),
    CONSTRAINTS student_dno_fk FOREIGN KEY(dno) REFERENCES dept(dno)
    ON DELETE CASCADE
  )
  PARTITION BY RANGE (sno)
  (
    PARTITION stu_part1 VALUES LESS THAN ('20087740347')
    TABLESPACE stu_space01,
    PARTITION stu_part2 VALUES LESS THAN ('20087790536')
    TABLESPACE stu_space02
  );

表已创建。

SQL>
```

图 11-47 创建学生表 STUDENT 并以学号 Sno 创建分区

上界和下界，而是有一个或多个具体的指定值。创建列表分区，使用关键字 PARTITION BY LIST，其语法结构如下：

```
PARTITION BY LIST (列名)
(
    PARTITION <分区名 1 > VALUES (数值[, … ]) TABLESPACE 表空间名 1,
    PARTITION <分区名 2 > VALUES (数值[, … ]) TABLESPACE 表空间名 2,
    …
    PARTITION <分区名 n > VALUES (数值[, … ]) TABLESPACE 表空间名 n,
)
```

从上述结构中可以很明显地看出，与范围分区相比，少了 LESS THAN 关键字。分区中的数据即 VALUES 之后的数据，可以指定多个。

例 11-28 创建列表分区。

我们仍然以学生表 student 为例创建分区表。性别为'F'的划分为一个分区，性别为'M'的划分为另一个分区。在创建学生表 student 之后，紧接着以性别 Ssex 为参数使用 PARTITION BY LIST 创建两个分区。其代码如下所示：

```
CREATE TABLE student(
    sno VARCHAR2(20),
    sname VARCHAR2(10) NOT NULL,
    ssex VARCHAR2(6),
    sage NUMBER(3),
    sentrydate DATE NOT NULL,
    dno VARCHAR2(6),
    CONSTRAINTS student_sno_pk PRIMARY KEY(sno),
    CONSTRAINTS student_ssex_check CHECK(ssex in ('F','M')),
    CONSTRAINTS student_dno_fk FOREIGN KEY(dno) REFERENCES dept(dno)
    ON DELETE CASCADE
)
PARTITION BY LIST (ssex)
(
    PARTITION stu_part1 VALUES('F') TABLESPACE stu_space01,
    PARTITION stu_part2 VALUES('M') TABLESPACE stu_space02
);
```

运行上述代码，其运行结果如图 11-48 所示。

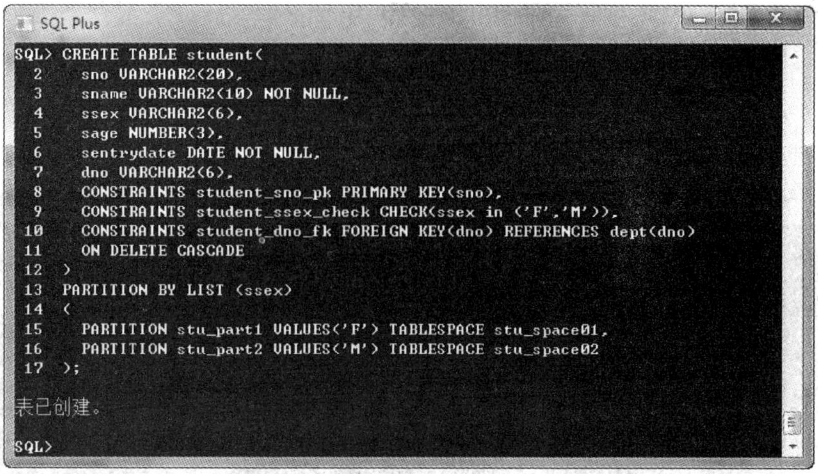

```
SQL> CREATE TABLE student(
  2    sno VARCHAR2(20),
  3    sname VARCHAR2(10) NOT NULL,
  4    ssex VARCHAR2(6),
  5    sage NUMBER(3),
  6    sentrydate DATE NOT NULL,
  7    dno VARCHAR2(6),
  8    CONSTRAINTS student_sno_pk PRIMARY KEY(sno),
  9    CONSTRAINTS student_ssex_check CHECK(ssex in ('F','M')),
 10    CONSTRAINTS student_dno_fk FOREIGN KEY(dno) REFERENCES dept(dno)
 11    ON DELETE CASCADE
 12  )
 13  PARTITION BY LIST (ssex)
 14  (
 15    PARTITION stu_part1 VALUES('F') TABLESPACE stu_space01,
 16    PARTITION stu_part2 VALUES('M') TABLESPACE stu_space02
 17  );

表已创建。

SQL>
```

图 11-48　创建学生表 STUDENT 并以性别 Ssex 创建分区

3. 散列分区

散列分区是在散列的基础上使用散列算法，将行记录均匀地散列到各分区上。通过在 I/O 设备上进行散列分区，这些分区大小一致。创建散列分区，使用 PARTITION BY HASH 关键字，其语法结构如下：

```
PARTITION BY HASH (列名)
(
    PARTITION <分区名 1 > TABLESPACE 表空间 1,
    PARTITION <分区名 2 > TABLESPACE 表空间 2,
    …
    PARTITION <分区名 n> TABLESPACE 表空间 n
)
```

例 11-29　创建散列分区。

我们继续以学生表 STUDENT 为例创建散列分区。使用 PARTITION BY HASH 创建三个分区。其代码如下所示：

```
CREATE TABLE student(
    sno VARCHAR2(20),
    sname VARCHAR2(10) NOT NULL,
    ssex VARCHAR2(6),
    sage NUMBER(3),
    sentrydate DATE NOT NULL,
    dno VARCHAR2(6),
    CONSTRAINTS student_sno_pk PRIMARY KEY(sno),
    CONSTRAINTS student_ssex_check CHECK(ssex in ('F','M')),
    CONSTRAINTS student_dno_fk FOREIGN KEY(dno) REFERENCES dept(dno)
    ON DELETE CASCADE
)
PARTITION BY HASH (sno)
(
```

```
    PARTITION stu_part1 TABLESPACE stu_space01,
    PARTITION stu_part2 TABLESPACE stu_space02,
    PARTITION stu_part3 TABLESPACE stu_space03
);
```

执行上述代码，其结果如图 11-49 所示。

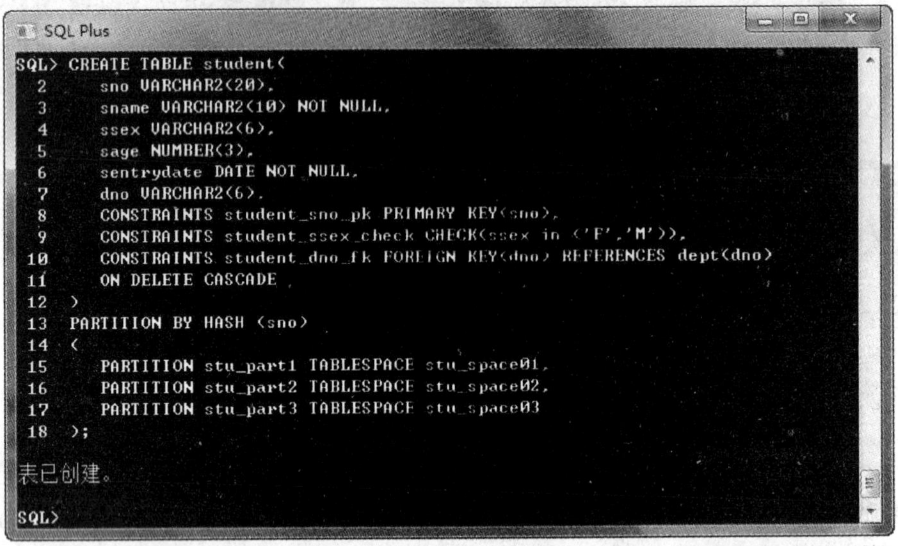
SQL Plus
SQL> CREATE TABLE student(
2 sno VARCHAR2(20),
3 sname VARCHAR2(10) NOT NULL,
4 ssex VARCHAR2(6),
5 sage NUMBER(3),
6 sentrydate DATE NOT NULL,
7 dno VARCHAR2(6),
8 CONSTRAINTS student_sno_pk PRIMARY KEY(sno),
9 CONSTRAINTS student_ssex_check CHECK(ssex in ('F','M')),
10 CONSTRAINTS student_dno_fk FOREIGN KEY(dno) REFERENCES dept(dno)
11 ON DELETE CASCADE
12)
13 PARTITION BY HASH (sno)
14 (
15 PARTITION stu_part1 TABLESPACE stu_space01,
16 PARTITION stu_part2 TABLESPACE stu_space02,
17 PARTITION stu_part3 TABLESPACE stu_space03
18);
表已创建。
SQL>

图 11-49　创建学生表 STUDENT 并以学号 Sno 创建分区

在为表创建完分区之后，我们向表中插入记录时，系统会根据各分区的特性将记录插入到相应的分区中。

11.6.3　维护分区

对于维护分区这一节，我们以例 11-27 为例讲解添加分区、删除分区、截断分区、合并分区、拆分分区和重命名分区的方法。

1. 添加分区

添加分区使用 ALTER TABLE 的 ADD 语句，其语法结构如下：

```
ALTER TABLE <表名> ADD PARTITION <分区名> VALUES (数值) | LESS THAN(数值);
```

若为范围分区，则 VALUE 之后选择 LESS THAN(数值)，添加的分区界限应该高于最后一个分区界限；若为列表分区，则 VALUE 之后选择(数值)。

例 11-30　添加分区。

为学生表 STUDENT 添加新分区 stu_part3，该分区要求学号小于'2008784347'。添加分区的代码如下所示：

```
ALTER TABLE student ADD PARTITION stu_part3 VALUES LESS THAN ('2008784347');
```

运行上述代码，其结果如图 11-50 所示。

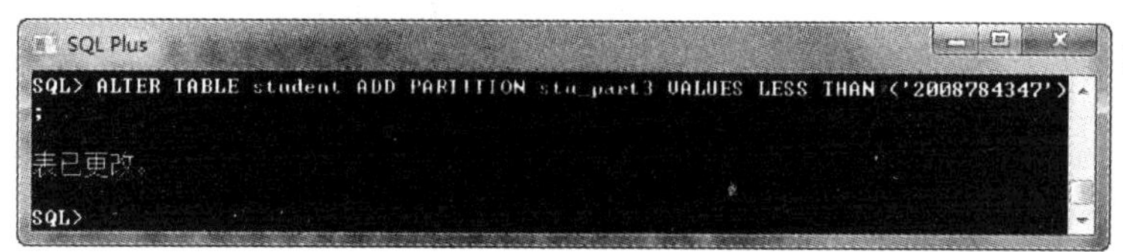

图 11-50　添加分区

2. 删除分区

删除分区使用 ALTER TABLE 的 DROP 语句，其语法结构如下：

```
ALTER TABLE <表名> DROP PARTITION <分区名>;
```

值得注意的是，如果删除的分区是表中的唯一分区，那么此分区将不能被删除。

例 11-31　删除分区。

根据以上语法结构，我们写出下面一行语句，用于删除学生表 STUDENT 的分区 stu_part3。

```
ALTER TABLE student DROP PARTITION stu_part3;
```

其运行结果如图 11-51 所示。

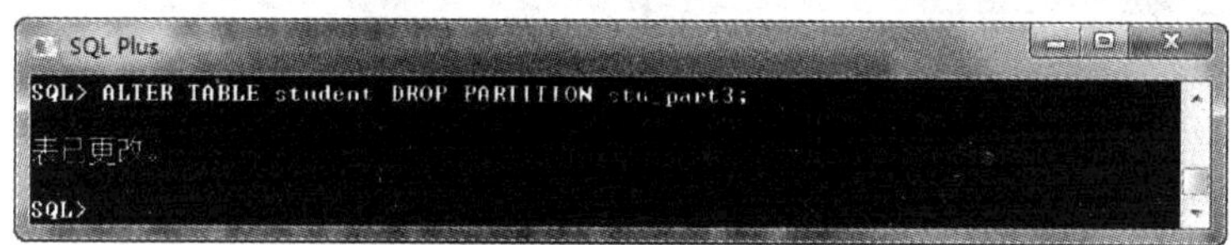

图 11-51　删除分区

3. 截断分区

截断分区指的是清空指定分区的值，但是不删除该分区。表中即使只有一个分区，也可以截断。截断分区使用 ALTER TABLE 的 TRUNCATE 语句，其语法结构如下：

```
ALTER TABLE <表名> TRUNCATE PARTITION <分区名>;
```

例 11-32　截断分区。

如果学生表 STUDENT 的 stu_part2 中存在数据，若要清空分区 stu_part2 中的数据，则使用下面一行代码：

```
ALTER TABLE student TRUNCATE PARTITION stu_part2;
```

执行上述代码，其运行结果如图 11-52 所示。

图 11-52　截断分区

4. 合并分区

合并分区是将相邻的分区合并成一个分区，合并后的分区以较高分区命名。合并分区使用 ALTER TABLE 的 MERGE 语句，其语法结构如下：

```
ALTER TABLE <表名> MERGE PARTITIONS <分区名 1>,<分区名 2>
INTO PARTITION <分区名 2>;
```

例 11-33 合并分区

本例将学生表 STUDENT 的两个分区 stu_part1 和 stu_part2 合并。但是这两个分区只能向高分区合并，所以二者合并为分区 stu_part2，而分区 stu_part1 不再存在。合并的代码如下：

```
ALTER TABLE student MERGE PARTITIONS stu_part1, stu_part2
INTO PARTITION stu_part2;
```

其执行结果如图 11-53 所示。

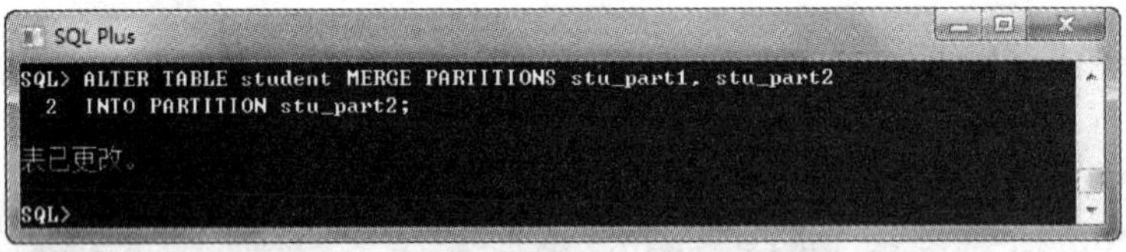

```
SQL> ALTER TABLE student MERGE PARTITIONS stu_part1, stu_part2
  2  INTO PARTITION stu_part2;

表已更改。

SQL>
```

图 11-53 合并分区

5. 拆分分区

拆分分区是将一个分区拆分为两个新的分区，拆分过程使用 ALTER TABLE 的 SPLIT 语句，其语法结构如下：

```
ALTER TABLE <表名> SPLIT PARTITION <分区名>
AT (数值) INTO ( PARTITION <分区名 1>,PARTITION <分区名 2>);
```

该语法结构将表的指定分区按照 AT 之后的数据划分为两个新分区。

例 11-34 拆分分区。

在例 11-33 的基础上，本例将学生表 STUDENT 的分区 stu_part2 按照数值'20087740210'划分为两个新分区 stu_part1 和 stu_part2。其代码如下：

```
ALTER TABLE student SPLIT PARTITION stu_part2
AT ('20087740210') INTO ( PARTITION stu_part1,PARTITION stu_part2);
```

运行上述代码，其运行结果如图 11-54 所示。

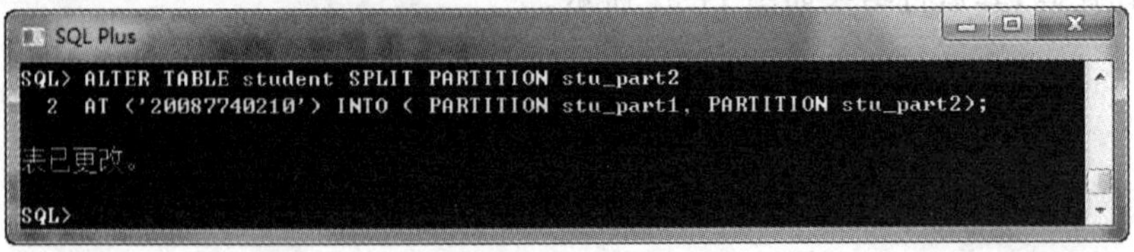

```
SQL> ALTER TABLE student SPLIT PARTITION stu_part2
  2  AT ('20087740210') INTO ( PARTITION stu_part1, PARTITION stu_part2);

表已更改。

SQL>
```

图 11-54 拆分分区

6. 重命名分区

重命名分区是为分区重新命名。重命名使用 ALTER TABLE 的 RENAME 语句，其语法结构如下：

```
ALTER TABLE <表名> RENAME PARTITION <原分区名> TO <新分区名>;
```

例 11-35 重命名分区。

本例将学生表 STUDENT 的分区 stu_part2 命名为 new_stu_part2，按照上述语法结构，则需执行下面一行语句：

```
ALTER TABLE student RENAME PARTITION stu_part2 TO new_stu_part2;
```

其运行结果如图 11-55 所示。

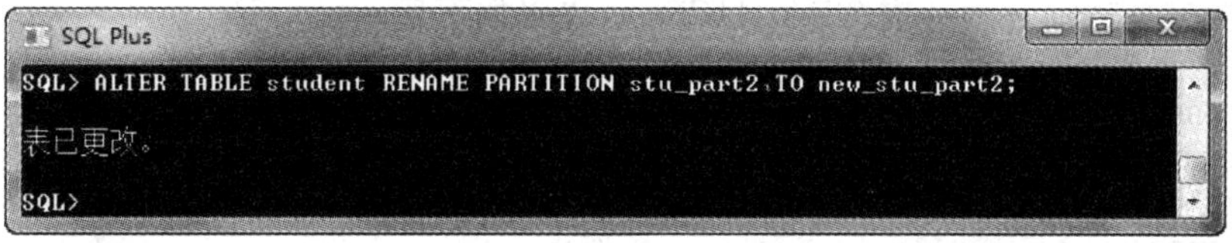

```
SQL Plus
SQL> ALTER TABLE student RENAME PARTITION stu_part2 TO new_stu_part2;

表已更改。

SQL>
```

图 11-55 重命名分区

11.6.4 查看分区信息

在本节，我们将简单介绍三个查看分区信息的方法。

1. 查询表中所有数据

```
SELECT * FROM <表名>;
```

2. 查询表中对应分区中的数据

```
SELECT * FROM <表名> PARTITION(<分区名>);
```

3. 查询表中存在多少分区

```
SELECT * FROM USER_TAB_PARTITIONS WHERE TABLE_NAME = '<表名>';
```

值得注意的是，'＜表名＞'单引号里面的表名必须大写。

11.7 临时表

Oracle 11g 的临时表有两种：事务型和会话型。

所谓事务型临时表指的是表中的数据只在事务提交或回滚前有效。在事务结束后，表中数据便自动清除。

所谓会话型临时表指的是表中的数据在本次会话期间一直有效。在会话结束后，表中数据自动清除。

创建临时表的语法结构为：

```
CREATE GLOBAL TEMPORARY TABLE <表名>
(… )
ON COMMIT DELETE ROWS | ON COMMIT PRESERVE ROWS
```

其中，GLOBAL TEMPORARY TABLE 指定表的类型为临时表，ON COMMIT DELETE ROWS 指定临时表为事务型临时表，ON COMMIT PRESERVE ROWS 指定临时表为会话临时表。

下面分别以教师表 TEACHER 为例对事务型和会话型临时表进行举例。

例 11-36 事务型临时表。

首先创建事务型临时教师表 TEACHER，其代码如下所示：

```
CREATE GLOBAL TEMPORARY TABLE teacher(
  tno VARCHAR2(6),
  tname VARCHAR2(10) NOT NULL,
  ttitle VARCHAR2(8),
  CONSTRAINTS teacher_tno_pk PRIMARY KEY(tno)
) ON COMMIT DELETE ROWS;
```

如图 11-56 所示，在创建完事务型临时表之后，向表中插入一行数据。通过 SELECT 语句查询，我们可以查到该行数据。接下来使用 COMMIT 命令提交数据。当再次查询教师表 TEACHER 中的数据时，我们发现数据在 COMMIT 之后被清空了。

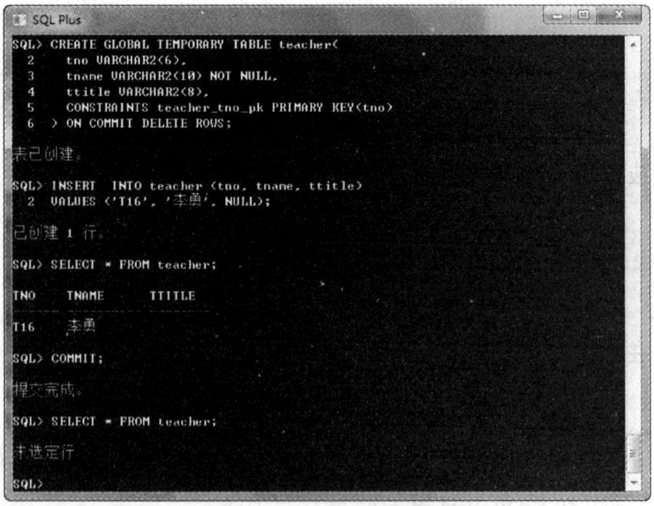

```
SQL Plus
SQL> CREATE GLOBAL TEMPORARY TABLE teacher(
  2    tno VARCHAR2(6),
  3    tname VARCHAR2(10) NOT NULL,
  4    ttitle VARCHAR2(8),
  5    CONSTRAINTS teacher_tno_pk PRIMARY KEY(tno)
  6  ) ON COMMIT DELETE ROWS;

表已创建。

SQL> INSERT  INTO teacher (tno, tname, ttitle)
  2  VALUES ('T16', '李勇', NULL);

已创建 1 行。

SQL> SELECT * FROM teacher;

TNO    TNAME      TTITLE

T16    李勇

SQL> COMMIT;

提交完成。

SQL> SELECT * FROM teacher;

未选定行

SQL>
```

图 11-56　事务型临时表

例 11-37 会话型临时表。

首先创建会话型临时教师表 TEACHER，其代码如下所示：

```
CREATE GLOBAL TEMPORARY TABLE teacher(
  tno VARCHAR2(6),
  tname VARCHAR2(10) NOT NULL,
  ttitle VARCHAR2(8),
  CONSTRAINTS teacher_tno_pk PRIMARY KEY(tno)
) ON COMMIT PRESERVE ROWS;
```

接下来，我们采用与上面相同的步骤，但是在使用命令 COMMIT 之后发现，表中数据仍然存在。但是当再次登录数据库时，表中数据被清除了，其运行结果如图 11-57 所示。

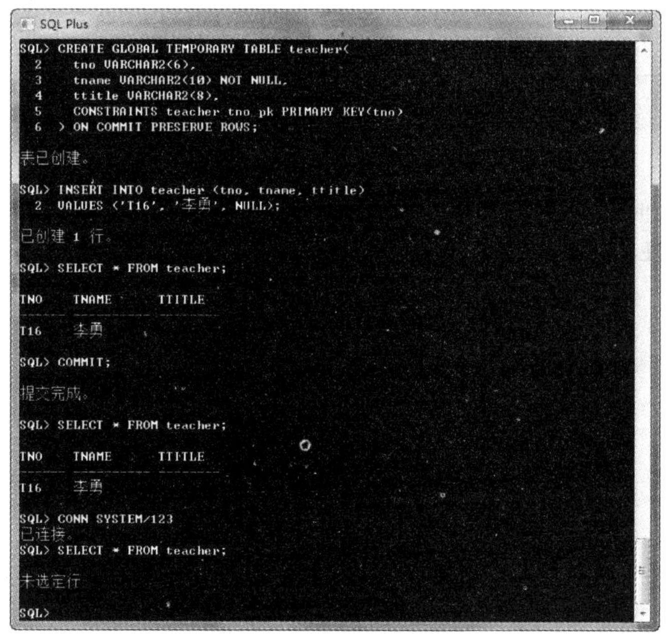

图 11-57　会话型临时表

习题

一、选择题

1. 能够确保字段输入的值是大于 50 的约束是(　　)。
   A. PRIMARY KEY　B. FOREIGN KEY　C. CHECK　D. UNIQUE
2. 能够确保字段不接受空值的约束是(　　)。
   A. NOT NULL　B. IS NULL　C. NULL　D. IS EMPTY
3. 在修改表时，禁用某列使用的关键字是(　　)。
   A. DISABLE　B. NOUSE　C. DELETE　D. UNUSED
4. 删除表中字段使用的 ALTER TABLE 的命令为(　　)。
   A. DROP　B. EDIT　C. UPDATE　D. MODIFY

二、操作题

1. 练习在企业管理器中添加、删除和修改表。

2. 使用 SQL 语句创建商品表 PRODUCT，其表结构如表 11-6 所示。

表 11-6　商品表 Product

字　段	数据类型	描　述
Pno	VARCHAR2(20)	商品编号(主键)
Pname	VARCHAR2(30)	商品名称(非空)
Pdate	DATE	生产日期(非空)
Pvalidity	DATE	有效期 (非空)
Price	VARCHAR2(20)	商品价格(大于 0)
Pnum	NUMBER(5,2)	商品数量(非空，大于 0)
Plocation	VARCHAR2(50)	商品产地(非空)

三、简答题

1. 简述删除表和把表设置为不可用的区别。
2. 简述为什么使用分区表。

第12章 视图、索引的管理

12.1 视图

视图（View）同样由列组成，其查询方式与表相同，但是视图中没有数据。从理论上讲，可以把视图看作是覆盖一个或多个表的“蒙版”。视图中的列可以在一个或多个基本表中找到，所以视图不使用物理存储位置来存储数据。视图的定义（包括作为基础的查询、列安排、授予的权限）存储在数据字典中。对一个视图进行查询时，视图将查询其基于的表，并且以视图定义所规定的格式和顺序返回值。由于视图没有直接相关的物理数据，所以不能被索引。视图经常用于对数据设置行级保密和列级保密。例如，可以授权用户访问一个视图，这个视图只显示该用户可以访问的行，而不显示表中所有行。同样，可以通过视图限制该用户访问的列。

12.1.1 视图简介

视图是从一个或多个表或视图中提取出来数据的一种表现形式。是由一条 Select 子查询语句定义的一个逻辑表，只有定义而无数据，是一个虚表。或称是命了名的 Select 语句。从表中抽出的逻辑上相关的数据集合。

使用视图的目的：

- 提供各种数据表现形式；
- 提供某些安全性保证；
- 隐藏数据的逻辑复杂性并简化查询语句；
- 执行某些必须使用视图的查询；
- 简化用户权限的管理。

Oracle 可以采用对象视图在表上创建一个面向对象的层。可以使用对象视图模拟抽象数据类型、对象 ID 和引用。对象视图如果使用抽象类型，执行时可能会遇到一致性问题。访问抽象数据类型属性所使用的语法不能用于访问正规列。因此，为了支持抽象数据类型，可能要改变 SQL 企业编码标准。在进行事务处理和对表查询时，还要记住哪个表使用了抽象数据。对象视图为通向抽象数据类型之路架起了一座重要的桥梁。可以使用对象视图为自己的关系数据提供一个对象关系图像。基本表不变化，但视图支持抽象数据类型定义。从数据库管理员的观点来看，发生的是一些微小的变化——就像管理数据库中其他任何表一样管理基本表。从开发人员的观点来看，对象视图提供了对表数据对象关系的访问。在大多数使用表的场合都能使用视图。

12.1.2 创建视图

为了创建视图，首先需要满足以下条件：在方案中创建视图，必须具有 CREATE VIEW 的权限，如果在其他方案中创建视图，还需要 CREATE ANY VIEW 系统权限。视图的所有者必须具有访问视图定义的所有对象的权限。

创建视图最基本的语法如下：

```
Create [or replace] VIEW [schema.]view_name[( column1,column2, … )]
As select … from… where…
[With check option] [CONSTRAINT contraint_name]
[with read only]
```

如上所示，column1，column2 是用于指定视图列的别名，select … from… where…是子查询语句，With check option 子句用于指定在视图上定义的 check 约束；[with read only]子句用于定义只读视图。在创建视图时，如果不提供视图别名，Oracle 会自动使用子查询的列名或列别名；如果视图子查询包含函数或表达式，则必须定义列别名。

1. 创建简单视图

简单视图是指基于单个表建立的视图，不包含任何函数、表达式和分组数据的视图。下面的语句建立了一个简单视图 EMP_VIEW。

```
SQL > CREATE view_EMP_VIEW
      AS
      SELECT empno, ename, job from scott.emp;
```

上述语句运行的结果如图 12-1 所示。

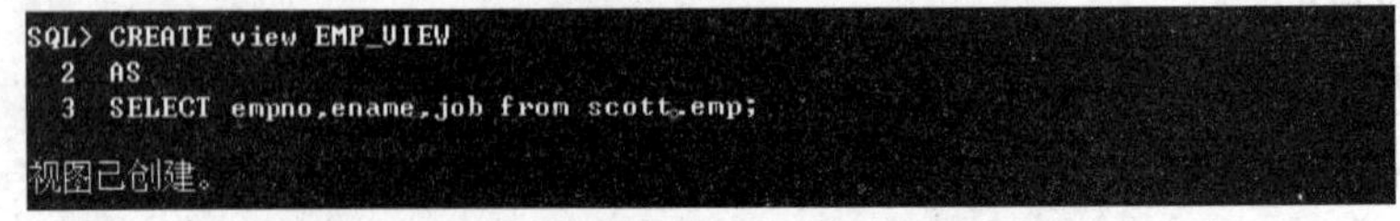

图 12-1 创建视图 EMP_VIEW

上述语句创建视图 EMP_VIEW，从 emp 表中查询出 empno、ename、job 字段。因为建立视图时没有提供别名，所以视图的列名分别是 EMPNO、ENAME、JOB。对于简单视图而言，不仅可以执行 SELECT 操作，而且还可以执行 INSERT、UPDATE、DELETE 等操作。

```
SQL > SELECT * FORM emp_view;
```

上述语句运行的结果如图 12-2 所示。

```
SQL> SELECT * from emp_view;

     EMPNO ENAME      JOB
---------- ---------- ---------
      6677 mjjj       stu
      6666 mjjj       stu
      1999 dddd       stu
      7369 SMITH      CLERK
      7499 ALLEN      SALESMAN
      7521 WARD       SALESMAN
      7566 JONES      MANAGER
      7654 MARTIN     SALESMAN
      7698 BLAKE      MANAGER
      7782 CLARK      MANAGER
      7788 SCOTT      ANALYST

     EMPNO ENAME      JOB
---------- ---------- ---------
      7839 KING       PRESIDENT
      7844 TURNER     SALESMAN
      7876 ADAMS      CLERK
      7900 JAMES      CLERK
      7902 FORD       ANALYST
      7934 MILLER     CLERK

已选择17行。
```

图 12-2　执行视图 EMP_VIEW

```
SQL > INSERT into EMP_VIEW
      VALUES (2013,'tom','clerk');
```

上述语句运行的结果如图 12-3 所示。

```
SQL> INSERT into EMP_VIEW
  2  VALUES(2013,'tom','clerk');

已创建 1 行。
```

图 12-3　执行 INSERT 操作

```
SQL > UPDATE EMP_VIEW
      SET job = 'SALESMAN'
      WHERE empno = 2013;
```

上述语句运行的结果如图 12-4 所示。

```
SQL> UPDATE EMP_VIEW
  2  SET job='SALESMAN'
  3  WHERE empno=2013;

已更新 1 行。
```

图 12-4　执行 UPDATE 操作

2. 创建只读视图

建立只读视图用[with read only]选项，定义了只读视图后，数据库用户只能在该视图上执行 SELECT 语句，禁止执行 INSERT、UPDATE 和 DELETE 语句。

例如，下面的语句建立了一个只读视图 emp_select_view，用于获得部门编号为 30 的员工信息。

```
SQL> CREATE or REPLACE view emp_select_view as
     SELECT empno, ename, job from scott.emp
     WHERE deptno = 30
     with read only;
```

上述语句运行的结果如图 12-5 所示。

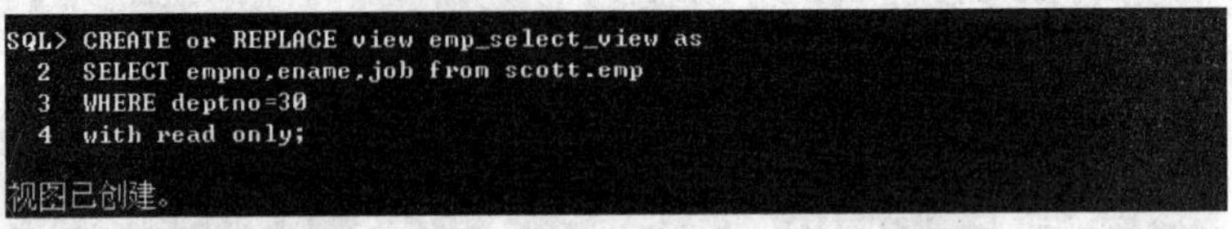

```
SQL> CREATE or REPLACE view emp_select_view as
  2  SELECT empno,ename,job from scott.emp
  3  WHERE deptno=30
  4  with read only;

视图已创建。
```

图 12-5　创建视图 emp_select_view

用户只可以在该视图上执行 SELECT 语句，而禁止任何 DML 操作。

```
SQL> UPDATE emp_select_view
     SET sal = 5000
     WHERE empno = 7934;
```

上述语句运行的结果如图 12-6 所示。

```
SQL>  UPDATE emp_select_view
  2  SET sal=5000
  3  WHERE empno=7934;
SET sal=5000
    *
第 2 行出现错误:
ORA-00904: "SAL": 标识符无效
```

图 12-6　执行 UPDATE 操作

3. 创建视图并定义 CHECK 约束

建立视图时可以指定 With check option 选项，该选项用于在视图上定义 CHECK 约束。在视图上定义 CHECK 约束后，如果在视图上执行 INSERT 和 UPDATE 操作，则要求新数据必须符合视图子查询中的约束。下面的语句重新定义视图 emp_select_view，在该视图上定义了 CHECK 约束。

```
SQL> CREATE or REPLACE view emp_select_view as
     SELECT empno, ename, job from scott.emp
     WHERE deptno = 30
     with check option constraint chk_vu30;
```

上述语句运行的结果如图 12-7 所示。

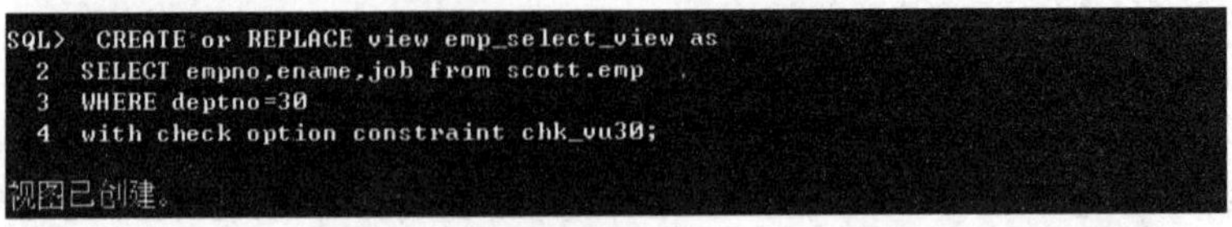

```
SQL>  CREATE or REPLACE view emp_select_view as
  2  SELECT empno,ename,job from scott.emp
  3  WHERE deptno=30
  4  with check option constraint chk_vu30;

视图已创建。
```

图 12-7　创建视图 emp_select_view

上述语句重新定义了视图 emp_select_view，并定义了 CHECK 约束 chk_vu30。这样当基于视图 emp_select_view 执行 INSERT 操作时，deptno 列的值必须为 30；在基于视图 emp_select_view 执行 UPDATE 操作时，可以删除 deptno 列为 30 这列之外的所有列。

4. 创建复杂视图

复杂视图是指视图的 SELECT 子查询中包含函数、表达式或分组数据的视图。使用复杂视图的主要目的是为了简化查询操作。

例如，在 emp 表上创建一个复杂视图。

```
SQL > CREATE view emp_job_sal_view_1
    (job,avgsal,sumsal,maxsal,minsal)
    AS
    SELECT job,avg(sal),sum(sal),max(sal),min(sal)
    FROM emp
    GROUP by job;
```

上述语句运行的结果如图 12-8 所示。

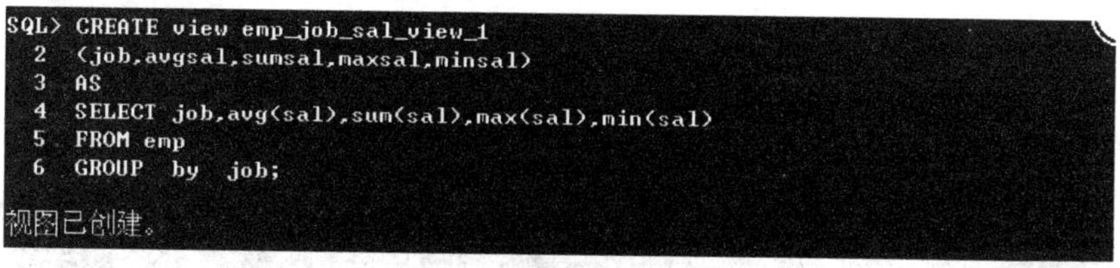

```
SQL> CREATE view emp_job_sal_view_1
  2  (job,avgsal,sumsal,maxsal,minsal)
  3  AS
  4  SELECT job,avg(sal),sum(sal),max(sal),min(sal)
  5  FROM emp
  6  GROUP  by  job;

视图已创建。
```

图 12-8　创建视图 emp_job_sal_view_1

上述复杂视图，可以获得目前每个岗位的平均工资、工资总和、最高工资和最低工资。

```
SQL > SELECT  *  from emp_job_sal_view_1;
```

上述语句运行的结果如图 12-9 所示。

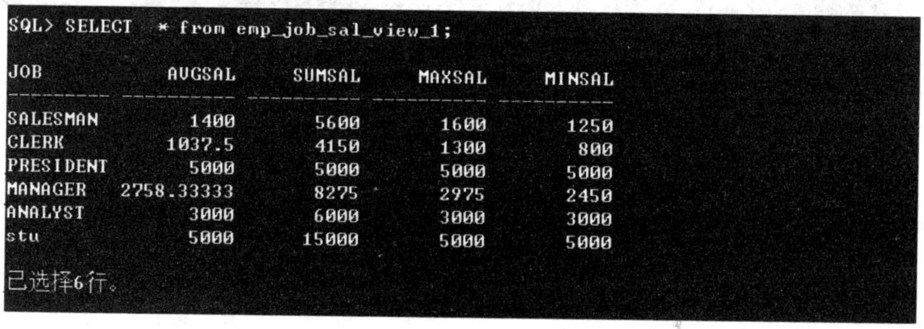

```
SQL> SELECT   * from emp_job_sal_view_1;

JOB            AVGSAL     SUMSAL     MAXSAL     MINSAL
--------- ---------- ---------- ---------- ----------
SALESMAN         1400       5600       1600       1250
CLERK          1037.5       4150       1300        800
PRESIDENT        5000       5000       5000       5000
MANAGER    2758.33333       8275       2975       2450
ANALYST          3000       6000       3000       3000
stu              5000      15000       5000       5000

已选择6行。
```

图 12-9　执行视图 emp_job_sal_view_1

5. 创建连接视图

连接视图是指基于多个表或视图所创建的视图，即定义视图的 SELECT 子查询是一个连接查询。使用连接视图的主要目的是为了简化连接查询。

例如，创建一个连接 dept 表、emp 表的连接视图。

```
SQL> CREATE view dept_emp_view_1
    AS
    SELECT a.deptno,a.dname,a.loc,b.empno,b.ename,b.sal
    FROM dept a, emp b
    WHERE a.deptno  = b.deptno
    AND a.deptno = b.deptno and a.deptno = 20;
```

上述语句运行的结果如图 12-10 所示。

```
SQL>  CREATE  view dept_emp_view_1
  2  AS
  3  SELECT   a.deptno,a.dname,a.loc,b.empno,b.ename,b.sal
  4  FROM dept a, emp b
  5  WHERE a.deptno  =b.deptno
  6  AND a.deptno=b.deptno and  a.deptno=20;

视图已创建。
```

图 12-10　创建视图 dep_emp_view_1

创建上述连接视图后，可以获得部门编号为 20 的部门及员工信息。

```
SQL> SELECT * FROM dept_emp_view_1;
```

上述语句运行的结果如图 12-11 所示。

```
SQL> SELECT   * from dept_emp_view_1;

    DEPTNO DNAME          LOC                EMPNO ENAME             SAL
---------- -------------- ------------- ---------- ---------- ----------
        20 RESEARCH       DALLAS              6677 mjjj             5000
        20 RESEARCH       DALLAS              6666 mjjj             5000
        20 RESEARCH       DALLAS              1999 dddd             5000
        20 RESEARCH       DALLAS              7369 SMITH             800
        20 RESEARCH       DALLAS              7566 JONES            2975
        20 RESEARCH       DALLAS              7788 SCOTT            3000
        20 RESEARCH       DALLAS              7876 ADAMS            1100
        20 RESEARCH       DALLAS              7902 FORD             3000

已选择8行。
```

图 12-11　执行视图 dep_emp_view_1

12.1.3　更改视图

建立视图后，如果要改变视图所对应的子查询语句，则可以执行 CREATE or REPLACE view 语句。

```
SQL> CREATE or REPLACE view dept_emp_view
    AS
    SELECT a.deptno,a.dname,a.loc,b.empno,b.ename,b.sal
    FROM dept a, emp b
    WHERE a.deptno  = b.deptno
    AND a.deptno = b.deptno and a.deptno = 30;
```

上述语句运行的结果如图 12-12 所示。

```
SQL> CREATE or REPLACE view dept_emp_view
AS
SELECT  a.deptno,a.dname,a.loc,b.empno,b.ename,b.sal
FROM  dept a, emp b
WHERE a.deptno =b.deptno
AND a.deptno=b.deptno and a.deptno=30;

视图已创建。
```

图 12-12 更改视图 dep_emp_view

12.1.4 视图的查看及删除

1. 查看视图

数据库中并不存储视图中的数值，而是存储视图的定义信息。用户可以通过查询数据字典视图 USER_VIEWS，以获得视图的定义信息。数据字典视图 USER_VIEWS 的结构如图 12-13 所示。

```
SQL> DESC user_views
 名称                                      是否为空? 类型
 ----------------------------------------- -------- ----------------------------

 VIEW_NAME                                 NOT NULL VARCHAR2(30)
 TEXT_LENGTH                                        NUMBER
 TEXT                                               LONG
 TYPE_TEXT_LENGTH                                   NUMBER
 TYPE_TEXT                                          VARCHAR2(4000)
 OID_TEXT_LENGTH                                    NUMBER
 OID_TEXT                                           VARCHAR2(4000)
 VIEW_TYPE_OWNER                                    VARCHAR2(30)
 VIEW_TYPE                                          VARCHAR2(30)
 SUPERVIEW_NAME                                     VARCHAR2(30)
 EDITIONING_VIEW                                    VARCHAR2(1)
 READ_ONLY                                          VARCHAR2(1)
```

图 12-13 查看数据字典视图 USER_VIEWS

在 USER_VIEWS 视图中，TEXT 列存储了用户视图的定义信息，即构成视图的 SELECT 语句，如图 12-14 所示。

```
SQL> SELECT text
    FROM user_views
    WHERE view_name = upper('dept_emp_view');
```

上述语句运行的结果如图 12-14 所示。

```
SQL> SELECT text
FROM user_views
WHERE view_name=upper('dept_emp_view');

TEXT
--------------------------------------------------------------------------------

SELECT  a.deptno,a.dname,a.loc,b.empno,b.ename,b.sal
FROM  dept a, emp b
WHERE a
```

图 12-14 查看视图 dep_emp_view

2. 删除视图

当视图不再需要时，用户可以执行 DROP VIEW 语句删除视图。用户可以直接删除其自身模式中的视图，但如果要删除其他用户模式中的视图，要求该用户必须具有 DROP ANY

VIEW 系统的权限，如图 12-15 所示。

```
SQL > DROP view EMP_VIEW;
```

上述语句运行的结果如图 12-15 所示。

图 12-15　删除视图 emp_view

12.1.5　在 OEM 中管理视图

1. 在 OEM 中创建视图

(1) 以 scott 用户、normal 身份登录 OEM，出现“数据库页”的“主目录”属性页。

(2) 选择“方案”项，出现“方案”属性页。

(3) 单击“方案”标题下的“视图”，出现“视图”页，该页是个综合性的页面，在这里可以对 scott 方案下的各种方案对象进行维护管理，如图 12-16 所示。

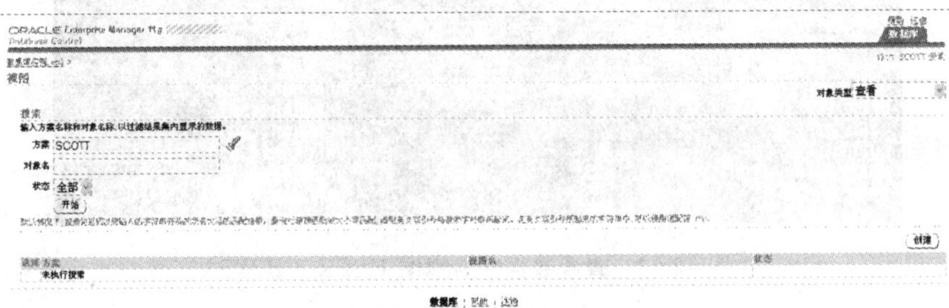

图 12-16　“视图”页面

(4) 使“对象类型”保留为“视图”，单击“创建”按钮，出现创建视图页的属性页，如图 12-17 所示，在名称中输入视图名称，在视图主体中输入代码。

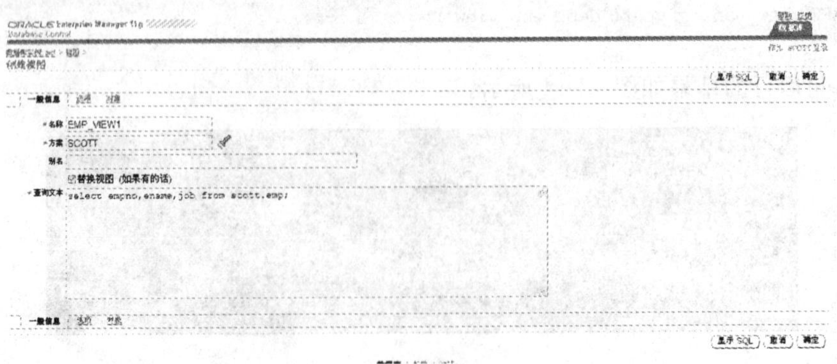

图 12-17　“创建视图”页面

(5) 单击“选项”，出现创建视图页的选项页。选中“强制创建或替换视图”复选框，如图 12-18 所示。

(6) 单击“确定”按钮后，成功创建一个视图，如图 12-19 所示。

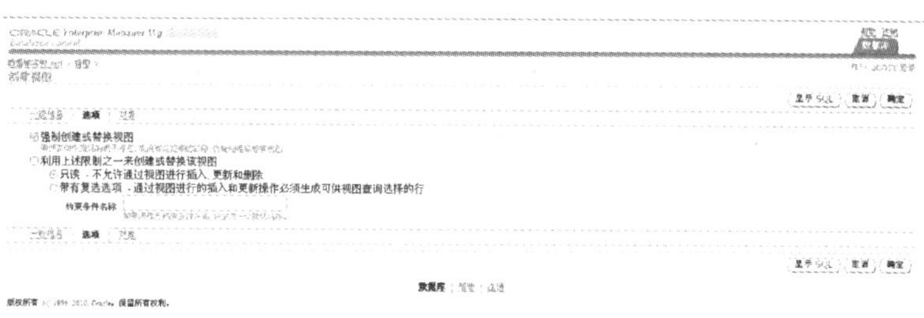

图 12-18 “选项”页面

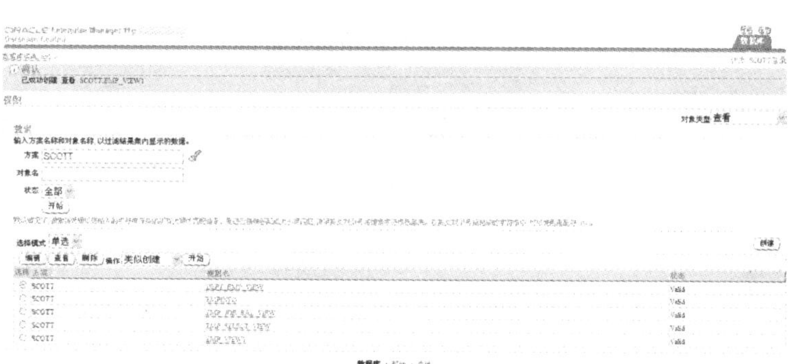

图 12-19 视图创建成功页面

2. 在 OEM 中查看、编辑和删除视图

(1) 以 scott 用户、normal 身份登录 OEM，出现“数据库页”的“主目录”属性页。

(2) 选择“方案”项，出现“方案”属性页。

(3) 单击“方案”标题下的“视图”，出现“视图”页，该页是个综合性的页面，可以对 scott 方案下的各种方案对象进行维护管理，如图 12-16 所示。

(4) 单击“开始”按钮，便开始搜索，最后在“结果”列表中显示出该方案的所有视图，如图 12-20 所示。

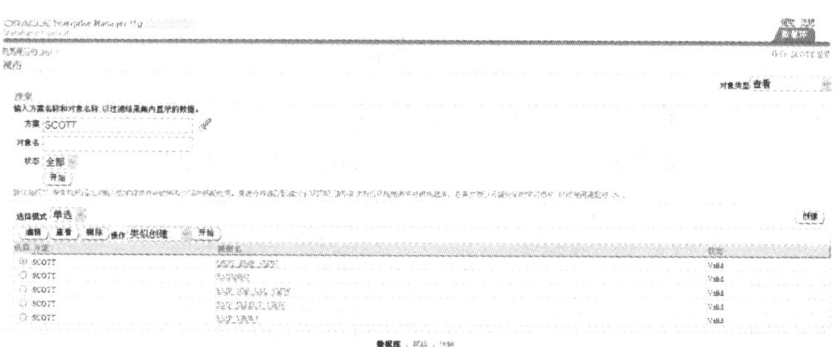

图 12-20 视图查询页面

(5) 如果要查看、编辑视图，就在“选择”列中单击要查看、编辑的视图的单选按钮，以选中该视图，单击“编辑”按钮，出现“编辑视图页”，显然，在该页面中不但可以查看视图的定义，而且还可以对其进行编辑，如图 12-21 所示。

(6) 编辑后，单击“应用”按钮，以便保存修改结果，如图 12-22 所示。

(7) 如果要删除该函数，就在“选择”列中选择要删除的函数，然后单击“删除”按钮，出现

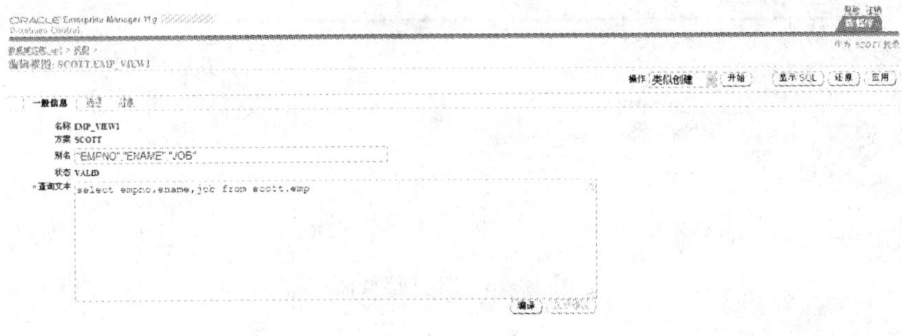

图 12-21 视图编辑页面

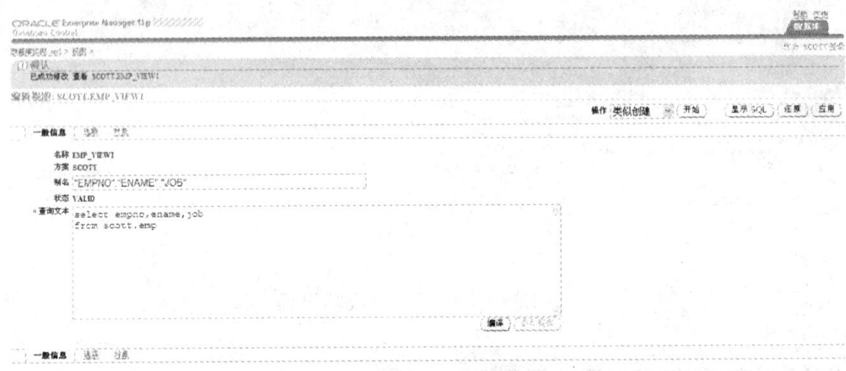

图 12-22 视图编辑成功页面

是否要删除的“确认”页，如图 12-23 所示。

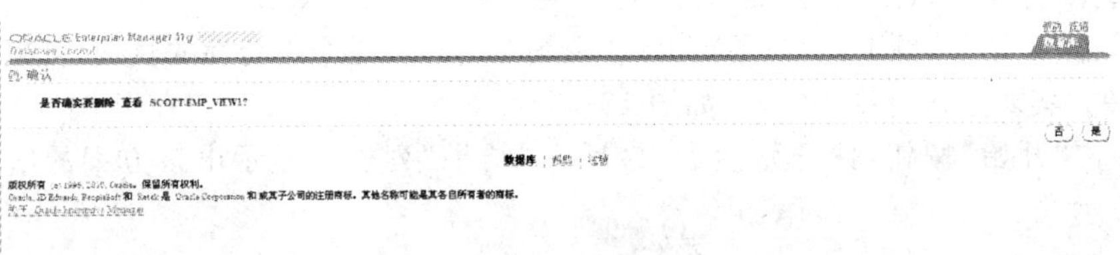

图 12-23 视图删除页面

(8) 单击“是”按钮，便开始删除函数，最后返回“函数”页，并显示“已成功删除函数”的更新消息。此时在“结果”列表中就看不见该函数了，如图 12-24 所示。

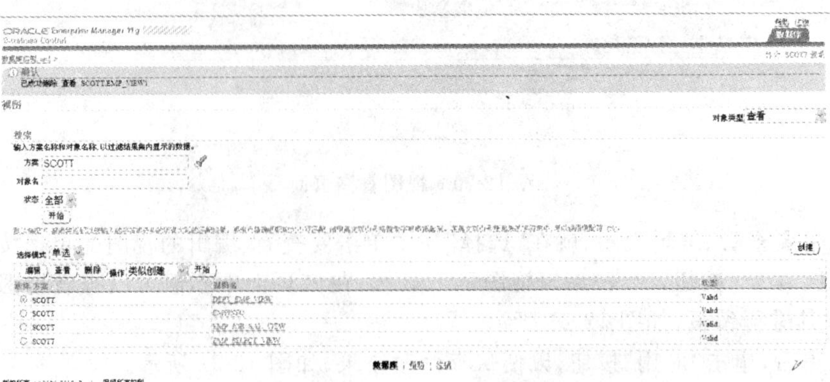

图 12-24 视图删除成功页面

12.2 索引

索引是建立在表上的可选对象,设计索引的目的是为了提高查询的速度。但同时索引也会增加系统的负担,影响系统的性能。

目录可以帮助读者快速查找所需要的内容,数据库中的索引就类似于书的目录。有了索引,DML 操作就能快速找到表中的数据,而不需要扫描整张表。因此,对于包含大量数据的表来说,设计索引,可以大大提高操作效率。在书中,目录是内容和页码的清单,而在数据库中,索引是数据和存储位置的列表。

12.2.1 索引的简介

1. 索引的概念

索引是建立在表上的可选对象。索引的关键在于通过一组排序后的索引键来取代默认的全表扫描检索方式,从而提高检索效率。索引在逻辑上和物理上都与相关的表的数据无关,当创建或删除一个索引时,不会影响基本的表、数据库应用或其他索引,当插入、更改和删除相关的表记录时,Oracle 会自动管理索引,如果删除索引,所有的应用仍然可以继续工作。因此,在表上创建索引不会对表的使用产生任何影响,但是,在表中的一列或多列上创建索引可以为数据的检索提供快捷的存取路径,提高检索速度。

索引一旦建立后,当在表上进行 DML 操作时,Oracle 会自动维护索引,并决定何时使用索引。索引的使用对用户是透明的,用户不需要在执行 SQL 语句时指定使用哪个索引及如何使用索引,也就是说,无论表上是否创建有索引,SQL 语句的用法不变。用户在进行操作时,不需要考虑索引的存在,索引只与系统性能相关。

2. 索引原理

当在一个没有创建索引的表中查询符合某个条件的记录时,DBMS 会顺序地逐条读取每个记录与查询条件进行匹配,这种方式称为全表扫描。全表扫描方式需要遍历整个表,效率很低。

假设 SALES 表的数据如表 12-1 所示。

表 12-1 SALES 表数据

ID	TOPIC	ROWIN
T0001	BOOK	AAAMZJAAEAAAAIvAAA
T0203	PEN	AAAMZJAAEAAAAIvAAB
T1437	TEE	AAAMZJAAEAAAAIvAAC
T1682	CUP	AAAMZJAAEAAAAIvAAD
T2735	HAT	AAAMZJAAEAAAAIvAAE
T3412	APPLE	AAAMZJAAEAAAAIvAAF
T4724	WINE	AAAMZJAAEAAAAIvAAG

- ROWID 伪列表示记录的物理存储位置。SALES 表的 TOPIC 列没有特定的顺序。
- 现在查询 TOPIC 为 PEN 的记录。由于在 TOPIC 列上没有索引,该语句会搜索所有的记录。因为即使找到了 PEN 也不能保证表中只有一个 PEN,必须全部搜索一遍。

- 在 TOPIC 列上建立索引，Oracle 对全表进行一次搜索，将每条记录的 TOPIC 值按升序排列，然后构建索引条目(即 TOPIC 值，ROWID 值)，存储到索引段中，如表 12-2 所示。

表 12-2　SALES 表数据建索引后存储数据

TOPIC	ROWIN
APPLE	AAAMZJAAEAAAAIvAAF
BOOK	AAAMZJAAEAAAAIvAAA
CUP	AAAMZJAAEAAAAIvAAD
HAT	AAAMZJAAEAAAAIvAAE
PEN	AAAMZJAAEAAAAIvAAB
TEE	AAAMZJAAEAAAAIvAAC
WINE	AAAMZJAAEAAAAIvAAG

当查询 PEN 的记录时，Oracle 将首先对索引中的 TOPIC 列进行快速搜索，由于 TOPIC 列值已经排序，因此可以使用各种快速搜索算法，当找到 PEN 后还不能停止搜索，因为下面可能还有其他 PEN 的记录，但只要下一条不是 PEN 的记录，就可以停止了，因为 TOPIC 的值已排序。这样，借助于索引，将不需要进行全表扫描。最后，通过在索引中找到 PEN 对应的 ROWID，然后通过该 ROWID 在 SALES 表中读取相应记录。

在 Oracle 中可以创建多种类型的索引，以适应各种表的特点。按照索引的个数可以分为单列索引和复合索引，基于单个列所创建的索引称为单列索引，基于两列或多列所创建的索引称为多列索引。按照索引列的唯一性，索引又可以分为唯一索引和非唯一索引。按照索引数据的存储方式可以将索引分为 B 树索引、位图索引和基于函数的索引等。

12.2.2　建立索引

创建索引使用 CREATE INDEX 语句。在用户自己的方案中创建索引，需要 CREATE INDEX 系统权限，在其他用户的方案中创建索引则需要 CREATE ANY INDEX 系统权限。另外，索引需要存储空间，因此，还必须在保存索引的表空间中有配额，或者具有 UNLIMITED TABLESPACE 系统权限。

CREATE INDEX 语句的语法如下：

```
CREATE [UNIQUE] | [BITMAP] INDEX index_name
ON table_name([column1 [ASC|DESC],column2
[ASC|DESC], … ] | [express])
[TABLESPACE tablespace_name]
[PCTFREE n1]
[STORAGE (INITIAL n2)]
[NOLOGGING]
[NOLINE]
[NOSORT];
```

其中：

UNIQUE：表示唯一索引，默认情况下，不使用该选项。

BITMAP：表示创建位图索引，默认情况下，不使用该选项。

PCTFREE：指定索引在数据块中的空闲空间。对于经常插入数据的表，应该为表中索引指定一个较大的空闲空间。

NOLOGGING：表示在创建索引的过程中不产生任何重做日志信息。默认情况下，不使用该选项。

ONLINE：表示在创建或重建索引时，允许对表进行 DML 操作。默认情况下，不使用该选项。

NOSORT：默认情况下，不使用该选项。则 Oracle 在创建索引时对表中记录进行排序。如果表中数据已经是按该索引顺序排列的，则可以使用该选项。

可以在一个表上创建多个索引，但这些索引的列的组合必须不同。如下列的索引是合法的：

```
CREATE INDEX idx1 ON SALES(ID,TOPIC)
CREATE INDEX idx2 ON SALES(TOPIC,ID)
```

其中，idx1 和 idx2 索引都使用了 ID 和 TOPIC 列，但由于顺序不同，因此是合法的。

1. 建立 B 树索引

B 树索引是 Oracle 数据库中最常用的一种索引。当使用 CREATE INDEX 语句创建索引时，默认创建的索引就是 B 树索引。

B 树索引是按 B 树结构或使用 B 树算法组织并存储索引数据的。B 树索引就是一棵二叉树，它由根、分支结点和叶子结点三部分构成。其中，根包含指向分支结点的信息，分支结点包含指向下级分支结点和指向叶子结点的信息，叶子结点包含索引列和指向表中每个匹配行的 ROWID 值。叶子结点是一个双向链表，因此可以对其进行任何方面的范围扫描。

B 树索引中所有叶子结点都具有相同的深度，所以不管查询条件如何，查询速度基本相同。Oracle 采用这种方式的索引，可以确保无论索引条目位于何处，都只需要花费相同的 I/O 即可获取它。B 树索引其中 B 为平衡之意(Balanced)。另外，B 树索引能够适应各种查询条件，包括精确查询、模糊查询和比较查询。

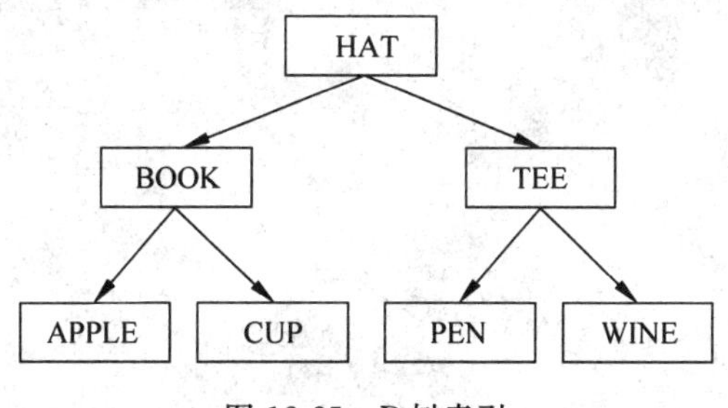

图 12-25　B 树索引

例如，使用图 12-25 所示的 B 树索引搜索字符为“PEN”的结点时，首先要访问根结点，从根结点中可以发现，下一步应该搜索右边的分支(因为 P 字母在 H 字母之后)。因此必须第二次读取数据，读取右边的分支结点。从右边的分支结点可以判断出，要搜索的索引条目位于最左边的叶子结点中。在那里可以很快找到要查询的索引条目。

这样，对建立 B 树索引的表进行查询时，只需要读取四次数据(第一次读取根结点，第二次读取分支结点，第三次读取叶子结点，最后一次用于从表中获取相关数据)。与在表中进行完全搜索可能要读取十几次数据相比，使用索引检索数据通常要快得多。

如果在 WHERE 条件子句中要经常引用某列或者某几列，就应该基于这些列创建 B 树索引。

例如，如果经常在 emp 表中 ename 列上按名称查询数据，就可以基于 ename 列创建 B 树索引，如图 12-26 所示。

```
SQL > CREATE INDEX idx_emp_ename on emp(ename)
    PCTFREE 30
    TABLESPACE users;
```

上述语句运行的结果如图 12-26 所示。

```
SQL> CREATE INDEX idx_emp_ename on emp(ename)
  2  PCTFREE 30
  3  TABLESPACE users;

索引已创建。
```

图 12-26　创建 B 树索引

从 Oracle 10g 开始，Oracle 会自动搜集表及其索引的统计信息。创建 B 树索引后，如果在 WHERE 子句中引用索引列，Oracle 会根据统计信息确定是否使用 B 树索引定位表行数据。此时如果使用 Set autotrace on explain，就会从执行计划中看见使用该索引了，如图 12-27 所示。

```
SQL > SET autotrace on explain
    SELECT ename, hiredate, sal
    FROM emp
    WHERE ename = 'SCOTT';
```

上述语句运行的结果如图 12-27 所示。

```
SQL> SET autotrace on explain
SQL> SELECT ename,hiredate,sal
  2  FROM emp
  3  WHERE ename='SCOTT';

ENAME      HIREDATE              SAL
---------- -------------- ----------
SCOTT      19-4月 -87           3000

执行计划
----------------------------------------------------------
Plan hash value: 3977601012

--------------------------------------------------------------------------------
------------
| Id  | Operation                   | Name          | Rows  | Bytes | Cost (%CPU
)| Time     |
--------------------------------------------------------------------------------
------------
|   0 | SELECT STATEMENT            |               |     1 |    18 |     2   (0
)| 00:00:01 |
|   1 |  TABLE ACCESS BY INDEX ROWID| EMP           |     1 |    18 |     2   (0
)| 00:00:01 |
|*  2 |   INDEX RANGE SCAN          | IDX_EMP_ENAME |     1 |       |     1   (0
)| 00:00:01 |
--------------------------------------------------------------------------------
------------

Predicate Information (identified by operation id):
---------------------------------------------------

   2 - access("ENAME"='SCOTT')
```

图 12-27　执行 B 树索引

2. 建立位图索引

在B树索引中，保存的是经排序过的索引列及其对应的ROWID值。但是对于一些基数很小的列来说，这样做并不能显著提高查询的速度。所谓基数，是指某个列可能拥有的不重复值的个数。比如性别列的基数为2(只有男和女)。

因此，对于像性别、婚姻状况、政治面貌等只具有几个固定值的字段而言，如果要建立索引，应该建立位图索引，而不是默认的B树索引。

当创建位图索引时，Oracle会扫描整张表，并为索引列的每个取值建立一个位图。在这个位图中，对表中每一行使用一位(bit，取值为0或1)来表示该行是否包含该位图的索引列的取值，如果为1，则表示该位对应的ROWID所在的记录包含该位图索引列值。最后通过位图索引中的映射函数完成位到行的ROWID的转换。表12-3为一个Customer表数据。

表12-3 Customer表数据

CUSTOMER_NO	MARITAL_STATUS	REGION	GENDER	ROWID
101	single	east	male	AAAMZJAAEAAAAIvAAA
102	married	central	female	AAAMZJAAEAAAAIvAAB
103	married	west	female	AAAMZJAAEAAAAIvAAC
104	divorced	west	male	AAAMZJAAEAAAAIvAAD
105	single	central	female	AAAMZJAAEAAAAIvAAE
106	married	central	female	AAAMZJAAEAAAAIvAAF

图12-28所示是一个GENDER列上创建的位图索引结构。

Male
Female

male	female	ROWID
1	0	AAAMZJAAEAAAAIvAAA
0	1	AAAMZJAAEAAAAIvAAB
0	1	AAAMZJAAEAAAAIvAAC
1	0	AAAMZJAAEAAAAIvAAD
0	1	AAAMZJAAEAAAAIvAAE
0	1	AAAMZJAAEAAAAIvAAF

图12-28 位图索引结构图

图12-29所示是一个Region列上创建的位图索引结构。

east
central
west

east	central	west	ROWID
1	0	0	AAAMZJAAEAAAAIvAAA
0	1	0	AAAMZJAAEAAAAIvAAB
0	0	1	AAAMZJAAEAAAAIvAAC
0	0	1	AAAMZJAAEAAAAIvAAD
0	1	0	AAAMZJAAEAAAAIvAAE
0	1	0	AAAMZJAAEAAAAIvAAF

图12-29 位图索引结构图

当一个查询引用了一些创建了位图索引的列时，这些位图可以很方便地与 AND 或 OR 操作结合起来，以便找出想要的数据。

例如，下面的 SQL 语句要查询居住在中部(central)或者西部(west)地区的男客户数目。

```
SELECT COUNT( * ) From customer
Where GENDER = 'male'
AND REGION IN('central', 'west');
```

现在，就可以利用上面的位图索引进行按位的逻辑运算，逻辑运算结果如图 12-30 所示。

```
SQL> SELECT COUNT( * ) FROM customer
WHERE GENDER = 'male'
AND REGION IN('central', 'west');
```

Male	AND	Central	OR	West	=	结果位图
1		0		0		0
0		1		0		0
0		0		1		0
1		0		1		1
0		1		0		0
0		1		0		0

图 12-30 位图索引逻辑运算图

如图 12-31 所示，因为 emp 表中的 job 列的取值只有有限的几个，并且经常要基于该列进行查询、统计、汇总的工作，所以应基于该列创建位图索引。

```
SQL> CREATE BITMAP INDEX bmpidx_emp_job on emp(job);
```

上述语句运行的结果如图 12-31 所示。

```
SQL> CREATE BITMAP INDEX bmpidx_emp_job on emp(job);

索引已创建。
```

图 12-31 位图索引创建图

但并不是创建了索引后就一定使用索引，当 Oracle 自动搜集了表和索引的统计信息后，会确定是否要使用索引。

如图 12-32 所示，由于 emp 表中数据量极少，所以在如下语句的“执行计划”中，从 TABLE ACCESS(FULL)可以看出，该查询并没有使用刚刚创建的位图索引。

```
SQL> SET autotrace on explain
    SELECT empno, ename, job, sal from emp
    WHERE job = 'ANALYST';
```

上述语句运行的结果如图 12-32 所示。

3. 建立函数索引

前面的索引都是直接对表中的列创建索引，除此之外，Oracle 还可以对包含有列的函数或表达式创建索引，这就是函数索引。

```
SQL> SET autotrace on explain
SQL> SELECT empno,ename,job,sal from emp
  2  WHERE job='ANALYST';

     EMPNO ENAME      JOB              SAL
---------- ---------- --------- ----------
      7788 SCOTT      ANALYST         3000
      7902 FORD       ANALYST         3000

执行计划
----------------------------------------------------------
Plan hash value: 3956160932

--------------------------------------------------------------------------
| Id  | Operation         | Name | Rows  | Bytes | Cost (%CPU)| Time     |
--------------------------------------------------------------------------
|   0 | SELECT STATEMENT  |      |     3 |    66 |     3   (0)| 00:00:01 |
|*  1 |  TABLE ACCESS FULL| EMP  |     3 |    66 |     3   (0)| 00:00:01 |
--------------------------------------------------------------------------

Predicate Information (identified by operation id):
---------------------------------------------------

   1 - filter("JOB"='ANALYST')
```

图 12-32　位图索引执行结果图

当需要经常访问一些函数或表达式时，可以将其存储在索引中，当下次访问时，由于该值已经计算出来了，因此，可以大大提高那些在 WHERE 子句中包含该函数或表达式的查询操作的速度。

函数索引既可以使用 B 树索引，也可以使用位图索引，可以根据函数或表达式的结果的基数大小来进行选择，当函数或表达式的结果不确定时采用 B 树索引，当函数或表达式的结果是固定的几个值时采用位图索引。

下面通过一个例子看看函数索引的用法。在 emp 表中，ENAME 列的值采用字母大写的方式存储。现在使用下列代码查询：

```
SELECT * FROM emp WHERE ENAME = 'jones';
```

将没有结果，如图 12-33 所示。

```
SQL> SELECT * FROM emp WHERE  ENAME='jones';

未选定行
```

图 12-33　查询语句执行图

现在忽略大小写，将代码修改如下：

```
SELECT * FROM emp WHERE UPPER (ENAME) = UPPER ('jones');
```

这样可以查到相应的结果，如图 12-34 所示。

```
SQL> SELECT * FROM emp WHERE  UPPER (ENAME)= UPPER ('jones');

     EMPNO ENAME      JOB              MGR HIREDATE              SAL       COMM
---------- ---------- --------- ---------- -------------- ---------- ----------
    DEPTNO
----------
      7566 JONES      MANAGER         7839 02-4月 -81           2975
        20
```

图 12-34　使用函数后查询语句执行图

采用这种方法后，无论用户输入数据时使用的字符大小写如何组合，都可以使用该语句检索到数据。但是,使用这样的查询时,用户不是基于表中存储的记录搜索的。即如果搜索的值不在表中,那么它一定不会在索引中,所以即使在 ENAME 列上建立索引,Oracle 也会被迫执行全表搜索,并不是所遇到的各个行计算 UPPER 函数。

这时,就可以使用函数索引,由于在 SQL 语句中经常使用小写字符串,所以为了加快数据访问速度,应基于 LOWER 函数建立函数索引。创建函数索引的代码如下:

```
CREATE INDEX funidx_ename ON emp (lower (ename));
```

函数索引创建图如图 12-35 所示。

```
SQL> CREATE INDEX funidx_ename ON emp (lower (ename));

索引已创建。
```

图 12-35　函数索引创建图

由于函数索引存储了预先计算过的值,因此,查询时不需要对每条记录都再计算一次 WHERE 条件,从而可以提高查询的速度。例如,图 12-36 所示的查询在 WHERE 子句中使用函数并显示其执行计划。

```
执行计划
----------------------------------------------------------
Plan hash value: 619848349

--------------------------------------------------------------------------------
------------
| Id  | Operation                   | Name         | Rows  | Bytes | Cost (%CPU)
| Time     |
--------------------------------------------------------------------------------
------------
|   0 | SELECT STATEMENT            |              |     1 |    25 |     2   (0)
| 00:00:01 |
|   1 |  TABLE ACCESS BY INDEX ROWID| EMP          |     1 |    25 |     2   (0)
| 00:00:01 |
|*  2 |   INDEX RANGE SCAN          | FUNIDX_ENAME |     1 |       |     1   (0)
| 00:00:01 |
--------------------------------------------------------------------------------
------------

Predicate Information (identified by operation id):
---------------------------------------------------

   2 - access(LOWER("ENAME")='blake')
```

图 12-36　函数索引执行结果图

在函数索引中可以使用各种算术运算符、PL/SQL 函数和内置 SQL 函数,如 LEN、TRIM、SUBSTR 等。这些函数的共同特点是为每行返回独立的结果,因此,像集函数(如 SUM、MAX、MIN、AVG 等)不能使用。

12.2.3　更改索引

需要更改已创建的索引时,可以使用 ALTER INDEX 语句。用户想要更改自己方案中的索引，需要具有 ALTER INDEX 系统权限，如果想要修改其他用户方案中的索引，则需要具有 ALTER ANY INDEX 系统权限。

1. 索引重命名

重命名索引可以使用 ALTER INDEX 语句中的 RENAME TO 选项进行索引的重命名，如图 12-37 所示。

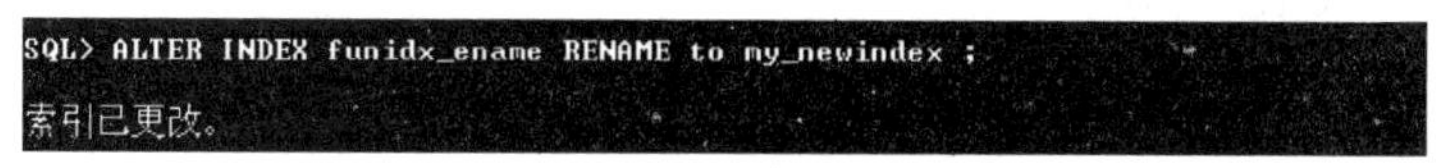

```
SQL> ALTER INDEX funidx_ename RENAME to my_newindex ;
索引已更改。
```

图 12-37　函数索引重命名图

2. 合并索引

表在使用一段时间后，由于用户不断对其进行更新操作，而每次对表的更新必然伴随着索引的改变，因此，在索引中会产生大量的碎片，从而降低索引的使用效率。有两种方法可以清理碎片：合并索引和重建索引。合并索引就是将 B 树叶子结点中的存储碎片合并在一起，从而提高存取效率，但这种合并并不会改变索引的物理组织结构。例如，图 12-38 所示的语句将对索引 my_newindex 执行合并操作。

```
SQL> ALTER INDEX my_newindex
  2  Coalesce deallocate unused;
索引已更改。
```

图 12-38　函数索引合并图

如图 12-39 所示是该索引合并前后的示意图。合并前左边两个叶子结点各有 50%的空闲空间，合并后左边两个叶子结点的内容被合并到一个叶子结点中了，另外一个叶子结点就被释放了。

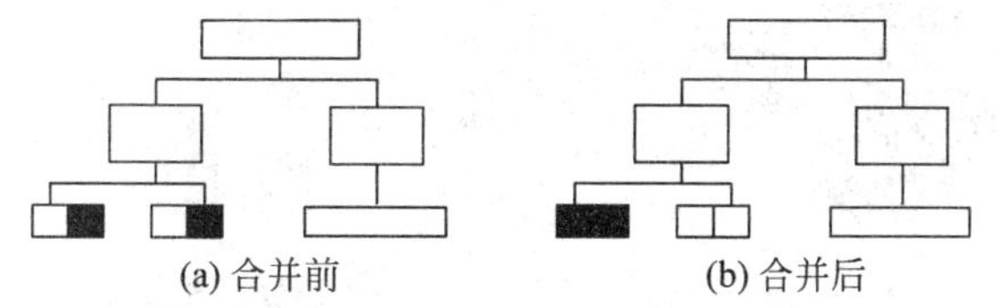

图 12-39　函数索引合并前后对比图

3. 重建索引

当表中一个已编制索引的值被更新后，旧值会从索引中删除，新值将被插入索引的另一个部分。旧值释放的空间将不能被再次使用。随着更新或删除索引值的增多，索引中不可用空间的量也在增加，这种情况称为索引滞留。由于滞留索引中的数据和空闲区混在一起，查看索引的效率便会降低。因此，如果在索引列上频繁进行 UPDATE 和 DELETE 操作，为了提高空间的利用率，应该定期重建索引。

重建索引相当于删除原来的索引，然后再创建一个新的索引，因此，CREAT INDEX 语句中的选项同样适用于重建索引。

例如，图 12-40 所示的语句对索引 my_newindex 进行重建。

在使用 ALTER INDEX…REBUILD 语句重建索引时，还可以使用 TABLESPACE 选项，将索引转移到另外一个表空间，如图 12-41 所示。

```
SQL> ALTER INDEX my_newindex rebuild;
索引已更改。
```

图 12-40　函数索引重建图

```
SQL> ALTER INDEX my_newindex rebuild TABLESPACE users;
索引已更改。
```

图 12-41　函数索引重建图

12.2.4　索引的查看及删除

1. 索引的查看

为了显示 Oracle 索引的信息，Oracle 提供了一系列的数据字典视图，通过查询这些数据字典视图，用户可以了解索引的各方面信息。

(1) 显示表的所有索引

在创建索引时，Oracle 会将索引的定义信息存放在数据字典中，可以通过查询数据字典视图 DBA_INDEXES、ALL_ INDEXES 和 USER_ INDEXES 来查看。

图 12-42 所示的例子以显示 Scott 用户 emp 表的所有索引为例，说明使用数据字典 DBA_INDEXES 的方法。

```
SQL > SELECT index_name, index_type, uniqueness
    FROM DBA_INDEXES
    WHERE owner = 'SCOTT' and table_name = 'EMP';
```

上述语句运行的结果如图 12-42 所示。

```
SQL>  SELECT index_name,index_type,uniqueness
  2  FROM DBA_INDEXES
  3  WHERE owner='SCOTT' and table_name='EMP';

INDEX_NAME                     INDEX_TYPE                  UNIQUENES
------------------------------ --------------------------- ---------
IDX_EMP_ENAME                  NORMAL                      NONUNIQUE
BMPIDX_EMP_JOB                 BITMAP                      NONUNIQUE
PK_EMP                         NORMAL                      UNIQUE
```

图 12-42　查看所有索引图

其中 index_name 表示索引名。index_type 表示索引类型。NORMAL 表示 B 树索引，BITMAP 表示位图索引，FUNCTION-BASED NORMAL 表示基于函数的 B 树索引。tablespace_name 表示存储索引的表空间。uniqueness 表示索引是否是唯一索引。

(2) 显示索引项

创建索引时，需要指定相应的表列。通过查询数据字典视图 DBA_IND_COLUMNS、ALL_IND_COLUMNS 和 USER_IND_COLUMNS 可以查看索引的索引列信息。

图 12-43 所示的例子将显示 Scott 用户的 PK_EMP 索引信息。

```
SQL > Col column_name format a20
    SELECT column_name, column_position, column_length
    FROM user_ind_columns
    WHERE index_name = 'PK_EMP';
```

上述语句运行的结果如图 12-43 所示。

```
SQL> Col column_name format a20
SQL> SELECT column_name, column_position, column_length
  2  FROM user_ind_columns
  3  WHERE index_name='PK_EMP';

COLUMN_NAME          COLUMN_POSITION COLUMN_LENGTH
-------------------- --------------- -------------
EMPNO                              1            22
```

图 12-43 显示索引项

其中 index_name 表示索引名，column_name 表示索引列的名称。其中，函数索引的索引列名称 SYS_NC00003 $ 是系统自动生成的。column_position 表示该索引列在索引中的次序。column_length 表示索引列的长度。

(3) 显示函数索引

创建函数索引时，Oracle 会将函数索引的信息写入数据字典。通过查询数据字典视图 DBA_IND_EXPRESSIONS、ALL_IND_ EXPRESSIONS 和 USER_IND_ EXPRESSIONS 可以查看函数索引的信息。

图 12-44 所示的例子中显示 emp 表中基于函数的索引信息。

```
SQL> SELECT *
    FROM user_ind_expressions
    WHERE index_name = 'FUNIDX_ENAME';
```

上述语句运行的结果如图 12-44 所示。

```
SQL> SELECT *
  2  FROM user_ind_expressions
  3  WHERE index_name='FUNIDX_ENAME';

INDEX_NAME                     TABLE_NAME
------------------------------ ------------------------------
COLUMN_EXPRESSION
--------------------------------------------------------------------------------

COLUMN_POSITION
---------------
FUNIDX_ENAME                   EMP
LOWER("ENAME")
              1
```

图 12-44 显示函数索引

2. 索引的删除

当以下情况发生时，需要删除索引：

- 不需要该索引时。
- 当索引中包含损坏的数据块或碎片过多时，应删除该索引，然后再重建。
- 如果移动了表的数据，将导致索引无效，此时应删除该索引，然后再重建。
- 当向表中装载大量数据时，Oracle 也会向索引增加数据，为了加快装载速度，可以在装载之前删除索引，在装载完毕后重新创建索引。

删除索引使用 DROP INDEX 语句。要删除用户自己方案中的索引，需要具有 DROP

INDEX 系统权限，而要删除其他用户方案中的索引，则需要具有 DROP ANY INDEX 系统权限。

图 12-45 所示的语句删除 FUNIDX_ENAME 索引。

```
SQL> DROP index FUNIDX_ENAME;
```

上述语句运行的结果如图 12-45 所示。

```
SQL> DROP index FUNIDX_ENAME;
索引已删除。
```

图 12-45 删除索引

如果索引是在定义约束时由 Oracle 自动建立的，则可以通过禁用约束或删除约束的方式来删除对应的索引。

另外，在删除一个表时，所有基于该表的索引也会被自动删除。

3. 索引的管理

使用索引的目的是为了提高系统的效率，但同时它也会增加系统的负担，进而影响系统的性能，因为系统必须在进行 DML 操作后维护索引数据。

在新的 SQL 标准中并不推荐使用索引，而是建议在创建表的时候用主键替代。因此，为了防止使用索引后反而降低系统的性能，应该遵循一些基本的原则：

(1) 小表不需要建立索引。

(2) 对于大表而言，如果经常查询的记录数目少于表中总记录数目的 15%时，可以创建索引。这个比例并不绝对，它与全表扫描速度成反比。

(3) 对于大部分列值不重复的列可建立索引。

(4) 对于基数大的列，适合建立 B 树索引，而对于基数小的列适合建立位图索引。

(5) 对于列中有许多空值，但经常查询所有的非空值记录的列，应该建立索引。

(6) LONG 和 LONG RAW 列不能创建索引。

(7) 经常进行连接查询的列上应该创建索引。

(8) 在使用 CREATE INDEX 语句创建查询时，将最常查询的列放在其他列前面。

(9) 维护索引需要开销，特别是对表进行插入和删除操作时，因此要限制表中索引的数量。对于主要用于读的表，则索引多就有好处，但是，一个表如果经常被更改，则索引应少点。

(10) 在表中插入数据后创建索引。如果在装载数据之前创建了索引，那么当插入每行时，Oracle 都必须更改每个索引。

12.2.5 在 OEM 中管理索引

1. 在 OEM 中创建索引

(1) 以 scott 用户、normal 身份登录 OEM，出现“数据库页”的“主目录”属性页。

(2) 选择“方案”项，出现“方案”属性页。

(3) 单击“方案”标题下的“索引”，出现“索引”页，该页是个综合性的页面，可以对 scott 方案下的各种方案对象进行维护管理，如图 12-46 所示。

(4) 使“对象类型”保留为“索引”，单击“创建”按钮，出现创建索引页的属性页，如图 12-47 所示，在名称中输入索引名称，在索引主体中输入代码。

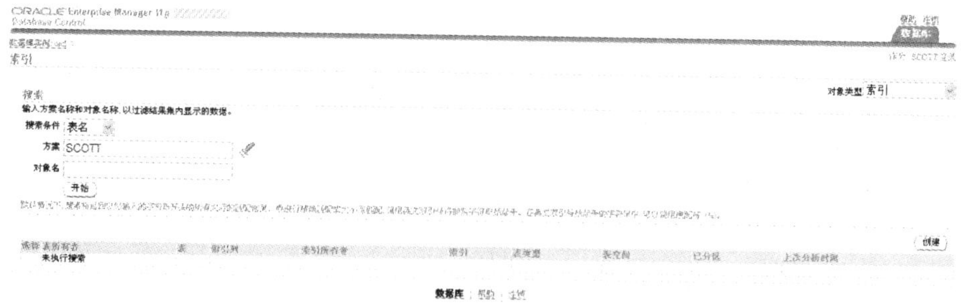

图 12-46 “索引”页面

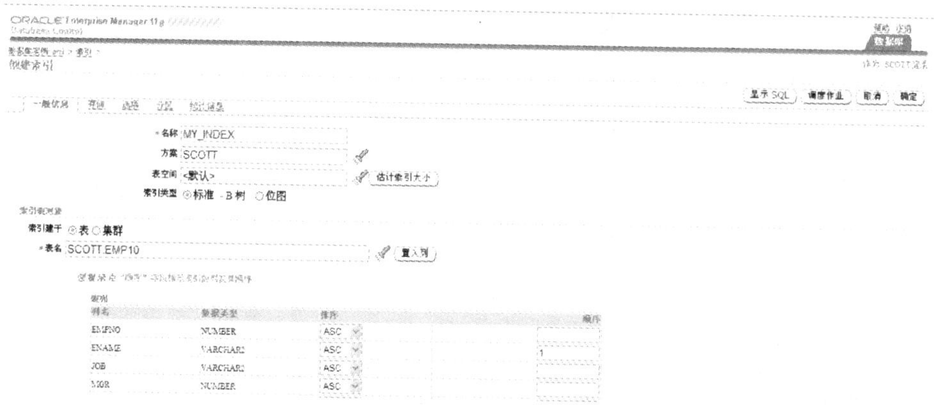

图 12-47 创建索引属性页面

(5) 单击“存储”,出现创建索引页的存储页。可以采用默认设置,也可以按实际需求填写其中内容,如图 12-48 所示。

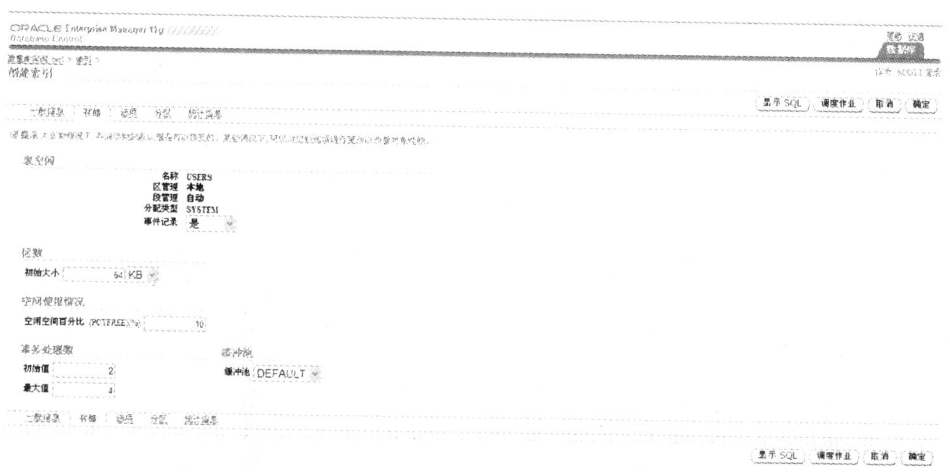

图 12-48 创建索引存储页面

(6) 单击“选项”,出现创建索引页的选项页。可以采用默认设置,也可以按实际需求填写其中内容,如图 12-49 所示。

(7) 单击“显示 SQL”,出现创建索引页的 SQL 页,如图 12-50 所示。

(8) 单击“返回”,返回创建索引页。

(9) 单击“确定”按钮后,成功创建一个索引,如图 12-51 所示。

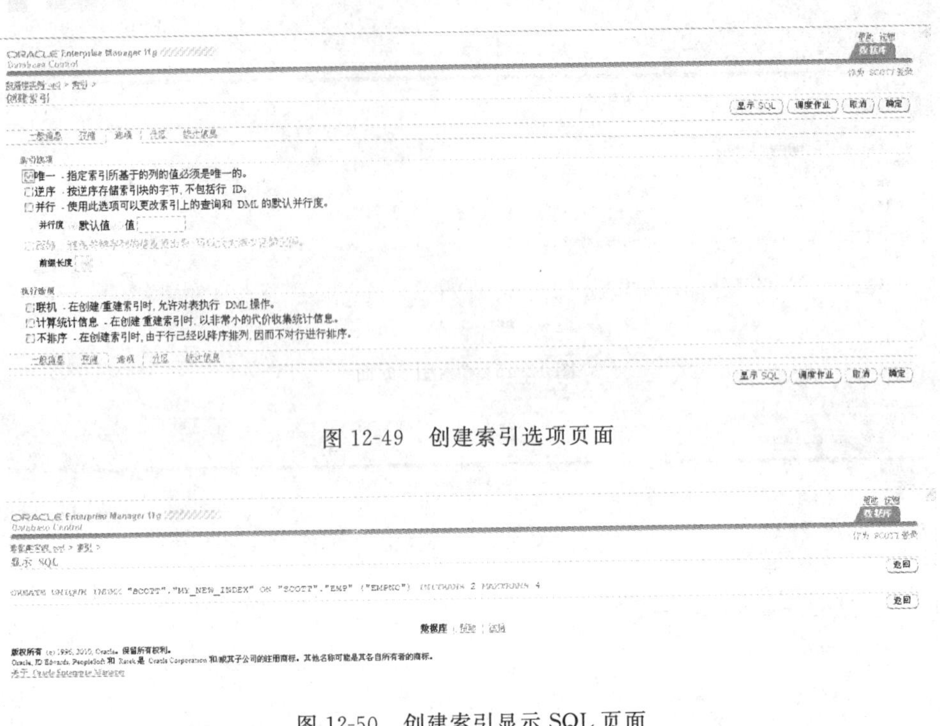

图 12-49 创建索引选项页面

图 12-50 创建索引显示 SQL 页面

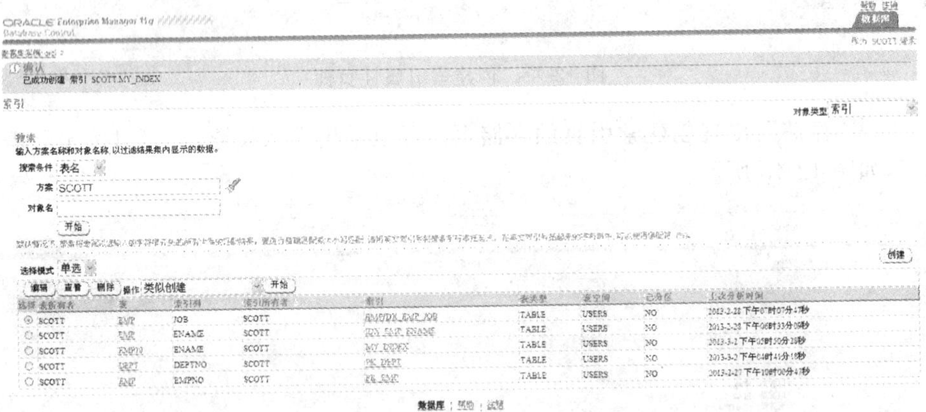

图 12-51 创建索引成功页面

2. 在 OEM 中查看、编辑和删除索引

(1) 以 scott 用户、normal 身份登录 OEM，出现“数据库页”的“主目录”属性页。

(2) 选择“方案”项，出现“方案”属性页。

(3) 单击“方案”标题下的“索引”，出现“索引”页，该页是个综合性的页面，可以对 scott 方案下的各种方案对象进行维护管理，如图 12-46 所示。

(4) 单击“开始”按钮，便开始搜索，最后在“结果”列表中显示出该方案的所有索引，如图 12-52 所示。

(5) 如果要查看、编辑索引，就在“选择”列中单击要查看、编辑的索引的单选按钮，以选中该索引，单击“编辑”按钮，出现“编辑索引页”，显然，在该页面中不但可以查看索引的定义，而且还可以对其进行编辑，如图 12-53 所示。

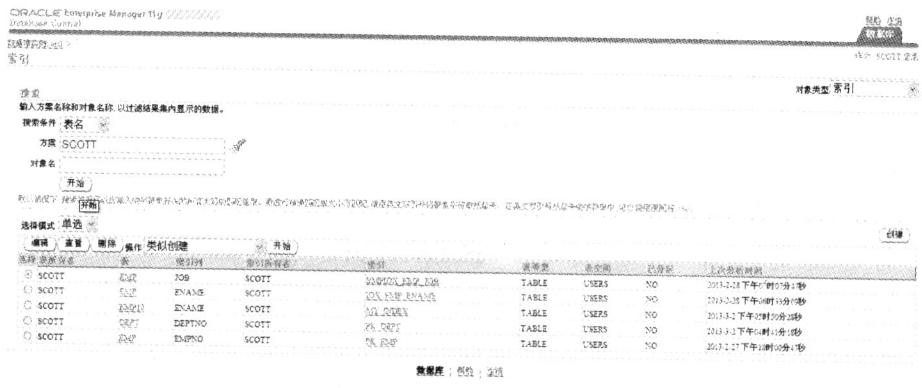

图 12-52 查找索引页面

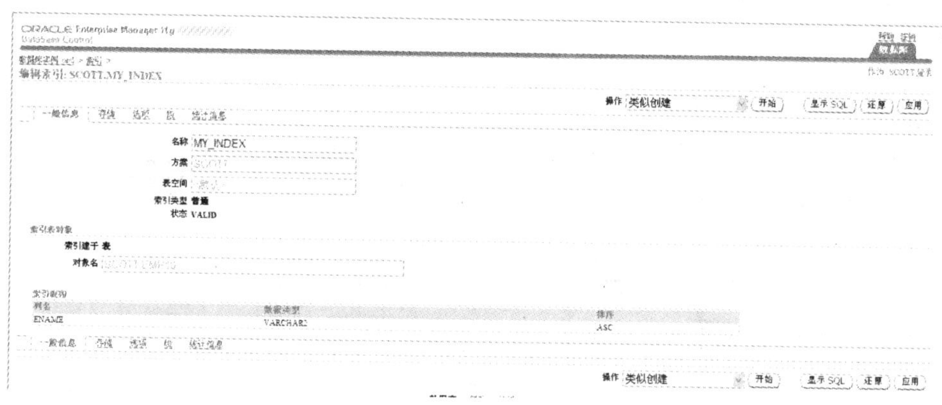

图 12-53 编辑索引页面

(6) 编辑后单击“应用”按钮,以便保存修改结果,如图 12-54 所示。

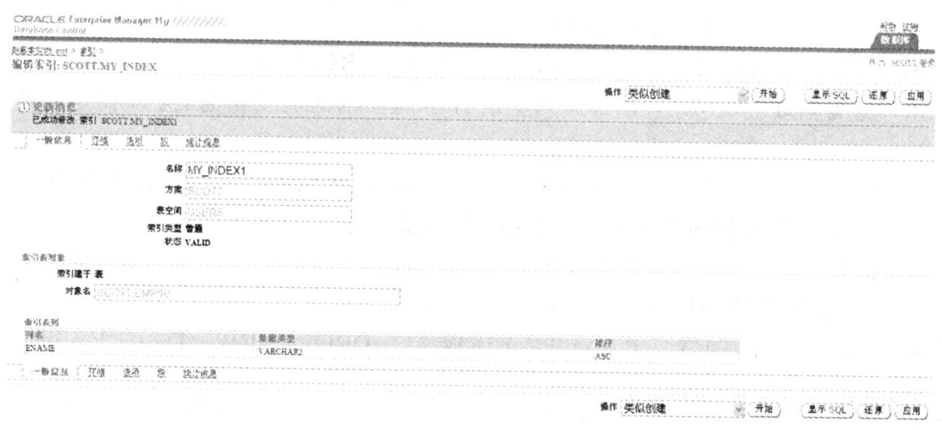

图 12-54 编辑索引成功页面

(7) 如果要删除该函数,就在“选择”列中选择要删除的函数,然后单击“删除”按钮,出现是否要删除的“确认”页,如图 12-55 所示。

(8) 单击“是”按钮,便开始删除函数,最后返回“函数”页,并显示“已成功删除函数”的更新消息。此时在“结果”列表中就看不见该函数了,如图 12-56 所示。

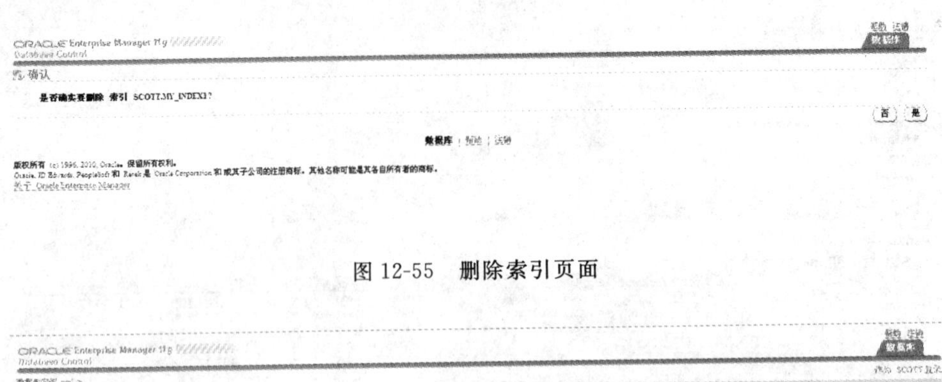

图 12-55　删除索引页面

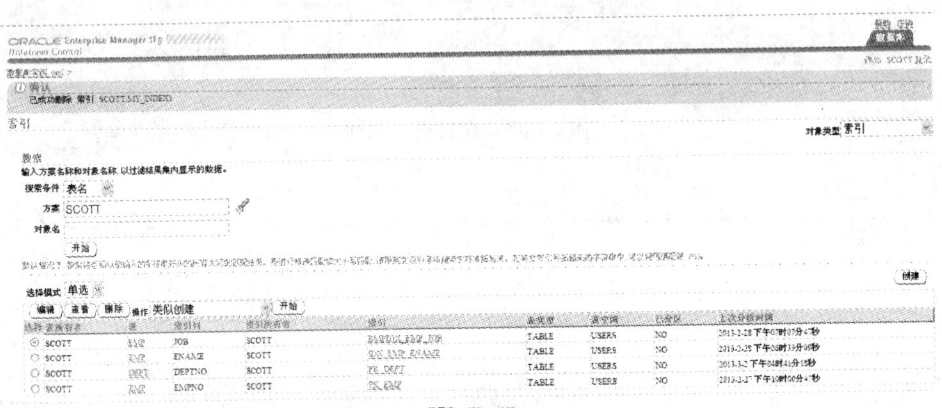

图 12-56　删除索引成功页面

习题

一、选择题

1. 下面语句中，用来创建视图的语句是(　　)。

   A. CREATE TABLE　B. ALTE VIEW　C. DROP VIEW　D. CREATE VIEW

2. 用户经常需要在 EMP 表的 sex 列上统计不同性别的员工信息，应该在 sex 列上建立的索引是(　　)。

   A. B 树索引　B. 反向索引　C. 位图索引　D. 函数索引

3. 当表的重复行数据很多时，应该创建的索引类型是(　　)。

   A. B 树　B. reverse　C. bitmap　D. 函数索引

4. 下面语句中，用来创建索引的语句是(　　)。

   A. CREATE INDEX　B. ALTE VIEW　C. DROP VIEW　D. CREATE VIEW

二、操作题

现有 student 和 score 两个表，结构如下，写出利用 SQL 完成以下各题的操作命令。

```
student 表结构
create table student(
student_id number(6) not null,
name varchar2(10),
sex char(10),
birthday date,
```

```
constraint id_pk primary key(student_id)
);
score 表结构
create table score(
student_id number(6),
courseno varchar2(20),
point number(4,0)
);
```

建立视图 View 1,查询所有学生的学号、姓名和平均分数。

第13章 存储过程与触发器的管理

13.1 存储过程

存储过程是一种命名的 PL/SQL 程序块，它可以接收零个或多个作为输入、输出或者既作为输入又作为输出的参数。过程被存储在数据库中，并且存储过程没有返回值，存储过程不能被 SQL 语句直接使用，只能通过 EXECUT 命令或者 PL/SQL 程序块内部调用。由于存储过程是已经被编译好的代码，所以在调用的时候不必再次进行编译，从而提高程序的运行效率。

13.1.1 存储过程的创建

Oracle11g 中用 CREATE PROCEDURE 语句来创建过程，定义存储过程的语法如下：

```
CREATE [ OR REPLACE ] PROCEDURE <过程名>
[ <参数列表> ] IS | AS
[ <局部变量声明> ]
BEGIN
   <过程体>
END [ <过程名> ];
```

其中：

- OR REPLACE 该关键字是可选的。如果省略，则创建时不允许数据库中有一个用户的方案有同名的过程，如果使用该关键字，则会先删除同名过程，然后创建新的过程。
- 存储过程使用 PROCEDURE 关键字表示创建存储过程，并为存储过程指定名称和参数。在指定参数类型时，也不能指定参数类型的长度。
- IS 关键字后声明的变量为存储过程体内的局部变量，它们只能在存储过程内部使用。

依据上面的语法规则来创建一个简单的存储过程，代码如图 13-1 所示。

```
SQL > CREATE procedure sample_test01 is
    BEGIN
    dbms_output.put_line('First Procedure');
    END sample_test01;
    /
```

上述语句运行的结果如图 13-1 所示。

如果用户需要在某个用户模式中重新定义存储过程时，由于该存储过程已经被存储在数据库中，所以重新定义存储过程的操作将失败。图 13-2 重新定义前面的存储过程，打印 First Procedure 字符串。

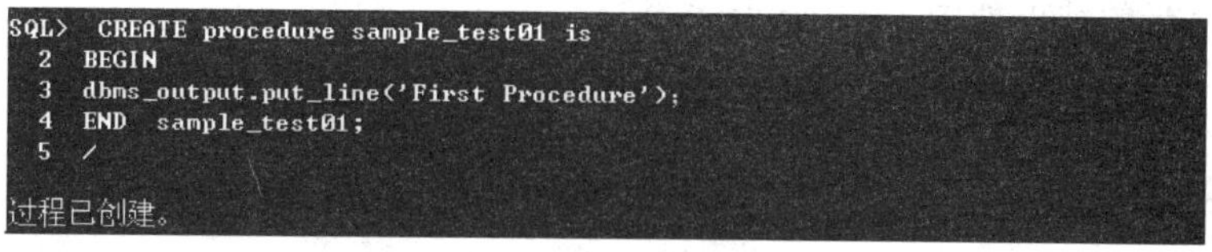

```
SQL> CREATE procedure sample_test01 is
BEGIN
dbms_output.put_line('First Procedure');
END  sample_test01;
/

过程已创建。
```

图 13-1　创建存储过程

```
SQL> CREATE procedure sample_test01 is
    BEGIN
    dbms_output.put_line('First Procedure');
    END sample_test01;
    /
```

上述语句运行的结果如图 13-2 所示。

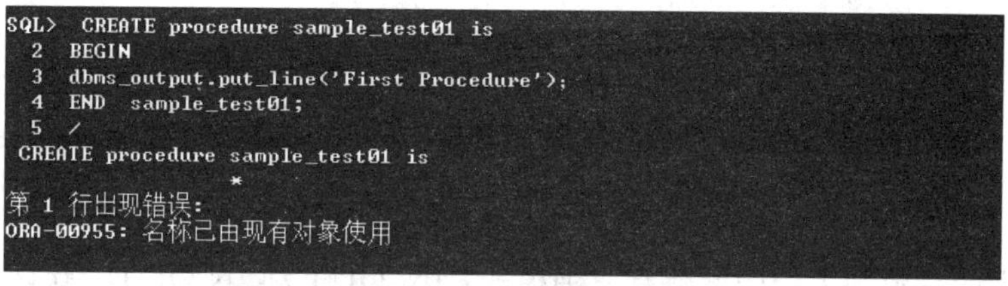

```
SQL> CREATE procedure sample_test01 is
BEGIN
dbms_output.put_line('First Procedure');
END  sample_test01;
/
CREATE procedure sample_test01 is
                 *
第 1 行出现错误:
ORA-00955: 名称已由现有对象使用
```

图 13-2 重新定义存储过程

为了重新定义存储过程，可以使用 CREATE OR REPLACE，使新版本覆盖旧版本，如图 13-3 所示。

```
SQL> CREATE or REPLACE procedure sample_test01 is
    BEGIN
    dbms_output.put_line('First Procedure');
    END sample_test01;
```

上述语句运行的结果如图 13-3 所示。

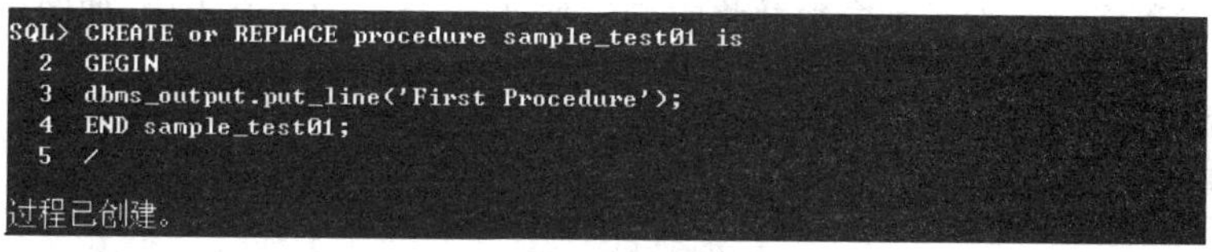

```
SQL> CREATE or REPLACE procedure sample_test01 is
GEGIN
dbms_output.put_line('First Procedure');
END sample_test01;
/

过程已创建。
```

图 13-3　重新定义存储过程

13.1.2　存储过程的调用

创建存储过程后，用户就可以调用该存储过程了。用户可以在 PL/SQL 程序块中调用存储过程，也可以直接在 SQL * Plus 中使用 EXECUTE 语句调用存储过程。例如，在 SQL * Plus 中使用 EXECUTE 语句直接调用存储过程 sample_test01 的形式如图 13-4 所示。

```
SQL> set serveroutput on;
    EXECUTE sample_test01
```

上述语句运行的结果如图 13-4 所示。

```
SQL>  set serveroutput on;
SQL> EXECUTE sample_test01
First Procedure

PL/SQL 过程已成功完成。
```

图 13-4 调用存储过程

例中为了确保 dbms_output. put_line 函数能够在 Oracle 中显示信息,先用语句“set serveroutput on;”设置。

上例中调用存储过程也可以采用简写形式,如图 13-5 所示。

```
SQL > EXEC sample_test01
```

上述语句运行的结果如图 13-5 所示。

```
SQL> EXEC sample_test01
First Procedure

PL/SQL 过程已成功完成。
```

图 13-5 简写形式调用存储过程

存储过程中的参数列表中的参数有三种模式：IN、OUT 和 IN OUT。默认的模式是 IN。

IN 模式的形参只能将实参传递给形参,进入过程内部,但只能读不能写,过程返回时实参的值不变,也就是向存储过程传递参数。OUT 模式的形成会忽略调用时的实参值,但在存储过程内部可以被读或写,存储过程返回时形参的值会赋给实参,即从存储过程返回参数。IN OUT 具有前面两种模式的特性,即调用时,实参的值传递给形参,结束时,形参的值传递给实参。显然,调用时,对应于 IN 模式的实参可以是常量或变量,但对应于 OUT 和 IN OUT 模式的实参必须是变量。

1. IN 参数

例如,下面以 Scott 用户连接到数据库并建立一个简单的存储过程 insert_emp 为例。顾名思义,该存储过程将接收一系列参数并将它们添加到 SCOTT. EMP 表中,如图 13-6 所示。

```
SQL > CREATE or REPLACE procedure insert_emp(
        cempno in number,
        cename in varchar2,
        cjob in varchar2,
        cmgr in number,
        chiredate in date,
        csal in number,
       ccomm in number,
       cdeptno in number
    )AS
   BEGIN
    INSERT into emp(empno,ename,job,mgr,hiredate,sal,comm,deptno)
    VALUES (cempno,cename,cjob,cmgr,chiredate,csal,ccomm,cdeptno);
  END insert_emp;
```

上述语句运行的结果如图 13-6 所示。

上面创建的存储过程需要传入参数,在 Oralce 11g 中有如下三种方式传入参数。

```
SQL> CREATE or REPLACE procedure insert_emp(
  2        cempno in number,
  3        cename in varchar2,
  4        cjob in varchar2,
  5        cmgr in number,
  6        chiredate in date,
  7        csal in number,
  8       ccomm in number,
  9       cdeptno in number
 10    )AS
 11    BEGIN
 12     INSERT  into emp(empno,ename,job,mgr,hiredate,sal,comm,deptno)
 13     VALUES (cempno,cename,cjob,cmgr,chiredate,csal,ccomm,cdeptno);
 14  END insert_emp;
 15  /

过程已创建。
```

图 13-6　创建存储过程

- 名称表示法

即在调用时按形参的名称与实参的名称对应调用。调用时，形参与实参的名称是相互独立、没有关系的。语法如下：

```
参数名称 =>参数值;多个之间用逗号隔开.
```

名称表示法调用存储过程如图 13-7 所示。

```
SQL > begin
    insert_emp(cempno = > 6677,cename = >'mjjj',cjob = >'stu',cmgr = > 7777,chiredate = > to_date('
    2013-02-01','YYYY-MM-dd'),csal = > 5000,ccomm = > 1000,cdeptno = > 20);
        end;
```

上述语句运行的结果如图 13-7 所示。

```
SQL> begin
  2     insert_emp(cempno=>6677,cename=>'mjjj',cjob=>'stu',cmgr=>7777,chiredate=
>to_date('2013-02-01','YYYY-MM-dd'),csal=>5000,ccomm=>1000,cdeptno=>20);
  3     end;
  4  /

PL/SQL 过程已成功完成。
```

图 13-7　名称表示法调用存储过程

- 位置表示法

即在调用时按照形参的排列顺序，以此写出实参的名称，而且形参与实参关联起来传递，调用时，形参与实参的名称是相互独立的，没有关系的，次序才是最重要的。当参数比较多时，名称表示法可能会比较长，为克服名称表示法的弊端，可以采用位置表示法，注意参数一定要对应。位置表示法调用存储过程如图 13-8 所示。

```
SQL > begin
  insert_emp(6666,'mjjj','stu',7777,to_date('2013-02-06','YYYY-MM-dd'),5000,1000,20);
    end;
```

上述语句运行的结果如图 13-8 所示。

```
SQL> begin
  2     insert_emp(6666,'mjjj','stu',7777,to_date('2013-02-06','YYYY-MM-dd'),500
,1000,20);
  3     end;
  4  /

PL/SQL 过程已成功完成。
```

图 13-8　位置表示法调用存储过程

• 混合表示法

这种方法是将名称表示法和位置表示法在同一个调用内混合使用。但是前面的实参必须使用位置表示法，后面其余的实参可以按照名称表示法调用。注意：当用户使用的混合表示法时，分界线之前必须一致，分界线之后必须一致，并且不能穿插。混合表示法调用存储过程如图 13-9 所示。

```
  SQL > begin
insert_emp(1999,cename = >'dddd',cjob = >'stu',cmgr = > 7777,chiredate = > to_date('2013-02-21','
YYYY-MM-dd'),csal = > 5000,ccomm = > 1000,cdeptno = > 20);
    end;
```

上述语句运行的结果如图 13-9 所示。

```
SQL> begin
  2    insert_emp(1999,cename=>'dddd',cjob=>'stu',cmgr=>7777,chiredate=>to_date(
'2013-02-21','YYYY-MM-dd'),csal=>5000,ccomm=>1000,cdeptno=>20);
  3   end;
  4  /

PL/SQL 过程已成功完成。
```

图 13-9　混合表示法调用存储过程

2. OUT 参数

该类型的参数值是由存储过程写入的。OUT 类型的参数适用于存储过程向调用者返回多条信息的情况。

调用图 13-10 所示的存储过程时，OUT 输出的参数是返回值，也就说在调用存储过程的时候必须有提供能够接收返回值的变量。在这里我们需要使用 VARIABLE 命令绑定参数。图 13-11 所示的语句在 SQL * Plus 中使用 VARIABLE 命令绑定参数值，并调用存储过程 select_emp。

```
SQL > CREATE or REPLACE procedure select_emp(cempno in number,
    cename out emp.ename % type,
     csal out emp.sal % type
) IS
BEGIN
      SELECT ename,sal into cename,csal from emp where empno = cempno;
EXCEPTION
    WHEN NO_DATA_FOUND THEN
    cename: = 'NULL';
     csal: = 0;
    dbms_output.put_line('抱歉,未查找到指定编号的员工信息');
     END select_emp;
```

上述语句运行的结果如图 13-10 所示。

```
SQL > VARIABLE ename varchar2(20);
VARIABLE sal number;
BEGIN
   select_emp(6677,:ename,:sal);
END;
```

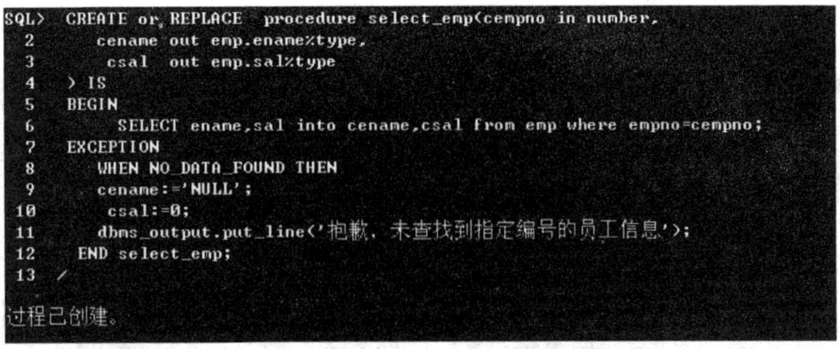

```
SQL> CREATE or REPLACE  procedure select_emp(cempno in number,
       cename out emp.ename%type,
        csal  out emp.sal%type
    ) IS
    BEGIN
         SELECT ename,sal into cename,csal from emp where empno=cempno;
    EXCEPTION
       WHEN NO_DATA_FOUND THEN
       cename:='NULL';
        csal:=0;
       dbms_output.put_line('抱歉，未查找到指定编号的员工信息');
     END select_emp;
    /

过程已创建。
```

图 13-10　创建存储过程

上述语句运行的结果如图 13-11 所示。

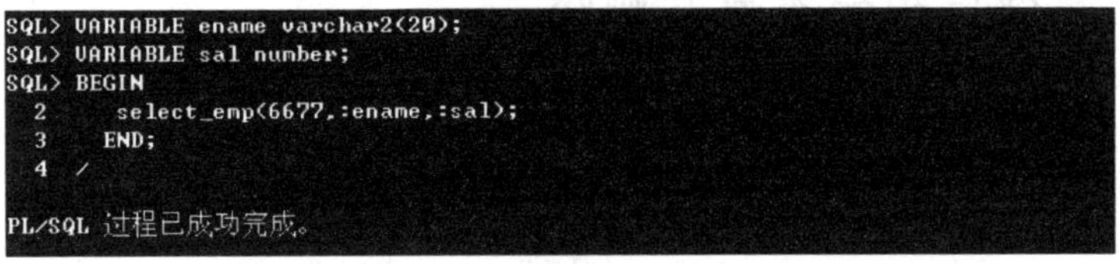

```
SQL> VARIABLE ename varchar2(20);
SQL> VARIABLE sal number;
SQL> BEGIN
       select_emp(6677,:ename,:sal);
      END;
    /

PL/SQL 过程已成功完成。
```

图 13-11　调用存储过程

为了查看执行结果，可以在 SQL * Plus 中使用 PRINT 命令显示变量值，如图 13-12 所示。

```
SQL> print ename;

ENAME
--------------------------------
mjjj

SQL> print sal;

       SAL
----------
      5000
```

图 13-12　查看存储过程执行结果

3. IN OUT 参数

IN 参数可以接收一个值，但是不能在存储过程中修改这个值，而对于 OUT 参数，它在调用过程时为空，在过程执行中将为这个参数指定一个值，并在执行后返回。而 IN OUT 参数同时具有了 IN 参数和 OUT 参数的特性，在过程中可以读取和写入该类型的参数。

在调用图 13-13 所示的存储过程时，cempno 和 tempno 值互换。这种 IN OUT 参数虽然灵活，但是也带来了一些问题，用户对数据的控制比较困难，当出现问题后，程序调试和维护变得艰难。因此一般不推荐使用 IN OUT 参数。

```
SQL > CREATE or REPLACE procedure swap(cempno in out number,
            tempno in out number
        )IS
        var_temp number;
        BEGIN
        var_temp: = cempno;
        cempno: = tempno;
        tempno: = var_temp;
        END swap;
```

上述语句运行的结果如图 13-13 所示。

```
SQL> CREATE or REPLACE procedure swap(cempno in out number,
  2      tempno in out number
  3  )IS
  4  var_temp number;
  5  BEGIN
  6  var_temp:=cempno;
  7  cempno:=tempno;
  8  tempno:=var_temp;
  9  END swap;
 10  /

过程已创建。
```

图 13-13 创建存储过程

13.1.3 存储过程的查看及删除

创建存储过程之后，Oracle 会将过程及其执行代码放到数据字典中。通过查询 USER_SOURCE，可以显示当前用户的所有过程及其源代码，如图 13-14 所示。注意，其中的过程名要用大写。

```
SQL> SELECT TEXT FROM USER_SOURCE WHERE NAME='SAMPLE_TEST01';

TEXT
--------------------------------------------------------------------------------

procedure sample_test01 is
begin
dbms_output.put_line('First Procedure');
end sample_test01;
```

图 13-14 查看存储过程

如果不需要某个存储过程了，可以使用 DROP PROCEDURE 命令来删除该过程，如图 13-15 所示。

```
SQL > DROP PROCEDURE SAMPLE_TEST01;
```

上述语句运行的结果如图 13-15 所示。

```
SQL> DROP PROCEDURE SAMPLE_TEST01;

过程已删除。
```

图 13-15 删除存储过程

13.1.4 在 OEM 中管理存储过程

1. 在 OEM 中创建存储过程

(1) 以 scott 用户、normal 身份登录 OEM，出现“数据库页”的“主目录”属性页。

(2) 选择“方案”项，出现“方案”属性页。

(3) 单击“方案”标题下的“过程”，出现“存储过程”页，该页是个综合性的页面，可以对 scott 方案下的各种方案对象进行维护管理，如图 13-16 所示。

(4) 使“对象类型”保留为“过程”，单击“创建”按钮，出现创建存储过程页的“一般信息”属性页，如图 13-17 所示，在名称中输入存储过程名称，如 sample_test02，在存储过程主体中输入代码。

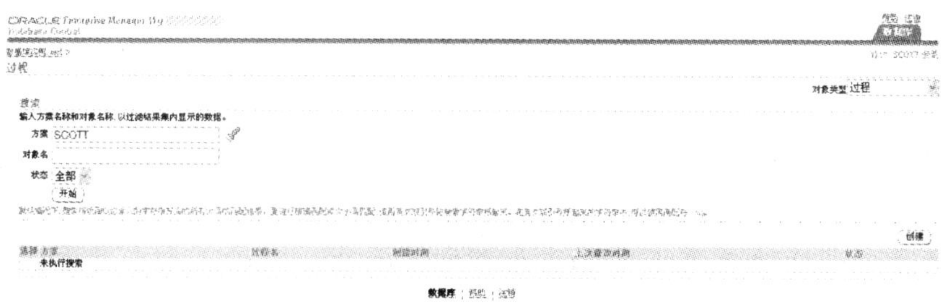

图 13-16　存储过程页面

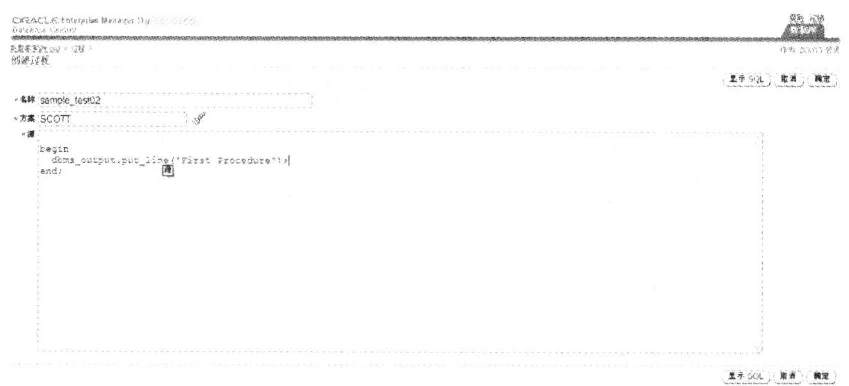

图 13-17　创建存储过程页面

（5）单击“确定”按钮创建存储过程，如图 13-18 所示。

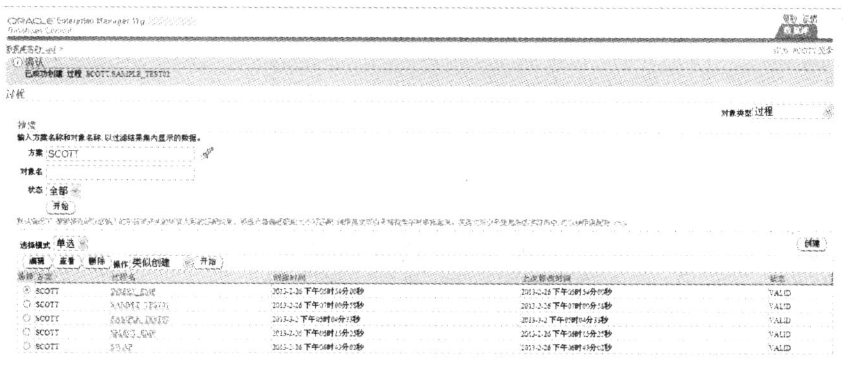

图 13-18　创建存储过程成功页面

2. 在 OEM 中查看、编辑和删除存储过程

（1）以 scott 用户、normal 身份登录 OEM，出现“数据库页”的“主目录”属性页。

（2）选择“方案”项，出现“方案”属性页。

（3）单击“方案”标题下的“过程”，出现“存储过程”页，该页是个综合性的页面，可以对 scott 方案下的各种方案对象进行维护管理，如图 13-16 所示。

（4）单击“开始”按钮，便开始搜索，最后在“结果”列表中显示出该方案的所有存储过程，如图 13-19 所示。

（5）如果要查看、编辑存储过程，就在“选择”列中单击要查看、编辑的存储过程的单选按

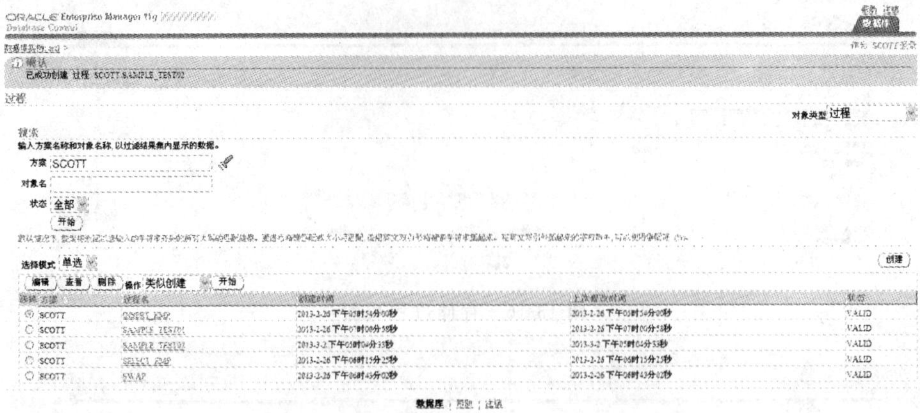

图 13-19　查找存储过程页面

钮，以选中该存储过程，单击“编辑”按钮，出现“编辑存储过程页”，显然，在该页面中不但可以查看存储过程的定义，而且还可以对其进行编辑，如图 13-20 所示。

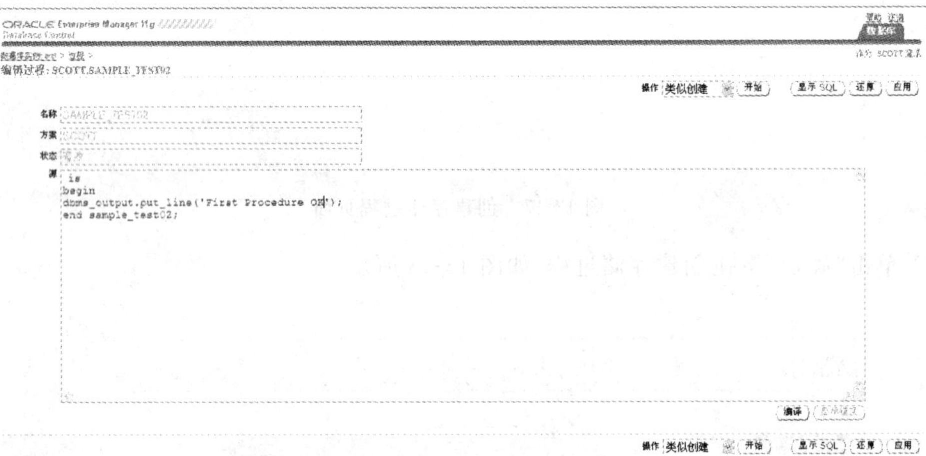

图 13-20　编辑存储过程页面

(6) 编辑后，单击“应用”按钮，以便保存修改结果，如图 13-21 所示。

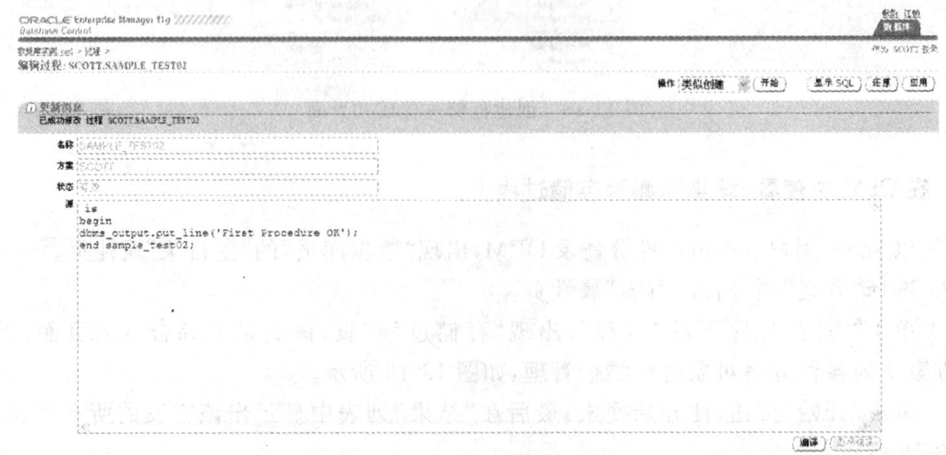

图 13-21　编辑成功存储过程页面

(7) 如果要删除该存储过程,就在“选择”列中选择要删除的存储过程,然后单击“删除”按钮,出现是否要删除的“确认”页,如图 13-22 所示。

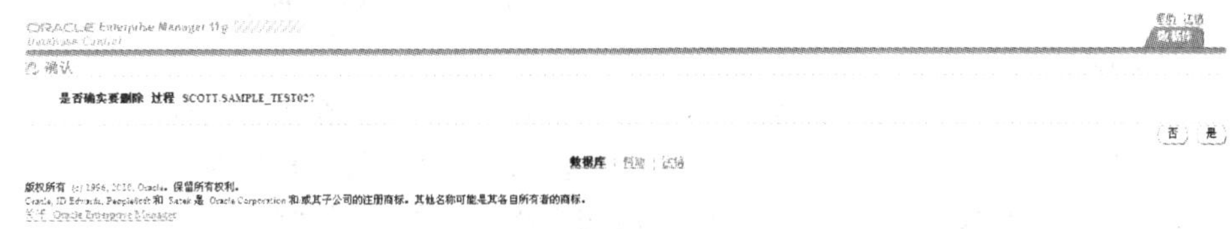

图 13-22　删除存储过程页面

(8) 单击“是”按钮,便开始删除存储过程,最后返回“存储过程”页,并显示“已成功删除存储过程”的更新消息。此时在“结果”列表中就看不见该存储过程了,如图 13-23 所示。

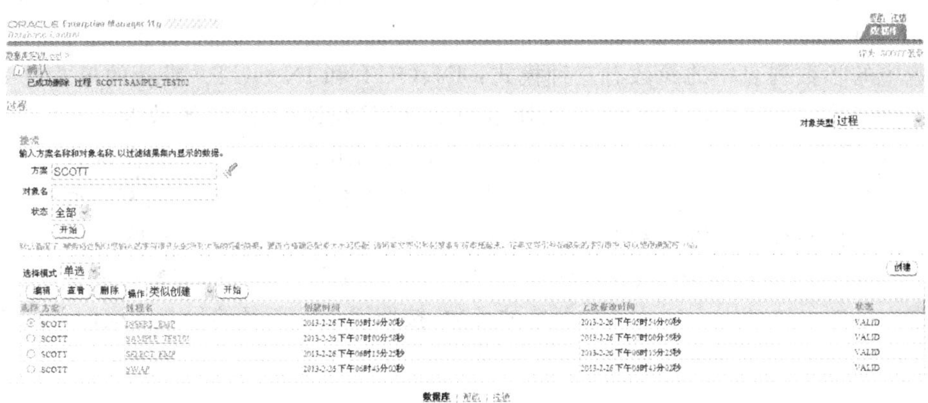

图 13-23　删除成功存储过程页面

13.2　函数

函数一般用于计算和返回一个值。可以将经常需要进行的计算写成函数。函数的调用是表达式的一部分,而存储过程的调用是一条 PL/SQL 语句。函数与存储过程在创建的形式上有些相似。

13.2.1　函数的创建

Oracle 11g 中用 CREATE FUNCTION 语句来创建过程,定义函数的语法如下:

```
CREATE [ OR REPLACE ] FUNCTION <函数名>
[ <参数列表> ]
[RETURN type] IS | AS
[ <局部变量声明> ]
BEGIN
  <函数体>
  RETURN expression
END [ <函数名> ];
```

- OR REPLACE 关键字是可选的。如果省略,则创建时不允许数据库中有一个用户的方案有同名的函数，如果使用该关键字，则会先删除同名函数，然后创建新的函数。

- 函数使用 FUNCTION 关键字表示创建函数，并为函数指定名称和参数。在数据库一个用户的方案中函数名称都是唯一的。另外，在指定参数类型时，也不能指定参数类型的长度。
- IS 关键字后声明的变量为函数体内的局部变量，它们只能在函数内部使用。
- RETURN 子句说明函数返回值的数据类型 type。这是与过程的主要区别之一。在执行部分，必须用 RETURN expression 语句来将流程控制返回到调用环境，并且同时返回函数的值。这是与过程的区别之一。一个函数的执行部分可能有几个 RETURN 语句，但是只有一个 RETURN 语句被执行。执行了 RETURN 语句之后，函数将不再往下运行，流程控制权限将立即返回到调用该函数的环境中，并且将 expression 的值返回给调用函数的环境。
- RETURN expression 的数据类型与函数返回值的数据类型匹配。原则上函数只有一个返回值。

函数中的参数列表中的参数有三种模式：IN、OUT 和 IN OUT。默认的模式是 IN。IN 模式的形参只能将实参传递给形参，进入函数内部，但只能读不能写，函数返回时实参的值不变，也就是向函数传递参数。OUT 模式的形成会忽略调用时的实参值，但在函数内部可以被读或写，函数返回时形参的值会赋给实参，即从函数返回参数。IN OUT 具有前面两种模式的特性，即调用时，实参的值传递给形参，结束时，形参的值传递给实参。显然，调用时，对应于 IN 模式的实参可以是常量或变量，但对应于 OUT 和 IN OUT 模式的实参必须是变量。

依据上面的语法规则来创建一个简单的函数，按照输入的职员编号查询该职员的工资，代码如图 13-24 所示。

```
SQL > CREATE or REPLACE function fun_getsalarybyempno
(v_emp_no IN emp. empno % type,
v_emp_salary OUT NUMBER)
RETURN NUMBER
IS
BEGIN
  SELECT SAL INTO v_emp_salary FROM EMP
  WHERE EMPNO = v_emp_no;
RETURN v_emp_salary;
  END fun_getsalarybyempno
```

上述语句运行的结果如图 13-24 所示。

```
SQL> CREATE or REPLACE function fun_getsalarybyempno
(v_emp_no IN emp.empno%type,
 v_emp_salary OUT NUMBER)
RETURN NUMBER
IS
BEGIN
 SELECT SAL INTO v_emp_salary FROM EMP
 WHERE EMPNO = v_emp_no;
RETURN v_emp_salary;
END  fun_getsalarybyempno
/

函数已创建。
```

图 13-24　创建函数

13.2.2　函数的调用

在 SQL＊Plus 中使用 EXECUTE 语句调用函数，在 PL/SQL 块中是直接调用。

调用函数的时候传递给形参的参数被称为实参。IN、OUT 和 IN OUT 模式的实参包含了传递给函数的值，返回的时候它们又包含了返回的结果。形参是实参的占位符。在函数内部，通过形参引用这些实参的值。函数结束的时候，又会将形参的值赋予 IN、OUT 和 IN OUT 模式的实参。按照不同环境对函数的不同调用方式，实参到形参传递的关系有如下几种方法。

• 名称表示法

即在调用时按形参的名称与实参的名称对应调用。调用时，形参与实参的名称是相互独立、没有关系的。调用的语法格式如下：

```
形参名称=>实参名称
```

例如，在 SQL＊Plus 中，按照名称表示法调用上面的函数，如图 13-25 所示。

```
SQL> VARIABLE out_emp_salary number;
    EXEC:out_emp_salary: = fun_getsalarybyempno(v_emp_no=>6666,
    v_emp_salary=>:out_emp_salary);
```

上述语句运行的结果如图 13-25 所示。

```
SQL> Variable out_emp_salary number;
SQL> Exec:out_emp_salary:=fun_getsalarybyempno(v_emp_no=>6666, v_emp_salary=>:ou
t_emp_salary);

PL/SQL 过程已成功完成。
```

图 13-25　名称表示法调用函数

显示出执行结果如图 13-26 所示。

```
SQL> print out_emp_salary

OUT_EMP_SALARY
--------------
          5000
```

图 13-26　名称表示法调用函数结果

• 位置表示法

即在调用时按照形参的排列顺序，以此写出实参的名称，而且形参与实参关联起来传递，调用时，形参与实参的名称是相互独立、没有关系的，次序才是最重要的。

例如，在 SQL＊Plus 中，按照位置表示法调用上面的函数，如图 13-27 所示。

```
SQL> Variable out_emp_salary number;
SQL> Exec  :out_emp_salary :=fun_getsalarybyempno (6666,:out_emp_salary);

PL/SQL 过程已成功完成。
```

图 13-27　位置表示法调用函数

显示出执行结果如图 13-28 所示。

• 混合表示法

这种方法是将名称表示法和位置表示法在同一个调用内混合使用。但是前面的实参必须使用位置表示法，后面其余的实参可以按照名称表示法调用。

```
SQL> print out_emp_salary

OUT_EMP_SALARY
--------------
          5000
```

图 13-28 位置表示法调用函数结果

13.2.3 函数的查看及删除

创建函数之后，Oracle 会将函数及其执行代码放到数据字典中。通过查询 USER_SOURCE，可以显示当前用户的所有函数及其源代码，如图 13-29 所示。注意，其中的函数名要用大写。

```
SQL > SELECT TEXT FROM USER_SOURCE WHERE NAME = 'FUN_GETSALARYBYEMPNO';
```

上述语句运行的结果如图 13-29 所示。

```
SQL> SELECT TEXT FROM USER_SOURCE WHERE NAME='FUN_GETSALARYBYEMPNO';

TEXT
--------------------------------------------------------------------------------

function fun_getsalarybyempno
(v_emp_no IN emp.empno%type,
 v_emp_salary OUT NUMBER)
RETURN NUMBER
IS
BEGIN
 SELECT SAL INTO v_emp_salary FROM EMP
 WHERE EMPNO = v_emp_no;
RETURN v_emp_salary;
END  fun_getsalarybyempno;

已选择10行。
```

图 13-29 查看函数

如果不需要某个函数了，可以使用 DROP FUNCTION 命令来删除该函数，如图 13-30 所示。

```
SQL > DROP FUNCTION fun_getsalarybyempno;
```

上述语句运行的结果如图 13-30 所示。

```
SQL> DROP PROCEDURE fun_getsalarybyempno;
```

图 13-30 删除函数

13.2.4 在 OEM 中管理函数

1. 在 OEM 中创建函数

(1) 以 scott 用户、normal 身份登录 OEM，出现“数据库页”的“主目录”属性页。

(2) 选择“方案”项，出现“方案”属性页。

(3) 单击“方案”标题下的“函数”，出现“函数”页，该页是个综合性的页面，可以对 scott 方案下的各种方案对象进行维护管理，如图 13-31 所示。

(4) 使“对象类型”保留为“函数”，单击“创建”按钮，出现创建函数页的属性页，如图 13-32 所示，在名称中输入函数名称，如 fun_getsalary_byempno，在函数主体中输入代码。

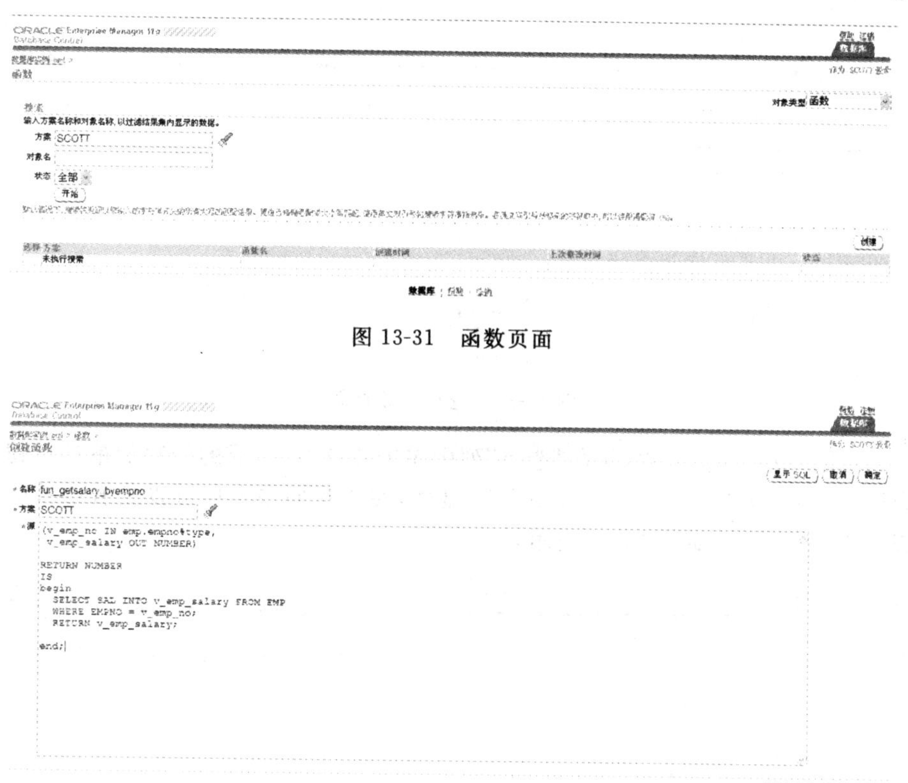

图 13-31　函数页面

图 13-32　创建函数页面

(5) 单击“确定”按钮创建函数，如图 13-33 所示。

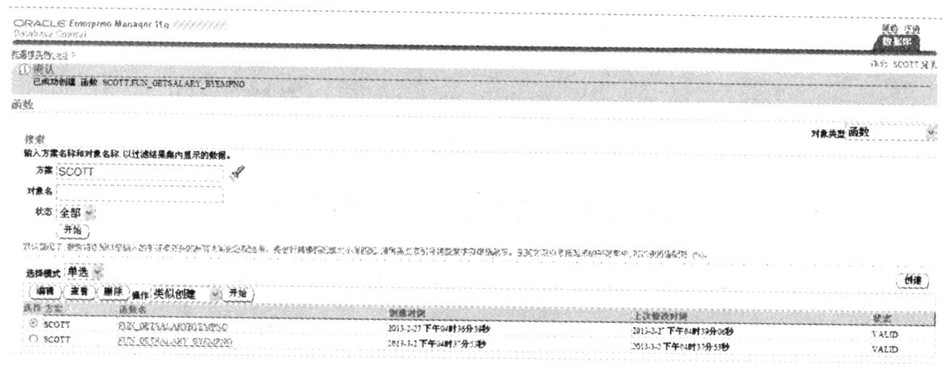

图 13-33　创建函数成功页面

2. 在 OEM 中查看、编辑和删除函数

(1) 以 scott 用户、normal 身份登录 OEM，出现“数据库页”的“主目录”属性页。

(2) 选择“方案”项，出现“方案”属性页。

(3) 单击“方案”标题下的“函数”，出现“函数”页，该页是个综合性的页面，可以对 scott 方案下的各种方案对象进行维护管理，如图 13-31 所示。

(4) 单击“开始”按钮，便开始搜索，最后在“结果”列表中显示出该方案的所有函数，如图 13-34 所示。

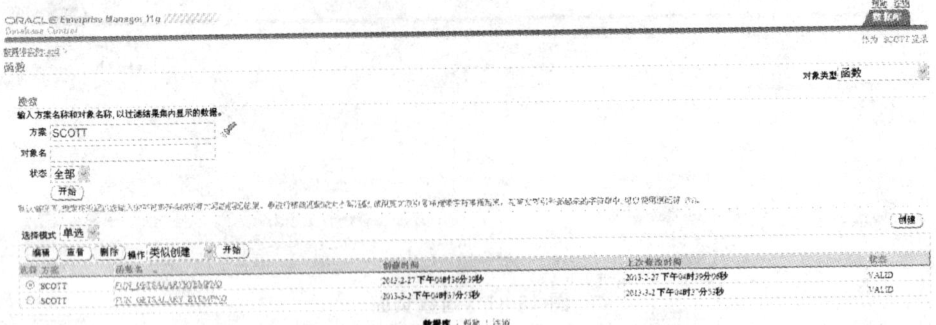

图 13-34　查找函数页面

（5）如果要查看、编辑函数，就在“选择”列中单击要查看、编辑的函数的单选按钮，以选中该函数，单击“编辑”按钮，出现“编辑函数页”，显然，在该页面中不但可以查看函数的定义，而且还可以对其进行编辑，如图 13-35 所示。

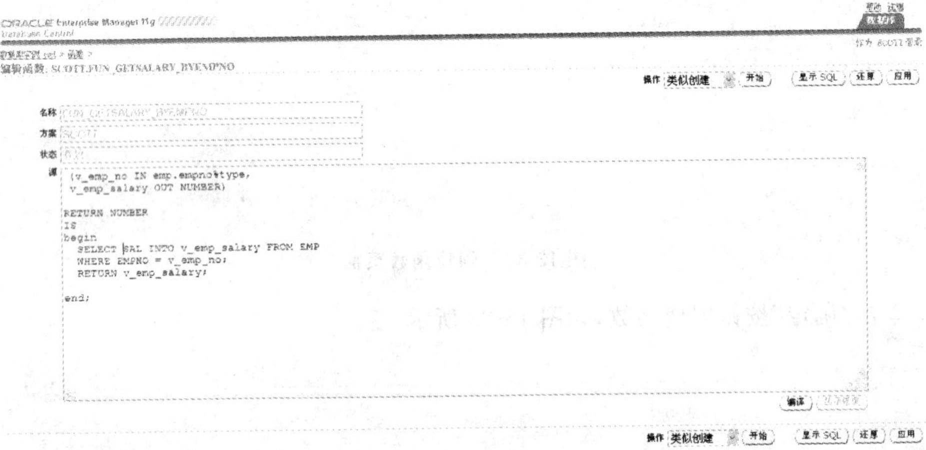

图 13-35　编辑函数页面

（6）编辑后，单击“应用”按钮，以便保存修改结果，如图 13-36 所示。

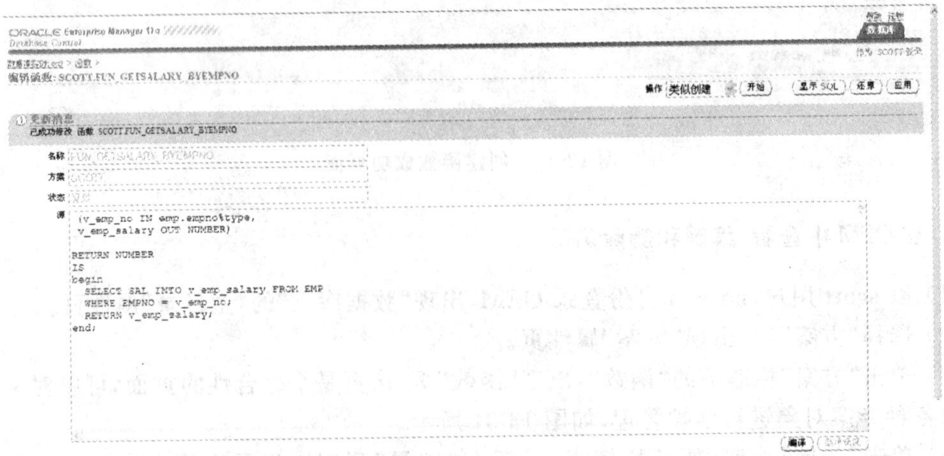

图 13-36　编辑成功函数页面

(7) 如果要删除该函数，就在“选择”列中选择要删除的函数，然后单击“删除”按钮，出现是否要删除的“确认”页。如图 13-37 所示。

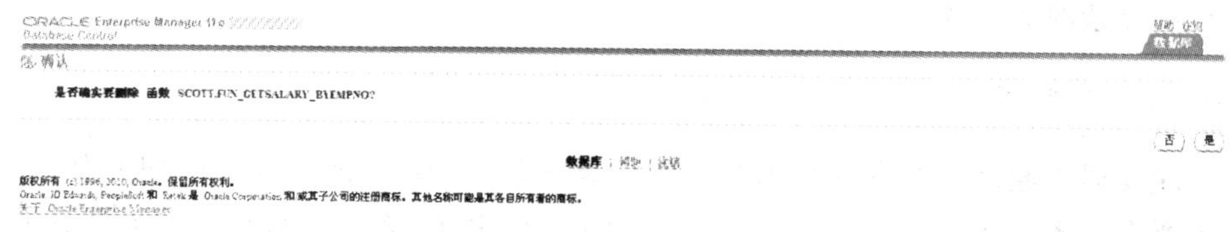

图 13-37 删除函数页面

(8) 单击“是”按钮，便开始删除函数，最后返回“函数”页，并显示“已成功删除函数”的更新消息。此时在“结果”列表中就看不见该函数了，如图 13-38 所示。

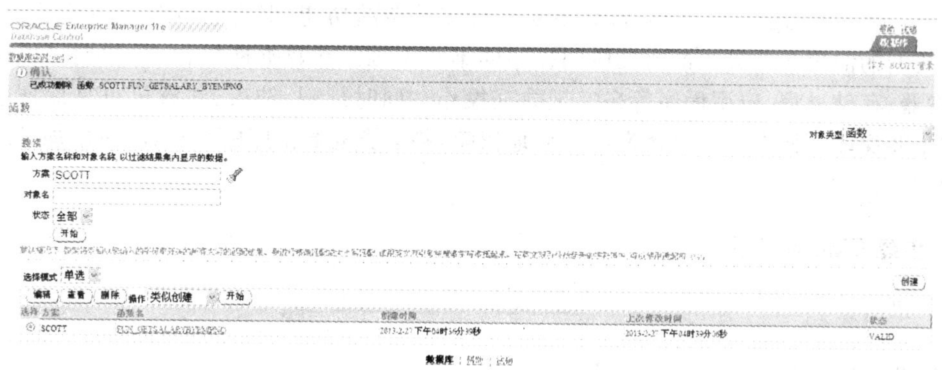

图 13-38 删除成功函数页面

13.3 触发器

在 Oracle 中，触发器是一种特殊的存储过程，它在发生某种数据库事件时由 Oracle 系统自动触发。触发器通常用于加强数据的完整性约束和业务规则等，对于表来说，触发器可以实现比 CHECK 约束更为复杂的约束。

13.3.1 触发器简介

触发器是一种特殊的存储过程，也就是说触发器具有存储过程的所有优势，是命名程序的一种，也是存储并运行在服务器端的。说其具有特殊性，是因为触发器的调用执行和存储过程不一样，存储过程的程序调用执行必须由程序员事先设计并编写好调用程序代码及对应的参数值，即存储过程的调用执行由程序员决定，而触发器程序不能被应用程序调用，也没有参数，当触发器程序创建并保存在数据库中后只要对应触发器事件的发生，该触发器就会被自动调用执行。

1. 触发器的功能

(1) 允许/限制对表的修改；
(2) 自动生成派生列，比如自增字段；
(3) 强制数据一致性；

(4) 提供审计和日志记录；

(5) 防止无效的事务处理；

(6) 启用复杂的业务逻辑。

2. 触发器的优缺点

优点：触发器可通过数据库中的相关表实现级联更改，不过，通过级联引用完整性约束可以更有效地执行这些更改。触发器可以强制比用 CHECK 约束定义的约束更为复杂的约束。与 CHECK 约束不同，触发器可以引用其他表中的列。例如，触发器可以使用另一个表中的 select 比较插入或更新的数据，以及执行其他操作，如修改数据或显示用户定义错误信息。触发器也可以评估数据修改前后的表状态，并根据其差异采取对策。一个表中的多个同类触发器(Insert、Update 或 Delete)允许采取多个不同的对策以响应同一个修改语句。

缺点：触发器功能强大，轻松可靠地实现许多复杂的功能，但是它也具有一些缺点，那就是由于我们的滥用会造成数据库及应用程序的维护困难。在数据库操作中，我们可以通过关系、触发器、存储过程、应用程序等来实现数据操作。同时规则、约束、缺省值也是保证数据完整性的重要保障。如果我们对触发器过分地依赖，势必影响数据库的结构，同时增加了维护的复杂程度。

3. 创建 DML 触发器

(1) 语法：

```
create or replace trigger trigger_name
before|after DML_statement [of colum, … ] on table_name|view
[when(condition)]
[for each row]
[declare declarations]
begin
execute statement
exception
end trigger_name;
```

(2) 语法说明：

① trigger：触发器的关键字。

② Before|After：确定触发器程序的执行时机。

③ DML_statement：触发事件如 Update，Delete，Insert。

④ of column：基于列级的触发器。

⑤ on table_name|view：确定触发器的载体。

⑥ when(condition)：触发条件。

⑦ for each row：基于行级的触发器。

⑧ declare：变量常量的声明位置，Oracle 触发器没有参数。

为了实现不同的功能，Oracle 提供的触发器有如下几类：

(1) DML 触发器：当对表或视图执行 DML 操作时触发。

(2) INSTEAD OF 触发器：只定义在视图上，用来替换实际的操作语句。

(3)系统触发器：在对数据库系统进行操作(如 DDL 语句、启动或关闭数据库等系统事件)

13.3.2 DML触发器

DML触发器由DML语句触发，例如Insert、Update和Delete语句。针对所有的DML事件，按触发的时间可以将DML触发器分为Before触发器与After触发器，分别表示在DML事件发生之前与之后采取行动。另外，DML触发器也可以分为语句级触发器与行迹触发器，其中，语句级触发器针对某一条语句触发一次，而行级触发器则针对语句所影响的每一行都触发一次。例如，某条UPDATE语句修改了表中的100行数据，那么针对该Update事件的语句级触发器将被触发一次，而行级触发器将被触发100次。

(1) 断定触发的表，即在其上定义触发器的表。

(2) 断定触发的事务，DML触发器的触发事务有Insert、Update和Delete三种。

(3) 断定触发时候。触发的时候有Before和After两种，分别指定触发器触发动作产生在DML语句履行之前和语句履行之后。

(4) 断定触发级别，有语句级触发器和行级触发器两种。

1. 语句级触发器

如果在创建触发器时未使用FOR EACH ROW子句，则创建的触发器为语句级触发器。语句级触发器在被创建后只执行一次，而不管这种操作会影响到数据库中的多少行记录。

下面是一个简单的语句级触发器，该触发器将记录用户对SCOTT.EMP表的操作。

(1) 以scott身份连接到数据库，建立一个日志信息表dep_log。用于存储用户对表的操作，如图13-39所示。

```
SQL> connect scott/tiger
已连接。
```

图13-39 以scott身份连接到数据库

创建表dep_log，将用户对dept表进行的操作记录到dep_log，如图13-40所示。

```
SQL> CREATE table det_log(
    Users varchar2(30),
    Users_time date);
```

上述语句运行的结果如图13-40所示。

```
SQL> CREATE table det_log(
  2  Users varchar2(30),
  3  Users_time date);

表已创建。
```

图13-40 创建dept表

(2) 在dept表上创建语句级触发器，将用户对dept表进行的操作记录到dep_log，如图13-41所示。

```
SQL> CREATE or REPLACE trigger dep_op
    BEFORE insert or update or delete
    On dept
    BEGIN
      INSERT into dep_log(Users,Users_time)
      VALUES (user,sysdate);
    END dep_op;
```

上述语句运行的结果如图 13-41 所示。

```
SQL> CREATE or REPLACE  trigger dep_op
  2  BEFORE insert or update or delete
  3  On dept
  4  BEGIN
  5    INSERT into dep_log(Users,Users_time)
  6    VALUES (user,sysdate);
  7  END  dep_op;
  8  /

触发器已创建
```

图 13-41　创建语句级触发器

(3) 更新 dept 表,改变部门所在地,确认触发器是否能够正常运行,如图 13-42 所示。

```
SQL > UPDATE dept
    SET LOC = 'NEW YORK'
    WHERE DNAME = 'SALES';
```

上述语句运行的结果如图 13-42 所示。

```
SQL>  UPDATE dept
  2  SET LOC='NEW YORK'
  3  WHERE  DNAME='SALES';

已更新 1 行。
```

图 13-42　执行语句级触发器

```
SQL > SELECT * from dep_log;
```

上述语句运行的结果如图 13-43 所示。

```
SQL> SELECT  * from dep_log;

USERS                          USERS_TIME
------------------------------ --------------
ACTIONS
--------------------------------------------------
SCOTT                          02-3月 -13
```

图 13-43　查看语句级触发器执行结果

从图 13-43 所示的查询结果可以看出,触发器准确记录了用户在何时对表进行了操作。另外,在上面的 dep_op 触发器使用了多个触发事件,这就需要考虑一个问题,如何确定是哪个语句导致了触发器的激活?为了确定触发时间可以使用条件谓词,条件谓词由一个关键字 IF 和谓词 INSERTING、UPDATING 及 DELETING 构成。如果值为真,那么就是相应类型的语句触发了触发器。

```
Begin
If inserting then
 ----- insert 语句触发
Elseif updating then
 ----- update 语句触发
Elseif deleting then
 ----- delete 语句触发
End if
End;
```

下面修改触发器 dep_op 和日志信息表 dep_log，以便能够记录操作类型。

(1) 修改 dep_log 表，为其添加 ACTION 列，以便能够存储对表进行的操作，如图 13-44 所示。

```
SQL > ALTER table dep_log
      ADD (actions varchar2(50));
```

上述语句运行的结果如图 13-44 所示。

```
SQL>  ALTER table dep_log
  2         ADD  (actions varchar2(50));

表已更改。
```

图 13-44　修改 dept 表

(2) 修改触发器以便记录语句的类型，如图 13-45 所示。

```
SQL > CREATE or REPLACE trigger dep_op
    BEFORE INSERT or UPDATE or DELETE
    ON dept
    DECLARE
      var_actions varchar2(50);
    BEGIN
    If inserting then
      var_actions: = 'INSERT';
    Elsif updating then
      var_actions: = 'UPDATE';
    Elsif deleting then
      var_actions: = 'DELETE';
    ENDif;
      INSERT into dep_log(Users,Users_time, actions)
        VALUES (user,sysdate, var_actions);
      END dep_op;
    Update dept
```

上述语句运行的结果如图 13-45 所示。

```
SQL> CREATE or REPLACE trigger dep_op
  2  BEFORE INSERT or UPDATE or DELETE
  3  ON dept
  4  DECLARE
  5   var_actions varchar2(50);
  6  BEGIN
  7  If inserting then
  8   var_actions:= 'INSERT';
  9  Elsif updating then
 10  var_actions:= 'UPDATE';
 11  Elsif deleting then
 12  var_actions:= 'DELETE';
 13  ENDif;
 14  INSERT into dep_log(Users,Users_time, actions)
 15    VALUES (user,sysdate, var_actions);
 16  END dep_op;
 17  Update dept
 18  /
触发器已创建
```

图 13-45　修改语句级触发器

(3) 更新某部门信息，测试触发器执行情况，如图 13-46 所示。

```
SQL> UPDATE dept
     SET LOC = 'CHICAGO'
     WHERE DNAME = 'SALES';
```

上述语句运行的结果如图 13-46 所示。

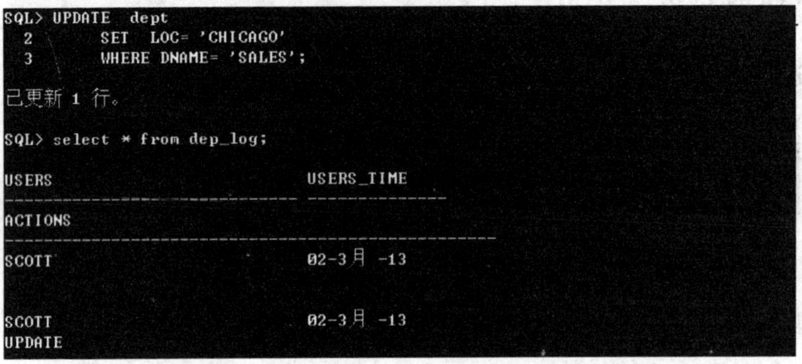

```
SQL> UPDATE  dept
  2       SET  LOC= 'CHICAGO'
  3       WHERE DNAME= 'SALES';

已更新 1 行。

SQL> select * from dep_log;

USERS                          USERS_TIME
------------------------------ --------------
ACTIONS
------------------------------------------------
SCOTT                          02-3月 -13


SCOTT                          02-3月 -13
UPDATE
```

图 13-46　执行语句级触发器

从上面的结果可以看出，触发器成功地使用了谓词判断出触发时间，并将其记录到了日志记录表 dept_log 中。

2. 行级触发器

创建行级触发器，使用 FOR EACH ROW 选项。对于行级触发器而言，当一个 DML 语句操作影响到数据库中的多行数据时，行级触发器会针对每一行执行一次。

行级触发器有一个很重要的特点，那就是当创建 BERORE 行级触发器时，可以在触发器中引用受到影响的数据，甚至可以在触发器中设置它们。

下例演示在表中创建一个行级触发器，并使用一种数据库对象生成主键值，这是非常常见的 FOR EACH ROW 触发器的用途。

(1) 创建一个表 emp1，如图 13-47 所示。

```
SQL> CREATE table emp1
    AS
    SELECT * from emp
    WHERE deptno = 10;
```

上述语句运行的结果如图 13-47 所示。

```
SQL>  CREATE table emp1
  2  AS
  3  SELECT  * from emp
  4  WHERE  deptno = 10;

表已创建。
```

图 13-47　创建表 emp1

(2) 创建一个序列，如图 13-48 所示。

```
SQL> CREATE sequence sque;
```

上述语句运行的结果如图 13-48 所示。

```
SQL> CREATE sequence sque;

序列已创建。
```

图 13-48 创建序列

（3）创建生成一个行级触发器，如图 13-49 所示。

```
SQL> CREATE or REPLACE trigger tri_autoempno
     BEFORE INSERT on empl
     FOR EACH ROW
     DECLARE
     v_empno empl.empno%type;
     GEGIN
         select sque.nextval
         into v_empno
         from dual;
       if :new.empno is null then
         :new.empno: = v_empno;
       END if;
     END;
```

上述语句运行的结果如图 13-49 所示。

```
SQL> CREATE or REPLACE trigger tri_autoempno
  2  BEFORE INSERT on empl
  3  FOR EACH  ROW
  4  DECLARE
  5  v_empno empl.empno%type;
  6  GEGIN
  7    select sque.nextval
  8    into v_empno
  9    from dual;
 10   if :new.empno is null then
 11     :new.empno:=v_empno;
 12   END if;
 13  END;
 14  /

触发器已创建
```

图 13-49 创建行级触发器

（4）尝试将表 empl 中添加两行数据，以测试触发器能否成功运行，如图 13-50 所示。

```
SQL> INSERT into empl(ename)
     VALUES('aaa');
     INSERT into empl(ename)
     VALUES('bbb');
```

上述语句运行的结果如图 13-50 所示。

```
SQL>  INSERT  into empl(ename)
  2  VALUES('aaa');

已创建 1 行。

SQL> INSERT  into empl(ename)
  2  VALUES('bbb');

已创建 1 行。
```

图 13-50 向表 empl 中添加数据

(5) 查看结果,如图 13-51 所示。

```
SQL > SELECT empno,ename,job,mgr,sal,deptno from emp1;
```

上述语句运行的结果如图 13-51 所示。

```
SQL> SELECT  empno,ename,job,mgr,sal,deptno from emp1;

     EMPNO ENAME      JOB              MGR        SAL     DEPTNO
---------- ---------- --------- ---------- ---------- ----------
      7782 CLARK      MANAGER         7839       2450         10
      7839 KING       PRESIDENT                  5000         10
      7934 MILLER     CLERK           7782       1300         10
         1 aaa
         2 bbb
```

图 13-51 查看触发器执行结果

从查询结果可看出,无论是否为 empno 提供值,empno 列都会使用 sque.nextval 的值,这是因为在表中引用了 new.empno 的值。

关于行级触发器中:new 和:old 变量的解释如下::new 和:old 是在触发器被触发时产生的两个特殊的变量,它们的数据类型为 triggering_table%rowtype 类型,该变量的值是 DML 触发器所影响的记录,在编写触发器时可以将它们当作 rowtype 类型来处理。:new 变量中保存的是 insert 或 update 时的新数据。:old 变量中保存的是执行 delete 触发器的将要被删除的数据和执行 update 触发器时要被更新的数据即表中的原数据。

13.3.3 INSTEAD OF 触发器

在简单视图上往往可以执行 INSERT、UPDATE 和 DELETE 操作,但是在复杂视图上执行 INSERT、UPDATE 和 DELETE 操作是有限的。如果视图子查询包含有集合操作符、分组函数、DISTINCT 关键字或者连接查询,那么将禁止在该视图上执行 DML 操作。为了在这些复杂视图上执行操作,需要建立 INSTEAD-OF 触发器。INSTEAD-OF 触发器具有以下限制:

- INSTEAD OF 触发器只适用于视图。
- INSTEAD OF 触发器不能指定 BEFORE 和 AFTER 选项。
- 不能在具有 WITH CHECK OPTION 选项的视图上建立 INSTEAD OF 触发器。
- INSTEAD OF 触发器必须包含有 FOR EACH ROW 选项。

INSTEAD OF 触发器与其他触发器类似,只是在触发器定义的头部使用了 INSTEAD OF 子句。下面通过一个示例来演示 INSTEAD OF 触发器的应用。

(1) 创建两个表 emp10 和 emp30,如图 13-52 所示。

```
SQL > CREATE table emp10
      AS
      SELECT * from emp
      WHERE deptno  = 10;

    CREATE table emp30
      AS
      SELECT * from emp
      WHERE deptno  = 30;
```

上述语句运行的结果如图 13-52 所示。

```
SQL> CREATE table emp10
  2        AS
  3        SELECT * from emp
  4        WHERE deptno =10;

表已创建。

SQL> CREATE table emp30
  2        AS
  3        SELECT * from emp
  4        WHERE deptno =30;

表已创建。
```

图 13-52　创建两个表 emp10 和 emp30

(2) 创建复杂视图,如图 13-53 所示。

```
SQL> CREATE view empinfo
     AS
     SELECT *
     FROM emp10
     UNION
     SELECT *
     FROM emp30;
```

上述语句运行的结果如图 13-53 所示。

```
SQL> CREATE view empinfo
  2        AS
  3        SELECT *
  4        FROM emp10
  5        UNION
  6        SELECT  *
  7        FROM emp30;

视图已创建。
```

图 13-53　创建复杂视图

(3) 如果视图向表中添加记录,由于视图引用了两个基表,添加记录将失败,如图 13-54 所示。

```
SQL> INSERT into empinfo(empno, ename, deptno)
     VALUES (2, 'aaa',10);
```

上述语句运行的结果如图 13-54 所示。

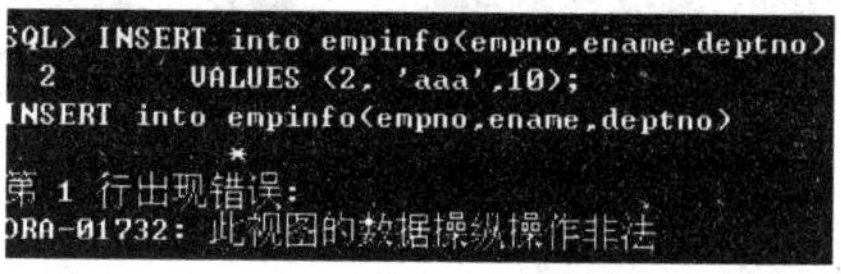

```
SQL> INSERT into empinfo(empno,ename,deptno)
  2       VALUES (2, 'aaa',10);
INSERT into empinfo(empno,ename,deptno)
            *
第 1 行出现错误:
ORA-01732: 此视图的数据操纵操作非法
```

图 13-54　执行视图

(4) 为视图 empinfo 创建一个 INSTEAD OF 触发器,以便使用自定义的操作覆盖系统预定义的操作,如图 13-55 所示。

```
SQL> CREATE or REPLACE trigger auto_add_emp
     INSTEAD OF insert on empinfo
     DECLARE
```

```
    BEGIN
      if :new.deptno  =  10 then
        insert into emp10

        values(:new.empno,:new.ename,:new.job,:new.mgr,:new.hiredate,:new.sal,:new.comm,:
new.deptno);
      elsif :new.deptno  =  30 then
        insert into emp30
        values(:new.empno,:new.ename,:new.job,:new.mgr,:new.hiredate,:new.sal,:new.comm,:
new.deptno);

      else
        dbms_output.put_line('只能添加 10,30 号部门员工信息.');
      END if;
    END tri_name;
```

上述语句运行的结果如图 13-55 所示。

```
SQL> CREATE or REPLACE trigger auto_add_emp
  2  INSTEAD  OF  insert on empinfo
  3  DECLARE
  4  BEGIN
  5    if :new.deptno = 10 then
  6      insert into emp10
  7      values(:new.empno,:new.ename,:new.job,:new.mgr,:new.hiredate,:new.sal,:
new.comm,:new.deptno);
  8    elsif :new.deptno  = 30 then
  9      insert into emp30
 10      values(:new.empno,:new.ename,:new.job,:new.mgr,:new.hiredate,:new.sal,:
new.comm,:new.deptno);
 11    else
 12      dbms_output.put_line('只能添加10, 30号部门员工信息。');
 13    END if;
 14  END tri_name;
 15  /

触发器已创建
```

图 13-55　创建 INSTEAD OF 触发器

(5) 使用同样的语句测试触发器,并查看触发器的运行情况,如图 13-56 和图 13-57 所示。

```
SQL> INSERT into empinfo(empno,ename,deptno)
    VALUES (2, 'aaa',10);
```

上述语句运行的结果如图 13-56 所示。

```
SQL> INSERT  into empinfo(empno,ename,deptno)
  2       VALUES (2, 'aaa',10);

已创建 1 行。
```

图 13-56　执行 NSTEAD OF 触发器

```
SQL> SELECT empno,ename,deptno from empinfo WHERE empno = 2;
```

上述语句运行的结果如图 13-57 所示。

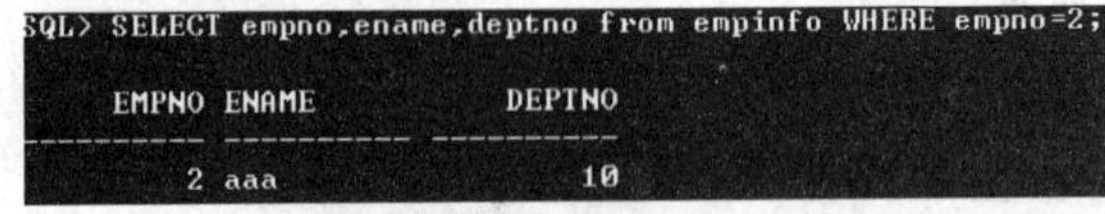

```
SQL> SELECT empno,ename,deptno from empinfo WHERE empno=2;

    EMPNO ENAME          DEPTNO
---------- ---------- ----------
         2 aaa               10
```

图 13-57　查看结果

13.3.4　在 OEM 中管理触发器

1. 在 OEM 中创建触发器

（1）以 scott 用户、normal 身份登录 OEM，出现“数据库页”的“主目录”属性页。

（2）选择“方案”项，出现“方案”属性页。

（3）单击“方案”标题下的“触发器”，出现“触发器”页，该页是个综合性的页面，可以对 scott 方案下的各种方案对象进行维护管理，如图 13-58 所示。

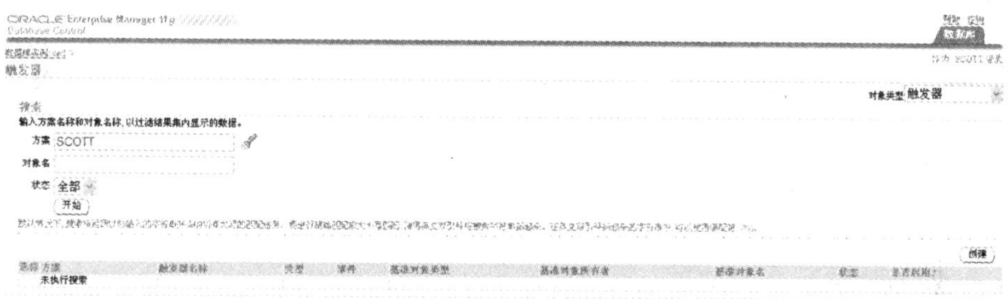

图 13-58　触发器页面

（4）使“对象类型”保留为“触发器”，单击“创建”按钮，出现创建触发器页的“一般信息”属性页，如图 13-59 所示，在名称中输入触发器名称，如 tri_default，在触发器主体中输入代码。

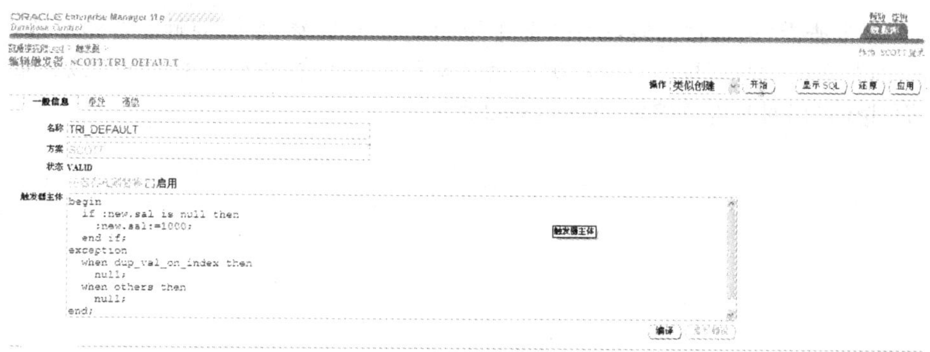

图 13-59　创建触发器页面

（5）然后单击“事件”属性页，如图 13-60 所示。

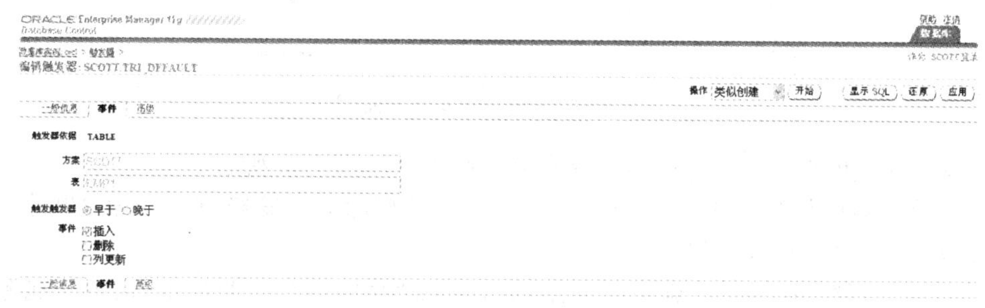

图 13-60　创建触发器事件页面

（6）单击“开始”按钮创建触发器。

2. 在 OEM 中查看、编辑和删除触发器

(1) 以 scott 用户、normal 身份登录 OEM，出现“数据库页”的“主目录”属性页。

(2) 选择“方案”项，出现“方案”属性页。

(3) 单击“方案”标题下的“触发器”，出现“触发器”页，该页是个综合性的页面，可以对 scott 方案下的各种方案对象进行维护管理，如图 13-58 所示。

(4) 单击“开始”按钮，便开始搜索，最后在“结果”列表中显示出该方案的所有触发器，如图 13-61 所示。

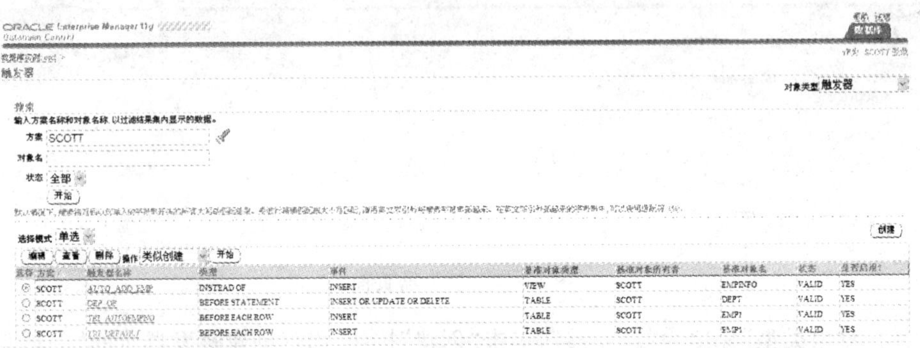

图 13-61 查找触发器页面

(5) 如果要查看、编辑触发器，就在“选择”列中单击要查看、编辑的触发器的单选按钮，以选中该触发器，单击“编辑”按钮，出现“编辑触发器页”，显然，在该页面中不但可以查看触发器的定义，而且还可以对其进行编辑，如图 13-62 所示。

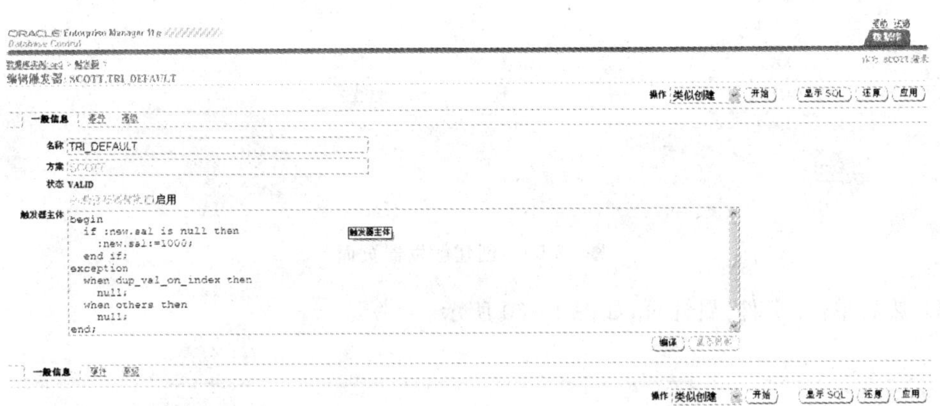

图 13-62 编辑触发器页面

(6) 编辑后，单击“应用”按钮，以便保存修改结果，如图 13-63 所示。

(7) 如果要删除该触发器，就在“选择”列中选择要删除的触发器，然后单击“删除”按钮，出现是否要删除的“确认”页，如图 13-64 所示。

(8) 单击“是”按钮，便开始删除触发器，最后返回“触发器”页，并显示“已成功删除触发器”的更新消息。此时在“结果”列表中就看不见该触发器了，如图 13-65 所示。

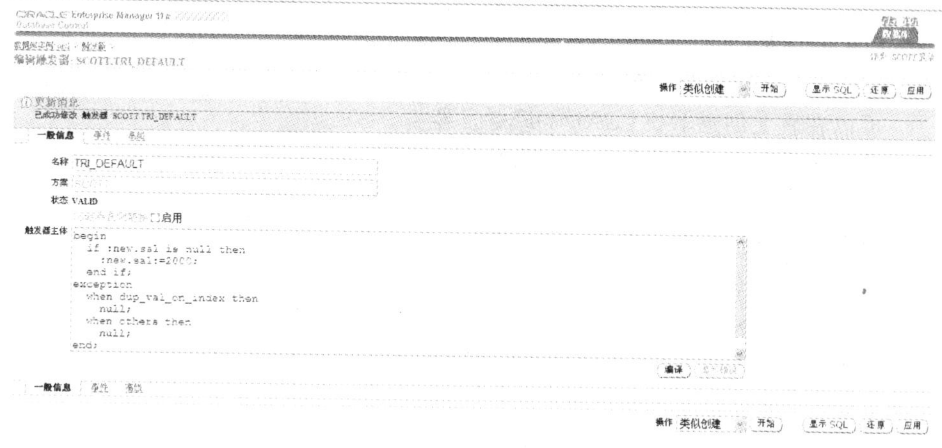

图 13-63　编辑成功触发器页面

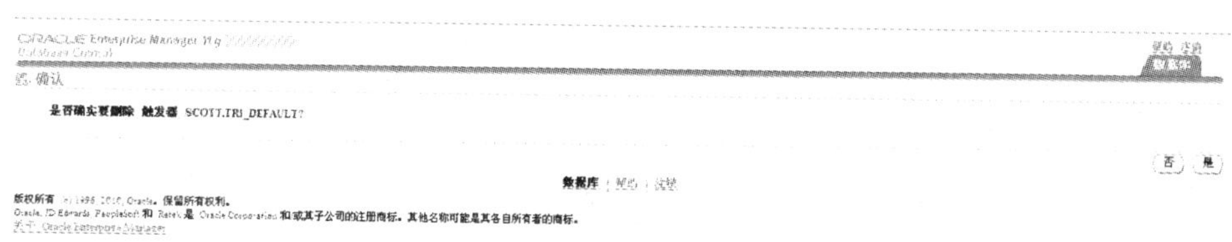

图 13-64　删除触发器页面

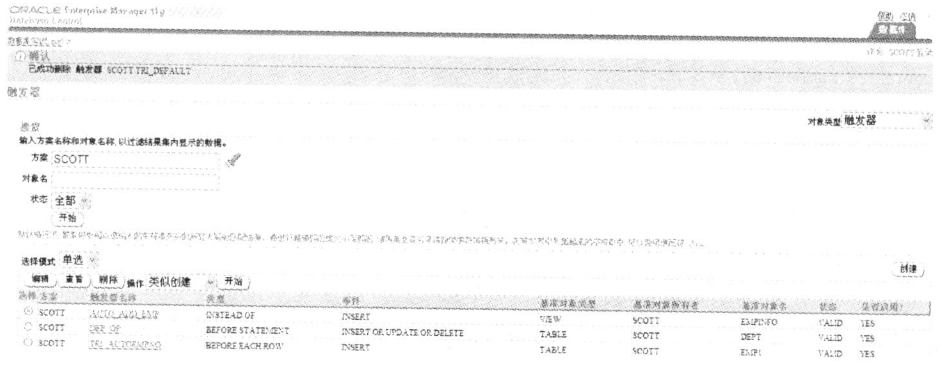

图 13-65　删除成功触发器页面

习题

一、选择题

1. 下面语句中,用来创建存储过程的语句是(　　)。
   A. CREATE TABLE　　B. ALTE PROCEDURE
   C. DROP VIEW　　D. CREATE PROCEDURE
2. 关于存储过程参数,正确的说法是(　　)。
   A. 存储过程的输出参数可以是标量类型,也可以是表类型
   B. 存储过程输入参数可以不输入信息而调用过程

C. 可以指定字符参数的字符长度(函数的()或者过程的(number/varchar2))
D. 以上说法都不对

3. 关于触发器,下列说法正确的是(　　)。
A. 可以在表上创建 INSTEAD OF 触发器
B. 语句级触发器不能使用":old"和":new"
C. 行级触发器不能用于审计功能
D. 触发器可以显式调用

4. 下面语句中,用来创建函数的语句是(　　)。
A. CREATE INDEX　　B. ALTE FUNCTION
C. DROP VIEW　　D. CREATE FUNCTION

二、操作题

1. 现有 student 和 score 两个表,结构如下,写出利用 SQL 语言完成以下各题的操作命令。

```
student 表结构
create table student(
student_id number(6) not null,
name varchar2(10),
sex char(10),
birthday date,
constraint id_pk primary key(student_id)
);
score 表结构
create table score(
student_id number(6),
courseno varchar2(20),
point number(4,0)
);
```

在 student 表上创建一个触发器 trig1,当插入、删除或更新该表记录时,该触发器会指出非 scott 和 system 用户没有修改权限。

2. 创建一个过程,能向 dept 表中添加一个新记录(in 参数)。

3. 创建一个过程,从 emp 表中代入雇员的姓名,返回该雇员的薪水值(out 参数)。然后调用过程。

4. 创建一个函数,它以部门号作为参数传递并且使用函数显示那个部门的名称与位置。然后调用此函数。

5. 创建一个行级触发器,将从 emp 表中删除的记录输入到 ret_emp 表中。

6. 创建一个行级触发器,停止用户删除雇员名为"SMITH"的记录。

7. 创建一个语句级触发器,不允许用户在"Sundays"中使用 emp 表。

第14章 用户与权限管理

14.1 创建与管理用户账户

创建企业的信息管理系统是给企业员工使用的，因此，必须要能创建各种不同的用户，以适应企业内各个不同职务的员工所使用。用户对于企业数据库内的数据有着不同程度的需求，因此，需要有安全性的管理。相同的表对于不同的用户而言，可能需要授予不同的权限，有些人只能读取，有些人则可以添加、修改和删除数据。

标识用户是 Oracle 数据库管理的基本要求之一，每一个能够连接到数据库的用户都必须是系统的合法用户。用户要想使用 Oracle 的系统资源(查询数据、创建表等)，必须要拥有相应的权限。创建用户并授予权限是 Oracle 系统管理员的基本任务之一。

14.1.1 配置身份验证

Oracle 为用户账户提供了三种身份验证方法。

1. 密码验证

当一个使用密码验证机制的用户试图连接到数据库时，数据库会核实用户名是否是一个有效的数据库账户，并且提供与该用户在数据库中存储的密码相匹配的密码。

由于用户信息和密码都存储在数据库内部，所以密码验证用户也称为数据库验证用户。

2. 外部验证

当一个外部验证式用户试图连接到数据库时，数据库会核实用户名是否是一个有效的数据库账户，并确信该用户已经完成了操作系统级别的身份验证。注意，外部验证式用户并不在数据库中存储一个验证密码。

3. 全局验证

全局验证式用户也不在数据库中存储验证密码，这种类型的验证是通过一个高级安全选项所提供的身份验证服务来进行的。

在上述的三种验证方式中，密码验证是最常使用的验证用户的方法。

14.1.2 创建用户的语法

要创建一个新的用户(指密码验证用户，以下皆同)，可以采用 CREATE USER 命令。下面是 CREATE USER 命令的语法。

```
CREATE USER username IDENTIFIED BY password
OR IDENTIFIED EXETERNALLY
OR IDENTIFIED GLOBALLY AS 'CN = user'
[DEFAULT TABLESPACE tablespace]
[TEMPORARY TABLESPACE temptablespace]
[QUOTA [integer K[M] ] [UNLIMITED] ] ON tablespace
[,QUOTA [integer K[M] ] [UNLIMITED] ] ON tablespace
[PROFILES profile_name]
[PASSWORD EXPIRE]
[ACCOUNT LOCK or ACCOUNT UNLOCK]
```

其中：

- CREATE USER username：用户名，一般为字母数字型和"#"及"_"符号。
- IDENTIFIED BY password：用户口令，一般为字母数字型和"#"及"_"符号。
- IDENTIFIED EXETERNALLY：表示用户名在操作系统下验证，该用户名必须与操作系统中所定义的用户名相同。
- IDENTIFIED GLOBALLY AS 'CN=user'：用户名由 Oracle 安全域中心服务器验证，CN 名字表示用户的外部名。
- [DEFAULT TABLESPACE tablespace]：默认的表空间。
- [TEMPORARY TABLESPACE temp tablespace]：默认的临时表空间。
- [QUOTA [integer K[M]] [UNLIMITED]] ON tablespace：用户可以使用的表空间的字节数。
- [PROFILES profile_name]：资源文件的名称。
- [PASSWORD EXPIRE]：立即将口令设成过期状态，用户再登录前必须修改口令。
- [ACCOUNT LOCK or ACCOUNT UNLOCK]：用户是否被加锁，默认情况下是不加锁的。

14.1.3 创建用户实例

本节通过具体实例演示如何创建数据库用户。

(1) 创建用户，指定默认表空间和临时表空间。

创建用户名为 wang，口令为 wbtest，默认表空间为 users，临时表空间为 TEMP 的用户。

示例 1：

```
CREATE USER wang IDENTIFIED BY wbtest
DEFAULT TABLESPACE users
TEMPORARY TABLESPACE TEMP;
```

在创建用户时通过 QUOTA xxxM ON tablespace_name 子句即可。

(2) 创建用户，并配置磁盘限额。

创建一个用户名为 wbtest，口令为 wbtest，默认表空间为 USERS，临时表空间为 TEMP 的用户，并且不允许该用户使用 SYSTEM 表空间。

示例 2：

```
CREATE USER wbtest IDENTIFIED BY wbtest
DEFAULT TABLESPACE users
TEMPORARY TABLESPACE TEMP
QUOTA 0 ON SYSTEM;
```

(3) 配置用户在指定表空间上不受限制。

创建一个用户名为 test,口令为 test,默认表空间为 users,并且该用户使用 users 表空间不受限制。

示例 3:

```
CREATE USER test IDENTIFIED BY test
DEFAULT TABLESPACE users
QUOTA UNLIMITED ON users;
```

在创建用户时,以下几点需要特别注意:

- 初始建立的数据库用户没有任何权限,不能执行任何数据库操作。
- 如果建立用户时不指定 DEFAULT TABLESPACE 子句,Oracle 会将 SYSTEM 表空间作为用户默认表空间。
- 如果建立用户时不指定 TEMPORARY TABLESPACE 子句,Oracle 会将数据库默认临时表空间作为用户的临时表空间。
- 如果建立用户时没有为表空间指定 QUOTA 子句,那么用户在特定表空间上的配额为 0,用户将不能在相应表空间上建立数据对象。
- 初始建立的用户没有任何权限,所以为了使用户可以连接到数据库,必须授权其 CREATE SESSION 权限。

14.1.4 修改用户语法与实例

用户创建完成后,管理员可以对用户进行修改,包括修改用户口令、改变用户默认表空间、临时表空间、磁盘配额及资源限制等。修改用户的命令语法如下:

```
ALTER USER username IDENTIFIED BY password
OR IDENTIFIED EXETERNALLY
OR IDENTIFIED GLOBALLY AS 'CN = user'
[DEFAULT TABLESPACE tablespace]
[TEMPORARY TABLESPACE temptablespace]
[QUOTA [integer K[M] ] [UNLIMITED] ] ON tablespace
[,QUOTA [integer K[M] ] [UNLIMITED] ] ON tablespace
[PROFILES profile_name]
[PASSWORD EXPIRE]
[ACCOUNT LOCK or ACCOUNT UNLOCK]
[DEFAULT ROLE role[,role]]
OR [DEFAULT ROLE ALL [EXCEPT role[,role]]]
OR [DEFAULT ROLE NOTE]
```

其中,各个参数的含义可以参照前面 CRREATE USER 语法中的解释,这里不再赘述。

如果 DBA 在创建用户时指定了用户在某个表空间的磁盘限额,那么经过一段时间,该用户使用该表空间已经达到了 DBA 所设置的磁盘限额时,Oracle 系统会给出类似于下面的错误提示:

```
ORA - 01536:SPACE QUOTA EXCEEDED FOR TABLESPACE 'USERS'
```

此时,DBA 应该及时通过 ALTER USER 命令增加用户在该表空间中的使用限额。

(1) 修改用户的磁盘限额。

当 Oracle 系统提示 ORA-01536 错误时,表示该用户的资源超出限额,需要为用户增加资源。

示例 1:

```
SQL > SQLPLUS SYSTEM/password
SQL > ALTER USER wbtest QUOTA 100M ON USERS;
```

通过上述命令,将用户 wbtest 在 USERS 表空间上的磁盘限额扩展到 100M。

(2) 修改用户的口令。

将 scott 用户的口令改为 tigerabc。

示例 2:

```
SQL > ALTER user scott identified by tigerabc;
```

为了安全起见,Oracle 默认安装完成后,很多用户处于 LOCKED 状态,可以对 LOCKED 状态的用户解除锁定。

(3) 查询 Oracle 系统中被锁住的用户信息。

示例 3:

```
  SQL > SELECT username,account_status,lock_date FROM dba_users;
USERNAME     ACCOUNT_STATUS      LOCK_DTAE
--------------------------------------------------------------------
SYS          OPEN
SYSTEM       OPEN
DBSNMP       OPEN
HOUSE        OPEN
SCOTT        OPEN
OE           OPEN
OUTLN        EXPIRED&LOCKED      18 - 8 月  - 07
WMSYS        EXPIRED&LOCKED      18 - 8 月  - 07
ORDSYS       EXPIRED&LOCKED      18 - 8 月  - 07
MDSYS        EXPIRED&LOCKED      18 - 8 月  - 07
```

(4) 使用 ALTER USER 解锁被锁住的 MDSYS 用户。

```
  SQL > SHOW USER;
USER 为"SYSTEM"
SQL > alter user MDSYS account unlock;
用户已更改。
```

14.1.5 删除用户

删除用户是通过 DROP USER 命令完成的,删除用户后,Oracle 会从数据字典中删除用户、方案及其所有对象方案,语法如下:

```
DROP USER user [CASCADE]
```

如果用户包含数据库对象，则必须加 CASCADE 选项，此时连同该用户所拥有的对象一起删除。

14.2 数据库授权方法

一旦使用数据库验证了用户，下一步就是确定用户有权访问或使用的对象类型、权限和资源。本节中将介绍配置文件控制管理密码的方式，还将介绍配置文件在各种类型的系统资源上添加限制的方式。此外，本节将讨论 Oracle 数据库中两种类型的权限：系统权限和对象权限。这两种权限都可以直接赋予用户，或者通过角色间接赋予用户，这是另一种在将权限赋予用户时可以简化 DBA 工作的机制。

14.2.1 配置文件的管理

配置文件可用作授权机制来控制如何创建、重用和验证用户密码。例如，可能希望实施最小的密码长度，同时需要密码中至少出现一个大写字母和一个小写字母。本节中将讨论配置文件如何管理密码和资源。

1. create profile 命令

create profile 命令有双重用途。可以创建配置文件，将用户的连接时间限制为 120 分钟。

```
CREATE PROFILE lim_connect limit
connect_time 120;
```

类似地，可以限制在锁定账户之前登录可以连续失败的次数：

```
CREATE PROFILE lim_fail_login limit
failed_login_attempts 8;
```

或者，可以将这两种类型的限制合并在一个配置文件中：

```
CREATE PROFILE lim_connectime_faillog limit
connect_time 120
failed_login_attempts 8;
```

Oracle 如何响应超出的一种资源限制取决于限制的类型。当到达一个连接时间限制或空闲时间限制(如 CPU_PER_SESSION)时，回滚进行中的事务，并且取消会话连接。对于大多数其他的资源限制(如 PRIVATE_SGA)，回滚当前的事务，将一个错误返回给用户，并且用户可以选择提交或回滚事务。如果操作超出某个调用的限制(如 LOGICAL_READS_PER_CALL)，则中断该操作，回滚当前的语句，并且将一个错误返回给用户。事务的剩余部分保持不变，然后，用户可以回滚、提交或尝试在不超出语句限制的情况下完成事务。

Oracle 提供了 DEFAULT 配置文件，如果没有指定其他的配置文件，则将该配置文件应用于任何新用户。下面针对数据字典视图 DBA_PROFILES 的查询显示了 DEFAULT 配置文件的限制：

```
SQL> SELECT * FROM dba_profiles
2      WHERE profile = 'DEFAULT';
PROFILE      RESOURCE_NAME                 RESOURCE     LIMIT
-----------  ----------------------------  --------     ----------
DEFAULT      COMPOSITE_LIMIT               KERNEL       UNLIMITED
DEFAULT      SESSIONS_PER_USER             KERNEL       UNLIMITED
DEFAULT      CPU_PER_SESSION               KERNEL       UNLIMITED
DEFAULT      CPU_PER_CALL                  KERNEL       UNLIMITED
DEFAULT      LOGICAL_READS_PER_SESSION     KERNEL       UNLIMITED
DEFAULT      LOGICAL_READS_PER_CALL        KERNEL       UNLIMITED
DEFAULT      IDLE_TIME                     KERNEL       UNLIMITED
DEFAULT      CONNECT_TIME                  KERNEL       UNLIMITED
DEFAULT      PRIVATE_SGA                   KERNEL       UNLIMITED
DEFAULT      FAILED_LOGIN_ATTEMPTS         PASSWORD     10
DEFAULT      PASSWORD_LIFE_TIME            PASSWORD     180
DEFAULT      PASSWORD_REUSE_TIME           PASSWORD     UNLIMITED
DEFAULT      PASSWORD_REUSE_MAX            PASSWORD     UNLIMITED
DEFAULT      PASSWORD_VERIFY_FUNCTION      PASSWORD     NULL
DEFAULT      PASSWORD_LOCK_TIME            PASSWORD     1
DEFAULT      PASSWORD_GRACE_TIME           PASSWORD     7
16 rows selected.
```

DEFAULT配置文件中唯一真正的约束将锁定账户前连续不成功的登录尝试数量(FAILED_LOGIN_ATTEMPTS)限制为10，将必须改变密码前此密码可以使用的天数(PASSWORD_LIFE_TIME)设置为180。此外，没有启用任何密码验证功能。

2. 配置文件和密码控制

表14-1中是密码相关的配置文件参数。按照天数指定所有时间单位(例如，为了以分钟为单位指定这些参数，可以将其除以1440)。

```
SQL> CREATE PROFILE lim_lock limit password_lock_time 5/1440;
Profile created.
```

在该示例中，在登录失败指定的次数后，账户将只锁定5分钟。

表14-1　密码相关的配置文件参数

密码参数	说　明
FAILED_LOGIN_ATTEMPTS	锁定账户前失败的登录尝试次数
PASSWORD_LIFE_TIME	在必须改变密码前可以使用该密码的天数。如果没有在PASSWORD_GRACE_TIME中进行改动，则必须在允许登录前改变该密码
PASSWORD_REUSE_TIME	用户在重新使用密码前必须等待的天数，该参数和PASSWORD_REUSE_MAX结合起来使用
PASSWORD_REUSE_MAX	在可以重用密码前必须进行的密码改动次数，该参数和PASSWORD_REUSE_TIME结合起来使用
PASSWORD_LOCK_TIME	在FAILED_LOGIN_ATTEMPTS尝试后锁定账户的天数。在这个时间周期后，账户自动解除锁定
PASSWORD_GRACE_TIME	在多少天之后到期密码必须改变。如果没有在这个时间周期内进行改动，则账户到期，并且必须在用户可以成功登录之前改变该密码
PASSWORD_VERIFY_FUNCTION	PL/SQL脚本，用于提供高级密码验证例程。如果指定为NULL(默认值)，则不执行任何密码验证

对于具有该配置文件的用户，如果他们的密码至少已经改变了5次，则这些密码可以在20天后重新使用。如果为其中一个参数指定一个值，而为另一个参数指定UNLIMITED，则用户可以永远不重用密码。

如果希望对如何创建和重用密码提供更严格的控制，例如在每个密码中混合使用大写字母和小写字母，则需要在每个应用程序配置文件中启用PASSWORD_VERIFY_FUNCTION限制。Oracle提供了一个模板来实施组织的密码策略。该模板位于$ORACLE_HOME/rdbms/admin/utlpwdmg.sql。该脚本的一些关键部分如下：

```
CREATE OR REPLACE FUNCTION verify_function_11G
(username varchar2,
password varchar2,
old_password varchar2)
RETURN boolean IS
n boolean;
m integer;
differ integer;
isdigit boolean;
ischar boolean;
ispunct boolean;
db_name varchar2(40);
digitarray varchar2(20);
punctarray varchar2(25);
chararray varchar2(52);
i_char varchar2(10);
simple_password varchar2(10);
reverse_user varchar2(32);
BEGIN
digitarray:= '0123456789';
chararray:= 'abcdefghijklmnopqrstuvwxyzABCDEFGHIJKLMNOPQRSTUVWXYZ';
. . .
-- Check if the password is same as the username reversed
FOR i in REVERSE 1..length(username) LOOP
reverse_user := reverse_user || substr(username, i, 1);
END LOOP;
IF NLS_LOWER(password) = NLS_LOWER(reverse_user) THEN
raise_application_error(-20003, 'Password same as username reversed');
END IF;
. . .
-- Everything is fine; return TRUE ;
RETURN(TRUE);
END;
/
-- This script alters the default parameters for Password Management
-- This means that all the users on the system have Password Management
-- enabled and set to the following values unless another profile is
-- created with parameter values set to different value or UNLIMITED
-- is created and assigned to the user.
ALTER PROFILE DEFAULT LIMIT
PASSWORD_LIFE_TIME 180
PASSWORD_GRACE_TIME 7
PASSWORD_REUSE_TIME UNLIMITED
PASSWORD_REUSE_MAX UNLIMITED
FAILED_LOGIN_ATTEMPTS 10
PASSWORD_LOCK_TIME 1 PASSWORD_VERIFY_FUNCTION
```

```
verify_function_11G;
```

该脚本为密码复杂性提供了如下功能：

- 确保密码与用户名不同。
- 确保密码至少具有4个字符长。
- 进行检查，确保密码不是简单的、显而易见的单词，例如Oracle或Database。
- 需要密码包含一个字母、一个数字以及一个标点符号。
- 确保密码与前面的密码至少有三个字符不同。

为了使用这一策略，首先应对该脚本进行自定义改动。例如，可能希望具有几个不同的验证函数，每一个函数针对一个国家或一个业务部门，用于将数据库密码复杂性需求匹配特定国家或业务部门中使用的操作系统的需求。例如，可以将这种函数重命名为VERIFY_FUNCTION_US_MIDWEST。此外，可能希望将简单单词的列表改为包括公司的部门名称或建筑大楼名称。

一旦成功编译该函数，可以通过ALTER PROFILE命令，改变已有的配置文件以使用该函数，或者可以创建使用该函数的新的配置文件。在下面的示例中，改变DEFAULT配置文件以使用函数VERIFY_FUNCTION_US_MIDWEST：

```
SQL> ALTER PROFILE default limit
2       password_verify_function
verify_function_us_midwest;
Profile altered.
```

对于所有使用DEFAULT配置文件的已有用户，或者是使用DEFAULT配置文件的新用户，通过VERIFY_FUNCTION_US_MIDWEST函数检查他们的密码。如果该函数返回不同于TRUE的值，则不允许该密码，用户必须指定不同的密码。如果用户的当前密码不符合该函数中的规则，该密码仍然有效，直到改变密码，此时该函数必须验证新的密码。

3. 配置文件和资源控制

表14-2中列出了使用CREATE PROFILE profilename LIMIT后可以出现的资源控制配置文件选项列表。每个参数都可以是整数、UNLIMITED或DEFAULT。

表14-2 与资源相关的配置文件参数

资源参数	说明
SESSIONS_PER_USER	用户可以同时具有的最大会话数量
CPU_PER_SESSION	每个会话允许的最大CPU时间，以1%秒为单位
CPU_PER_CALL	语句解析、执行或读取操作的最大CPU时间，以1%秒为单位
CONNECT_TIME	最大总计消耗时间，以分钟为单位
IDLE_TIME	当查询或其他操作停止执行时，会话中的最大连续不活动时间，以分钟为单位
LOGICAL_READS_PER_SESSION	每个会话从内存或磁盘中读取的数据块总量
LOGICAL_READS_PER_CALL	语句解析、执行或读取操作的最大数据块读取量
COMPOSITE_LIMIT	以服务单位划分的总计资源成本，作为CPU_PER_SESSION、CONNECT_TIME、LOGICAL_READS_PER_SESSION和PRIVATE_SGA的组合加权和
PRIVATE_SGA	会话可以在共享池中分配的最大内存量，以字节、千字节或兆字节为单位

和密码相关的参数一样，UNLIMITED 表示没有限制可以使用的资源数量。DEFAULT 表示该参数从 DEFAULT 配置文件中获得它的值。

COMPOSITE_LIMIT 参数允许在使用的资源类型剧烈变化时控制一组资源限制。它允许用户在一个会话期间使用大量 CPU 时间和较少的磁盘 I/O，而在另一个会话期间采用相反的情况，但不需要通过策略来取消连接。

默认情况下，所有的资源成本为 0。

```
SQL> SELECT * FROM resource_cost;
RESOURCE_NAME                    UNIT_COST
-------------------------------- ----------
CPU_PER_SESSION                           0
LOGICAL_READS_PER_SESSION                 0
CONNECT_TIME                              0
PRIVATE_SGA                               0
4 rows selected.
```

为了调整资源成本的权值，可以使用 ALTER RESOURCE COST 命令。在下面的示例中，改变加权，从而 CPU_PER_SESSION 更关注 CPU 利用率而不是连接时间，其比例系数为 25：1。换句话说，用户将更可能由于 CPU 利用率（而不是连接时间）而取消连接。

```
SQL> ALTER RESOURCE COST
2       cpu_per_session 50
3       connect_time 2;
Resource cost altered.
SQL> SELECT * FROM resource_cost;
RESOURCE_NAME                    UNIT_COST
-------------------------------- ----------
CPU_PER_SESSION                          50
LOGICAL_READS_PER_SESSION                 0
CONNECT_TIME                              2
PRIVATE_SGA                               0
4 rows selected.
```

下一步是创建新的配置文件或修改已有的配置文件，从而可以使用组合的限制。

```
SQL> CREATE profile lim_comp_cpu_conn limit
2       composite_limit 250;
Profile created.
```

因此，赋予配置文件 LIM_COMP_CPU_CONN 的用户将使用下面的公式计算成本，从而限制他们的会话资源。

```
composite_cost = (50 * CPU_PER_SESSION) + (2 * CONNECT_TIME);
```

表 14-3 中提供了资源利用的一些示例，用于查看是否超出了组合限制 250。

表 14-3　资源利用情况

CPU/秒	连接/秒	组合的成本	是否超出
0.05	100	(50×5) + (2×100) = 450	是

续表

CPU/秒	连接/秒	组合的成本	是否超出
0.02	30	(50×2) + (2×30) = 160	否
0.01	150	(50×1) + (2×150) = 350	是
0.02	5	(50×2) + (2×5) = 110	否

在这个特定的示例中没有使用参数 PRIVATE_SGA 和 LOGICAL_READS_PER_SESSION，除非在配置文件定义中的其他位置指定它们，否则它们默认为在 DEFAULT 配置文件中的值。使用组合限制的目的在于用户可以运行更多类型的查询或 DML。在某些天中，他们可能运行许多查询，这些查询执行大量计算，但是没有访问过多的表行。在其他一些天中，他们可能执行许多完整的表扫描，但是没有保持长时间的连接。在这些情况中，不希望通过单一的一个参数来限制用户，而是通过总计的资源利用率来限制用户，该资源利用率按照服务器上每个资源的可用性的加权来获得。

14.2.2 系统权限

系统权限是在数据库中任何对象上执行操作的权利，以及其他一些权限，这些权限完全不涉及对象，而是涉及运行批处理作业、改变系统参数、创建角色，甚至是连接到数据库自身等方面。Oracle 11g 的版本中有 206 个系统权限。可以在数据字典表 SYSTEM_PRIVILEGE_MAP 中看到所有这些权限。

```
SQL> SELECT * FROM system_privilege_map;
PRIVILEGE  NAME                                       PROPERTY
---------- ----------------------------------------  ----------
-3         ALTER SYSTEM                               0
-4         AUDIT SYSTEM                               0
-5         CREATE SESSION                             0
-6         ALTER SESSION                              0
-7         RESTRICTED SESSION                         0
-10        CREATE TABLESPACE                          0
-11        ALTER TABLESPACE                           0
-12        MANAGE TABLESPACE                          0
-13        DROP TABLESPACE                            0
-15        UNLIMITED TABLESPACE                       0
-20        CREATE USER                                0
-21        BECOME USER                                0
-22        ALTER USER                                 0
-23        DROP USER                                  0
...
-318       INSERT ANY MEASURE FOLDER                  0
-319       CREATE CUBE BUILD PROCESS                  0
-320       CREATE ANY CUBE BUILD PROCESS              0
-321       DROP ANY CUBE BUILD PROCESS                0
-322       UPDATE ANY CUBE BUILD PROCESS              0
-326       UPDATE ANY CUBE DIMENSION                  0
-327       ADMINISTER SQL MANAGEMENT OBJECT           0
-350       FLASHBACK ARCHIVE ADMINISTER               0
206 rows selected.
```

表 14-4 列出了一些更为常见的系统权限，并且简要描述了这些权限。

表 14-4　常见的系统权限

系统权限	功　能
ALTER DATABASE	对数据库进行改动，例如将数据库状态从 MOUNT 改为 OPEN，或者是恢复数据库
ALTER SYSTEM	发布 ALTER SYSTEM 语句：切换到下一个重做日志组，改变 SPFILE 中的系统初始参数
AUDIT SYSTEM	发布 AUDIT 语句
CREATE DATABASE LINK	创建到远程数据库的数据库链接
CREATE ANY INDEX	在任意模式中创建索引；针对用户的模式，随同 CREATE TABLE 一起授权 CREATE INDEX
CREATE PROFILE	创建资源/密码配置文件
CREATE PROCEDURE	在自己的模式中创建函数、过程或程序包
CREATE ANY PROCEDURE	在任意的模式中创建函数、过程或程序包
CREATE SESSION	连接到数据库
CREATE SYNONYM	在自己的模式中创建私有同义词
CREATE ANY SYNONYM	在任意模式中创建私有同义词
CREATE PUBLIC SYNONYM	创建公有同义词
DROP ANY SYNONYM	在任意模式中删除私有同义词
DROP PUBLIC SYNONYM	删除公有同义词
CREATE TABLE	在自己的模式中创建表
CREATE ANY TABLE	在任意模式中创建表
CREATE TABLESPACE	在数据库中创建新的表空间
CREATE USER	创建用户账户/模式
ALTER USER	改动用户账户/模式
CREATE VIEW	在自己的模式中创建视图
SYSDBA	如果启用了外部密码文件，则在外部密码文件中创建一个条目；同时，执行启动/关闭数据库，改变数据库，创建数据库，恢复数据库，创建 SPFILE，以及当数据库处于 RESTRICTED SESSION 模式时连接数据库
SYSOPER	如果启用了外部密码文件，则在外部密码文件中创建一个条目；同时，执行启动/关闭数据库，改变数据库，恢复数据库，创建 SPFILE，以及当数据库处于 RESTRICTED SESSION 模式时连接数据库

1. 授予系统权限

使用 GRANT 命令将权限授予用户、角色或 PUBLIC，使用 REVOKE 命令取消权限。PUBLIC 是一个特殊的组，包含所有的数据库用户，通过它可以方便快捷地将权限授予数据库中的每个人。

为了授予用户 scott 创建存储过程和同义词的能力，可以使用类似于如下的命令：

```
SQL> GRANT create procedure, create synonym to scott;
Grant succeeded.
```

取消权限也非常容易。

```
SQL> REVOKE create synonym from scott;
Revoke succeeded.
```

如果希望允许被授权者有权将相同的权限授予其他某个人,可以在授予权限时包括 with admin option 选项。在前面的示例中,希望用户 scott 能够将 CREATE PROCEDURE 权限授予其他用户。为了实现这一点,需要重新授予 CREATE PROCEDURE 权限:

```
SQL > GRANT create procedure to scott with admin option;
Grant succeeded.
```

现在用户 scott 可以发布 GRANT create procedure 命令。注意,如果取消 scott 将该权限授予其他人的许可,他已经授予权限的用户将保留该权限。

2. 系统权限数据字典视图

表 14-5 包含了与系统权限相关的数据字典视图。

表 14-5 系统权限数据字典视图

数据字典视图	说明
DBA_SYS_PRIVS	赋予角色和用户的系统权限
SESSION_PRIVS	对该会话的这个用户有效的所有系统权限,直接授权或通过角色
ROLE_SYS_PRIVS	通过角色授权给用户的当前会话权限

14.2.3 对象权限

与系统权限相比,对象权限是在特定对象(如表或序列)上执行特定类型操作的权利,该对象不在用户自己的模式中。和系统权限一样,使用 GRANT 和 REVOKE 命令来授予和取消对象上的权限。

和系统权限一样,可以授予对象权限给 PUBLIC 或特定用户,并且具有对象权限的用户可以将其传递给其他用户,其方法是使用 with grant option 子句授予对象权限。

注意:当所有当前的和未来的数据库用户确切地需要权限时,只将对象权限或系统权限授予 PUBLIC。一些模式对象,例如集群和索引,依赖于系统权限来控制访问。在这些情况中,如果用户拥有这些对象或具有 ALTER ANY CLUSTER 或 ALTER ANY INDEX 系统权限,则可以改变这些对象。在自己的模式中拥有对象的用户自动具有这些对象上的所有对象权限,并且可以将这些对象上的任何对象权限授予任意用户或另一个角色,使用或不使用 grant option 子句。

表 14-6 中是可用于不同类型对象的对象权限,一些权限只适用于某些类型的对象。例如,INSERT 权限只对表、视图和物化视图有意义。另外,EXECUTE 权限适用于函数、过程和程序包,但不适用于表。

表 14-6 对象权限

对象权限	功能
ALTER	可以改变表或序列的定义
DELETE	可以从表、视图或物化视图中删除行
EXECUTE	可以执行函数或过程,使用或不使用程序包
DEBUG	允许查看在表上定义的触发器中的 PL/SQL 代码,或者查看引用表的 SQL 语句。对于对象类型,该权限允许访问在对象类型上定义的所有共有和私有变量、方法和类型

续表

对象权限	功能
FLASHBACK	允许使用保留的撤销信息在表、视图和物化视图中进行闪回查询
INDEX	可以在表上创建索引
INSERT	可以向表、视图或物化视图中插入行
ON COMMIT REFRESH	可以根据表创建提交后刷新的物化视图
QUERY REWRITE	可以根据表创建用于查询重写的物化视图
READ	可以使用 Oracle DIRECTORY 定义读取操作系统目录的内容
REFERENCES	可以创建引用另一个表的主键或唯一键的外键约束
SELECT	可以从表、视图或物化视图中读取行，此外还可以从序列中读取当前值或下面的值
UNDER	可以根据已有的视图创建视图
UPDATE	可以更新表、视图或物化视图中的行
WRITE	可以使用 Oracle DIRECTORY 定义将信息写入到操作系统目录

值得注意的是，不可以将 DELETE、UPDATE 和 INSERT 权限授予物化视图，除非这些视图是可更新的。一些对象权限和系统权限重复；例如，如果没有表上的 FLASHBACK 对象权限，但只要有 FLASHBACK ANY TABLE 系统权限，就仍然可以执行闪回查询。

在下面的示例中，DBA 授权 scott 对表 HR. EMPLOYEES 的完全访问，但只允许 scott 将 select 对象权限传递给其他用户：

```
SQL> GRANT insert, update, delete on hr.employees to scott;
Grant succeeded.
SQL> GRANT select on hr.employees to scott with grant option;
GRANT succeeded.
```

注意：如果取消了 Scott 在表 hr. employees 上的 Select 权限，则也取消他授予该权限的用户的 select 权限。

1. 表权限

可以在表上授予的权限类型主要分为两类：DML 操作和 DDL 操作。DML 操作包括 Delete、Insert、Select 和 Update，而 DDL 操作包括添加、删除和改变表中的列，以及在表上创建索引。

授权表上的 DML 操作时，可以将这些操作限制为只针对某些列。例如，可能希望允许 scott 查看和更新 hr. employees 中所有的行和列，除了 salary 列。为了做到这一点，首先需要取消表上已有的 Select 权限：

```
SQL> REVOKE update on hr.employees from scott;
Revoke succeeded.
```

接下来，让 scott 更新除了 salary 列之外的所有列：

```
SQL> GRANT update (employee_id, first_name, last_name, email,
2          phone_number, hire_date, job_id, commission_pct,
3          manager_id, department_id)
4   on hr.employees to scott;
Grant succeeded.
```

scott 将能够更新 hr.employees 表中除了 salary 列之外的所有列：

```
SQL> UPDATE hr.employees set first_name = 'Stephen' where employee_id = 100;
1 row updated.
SQL> UPDATE hr.employees set salary = 50000 where employee_id = 203;
update hr.employees set salary = 50000 where employee_id = 203
*
ERROR at line 1:
ORA-01031: insufficient privileges
```

2. 视图权限

视图上的权限类似于在表上授予的权限。假设视图是可更新的，则可以选择、更新、删除或插入视图中的行。为了创建视图，首先需要 CREATE VIEW 系统权限(用于在自己的模式中创建视图)或 CREATE ANY VIEW 系统权限(用于在任意模式中创建视图)。即使是创建视图，也必须至少具有视图的底层表上的 SELECT 对象权限以及 INSERT、UPDATE 和 DELETE 等对象权限(如果希望在视图上执行这些操作，并且视图是可更新的)。作为选择，如果底层的对象不在自己的模式中，则可以有 SELECT ANY TABLE、INSERT ANY TABLE、UPDATE ANY TABLE 或 DELETE ANY TABLE 权限。

为了允许其他人使用你的视图，必须使用 GRANT OPTION 具有视图的基表上的许可，或者必须使用 ADMIN OPTION 具有系统权限。例如，如果创建针对 hr.employees 表的视图，则必须通过 WITH GRANT OPTION 子句授予 HR.EMPLOYEES 表上的 SELECT 对象权限，或者通过 WITH ADMIN OPTION 子句具有 SELECT ANY TABLE 系统权限。

3. 过程权限

对于过程、函数以及包含过程和函数的程序包，EXECUTE 权限是唯一可以应用的对象权限。从 Oracle 8i 开始，可以从定义者、过程或函数的创建者、调用者、运行函数或过程的用户等的角度来运行过程和函数。

使用定义者的权利运行过程时，如同定义者自身运行该过程一样，定义者所有的权限都对过程中引用的对象有效。这是在私有数据库对象上实施约束的好方法：授予其他用户在过程上的 EXECUTE 许可，而没有授予引用对象上的任何许可。结果，定义者可以控制其他用户如何访问对象。

相反，使用调用者权利的过程需要调用者具有针对该过程中引用的任何对象的直接权利，例如 SELECT 和 UPDATE。该过程可能引用了无限定的表 ORDERS，并且如果数据库的所有用户都具有 ORDERS 表，则自己有 ORDERS 表的任何用户都可以使用相同的过程。使用调用者权利的过程的另一个优点是在过程中启用该角色。本章后面将深入讨论角色。

默认情况下，使用定义者的权利创建过程。为了指定过程使用调用者的权利，必须在过程定义中包括关键字 authid current_user，如同下面的示例所示：

```
CREATE or replace procedure process_orders (order_batch_date  date)
authid current_user as
begin
-- process user's ORDERS table here using invoker's rights,
-- all roles are in effect
end;
```

为了创建过程，用户必须具有 CREATE PROCEDURE 或 CREATE ANY PROCEDURE 系统权限。对于正确编译的过程，用户必须具有针对过程中引用的所有对象的直接权限，即使在运行时，在使用调用者权利的过程中启用了角色以获得这些相同的权限。为了允许其他用户访问过程，可以授予过程或程序包上的 EXECUTE 权限。

4. 对象权限数据字典视图

大量数据字典视图包含了赋予用户的对象权限的相关信息。表 14-7 列出了包含对象权限信息的最重要的视图。

表 14-7 对象权限数据字典视图

数据字典视图	说　明
DBA_TAB_PRIVS	授予角色和用户的表权限。包括将权限授予角色或用户的用户，使用或不使用 GRANT OPTION
DBA_COL_PRIVS	授予角色或用户的列权限。包含列名和列上的权限类型
SESSION_PRIVS	对会话的该用户有效的所有系统权限，直接授予或通过角色
ROLE_TAB_PRIVS	对于当前的会话，通过角色授予的表上的权限

14.3 创建、分配和维护角色

角色是一组指定的权限，这些权限是系统权限、对象权限或者两者的结合，用于帮助简化权限的管理。不同于单独将系统权限或对象权限授予每个用户，可以将一组系统权限或对象权限授予一个角色，然后将该角色授予用户。这将大量减少维护用户的权限所需的管理开销。

图 14-1 显示了角色如何减少在将角色用于分组权限时需要执行的 GRANT 命令(最终是 REVOKE 命令)的数量。

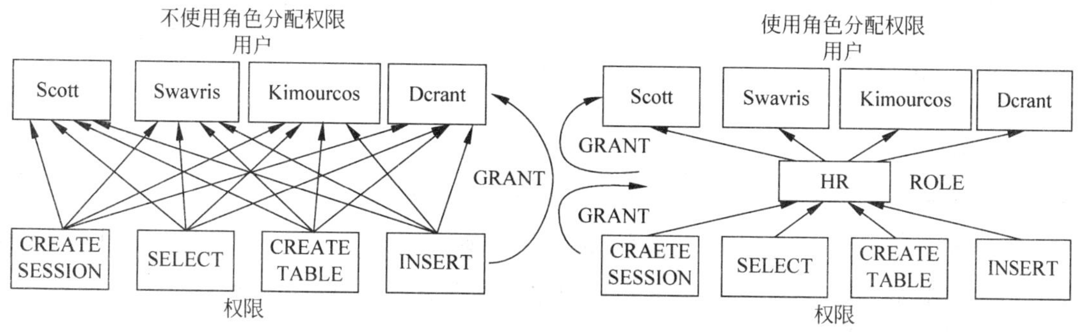

图 14-1 使用角色管理权限

如果需要改变由角色授权给一组人的权限，则只需要改变该角色的权限，并且该角色的用户有能力自动使用改动后的新权限。用户可以有选择地启用角色，有些角色可以在登录时自动启用。此外，可以使用密码保护角色，添加对数据库中该功能的另一种验证级别。

在表 14-8 中是数据库自动提供的最常见的角色，其中也简要描述了每个角色中的权限。

表 14-8 预定义的 Oracle 角色

角 色 名	权 限
CONNECT	Oracle Database 10g 版本 2 之前的版本：ALTER SESSION、CREATE CLUSTER、CREATE DATABASE LINK、CREATE SEQUENCE、CREATE SESSION、CREATE SYNONYM、CREATE TABLE、CREATE VIEW。这些权限一般是提供给数据库普通用户的权限，允许他们连接和创建表、索引以及视图。Oracle Database 10g 版本 2 及之后的版本：只有 CREATE SESSION
RESOURCE	CREATE CLUSTER、CREATE INDEXTYPE、CREATE OPERATOR、CREATE PROCEDURE、CREATE SEQUENCE、CREATE TABLE、CREATE TRIGGER、CREATE TYPE。这些权限一般用于可能正在编写 PL/SQL 过程和函数的应用程序开发人员
DBA	所有具有 WITH ADMIN OPTION 的系统权限。允许具有 DBA 角色的人将系统权限授予其他人
DELETE_CATALOG_ROLE	没有任何系统权限，而只有 SYS. AUD $ 和 FGA_LOG $ 上的对象权限(DELETE)。换句话说，该角色允许用户从用于常规或细粒度审计的审计跟踪中删除审计记录
EXECUTE_CATALOG_ROLE	各种系统程序包、过程和函数上的执行权限，例如 DBMS_FGA 和 DBMS_RLS
SELECT_CATALOG_ROLE	1638 个数据字典表上的 SELECT 对象权限
EXP_FULL_DATABASE	EXECUTE_CATALOG_ROLE、SELECT_CATALOG_ROLE 以及诸如 BACKUP ANY TABLE 和 RESUMABLE 等系统权限。允许具有该角色的用户导出数据库中的所有对象
IMP_FULL_DATABASE	类似于 EXP_FULL_DATABASE，但是具有很多的系统权限，例如 CREATE ANY TABLE，用于允许导入前面导出的完整数据库
AQ_USER_ROLE	Advanced Queuing 所需例程的执行访问，例如 DBMS_AQ
AQ_ADMINISTRATOR_ROLE	Advanced Queuing 查询的管理程序
SNMPAGENT	由 Enterprise Manager Intelligent Agent 使用
RECOVERY_CATALOG_OWNER	用于创建一个用户，该用户拥有用于 RMAN 备份和恢复的恢复目录
HS_ADMIN_ROLE	提供对表 HS_ * 和程序包 DBMS_HS 的访问，用于管理 Oracle Heterogeneous Services
SCHEDULER_ADMIN	提供对程序包 DBMS_SCHEDULER 的访问，以及用于创建批处理作业的权限

提供角色 CONNECT、RESOURCE 和 DBA 主要是为了兼容以前的 Oracle 版本，而在将来的 Oracle 版本中可能不会有这些角色。数据库管理员应该使用授权给这些角色的权限作为起点来创建自定义的角色。

1. 创建或删除角色

为了创建角色，可以使用 CREATE ROLE 命令，并且必须具有 CREATE ROLE 系统权限。一般来说，该系统权限只授权给数据库管理员或应用程序管理员。下面是示例：

```
SQL> CREATE ROLE hr_admin not identified;
Role created.
```

默认情况下，启用或使用已分配的角色不需要任何密码或验证。因此，not identified 子句是可选项。

和创建用户一样，可以通过密码（使用 Identified by password 的数据库授权）、通过操作系统（Identified externally）或者通过网络或目录服务（Identified globally）授权使用角色。

除了这些熟悉的方法，还可以通过使用程序包授权角色：这里称为使用“安全应用程序角色”。这种类型的角色使用程序包中的过程来启用角色。一般来说，只在某些条件下启用这种角色：用户正在通过 Web 接口或某个 IP 地址连接，或者是一天的某个时间。下面是使用过程启用的角色：

```
SQL> CREATE ROLE hr_clerk identified using hr.clerk_verif;
Role created.
```

创建角色时，过程 HR.CLERK_VERIF 不需要存在。然而，当授予该角色的用户需要启用它时，它必须经过编译并且有效。一般来说，使用安全应用程序角色时，默认情况下不针对用户启用该角色。为了指定在默认情况下启用除了安全应用程序角色之外的所有角色，可以使用如下的命令：

```
SQL> ALTER user kshelton default role all except hr_clerk;
User altered.
```

通过这种方式，当 HR 应用程序启动时，它可以启用角色，其方法是执行 set role hr_clerk 命令，从而调用过程 HR.CLERK_VERIF。用户不需要知道角色或启用角色的过程，因此，对象的访问和角色提供的权限都不可用于应用程序外部的用户。

删除角色和创建角色一样简单：

```
SQL> DROP role keypunch_operator;
Role dropped.
```

下一次连接到数据库时，赋予该角色的任何用户将丢失赋予该角色的权限。如果他们当前已经登录，他们将保留这些权限，直到断开与数据库的连接。

2. 将权限授予角色

将权限赋予角色非常简单，可以使用 grant 命令将权限赋予角色，如同将权限赋予用户一样：

```
SQL> GRANT select on hr.employees to hr_clerk;
Grant succeeded.
SQL> GRANT create table to hr_clerk;
Grant succeeded.
```

在该示例中，将对象权限和系统权限赋予 HR_CLERK 角色。

3. 分配或取消角色

一旦已经将所需的对象权限和系统权限赋予角色，就可以使用如下熟悉的语法将角色赋予用户：

```
SQL> GRANT hr_clerk to smavris;
Grant succeeded.
```

SMAVRIS 可以自动使用未来授予 HR_CLERK 角色的其他任何权限，因为 SMAVRIS 已经被授予该角色。

角色可以授予其他角色，这就允许 DBA 设计多层次的角色，从而使角色管理更为容易。例如，可能已经具有名为 DEPT30、DEPT50 和 DEPT100 的角色，每个角色具有一些对象权限，分别对应各个部门的表。部门 30 中的雇员将分配 DEPT30 角色，以此类推。公司的董事长希望看到所有部门中的表，不必将单个的对象权限赋予角色 ALL_DEPTS，而是可以将单个的部门角色赋予 ALL_DEPTS：

```
SQL> CREATE role all_depts;
Role created.
SQL> GRANT dept30, dept50, dept100 to all_depts;
Grant succeeded.
SQL> GRANT all_depts to sking;
Grant succeeded.
```

角色 ALL_DEPTS 可能也包含单个对象权限和系统权限，这些权限不适用于单个部门，例如订单条目表或账户应收款项表上的对象权限。

从用户处取消角色非常类似于从用户处取消权限：

```
SQL> REVOKE all_depts from sking;
Revoke succeeded.
```

下次用户连接到数据库时，这些取消的权限将不再可用于这些用户。然而，值得注意的是，如果另一个角色包含与删除角色相同对象上的权限，或者直接授予对象上的权限，则用户将保留对象上的这些权限，直到显式地取消这些授权和所有其他授权。

4. 默认的角色

默认情况下，当用户连接到数据库时启用授予该用户的所有角色。如果角色将只用于应用程序的上下文中，则在用户登录时可以先禁用该角色，然后在应用程序中启用和禁用该角色。如果用户 Scott 具有 CONNECT、RESOURCE、HR_CLERK 和 DEPT30 角色，希望指定 HR_CLERK 和 DEPT30 默认情况下不启用，则可以使用类似于如下的代码：

```
SQL> ALTER user scott default role all
2>      except hr_clerk, dept30;
User altered.
```

当 Scott 连接到数据库时，他自动具有除 HR_CLERK 和 DEPT30 外的所有角色授予的所有权限。通过使用 SET ROLE，Scott 可以在他的会话中显式地启用一个角色：

```
SQL> SET ROLE dept30;
Role set.
```

当完成对部门 30 的表的访问时，可以在会话中禁用该角色：

```
SQL> SET ROLE all except dept30;
Role set.
```

注意：在 Oracle 11g 中不赞成使用初始参数 MAX_ENABLED_ROLES。保留该参数只是为了和以前的版本兼容。

5. 启用密码的角色

为了增强数据库中的安全性，DBA 可以为角色赋予密码。在创建角色时为其赋予密码：

```
SQL> CREATE ROLE dept99 identified by d99secretpw;
Role created.
SQL> GRANT dept99 to scott;
Grant succeeded.
SQL> ALTER user scott default role all except hr_clerk, dept30, dept99;
User altered.
```

当用户 SCOTT 连接到数据库时，他正在使用的应用程序将提供密码或提示用户输入密码，或者他可以在启用角色时输入密码：

```
SQL> SET ROLE dept99 identified by d99secretpw;
Role set.
```

6. 角色数据字典视图

表 14-9 列出了与角色相关的数据字典视图。

表 14-9　与角色相关的数据字典视图

数据字典视图	说　明
DBA_ROLES	所有的角色以及它们是否需要密码
DBA_ROLE_PRIVS	授予用户或其他角色的角色
ROLE_ROLE_PRIVS	授予其他角色的角色
ROLE_SYS_PRIVS	已经授予角色的系统权限
ROLE_TAB_PRIVS	已经授予角色的表权限和表列权限
SESSION_ROLES	当前对该会话有效的角色。可用于每个用户会话

视图 DBA_ROLE_PRIVS 可以很好地用于：找出哪些角色被授予了用户，这些用户是否可以将该角色传递给另一个用户（ADMIN_OPTION），以及该角色是否在默认情况下启用（DEFAULT_ROLE）：

```
SQL> SELECT * FROM dba_role_privs
2       WHERE grantee = 'SCOTT';
GRANTEE      GRANTED_ROLE              ADMIN_OPTION  DEFAULT_ROLE
-----------  ---------------------     ------------  ------------
SCOTT        DEPT30                    NO            NO
SCOTT        DEPT50                    NO            YES
SCOTT        DEPT99                    NO            YES
SCOTT        CONNECT                   NO            YES
SCOTT        HR_CLERK                  NO            NO
```

```
SCOTT       RESOURCE              NO   YES
SCOTT       ALL_DEPTS             NO   YES
SCOTT       DELETE_CATALOG_ROLE   NO   YES
8 rows selected.
```

类似地,可以找出将哪些角色赋予 ALL_DEPTS 角色:

```
SQL > SELECT * FROM dba_role_privs
2 >     WHERE grantee = 'ALL_DEPTS';
GRANTEE        GRANTED_ROLE       ADMIN_OPTION        DEFAULT_ROLE
-------------  -----------------  ------------  -------------
ALL_DEPTS      DEPT30             NO                  YES
ALL_DEPTS      DEPT50             NO                  YES
ALL_DEPTS      DEPT100            NO                  YES
3 rows selected.
```

数据字典视图 ROLE_ROLE_PRIVS 也可以用于获得这些信息。它只包含有关赋予角色的角色信息,没有 DEFAULT_ROLE 信息。

为了找出表或表列上授予用户的权限,可以编写两个查询:一个查询用于检索直接授予的权限;另一个查询用于检索通过角色间接授予的权限。检索直接授予的权限非常简单:

```
SQL > SELECT dtp.grantee, dtp.owner, dtp.table_name,
2       dtp.grantor, dtp.privilege, dtp.grantable
3  FROM dba_tab_privs dtp
4  WHERE dtp.grantee = 'SCOTT';
GRANTEE     OWNER     TABLE_NAME     GRANTOR     PRIVILEGE     GRANTABLE
----------- --------- -------------- ----------  ----------  ---------- -------
SCOTT       HR        EMPLOYEES      HR          SELECT        YES
SCOTT       HR        EMPLOYEES      HR          DELETE        NO
SCOTT       HR        EMPLOYEES      HR          INSERT        NO
4 rows selected.
```

为了检索通过角色授予的表权限,需要连接 DBA_ROLE_PRIVS 和 ROLE_TAB_PRIVS。DBA_ROLE_PRIVS 具有赋予用户的角色,而 ROLE_TAB_PRIVS 具有赋予角色的权限:

```
SQL > SELECT drp.grantee, rtp.owner, rtp.table_name,
2       rtp.privilege, rtp.grantable, rtp.role
3  FROM role_tab_privs rtp
4       join dba_role_privs drp on rtp.role = drp.granted_role
5  WHERE drp.grantee = 'SCOTT';
GRANTEE     OWNER   TABLE_NAME      PRIVILEGE     GRANTABLE  ROLE
---------   -------  --------------  ------------ ---------- ----------
SCOTT       HR      EMPLOYEES       SELECT        NO         HR_CLERK
SCOTT       HR      JOBS            SELECT        NO         JOB_MAINT
SCOTT       HR      JOBS            UPDATE        NO         JOB_MAINT
SCOTT       SYS     AUD $           DELETE        NO         DELETE_CATA
            LOG_ROLE
SCOTT       SYS     FGA_LOG $       DELETE        NO         DELETE_CATA
            LOG_ROLE
5 rows selected.
```

在 Scott 的权限中，注意他具有 HR. EMPLOYEES 表上的 SELECT 权限，该权限不仅直接通过 GRANT 命令授予，而且还通过角色授予。取消其中一个权限不会影响 Scott 对 HR. EMPLOYEES 表的访问，除非同时删除这两个权限。

习题

一、选择题

1. 撤销用户指定权限的命令是(　　)。

   A. REVOKE　　B. REMOVE RIGHT　　C. INSERT　　D. UPDATE

2. 拥有所有系统级管理权限的角色是(　　)。

   A. ADMIN　　B. SYSTEM　　C. SYSMAN　　D. DBA

二、填空题

1. 向用户授权的关键字为________。
2. Oracle 为用户账户提供了三种身份验证方法，分别是________、________和________。

三、操作题

1. 练习创建和删除角色，并将权限授予角色。
2. 练习检索直接授予的权限。

第15章 备份与恢复

15.1 备份与恢复概述

目前,数据已成为信息系统的基础核心和重要资源,同时也是各单位的宝贵财富,数据的丢失将导致信息系统的损坏和单位的直接经济损失,严重影响对社会提供正常的服务。另外,随着信息技术的迅猛发展和广泛应用,业务数据还将会随业务的开展而快速增加。但由于系统故障,数据库有时可能遭到破坏,这时如何尽快恢复数据就成为当务之急。由此可见,做好数据库的备份至关重要。数据库的备份与恢复是保证数据库安全运行的一项重要内容,也是数据库管理员的重要职责。

在实际生活中,如果数据库发生灾难性破坏,例如由于数据库的物理结构误操作或者由于机器硬件故障遭到破坏,必须使用数据库的备份文件对数据库实施恢复,尽可能使用户的数据免遭损失,使数据库正常运行。数据库备份与恢复是数据库管理中的重要组成部分之一,也是对一个数据库管理员的基本要求。

15.1.1 数据库备份与恢复概述

当用户使用一个数据库时,数据库中的数据必须是可靠、正确的。但是,由于各种各样的原因,例如硬件、软件、网络、人为失误等会直接影响数据库系统的安全性,影响数据库中数据的可靠性和正确性,甚至破坏数据库,造成数据库中的数据丢失。在发生上述故障后,数据库管理员必须快速重新建立一个完整的数据库系统,保证用户的数据与发生故障前一样,这就是数据库恢复。在实际中,数据库的恢复方法随着所发生的故障类型所影响的数据库结构的不同而不同。

数据库恢复要基于数据库备份,也就是说,在数据库正常运行时,就要考虑到数据库可能会出现故障,应对数据库中的数据进行有效的备份,以保证能够成功实施恢复。数据库备份是对构成数据库的物理文件的操作系统备份。当出现介质故障需要数据库恢复时,可以利用备份文件恢复破坏的数据库文件。

15.1.2 数据库备份

备份(Backup)实际就是数据的副本,备份的目的是为了防止不可预料的数据丢失和错误。数据库备份是对数据库的物理结构文件,包括数据文件、日志文件和控制文件的操作系统备份,这是物理的操作系统备份方法,这种备份方法对于每一个数据库来说都是必需的。操作系统备份有完全数据库备份以及部分数据库备份。其中，部分数据库备份在数据库恢复时需要数据库前一段运行时产生的归档日志的支持。

完全数据库备份是对构成数据库的全部数据库文件、在线日志文件和控制文件的一个操作系统备份。完全数据库备份在数据库正常关闭以后进行。在数据库关闭时，构成数据库的所有文件都关闭，文件的同步号与当前检验号一致，不存在不同步问题。利用这种备份方法，在拷贝回数据库备份文件后，不需要进行数据库恢复。完全数据库备份可以备份到任何类型的存储介质上。

部分数据库备份也是物理文件的操作系统备份。不同的是，部分数据库备份可以在数据库关闭时也可以在数据库运行时进行。例如，对于某一个表空间中全部数据文件备份、单个数据文件备份或者控制文件备份。部分数据库备份由于数据库文件之间存在不同步，在备份文件拷贝回数据库时需要实施数据库恢复，所以这种方法只可以在归档模式下使用，使用归档日志进行数据库恢复。

15.1.3 数据库恢复

数据库恢复的方法取决于故障类型。但是，总的来说，可以分成实例恢复与介质恢复。对数据库实例故障，例如意外掉电、后台进程故障，在启动数据库时发现实例故障，此时就需要进行实例恢复，将数据库恢复到与故障之前的事务一致的状态。如果在联机备份时发现实例故障，则需要介质恢复。在其他情况下，数据库再次启动时都会对实例进行安装和打开、自动执行实例恢复。

介质恢复主要用于因为介质故障所引起的数据库文件破坏。介质故障是当一个文件、一个文件的部分或者一个磁盘不能读取或者不能写入时出现的故障。基于数据库的归档方式，介质故障的恢复有两种形式。如果数据库可以运行，在线日志仅可重用但是不能归档，介质恢复可以使用最新的完全备份的简单恢复。如果数据库可以运行，其日志已经被归档，则介质故障的恢复是将整个数据库恢复到和故障之前的一个事务一致的状态。如果数据库是在归档方式下运行，可以实施完全介质恢复和不完全介质恢复。

完全介质恢复可恢复全部丢失的数据，使数据库恢复到最新状态。但是，这种状况必须保证可以使用连续的归档日志记录文件。实施完全数据库恢复时，根据数据库文件的破坏情况，可以使用不同的方法。例如，当数据库文件被物理破坏，这时数据库不能正常启动，但是可以安装，此时可以进行全部的或者单个被破坏的数据文件的完全介质恢复。当数据文件被物理破坏，这时数据库还处于打开状态，可以进行离线的表空间恢复。因为数据库是打开的，这时未破坏的数据文件的表空间是在线的，可以正常使用，而被破坏的数据文件的表空间是离线的，不能正常使用，可以只对被破坏的数据文件实施完全介质恢复。

不完全介质恢复是在完全介质恢复不可能进行或者有特殊要求的时候进行的介质恢复。例如，系统表空间数据文件破坏或者在线日志文件破坏，以及人为失误删除不应该删除的表、表空间等，这时可以实施不完全介质恢复，使数据库恢复到故障前或者用户出错之前的一个事务一致性状态。不完全介质恢复包括基于撤销的恢复、基于时间的恢复以及基于数据库改变的不完全恢复。基于撤销的恢复是在进行不完全介质恢复时由数据库管理员进行控制，在某一个恢复点可撤销指定的操作。例如，在一个或者多个在线日志文件由于介质故障被破坏，不能实施完全数据库恢复，这时可以进行基于撤销的恢复，在恢复到最近的、未被破坏的日志文件后中止恢复过程，数据库从这一点重新开始运行。基于时间以及基于数据库改变的恢复主要用于将数据库恢复到过去的某个指定点。例如，当用户意外地删除一个表，需要对于该表进行恢复,这时可以将数据库恢复到该用户删除表之前的某个数据库运行点。再如,由于系统故障,在线日志文件被破坏,所以活动的日志文件突然不能使用,实例被中止,此时需要进行介质恢复。在恢复中,可使用当前在线日志文件的未损坏部分,利用基于时间的恢复,一旦将有效的在线日志已经应用于数据文件后停止恢复过程。在这两种情况下,不完全介质恢复的结束条件可以由时间点或者系统改变号来确定。

15.1.4 备份与恢复方法

为了更好地进行数据库恢复,保证数据库的安全运行,应该选择最合理的备份方法来防止介质失败导致的用户数据的丢失。

1. RMAN管理的备份与恢复

RMAN(Recovery Manager,恢复管理器)管理的备份与恢复是指使用RMAN命令备份和恢复数据库的方法。因为这种备份与恢复方法需要借助于目标数据库的服务器进程,所以也被称为服务器管理的备份与恢复。RMAN备份是指执行RMAN备份命令备份数据库物理文件的方法。当使用RMAN备份数据库时,可以将多个数据文件备份到同一个备份集中,而且当建立备份集时只会备份数据文件的已用数据块(不会备份空闲数据块),因此这种方法不仅节省存储空间,而且备份管理也非常容易。当使用RMAN备份时,只需要在RMAN提示符下执行backup命令就可以备份数据库文件。

RMAN备份是指当数据库出现介质失败时,使用RMAN命令转储并恢复数据库的方法。假定USERS表空间损坏,如果要使用RMAN恢复该表空间,那么首先需要在RMAN提示符下使用Restore命令转储备份,然后在RMAN提示符下使用Rescover命令恢复该表空间。当使用RMAN恢复时,RMAN会自动从最新备份中转储USERS表空间的数据文件,而不需要DBA指定任何备份文件。

2. 逻辑备份与恢复

逻辑备份是指利用Oracle工具程序EXPDP或者EXP将数据库部分或者全部对象的结构以及其数据导出,并存储到OS文件中的过程,该过程也被称为导出。当使用逻辑备份工具导出数据库对象时,要求数据库必须处于OPEN状态。

逻辑恢复是指当数据库对象被意外删除或者截断之后,使用Oracle工具程序IMPDP或者IMP将逻辑备份文件中的对象结构以及数据导入到数据库中的过程,该过程也被称为导入。假定EMP表被意外删除,此时使用IMPORT工具可以导入其结构和数据。

在Oracle Database 10g之前,传统的导出和导入分别使用EXP和IMP工具来完成。从Oracle Database 10g开始,不仅保留了原有的EXP和IMP工具,而且还提供了数据泵导出导入工具EXPDP和IMPDP。因为EXPDP和IMPDP的速度要优于EXP和IMP,所以Oracle建议使用EXPDP执行数据泵导出,使用IMPDP执行数据泵导入。当使用数据泵导出导入和传统导出导入工具时,还应该注意以下事项:

- EXP和IMP是客户端的工具程序,它们既可以在客户端使用,也可以在服务器端使用。
- EXPDP和IMPDP是服务器端的工具程序,它们只能在Oracle服务器端使用,不能在Oracle客户器端使用。
- IMP只能使用EXP导出文件,而不能使用EXPDP导出文件;IMPDP只能使用

EXPDP 导出文件，而不能使用 EXP 导出文件。

3. FLASHBACK（闪回）技术

闪回操作使数据库中的实体显示或者回到过去某一个时间点，这样可以实现对历史数据的恢复。闪回数据库功能可以将 Oracle 数据库恢复到以前的时间点。传统方法是进行时间点恢复。然而，时间点恢复需要用数小时甚至几天的时间，因为它需要从备份中恢复整个数据库，恢复到数据库发生错误前的时间点。由于数据库的大小不断增长，因此需要用数小时甚至几天的时间才能恢复整个数据库。闪回数据库是进行时间点恢复的新方法。它能够快速将 Oracle 数据库恢复到以前的时间，以正确更正由于逻辑数据损坏或者用户错误而引起的任何问题。当需要执行恢复时，可以将数据库恢复到错误前的时间点，并且只恢复改变的块，这一过程非常快，可以将恢复时间从数小时缩短至几分钟。数据库闪回不要求进行磁带恢复，没有冗长的停机时间，不需要复杂的恢复过程。

15.1.5 制定恢复策略

作为数据库管理员，最重要的管理职责就是备份和恢复。当数据库出现问题时，数据库管理员应当尽快恢复数据库，使其尽快投入使用，另外还要最大限度地降低数据损失。为了防止数据库出现不可预料的问题，必须要考虑到各种可能出现的数据库失败，然后根据各种失败情况制定合理的恢复策略，并确定需要采用的恢复技术和恢复工具。当制定恢复策略时，数据库管理员应该考虑用户错误、介质失败以及数据块损坏的处理方法。

1. 制定用户错误的恢复策略

当制定备份和恢复策略时，应该考虑如何处理用户或者应用的不可预见错误操作，例如误删除表、误截断表、批量更新数据的错误操作等。处理用户错误有以下几种方法。

- 如果已经使用逻辑备份导出了误操作表的数据，那么某些情况下可以导入数据到误操作表。该技术的前提是规律性地导出了表的数据，并且在导出之前的数据变化不是特别重要。
- 可以执行基于时间点的不完全恢复，将表空间或者数据库恢复到失败点的状态，这种方法可以避免表的数据丢失。当使用基于时间点的不完全恢复时，要求在失败点之前必须存在备份，并且在备份点与失败点之间的所有归档日志和重做日志必须全部存在。
- 使用 FLASHBACK 快速恢复表数据。当使用 FLASHBACK TABLE 恢复被删除的表时，要确保在数据库回收站中仍然存在被删除表；当使用 FLASHBACK TABLE 恢复 DML 误操作所影响的表数据时，必须确保激活了表的 ROW MOVEMENT 特征。

2. 制定介质失败的恢复策略

在数据库运行期间，当其他外因阻止 Oracle 读写数据库文件时，会发生介质失败。典型的介质失败包括物理失败（例如磁头损坏）、覆盖或者破坏了数据库文件。在数据库正常运行期间，介质失败要远远少于用户错误或者应用错误，但是备份和恢复策略应该为介质失败做好准备。介质失败类型确定了需要使用的恢复技术，例如恢复数据文件的策略不同于恢复控制文件的策略，SYSTEM 表空间的恢复策略不同于数据表空间的恢复策略。

3. 制定数据块损坏的恢复策略

如果一个或者多个数据文件只有少量数据块损坏，那么可以执行数据块介质恢复，而避免执行完全数据文件恢复。使用 PL/SQL 系统包 DBM_REPAIR 可以处理损坏数据块，另外 RAMN 的 BLOCKRECOVER 命令可以用于恢复损坏的数据块。

15.1.6 制定备份策略

数据恢复策略是数据备份策略的基础。当制定备份策略时，除了要为各种恢复策略提供必要的备份类型之外，数据块管理员还需要考虑到业务、操作、技术、软件和硬件等各方面的要求。在制定备份和恢复计划时，一定要牢记“有备无患”。下面说明规划备份策略的方法。

1. 多元化重做日志

多元化重做日志的目的是为了防止日志成员的损坏，从而提高数据库的安全运行时间(Mean-Time-Between-Failures，MTBF)。当多元化重做日志时，应该将同一个日志组的不同日志成员分布到不同磁盘上，以防止磁盘损坏。假定某个日志组只包含一个日志成员，并且其唯一的日志成员出现介质失败，那么当切换到该日志组时数据库将会停止运行，此时就必须进行介质恢复。如果一个日志组包含多个日志成员，并且某个日志成员出现介质失败，那么此时数据库仍然可以正常运行，数据库管理员只需要删除损坏的日志成员即可。

2. 多元化控制文件

多元化控制文件的目的是为了防止控制文件的损坏，从而降低控制文件的恢复时间(Mean-Time-To-Recover，MTER)。当多元化控制文件时，应该将不同控制文件分布到不同磁盘上，以防止磁盘损坏。如果数据库只包含一个控制文件，并且其唯一控制文件出现介质失败，那么数据库将无法装载，此时必须重新建立控制文件或者恢复控制文件。如果数据库包含多个控制文件，并且某个控制文件出现介质失败，那么数据库管理员只需要修改初始化参数 Control_files，而不需要重新建立文件或者恢复控制文件。

3. 确定日志操作模式

重做日志记载了 Oralce 数据库的所有事务变化，Oracle 数据库具有 NOARCHIVELOG 和 ARCHIVELOG 两种日志操作模式。当数据库处于 ARCHIVELOG 模式时，只有在归档后重做日志才能被覆盖，并且所有事务变化全部被保留到归档日志；当数据库处于 NOARCHIVELOG 模式时，重做日志可以直接被覆盖，并且过去的事物变化会全部丢失。

NOARCHIVELOG 模式的特点如下：

- 不能执行联机备份。如果要进行备份，则必须关闭数据库。
- 不能使用需要归档日志的任何恢复技术(完全恢复、FLASHBACK DATABASE、DBPITR、TSPITR)。
- 当某个数据文件出现介质失败时，有两种处理方法：第一种方法是删除该数据文件所包含的所有对象，然后删除该数据文件，数据库的其余部分仍然可以正常工作，但损坏数据文件的数据全部丢失；第二种方法是转储最近的完全备份，但备份以来的数据库变化全部丢失。

ARCHIVELOG 模式的特点如下：

- 需要为归档日志分配专门的空间，并且需要管理已经生成的归档日志。
- 在数据库打开时可以执行联机备份，不影响数据库的业务操作。
- 可以使用多种恢复技术（完全恢复、FLASHBACK DATABASE、DBPITR、TSPITR）。

4. 选择备份保留策略

备份保留策略用于设置为满足恢复和其他需求保留备份文件的规则，备份保留策略可以给予冗余度（Redundancy）或者恢复窗口（Recovery Window）定义，不能满足备份保留策略的备份文件被称为陈旧备份（obsolete），并且这些陈旧备份可以被删除。备份保留策略必须使用 RMAN 来实现。示例如下：

```
RMAN > CONFIGURE RE RETENTION POLICY RECOVERY WINDOW OF 3 DAYS;
RMAN > CONFIGURE RE RETENTION POLICY TO REDUNDANCY 3;
```

5. 保留旧备份

保留早期数据库文件和归档日志备份有以下两种原因：

- 当将数据库恢复到最近备份之前的时间点时，必须要使用早期备份的数据文件和归档日志。
- 如果最近备份损坏，并且数据库也出现了介质失败，那么使用早期备份的数据文件和早期备份以来的所有归档日志可以完全恢复数据库。

6. 确定备份周期

当制定备份策略时，备份周期也是很必要的，合理的备份周期可以降低介质恢复时间（MTTR）。备份周期应该根据数据库变化频率确定，数据库变化越频繁，备份周期应该越短。

7. 在数据库物理结构发生改变后执行备份

当建立或者删除表空间、增加数据文件、改变数据文件名称时，数据库物理结构会发生改变。当数据库物理结构发生改变时，在 ARCHIVELOG 模式下应该备份控制文件，在 NOARCHIVELOG 模式下应该进行完全数据库备份。

8. 备份频繁使用的表空间

一个 Oracle 数据库往往包含多个表空间，但是可能只在少量表空间上频繁执行 DML 操作。如果表空间数据变化频繁，则增加备份次数，以降低恢复时间（MTTR）；如果表空间数据变化较慢，则减少备份次数；只读表空间因为其数据不会发生变化，所以只需要备份一次。

9. 在 NOLIGGING 操作之后进行备份

当装载数据、建表和建立索引时，为了加快数据装载速度，可以指定 NOLIGGING 选项。当指定 NOLIGGING 选项时，数据变化不会被记载到重做日志。为了确保在表空间损坏时可以恢复这些数据，必须要重新备份相应表空间。

10. 使用 EXP 和 EXPDP 导出数据

为了防止对象被意外删除或者截断，可以使用 EXP 或者 EXPDP 进行逻辑备份，而在对象被意外删除或者截断之后，可以使用 IMP 或者 IMPDP 导入其结构和数据。逻辑备份和恢复增加了数据库备份和恢复策略的灵活性。但是,这种方法不能替代对数据库文件的物理备份,也不能提供完全恢复。

11. 不要备份重做日志

与归档日志不同,重做日志不应该备份,备份重做日志"有弊无益"。在 ARCHIVELOG 模式下,当重做日志填满时,其内容会自动被转储到归档日志中;在 NOARCHIVELOG 模式下,因为只能在关闭后进行完全备份,所有数据文件和控制文件备份处于完全一致的状态,所以在转储备份时也不需要使用重做日志。防止重做日志损坏的最有效方法是多元化重做日志,并且将同一个日志组的不同日志成员分布到不同磁盘。

15.2 RMAN 管理的备份与恢复

RMAN(Recovery Manager,恢复管理器)是 Oracle Database 11g 所提供的实用程序,它可以协助 DBA 管理备份、转储和恢复操作。RMAN 是一个与操作系统无关的数据库备份工具,可以跨越不同的操作系统进行数据库备份。

15.2.1 运行 RMAN

当使用 RMAN 时,首先必须运行 RMAN。RMAN 既可以在命令行运行,也可以在 Oracle Enterprise Manager 中运行。要在命令行运行 RMAN,直接输入命令 rman 即可。当运行 rman 命令时,可以指定多个命令行选项。如果要查询该工具可带的命令行选项,则可以执行命令 rman help。示例如下:在操作系统符下输入 RMAN,则进入恢复管理器,如图 15-1 所示。

```
C:\Windows\system32\cmd.exe - RMAN
C:\>RMAN

恢复管理器: Release 11.2.0.1.0 - Production on 星期一 11月 26 16:30:40 2012

Copyright (c) 1982, 2009, Oracle and/or its affiliates.  All rights reserved.

RMAN>
```

图 15-1 运行 RMAN

当使用 RMAN 执行备份和恢复操作时,必须连接到目标数据库;如果要使用恢复目录存放 RMAN 元数据,还必须连接到恢复目录数据库;如果要使用辅助数据库,还必须连接到辅助数据库。要连接到目标数据库、恢复目标数据库或者辅助数据库,既可以直接在命令行连接,也可以在 RMAN 提示符下使用 Connect 命令进行连接。

1. 连接到目标数据库(不使用恢复目录)

如果使用目标数据库控制文件存放 RMAN 元数据,那么就不需要连接到恢复目录数据库。如果不使用恢复目录,则需要指定 NOCATALOG 选项。通过指定 TARGET 选项,可以连接到目标数据库。注意,当连接到目标数据库时,必须以特权用户身份(SYSDBA 或者 SYSOPER)进行连接。如果要在命令行连接,则直接指定 TARGET 选项和 NOCATALOG 选项。示例如下:

```
C:\> RMAN target sys/oracle@demo nocatalog
```

```
…
connected to target database: DEMO (DBID = 3281978664)
using target database controlfile instead of recovery catalog
RMAN >
```

如果想要在 RMAN 提示符下连接到目标数据库，则先在命令行指定 NOCATALOG 选项，然后在 RMAN 提示符下使用 Connect 命令连接到目标数据库。示例如下：

```
C:\> RMAN nocatalog
…
RMAN > connect target sys/oracle@demo
connected to target database: DEMO (DBID = 3281978664)
using target database controlfile instead of recovery catalog
```

2. 连接到目标数据库和恢复目录数据库

如果要使用恢复目录存放 RMAN 元数据，则不仅需要连接到目标数据库，而且需要连接到恢复目录数据库。通过指定 TARGET 选项，可以连接到目标数据库；通过指定 CATALOG 选项，可以连接到恢复目录数据库。注意，当连接到目标数据库时，必须以特权用户身份（SYSDBA 或者 SYSOPER）进行连接；而当连接到恢复目录数据库时，必须以恢复目录所有者身份进行连接。如果要在命令行连接，则直接指定 TARGET 和 CATALOG 选项。示例如下：

```
C:\> RMAN target sys/oracle@demo catalog rman/rman@rcat
…
connected to target database: DEMO (DBID = 3281978664)
connected to recovery catalog database
RMAN >
```

如果在 RMAN 提示符下连接到目标数据库和恢复目录数据库，则分别使用 Connect 命令连接到目标数据库和恢复目录数据库。示例如下：

```
C:\> RMAN target sys/oracle@demo
…
RMAN > connect target sys/oracle@demo
connected to target database: DEMO (DBID = 3281978664)
RMAN > connect catalog rman/rman@rcat
connected to recovery catalog database
```

3. 连接到目标数据库和辅助数据库

如果要使用辅助数据库（例如复制数据库、备用数据库等），则不仅需要连接到目标数据库，而且需要连接到辅助数据库。通过指定 TARGET 选项，可以连接到目标数据库；通过指定 AUXILIARY 选项，可以连接到辅助数据库。注意，当连接到目标数据库和辅助数据库时，都必须以特权用户身份（SYSDBA 或者 SYSOPER）进行连接。如果要在命令行连接，则直接指定 TARGET 和 AUXILIARY 选项。示例如下：

```
C:\> RMAN target sys/oracle@demo auxiliary sys/admin@aux
…
connected to target database: DEMO (DBID = 3281978664)
connected to auxiliary database: AUX (DBID = 3281978664)
RMAN >
```

如果在RMAN提示符下连接到目标数据库和辅助数据库，则分别使用Connect命令连接到目标数据库和辅助数据库。示例如下：

```
C:\> RMAN
…
RMAN > connect target sys/oracle@demo
connected to target database: DEMO (DBID = 3281978664)
RMAN > connect auxiliary sys/admin@aux
connected to auxiliary database: AUX (DBID = 3281978664)
```

15.2.2 RMAN命令

当使用RMAN执行各种操作时，它可以使用独立命令(Standalone Command)和作业命令(Job Command)两种类型的命令。

1. 独立命令

独立命令是指单独执行的命令。在Oracle Database 11g中，除了SET和SWITCH等少数几个命令之外，多数RMAN命令都可以单独执行，下面是在RMAN提示符下执行独立命令的一些示例。

- 关闭目标数据库

```
RMAN > SHUTDOWN immediate
Database closed
Database dismounted
Oracle instance shut down
```

- 启动目标数据库

```
RMAN > STARTUP
Connected to target database (not started)
Oracle instance started
Database mounted
Database opened
…
```

- 备份USERS表空间

```
RMAN > BACKUP format 'd:\backup\ % d_ % s.bak' tablespace users;
Starting backup at 30 - SEP - 04
Allocated channel: ORA_DISK_1
channel ORA_DISK_1: sid = 146 devtype = DISK
channel ORA_DISK_1: starting full datafile baskupset
channel ORA_DISK_1: specifying datafile(s) in backupset
input datafile fno = 0004 name = D:\DEMO\USERS01.DBF
channel ORA_DISK_1: starting piece 1 at 30 - SEP - 04
channel ORA_DISK_1: finished piece 1 at 30 - SEP - 04
piece handle = D:\BACKUP\DEMO_4.BAK comment = NONE
channel ORA_DISK_1: backup set complete, elapsed time: 00:00:06
Finished backup at 30 - SEP - 04
```

2. 作业命令

作业命令是指以成组方式执行的命令。当使用多个RMAN命令完成某项任务时，应该以作业命令方式执行这些 RMAN 命令。当使用作业命令时,必须将这些相关 RMAN 命令放在 RUN 块中。注意,除了 CONNECT、CREATE/DELETE/UPDATE CATALOG 、CREATE/DELETE/REPLACE SCRIPT、LIST 等 RMAN 命令外,其他 RMAN 命令都可以被包含在 RUN 块内。示例如下:

```
RMAN > RUN {
2 > allocate channel dl type disk;
3 > backup format 'd:backup\ % d_ % s.bak' tablespace users;
4 > release channel dl;
5 > }
```

在 RMAN 提示符下不仅可以运行 RMAN 命令,还可以运行 SQL 语句。但当运行 SQL 语句时,必须以关键字 SQL 开始,并且 SQL 语句字符串必须用单引号引住。示例如下:

```
RMAN > sql 'alter system switch logfile';
```

注意:在 RMAN 中不能运行 SELECT 语句。另外,如果 SQL 字符串包含有单引号,那么需要用两个单引号,并且 SQL 字符串需要用双引号引住。示例如下:

```
RMAN > sql "create tablespace user03
2 > datafile 'd:demo\user03.dbf' size 5m";
```

15.2.3 RMAN 备份

RMAN 备份是指使用恢复管理器备份数据文件、控制文件、归档日志和 SPFILE 的方法。用户管理的备份需要借助 OS 命令执行备份操作,而 RMAN 备份则是由目标数据库的服务器进程执行备份操作。注意,因为 RMAN 备份由目标数据库的服务器进程来完成,所以当使用 RMAN 执行备份操作时,目标数据库必须处于 MOUNT 状态或者 OPEN 状态。当使用 RMAN 执行备份操作时,必须分配通道,并且 RMAN 备份是由通道所对应的服务器进程来完成的。RMAN 备份可以用两种格式存储,一种是备份集,另一种是映像副本。

备份集是 RMAN 所提供的一种用于存储备份信息的逻辑结构,并且备份集只能用 RMAN 命令建立和转储。当使用 RMAN 建立备份集时,备份集可以存储一个或者多个文件的备份信息。用于存储备份集信息的二进制文件称作备份片。备份集由一个或者多个备份片组成,并且每个备份片对应一个 OS 文件。默认情况下,当使用 RMAN 生成备份集时,每个备份集只包含一个备份片。如果将一个备份集存储到多个存储设备上,则可以将备份集划分为多个备份片。

映像副本类似于用户管理的备份。它是单个数据文件、单个控制文件或者单个归档日志的完整备份文件。当使用 RMAN 生成映像副本时,每个要备份的文件都会生成相应的映像副本。因为映像副本文件与源文件的尺寸完全一致,所以使用映像副本会占用更多的存储空间。注意,映像副本只能备份到磁盘,而不能备份到磁带。

1. 建立备份集

当使用 RMAN 建立备份集时,既可以在磁盘上建立备份集,也可以在磁带上建立备份集。为了避免备份建立错误,在指定备份片的文件名格式时应该使用以下匹配符。

- %c:当生成多重备份时,用于指定备份片的副本号。
- %d:用于指定数据库名。
- %e:用于指定归档日志序列号。

- %p：用于指定在备份集内备份片的编号。
- %s：用于指定备份集编号。
- %N：用于指定表空间的名称。
- %f：用于指定绝对文件号。

为了防止建立备份集错误，匹配符%s 是必需的；如果要建立多个备份片文件，则匹配符%p 是必需的；如果要建立多个备份片副本，则匹配符%c 是必需的。下面通过示例说明使用 backup 命令建立备份集的方法。

示例 1：完全数据库备份集

完全数据库备份集是指使用 BACKUP DATABASE 命令备份数据库所有数据文件和控制文件的方法。完全数据库备份包括一致性备份和非一致性备份两种方法。一致性备份是指在关闭了数据库之后备份所有数据文件和控制文件的方法。注意，一致性备份既适用于 NOARCHIVELOG 模式，也适用于 ARCHIVELOG 模式，例如：

```
C:\> RMAN target sys/oracle@demo nocatalog
RMAN > shutdown immdediate
RMAN > startup mount
RMAN > backup database format = 'd:\backup\ % d_ % s.dbf';
RMAN > sql'alter system archive log current';
```

当执行了 BACKUP DATABASE 命令后，不仅会备份所有数据文件，而且会自动备份控制文件。注意，当备份数据文件时，会自动备份当前控制文件。

非一致性备份是指在 OPEN 状态下备份所有数据文件和控制文件的方法。注意，非一致性备份只适用于 ARCHIVELOG 模式，例如：

```
RMAN > BACKUP DATABASE format = 'd:\backup\ % d_ % s.dbf';
RMAN > sql'alter system archive log current';
```

当在 OPEN 状态下执行 BACKUP DATABASE 命令时，会备份除了临时表空间之外的所有其他表空间。如果某个表空间的数据变化很少(例如只读表空间)，那么当执行完全数据库备份时可以免除该表空间。例如：

```
RMAN > configure exclude for tablespace user01;
RMAN > BACKUP DATABASE format = 'd:\backup\ % d_ % s.dbf';
RMAN > sql'alter system archive log current';
```

示例 2：表空间备份集

表空间备份集是指使用 BACKUP TABLESPACE 命令备份一个或者多个表空间的方法。注意，备份表空间只适用于 ARCHIVELOG 模式，并且要求数据库必须处于 OPEN 状态。下面以备份表空间 USER01 为例说明备份表空间的方法。例如：

```
RMAN > BACKUP TABLESPACE user01 format = 'd:\backup\ % N_ % s.dbf';
```

示例 3：数据文件备份集

数据文件备份集是指使用 BACKUP DATAFILE 命令备份一个或者多个数据文件的方法。注意，当执行 BACKUP DATAFILE 命令时，数据库既可以处于 MOUNT 状态，也可以处于 OPEN 状态。下面以备份数据文件 1 为例，说明备份数据文件的方法。例如：

```
RMAN > BACKUP DATAFILE 1 format = 'd:\backup\ % N_ % f_ % s.dbf';
```

示例 4：控制文件备份集

控制文件备份集是指 BACKUP CURRENT CONTROLFILE 命令备份当前控制文件的方法。例如：

```
RMAN > BACKUP CURRENT CONTROLFILE format = 'd:\backup\ % d_ % s.ctl';
```

注意：当备份数据文件 1 时，会自动备份当前控制文件。当备份其他数据文件时，通过指定 INCLUDE CURRENT CONTROLFILE 选项可以同时备份控制文件。下面以备份数据文件 2 和控制文件为例，说明备份特定数据文件和控制文件的方法。例如：

```
RMAN > BZCKUP datalfile 2 format = 'd:\backup\ % d_ % s.dbf'
2 > include current controlfile;
```

示例 5：SPFILE 备份集

SPFILE 备份集是指使用 BACKUP SPFILE 命令备份服务器参数文件的方法，例如：

```
RMAN > BACKUP SPFILE format = 'd:\backup\ % d_ % s.par';
```

示例 6：归档日志备份集

归档日志备份集是指使用 BACKUP ARCHIVELOG 命令备份归档日志的方法。下面以备份过去一天所生成的归档日志为例说明备份归档日志的方法。例如：

```
RMAN > BACKUP format = 'd:\backup\ % d_ % s.arc'
2 > ARCHIVELOG from time = 'sysdate - 1' until time = 'sysdate';
```

示例 7：并行化备份集

当建立多个备份集时，为了加快备份速度，可以使用并行化备份集。当使用并行化备份集时，应该为每个备份集分配一个通道，并且 RMAN 会使用不同通道对应的服务器进程同时执行备份操作，从而加快备份速度。为了分配多个通道，既可以使用 CONFIGURE 命令配置

并行度，也可以使用 ALLOCATE CHANNEL 命令手工配置多个通道。例如：

```
RMAN > CONFIGURE DEVICE TYPE DISK PARALLELISM 3;
RMAN > backup database format = 'd:\backup\ % d_ % s.dbf';
RMAN > CONFIGURE DEVICE TYPE DISK CLEAR;
```

示例 8：建立多重备份

当建立备份集时，默认情况下只会生成一个备份副本。通过在 BACKUP 命令后带有 COPIES 选项，可以指定生成多重备份副本。下面以备份 USERS 表空间并生成三个备份副本为例说明建立多重备份的方法。例如：

```
RMAN > BACKUP copies 3 tablespace users
2 > format = 'd:\bak1\ % N_ % s.dbf', 'd:\bak2\ % N_ % s.dbf',
3 > 'd:\bak3\ % N_ % s.dbf';
```

注意，当建立多重备份时，如果多重备份被存放到相同目录下，则必须要带有%c 匹配符。

示例 9：备份备份集

备份备份集是指使用 BACKUP BACKUPSET 命令备份已经存在的备份集的方法。下面以将编号为 5 的备份集备份到 D:\BAK1 目录为例说明备份备份集的方法。例如：

```
RMAN > BACKUP BACKUPSET format = 'd:\bak1\ % d_ % s.bak';
```

示例 10：建立多个备份片

当建立备份集时，默认情况下，每个备份集只包含一个备份片。如果磁带存储空间不足以

存放一个备份集的单个备份文件，则需要将备份集划分为几个小的备份片文件，并且备份片的最大尺寸应该小于磁带尺寸。注意，当建立多个备份片时，必须要指定%p 匹配符。下面以限制备份片最大尺寸为 4G 为例说明建立多个备份片的方法。例如：

```
RMAN > configure channel device type sbt
2 > maxpiecesize 4G;
RMAN > BACKUP device type sbt format = '%d_%s_%p.dbf'
2 > database;;
```

2. 建立映像副本

在 Oracle Database 10g 之前，建立映像副本是使用 COPY 命令来完成的；从 Oracle Database 10g 开始到现在的 Oracle 11g，不仅可以使用 COPY 命令建立映像副本，而且可以使用 BACKUP 命令的 AS COPY 选项建立映像副本。下面通过示例说明使用 BACKUP AS COPY 命令建立映像副本的方法。

示例 1：建立数据文件映像副本

数据文件映像副本是指使用 BACKUP AS COPY 命令或者 COPY 命令备份单个数据文件的方法。下面以数据文件 5 为例，分别说明使用 BACKUP AS COPY 命令和 COPY 命令建立数据文件映像副本的方法。例如：

```
RMAN > BACKUP AS COPY format = 'd:\backup\df_5.dbf' datafile 5;
RMAN > copy datafile 5 to 'd:\backup\df_5.dbf';
```

示例 2：建立控制文件映像副本

控制文件映像副本是指使用 BACKUP AS COPY 命令或者 COPY 命令备份当前控制文件的方法。下面以备份当前控制文件为例，分别说明使用 BACKUP AS COPY 命令和 COPY 命令备份控制文件的方法。例如：

```
RMAN > BACKUP AS COPY format = 'd:\backup\demo.ctl' datafile 5
2 > current controlfile;
RMAN > copy current controlfile to 'd:\backup\demo.ctl';
```

示例 3：建立归档日志映像副本

归档日志映像副本是指使用 BACKUP AS COPY 命令或者 COPY 命令备份单个归档日志的方法。下面以日志序号为 10 的归档日志为例，分别说明使用 BACKUP AS COPY 命令和 COPY 命令备份归档日志的方法。例如：

```
RMAN > BACKUP AS COPY format = 'd:\backup\archive\arc10.log'
2 > archivelog sequence 10;
RMAN > copy archivelog 'd:\DEMO、ARCHIVE\ARC00020_0538067512.001'
2 > TO 'd:\backup\archive\arc10.log';
```

示例 4：并行化建立映像副本

当建立多个映像副本时，为了加快备份速度，可以使用并行化映像副本。当使用并行化映像副本时，应该为每个映像副本分配一个通道，并且 RMAN 会使用不同通道对应的服务器进程同时执行备份操作，从而加快了备份速度。为了分配多个通道，既可以使用 CONFIGURE 命令配置并行度，也可以使用 ALLOCATE CHANNEL 命令手工配置多个通道。注意，为了使用并行化映像副本，不仅需要分配多个通道，而且应该在一个 BACKUP AS COPY 或者 COPY 命令下备份所有文件。下面以并行化备份数据文件 1、2、3 为例，说明使用 BACKUP

AS COPY 命令并行化建立映像副本的方法。例如：

```
RMAN > CONFIGURE DEVICE TYPE DISK PARALLELISM 3;
RMAN > backup as copy format = 'd:\backup\df_ % f.dbf';
2 > datafile 1,2,3;
RMAN > CONFIGURE DEVICE TYPE DISK CLEAR;
```

15.2.4 RMAN 恢复

RMAN 恢复是指当数据库文件出现介质失败或者逻辑失败时，使用 RMAN 命令转储数据文件备份，并且使用 RMAN 恢复命令应用归档日志和重做日志的过程。通过使用 RMAN 的完全恢复，可以将数据库恢复到失败点状态；通过使用 RMAN 的不完全恢复，可以将数据库恢复到备份点与失败点之间某个时刻的状态。注意，RMAN 的完全恢复和不完全恢复与用户管理的完全恢复和不完全恢复一样，只适用于 ARCHIVELOG 模式。

1. RMAN 完全恢复

当数据文件出现介质失败时，通过使用 RESTORE 命令转储数据文件备份，再使用 RECOVER 命令应用归档日志，可以完全恢复数据文件。注意，RMAN 完全恢复只适用于 ARCHIVELOG 模式，下面通过各种示例说明 RMAN 完全恢复方法。

示例 1：恢复数据库

在数据库使用过程中，如果所有数据文件都出现了介质失败，那么应该使用 RESTORE DATABASE 命令转储所有数据文件，使用 RECOVER DATABASE 命令恢复所有数据文件。当恢复数据库时，要求数据库必须处于 MOUNT 状态。如果所有数据文件全部出现介质失败，那么当启动数据库时会显示错误信息，通过查询动态性能视图 V $ RECOVER_FILE 可以确定需要恢复的数据文件。如下所示：

```
C:\> sqlplus sys/oracle@demo as sysdba
SQL > startup
…
Database mounted.
DRA - 01157: cannot identify/lock data file 1  -  see DBWR trace file
DRA - 01110: data file 1: 'D:\DEMO\SYSTEM01.DBF'
SQL > SELECT file# , error FROM v $ recover_file;
```

因为所有数据文件全部被误删除，所以可以使用 RESTORE DATABASE 命令转储所有数据文件，再使用 RECOVER DATABASE 命令恢复数据库，最后执行 SQL 语句 ALTER DATABASE OPEN 打开数据库。例如：

```
C:> RMAN target sys/oracle@demo nocatalog
RMAN > startup force mount
RMAN > run{
2 > restore database;
3 > recover database;
4 > sql 'alter database open';
5 > }
```

如果数据文件所在磁盘出现硬件故障，那么数据文件将不能被转储到其原位置。为了恢复数据库，必须将数据文件转储到其他磁盘。在执行 RESTORE DATABASE 命令之前，通过执行 SET NEWNAME 命令可以为数据文件指定新的位置；在执行了 RESTORE

DATABASE 命令之后，通过执行 SWITCH DATAFILE 命令可以改变控制文件所记载的数据文件位置和名称，再通过执行 RECOVER DATABASE 命令可以应用归档日志，最后执行 SQL 语句 ALTER DATABASE OPEN 可以打开数据库。下面以将 DEMO 数据库所有数据文件转储到 C 盘为例说明数据文件出现磁盘故障时的处理方法。例如：

```
RMAN> run{
2> startup force mount;
3> set newname for datafile 1 to 'C:\demo\system01.dbf';
4> set newname for datafile 2 to 'C:\demo\undotbs01.dbf';
5> set newname for datafile 3 to 'C:\demo\sysaux01.dbf';
6> set newnamc for datafile 4 to 'C:\demo\users01.dbf';
7> set newname for datafile 5 to 'C:\demo\user01.dbf';
8> set newname for datafile 6 to 'C:\demo\user02.dbf';
9> restore database;
10> switch datafile all;
11> recover database;
12> sql 'alter database open';
13> }
```

在恢复并打开数据库之后，通过执行 REPORT SCHEMA 命令可以查看到数据库新的物理方案。例如：

```
RMAN> report shema;
```

示例 2：恢复 SYSTEM 表空间的数据文件

SYSTEM 表空间存放着数据字典的信息。当数据库处于 OPEN 状态时，如果 SYSTEM 表空间所对应的数据文件出现介质失败，那么当在数据文件上执行 I/O 操作时，数据库会自动关闭；当数据库处于关闭状态时，如果 SYSTEM 表空间的数据文件被误删除，那么在装载了数据库之后，先使用 RESTORE DATAFILE 命令转储该表空间对应的数据文件，再使用 RECOVER DATABASE 命令归档日志，最后使用 SQL 语句 ALTER DATABASE OPEN 打开数据库。例如：

```
RMAN> RUN{
2> startup force mount;
3> restore database 1;
4> recover database 1;
5> sql 'alter database open';
6> }
```

2. RMAN 不完全恢复

RMAN 不完全恢复是指当数据库文件出现介质失败或者用户误操作时，先使用 RESTORE DATABASE 命令转储数据文件备份，再使用 RECOVER DATABASE 命令将数据库恢复到备份点与失败点之间某个时刻的状态。注意，不完全恢复只适用于 ARCHIVELOG 模式，并且不完全恢复只能在 MOUNT 状态下完成。

示例 1：基于时间恢复

当使用 RMAN 执行基于时间点的不完全恢复时，首先要在命令行设置环境变量 NLS_DATE_FORMAT（指定日期格式）。在进入 RMAN 之后，先装载数据库，再使用 SET UNTIL TIME 命令指定要恢复到的时间点，使用 RESTORE DATADASE 转储所有数据文件，使用 RECOVER DATABASE 命令恢复数据库，最后使用 SQL 语句 ALTER

DATABASE OPEN RESETLOGS 打开数据库。例如：

```
C:> SET nls_date_format = yyyy - mm - dd hh24:mi:ss
C:> RMAN target sys/oracle@demo nocatalog
RMAN > run{
2 > startup force mount;
3 > set until time = '2010 - 12 - 01 21:00:00';
4 > restore database;
5 > recover database;
6 > sql 'alter database open resetlogs';
7 > }
```

当用 RESETLOGS 选项打开数据库之后，会复位日志序列号，并生成新的数据库副本。注意，在 Oracle Database 10g 之前，在不完全恢复之后必须重新备份数据库；在 Oracle Database 11g 中，Oracle 提供了安全机制可以确保归档日志不会被覆盖，从而使得在恢复数据库时可以使用早期数据库副本的备份。

示例 2：基于日志序列号恢复

基于日志序列号恢复是指当出现介质失败时，先使用 RESTORE DATABASE 命令转储所有数据文件备份，再使用 RECOVER DATABASE 命令将数据库恢复到特定日志序列号的状态。当因丢失日志或者重做日志完全恢复失败时，可以使用这种恢复方法执行不完全恢复。使用 RMAN 执行基于日志序列号的不完全恢复时，在装载了数据库之后，先要使用 SET UNTIL SEQUENCE 命令指定要恢复到的日志序列号，接着使用 RESTORE DATABASE 转储所有的数据文件，再使用 RECOVER DATABASE 命令恢复数据库，最后使用 SQL 语句 ALTER DATABASE OPEN RESETLOGS 打开数据库。例如：

```
RMAN > RUN{
2 > startup force mount;
3 > set until sequence = 6;
4 > restore database;
5 > recover database;
6 > sql 'alter database open resetlogs';
7 > }
```

当使用了 RESETLOGS 选项打开数据库之后，恢复为日志序列号，并生成新的数据库副本。在执行了不完全恢复之后，建议删除早期的所有备份，并重新备份数据库。

15.3 逻辑备份与恢复

逻辑备份是使用 Oracle 提供的操作系统工具 Export 和 Import 将数据库中的数据导出和导入。在每一个 Oracle 数据库中，可以使用 Export 命令将数据库中的数据备份成一个二进制的操作系统文件，该文件格式为 DMP(Export Dump File)，称为输出转储文件。导出的文件可以使用另一个操作系统命令 Import 重新导入到另一个数据库中。

逻辑数据库备份工具 Export、Import 的特点如下：

- 可以按时间保存表结构和数据。
- 允许导出一个指定的表，可以重新导入到新的数据库。
- 可以把某个服务器上的数据库移到另一台服务器上。
- 可以在两个不同的 Oracle 版本之间进行数据传输。
- 可以重新组织表结构、减少表中的链接和磁盘碎片。

15.3.1 逻辑导出

逻辑导出是指利用实用工具EXPDP将数据库对象的元数据(即对象结构)或者数据导出到转储文件中。EXPDP是服务器端的工具,该工具只能在Oracle服务器端使用,而不能在Oracle客户端使用。注意,当使用EXPDP工具时,其转储文件只能被存放在DIRECTORY对象所对应的OS目录中,而不能直接指定转储文件所在的OS目录。因此,当使用EXPDP工具时,必须首先建立DIRECTORY对象,并且需要为数据库用户授予使用DIRECTORY对象的权限。示例如下:

```
SQL> conn system/manager;
SQL> CREAT DIRECTORY dump_dir AS 'D:\DUMP';
SQL> GRANT READ, WRITE ON DIRECTORY dump_dir TO scott;
```

当执行了以上语句后,会建立目录对象dump_dir,并且为scott用户授予了使用该目录对象的权限。

逻辑导出包括导出表、导出方案、导出表空间、导出数据库4种方式。下面分别介绍如何使用这4种导出方式。

1. 导出表

导出表是指将一个或者多个表的结构及其数据存储到转储文件中,导出表是通过使用TABLES选项来完成的。普通用户只能导出自身方案的表,如果要导出其他方案的表,则要求用户必须具有EXP_FULL_DATABASE角色或者DBA角色。注意,当使用导出表方式时,每次只能导出同属于一个方案的表。下面以导出Scott方案的Dept和Emp表为例说明导出表的方法。例如:

```
EXPDP scott/tiger DIRECTORY = dump_dir DUMPFILE = tab.dmp
    TABLE = dept,emp
```

当执行了以上命令之后,会将Dept和Emp表相关信息转储到转储文件tab.dmp中,并且该转储文件位于dump_dir目录对象所对应的OS目录中。

2. 导出方案

导出方案是指将一个或者多个方案的所有对象结构以及数据存储到转储文件中,导出方案是通过使用SCHEMAS选项来完成的。普通用户只能导出自身方案,如果要导出其他方案,则要求用户必须具有EXP_FULL_DATABASE角色或者DBA角色。下面以导出Scott方案和SYSTEM方案的所有对象为例说明导出方案的方法。例如:

```
EXPDP system/manager DIRECTORY = dump_dir DUMPFILE = schema.dmp
    SCHEMAS = system,scott
```

当执行了以上命令之后,Scott方案和SYSTEM方案的所有对象转储到转储文件schema.dmp中,并且该转储文件位于dump_dir目录对象所对应的OS目录中。

3. 导出表空间

导出表空间是指将一个或者多个表空间的所有对象以及数据存储到转储文件中,导出表空间是通过使用TABLESPACES选项来完成的。导出表空间要求用户必须具有EXP_

FULL_DATABASE 角色或者 DBA 角色,下面以导出表空间 USER01 和 USER02 为例说明导出表空间的方法。例如:

```
EXPDP system/manager DIRECTORY = dump_dir DUMPFILE = tablespace.dmp
    TABLESPACES = user01, user02
```

当执行了以上命令之后,会将表空间 USER01 和 USER02 的所有对象转储到转储文件 tablespace.dmp 中,并且该转储文件位于 dump_dir 目录对象所对应的 OS 目录中。

4. 导出数据库

导出数据库是指将数据库的所有对象以及数据存储到转储文件中,导出数据库是通过使用 FULL 选项来完成的。导出表空间要求用户必须具有 EXP_FULL_DATABASE 角色或者 DBA 角色,当导出数据库时,不会导出 SYS、ORDSYS、ORDPLUGINS、CTXSYS、MDSYS、LBACSYS 和 XDB 等方案的对象。例如:

```
EXPDP system/manager DIRECTORY = dump_dir DUMPFILE = full.dmp
    FULL = Y
```

当执行了以上命令之后,会将数据库的所有对象转储到转储文件 full.dmp 中,并且该转储文件位于 dump_dir 目录对象所对应的 OS 目录中。

15.3.2 逻辑导入

逻辑导入是指利用实用工具 IMPDP 将转储文件中的元数据(对象结构)或者数据导入到 Oracle 数据库中。IMPDP 是服务器端的工具,该工具只能在 Oracle 服务器端使用,而不能在 Oracle 客户端使用。注意,当使用 IMPDP 工具时,其转储文件被存放在 DIRECTORY 对象所对应的 OS 目录中,而不能直接指定转储文件所在的 OS 目录。逻辑导入包括导入表、导入方案、导入表空间、导入数据库 4 种方式。下面分别介绍如何使用这 4 种导入方式。

1. 导入表

导入表是指将存放在转储文件中的一个或者多个表的结构和数据装载到数据库中,导入表是通过使用 TABLES 选项来完成的。普通用户可以将表导入其自身方案,但是如果以其他身份导入表,则要求用户必须具有 IMP_FULL_DATABASE 角色或者 DBA 角色。下面以将表 Dept 和 Emp 分别导入到其自身方案 Scott 和方案 SYSTEM 为例说明导入表的方法。例如:

```
IMPDP scott/tiger DIRECTORY = dump_dir DUMPFILE = tab.dmp
    TABLES = dept,emp
IMPDP system/manager DIRECTORY = dump_dir DUMPFILE = tab.dmp
    TABLE = scott,dept, scott,emp REMAP_SCHEMA = SCOTT,SYSTEM
```

如上所述,第一种方法表示将 Dept 和 Emp 表导入到 Scott 方案中,第二种方法表示将 Dept 和 Emp 表导入到 SYSTEM 方案中。

2. 导入方案

导入方案是指将存放在转储文件中的一个或者多个方案装载到数据库中,导入方案是通过使用 SCHEMAS 选项来完成的。普通用户可以将对象导入其自身方案,如果以其他用户身份导入方案,则要求用户必须具有 IMP_FULL_DATABASE 角色或者 DBA 角色。下面以将

Scott 方案的所有对象导入到其自身方案 Scott 和方案 SYSTEM 为例说明导入方案的方法。例如：

```
IMPDP scott/tiger DIRECTORY = dump_dir DUMPFILE = schema.dmp
    SCHEMAS = scott
IMPDP system/manager DIRECTORY = dump_dir DUMPFILE = schema.dmp
    SCHEMAS = scott REMAP_SCHEMA = SCOTT,SYSTEM
```

如上所述，第一种方法表示将 Scott 方案的所有对象导入其自身方案中，第二种方法表示将 Scott 方案的所有对象导入 SYSTEM 方案中。

3. 导入表空间

导入表空间是指将存放在转储文件中的一个或者多个表空间的所有对象装载到数据库中，导入表空间是通过使用 TABLESPACES 选项来完成的。下面以将 USER01 表空间的所有对象导入到数据库为例说明导入表空间的方法。例如：

```
IMPDP system/manager DIRECTORY = dump_dir DUMPFILE = tablespace.dmp
    TABLESPACES = user0
```

4. 导入数据库

导入数据库是指将存放在转储文件中的所有数据库对象及其相关数据装载到数据库中，导入数据库是通过使用 FULL 选项来完成的。注意，如果在导出表空间要求用户必须具有 EXP_FULL_DATABASE 角色或者 DBA 角色，那么在导入表空间时也要求用户必须具有 IMP_FULL_DATABASE 角色或者 DBA 角色。例如：

```
IMPDP system/manager DIRECTORY = dump_dir DUMPFILE = full.dmp
    FULL = Y
```

15.4 闪回技术

闪回(Flashback)技术用于将表或者数据库恢复到过去时间点的状态。在 Oracle Database 早期版本中，通过使用 Flashback 特征，可以实现行级恢复。在 Oracle Database 11g 中，不仅支持行级恢复，而且新增加了 FLASHBACK TABLE 和 FLASHBACK DATABASE 语句。通过使用 FLASHBACK TABLE，可以将表恢复到过去时间点或者恢复被删除表；通过使用 FLASHBACK DATABASE，可以将数据库恢复到过去时间点。

15.4.1 闪回技术概述

为了使 Oracle 数据库能够从任何的逻辑误操作中迅速恢复，Oracle 推出了闪回技术。该技术首先以闪回查询(Flashback Query)出现在 Oracle 9i 版本中，后来在 Oracle 10g 中对该技术进行了全面扩展，提供了闪回数据库、闪回删除、闪回表、闪回事物及闪回版本查询等功能。

- 闪回数据库(Flashback Database)：该特性允许用户通过 FLASHBACK DATABASE 语句，使数据库迅速回滚到以前的某个时间点或某个 SCN(系统更改号)上，而不需要进行时间点的恢复操作。该功能并不基于撤销数据(Undodata)，而是基于闪回日志。
- 闪回丢弃(Flashback Drop)：类似于操作系统的垃圾回收站，可以从中恢复被 drop 的表或索引。该功能基于撤销数据。

- 闪回版本查询(Flashback Version Query)：通过该功能,可以看到特定的表在某个时间段内所进行的任何修改操作,如同电影回放一般,表在该时间段内的变化一览无余。该功能基于撤销数据。
- 闪回事物查询(Flashback Transaction Query)：使用该特性,可以在事物级别上检查数据库的任何改变,大大方便了对数据库的性能优化、事物审计及错误诊断等操作。该功能基于撤销数据。
- 闪回表(Flashback Table)：使用该特性,可以确保数据库表能够被恢复到之前的某一个时间点上。注意,该功能与最早的 Oracle 9i 中的 Flashback Query 不同,Flashback Query 仅是得到了表在之前某个时间点上的快照而已,并不改变当前表的状态；而 Flashback Table 却能够将表及附属对象一起回到以前的某个时间点。该功能基于撤销数据。

15.4.2 闪回恢复区

与闪回技术密切相关的是闪回恢复区,下面对闪回恢复区进行详细介绍。

1. 闪回恢复区的作用

闪回恢复区在 Oracle 11g 中是为了支持 Oracle 数据库的一个新的功能：自动基于磁盘的备份和恢复(Automatic Disk-Based Backup and Recovery)。简单地说,闪回恢复区是一块用来集中存储所有与数据库恢复相关文件的存储空间区域。

闪回恢复区可以放在以下几种存储形式上：

- 目录；
- 文件系统；
- 自动存储管理(ASM)磁盘组。

需要注意的是,如果在 RAC 环境中,该位置必须为集群文件系统(Cluster File System)、ASM 磁盘组或是通过 NFS 控制的文件共享目录。此外,所有实例的位置和操作系统的磁盘限额(Disk Quota)必须一致。

以下几种文件可以放到闪回恢复区中：

- 控制文件；
- 归档的日志文件；
- 闪回日志；
- 控制文件和 SPFILE 自动备份；
- 通过 RMAN 的 BACKUP 命令产生的备份集(Backup Sets)；
- 通过 RMAN 的 COPY 或 BACKUP AS COPY 命令产生的图像副本。

闪回恢复区为数据恢复提供了一个集中化的存储区域,这在很大程度上减小了管理开销。另外,随着硬盘存储容量的增大,读写的速度越来越快,使自动基于磁盘备份与恢复技术实现成为可能。而闪回恢复区正是磁盘备份与恢复的基础。当然,在实际应用中,往往都是将闪回恢复区与 OMF、ASM 结合起来运用,达到满意的效果。

2. 配置闪回恢复区

配置闪回恢复区是一个很简单的过程。只要在初始化参数文件中指定恢复区的位置和大小即可。下面两种情况下都可以进行指定。

(1) 使用DBCA创建数据库的过程中，会有专门的页面指定闪回恢复区的位置和大小，如图15-2所示。

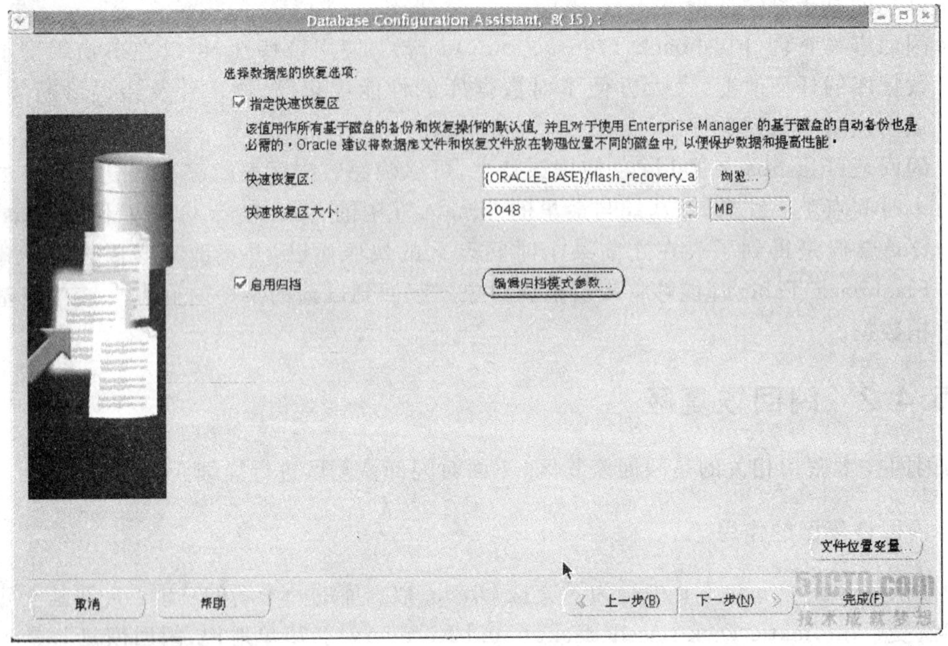

图15-2 选择数据的恢复选项界面

(2) 如果在创建数据库时没有指定快速闪回区(即没有启动闪回恢复区)，则可以在数据库创建完成后，通过修改以下两个初始化参数设定闪回恢复区。

- DB_RECOVERY_FILE_DEST；
- DB_RECOVERY_FILE_DEST_SIZE。

这两个参数分别用来指定闪回恢复区的位置与闪回恢复区的大小(默认值为空)。

下面通过实例具体说明，注意在设定这两个动态初始化参数时不需要重启实例。

```
SQL> ALTER SYSTEM SET db_recovery_file_dest_size = 2g   SCOPE = BOTH;
SQL> ALTER SYSTEM SET db_recovery_file_dest = '/u01/app/Oracle/flash_recovery_area'
2   SCOPE = BOTH;
```

当然，也可以通过以下命令查看修改后的参数是否生效。

```
SQL> SHOW parameter db_recovery_file_dest
NAME                          TYPE          VALUE
----------------------------- ------------- ------------------------------------
db_recovery_file_dest         string        /u01/app/Oracle/flash_recovery_area
db_recovery_file_dest_size    big integer   2G
```

还可以用专门的命令修改闪回恢复区的大小，以及停用闪回恢复区。这些命令都使用ALTER SYSTEM语句执行，具体如下：

(1) 将闪回恢复区的大小设置为4G。

```
SQL> ALTER SYSTEM SET db_recovery_file_dest_size = 4g SCOPE = BOTH;
```

(2) 要停用闪回恢复区,只要将参数 db_recovery_file_dest 置空即可。

```
SQL > ALTER SYSTEM SET db_recovery_file_dest = '';
```

3. 闪回恢复区的文件保留策略

闪回恢复区是一块集中存储所有与数据库恢复相关文件的存储空间区域,其大小和位置在数据库参数中定义。当文件被增加到闪回恢复区域或从闪回恢复区域被删除时,相关信息会自动记录到数据库的警告日志中。

文件在闪回恢复区中保留的时间长度是由 RMAN 的保留策略决定的,RMAN 通过 RMAN CONFIGURE RETENTION POLICY 命令规定保留备份的天数。超过 RMAN 保留策略或废弃的文件将从闪回恢复区中删除。复合 RMAN 保留策略的文件也不会被删除,而将被用于重建。

- 持久文件会被删除;
- 通过 RMAN 配置策略过期的文件会被删除;
- 已经拷贝到磁带上的临时性文件会被删除;
- 在 Data Guard 环境中,当已归档的重做日志文件可以从闪回恢复区中删除时,可以应用归档的重做日志删除策略进行自动删除(在恢复管理器中 CONFIGURE ARCHIVELOG DELETION POLICY TO ...)。

当闪回恢复区中的空间使用率超过 85% 时,数据库会向 alert 文件中写入告警信息。而当超过 97% 时则会写入严重告警信息。当闪回恢复区空间全部耗尽时,Oracle 将报告如下错误:

```
    ORA - 19809: limit exceeded for recovery files
ORA - 19804: cannot reclaim 52428800 bytes disk space from 1258291200 limit
```

此时查询视图 dba_outstanding_alerts,将会给出错误的原因及操作建议,如图 15-3 所示。

```
SQL> select reason,object_type,suggested_action from dba_outstanding_alerts;

REASON                          OBJECT_TYPE        SUGGESTED_ACTION
------------------------------- --------------- ---------------------------------------
db_recovery_file_dest_size of   RECOVERY AREA      Add disk space and increase db_recovery_
1258291200 bytes is 88.20% use                     file_dest_size, backup files to tertiary
d and has 148509184 remaining                      device, delete files from recovery area
bytes available.                                   using RMAN, consider changing RMAN rete
                                                   ntion policy or consider changing RMAN a
                                                   rchivelog deletion policy.

1 rows selected.

SQL>
```

图 15-3　给出错误原因代码

4. 使用闪回恢复区

如前面所介绍的,闪回恢复区是一块用来集中存储所有与数据库恢复相关文件的存储空间区域,这在很大程度上减少了对备份文件管理的开销。事实上,在 Oracle 的早期版本中,归档日志文件可能无法与备份同步,此时需要手工进行删除。而闪回恢复区的一个特性是,这些文件和数据文件及控制文件相关联,这样就避免了手工清除不必要的归档日志带来的麻烦。

闪回恢复区设置完成后,备份的过程就非常简单,首先需要规定闪回恢复区是使用

CONFIGURE 备份的默认配置。然后，执行 BACKUP 或 BACKUP AS COPY 命令，备份就会直接送往闪回恢复区中进行集中存储。

用户可以通过动态视图 V$RECOVERY_FILE_DEST 查看闪回恢复区消耗的空间及其他统计信息。

下面是一个数据库备份的例子，读者可以在自己的试验环境中运行，查看相关的结果，这里仅给出命令和步骤：

```
C:\Documents and Settings\Administrator>RMAN
RMAN>connect target;                          //连接到目标数据库
RMAN>BACKUP AS COPY DATABASE;                 //完成数据库的图像副本备份
…                                             //观察结果,图像副本是否存放到闪回区域中
```

备份完成后，查询 V$RECOVERY_FILE_DEST 视图，确定 SPACE_USED 列值是否增加。

```
  SQL>SELECT * FROM v$recovery_file_dest;
…
```

5. 与闪回恢复区有关的视图

与闪回恢复区有关的视图有以下几种。

- DBA_OUTSTANDING_ALERTS：通过该视图可以得到相关告警信息。
- V$RECOVERY_FILE_DEST：通过该视图可以监控恢复区的使用空间。
- V$FLASH_RECOVERY_AREA_USAGE：与文件类型及空间使用有关的视图。
- 此外，V$CONTROLFILE，V$LOGFILE，V$ARCHIVED_LOG，V$DATAFILE_COPY 等视图都增加了新的列 IS_RECOVERY_DEST_FILE，指明相关的文件是否在恢复区内。

15.4.3 闪回数据库

Flashback Database 命令将数据库返回到一个过去的时间或 SCN，提供了一种执行不完整的数据库恢复的快速替换方法。采用 Flashback Database 操作时，为了具有到闪回的数据库的写访问权，必须使用 Alter database open resetlogs 命令再次打开它。必须拥有 SYSDBA 系统权限，以便使用 Flashback Database 命令。

注意：必须已经使用 Alter database flashback on 命令将数据库置于 FLASHBACK 模式。当执行该命令时，必须以独占的模式安装数据库但不打开它。

FLASHBACK DATABASE 命令的语法如下：

```
FLASHBACK [standby] DATABASE [database]
{ to {scn | timestamp} expr
| to before {scn | timestamp } expr
}
```

可以使用 To scn 或 To timestamp 子句来设置应将整个数据库闪回到的时间点。可以闪回到一个临界点(例如一个对多个表产生了未预料的结果的事务处理)之前。使用 ORA_ROWSCN 伪列来查看最近作用于行上的事务处理的 SCN。

如果还没有这样做的话，需要关闭数据库，并在启动过程中使用如下命令启用闪回：

```
STARTUP mount exclusive;
ALTER database archivelog;
ALTER database flashback on;
ALTER database open;
```

注意：

在执行 ALTER database flashback on 命令之前，必须通过 alter database archivelog 命令启用介质恢复。

有两个初始化参数用来控制保留在数据库中的闪回数据的数量。DB_FLASHBACK_RETENTION_TARGET 初始化参数为闪回数据库的时间程度设置上限(单位是分钟)。DB_RECOVERY_FILE_DEST 初始化参数设定闪回恢复区的大小。需要注意的是，flashback table 命令使用已经存储在撤销表空间中的数据(它没有创建额外的记录项)，而 FLASHBACK DATABASE 命令依赖于存储在闪回恢复区中的闪回日志。

可以通过查询 V$FLASHBACK_DATABASE_LOG 视图来确定可以闪回数据库的程度。保留在数据库中的闪回数据量由初始化参数和闪回恢复区的大小来控制。下面的清单显示了 V$FLASHBACK_DATABASE_LOG 中可用的列和内容样本：

```
SQL> DESCRIBE V$FLASHBACK_DATABASE_LOG
Name                            Null?     Type
----------------------------    --------  --------
OLDEST_FLASHBACK_SCN                      NUMBER
OLDEST_FLASHBACK_TIME                     DATE
RETENTION_TARGET                          NUMBER
FLASHBACK_SIZE                            NUMBER
ESTIMATED_FLASHBACK_SIZE                  NUMBER
SQL> select * from V$FLASHBACK_DATABASE_LOG;
OLDEST_FLASHBACK_SCN OLDEST_FL
RETENTION_TARGET FLASHBACK_SIZE
--------------------  ---------  ----------------  --------------
ESTIMATED_FLASHBACK_SIZE
------------------------
5903482 27-SEP-07               1440      8192000
0
```

可以通过查询 V$DATABASE 来检验数据库的闪回状态。如果已经为数据库启用了闪回，FLASHBACK_ON 列将会有一个'YES'值：

```
SELECT current_scn, flashback_on FROM V$DATABASE;
CURRENT_SCN FLA
-----------  ---
5910734 YES
```

保持数据库打开超过一个小时，检验闪回数据是可用的，然后对它执行闪回——这会丢失在此期间发生的所有事务处理：

```
SHUTDOWN;
STARTUP mount exclusive;
FLASHBACK DATABASE to timestamp sysdate-1/24;
```

需要注意的是，FLASHBACK DATABASE 命令要求以独占模式安装数据库，这将会影响它在任何 RAC 集群中的分区。

当执行 FLASHBACK DATABASE 命令时，Oracle 要检查确保所有需要的归档重做日志文件和联机重做日志文件是可用的。如果日志是可用的，则将联机数据文件还原到指定的时间或 SCN。

如果在归档日志和闪回区中没有足够的联机数据，将需要使用传统的数据库恢复方法来恢复数据。例如，可能需要使用文件系统恢复方法，接着向前滚动数据。

一旦完成了闪回，必须使用 resetlogs 选项打开数据库，以便拥有到数据库的写访问权：

```
ALTER database open resetlogs;
```

为了关闭闪回数据库选项，当安装了数据库但未打开它时执行 ALTER database flashback off 命令：

```
STARTUP mount exclusive;
ALTER database flashback off;
ALTER database open;
```

可以使用闪回选项来执行一系列操作——恢复旧的数据、将表还原为它早期的数据、维护各个行变化的历史记录，以及快速恢复整个数据库。如果已经配置数据库支持自动撤销管理(AUM)，那么可以极大地简化所有这些操作。另外，flashback database 命令要求修改数据库的状态。尽管这些要求给数据库管理员增加了额外的负担，但在需要的恢复数量以及完成这些恢复的速度方面可以得到显著的好处。

15.4.4 使用闪回丢弃来恢复被删除的表

闪回丢弃(Flashback Drop)依赖于 Oracle Database 11g 中引入的一种结构——回收站，回收站的行为非常类似于基于 Windows 计算机中的回收站：如果表空间中有足够的空间，则被删除的对象会恢复到它们最初的模式，所有索引和约束原封不动。当删除一个表(及其相关的索引、约束和嵌套表)时，Oracle 并不会立即释放该表的磁盘空间供表空间中的其他对象使用。相反，对象仍维护在回收站(Recycle Bin)中，直到对象被其所有者清除，或者有新的对象需要已删除对象所占用的空间。

在此例中，考虑 AUTHOR 表，它定义如下：

```
SQL> DESCRIBE AUTHOR
Name           Null?     Type
------------   --------- -------------------------
AUTHORNAME     NOT NULL  VARCHAR2(50)
COMMENTS                 VARCHAR2(100)
```

现在，假设意外地删除了该表。当一个用户对存在于多个环境中的一个表拥有权限，他打算在开发环境中删除一个表，但在命令执行时实际指向了产品数据库的时候，就会出现这种情况。

```
SQL> DROP table AUTHOR cascade constraints;
Table dropped.
```

如何才能恢复该表呢？自 Oracle Database 10g 以来，删除的表并没有完全消失。它的块仍旧保持在其表空间中，并且仍旧占用空间限额。可以通过查询 RECYCLEBIN 数据字典视图来查看删除的对象。需要注意的是，在不同的版本之间 OBJECT_NAME 列的格式可能有所不同。

```
SQL> SELECT object_name, original_name, operation, type, user,
2  can_undrop, space FROM recyclebin;
OBJECT_NAME              ORIGINAL_NAME         OPERATION
------------------------------  --------------------  ----------
TYPE                 USER       CAN_UNDROP        SPACE
-------------------------  --------------  ----------  ---------
BIN$OyXS+NT+J47gQKjAXwJcSA==$0
AUTH_NAME_IDX        DROP
INDEX                HR         NO                384
BIN$OyXS+NT/J47gQKjAXwJcSA==$0 AUTHORS           DROP
TABLE                HR         YES               1352
SQL>
```

RECYCLEBIN 是用于 USER_RECYCLEBIN 数据字典视图的公共同义词，为当前的用户显示了回收站表项。数据库管理员可以通过 DBA_RECYCLEBIN 数据字典视图来查看所有删除的对象。

从上面的清单中可以看到，一个用户已经删除了 AUTHOR 表及其相关的主键索引。尽管删除了它们，它们仍可用于闪回。索引不能独自恢复(它的 CAN_UNDROP 列的值是'NO'，同时 AUTHOR 表的 CAN_UNDROP 值为'YES')。

可以使用 flashback table to before drop 命令从回收站中恢复该表。

```
SQL> flashback table AUTHOR to before drop;
Flashback complete.
```

此时，已经恢复了该表以及它的行、索引和统计信息。

如果删除 AUTHOR 表，重新创建该表，然后再次删除它，那么会出现什么情况呢？回收站将会包含这两个表。回收站中的每个表项将会通过它的 SCN 和删除时间戳来标识。

注意：Flashback Table To Before Drop 命令不会恢复引用的约束。

为了从回收站中清除旧的记录项，可以使用 Purge 命令。可以清除所有删除的对象、数据库中所有已删除的对象(如果你是数据库管理员)、特定的表空间中的所有对象或者特定的表空间中针对某个特定用户的所有对象。当闪回表时，可以使用 Flashback Table 命令的 Rename to 子句对该表重命名。

在 Oracle Database 11g 中，默认情况下，回收站是启用的。可以使用初始化参数 RECYCLEBIN 打开和关闭回收站，也可以在会话级别打开和关闭回收站，如下例所示：

```
ALTER session set recyclebin = off;
```

临时禁用回收站功能并不影响回收站中的当前对象。即使在回收站被禁用时，仍然可以恢复回收站中的当前对象。只有回收站被禁用时删除的对象不能恢复。

15.4.5 闪回查询

闪回查询(Flashback Query)是利用多版本读一致性的特性从 UNDO 表空间读取操作前的记录数据。

Oracle 数据库采用了一种非常优秀的设计,通过 UNDO 数据来确保写不堵塞读。简单地讲,就是不同的事务在写数据时,会将数据的前映像写入 UNDO 段,这样如果同时有其他事务查询该表数据,就可以通过 UNDO 表空间中数据的前映像来构造所需的记录集,而不需要等待写入事务提交或回滚。

而且 UNDO 数据占用的空间并非用完之后立刻释放,而是根据一定规则(如 UNDO 表空间大小、事务提交频繁程度、UNDO 数据保存时间等因素),自动对 UNDO 表空间中的 UNDO 数据进行清理。也就是说同一条记录的修改操作,可能在 UNDO 表空间中存在多条对应的操作记录(不同时间点执行的),Flashback Query 正是应用这一特点,通过查询不同时间点的数据及前映像,获得查询指定时间点(而不仅仅当前)数据的能力。

Flashback Query 有多种方式构建查询记录集(注意,要使用 Flashback 的特性,必须启用自动撤销管理表空间),记录集的选择范围可以基于时间或基于 SCN,甚至还可以查询记录在 UNDO 表空间中不同事务的前映像。

Flashback Query 的用法与标准查询非常类似,要通过 Flashback Query 查询 UNDO 中的撤销数据,最简单的方式只需要在标准查询语句的 FROM 表名后面加上 AS OF TIMESTAMP(基于时间)或 AS OF SCN(基于 SCN)语句即可。

为了方便后续测试,这里首先创建一个很简单的表并插入一些记录,如下所示:

```
JSSPRE > CONN SCOTT/TIGER
Connected.
JSSPRE > CREATE TABLE FLASH_TBL(ID,VL)AS
2  SELECT ROWNUM,ONAME FROM(SELECT SUBSTR(OBJECT_NAME,1,1)
ONAME FROM ALL_OBJECTS
3  GROUP BY SUBSTR(OBJECT_NAME,1,1)ORDER BY 1)
4  WHERE ROWNUM < = 20;
Table created.
```

上述语句表明创建一个名为 FLASH_TBL 的表,该表仅有两列 ID 和 VL,共 20 条记录,后续的测试均基于此表进行。

Flashback Query 这一特性,最常被应用的就是修复误操作的数据了。注意,这并不是说 Flashback Query 能够恢复数据。Flashback Query 本身不会恢复任何操作或修改,也不能告诉你做过什么操作或修改,实际上 Flashback Query 特性实际应用时,是基于标准 SELECT 的扩展,借助该特性能够让用户查询到指定时间点的表中的记录,相当于拥有了看到过去的能力,至于恢复,SELECT 的结果都出来了,难道还不懂如何执行 INSERT TABLE SELECT 或 CREATE TABLE AS SELECT 吗?

1. 基于时间的查询(AS OF TIMESTAMP)

以前面创建的 FLASH_TBL 表为例,先来删除几条记录并提交。

```
JSSPRE > DELETE FLASH_TBL WHERE ID < 10;
9 rows deleted.
JSSPRE > COMMIT;
Commit complete.
JSSPRE > SELECT * FROM FLASH_TBL;
  ID  VL
---------- --
  10  K
  11  L
  12  M
  13  N
  14  O
  15  P
  16  Q
  17  R
  18  S
  19  T
  20  U
  11  rows selected.
```

这个时候 FLASH_TB1 表中 ID<10 的记录均已被删除，假设过了一会儿用户发现删除操作执行有误，仍需找回那些被误删的记录该怎么办呢？通过备份恢复吗？如果是在 Oracle 8i 或之前版本，恐怕是需要这样，自 Oracle 9i 之后，使用 Flashback Query 的特性，我们可以很轻松地恢复记录(注意并不是任何情况下都可以恢复，后面会讲到制约 Flashback Query 的一些因素，这里假设都是在理想条件下)。

现在就演示应用 Flashback Query，首先是找到它，假设当前距离删除数据有 5 分钟左右的时间，执行 SELECT 查询语句，并附加 AS OF 子句，例如：

```
JSSPRE > SELECT * FROM FLASH_TBL AS OF TIMESTAMP SYSDATE - 5/1440;
  ID  VL
---------- --
   1  A
   2  B
   3  C
   4  D
   5  E
   6  F
   7  G
   8  H
   9  I
  10  K
  11  L
  12  M
  13  N
  14  O
  15  P
  16  Q
  17  R
  18  S
  19  T
  20  U
  20  rows selected.
JSSPRE >
```

提示：

SYSDATE-5/1440 是什么意思，1440 又是怎么来的？

首先 60(分)×24＝1440(分)，这样就计算出一天拥有多少分钟，SYSDATE 是系统函数，用来取得当前的系统时间(以天为单位)，SYSDATE－5/1440，得出的就是距当前时间 5 分钟前的记录了。后面示例中需要计算之前的某个时段时，均是使用这一方法。

我们通过增加 AS OF TIMESTAMP 的语法，查询到的数据就是 5 分钟之前的，基于这一结果，可以轻易并且快速地将记录恢复。

```
JSSPRE > INSERT INTO FLASH_TBL
  2 ELECT * FROM FLASH_TBL AS OF TIMESTAMP SYSDATE - 5/1440
  3 WHERE ID < 10;
9 rows created.
JSSPRE > COMMIT;
Commit complete.
```

成功插入 9 条记录，查询表中当前的记录。

```
JSSPRE > SELECT * FROM FLASH_TBL;

  ID  VL
---------- --
  10  K
  11  L
  12  M
  13  N
  14  O
  15  P
  16  Q
  17  R
  18  S
  19  T
  20  U
  1   A
  2   B
  3   C
  4   D
  5   E
  6   F
  7   G
  8   H
  9   I
  20  rows selected.
```

数据已被成功恢复。

如上述示例中所示，AS OF TIMESTAMP 方式的使用非常方便，但是在某些情况下，我们建议使用 AS OF SCN 的方式执行 Flashback Query。如需要对多个相互有主外键约束的表进行恢复时，如果使用 AS OF TIMESTAMP 的方式，可能会由于时间点不统一的缘故造成数据选择或插入失败，通过 AS OF SCN 方式则能够确保记录处理的时间点一致。

2. 基于 SCN 的查询(AS OF SCN)

仍以前文中创建的表为例，既然是基于 SCN 的查询，我们首先就需要得到 SCN，这里我们通过 DBMS_FLASHBACK.GET_SYSTEM_CHANGE_NUMBER 函数来获取 Oracle 当前的 SCN，之后再执行数据的修改操作。

提示：如何获取 Oracle 数据库当前的 SCN？获取当前 SCN 的方式非常多，除了使用 DBMS_FLASHBACK.GET_SYSTEM_CHANGE_NUMBER 函数外，也可以通过查询 V$DATABASE 视图中的 CURRENT_SCN 列获取。不过，不管是通过查询视图，或是通过过程获取，操作的用户都必须拥有要操作对象的访问权限。

例如，授予用户使用 DBMS_FLASHBACK 包的权限。

```
JSSPRE> CONN/AS SYSDBA
Connected.
JSSPRE> GRANT EXECUTE ON DBMS_FLASHBACK TO SCOTT;
Grant succeeded.
```

又如，授予用户查询 V$DATABASE 视图的权限。

```
JSSPRE> CONN/AS?SYSDBA
Connected.
JSSPRE> GRANT SELECT ON V_$DATABASE TO?SCOTT;
Grant succeeded.
```

使用 DBMS_FLASHBACK 包获取当前的 SCN，然后执行删除操作并提交。

```
JSSPRE> SELECT DBMS_FLASHBACK.GET_SYSTEM_CHANGE_NUMBER FROM DUAL;
GET_SYSTEM_CHANGE_NUMBER
------------------------
         1257245
JSSPRE> DELETE FLASH_TBL WHERE ID>10;
10 rows deleted.
JSSPRE> COMMIT;
Commit complete.
```

执行 SELECT 语句并附加 AS OF SCN 子句，同时指定删除前的 SCN，就可以查询到指定 SCN 时对象中的记录。

```
JSSPRE> SELECT * FROM FLASH_TBL AS OF SCN 1257245;
    ID VL
---------- --
    10 K
    11 L
    12 M
    13 N
    14 O
    15 P
    16 Q
    17 R
    18 S
    19 T
    20 U
    1  A
    2  B
    3  C
```

```
    4 D
    5 E
    6 F
    7 G
    8 H
    9 I
    20 rows selected.
```

执行 INSERT，将删除的数据重新恢复回表 JSS_TB1。

```
JSSPRE > INSERT INTO FLASH_TBL SELECT * FROM FLASH_TBL
AS OF SCN 1257245 WHERE ID > 10;
10 rows created.
JSSPRE > commit;
Commit complete.
```

使用 SCN 查询会比 TIMESTAMP 更加精确，事实上，即使执行 Flashback Query 时指定的是 AS OF TIMESTAMP，Oracle 也会将其转换成 SCN，这是由于 Oracle 内部都是通过 SCN 来标记操作而不是时间。

不过，在实际执行 Flashback Query 时，时间转换后具体对应哪个 SCN，是通过 SYS 用户下的一个数据字典实现的，即 SMON_SCN_TIME(时间与 SCN 的映射关系表)。

```
JSSPRE > DESC SYS.SMON_SCN_TIME;
Name            Null?          Type
 -------------------   ---------    ----------------
THREAD                         NUMBER
TIME_MP                        NUMBER
TIME_DP                        DATE
SCN_WRP                        NUMBER
SCN_BAS                        NUMBER
NUM_MAPPINGS                   NUMBER
TIM_SCN_MAP                    RAW(1200)
SCN                            NUMBER
ORIG_THREAD                    NUMBER
```

在 Oracle 11g 中，系统平均每 3 秒产生一次系统时间与 SCN 的匹配并存入 SYS.SMON_SCN_ TIME 表，因此 Oracle 10g 版本如果使用 AS OF TIMESTAMP 查询 UNDO 中的数据，实际获取的数据是以指定的时间对应的 SCN 时的数据为基准。

举个例子，如 SCN:339988，339989 分别匹配 2009-05-30 13:52:00 和 2009-05-30 13:57:00，则当你通过 AS OF TIMESTAMP 查询 2009-05-30 13:52:00 或 2009-05-30 13:56:59 这段时间点内的任何时间，Oracle 都会将其匹配为 SCN:339988 到 UNDO 表空间中查找，也就说在这个时间内，不管你指定的时间点是什么，查询返回的都将是 2009-05-30 13:52:00 这个时刻对应的 SCN 的数据。如果通过上述文字的描述仍觉得不够形象，我想你亲自执行一下 SELECT SCN,TO_CHAR(TIME_DP,'YYYY-MM-DD HH24:MI:SS') FROM SYS.SMON_SCN_TIME，会理解得更深刻一些。

在 Oracle 数据库中也可以手动进行时间和 SCN 的相互转换，Oracle 提供了两个函数 SCN_TO_TIMESTAMP 和 TIMESTAMP_TO_SCN 专门用于这个功能，例如：

```
JSSPRE> SELECT TIMESTAMP_TO_SCN(SYSDATE)FROM DUAL;
TIMESTAMP_TO_SCN(SYSDATE)
-------------------------
        1263291
JSSPRE> SELECT TO_CHAR(SCN_TO_TIMESTAMP(1263291),
'YYYY-MM-DD')FROM DUAL;
TO_CHAR(SC
----------
2009-06-02
```

提示：上面的示例中 TIMESTAMP 类型经过 TO_CHAR 格式化，只显示了日期，千万别以为只能精确到日期。Oracle 中的 TIMESTAMP 日期类型最大能够精确到纳秒（不过一般操作系统返回的精度只到毫秒，因此即使格式化显示出纳秒的精度也没意义，毫秒后就全是零了）。

看起来很强大吧？其实这两个函数的转换依赖于 SYS.SMON_SCN_TIME 表，能够转换到的最小 SCN 也正是这个表中的最小记录，例如：

```
JSSPRE> SELECT SCN_WRP * 4294967296 + SCN_BAS FROM SYS.SMON_SCN_TIME  2  WHERE TIME_MP = (SELECT
MIN(TIME_MP)FROM SYS.SMON_SCN_TIME);
SCN_WRP * 4294967296 + SCN_BAS
------------------------------
            554140
```

能够转换到的最小 SCN 值是 554140，使用 SCN_TO_TIMESTAMP 查询该 SCN 对应的时间。

```
JSSPRE> SELECT SCN_TO_TIMESTAMP(554140)FROM DUAL;
SCN_TO_TIMESTAMP(554140)
---------------------------------------------------------------------------
21-MAR-09 11.51.30.000000000 PM
```

比该 SCN 哪怕只再小 1 的值也无法转换了，因为 SYS.SMON_SCN_TIME 表中没有对应的映射关系。

```
JSSPRE> SELECT SCN_TO_TIMESTAMP(554139)FROM DUAL;
select scn_to_timestamp(554139)from dual
       *
ERROR at line 1:
ORA-08181:specified number is not a valid system change number
ORA-06512:at"SYS.SCN_TO_TIMESTAMP", line 1
```

时间的转换也是同理，所以如果 SYS.SMON_SCN_TIME 表中不存在时间和 SCN 的映射关系，则执行函数转换时就会报错，也就是说时间和 SCN 之间并不存在绝对的对应关系。一切都是 Oracle 提供给你的，只有当它愿意让你看，你才能够看到。

3. 使用 DBMS_FLASHBACK 包实现 Flashback Query

AS OF TIMESTAMP|SCN 的语法是自 Oracle 9i R2 后才开始提供支持，如果是 Oracle 9i R1 版本，要想应用 Flashback Query，必须通过 DBMS_FLASHBACK 包。当然 Oracle 10g 中这个包一样可用，只不过从操作易用性上来说，使用 DBMS_FLASHBACK 包实现 Flashback Query，比直接在 SELECT 语句中附加 AS OF 子句要复杂多了，下面简单演示一下

如何用 DBMS_FLASHBACK 包实现 Flashback Query 查询。

仍以 FLASH_TBL 表为例，操作步骤要复杂一点！

首先删除部分数据（记得删除之前查询一下当前的系统 SCN）。

```
JSSPRE > SELECT DBMS_FLASHBACK.GET_SYSTEM_CHANGE_NUMBER FROM DUAL;
GET_SYSTEM_CHANGE_NUMBER
------------------------
             1270121
JSSPRE > DELETE FLASH_TBL WHERE ID < 10;
9 rows deleted.
JSSPRE > commit;
Commit complete.
```

调用 DBMS_FLASHBACK 包，指定一个过程的时间或 SCN。由于我们这里记录了操作前的 SCN，当然就直接指定 SCN 值了。

```
JSSPRE > EXEC DBMS_FLASHBACK.ENABLE_AT_SYSTEM_CHANGE_NUMBER(1270121);
PL/SQL procedure successfully completed.
```

提示：如果已经无法判定操作时的 SCN，只能通过时间戳了。使用 DBMS_FLASHBACK 包指定时间戳的语法为：DBMS_FLASHBACK.ENABLE_AT_TIME([TIMESTAMP])。

然后执行标准查询语句即可，不需要附加任何 AS OF 子句（当然，如果你用的是 Oracle 9i R2 之前版本，也根本不支持 AS OF 的语法）。

```
JSSPRE > SELECT * FROM FLASH_TBL;
  ID  VL
---------- --
  10  K
  11  L
  12  M
  13  N
  14  O
  15  P
  16  Q
  17  R
  18  S
  19  T
  20  U
  1  A
  2  B
  3  C
  4  D
  5  E
  6  F
  7  G
  8  H
  9  I
  20 rowsselected.
```

现在数据是已经看到了，不过想保存的话需要费些工夫，因为应用 DBMS_FLASHBACK 包方式时，在 DISABLE 当前查询状态前，当前 SESSION 不能执行 DML/DDL 操作，否则就会提示 ORA-08182 错误。如果想进行任何 DML/DDL 操作，都必须通过 DBMS_FLASHBACK.DISABLE 取消查询状态，例如：

```
JSSPRE > EXEC DBMS_FLASHBACK.DISABLE;
PL/SQL procedure successfully completed.
```

如果要保存当前看到的数据，只能在执行 DBMS_FLASHBACK 包之前声明一个游标用来保存记录，下面仅举最简单的示例来演示这个过程。

```
JSSPRE > DECLARE
CURSOR C_TBL IS SELECT * FROM FLASH_TBL WHERE ID < 10;
T_ROW C_TBL % ROWTYPE;
BEGIN
 DBMS_FLASHBACK.ENABLE_AT_SYSTEM_CHANGE_NUMBER(1270121);
 OPEN C_TBL;
 DBMS_FLASHBACK.DISABLE;
 LOOP
  FETCH C_TBL INTO T_ROW;
    EXIT WHEN C_TBL % NOTFOUND;
    INSERT INTO FLASH_TBL VALUES(T_ROW.ID,T_ROW.VL);
  END LOOP;
  CLOSE C_TBL;
  COMMIT;
END;
/
PL/SQL procedure successfully completed.
```

看来取个数据都得写段 PL/SQL，实在是太麻烦了！

查询一下操作的目标表。

```
JSSPRE > SELECT * FROM FLASH_TBL;
  ID  VL
---------- --
  10  K
   1  A
   2  B
   3  C
   4  D
   5  E
   6  F
   7  G
   8  H
   9  I
  11  L
  12  M
  13  N
  14  O
  15  P
  16  Q
  17  R
  18  S
  19  T
  20  U
```

```
20 rows selected.
```

一切回归原样(起码看起来是这样)。

习题

一、选择题

1. 当使用(　　)方法时,数据库必须处于 OPEN 状态。
   A. 逻辑备份　　B. RMAN 管理的备份　　C. 用户管理的备份　　D. 闪回备份
2. 闪回技术不包括(　　)。
   A. 闪回数据库　　B. 闪回删除　　C. 闪回表　　D. 闪回查询

二、填空题

1. 在恢复 Oracle 数据库时,必须先启用________模式,才能使数据库在磁盘故障的情况下得到恢复。

2. RMAN 是________的缩写,即恢复管理器。它可以用来备份和恢复数据库文件、归档日志和控制文件,可以用来执行完全或不完全的数据库恢复。

三、操作题

1. 练习将数据库设置为归档日志模式的操作步骤。
2. 练习对数据库进行备份和恢复操作。

第16章 Oracle数据库应用实例

书籍是人们获取并增长知识的主要途径，图书馆在人们的生活中占据着重要的位置，如何科学地管理图书馆不但关系到读者求知的方便程度，也关系到图书馆的发展。图书馆在正常运营中总是面对大量的读者信息、书籍信息以及两者相互作用产生的借书信息、还书信息。因此需要对读者资源、书籍资源、借书信息、还书信息进行管理，及时了解各个环节中信息的变更，有利于提高管理效率。图书管理系统可以有效地管理图书资源、控制图书借阅的流程，从根本上改变传统图书馆的工作方式，大大降低劳动强度，提高工作效率和服务质量。

本章将讲述如何介绍 Oracle 数据库的应用实例——图书管理系统的开发。该实例具有很强的实用性和针对性，可以帮助读者了解开发 Oracle 数据库应用程序的过程。

16.1 系统总体设计

16.1.1 需求概述

在图书管理系统中，管理员要为每个读者建立借阅账户，并给读者发放不同类别的借阅卡(借阅卡可提供卡号、读者姓名)，账户内存储读者的个人信息和借阅记录信息。持有借阅卡的读者可以通过管理员(作为读者的代理人与系统交互)借阅、归还图书，不同类别的读者可借阅图书的范围、数量和期限不同，可通过互联网或图书馆内查询终端查询图书信息和个人借阅情况，以及续借图书(系统审核符合续借条件)。

借阅图书时，先输入读者的借阅卡号，系统验证借阅卡的有效性和读者是否可继续借阅图书，无效则提示其原因，有效则显示读者的基本信息(包括照片)，供管理员人工核对。然后输入要借阅的书号，系统查阅图书信息数据库，显示图书的基本信息，供管理员人工核对。最后提交借阅请求，若被系统接受则存储借阅记录，并修改可借阅图书的数量。归还图书时，输入读者借阅卡号和图书号(或丢失标记号)，系统验证是否有此借阅记录以及是否超期借阅，无则提示，有则显示读者和图书的基本信息供管理员人工审核。如果有超期借阅或丢失情况，先转入过期罚款或图书丢失处理。然后提交还书请求，系统接受后删除借阅记录，登记并修改可借阅图书的数量。

图书管理员定期或不定期对图书信息进行入库、修改、删除等图书信息管理以及注销(不外借)，包括图书类别和出版社管理。

系统为系统维护人员提供权限管理、数据备份等通用功能。

16.1.2 系统功能分析

图书管理系统涉及图书信息，系统用户信息，读者信息，图书借阅信息等多种数据管理。从管理的角度可将图书管理分为三类：图书信息管理、读者信息管理和借阅管理。

1. 图书信息管理

- 图书类别管理：增、删、改等管理。
- 图书信息管理：新书入库，图书购入后由图书管理人员将书籍编码并将其具体信息录入书籍信息表。书籍信息修改，书籍信息由于工作人员的疏忽而出现错误时，可修改其信息。管理员按不同方式查询、统计，读者按不同方式查询。
- 出版社信息管理：增、删、改等管理。
- 图书注销：某一部分图书会随着时间的增长及知识的更新而变得不再有使用的价值，或者图书被损坏，这些图书就要在书籍信息表中去除。即从书籍信息表中删去此书籍记录。

2. 读者信息管理

- 读者类别信息管理：增、删、改等管理。
- 读者信息管理：办理、挂失、暂停借、注销阅卡，录入、修改、删除读者信息。

3. 借阅管理

- 续借管理：提供读者在符合规定的情况下网上续借。
- 还书管理：根据借阅卡编号、图书 ID 等，在借阅信息表中找到相应的记录，将借书记录删除，更新该记录的相应数据(图书信息表)。根据违反规定情况计算和登记罚款记录。
- 借书管理：根据借阅卡编号和图书编号进行借书登记。在借阅信息表中插入一条借书记录，该记录包括读者 ID、图书 ID、借出日期、借阅编号、操作员等信息，更新该记录的相应数据(图书信息表)。把超期图书以列表的形式显示出来，并以电子邮件或打印成书面通知读者。提供读者网上查询自己的借阅情况(包括超期提示)。

16.1.3 系统结构层次图

根据系统功能分析，图书管理系统包括 3 个大模块，11 个小模块，其系统结构层次如图 16-1 所示。

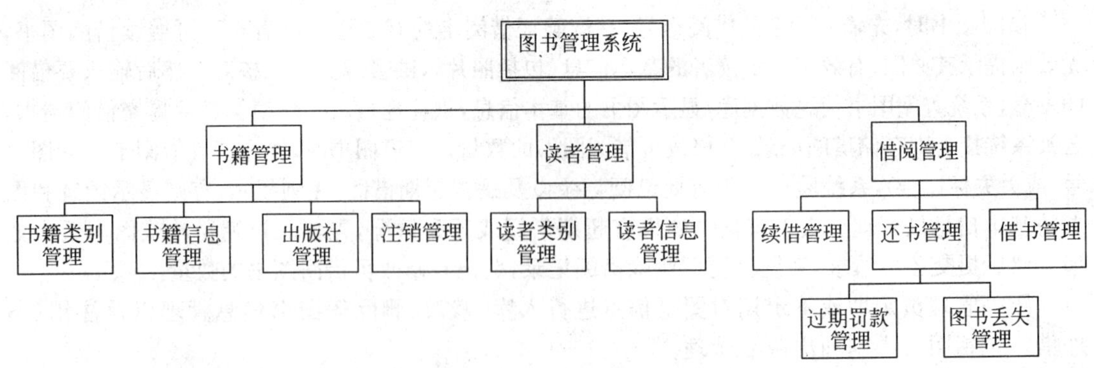

图 16-1 图书管理系统结构层次图

16.1.4 创建数据库用户

在设计数据库表结构之前，首先要创建一个图书管理的数据库用户，这里定义为

BOOKMAN,所有相关的表都属于这个用户。

创建用户的脚本如下。

1. 创建用户

```
CREATE USER BOOKMAN
IDENTIFIED BY BOOKMAN
DEFAULT TABLESPACE USERS
TEMPORARY TABLESPACE TEMP;
```

2. 设置角色权限

```
GRANT CONNECT TO BOOKMAN;
GRANT RESOURCE TO BOOKMAN;
```

3. 设置系统权限

```
GRANT UNLIMITED TABLESPACE TO BOOKMAN;
```

在设置连接字符串时,使用用户 BOOKMAN 登录,就可以直接在程序中调用用户 BOOKMAN 的表和视图等数据库对象了。

16.1.5 数据表结构设计

数据库 BOOKMAN 包含以下 7 个表:图书分类信息表 BookType、图书基本信息表 BookInfo、图书入库信息表 StoreIn、库存图书表 Books、借阅证信息表 Cards、图书借阅表 Borrow、用户信息表 Users。

下面分别介绍这些表的结构。

1. 图书分类信息表 BookType

图书分类信息表 BookType 用来保存图书分类信息,其结构如表 16-1 所示。

表 16-1 图书分类信息表 BookType 的结构

编 号	字段名称	数据结构	说 明
1	TypeId	Number	分类编号
2	TypeName	Varchar2 50	分类名称
3	Describe	Varchar2 400	描述信息
4	UpperId	Number	上级分类的编号

在设计表结构时,通常需要设计一个整型字段作为标识列,例如表 BookType 中的 TypeId 字段。如果其他表需要引用表 BookType 中的数据,则在表中添加一个 TypeId 字段就可以了。有的程序设计人员习惯于直接使用名称字段作为标识列,例如表 BookType 中的 TypeName 字段。这样,如果修改 TypeName 字段的值,就需要同时修改其他所有表的相应字段的值,从而造成不必要的麻烦。在系统中,TypeId 字段对于用户来说是透明的,用户感觉不

到它的存在，也无法对其进行修改。

创建图书分类信息表 BookType 的脚本如下：

```
CREATE TABLE BOOKMAN.BookType
  (TypeId      Number Primary Key,
   TypeName    Varchar2(50) NOT NULL,
   Describe    Varchar2(400),
   UpperId     Number
  );
```

2. 图书基本信息表 BookInfo

图书基本信息表 BookInfo 用来保存图书基本信息，其结构如表 16-2 所示。

表 16-2 图书基本信息表 BookInfo 的结构

编 号	字段名称	数据结构	说 明
1	BookNo	Varchar2 50	书号
2	BookName	Varchar2 50	图书名称
3	Author	Varchar2 50	作者
4	Publisher	Varchar2 50	出版社
5	Ptimes	Varchar2 50	版次
6	Bprice	Number(8, 2)	价格
7	Btype	Number	图书分类
8	TotalNum	Number	当前库存

创建图书基本信息表 BookInfo 的脚本如下：

```
CREATE TABLE BOOKMAN.BookInfo
  (BookNo      Varchar2(50) Primary Key,
   BookName    Varchar2(50) NOT NULL,
   Author      Varchar2(50) NOT NULL,
   Publisher   Varchar2(50),
   Ptimes      Varchar2(50),
   Bprice      Number(8,2),
   Btype       Number,
   TotalNum    Number,
);
```

3. 图书入库信息表 StoreIn

图书入库信息表 StoreIn 用来保存图书入库的信息，其结构如表 16-3 所示。

表 16-3 图书入库信息表 StoreIn 的结构

编 号	字段名称	数据结构	说 明
1	StoreId	Varchar2 50	入库编号
2	BookNo	Varchar2 50	书号
3	BookNum	Number	入库数量
4	StorePos	Varchar2 200	图书存放位置
5	EmpName	Varchar2 50	经办人
6	OptDate	Char 10	入库日期

创建图书入库信息表 StoreIn 的脚本如下：

```
CREATE TABLE BOOKMAN.StoreIn
  (StoreId     Varchar2(50) Primary Key,
   BookNo      Varchar2(50) NOT NULL,
   BookNum     Number NOT NULL,
   StorePos    Varchar2(200),
   EmpName     Varchar2(50),
   OptDate     Char(10)
  );
```

4. 库存图书表 Books

库存图书表 Books 用来保存库存图书的信息，其结构如表 16-4 所示。

表 16-4 库存图书表 Books 的结构

编 号	字段名称	数据结构	说 明
1	BookNo	Varchar2 50	书号
2	BookNum	Number	图书原始数量
3	CountNum	Number	图书盘点数量
4	EmpName	Varchar2 50	盘点人
5	CountDate	Char 10	盘点日期

创建库存图书表 Books 的脚本如下：

```
CREATE TABLE BOOKMAN.Books
  (BookNo      Varchar2(50) Primary Key,
   BookNum     Number NOT NULL,
   CountNum    Number,
   EmpName     Varchar2(50),
   CountDate   Char(10)
  );
```

5. 借阅证信息表 Cards

借阅证信息表 Cards 用来保存图书借阅证的信息，其结构如表 16-5 所示。

表 16-5 借阅证信息表 Cards 的结构

编 号	字段名称	数据结构	说 明
1	Cardno	Varchar2 50	借阅证编号
2	DepName	Varchar2 50	所属部门
3	EmpName	Varchar2 50	员工姓名
4	Idcard	Varchar2 50	有效证件号码
5	CreateDate	Char 10	发证日期
6	Flag	Number 1	挂失标记

创建借阅证信息表 Cards 的脚本如下：

```
CREATE TABLE BOOKMAN.Cards
  (Cardno       Varchar2(50) Primary Key,
  DepName       Varchar2(50) NOT NULL,
  EmpName    Varchar2(50),
  Idcard        Varchar2(50),
  CreateDate    Char(10),
  Flag          Number(1)
 );
```

6. 图书借阅表 Borrow

图书借阅表 Borrow 用来保存读者当前借阅的图书信息，其结构如表 16-6 所示。

表 16-6 图书借阅表 Borrow 的结构

编　号	字段名称	数据结构	说　明
1	Bid	Number	编号
2	BookNo	Varchar2 50	书号
3	Cardno	Varchar2 50	借阅证编号
4	Bdate	Char 10	借出日期
5	Rdate	Char 10	应归还日期
6	RRDate	Char 10	实际归还日期 / 挂失日期
7	Forfeit	Number (8,2)	超期罚款金额
8	Flag	Number(1)	借阅标记(0—借阅,1—续借,2—归还,3—挂失)

创建图书借阅表 Borrow 的脚本如下：

```
CREATE TABLE BOOKMAN.Borrow
  (Bid        Number Primary Key,
  BookNo    Varchar2(50) NOT NULL,
  Cardno        Varchar2(50) NOT NULL,
  Bdate         Char(10),
  Rdate         Char(10),
  RRdate            Char(10),
  Forfeit             Number(8,2),
  Flag          Number(1)
 );
```

7. 用户信息表 Users

用户信息表 Users 用来保存系统用户信息，其结构如表 16-7 所示。

表 16-7 用户信息表 Users 的结构

编　号	字段名称	数据结构	说　明
1	UserName	Varchar2 50	用户名
2	UserPwd	Varchar2 50	密码

创建用户信息表 Users 的脚本如下：

```
CREATE TABLE BOOKMAN.Users
    (
     UserName          Varchar2(50) Primary Key,
     UserPwd      Varchar2(50) NOT NULL
    );
INSERT INTO BOOKMAN.Users VALUES('Admin', 'Admin')
```

创建表 Users 之后，使用 INSERT 语句向表 Users 中插入一条记录，用户名为 Admin，密码也是 Admin。

16.2 设计工程框架

16.2.1 创建工程

首先需要创建工程存储的目录。运行 Visual Basic 12.0 主程序，并选择新建“标准 EXE”工程。新建工程后，在 Visual Basic 窗口中有一个缺省的窗体 Form1，在此基础上设计系统的主界面。

选择“工程”菜单中的“工程 1 属性”命令，在“工程属性”对话框中，将工程名设置为 Books。单击“保存”按钮，将工程存储为 Books.vbp，将 Form1 窗体保存为 FrmMain.frx。

16.2.2 添加模块

为了使工程的结构更加清晰，分别创建以下两个模块。

- modDb：定义数据库连接字符串、连接对象、记录集对象等。
- modFunc：在组合框与列表框中添加数据项。

1. 数据库连接和操作模块 modDb

代码如下：

```
Public Const DBNAME As String = "BookManage" '数据库
Public Const CONSTR As String = "Provider = SQLOLEDB.1;
         Integrated Security = SSPI;Persist Security Info = False;
         Initial Catalog = BookManage"
Private IsConnect As Boolean '标记数据库是否连接
Private cnn As ADODB.Connection '数据库的连接对象
Private rs As ADODB.Recordset '记录集对象
```

(1) 定义连接数据库子过程

```
Public Sub DBConnect()
  If IsConnect = True Then '如果连接标记为真，表明数据库已连接，则直接返回
    Exit Sub
  End If
  Set cnn = New ADODB.Connection '关键字 New 用于创建新对象 cnn
  cnn.ConnectionString = CONSTR '设置连接字符串的 ConnectionString 属性
  cnn.Open '打开到数据库的连接
  If cnn.State <> adStateOpen Then '判断连接的状态
    '如果连接不成功，则显示提示信息，退出程序
    MsgBox "数据库连接失败", vbOKOnly + vbCritical, "连接失败"
```

```
    End
  End If
  IsConnect = True '设置连接标记,表示已经连接到数据库
End Sub
```

（2）断开与数据库的连接

```
Public Sub DBDisconnect()
  If IsConnect = False Then '如果连接标记为假,表明已断开连接,则直接返回
    Exit Sub
  End If
  cnn.Close '关闭连接
  Set cnn = Nothing '释放 cnn
  IsConnect = False '设置连接标记,表示已经断开与数据库的连接
End Sub
```

（3）执行数据库操作语句

```
Public Sub SQLExt(ByVal SQLStr As String)
  Dim cmd As New ADODB.Command '创建 Command 对象 cmd
  DBConnect                              '调用 DBConnect 过程,来连接到数据
  '设置 cmd 的 ActiveConnection 属性,指定与其关联的数据库连接
  Set cmd.ActiveConnection = cnn
  cmd.CommandText = SQLStr               '设置要执行的命令文本
  cmd.Execute                            '执行命令
  Set cmd = Nothing                      '清空 cmd 对象
  '调用 DBDisconnect 过程,来断开与数据库的连接
  DBDisconnect
End Sub
```

SQLExt 过程执行 SQL 的操作语句，如 DELETE、UPDATE、INSERT 等，这些语句不需要返回结果集。

（4）执行数据库查询语句

```
Public Function SQLQuery(ByVal SQLStr As String) As ADODB.Recordset
  Dim rst As New ADODB.Recordset '创建 Recordset 对象 rst
  DBConnect                              '调用 DBConnect 过程,来连接到数据库
  '设置 rst 的 ActiveConnection 属性,指定与其关联的数据库连接,cnn 为 DBConnect 过程
                                         '建立的连接对象
  Set rst.ActiveConnection = cnn
  rst.CursorType = adOpenDynamic         '设置游标类型
  rst.LockType = adLockOptimistic        '设置锁定类型
  rst.Open SQLStr                        '打开记录集
  Set SQLQuery = rst                     '返回记录集
End Function
```

2. 数据处理模块 modFunc

代码如下：

（1）定义变量

```
Public IsAdd As Boolean                  '是否为增加操作,否的时候为修改操作
Public CurUserName As String
Public CurUserType                       '1-超级用户,2-普通用户
'为 ComboBox 控件中添加数据项
Public Sub Addcbo(ByVal paraCombo As ComboBox, _
                  ByVal paraSQLStmt As String, ByVal index As Integer)
```

```
  Dim rs As New ADODB.Recordset '定义 RecordSet 对象
  Set rs = SQLQuery(paraSQLStmt)
  While Not rs.EOF                          '向 ComboBox 控件中添加数据
    paraCombo.AddItem rs.Fields(index).Value
    rs.MoveNext
  Wend
  DBDisconnect                              '断开连接,调用 moddb 模块中的断开连接子过程
End Sub
```

(2) 为 ListBox 控件中添加数据,用于刷新用户名、用户类型等信息

```
Public Sub AddList(ByVal paraList As ListBox)   '定义 RecordSet 对象
  Dim rs As New ADODB.Recordset
  SQLStr = "SELECT * FROM PasswdInfo"
  Set rs = SQLQuery(SQLStr)
  paraList.Clear
  While Not rs.EOF
    paraList.AddItem rs.Fields("UserName") & Space(20 - CharLen( _rs.Fields("UserName")))& IIf
(rs.Fields(2) = 1,"超级用户","普通用户")
    rs.MoveNext
  Wend
  DBDisconnect        '断开连接
End Sub
```

(3) 为 ListBox 控件中添加数据,用于图书的一级分类、二级分类等信息

```
Public Sub AddTypeList(ByVal pList As ListBox, ByVal pSQLStr As String)
  Dim rs As New ADODB.Recordset              '定义 RecordSet 对象
  Set rs = SQLQuery(pSQLStr)
  pList.Clear
  While Not rs.EOF
    pList.AddItem rs.Fields(1)
    rs.MoveNext
  Wend
  DBDisconnect          '断开连接
End Sub
```

(4) 为 ListBox 添加借阅证件类型信息

```
Public Sub AddCTypeList(pList As ListBox)
  Dim rs As New ADODB.Recordset              '定义 RecordSet 对象
  Dim SQLStr As String
  SQLStr = "SELECT * FROM CardType"          '读取所有证件类型
  Set rs = SQLQuery(SQLStr)
  pList.AddItem "所有类型"
  While Not rs.EOF                           '向 pList 添加图书分类名称
    pList.AddItem rs.Fields(1)
    rs.MoveNext
  Wend
  DBDisconnect                               '断开连接
End Sub
```

(5) 计算字符长度,汉字算两个字符

```
Public Function CharLen(ByVal paraStr As String) As Long
  CharLen = LenB(StrConv(paraStr, vbFromUnicode))
End Function
```

16.2.3 添加类模块

在本实例中,为每一个表创建一个类模块,将对此表的所有数据库操作封装在类中。

在通常情况下,类的成员变量与对应的表中的字段名相同。由于绝大多数成员函数的编码格式都是非常相似的,只是所使用的SQL语句不同,所以本节只说明每个类中成员函数的功能,而不对所有的成员函数进行具体的代码分析。

1. BookType类

BookType类用来管理表BookType的数据库操作,它保存为BookType.cls。BookType类的成员函数如表16-8所示。

表16-8 BookType类的成员函数

函数名	具体说明
Init	初始化成员变量
Delete	删除指定的图书分类记录。参数TmpId表示要删除的图书类型编号
GetId	根据指定的图书分类名称,读取图书分类编号。参数TmpName表示指定的分类名称
GetInfo	读取指定的图书分类记录。参数TmpId表示要读取的图书分类编号
GetName	根据指定的图书分类编号读取图书分类名称。参数TmpId表示指定的图书分类编号
GetNewId	生成新记录的图书分类编号
HaveSon	判断指定的图书分类是否存在下一级分类。参数TmpUpperId表示指定的图书分类编号
In_DB	判断指定的图书分类名称是否已经在数据库中。参数TypeName表示指定的分类名称
Insert	插入新的图书分类记录
Load_by_Upper	读取指定图书分类的所有子分类。参数UpperId表示指定的图书分类的编号
Update	修改指定的图书分类记录。参数TmpId表示要修改的图书分类的编号

2. BookInfo类

BookInfo类用来管理BookInfo的数据库操作,它保存为BookInfo.cls。BookInfo类的成员函数如表16-9所示。

表16-9 BookInfo类的成员函数

函数名	具体说明
Init	初始化成员变量
Delete	删除指定的图书信息记录。参数TmpBookNo表示要删除的图书信息编号
GetInfo	读取指定的图书信息记录。参数TmpBookNo表示要读取的图书信息编号
GetName	根据指定的图书编号读取图书信息名称。参数TmpBookNo表示指定的图书信息编号
GetNo	根据指定的图书名称读取图书信息编号。参数TmpName表示指定的图书名称
GetTotalNum	返回指定图书的库存数量
In_DB	判断指定的图书名称是否已经在数据库中。参数TmpBookName表示指定的图书名称
Insert	插入新的图书信息记录
Update	修改指定的图书信息记录。参数OriBookNo表示要修改的图书编号
UpdateStoreNum	图书入库时,更改指定图书的基本库存数量。参数OriBookNo表示要修改的图书编号,addNum表示入库的图书数量
UpdateTotalNum	图书盘点时,更改指定图书的库存数量。参数OriBookNo表示要修改的图书编号,CountNum表示入库的图书数量

3. StoreIn 类

StoreIn 类用来管理 StoreIn 的数据库操作，它保存为 StoreIn. cls。StoreIn 类的成员函数如表 16-10 所示。

表 16-10 StoreIn 类的成员函数

函数名	具体说明
Init	初始化成员变量
HaveBook	判断入库记录中是否包含指定的图书信息。参数 TmpBookNo 表示指定的图书编号
GetInfo	读取指定的入库记录。参数 TmpStoreId 表示要读取的入库记录编号
Insert	插入新的入库信息记录

4. Books 类

Books 类用来管理 Books 的数据库操作，它保存为 Books. cls。Books 类的成员函数如表 16-11 所示。

表 16-11 Books 类的成员函数

函数名	具体说明
Init	初始化成员变量
Delete	删除指定的库存图书记录。参数 TmpNo 表示要删除的图书编号
GetNum	读取指定图书的库存数量。参数 TmpNo 表示图书编号
In_DB	判断指定的图书是否已经在库存中。参数 TmpNo 表示图书编号
Insert	插入新的库存图书记录

5. Cards 类

Cards 类用来管理 Cards 的数据库操作，它保存为 Cards. cls。Cards 类的成员函数如表 16-12 所示。

表 16-12 Cards 类的成员函数

函数名	具体说明
Init	初始化成员变量
Delete	删除指定的借阅证记录。参数 TmpNo 表示要删除的借阅证编号
GetFlag	读取指定借阅证的挂失标记。参数 TmpNo 表示指定的借阅证编号
GetInfo	读取指定的借阅证记录。参数 TmpNo 表示要读取的借阅证编号
Insert	插入新的借阅证记录
Update	修改指定的借阅证记录。参数 TmpNo 表示要修改的借阅证编号
UpdateFlag	更改借阅证的挂失状态。参数 TmpNo 表示要修改的借阅证编号，参数 FlagNum 表示挂失状态

6. Borrow 类

Borrow 类用来管理 Borrow 的数据库操作，它保存为 Borrow. cls。Borrow 类的成员函数如表 16-13 所示。

表 16-13 Borrow 类的成员函数

函数名	具体说明
Init	初始化成员变量
Delete	删除指定的借阅记录。参数 TmpId 表示要删除的借阅编号
GetInfo	读取指定的借阅记录。参数 TmpId 表示要读取的借阅编号
GetNewId	生成新记录的借阅信息编号
Insert	插入新的借阅记录
Update	修改指定的借阅记录。参数 TmpId 表示要删除的借阅编号
UpdateFlag	更新借阅标志。0 表示借阅,1 表示续借,2 表示归还,3 表示挂失
UpdateLost	更新图书挂失罚款记录及日期
UpdateReturn	更新图书归还日期

7. Users 类

Users 类用来管理 Users 的数据库操作,它保存为 Users. cls。Users 类的成员函数如表 16-14 所示。

表 16-14 Users 类的成员函数

函数名	具体说明
Init	初始化成员变量
Delete	删除指定的用户记录。参数 TmpUser 表示要删除的用户名
GetInfo	读取指定的记录。参数 TmpUser 表示要读取数据的用户名
In_DB	判断指定的用户名是否已经在数据库中。参数 TmpUsers 表示用户名
Insert	插入新的用户记录
Update	修改指定的用户记录。参数 TmpUser 表示要修改的用户名

16.3 系统主界面和登录界面设计

16.3.1 系统主界面设计

创建一个新窗体,设置窗体名为 FrmMain。系统主界面窗体的代码如下:

```
'用户管理菜单项
Private Sub mnuUser_Click()
  If CurUserType = 1 Then
    frmUserM.Show 1             '只有超级用户才能进行用户管理
  ElseIf CurUserType = 2 Then
    MsgBox "对不起,您没有权限修改用户及密码", vbExclamation, "无权限"
  End If
End Sub
'退出菜单项
Private Sub mnuExit_Click()
  Unload Me
```

```
End Sub
'图书分类管理菜单项
Private Sub mnuBookType_Click()
  frmBTypeM.Show 1
End Sub
'图书基本信息管理菜单项
Private Sub mnuBasicInfo_Click()
  frmBInfoM.Show 1
End Sub
'借阅证件类型管理菜单项
Private Sub mnuCardType_Click()
  frmCTypeM.Show 1
End Sub
'借阅证信息管理菜单项
Private Sub mnuCardInfo_Click()
  frmCInfoM.Show 1
End Sub
'借阅书籍管理菜单项
Private Sub mnuBorrowMan_Click()
  frmBorrowM.Show 1
End Sub
'在退出系统时,断开连接
Private Sub Form_Unload(Cancel As Integer)
  DBDisconnect
  End
End Sub
```

系统主界面窗体的设计如图 16-2 所示。

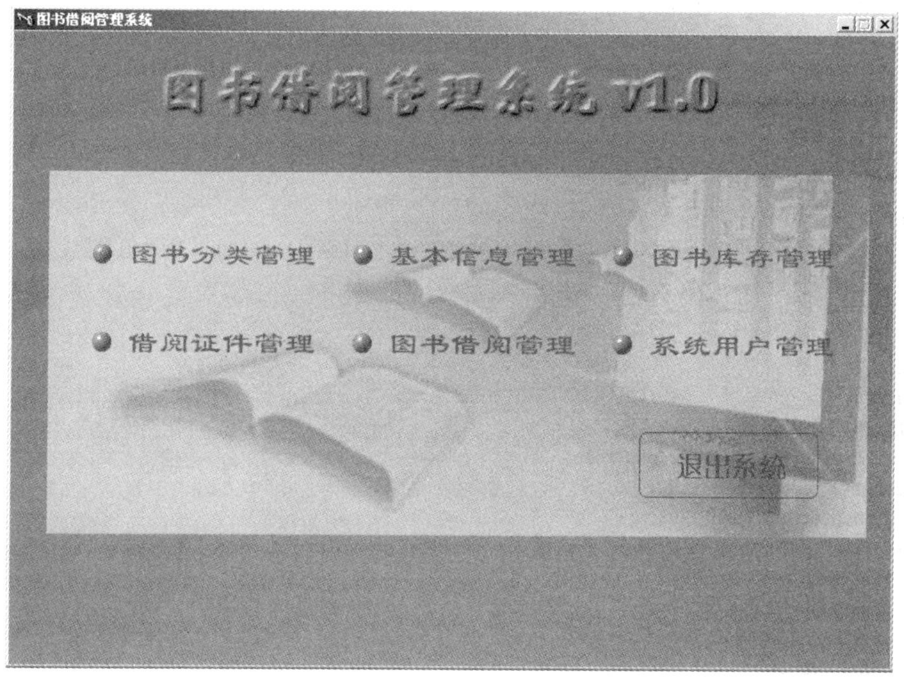

图 16-2 图书管理系统主界面

16.3.2 系统登录界面设计

创建一个新窗体,设置窗体名为 frmLogin。登录窗体的代码如下:

```
Public counter As Integer       '定义重试次数
Dim SQLSt As String
Dim rs As Recordset
'窗体装载事件
Private Sub Form_Load()
  counter = 0                   '初始化重试次数
End Sub
'单击"确定"按钮
Private Sub cmdOK_Click()
  Dim vUser As String           '定义 user 变量,用于存储用户名
  vUser = Trim(txtUser)         '给 user 赋值
  Dim pwd As String             '定义 pwd 变量,用于存储密码
  pwd = Trim(txtPasswd)         '给密码赋值
  '没有输入用户名
  If Trim(vUser) = "" Then
    MsgBox "请输入用户名", vbInformation, "登录信息"
    txtUser.SetFocus
    Exit Sub
  End If
  SQLStr = "SELECT * FROM PasswdInfo WHERE UserName = '" + Trim(vUser) + "'"
  Set rs = SQLQuery(SQLStr)
  '判断用户是否存在
  If rs.EOF Then                '该用户不存在
    counter = counter + 1
    If counter < 3 Then
    MsgBox "用户名不存在,请重新输入!",vbOKOnly + vbInformation,"用户名错误"
      txtUser.Text = ""
      txtPasswd.Text = ""
      txtUser.SetFocus
      Exit Sub
    Else
         MsgBox "重试了三次,退出系统!", vbOKOnly + vbExclamation, "登录信息"
      DBDisconnect
      End
      Exit Sub
    End If
  End If
  '判断密码是否正确
  If rs.Fields("Passwd")<> pwd Then
    counter = counter + 1
    If counter < 3 Then
    MsgBox "用户名或密码错误,请重新输入!",vbOKOnly + vbInformation,"密码错误"
      txtUser.Text = ""
      txtPasswd.Text = ""
      txtUser.SetFocus
      Exit Sub
    Else
      MsgBox "重试了三次,退出系统!", vbOKOnly + vbExclamation, "密码错误"
      DBDisconnect
      End
      Exit Sub
```

```
      End If
    End If
    '登录成功,保存当前用户的信息
    CurUserName = rs.Fields("UserName")
    CurUserType = rs.Fields("Usertype")
    Unload Me
    frmMain.Show
    frmMain.Enabled = True
End Sub
'单击"退出"按钮
Private Sub cmdExit_Click()
    DBDisconnect
    End
End Sub
```

系统登录界面窗体的设计如图 16-3 所示。

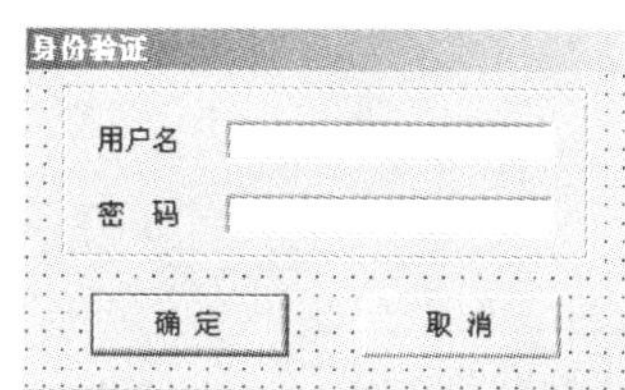

图 16-3 图书管理系统登录界面

用户要使用系统,首先要通过系统的身份验证。登录过程中,系统将根据用户输入的用户名和密码判断用户的身份。通过身份验证后,将相关的用户信息保存在 CurUser 对象中。

16.4 实现图书管理功能

16.4.1 实现图书分类管理

当 FrmBTypeM 窗体加载时,应为列表框 List1 添加初始数据,即所有一级分类名称。并使 ChkAllType 被选择,List1、List2 禁止操作。

(1) 窗体加载事件:

```
Private Sub Form_Load()
'初始化一级分类 ListBox 控件 List1,二级分类 List2
    Dim SQLStr As String
    SQLStr = "SELECT * FROM BookType where UID = 0"
    AddTypeList List1, SQLStr
    '初始化时显示全部分类
    List1.Enabled = False
    List2.Enabled = False
    chkAllType.Value = vbChecked
End Sub
```

其中,UID 为表 BookType 的属性,存储某分类的上级分类编号。UID 为 0 表示该分类为一级分类,UID 大于 0 表示该分类为二级分类。查询 UID 为 0 的记录集,调用模块 modFunc 的过程 AddTypeList 将记录集添加到 List1 以实现 List1 初始化。

(2) 单击 CheckBox 控件 ChkAllType 时:

```
Private Sub chkAllType_Click()
  If chkAllType.Value = vbChecked Then      'chkAllType 被选择
    List2.ListIndex = -1                    '使 List1、List2 无选择项
    List1.ListIndex = -1
    List1.Enabled = False                   '禁止对 List1、List2 的操作
    List2.Enabled = False
  Else
    List1.Enabled = True
    List2.Enabled = True
  End If
End Sub
```

当 chkAllType 被选择时，表明用户选择添加一级分类，此时使 ListBox 控件 List1、List2 没有选择项，并禁止对它们的操作。如果 chkAllType 不被选择，则允许对 ListBox 控件 List1、List2 进行操作。

(3) 单击 List1 时，选择一级分类，则要为该一级分类在 List2 中添加其二级分类：

```
Private Sub List1_Click()
  Dim SQLStr As String
  Dim rs As Recordset
  '为 List2 添加被选一级图书对应的二级图书
  SQLStr = "select * from booktype where uid = "
  SQLStr = SQLStr & "(select typeid from booktype where typename = '"
  SQLStr = SQLStr & List1.List(List1.ListIndex) & "')"
  Set rs = SQLQuery(SQLStr)
  AddTypeList List2, SQLStr
End Sub
```

List1.List(List1.ListIndex)为被选择的一级分类名称，其中 List1.ListIndex 为被选择数据项的序号。因此要在数据表 BookType 中查询该名称的一级分类的 TypeID，将该 TypeID 值作为其二级分类的 UID 值查询所得的记录集，调用过程 AddTypeList 将其添加到 List2 中。

(4) "添加"按钮，添加新分类：

```
Private Sub cmdAdd_Click()
  If chkAllType = vbChecked Then
    frmBTypeEdit.lblUID = ""                    '无上级图书分类
    frmBTypeEdit.txtTypeName = ""               '清除 frmBTypeEdit 当前图书分类输入框
  ElseIf List1.ListIndex >= 0 And List2.ListIndex < 0 Then
    '当 List1 被选择,List2 未选择,当前图书分类为一级,可以为该分类添加二级图书分类
    frmBTypeEdit.lblUID = List1.List(List1.ListIndex)
    frmBTypeEdit.txtTypeName = ""               '清除 frmBTypeEdit 当前图书分类输入框
  ElseIf List2.ListIndex >= 0 Then
    '当前所选图书分类为二级分类,不能为其添加下级分类
    MsgBox "此分类书目为二级分类" + vbCrLf + "不能在二级分类下面添加子分类", _
           vbInformation, "添加分类提示"
    Exit Sub
  End If
  IsAdd = True '设置添加按钮标志,并调用窗体 frmBTypeEdit 输入添加分类信息
  frmBTypeEdit.Show 1
End Sub
```

当执行"添加"按钮事件时，判断被选择项是否为全部分类或一级分类，若是则确定其上级分类，并调用输入分类信息窗体 FrmBTypeEdit，否则提示不添加分类。

(5)"修改"按钮,修改当前分类信息:

```
Private Sub cmdModi_Click()
  If chkAllType = vbChecked Then '若为全部分类
    MsgBox "此分类为总分类" + vbCrLf + "不能修改总分类的名称", _
                vbInformation, "修改分类提示"
    Exit Sub
  End If
  If List1.ListIndex >= 0 And List2.ListIndex < 0 Then
    '若所选择的分类为一级分类,则 frmBTypeEdit 窗体中显示的当前分类的上级分类为空
    frmBTypeEdit.lblUID = ""
    frmBTypeEdit.txtTypeName = List1.List(List1.ListIndex)
  ElseIf List2.ListIndex >= 0 Then
    '若所选择的分类为二级分类,则 frmBTypeEdit 窗体中显示的当前分类的上级分类为 List1 的选
择项
    frmBTypeEdit.lblUID = List1.List(List1.ListIndex)
    frmBTypeEdit.txtTypeName = List2.List(List2.ListIndex)
  End If
  IsAdd = False '设置修改按钮标志,并调用窗体 frmBTypeEdit 输入修改当前分类信息
  frmBTypeEdit.Show 1
End Sub
```

(6)"删除"按钮,删除所选择分类,若所选择的分类有下级分类或有图书基本信息,则不能删除:

```
Private Sub cmdDel_Click()
  Dim rs As Recordset
  Dim SQLStr As String, DelTypeName As String
  Dim isDel As Integer, DelTypeID As Integer, DelUID As Integer
  '如果所选分类为全部分类,则不能执行删除操作
  If chkAllType = vbChecked Then
    MsgBox "此项为根结点" + vbCrLf + "不能删除根结点", _
                vbInformation, "删除分类提示"
    Exit Sub
  End If
  If List1.ListIndex >= 0 And List2.ListIndex < 0 Then
    '如果选择的一级图书分类包含下级分类,则不能删除
    SQLStr = "SELECT * FROM BookType WHERE UID = (SELECT TypeId From BookType"
    SQLStr = SQLStr & " WHERE TypeName = '"
    SQLStr = SQLStr & Trim(List1.List(List1.ListIndex)) & "')"
    Set rs = SQLQuery(SQLStr) '查询选择的图书分类的下级分类
    If Not rs.BOF Then
      MsgBox List1.List(List1.ListIndex) + " 包含下级图书分类,不能删除", _
            vbInformation, "删除分类提示"
      Exit Sub
    Else
      DelTypeName = List1.List(List1.ListIndex) '获取要删除的分类名称
    End If
  ElseIf List2.ListIndex >= 0 Then              '选择的二级图书分类
    DelTypeName = List2.List(List2.ListIndex)   '获取要删除的分类名称
  End If
  SQLStr = "SELECT * FROM BookType WHERE TypeName = '" & DelTypeName & "'"
  Set rs = SQLQuery(SQLStr) '查询选择的图书分类的分类号
  DelTypeID = rs.Fields(0)
  DelUID = rs.Fields(2)
  isDel = MsgBox("是否确定要删除 " + Trim(DelTypeName), _
```

```
            vbYesNo + vbQuestion + vbDefaultButton2, "是否删除")
  If isDel = vbNo Then
    Exit Sub
  Else
    SQLStr = "SELECT * FROM BookInfo WHERE TypeId = " & Str(DelTypeID)
    Set rs = SQLQuery(SQLStr)
    If Not rs.BOF Then
      MsgBox DelTypeName + " 图书分类下还有书籍" + vbCrLf + "不能删除此分类", _
                  vbInformation, "删除分类提示"
      Exit Sub
    End If
    SQLStr = "DELETE FROM BookType WHERE TypeID = " & Trim(Str(DelTypeID))
    SQLExt SQLStr '执行 DELETE 语句
    MsgBox "删除成功!", vbInformation, "删除分类提示"
    '更新 List1 和 List2 的显示
    SQLStr = "SELECT * FROM BookType where UID = 0"
    AddTypeList frmBTypeM.List1, SQLStr
    If DelUID > 0 Then
      SQLStr = "SELECT * FROM BookType where UID = " & Str(DelUID)
      AddTypeList frmBTypeM.List2, SQLStr
    End If
  End If
End Sub
```

(7) 返回按钮:

```
Private Sub cmdBack_Click()
  Unload Me
End Sub
```

16.4.2 实现图书分类信息录入

FrmBTypeEdit 窗体的代码如下:

```
Dim oldTypeID As Integer
Dim oldUID As Integer
Dim oldTypeName As String
'frmBTypeEdit 窗体激活时,获取当前图书分类信息,
'暂存在 oldTypeID、oldUID、oldTypeName 中,用于当 frmBTypeM 窗体修改分类时
Private Sub Form_Activate()
  Dim rs As Recordset
  oldTypeName = txtTypeName.Text
  If oldTypeName = "" Then'若无分类名称,则为全部分类,oldTypeID 清 0
    oldTypeID = 0
    oldUID = 0
  Else
    '查询分类名称为 oldTypeName 的记录,
    '并将其分类号和上级分类号分别存储在 oldTypeID、oldUID 中
    SQLStr = "SELECT * FROM BookType WHERE TypeName = '" + oldTypeName + "'"
    Set rs = SQLQuery(SQLStr)
    oldTypeID = rs.Fields("TypeID")
    oldUID = rs.Fields("UID")
  End If
End Sub
'"确定"按钮,用于输入或修改分类信息后,将其存入数据表 BookType 中
Private Sub cmdOK_Click()
```

```
'判断是否输入图书分类名称
If Trim(txtTypeName) = "" Then
  MsgBox "请输入图书分类名称", vbInformation, "添加分类提示"
  txtTypeName.SetFocus
  Exit Sub
End If
Dim rs As Recordset
Dim SQLStr As String, vTypeName As String
Dim vUID As Integer
vTypeName = Trim(txtTypeName.Text)
SQLStr = "SELECT * FROM BookType WHERE TypeName = '" + vTypeName + "'"
Set rs = SQLQuery(SQLStr)
If IsAdd Then '插入分类数据
  '判断是否存在相同的图书分类名称
  If Not rs.BOF Then
    MsgBox vTypeName + " 已经存在" + vbCrLf + "请输入其他分类名称", _
            vbInformation, "添加分类提示"
    Exit Sub
  End If
  If Trim(lblUID.Caption) = "" Then
    vUID = 0 ' lblUID.Caption 为空,表明插入的是一级分类
  Else' 否则,查询该分类名对应的分类号作为插入分类的上级分类号
    SQLStr = "SELECT * FROM BookType WHERE TypeName = '"
    SQLStr = SQLStr + Trim(lblUID.Caption) + "'"
    Set rs = SQLQuery(SQLStr)
    vUID = rs.Fields(0)
  End If
    '设置 INSERT 语句
  SQLStr = "INSERT INTO BookType(TypeName, UID) VALUES('" _
        + Trim(vTypeName) + "', " + Str(vUID) + ")"
  SQLExt SQLStr '执行 INSERT 语句
  MsgBox "插入成功", vbInformation, "添加分类提示"
Else ' 修改分类数据
  '判断是否存在重复的图书分类名称
  If oldTypeName <> vTypeName Then
    If Not rs.BOF Then
      MsgBox vTypeName + "已经存在" + vbCrLf + "请输入其他分类名称", _
              vbInformation, "修改分类提示"
      Exit Sub
    End If
  Else
    Exit Sub
  End If
  '修改数据
  SQLStr = "UPDATE BookType SET TypeName = '" + Trim(vTypeName) _
        + "' WHERE TypeID = " + Str(oldTypeID)
  SQLExt SQLStr '执行 UPDATE 语句
  MsgBox "修改成功", vbInformation, "修改分类提示"
End If
'关闭窗口
SQLStr = "SELECT * FROM BookType where UID = 0"
AddTypeList frmBTypeM.List1, SQLStr
If oldUID > 0 Then
  SQLStr = "SELECT * FROM BookType where UID = " & Str(oldUID)
  AddTypeList frmBTypeM.List2, SQLStr
End If
```

```
    Unload Me
End Sub
```

在“确定”按钮的 Click 事件中，定义了 SQL 语句字符串 SQLStr，使用模块 modDb 的过程 SQLExt 来执行 SQLStr 对应的 INSERT、UPDATE 操作。

```
'取消按钮
Private Sub cmdCancel_Click()
    Unload Me
End Sub
```

16.4.3 实现图书基本信息管理

与 FrmBTypeM 窗体相同，当 FrmBTypeM 窗体加载时，应为列表框 List1 添加所有一级分类名称，并使 ChkAllType 被选择，List1、List2 禁止操作。

```
'定义查询条件变量 condition
Dim condition As String
'窗体加载事件
Private Sub Form_Load()
    '初始化一级分类 ListBox 控件 List1,二级分类 List2
    Dim SQLStr As String
    SQLStr = "SELECT * FROM BookType where UID = 0"
    AddTypeList List1, SQLStr
    '初始化时显示全部分类
    List1.Enabled = False
    List2.Enabled = False
    chkAllType.Value = vbChecked
    condition = ""              '给 condition 初始化
    Call AddGridBInfo           '调用 AddGridBInfo 过程
End Sub
```

FrmBTypeM 窗体加载时，调用 AddGridBInfo 过程，该过程用于加载 DataGrid 控件的数据，这些数据是通过 SQL 查询语句从 BookInfo 表和 BookType 表中产生的记录集获取的，使得 DataGrid 控件显示的是图书分类名而不是分类号，以下是 AddGridBInfo 过程的代码。

```
'DataGrid 数据网格控件加载数据
Private Sub AddGridBInfo()
    agBInfo.ConnectionString = CONSTR '设置 ADO 控件 AGBinfo 的连接字符串
    Dim tmpRecordSource As String '设置数据源
    tmpRecordSource = "SELECT i.BookNo AS 图书编号, i.BookName AS 图书名称," _
                    + " t.TypeName AS 分类名称, i.Author AS 作者," _
                    + " i.Publisher AS 出版社," _
                    + " i.Price AS 图书价格, i.Memo AS 图书说明" _
                    + " FROM BookInfo i, BookType t" _
                    + " WHERE i.TypeID = t.TypeID" _
                    + condition + " ORDER BY i.BookNo"
    agBInfo.RecordSource = tmpRecordSource 程序 '设置 ADO 控件的记录源
    agBInfo.Refresh
    With gBookInfo '设置 DataGrid 控件每列显示的宽度
    .Columns(0).Width = 800
    .Columns(1).Width = 1600
    .Columns(2).Width = 1000
    .Columns(3).Width = 700
    .Columns(4).Width = 1500
```

```
  .Columns(5).Width = 800
  .Columns(6).Width = 1600
  End With
End Sub
```

AddGridBInfo过程中CONST是连接字符串,在模块ModDb中定义的公共常量。

```
Private Sub chkAllType_Click()
  If chkAllType.Value = 0 Then
      List1.Enabled = True
      List2.Enabled = True
      If List2.ListIndex >= 0 Then
        cmdAdd.Enabled = True    '如果选择二级分类,则可以添加图书信息
        cmdModi.Enabled = True   '如果选择二级分类,则可以修改图书信息
      End If
  End If
  If chkAllType.Value = 1 Then
    cmdAdd.Enabled = False       '如果选择全部分类,则不能添加图书信息
    cmdModi.Enabled = False      '如果选择全部分类,则不能修改图书信息
    List1.Enabled = False
    List2.Enabled = False
    condition = ""
    Call AddGridBInfo            '为gBookInfo添加图书信息
  End If
End Sub
'单击List1数据项,使List2列出该数据对应的二级分类,以下为List1鼠标单击'事件代码
Private Sub List1_Click()
  Dim SQLStr As String
  Dim rs As Recordset
  '将List1中已选的一级分类下的二级图书添加到List2中
  SQLStr = "select * from booktype where uid="
  SQLStr = SQLStr & "(select typeid from booktype where typename='"
  SQLStr = SQLStr & List1.List(List1.ListIndex) & "')"
  Set rs = SQLQuery(SQLStr)
  condition = " and t.UID=" & rs.Fields(2)
  AddTypeList List2, SQLStr
  Call AddGridBInfo            'AddGridBInfo刷新gBookInfo的图书信息
  cmdAdd.Enabled = False       '如果选择全部分类,则不能添加图书信息
  cmdModi.Enabled = True       '如果选择一级分类,则可以修改图书信息
End Sub
```

List1.List(List1.ListIndex)为一级分类名,SQLStr是SQL语句字符串,它从BookType表中查询其分类号TypeID,再从BookType表中查询上级分类为UID=TypeID的二级分类名。调用模块modDb的函数SQLQuery,返回SQLStr所要求的查询结果集到Rs中,并调用AddTypeList过程将Rs的二级分类名添加为List2的数据项。

```
'单击List2数据项,gBookInfo列出List2数据项为二级分类名的图书信息
Private Sub List2_Click()
  Dim SQLStr As String
  Dim rs As Recordset
  '在List2选择二级图书类别
  SQLStr = "SELECT * FROM booktype WHERE typename='"
  SQLStr = SQLStr & List2.List(List2.ListIndex) & "'"
  Set rs = SQLQuery(SQLStr)
  condition = " and i.TypeID=" & rs.Fields(0)
  Call AddGridBInfo            '为gBookInfo添加图书信息
```

```
    cmdAdd.Enabled = True        '如果选择二级分类,则可以添加图书信息
    cmdModi.Enabled = True       '如果选择二级分类,则可以修改图书信息
End Sub
'单击"添加"按钮,在 gBookInfo 内添加新图书的基本信息
Private Sub cmdAdd_Click()
    '给图书信息编辑窗体 frmBInfoEdit 赋值
    frmBInfoEdit.txtBNo = ""
    frmBInfoEdit.txtBNo.Locked = False    '允许编辑图书编号文本框
    frmBInfoEdit.txtBName = ""
    frmBInfoEdit.txtBType = List1.List(List1.ListIndex)
    frmBInfoEdit.txtSubBType = List2.List(List2.ListIndex)
    frmBInfoEdit.txtAuthor = ""
    frmBInfoEdit.txtPublisher = ""
    frmBInfoEdit.txtPrice = "0"
    frmBInfoEdit.txtMemo = ""
    IsAdd = True
    frmBInfoEdit.Show 1          '启动图书信息编辑窗体
    agBInfo.Refresh              '刷新 agBinfo 控件
    Call AddGridBInfo            'AddGridBInfo 刷新 gBookInfo 的图书信息
End Sub
```

在 frmBInfoM 窗体中调用 frmBInfoEdit 窗体,录入新图书的基本信息并插入到 BookInfo 表中,IsAdd 为 True 告诉 frmBInfoEdit 窗体,当前操作为“添加”。

```
'单击"修改"按钮,在 frmBInfoEdit 窗体中显示 gBookInfo 中所选记录的各项值
Private Sub cmdModi_Click()
    '如果没记录的话,不能进行修改
    If agBInfo.Recordset.BOF Or agBInfo.Recordset.EOF Then
        MsgBox "请选择一条图书记录", vbInformation, "修改提示"
        Exit Sub
    End If
    '给图书编辑窗口赋值
    frmBInfoEdit.txtBNo = Trim(agBInfo.Recordset.Fields(0))
    frmBInfoEdit.txtBNo.Locked = True '禁止编辑图书编号文本框
    frmBInfoEdit.txtBName = Trim(agBInfo.Recordset.Fields(1))
    frmBInfoEdit.txtBType = List1.List(List1.ListIndex)
    frmBInfoEdit.txtSubBType = Trim(agBInfo.Recordset.Fields(2))
    frmBInfoEdit.txtAuthor = Trim(agBInfo.Recordset.Fields(3))
    frmBInfoEdit.txtPublisher = Trim(agBInfo.Recordset.Fields(4))
    frmBInfoEdit.txtPrice = Trim(Str(agBInfo.Recordset.Fields(5)))
    'agBInfo 的"图书说明"列为空,则 txtMemo 清空
    If IsNull(Trim(agBInfo.Recordset.Fields(6))) Then
        frmBInfoEdit.txtMemo = ""
    Else
        frmBInfoEdit.txtMemo = Trim(agBInfo.Recordset.Fields(6))
    End If
    IsAdd = False
    frmBInfoEdit.Show 1      '启动编辑窗体
    agBInfo.Refresh          '刷新 adoBInfo 控件
    Call AddGridBInfo        'AddGridBInfo 刷新 gBookInfo 的图书信息
End Sub
```

在 FrmBInfoEdit 窗体中禁止编辑图书编号文本框 TxtBNo,使用户不能修改当前图书基本信息图书编号。IsAdd 为 False 告诉 FrmBInfoEdit 窗体,当前操作为“修改”。

```
'单击"删除"按钮,删除 gBookInfo 所选择的图书记录
```

```
Private Sub cmdDel_Click()
  Dim isDel As Integer
  Dim SQLStr As String
  If agBInfo.Recordset.BOF Or agBInfo.Recordset.EOF Then
    MsgBox "请选择一条图书记录", vbInformation, "信息提示"
  Else
    isDel = MsgBox("是否删除所选择的记录", _
              vbYesNo + vbQuestion + vbDefaultButton2, "是否删除")
    If isDel = vbYes Then
      SQLStr = "DELETE FROM BookInfo WHERE BookNo = '" _
              + Trim(gBookInfo.Columns(0)) + "'"
      SQLExt SQLStr '执行 DELETE 语句
      MsgBox "删除成功!", vbInformation, "删除提示"
    End If
  End If
  agBInfo.Refresh          '刷新 adoBInfo 控件
  Call AddGridBInfo        'AddGridBInfo 刷新 gBookInfo 的图书信息
End Sub
'返回按钮
Private Sub cmdBack_Click()
  Unload Me
End Sub
```

16.4.4 实现图书基本信息录入

FrmBInfoEdit 窗体代码如下：

```
Dim DiskFile As String          '定义图片路径变量
Dim tmpSQLStmt As String        '定义 tmpSQLStmt 变量
'窗体激活事件
Private Sub Form_Activate()
  If Trim(txtBNo.Text) <> "" Then
    tmpSQLStmt = "SELECT * FROM BookInfo WHERE BookNo = '" + Trim(txtBNo) + "'"
    Call ShowImage(imgBCover, tmpSQLStmt)
  End If
End Sub
'单击"确定"按钮,将录入的图书信息插入或更新到数据表 BookInfo 中
Private Sub cmdOK_Click()
  Dim rs As New ADODB.Recordset
  '是否输入图书名称
  If Trim(txtBName.Text) = "" Then
    MsgBox "请输入图书名称", vbInformation, "信息提示"
    txtBName.SetFocus
    Exit Sub
  End If
  '是否输入作者姓名
  If Trim(txtAuthor.Text) = "" Then
    MsgBox "请输入作者姓名", vbInformation, "信息提示"
    txtAuthor.SetFocus
    Exit Sub
  End If
  '是否输入出版社名称
  If Trim(txtPublisher.Text) = "" Then
    MsgBox "请输入出版社名称", vbInformation, "信息提示"
    txtPublisher.SetFocus
```

```
        Exit Sub
    End If
    '是否输入图书价格
    If Trim(txtPrice.Text) = "0" Or Trim(txtPrice) = "" Then
        MsgBox "请输入图书价格", vbInformation, "信息提示"
        txtPrice.SetFocus
        Exit Sub
    End If
    '输入图书价格是否合法
    If Not IsNumeric(txtPrice.Text) Then
        MsgBox "图书价格为数字" + vbCrLf + "请输入正确的图书价格", _
                vbInformation, "信息提示"
        txtPrice.SetFocus
        txtPrice.SelStart = 0
        txtPrice.SelLength = Len(txtPrice.Text)
        Exit Sub
    End If
    If IsAdd Then 'frmBInfoM 单击"添加"按钮
        '是否输入图书编码
        If Trim(txtBNo.Text) = "" Then
            MsgBox "请输入图书编号", vbInformation, "信息提示"
            Exit Sub
        End If
        '判断图书编号是否重复
        Dim rst As Recordset
        SQLStr = "SELECT * FROM BookInfo WHERE BookNo = '" _
                & Trim(txtBNo.Text) & "'"
        Set rst = SQLQuery(SQLStr)
        If Not rst.EOF Then
            MsgBox "此图书编号已经存在" + vbCrLf _
                + "请输入其他图书编号", vbInformation, "信息提示"
            Exit Sub
        End If
        '确定分类名称 TypeName 对应的分类号 TypeID
        SQLStr = "SELECT * FROM BookType WHERE TypeName = '" _
                + Trim(txtSubBType.Text) + "'"
        Set rs = SQLQuery(SQLStr)
        vTypeID = rs.Fields(0)
        '设置 INSERT 语句
        SQLStr = "INSERT INTO BookInfo(BookNo,BookName,Author,Publisher, "_
                + " Price, TypeID, Memo) VALUES('" + Trim(txtBNo.Text) _
            + "', '" + Trim(txtBName.Text) + "', '" _
            + Trim(txtAuthor.Text) + "', '" + Trim(txtPublisher.Text) _
            + "', " + txtPrice.Text + ", " + Trim(vTypeID) + ", '" _
            + Trim(txtMemo.Text) + "')"
        SQLExt SQLStr '执行 INSERT 语句
        If imgBCover.Picture <> 0 Then
            tmpSQLStmt = "SELECT * FROM BookInfo WHERE BookNo = '" _
                    + Trim(txtBNo.Text) + "'"        '设置 SQL 语句
            Call SaveImage(DiskFile, tmpSQLStmt)     '存储图片
        End If
        MsgBox "插入成功", vbInformation, "添加提示"
        Unload Me     '关闭窗口
    Else 'frmBInfoM 单击"修改"按钮
        SQLStr = "SELECT * FROM BookType WHERE TypeName = '" _
                + Trim(txtSubBType.Text) + "'"
```

```
    Set rs = SQLQuery(SQLStr)
    vTypeID = rs.Fields(0)
    SQLStr = "UPDATE BookInfo SET BookName = '" + Trim(txtBName.Text) _
          + "', Author = '" + Trim(txtAuthor.Text) + "', Publisher = '" _
          + Trim(txtPublisher.Text) + "', Price = " + Trim(txtPrice.Text) _
          + ", TypeID = " + Trim(vTypeID) + ", Memo = '" _
          + Trim(txtMemo.Text) + "'" _
          + " WHERE BookNo = '" + Trim(txtBNo.Text) + "'"
    SQLExt SQLStr '执行 UPDATE 语句
    tmpSQLStmt = "SELECT * FROM BookInfo WHERE BookNo = '" _
               + Trim(txtBNo.Text) + "'"       '设置 SQL 语句
    If imgBCover.Picture = 0 Then
      Call DelImage(imgBCover, tmpSQLStmt)      '删除图片
    Else
      Call SaveImage(DiskFile, tmpSQLStmt)      '存储图片
    End If
    MsgBox "修改成功", vbInformation, "修改提示"
    Unload Me      '关闭窗口
  End If
End Sub
'选择图书封面
Private Sub cmdSel_Click()
  '使用 CmnDlgImage 控件读取图像文件
  CmnDlgImage.Filter = "BMP 文件(*.bmp)|*.bmp|JPEG 文件(*.jpg)|*.jpg|" _
                     + "GIF 文件(*.gif)|*.gif|全部文件(*.*)|*.*"
  CmnDlgImage.ShowOpen
  DiskFile = CmnDlgImage.FileName
  '如果没有选择图片,则不用显示照片
  If DiskFile = "" Then
    Exit Sub
  End If
  imgBCover.Picture = LoadPicture(DiskFile) '显示图片
End Sub
'取消选择图书封面
Private Sub cmdDel_Click()
  '如果没有选择图片,则不用取消图片
  If imgBCover.Picture = 0 Then
    Exit Sub
  End If
  '取消显示图片
  imgBCover.Picture = LoadPicture("")
End Sub
'取消按钮
Private Sub cmdCancel_Click()
  Unload Me
End Sub
```

16.4.5　实现借阅管理

1. 实现借阅证件类型管理功能

窗体 FrmCTypeM 代码如下：

```
Dim vCTypeID As Integer
Dim vCTypeName As String
```

```
Dim SQLStr As String
Dim rs As Recordset
'数据网格控件 dtgCType 数据加载过程
Private Sub adoCTypeRefresh()
  adoCType.ConnectionString = CONSTR '设置 ADO 控件 adoCTypeRefresh 的连接字符串
  Dim tmpRecordSource As String      '设置数据源
  tmpRecordSource = "SELECT CTypeID AS 借阅证类型, TypeName AS 借阅证类型名," _
                 + " MaxCount AS 可借阅书籍的数目," _
                 + " MaxDays AS 可借阅书籍的时间, RenewDays AS 可续借书籍的时间" _
                 + " FROM CardType ORDER BY CTypeID"
  adoCType.RecordSource = tmpRecordSource
  adoCType.Refresh
  With dtgCType                      '设置 dtgCType 每列显示的宽度
  .Columns(0).Width = 1100
  .Columns(1).Width = 1300
  .Columns(2).Width = 1600
  .Columns(3).Width = 1600
  .Columns(4).Width = 1800
  End With
End Sub
'窗体 frmCTypeM 加载事件
Private Sub Form_Load()
  Call adoCTypeRefresh               '调用过程 adoC TypeRefresh 实现 dtgCType 数据初始化
End Sub
'单击"添加"按钮,调用 frmCTypeEdit 窗体,录入借阅证件信息,并插入到表 CardType 中
Private Sub cmdAdd_Click()
  '初始化 frmCTypeEdit 信息
  frmCTypeEdit.txtCType = ""
  frmCTypeEdit.txtCType.Locked = False
  frmCTypeEdit.txtTypeName = ""
  frmCTypeEdit.txtMaxCount = "5"   '设置默认值
  frmCTypeEdit.txtMaxDays = "20"
  frmCTypeEdit.txtRenewDays = "10"
  IsAdd = True                       '将 IsAdd 变量设置为 True,表示当前状态为插入新记录
  frmCTypeEdit.Show 1                '启动编辑窗体 frmCTypeEdit
  Call adoCTypeRefresh               '刷新 dtgCType 控件
End Sub
'单击"修改"按钮,调用 frmCTypeEdit 窗体,修改借阅证件信息,并插入到表 CardType 中
Private Sub cmdModi_Click()
  If adoCType.Recordset.BOF Or adoCType.Recordset.EOF Then
    MsgBox "请选择记录", vbInformation, "信息提示"
    Exit Sub
  End If
  '初始化 frmCTypeEdit 信息
  frmCTypeEdit.txtCType = dtgCType.Columns(0)
  frmCTypeEdit.txtCType.Locked = True
  frmCTypeEdit.txtTypeName = Trim(dtgCType.Columns(1))
  frmCTypeEdit.txtMaxCount = Trim(Str(dtgCType.Columns(2)))
  frmCTypeEdit.txtMaxDays = Trim(Str(dtgCType.Columns(3)))
  frmCTypeEdit.txtRenewDays = Trim(Str(dtgCType.Columns(4)))
  IsAdd = False '将 IsAdd 变量设置为 False,表示当前状态为修改新记录
  frmCTypeEdit.Show 1                '启动编辑窗体 frmCTypeEdit
  Call adoCTypeRefresh               '刷新 DataGrid 表格的内容
End Sub
'单击"删除"按钮,在表 CardType 中删除 dtgCType 中选择的数据记录
Private Sub cmdDel_Click()
```

```
    Dim isDel As Integer
    vCTypeID = dtgCType.Columns(0)
    If adoCType.Recordset.BOF Or adoCType.Recordset.EOF Then
      MsgBox "请选择一条记录", vbInformation, "信息提示"
    Else
      isDel = MsgBox("是否删除该记录", vbYesNo + vbQuestion _
                  + vbDefaultButton2,"是否删除")
      If isDel = 6 Then '判断此类型的借阅证件是否存在
        '设置 SQL 语句
        SQLStr = "SELECT * FROM CardInfo WHERE CTypeID = " + Str(vCTypeID) + ""
        Set rs = SQLQuery(SQLStr)
        If Not rs.EOF Then
          MsgBox "此类型的借阅已存在" + vbCrLf + "不能删除", _
                      vbInformation, "信息提示"
          Exit Sub
        End If
        '删除信息
        SQLStr = "DELETE FROM CardType WHERE CTypeID = " + Str(vCTypeID) + ""
        SQLExt SQLStr '执行 DELETE 语句
        MsgBox "删除成功!", vbInformation, "删除提示"
      End If
    End If
    adoCType.Refresh '刷新 adoCType
End Sub
'返回按钮
Private Sub cmdBack_Click()
    Unload Me
End Sub
```

窗体 frmCTypeEdit 代码如下:

```
Dim SQLStr As String
Dim rs As Recordset
Dim oldCTName As String
Private Sub Form_Activate()
      oldCTName = txtTypeName
End Sub
'单击"确定"按钮,将输入的信息存储到表 CardType 中.
Private Sub cmdOK_Click()
    '是否输入借阅证类型名称
    If Trim(txtTypeName.Text) = "" Then
      MsgBox "请输入借阅证类型名称", vbInformation, "信息提示"
      txtTypeName.SetFocus
      Exit Sub
    End If
    '是否输入可借阅书籍的数目
    If Trim(txtMaxCount.Text) = "" Then
      MsgBox "请输入可借阅书籍的数目", vbInformation, "信息提示"
      txtMaxCount.SetFocus
      Exit Sub
    End If
    '输入可借阅书籍的数目是否合法
    If Not IsNumeric(txtMaxCount.Text) Then
      MsgBox "可借阅书籍的数目为数字" + vbCrLf _
            + "请输入正确的可借阅书籍的数目", vbInformation, "信息提示"
      txtMaxCount.SetFocus
      txtMaxCount.SelStart = 0
```

```
    txtMaxCount.SelLength = Len(txtMaxCount.Text)
    Exit Sub
  End If
  '是否输入可借阅书籍的时间
  If Trim(txtMaxDays.Text) = "" Then
    MsgBox "请输入可借阅书籍的时间", vbInformation, "信息提示"
    txtMaxDays.SetFocus
    Exit Sub
  End If
  '输入可借阅书籍的时间是否合法
  If Not IsNumeric(txtMaxDays.Text) Then
    MsgBox "可借阅书籍的时间为数字" + vbCrLf _
            + "请输入正确的可借阅书籍的时间", vbInformation, "信息提示"
    txtMaxDays.SetFocus
    txtMaxDays.SelStart = 0
    txtMaxDays.SelLength = Len(txtMaxDays.Text)
    Exit Sub
  End If
  '是否输入可续借书籍的时间
  If Trim(txtRenewDays.Text) = "" Then
    MsgBox "请输入可续借书籍的时间", vbInformation, "信息提示"
    txtRenewDays.SetFocus
    Exit Sub
  End If
  '输入可续借书籍的时间是否合法
  If Not IsNumeric(txtRenewDays.Text) Then
    MsgBox "可续借书籍的时间为数字" + vbCrLf _
            + "请输入正确的可续借书籍的时间", vbInformation, "信息提示"
    txtRenewDays.SetFocus
    txtRenewDays.SelStart = 0
    txtRenewDays.SelLength = Len(txtRenewDays.Text)
    Exit Sub
  End If
  If IsAdd Then      '添加类型
    '是否输入借阅证类型编号
    If Trim(txtCType.Text) = "" Then
      MsgBox "请输入借阅证类型", vbInformation, "信息提示"
      Exit Sub
    End If
    '输入借阅证类型是否合法
    If Not IsNumeric(txtCType.Text) Then
      MsgBox "借阅证类型为数字" + vbCrLf _
              + "请输入正确的借阅证类型", vbInformation, "信息提示"
      txtCType.SetFocus
      txtCType.SelStart = 0
      txtCType.SelLength = Len(txtCType.Text)
      Exit Sub
    End If
    '判断是否存在此借阅证类型编号
    SQLStr = "SELECT * FROM CardType WHERE CTypeID = " + Trim(txtCType.Text)
    Set rs = SQLQuery(SQLStr)
    If Not rs.EOF Then
      MsgBox Trim(txtCType.Text) + " 类型编号已存在" + vbCrLf + _
                 "请输入其他借阅类型编号", vbInformation, "信息提示"
      Exit Sub
    End If
```

```
    End If
    '判断是否存在此借阅证类型名称
    If oldCTName <> txtTypeName Then
      SQLStr = "SELECT * FROM CardType WHERE TypeName = '" _
                    + Trim(txtTypeName.Text) + "'"
      Set rs = SQLQuery(SQLStr)
      If Not rs.EOF Then
        MsgBox Trim(txtTypeName.Text) + " 类型名已存在" + vbCrLf + _
              "请输入其他借阅类型名称", vbInformation, "信息提示"
        Exit Sub
      End If
    End If
    If IsAdd Then '增加
      SQLStr = "INSERT INTO CardType VALUES('" + Trim(txtCType) _
            + "', '" + Trim(txtTypeName) + "', " _
            + Trim(txtMaxCount) + ", " + Trim(txtMaxDays) _
            + ", " + Trim(txtRenewDays) + ")"
      SQLExt SQLStr '执行 INSERT 语句
      MsgBox "插入成功", vbInformation, "信息提示"
    Else '修改
      SQLStr = "UPDATE CardType SET TypeName = '" + Trim(txtTypeName) _
            + "', MaxCount = " + Trim(txtMaxCount) _
            + ", MaxDays = " + Trim(txtMaxDays) + ", RenewDays = " _
            + Trim(txtRenewDays) + " WHERE CTypeID = '" _
            + Trim(txtCType) + "'"
      SQLExt SQLStr '执行 UPDATE 语句
      MsgBox "修改成功", vbInformation, "信息提示"
    End If
    Unload Me '关闭窗口
End Sub
'取消按钮
Private Sub cmdCancel_Click()
    Unload Me
End Sub
Private Sub txtMaxCount_Click()
    txtMaxCount.SelStart = 0
    txtMaxCount.SelLength = Len(txtMaxCount.Text)
End Sub
Private Sub txtMaxDays_Click()
    txtMaxDays.SelStart = 0
    txtMaxDays.SelLength = Len(txtMaxDays.Text)
End Sub
Private Sub txtRenewDays_Click()
    txtRenewDays.SelStart = 0
    txtRenewDays.SelLength = Len(txtRenewDays.Text)
End Sub
```

2. 实现借阅证件信息管理功能

```
Dim conditionTree As String
Dim conditionCombo As String
Dim rs As Recordset
Dim SQLStr As String
'窗体 frmCInfoM 加载事件
Private Sub Form_Load()
```

```
    cboStatus.ListIndex = 0                  '设置证件状态为全部
    Call AddCTypeList(LstCType)              '为 LstCType 加载证件类型名称
    conditionCombo = ""                      '初始化 condition
    Call adoCInfoRefresh                     '调用 adoCInfoRefresh 过程加载证件信息
End Sub
'网格控件 dtgCInfo 加载函数
Private Sub adoCInfoRefresh()
    '设置 ADO 控件 adoCInfoRefresh 的连接字符串
    adoCInfo.ConnectionString = CONSTR
    Dim tmpRecordSource As String '设置数据源
    tmpRecordSource = "SELECT i.CardNo AS 借阅证号, i.Reader AS 读者姓名," _
                    + "i.WorkPlace AS 工作单位, i.IDCard AS 身份证号, " _
                    + " i.CTypeID AS 借阅证类型, t.TypeName AS 类型名称," _
                    + " t.MaxCount AS 借书数目, t.MaxDays AS 借书时间, "_
                    + " t.RenewDays AS 续借时间, i.CreateDate AS 办证时间 "_
                    + " FROM CardInfo i, CardType t" _
                    + " WHERE i.CTypeID = t.CTypeID" _
                    + conditionCombo + " ORDER BY i.CardNo"
    adoCInfo.RecordSource = tmpRecordSource
    adoCInfo.Refresh                          '刷新 ADODC 控件
    With dtgCInfo                             '置 dtgCInfo 显示数据列的宽度
        .Columns(0).Width = 800
        .Columns(1).Width = 800
        .Columns(2).Width = 1200
        .Columns(3).Width = 800
        .Columns(4).Width = 1000
        .Columns(5).Width = 800
        .Columns(6).Width = 800
        .Columns(7).Width = 800
        .Columns(8).Width = 800
        .Columns(9).Width = 1200
    End With
End Sub

'单击 cboStatus
Private Sub cboStatus_Click()
    If cboStatus.ListIndex = 0 Then '如果选择全部
        conditionCombo = ""
    Else '如果选择其他
        conditionCombo = " AND i.CardState = " + Trim(Str(cboStatus.ListIndex - 1))
    End If
    Call adoCInfoRefresh '调用 adoCInfoRefresh 过程
End Sub
'单击"添加"按钮,设置 frmCInfoEdit 窗体的初始值,将录入的数据插入到 CardInfo 表中
Private Sub cmdAdd_Click()
    '给借阅证件信息编辑窗口赋值
    frmCInfoEdit.txtCNo = ""
    frmCInfoEdit.txtCNo.Locked = False
    frmCInfoEdit.txtReader = ""
    frmCInfoEdit.txtWorkPlace = ""
    frmCInfoEdit.txtIDCard = ""
    frmCInfoEdit.dtpCreateDate = Now
    frmCInfoEdit.cboState.ListIndex = 0 '置为有效
    IsAdd = True
    frmCInfoEdit.Show 1                       '启动编辑窗体
    adoCInfo.Refresh                          '刷新 adoCInfo 控件
```

```
  Call adoCInfoRefresh
End Sub
'单击"修改"按钮,设置 frmCInfoEdit 窗体的初始值,将录入的数据更新到 CardInfo 表中
Private Sub cmdModi_Click()
  '如果没记录,不能进行修改
  If adoCInfo.Recordset.BOF Or adoCInfo.Recordset.EOF Then
    MsgBox "请选择一条记录", vbInformation, "信息提示"
    Exit Sub
  End If
  '给借阅证件信息编辑窗口赋值
  frmCInfoEdit.txtCNo = Trim(adoCInfo.Recordset.Fields(0))
  frmCInfoEdit.txtCNo.Locked = True
  frmCInfoEdit.txtReader = Trim(adoCInfo.Recordset.Fields(1))
  frmCInfoEdit.txtWorkPlace = Trim(adoCInfo.Recordset.Fields(2))
  frmCInfoEdit.txtIDCard = Trim(adoCInfo.Recordset.Fields(3))
  frmCInfoEdit.dtpCreateDate = adoCInfo.Recordset.Fields(9)
  Dim vCardState As Integer
  Dim vCardNo As String
  vCardNo = adoCInfo.Recordset.Fields(0)
  SQLStr = "SELECT * FROM CardInfo WHERE cardno = '" + vCardNo + "'"
  Set rs = SQLQuery(SQLStr)
  vCardState = rs.Fields("cardstate")
  '根据办证时间判断此证件是否过期
  If Now - adoCInfo.Recordset.Fields(9) > 365 Then
    'objCardInfo.UpdateState Trim(adoCInfo.Recordset.Fields(0)), 1
    vCardState = 1
    MsgBox "此证件已过期", vbInformation, "信息提示"
  End If
  If vCardState = 2 Then
    frmCInfoEdit.cmdLoss.Caption = "取消挂失"
  End If
  frmCInfoEdit.cboState.ListIndex = vCardState
  IsAdd = False
  frmCInfoEdit.Show 1                 '启动编辑窗体
  adoCInfo.Refresh                    '刷新 adoCInfo 控件
  Call adoCInfoRefresh
End Sub
'添加"删除"按钮,在 adoCInfo 中选择一个记录项,从表 CardInfo 中删除该记录
Private Sub cmdDel_Click()
  Dim isDel As Integer
  If adoCInfo.Recordset.BOF Or adoCInfo.Recordset.EOF Then
    MsgBox "请选择一条记录", vbInformation, "信息提示"
  Else
    isDel = MsgBox("是否删除所选择的记录", vbYesNo + _
             vbQuestion + vbDefaultButton2, "是否删除")
    If isDel = vbYes Then
            SQLStr = "DELETE FROM CardInfo WHERE CardNo = '" _
          + Trim(adoCInfo.Recordset.Fields(0)) + "'"
      SQLExt SQLStr '执行 DELETE 语句
      MsgBox "删除成功!", vbInformation, "信息提示"
    End If
  End If
  adoCInfo.Refresh '刷新
  Call adoCInfoRefresh
End Sub
'单击 LstCType
```

```
Private Sub LstCType_Click()
  '如果是全部类型
  If LstCType.ListIndex = 0 Then
    conditionTree = ""
  Else
    '设置 SQL 语句
    SQLStr = "SELECT * FROM CardType WHERE TypeName = '"
    SQLStr = SQLStr + Trim(LstCType.List(LstCType.ListIndex)) + "'"
    Set rs = SQLQuery(SQLStr)
    conditionTree = " AND t.CTypeID = '" + Trim(rs.Fields(0)) + "'"
  End If
  '调用 adoCInfoRefresh 过程
  Call adoCInfoRefresh
End Sub
'返回按钮
Private Sub cmdBack_Click()
  Unload Me
End Sub
```

3. 实现借阅证件录入功能

FrmCInfoEdit 窗体代码如下：

```
Dim rs As Recordset
Dim SQLStr As String
Dim oldCTypeName As String
Dim vCTypeID As String
Dim vCardNo As String
'窗体 frmCInfoEdit 加载事件
Private Sub Form_Load()
  SQLStr = "SELECT * FROM CardType" '获取 CardType 表中的证件类型名称
  Addcbo cboCType, SQLStr, 1
End Sub
窗体 frmCInfoEdit 调用模块 modFunc 的过程 Addcbo,为 CardType 表添加证件类型名称.
'窗体 frmCInfoEdit 激活事件
Private Sub Form_Activate()
  If Not IsAdd Then     '如果是修改 frmCInfoM 窗体的证件信息
    cboCType.Text = frmCInfoM.adoCInfo.Recordset.Fields(5).Value
    SQLStr = "SELECT * FROM CardType WHERE TypeName = '" _
                 + Trim(cboCType.Text) + "'"
    Set rs = SQLQuery(SQLStr)
    vCTypeID = rs.Fields(0)
  End If
End Sub
```

如果 FrmCInfoM 窗体修改其数据网格控件当前所选的证件信息，FrmCInfoEdit 窗体激活时将加载 FrmCInfoM 窗体所选的记录值，FrmCInfoM. AdoCInfo. Recordset. Fields(5). Value 获取证件类型名称，通过名称查询其证件类型编号。

```
'单击证件类型控件 cboCType,获取该类型名称所对应的类型编号
Private Sub cboCType_Click()
  SQLStr = "SELECT * FROM CardType WHERE TypeName = '" + Trim(cboCType.Text) + "'"
  Set rs = SQLQuery(SQLStr)
  vCTypeID = rs.Fields(0)
End Sub
```

```
'单击"确定"按钮,将窗体输入的证件信息插入或更新到表CardInfo中
Private Sub cmdOK_Click()
  '是否选择借阅证类型
  If Trim(cboCType.Text) = "" Then
    MsgBox "请选择借阅证件类型", vbInformation, "添加信息"
    cboCType.SetFocus
    Exit Sub
  End If
  '是否输入读者姓名
  If Trim(txtReader.Text) = "" Then
    MsgBox "请输入读者姓名", vbInformation, "添加信息"
    txtReader.SetFocus
    Exit Sub
  End If
  '是否输入出版社
  If Trim(txtWorkPlace.Text) = "" Then
    MsgBox "请输入工作单位", vbInformation, "添加信息"
    txtWorkPlace.SetFocus
    Exit Sub
  End If
  '是否输入身份证号码
  If Trim(txtIDCard.Text) = "" Then
    MsgBox "请输入身份证号码", vbInformation, "添加信息"
    txtIDCard.SetFocus
    Exit Sub
  End If
  '输入身份证号码是否合法
  If Not IsNumeric(txtIDCard.Text) Then
    MsgBox "身份证号码为数字" + vbCrLf + "请输入正确的身份证号码", _
              vbInformation, "添加信息"
    txtIDCard.SetFocus
    txtIDCard.SelStart = 0
    txtIDCard.SelLength = Len(txtIDCard.Text)
    Exit Sub
  End If
  If IsAdd Then     '如果是单击frmCInfoM窗体的"添加"按钮
    '是否输入借阅证编号
    If Trim(txtCNo.Text) = "" Then
      MsgBox "请输入借阅证编号", vbInformation, "添加信息"
      Exit Sub
    End If
    '判断是否存在此借阅证编号
    SQLStr = "SELECT * FROM CardInfo WHERE CardNo = '" + Trim(txtCNo) + "'"
    Set rs = SQLQuery(SQLStr)
    If Not rs.EOF Then
      MsgBox "此借阅证编号已存在" + vbCrLf _
                + "请输入其他借阅证编号", vbInformation, "添加信息"
      Exit Sub
    End If
  End If
  If IsAdd Then
    'cboState的属性值为0、1、2,对应表CardInfo的CardState字段的值,
    '分别为有效、过期、挂失
    '设置INSERT语句
    SQLStr = "INSERT INTO CardInfo VALUES('" + Trim(txtCNo) _
          + "', '" + Trim(txtReader) + "', '" _
```

```
                + Trim(txtWorkPlace) + "', '" + Trim(txtIDCard) _
                + "', '" + Trim(vCTypeID) + "', " _
                + Format(dtpCreateDate.Value, "yyyy-mm-dd") + ", " _
                + Str(cboState.ListIndex) + ")"
      SQLExt SQLStr '执行 INSERT 语句
      MsgBox "插入成功", vbInformation, "添加信息"
    Else    '如果是单击 frmCInfoM 窗体的"修改"按钮
        SQLStr = "UPDATE CardInfo SET Reader = '" + Trim(txtReader) _
            + "', WorkPlace = '" + Trim(txtWorkPlace) + "', IDCard = '" _
            + Trim(txtIDCard) + "', CTypeID = '" + Trim(vCTypeID) _
            + "', CreateDate = '" _
            + Format(dtpCreateDate.Value, "yyyy-mm-dd") + "', CardState = " _
            + Str(cboState.ListIndex) + " WHERE CardNo = '" _
            + Trim(txtCNo) + "'"
    SQLExt SQLStr '执行 UPDATE 语句
      MsgBox "修改成功", vbInformation, "修改信息"
    End If
    Unload Me    '关闭窗口
  End Sub
  '单击"挂失"按钮,设置已存在的证件状态为挂失
  Private Sub cmdLoss_Click()
    If IsAdd Then '如果为添加状态不能使用挂失按钮
      Exit Sub
    End If
    '定义是否挂失(或取消挂失)变量
    Dim IsLoss As Integer
    If Left(cmdLoss.Caption, 2) = "挂失" Then
      IsLoss = MsgBox("是否将此证件挂失" + vbCrLf + "如果挂失,此证将不能正常借书", _
                vbYesNo + vbQuestion + vbDefaultButton2, "询问")
      If IsLoss = vbYes Then
        SQLStr = "UPDATE CardInfo SET CardState = 2" _
              + " WHERE CardNo = '" + Trim(txtCNo) + "'"
        SQLExt SQLStr
        MsgBox "借阅证号为" + Trim(txtCNo) + "的证件挂失成功", _
                vbInformation, "信息提示"
      End If
    Else
      IsLoss = MsgBox("是否取消挂失此证件?", _
                vbYesNo + vbQuestion + vbDefaultButton1, "询问")
      If IsLoss = vbYes Then
        SQLStr = "UPDATE CardInfo SET CardState = 0" _
            + " WHERE CardNo = '" + Trim(txtCNo) + "'"
        SQLExt SQLStr
        MsgBox "借阅证号为" + Trim(txtCNo) + "的证件已经可以使用", _
                vbInformation, "取消挂失成功"
      End If
    End If
    Unload Me '关闭窗口
  End Sub
  '单击"取消过期"按钮
  Private Sub cmdDate_Click()
    '不是过期状态的借阅证件不能"取消过期"
    If Trim(cboState.Text) <> "过期" Then
      Exit Sub
    End If
    '定义是否取消过期变量
```

```
    Dim IsCancelOverdue As Integer
    IsCancelOverdue = MsgBox("此证件是否取消过期?", _
                            vbYesNo + vbQuestion + vbDefaultButton1, "询问")
    If IsCancelOverdue = vbYes Then
      SQLStr = "SELECT * FROM CardInfo WHERE CardNo = '" + Trim(txtCNo) + "'"
      Set rs = SQLQuery(SQLStr)
      rs.Fields(5) = Format(Now, "yyyy-mm-dd") '设为当前日期
      rs.Fields(6) = 0                       '取消过期状态
      rs.Update
      MsgBox "借阅证号为" + Trim(txtCNo) + "的证件已经可以使用", _
                  vbInformation, "取消过期成功"
    End If
    Unload Me    '关闭窗口
End Sub
'单击"取消"按钮
Private Sub cmdCancel_Click()
    Unload Me
End Sub
```

4. 实现图书借阅管理功能

```
'定义 condition 变量
Dim condition As String
Dim rs As Recordset
Dim SQLStr As String
Dim vBookNo As String
'网格控件加载函数
Private Sub adoBorrowRefresh()
   '设置 ADO 控件 adoBorrowRefresh 的连接字符串
   adoBorrow.ConnectionString = CONSTR
   Dim tmpRecordSource As String '设置数据源
   tmpRecordSource = SELECT br.CardNo AS 借阅证号, c.Reader AS 读者姓名, " _
                 + "br.BookNo AS 图书编号, bk.BookName AS 图书名称," _
                 + " br.BorrowDate AS 借阅日期, br.RenewDate AS 续借日期," _
                 + " br.ReturnDate AS 归还日期, br.Fine AS 罚金" _
                 + " FROM BorrowInfo br, CardInfo c, BookInfo bk" _
                 + " WHERE br.CardNo = c.CardNo AND br.BookNo = bk.BookNo" _
                 + condition + " ORDER BY br.CardNo, br.BookNo"
   adoBorrow.RecordSource = tmpRecordSource
   adoBorrow.Refresh
   With dtgBorrow '设置 dtgBorrow 显示每列的宽度
   .Columns(0).Width = 800
   .Columns(1).Width = 800
   .Columns(2).Width = 800
   .Columns(3).Width = 1500
   .Columns(4).Width = 1000
   .Columns(5).Width = 1000
   .Columns(6).Width = 1000
   .Columns(7).Width = 800
   End With
End Sub
'窗体 frmBorrowM 加载事件
Private Sub Form_Load()
   cboState.ListIndex = 0 '设置证件状态
   condition = ""       '给两个 condition 初始化
```

```
    '如果没有选择记录,则不需要做任何操作
    If adoBorrow.Recordset.BOF Or adoBorrow.Recordset.EOF Then
      Exit Sub
    End If
    '刷新 BorrowInfo 的信息,主要为是否过期,且有多少罚金
    SQLStr = "SELECT * FROM BorrowInfo"
    Set rs = SQLQuery(SQLStr)
    While Not rs.EOF
      '过期书籍需要修改状态和罚金,借阅状态 BorrowState:0 - 借阅,1 - 续借,2 - 过期
      If rs.Fields("ReturnDate") < Now Then
        rs.Fields("Fine") = 0.3 * (Now - rs.Fields("ReturnDate"))
        rs.Fields("BorrowState") = 2
      End If
      rs.MoveNext
    Wend
    adoBorrow.Refresh
    Call adoBorrowRefresh                    '调用 adoBorrowRefresh 过程
  End Sub
  '单击 cboState 控件,选择一种图书状态
  Private Sub cboState_Click()
    If cboState.ListIndex = 0 Then       '如果选择全部
      condition = ""
    Else                                 '如果选择其他
      condition = " AND br.BorrowState = " + Trim(Str(cboState.ListIndex - 1))
    End If
    Call adoBorrowRefresh                '调用 adoBorrowRefresh 过程
  End Sub
  '单击"借阅"按钮,调用 frmBorrowEdit 窗体输入借阅人信息和图书信息,生成图书'借阅记录,插入到
  BorrowInfo 表中
  Private Sub cmdAdd_Click()
    '给借阅编辑窗口 frmBorrowEdit 赋值
    frmBorrowEdit.txtCNo = ""
    frmBorrowEdit.txtReader = ""
    frmBorrowEdit.txtTypeName = ""
    frmBorrowEdit.txtMaxCount = ""
    frmBorrowEdit.txtMaxDays = ""
    frmBorrowEdit.txtBCount = ""
    frmBorrowEdit.Show 1                 '启动编辑窗体 frmBorrowEdit
    adoBorrow.Refresh                    '刷新 adoBorrow 控件
    Call adoBorrowRefresh
  End Sub
```

"借阅"时,FrmBorrowEdit 窗体将分两步生成借阅者信息和图书信息,构成全部借阅信息,将借阅信息插入 BorrowInfo 表。

```
  '单击"续借"按钮
  Private Sub cmdRenew_Click()
    '如果没有选择记录,则不需要做任何操作
    If adoBorrow.Recordset.BOF Or adoBorrow.Recordset.EOF Then
      MsgBox "请选择需要续借的书籍", vbInformation, "信息提示"
      Exit Sub
    End If
    '读取 BorrowInfo 的信息
    vBookNo = dtgBorrow.Columns(2).Text '从数据网格控件中提取所选记录的图书编号
    SQLStr = "SELECT * FROM BorrowInfo WHERE BookNo = '" + Trim(vBookNo) + "'"
    Set rs = SQLQuery(SQLStr)
```

```
    '如果这本书不是在借阅状态下是不能续借的
    If rs.Fields("BorrowState") <> 0 Then
      MsgBox "此书不是在借阅状态,不能续借", vbInformation, "续借信息"
      Exit Sub
    End If
    '续借
    Dim IsRenew As Integer
    IsRenew = MsgBox("是否续借所选择的书籍?", _
                vbYesNo + vbQuestion + vbDefaultButton1, "续借信息")
    If IsRenew = vbYes Then
      rs.Fields("RenewDate") = Format(Now, "yyyy-mm-dd") '更新续借日期
      '续借时,借阅从当前日期开始计算,更新归还日期
      Dim rst As Recordset
      SQLStr = "SELECT * FROM CardType WHERE CTypeID = " _
                  + (SELECT CTypeID FROM CardInfo " _
                  + "WHERE CardNo = '" + dtgBorrow.Columns(0).Text + " ')"
      Set rst = SQLQuery(SQLStr)
      rs.Fields("ReturnDate") = Now + rst.Fields("RenewDays")
      rs.Fields("BorrowState") = 1 '更新借阅状态
      rs.Update
      MsgBox "续借成功", vbInformation, "信息提示"
    End If
    adoBorrow.Refresh     '刷新
    Call adoBorrowRefresh
End Sub
```

“续借”时,SQL查询语句查询当前借阅证件所属借阅证件类型信息,获取该类型证件的续借时间,将当前日期+续借时间作为归还日期,更新BorrowInfo表。

```
'单击"丢失"按钮,如果所选的图书丢失,从BorrowInfo表中删除该图书,并进行处罚
Private Sub cmdLoss_Click()
    '如果没有选择记录,则不需要做任何操作
    If adoBorrow.Recordset.BOF Or adoBorrow.Recordset.EOF Then
      MsgBox "请选择丢失书籍的记录", vbInformation, "丢失信息"
      Exit Sub
    End If
    '丢失
    Dim IsLoss As Integer
    IsLoss = MsgBox("此书是否丢失?",vbYesNo + vbQuestion + vbDefaultButton1, _
            "丢失信息")
    If IsLoss = vbYes Then      '丢失处理
      Dim vPrice As Single
      vBookNo = dtgBorrow.Columns(2).Text '从数据网格控件中提取所选记录的图书编号
      SQLStr = "SELECT * FROM BookInfo WHERE BookNo = '" + Trim(vBookNo) + "'"
      Set rs = SQLQuery(SQLStr)
      vPrice = 10 * rs.Fields("Price")
      If MsgBox("你丢失了所借的书,需要交罚金!" + vbCrLf + "罚金为 " _
                + Str(vPrice) + " 元" + vbCrLf + "是否交罚金", _
                vbQuestion + vbYesNo + vbDefaultButton2, "丢失处罚") = vbNo Then
        Exit Sub
      End If
      '删除丢失图书的借阅记录
      SQLStr = "DELETE FROM BorrowInfo WHERE BookNo = '" + Trim(vBookNo) + "'"
      SQLExt SQLStr '执行 DELETE 语句
      '删除丢失图书记录
      SQLStr = "DELETE FROM BookInfo WHERE BookNo = '" + Trim(vBookNo) + "'"
```

```
        SQLExt SQLStr '执行 DELETE 语句
        MsgBox "此丢失书籍信息已经删除", vbInformation, "丢失信息"
    End If
    adoBorrow.Refresh '刷新
    Call adoBorrowRefresh
End Sub
'单击"归还"按钮,检查是否"过期",若过期,进行处罚,
'从表 BorrowInfo 表删除该图书的借阅记录
Private Sub cmdReturn_Click()
    '如果没有选择记录,则不需要做任何操作
    If adoBorrow.Recordset.BOF Or adoBorrow.Recordset.EOF Then
        MsgBox "请选择需要归还书籍的记录", vbInformation, "还书信息"
        Exit Sub
    End If
    '归还
    Dim IsReturn As Integer
    IsReturn = MsgBox("是否归还所选择的书籍?", _
                    vbYesNo + vbQuestion + vbDefaultButton1, "还书信息")
    If IsReturn = vbYes Then
        vBookNo = dtgBorrow.Columns(2).Text '从数据网格控件中提取所选记录的图书编号
        SQLStr = "SELECT * FROM BorrowInfo WHERE BookNo = '" _
                    + Trim(vBookNo) + "'"
        Set rs = SQLQuery(SQLStr)
        '过期处理
        If rs.Fields("BorrowState") = 2 Then
            If MsgBox("您所借的书已过期,需要交罚金!" + vbCrLf + "罚金为 " _
                    + Str(Int(0.3 * (Now - rs.Fields("ReturnDate")) * 100)/100) _
                    + " 元" + vbCrLf + "是否交罚金", _
                        vbQuestion + vbYesNo + vbDefaultButton2, _
                    "过期处罚信息") = vbNo Then
                Exit Sub
            End If
        End If
        SQLStr = "DELETE FROM BorrowInfo WHERE BookNo = '" + Trim(vBookNo) + "'"
        SQLExt SQLStr '执行 DELETE 语句
        MsgBox "此书已经归还", vbInformation, "还书信息"
    End If
    adoBorrow.Refresh '刷新
    Call adoBorrowRefresh
End Sub
'返回按钮
Private Sub cmdBack_Click()
    Unload Me
End Sub
```

5. 实现借阅信息生成功能

FrmBorrowEdit 窗体代码如下：

```
'单击"生成信息/下一步"按钮
Private Sub cmdNext_Click()
    '若为"生成信息"
    If Left(cmdNext.Caption, 4) = "生成信息" Then
        '判断框的有效性
        If Trim(txtCNo.Text) = "" Then
            MsgBox "输入的借阅证号为空", vbInformation, "生成信息"
```

```
      txtCNo.SetFocus
      Exit Sub
    End If
    '判断是否存在此借阅证号
    SQLStr = "SELECT * FROM CardInfo WHERE CardNo = '" + Trim(txtCNo) + "'"
    Set rs = SQLQuery(SQLStr)
    If rs.EOF Then
          MsgBox "无此借阅证号,请输入正确的借阅证号", vbInformation, "生成信息"
      txtCNo.SetFocus
      txtCNo.SelStart = 0
      txtCNo.SelLength = Len(txtCNo.Text)
      Exit Sub
    End If
    '确认此借阅证号为正确的
    If MsgBox("是否是此借阅证号借书?" + vbCrLf _
          + "生成其他信息后,该借阅证号将不能被修改", vbQuestion + vbYesNo _
            + vbDefaultButton1, "询问") = vbNo Then
      Exit Sub
    End If
    '对控件属性进行修改
    txtCNo.Enabled = False'输入借书证件号后,禁止修改
    txtReader.Text = Trim(rs.Fields("reader"))
    Dim rst As Recordset
    SQLStr = "SELECT * FROM CardType WHERE CTypeID = '" _
                    + Trim(Str(rs.Fields("CTypeID"))) + "'"
    Set rst = SQLQuery(SQLStr)
    txtTypeName.Text = Trim(rst.Fields("typename"))
    txtMaxCount.Text = Str(rst.Fields("MaxCount"))
    txtMaxDays.Text = Str(rst.Fields("MaxDays"))
    SQLStr = "SELECT count(cardno) as rcount FROM borrowInfo WHERE Cardno = '"_
              + Trim(txtCNo) + "'"
    Set rst = SQLQuery(SQLStr)
    txtBCount.Text = Trim(rst.Fields("rcount")) '当前读者已借书数目
    cmdNext.Caption = "下一步(&N)"
    '输入借书证件号,确定该借书证件的类型所对应的姓名、类型、最大借阅数量、'借阅天数、已借阅数
量,然后将"生成信息"按钮修改为"下一步"按钮
  '以下为"下一步"代码
  Else
    '判断此借阅证是否已经借满书籍
    If Val(txtBCount.Text) >= Val(txtMaxCount.Text) Then
      MsgBox "此借阅证最多只能借阅" + Trim(txtMaxCount.Text) + "本书" + vbCrLf _
                  + "不能再借阅其他书籍", vbInformation, "生成信息"
      Unload Me
      Exit Sub
    End If
    '给 frmBorrowNextEdit 填写内容
    frmBrwNextEdit.txtCNo.Text = txtCNo.Text
    frmBrwNextEdit.txtReader.Text = txtReader.Text
    frmBrwNextEdit.txtBorrowDate.Text = Format(Now, "yyyy-mm-dd")
    frmBrwNextEdit.txtReturnDate.Text = Format(Now _
                                    + Val(txtMaxDays.Text), "yyyy-mm-dd")
    frmBrwNextEdit.txtBNo = ""
    frmBrwNextEdit.txtBName = ""
    frmBrwNextEdit.txtAuthor = ""
    frmBrwNextEdit.txtPublisher = ""
    frmBrwNextEdit.txtPrice = ""
```

```
        frmBrwNextEdit.txtTypeName = ""
        Me.Visible = False
        frmBrwNextEdit.Show 1 '单击"下一步"按钮,则调用第二步窗体 frmBrwNextEdit
        Unload Me
    End If
End Sub
'单击"取消"按钮
Private Sub cmdCancel_Click()
    Unload Me
End Sub
```

frmBrwNextEditt 窗体代码如下:

```
Dim rs As Recordset
Dim SQLStr As String
'"生成信息/确定"按钮
Private Sub cmdOK_Click()
    '生成信息
    If Left(cmdOk.Caption, 4) = "生成信息" Then
        '判断框的有效性
        If Trim(txtBNo.Text) = "" Then
            MsgBox "输入的图书编号为空", vbInformation, "生成信息"
            txtBNo.SetFocus
            Exit Sub
        End If
        '判断是否存在此图书编号
        SQLStr = "SELECT * FROM BookInfo WHERE BookNo = '" + Trim(txtBNo) + "'"
        Set rs = SQLQuery(SQLStr)
        If rs.EOF Then
            MsgBox "无此借阅证号,请输入正确的图书编号", vbInformation, "生成信息"
            txtBNo.SetFocus
            txtBNo.SelStart = 0
            txtBNo.SelLength = Len(txtBNo.Text)
            Exit Sub
        End If
        '确认此借阅证号为正确的
        If MsgBox("是否借阅此编号的图书?" + vbCrLf _
                + "生成其他信息后,图书编号将不能被修改", vbQuestion + vbYesNo _
                + vbDefaultButton1, "询问") = vbNo Then
            Exit Sub
        End If
        '对控件属性进行修改
        txtBNo.Enabled = False
        txtBName.Text = Trim(rs.Fields("BookName"))
        txtAuthor.Text = Trim(rs.Fields("Author"))
        txtPublisher.Text = Trim(rs.Fields("Publisher"))
        txtPrice.Text = Trim(Str(rs.Fields("Price")))
        Dim rst As Recordset
        SQLStr = "SELECT * FROM BookType WHERE TypeID = " _
                + Trim(rs.Fields("TypeID"))
        Set rst = SQLQuery(SQLStr)
        txtTypeName.Text = Trim(rst.Fields("typename"))
        cmdOk.Caption = "确定(&O)"
    '当"生成信息"后,"生成信息"按钮的 Caption 属性修改为"确定",以下是"确定"代码
    Else
        '判断此书籍是否已经被借出
        SQLStr = "SELECT * FROM BorrowInfo WHERE BookNo = '" + Trim(txtBNo) + "'"
```

```
        Set rs = SQLQuery(SQLStr)
        If Not rs.EOF Then
          '如果没查询到此图书编号,表明没有借出此书,
          '如果查询到此图书编号,表明已经借出此书
          MsgBox "此书已经借出,借书操作失败", vbInformation, "生成信息"
          Unload Me
          Exit Sub
        End If
        SQLStr = "INSERT INTO BorrowInfo(CardNo,BookNo,BorrowDate,ReturnDate," _
               + " BorrowState) VALUES('" + Trim(txtCNo) + "', '" _
               + Trim(txtBNo) + "', '" + Format(txtBorrowDate,"yyyy-mm-dd") + "','" _
               + Format(txtReturnDate, "yyyy-mm-dd") + "', " + Trim(Str(0)) + ")"
        SQLExt SQLStr '执行 INSERT 语句
        MsgBox "借阅成功", vbInformation, "借阅信息"
        Unload Me '关闭窗口
      End If
    End Sub
    '返回按钮
    Private Sub cmdBack_Click()
      Unload Me
    End Sub
```

习题

操作题

参照实例中的内容实现用户管理模块。

附录　参考答案

第 1 章　数据库基础概念

一、选择题

1. B　　2. A　　3. B　　4. B　　5. C

二、填空题

1. 人工管理阶段　文件系统阶段　数据库系统阶段
2. 计算机内　组织　共享
3. 数据定义功能　数据操纵功能
4. 数据结构　数据操作　数据约束条件
5. 一对一　一对多　多对多
6. 数据定义功能　数据操纵功能

三、简答题

1. 答：

(1) 数据结构化；

(2)数据的共享性高,冗余度低,易扩充；

(3) 数据独立性高；

(4) 数据由 DBMS 统一管理和控制。

2. 答：在数据库的三级模式结构中,数据库模式即全局逻辑结构,是数据库的中心与关键,它独立于数据库的其他层次。因此,涉及数据库模式结构时应首先确定数据库的逻辑结构。

数据库的二级映像功能与数据独立性为了能够在内部实现数据库的三个抽象层次的联系和转换,数据库管理系统在这三级模式之间提供了两层映像。

第 2 章　Oracle 11g 简介

一、选择题

1. D　　2. D　　3. C　　4. B　　5. A　　6. D

二、填空题

1. 视图
2. 系统表空间
3. 系统全局区　程序全局区
4. DB_BLOCK_SIZE
5. 索引
6. 数据文件　日志文件　控制文件

三、简答题

1. 答：

(1) 对新的架构支持,对 Intel 64 位平台的支持。支持 infiniband。极大地改进了多层开发架构下的性能和可扩展能力。新的版本也借用了 Windows 操作系统对 Fiber 支持的优势。

(2) 高速数据处理能力。在这个版本中,一个新类型的表对象被引入。该表结构对大量插入和解析数据很有益处。这个表结构对 FIFO 的数据处理应用有着很好的支持。这样的应用在电信、生产应用中常常能够用到。通过使用这种优化的表结构能够对电信级的应用起到巨大的性能改进作用。

(3) RAC workload 管理一个新的服务框架。管理员是作为服务来设置、管理监视应用负载。

(4) 针对 OLAP 的分区通过对哈希分区的全局索引的支持可以提供大量的并发插入的能力。

(5) 新的改进的调度器(Scheduler)。该数据库调度器提供企业级调度功能,它可以使得管理员有能力在特定日期、特定时间调度 Job,还有能力创建调度对象的库,能够和既有的对象被其他的用户共享。

2. 答:Oracle 数据库逻辑结构包括方案对象,数据块,区间,段,表,表空间等;若干数据块组成空间,区间构成段,段构成表,若干表组成表空间,若干表空间组成方案。

3. 答:文件类型包括数据文件,日志文件,控制文件;数据文件包含全部数据库数据,日志文件记录所有对数据库操作的信息,以便进行数据库维护,控制文件用于记录数据库的物理结构,标识数据库和日志文件。

第 3 章　Oracle 11g 的安装和卸载

一、选择题

1. B　　2. B　　3. D　　4. A

二、填空题

1. ORACLE_SID
2. orcl
3. OracleOraDb11g_home1TNSListener
4. 基本安装　高级安装

三、实践练习题

略

第 4 章　Oracle 数据库控制工具

一、选择题

1. D　　2. A　　3. A　　4. A　　5. C　　6. A

二、填空题

1. emctl start dbconsole
2. 主目录页面　性能页面　管理页面　维护页面
3. SYS　SYSTEM　SYSMAN
4. commit

三、操作题

略

第5章 SQL * Plus 命令

一、选择题

1. B 2. D 3. D 4. A 5. D 6. C
7. A

二、填空题

1. 命令的标题 命令中使用的强制参数和可选参数
2. prompt
3. column

三、操作题

1. 答：

(1) 首先在系统的环境设置中定义一个环境变量 SQLPATH，把自己的环境设置脚本 login. sql 和 connect. sql 分别放在 SQLPATH 目录下。

(2) 定义一个 login. sql 脚本，此脚本是 SQL * PLUS 打开的时候自动执行的脚本。

(3) 定义一个脚本 connect. sql，此脚本是在身份切换时调用的脚本。

2. 略

第6章 Oracle 数据库的管理、配置与维护

一、选择题

1. D 2. C 3. A 4. A 5. A 6. A

二、填空题

1. shutdown immediate
2. startup force
3. alter database
4. SPFile
5. DB_BLOCK_SIZE
6. alter system
7. 数据库管理员 安全管理员 网络管理员 应用程序开发员 数据库用户

三、操作题

略

四、简答题

1. 答：

(1) 安装和升级 Oracle 数据库服务器和其他应用工具。

(2) 分配系统存储空间，并计划数据库系统未来需要的存储空间。

(3) 当应用程序开发员设计完成一个应用程序之后，为其创建主要的数据库存储结构。

(4) 根据应用程序开发员的设计创建主要的数据库对象，例如表、视图和索引。

(5) 根据应用程序开发员提供的信息修改数据库结构。

(6) 管理用户，维护系统安全。

(7) 确保对 Oracle 的使用符合 Oracle 的许可协议。

(8) 控制和监视用户对数据库的访问。

(9) 监视和优化数据库的行为。

(10) 做好备份和恢复数据库的计划。

(11) 维护磁带中归档的数据。

(12) 备份和恢复数据库。

(13) 在必要时联系 Oracle 公司获取技术支持。

2. 答:

(1) SYSDBA:

- 启动和关闭数据库操作。
- 执行 ALTER DATABASE 语句修改数据库,打开、连接、备份和修改字符集等操作。
- 执行 CREATE DATABASE 语句创建数据库。
- 执行 DROP DATABASE 语句删除数据库。
- 执行 CREATE SPFILE 语句。
- 执行 ALTER DATABASE ARCHIVELOG 语句。
- 执行 ALTER DATABASE RECOVER 语句。
- 拥有 RESTRICTED SESSION 权限,此权限允许用户执行基本的操作任务,但不能查看用户数据。
- 作为 SYS 用户连接到数据库。

(2) SYSOPER:

- 启动和关闭数据库操作。
- 执行 CREATE SPFILE 语句。
- 执行 ALTER DATABASE 语句修改数据库,打开、连接、备份等操作。
- 执行 ALTER DATABASE ARCHIVELOG 语句。
- 执行 ALTER DATABASE RECOVER 语句。
- 拥有 RESTRICTED SESSION 权限,此权限允许用户执行基本的操作任务,但不能查看用户数据。

第 7 章 SQL 查询语句

一、选择题

1. B　2. C　3. C　4. C　5. C　6. C

二、操作题

```
1. SELECT S#,SNAME FROM S WHERE AGE >19 AND SEX = '男'.
2. SELECT C# FROM C WHERE C# NOT IN (SELECT C# FROM SC WHERE S# IN
        (SELECT S# FROM S WHERE SNAME = '王明明'))
3. SELECT SNAME,S# FROM S,C,SC WHERE S.S# = SC.S# and C.C# = SC.C#
4. SELECT C#,CNAME FROM C WHERE NOT EXISTS (SELECT * FROM S
     WHERE NOT EXISTS (SELECT * FROM SC WHERE SC.S# = S.S# AND SC.C# = C.C#))
5. SELECT SNAME FROM S WHERE S# IN (SELECT S# FROM SC WHERE C# IN
     (SELECT C# FROM C WHERE TEACHER = '王华')
```

三、简答题

答:

(1) 综合统一。SQL 语言集数据定义语言 DDL、数据操纵语言 DML、数据控制语言 DCL 的功能于一体。

(2) 高度非过程化。用 SQL 语言进行数据操作,只要提出"做什么",而无须指明"怎么做",因此无须了解存取路径,存取路径的选择以及 SQL 语句的操作过程由系统自动完成。

(3) 面向集合的操作方式。SQL 语言采用集合操作方式,不仅操作对象、查找结果可以是元组的集合，而且一次插入、删除、更新操作的对象也可以是元组的集合。

(4) 以同一种语法结构提供两种使用方式。SQL 语言既是自含式语言，又是嵌入式语言。作为自含式语言，它能够独立地用于联机交互的使用方式，也能够嵌入到高级语言程序中，供程序员设计程序时使用。

(5) 语言简洁，易学易用。

第 8 章　常用 SQL 函数及 Oracle 事务管理

一、选择题

1. C　　2. B　　3. C　　4. A　　5. A　　6. A

二、填空题

1. rman；

2. restore

3. db_recovery_file_dest　db_recovery_file_dest_size

三、操作题

1. 略

2. 答：

(1) 以 SYSDBA 身份登录：connect sys/密码 as sysdba。

(2) 关闭数据库：shutdown immediate。

(3) 不打开实例，装载数据库：startup mount。

(4) 切换实例为归档日志模式：alter database archivelog；。

四、简答题

答：事务的任务便是使数据库从一种状态变换成为另一种状态，这不同于文件系统，它是数据库所特用的。它的特性有 4 个：TOM 总结为 ACID 即：

原子性(atomicity)：语句级原子性，过程级原子性，事务级原子性。

一致性(consistency)：状态一致，同一事务中不会有两种状态。

隔离性(isolation)：事务间是互相分离的、互不影响(这里可能也有自治事务)。

持久性(durability)：事务提交了，那么状态就是永久的。

第 9 章　PL/SQL 编程基础

一、选择题

1. D　　2. A　　3. B　　4. D

二、操作题

1. 其代码如下所示：

```
DECLARE
    var_result NUMBER := 1;
    var_number NUMBER := 1;
BEGIN
    WHILE var_number <= 10 LOOP
        var_result := var_result * var_number;
        var_number := var_number + 1;
    END LOOP;
    DBMS_OUTPUT.PUT_LINE('10!为: '|| var_result);
END;
/
```

2. 其代码如下所示：

```
CREATE SEQUENCE seq_employee
    INCREMENT by 1
    START WITH 1
    NOCYCLE;
```

三、简答题

1. 循环语句有三种形式：LOOP…END LOOP、WHILE…LOOP… END LOOP、FOR…LOOP…END LOOP。

2. 异常的名称以及解释可以参见表 9-4。

3. 所谓游标就是游动的光标，它映射在结果集中的一行数据上。通过使用游标，用户便可以访问结果集中的任何一行数据。

第 10 章　管理表空间和文件

一、选择题

1. C　　2. A

二、填空题

1. CREATE TABLESPACE
2. ALTER TABLESPACE
3. OFFLINE
4. READ ONLY

三、简答题

略

第 11 章　表的管理

一、选择题

1. C　　2. A　　3. D　　4. A

二、操作题

1. 略
2. 其代码如下所示：

```
CREATE TABLE Product(
  Pno VARCHAR2(20),
  Pname VARCHAR2(30) NOT NULL,
  Pdate DATE NOT NULL,
  Pvalidity DATE NOT NULL,
 Pprice VARCHAR2(20),
 Pnum NUMBER(5,2) NOT NULL,
 Plocation VARCHAR2(50) NOT NULL,
 PRIMARY KEY (Pno),
CONSTRAINT chk_Pprice CHECK(Pprice > 0),
CONSTRAINT chk_Pnum CHECK(Pnum > 0)
);
```

三、简答题

1. 删除表：在删除的同时，释放所占用的存储空间。表不可用：表中数据仍然存在，但是不可访问。

2. 对于一张普通的表,当表中数据量较大时,查询数据的速度就会较慢,相应地,应用程序地性能就会下降。为了解决这种问题,分区表的概念被提出。我们可以将表进行分区,被分区的表在逻辑上仍然是一张完整的表,但是在物理层面中,不同分区的数据被存储到了不同的表空间中。对于数据库管理员,分区表既可集体管理,也可单独管理,这使得表管理更加灵活;对于应用程序,表是否分区是没有区别的。

经过总结,分区有以下特点。

(1) 改善查询性能:查询数据时可以只检索相应的分区,不必将整张表全部扫描,提高了检索的速度。

(2) 增强健壮性:当一个分区损坏时,其他分区仍然可以正常使用。

(3) 改善维护性:当一个分区损坏时,只需维护该分区,其他分区不受影响。

但是,目前为止,分区表也有自己的缺点。比如对于已经存在的表不能直接转化为分区表。

第 12 章　视图、索引的管理

一、选择题

1. D　　2. C　　3. C　　4. A

二、操作题

答:

```
create view view1 as
select student.student_id, student.name, AVG(point) 平均成绩
from student,score
where student.student_id = score.student_id
group by student.student_id, student.name;
```

第 13 章　存储过程与触发器的管理

一、选择题

1. D　　2. B　　3. B　　4. D

二、操作题

1. create trigger trig1

```
before insert or update or delete
on student
begin
if user not in ('scott', 'system') then
raise_application_error( - 20001, '你没有修改此表的权限.');
end if;
end;
```

2. create or replace procedure

```
insert_dept(dept_no in number,dept_name in varchar2,dept_loc in varchar2)
is
begin
   insert into dept values(dept_no,dept_name,dept_loc);
end;
```

调用该存储过程:

```
begin
  insert_dept(50,'人王部','武汉');
end;
```

3. create or replace procedure

```
find_emp3(emp_name in varchar2,emp_sal out number)
is
     v_sal number(5);
begin
      select sal into v_sal from emp where ename = emp_name;
      emp_sal: = v_sal;
     exception
        when no_data_found then
        emp_sal : = 0;
end;
```

调用：

```
declare
   v_sal number(5);
begin
   find_emp3('ALLEN',v_sal);
   dbms_output.put_line(v_sal);
end;
```

4. create or replace function

```
find_dept(dept_no number)
return dept % rowtype
is
 v_dept dept % rowtype;
 begin
  select * into v_dept from dept where deptno = dept_no;
  return v_dept;
end;
```

调用函数：

```
declare
  v_dept dept % rowtype;
  begin
         v_dept: = find_dept(50);
         dbms_output.put_line(v_dept.dname||'--- '||v_dept.loc);
end;
```

5. create or replace trigger delete_emp

```
     after delete on emp
    for each row
     begin
      insert into ret_emp values(:old.empno,:old.ename,:old.job,
         :old.mgr,:old.hiredate,:old.sal,:old.comm,:old.deptno);
      end;
```

6. create or replace trigger delete_smith

```
      before delete on emp
      for each row
      when (old.ename = 'SMITH')
```

```
begin
raise_application_error(-20001,'不能删除该条信息!');
end;
```

7.
```
create or replace trigger t_control_emp
before insert or update or delete on emp
begin
 if to_char(sysdate,'DY','nls_date_language = AMERICAN')
  in('SUN') then
  raise_application_error(-20001,'不允许在星期天操作 emp 表');
  end if;
  end;
```

第 14 章　用户与权限管理

一、选择题

1. A　　　　2. D

二、填空题

1. Grant
2. 密码验证　外部验证　全局验证

三、操作题

略

第 15 章　备份与恢复

一、选择题

1. A　　　　2. D

二、填空题

1. 归档日志
2. Recovery Manager

三、操作题

略